计算机基础与实训教材系列

中文版 Office 2010 实用教程

孟 强 主编 张 娟 副主编

清华大学出版社

北 京

内 容 简 介

本书由浅入深、循序渐进地介绍了 Microsoft 公司推出的最新办公软件——Office 2010 的操作方法和使用技巧。全书共分 15 章，分别介绍了 Office 2010 基础知识，Word 2010 基础操作，在文档中使用表格，制作图文混排的文档，页面版式编排与打印，Excel 2010 基础操作，管理电子表格中的数据，使用公式与函数，制作图表与数据透视图，表格的格式设置与打印，PowerPoint 2010 基础操作，丰富演示文稿内容，格式化幻灯片，演示文稿的放映、打印与打包等内容。最后一章还安排了综合实例，用于提高和拓宽读者对 Office 2010 基本操作的掌握与应用。

本书内容丰富，结构清晰，语言简练，图文并茂，具有很强的实用性和可操作性，是一本适合于大中专院校、职业学校及各类社会培训学校的优秀教材，也是广大初、中级电脑用户的自学参考书。

本书对应的电子教案、实例源文件和习题答案可以到 http://www.tupwk.com.cn/edu 网站下载。

图书在版编目(CIP)数据

中文版 Office 2010 实用教程 / 孟强，张娟编著. --北京：清华大学出版社，2013（2025.2重印）

(计算机基础与实训教材系列)

ISBN 978-7-302-34353-0

Ⅰ.①中… Ⅱ.①孟… ②张… Ⅲ.①办公自动化—应用软件－教材 Ⅳ.①TP317.1

中国版本图书馆 CIP 数据核字(2013)第 257607 号

责任编辑：胡辰浩 袁建华
装帧设计：牛艳敏
责任校对：成凤进
责任印制：杨 艳

出版发行：清华大学出版社
网 址：https://www.tup.com.cn，https://www.wqxuetang.com
地 址：北京清华大学学研大厦 A 座　　邮 编：100084
社 总 机：010-83470000　　邮 购：010-62786544
投稿与读者服务：010-62776969, c-service@tup.tsinghua.edu.cn
质量反馈：010-62772015, zhiliang@tup.tsinghua.edu.cn
课件下载：https://www.tup.com.cn , 010-62796045

印 装 者：涿州汇美亿浓印刷有限公司
经 销：全国新华书店
开 本：190mm×260mm　　**印 张**：23　　**字 数**：603 千字
版 次：2013 年 12 月第 1 版　　**印 次**：2025 年 2月第 17 次印刷
定 价：69.00 元

产品编号：041251-04

编审委员会

计算机基础与实训教材系列

丛书序

计算机已经广泛应用于现代社会的各个领域，熟练使用计算机已经成为人们必备的技能之一。因此，如何快速地掌握计算机知识和使用技术，并应用于现实生活和实际工作中，已成为新世纪人才迫切需要解决的问题。

为适应这种需求，各类高等院校、高职高专、中职中专、培训学校都开设了计算机专业的课程，同时也将非计算机专业学生的计算机知识和技能教育纳入教学计划，并陆续出台了相应的教学大纲。基于以上因素，清华大学出版社组织一线教学精英编写了这套“计算机基础与实训教材系列”丛书，以满足大中专院校、职业院校及各类社会培训学校的教学需要。

一、丛书书目

本套教材涵盖了计算机各个应用领域，包括计算机硬件知识、操作系统、数据库、编程语言、文字录入和排版、办公软件、计算机网络、图形图像、三维动画、网页制作以及多媒体制作等。众多的图书品种可以满足各类院校相关课程设置的需要。

⊙ 已出版的图书书目

《计算机基础实用教程(第二版)》	《中文版 Photoshop CS4 图像处理实用教程》
《电脑入门实用教程(第二版)》	《中文版 Flash CS4 动画制作实用教程》
《电脑办公自动化实用教程（第二版）》	《中文版 Dreamweaver CS4 网页制作实用教程》
《计算机组装与维护实用教程（第二版）》	《中文版 Illustrator CS4 平面设计实用教程》
《计算机基础实用教程(Windows 7+Office 2010 版)》	《中文版 InDesign CS4 实用教程》
《Windows 7 实用教程》	《中文版 CorelDRAW X4 平面设计实用教程》
《中文版 Word 2003 文档处理实用教程》	《中文版 3ds Max 2012 三维动画创作实用教程》
《中文版 PowerPoint 2003 幻灯片制作实用教程》	《中文版 Office 2007 实用教程》
《中文版 Excel 2003 电子表格实用教程》	《中文版 Word 2007 文档处理实用教程》
《中文版 Access 2003 数据库应用实用教程》	《中文版 Excel 2007 电子表格实用教程》
《中文版 Project 2003 实用教程》	《Excel 财务会计实战应用（第二版）》
《中文版 Office 2003 实用教程》	《中文版 PowerPoint 2007 幻灯片制作实用教程》
《Access 2010 数据库应用基础教程》	《中文版 Access 2007 数据库应用实例教程》
《多媒体技术及应用》	《中文版 Project 2007 实用教程》
《中文版 Premiere Pro CS4 多媒体制作实用教程》	《Office 2010 基础与实战》
《中文版 Premiere Pro CS5 多媒体制作实用教程 》	《Director 11 多媒体开发实用教程》

(续表)

《ASP.NET 3.5 动态网站开发实用教程》	《中文版 AutoCAD 2010 实用教程》
《ASP.NET 4.0 动态网站开发实用教程》	《中文版 AutoCAD 2012 实用教程》
《ASP.NET 4.0(C#)实用教程》	《AutoCAD 建筑制图实用教程（2010 版）》
《Java 程序设计实用教程》	《AutoCAD 机械制图实用教程（2012 版）》
《JSP 动态网站开发实用教程》	《Mastercam X4 实用教程》
《C#程序设计实用教程》	《Mastercam X5 实用教程》
《Visual C# 2010 程序设计实用教程》	《中文版 Photoshop CS5 图像处理实用教程》
《Access 2010 数据库应用基础教程》	《中文版 Dreamweaver CS5 网页制作实用教程》
《SQL Server 2008 数据库应用实用教程》	《中文版 Flash CS5 动画制作实用教程》
《网络组建与管理实用教程》	《中文版 Illustrator CS5 平面设计实用教程》
《计算机网络技术实用教程》	《中文版 InDesign CS5 实用教程》
《局域网组建与管理实训教程》	《中文版 CorelDRAW X5 平面设计实用教程》
《电脑入门实用教程(Windows 7+Office 2010)》	《中文版 AutoCAD 2013 实用教程》
《Word+Excel+PowerPoint 2010 实用教程》	《中文版 Photoshop CS6 图像处理实用教程》
《中文版 Office 2010 实用教程》	《中文版 Access 2010 数据库应用实用教程》
《网页设计与制作(Dreamweaver+Flash+Photoshop)》	

二、丛书特色

1. 选题新颖，策划周全——为计算机教学量身打造

本套丛书注重理论知识与实践操作的紧密结合，同时突出上机操作环节。丛书作者均为各大院校的教学专家和业界精英，他们熟悉教学内容的编排，深谙学生的需求和接受能力，并将这种教学理念充分融入本套教材的编写中。

本套丛书全面贯彻“理论→实例→上机→习题”4 阶段教学模式，在内容选择、结构安排上更加符合读者的认知习惯，从而达到老师易教、学生易学的目的。

2. 教学结构科学合理，循序渐进——完全掌握“教学”与“自学”两种模式

本套丛书完全以大中专院校、职业院校及各类社会培训学校的教学需要为出发点，紧密结合学科的教学特点，由浅入深地安排章节内容，循序渐进地完成各种复杂知识的讲解，使学生能够一学就会、即学即用。

对教师而言，本套丛书根据实际教学情况安排好课时，提前组织好课前备课内容，使课堂教学过程更加条理化，同时方便学生学习，让学生在学习完后有例可学、有题可练；对自学者而言，可以按照本书的章节安排逐步学习。

3. 内容丰富、学习目标明确——全面提升“知识”与“能力”

本套丛书内容丰富，信息量大，章节结构完全按照教学大纲的要求来安排，并细化了每一章内容，符合教学需要和计算机用户的学习习惯。在每章的开始，列出了学习目标和本章重点，便于教师和学生提纲挈领地掌握本章知识点，每章的最后还附带有上机练习和习题两部分内容，教师可以参照上机练习，实时指导学生进行上机操作，使学生及时巩固所学的知识。自学者也可以按照上机练习内容进行自我训练，快速掌握相关知识。

4. 实例精彩实用，讲解细致透彻——全方位解决实际遇到的问题

本套丛书精心安排了大量实例讲解，每个实例解决一个问题或是介绍一项技巧，以便读者在最短的时间内掌握计算机应用的操作方法，从而能够顺利解决实践工作中的问题。

范例讲解语言通俗易懂，通过添加大量的“提示”和“知识点”的方式突出重要知识点，以便加深读者对关键技术和理论知识的印象，使读者轻松领悟每一个范例的精髓所在，提高读者的思考能力和分析能力，同时也加强了读者的综合应用能力。

5. 版式简洁大方，排版紧凑，标注清晰明确——打造一个轻松阅读的环境

本套丛书的版式简洁、大方，合理安排图与文字的占用空间，对于标题、正文、提示和知识点等都设计了醒目的字体符号，读者阅读起来会感到轻松愉快。

三、读者定位

本丛书为所有从事计算机教学的老师和自学人员而编写，是一套适合于大中专院校、职业院校及各类社会培训学校的优秀教材，也可作为计算机初、中级用户和计算机爱好者学习计算机知识的自学参考书。

四、周到体贴的售后服务

为了方便教学，本套丛书提供精心制作的 PowerPoint 教学课件(即电子教案)、素材、源文件、习题答案等相关内容，可在网站上免费下载，也可发送电子邮件至 wkservice@vip.163.com 索取。

此外，如果读者在使用本系列图书的过程中遇到疑惑或困难，可以在丛书支持网站(http://www.tupwk.com.cn/edu)的互动论坛上留言，本丛书的作者或技术编辑会及时提供相应的技术支持。咨询电话：010-62796045。

前言

中文版 Office 2010 是 Microsoft 公司最新推出的专业化办公软件，目前正广泛应用于文档制作、电子表格数据管理、多媒体演示文稿制作和数据库管理等诸多领域。为了适应计算机时代人们对办公软件的要求，Office 2010 贯彻了 Microsoft 公司一贯为广大用户考虑的方便性和高效率，为用户提供更为舒适的人性化操作界面，与以前版本相比，Office 2010 在性能和功能两方面都有较大的增强和改善。

本书从教学实际需求出发，合理安排知识结构，从零开始、由浅入深、循序渐进地讲解中文版 Office 2010 的基本知识和使用方法。本书共分为 15 章，主要内容如下。

第 1 章介绍 Office 2010 的基础知识，包括主要组件的工作界面与基本设置等内容。

第 2 章介绍 Word 2010 的基本操作，包括新建文档、保存文档与输入文本等内容。

第 3 章介绍如何在文档中使用表格，包括插入表格和设置表格格式等内容。

第 4 章介绍如何制作图文混排的文档，包括插入图片、剪贴画和艺术字等内容。

第 5 章介绍页面版式编排与打印，包括页面设置、插入页眉和页脚、打印文档等内容。

第 6 章介绍 Excel 2010 的基本操作，包括工作簿、工作表和单元格的基本操作等内容。

第 7 章介绍如何管理电子表格中的数据，包括数据的排序和筛选等内容。

第 8 章介绍如何使用公式与函数，包括公式与函数的输入以及常用函数简介等内容。

第 9 章介绍如何制作图表与数据透视表，包括插入图表和制作数据透视图等内容。

第 10 章介绍表格的格式设置与打印，包括设置表格格式和打印表格等内容。

第 11 章介绍 PowerPoint 2010 的基本操作，包括新建幻灯片和输入幻灯片文本等内容。

第 12 章介绍如何丰富演示文稿内容，包括插入图片、声音和视频等内容。

第 13 章介绍格式化幻灯片的方法，包括设置幻灯片母版和设置幻灯片动画等内容。

第 14 章介绍演示文稿的放映、打印和打包等基础知识。

第 15 章通过几个综合实例来使读者进一步巩固 Office 2010 各个组件的基本使用方法。

本书图文并茂，条理清晰，通俗易懂，内容丰富，在讲解每个知识点时都配有相应的实例，方便读者上机实践。同时在难于理解和掌握的部分内容上给出相关提示，让读者能够快速地提高操作技能。此外，本书配有大量综合实例和练习，让读者在不断的实际操作中更加牢固地掌握书中讲解的内容。

本书由郑州大学体育学院的孟强主编，张娟副主编。孟强编写了第 1 章~11 章，张娟编写了第 12 章~15 章，全书最后由孟强修改整合。除封面署名的作者外，参加本书编写的人员还有陈笑、曹小震、高娟妮、李亮辉、洪妍、孔祥亮、陈跃华、杜思明、熊晓磊、曹汉鸣、陶晓云、王通、方峻、李小凤、曹晓松、蒋晓冬、邱培强等。由于作者水平所限，本书难免有不足之处，欢迎广大读者批评指正。我们的邮箱是 huchenhao@263.net，电话是 010-62796045。

作　者

2013 年 10 月

推荐课时安排

章　名	重点掌握内容	教学课时
第 1 章　认识 Office 2010	1. 安装和运行 Office 2010 2. Office 2010 常用组件简介 3. Office 2010 的个性化设置	2 学时
第 2 章　Word 2010 基本操作	1. 文档的基本操作 2. 输入和编辑文档内容 3. 设置文本和段落格式 4. 使用项目符号和编号	2 学时
第 3 章　在文档中使用表格	1. 创建表格 2. 编辑表格 3. 设置表格格式 4. 表格的高级应用	3 学时
第 4 章　制作图文混排的文档	1. 使用图片和艺术字 2. 使用 SmartArt 图形 3. 使用自选图形 4. 使用文本框和图表	3 学时
第 5 章　页面版式编排与打印	1. 页面设置 2. 设计页眉和页脚 3. 设置页码和插入目录	2 学时
第 6 章　Excel 2010 基本操作	1. 工作簿的基本操作 2. 工作表的基本操作 3. 单元格的基本操作 4. 输入与编辑数据	2 学时
第 7 章　管理电子表格中的数据	1. 排序表格数据 2. 筛选表格数据 3. 分类汇总表格数据 4. 数据有效性管理	3 学时
第 8 章　使用公式与函数	1. 公式和函数概念 2. 运算符的类型与优先级 3. 公式和函数使用 4. 常用函数简介	3 学时

(续表)

章 名	重 点 掌 握 内 容	教 学 课 时
第 9 章 制作图表与数据透视图	1. 插入图表 2. 编辑图表 3. 制作数据透视表 4. 制作数据透视图	3 学时
第 10 章 表格的格式设置与打印	1. 设置单元格格式 2. 设置工作表样式 3. 设置条件格式	2 学时
第 11 章 PowerPoint 2010 基本操作	1. 新建演示文稿 2. 幻灯片基本操作 3. 输入幻灯片内容 4. 编辑幻灯片文本	2 学时
第 12 章 丰富演示文稿内容	1. 插入图片和艺术字 2. 插入表格 3. 插入图表 4. 插入 SmartArt 图形	3 学时
第 13 章 格式化幻灯片	1. 设置幻灯片母版 2. 设置页眉和页脚 3. 应用设计模板和主题颜色 4. 设置幻灯片背景 5. 设置幻灯片切换效果 6. 设置幻灯片动画效果	3 学时
第 14 章 演示文稿的放映、打印和打包	1. 创建交互式演示文稿 2. 设置和控制幻灯片放映 3. 演示文稿的打印和输出 4. 演示文稿的打包	2 学时
第 15 章 综合实例应用	1. 插入与使用表格 2. 制作图文并茂的文档 3. 数据的快速填充 4. 使用公式和函数 5. 在幻灯片中插入艺术字和图片	2 学时

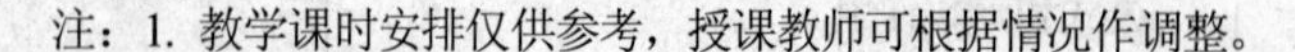

注：1. 教学课时安排仅供参考，授课教师可根据情况作调整。

2. 建议每章安排与教学课时相同时间的上机练习。

目　录

CONTENTS

计算机基础与实训教材系列

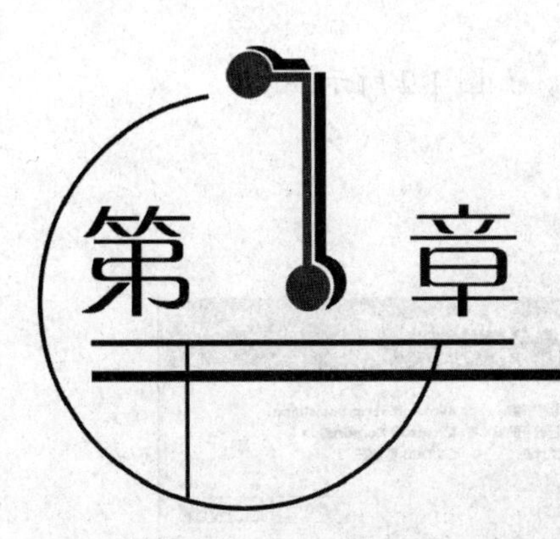

认识 Office 2010

学习目标

Office 2010 是 Microsoft 公司推出的 Office 系列办公软件的最新版本，它在 Office 2007 版本的基础上增强了部分功能，让用户在使用时更加得心应手。本章将向大家介绍使用 Office 2010 的基本常识，包括 Office 2010 的常用组件、Office 2010 的安装方法及其工作界面等。

本章重点

- 安装和运行 Office 2010
- Office 2010 常用组件简介
- Office 2010 的个性化设置
- 获取帮助信息

1.1 Office 2010 的安装与基本操作

要使用 Office 2010，首先要将其安装到电脑中，本节主要介绍 Office 2010 的安装方法以及 Office 2010 的通用操作。

1.1.1 开始安装 Office 2010

安装程序一般都有特殊的名称，其后缀名一般为.exe，名称一般为 Setup 或 Install，这就是安装文件了，双击该文件，即可启动应用软件的安装程序，然后按照提示逐步进行操作就可以安装了。

【例 1-1】在 Windows 7 系统中安装办公软件 Office 2010。

(1) 首先用户应获取 Microsoft Office 2010 的安装光盘或者安装包，然后找到安装程序(一般来说，软件安装程序的文件名为 Set up.exe，如图 1-1 所示)。

(2) 双击此安装程序，系统弹出【用户账户控制】对话框，如图 1-2 所示。

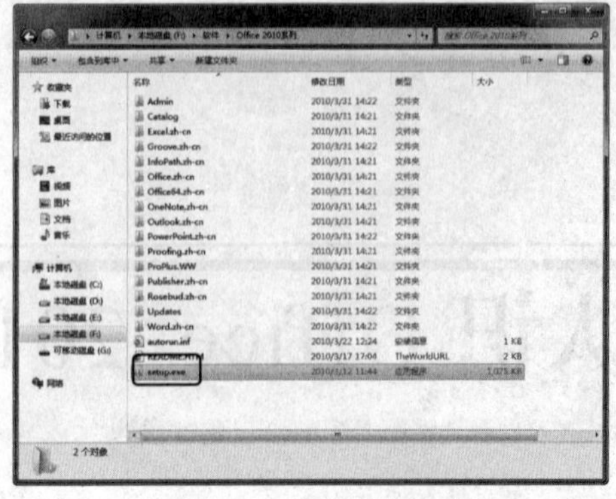

图 1-1　双击安装程序

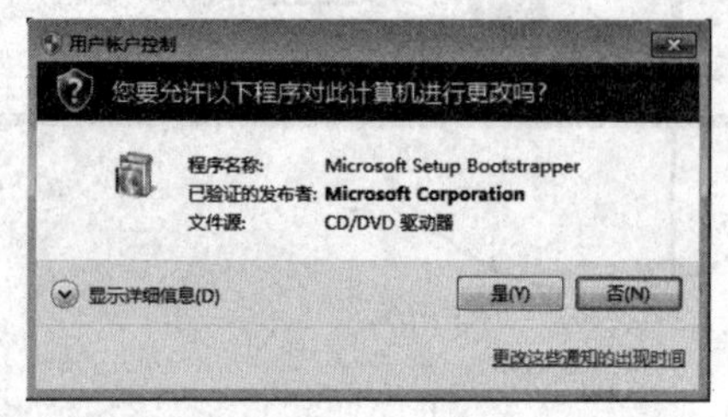

图 1-2　【用户账户控制】对话框

(3) 单击【是】按钮，系统开始初始化软件的安装程序，如图 1-3 所示。

(4) 如果系统中安装有旧版本的 Office 软件，稍候片刻，系统将弹出【选择所需的安装】对话框，用户可在该对话框中选择安装方式，如图 1-4 所示。

图 1-3　初始化安装程序

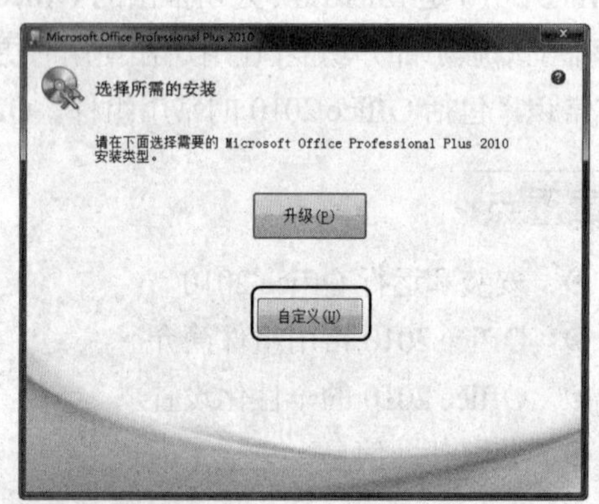

图 1-4　选择安装方式

(5) 本例选择【自定义】安装方式，单击【自定义】按钮，在【升级】选项卡中，用户可选择是否保留前期版本。本例选择【保留所有早期版本】单选按钮，如图 1-5 所示。

(6) 切换至【安装选项】选项卡，用户可选择关闭不需要安装的文件，如图 1-6 所示。

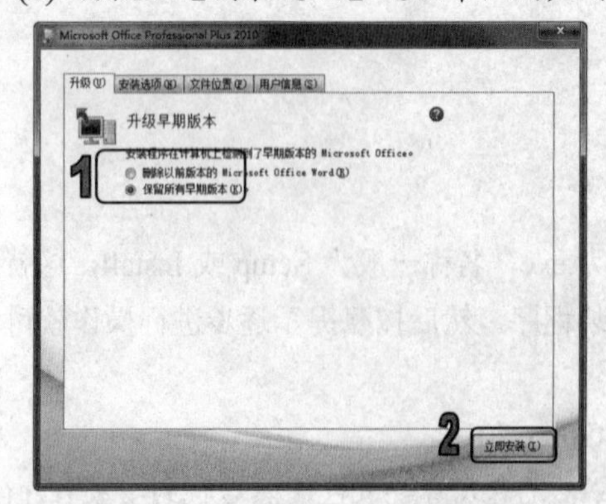

图 1-5　选择升级或保留

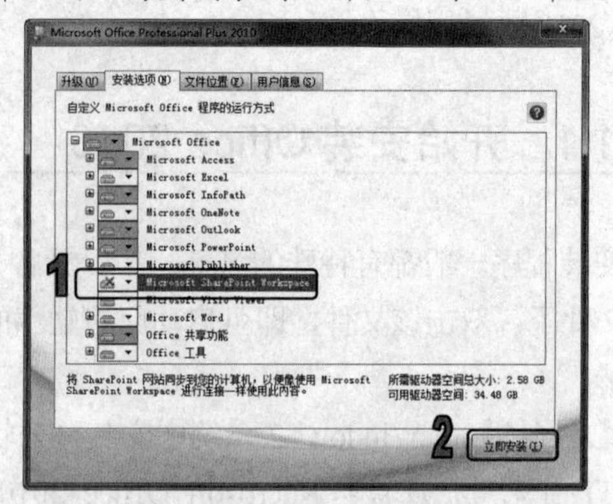

图 1-6　选择安装的组件

(7) 切换至【文件位置】选项卡，单击【浏览】按钮，可设置文件安装的位置，如图 1-7 所示。

(8) 切换至【用户信息】选项卡，在该选项卡中可设置用户的相关信息，如图 1-8 所示。

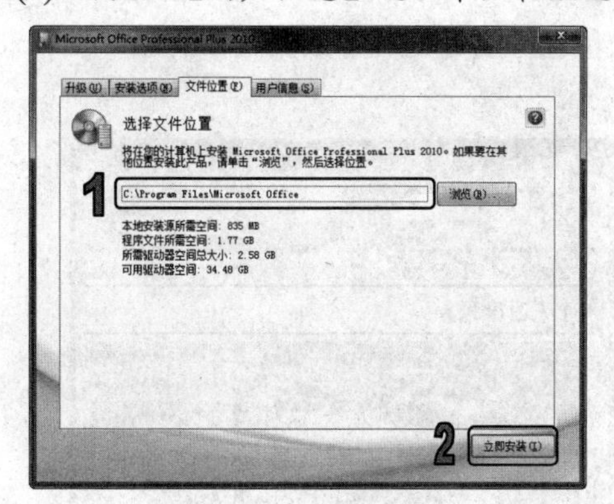

图 1-7 设置安装路径

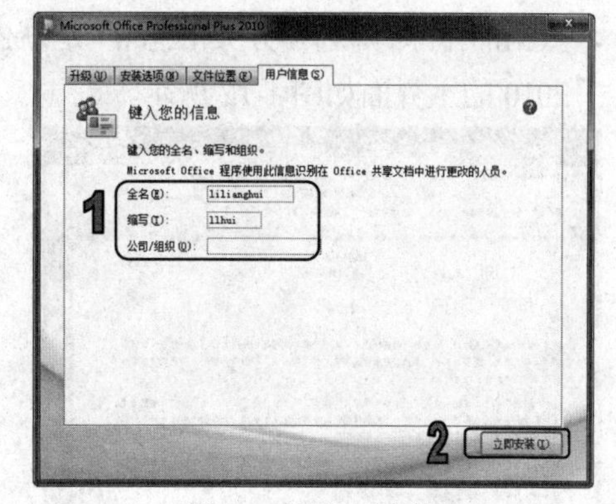

图 1-8 设置用户信息

(9) 设置完成后，单击【立即安装】按钮，系统即可按照用户的设置开始安装 Office 2010，并显示安装进度和安装信息，如图 1-9 所示。

(10) 安装完成后，系统自动打开安装完成的对话框，如图 1-10 所示。

(11) 单击【关闭】按钮，系统提示用户需重启系统才能完成安装，单击【是】按钮，重启系统后，完成 Office 2010 的安装。

(12) Office 2010 成功安装后，在【开始】菜单和桌面上都将自动添加相应程序的快捷方式，以方便用户使用。

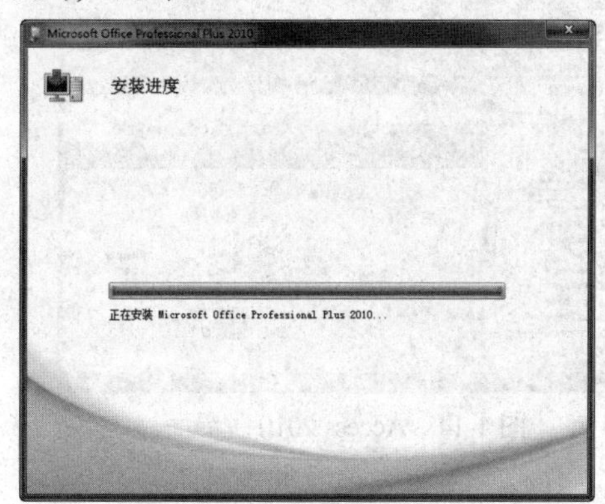

图 1-9 安装进度显示

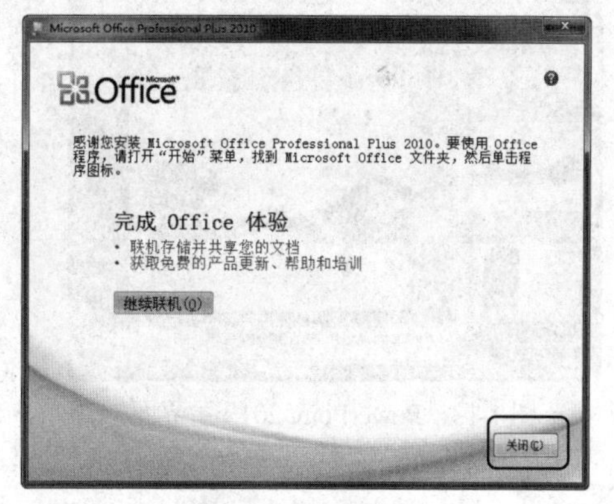

图 1-10 完成安装

1.1.2 Office 2010 各组件的功能

Office 2010 组件主要包括 Word、Excel、PowerPoint、Access 等，它们可分别完成文档处理、数据处理、制作演示文稿、管理数据库等工作。

⊙ Word 2010：它是专业的文档处理软件，能够帮助用户快速地完成报告、合同等文档

的编写。其强大的图文混排功能，能够帮助用户制作图文并茂且效果精美的文档，Word 2010 的主界面如图 1-11 所示。

- Excel 2010：它是专业的数据处理软件，通过它用户可方便地对数据进行处理，包括数据的排序、筛选和分类汇总等，是办公人员进行财务处理和数据统计的好帮手，Excel 2010 的主界面如图 1-12 所示。

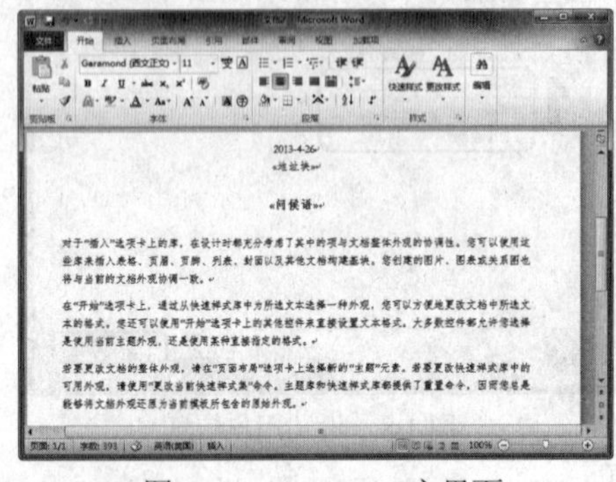

图 1-11　Word 2010 主界面

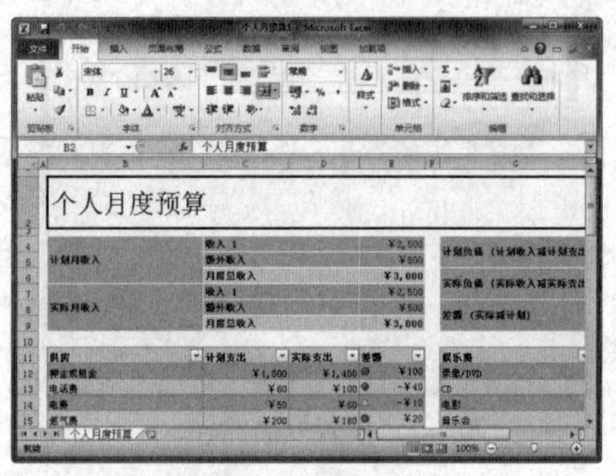

图 1-12　Excel 2010 主界面

- PowerPoint 2010：它是专业的演示文稿制作软件，能够集文字、声音和动画于一体制作生动形象的多媒体演示文稿，例如方案、策划、会议报告等，PowerPoint 2010 的主界面如图 1-13 所示。
- Access 2010：它是专业的数据库管理软件，可对工作中用到的数据库进行创建和编辑，例如人事管理系统、网站后台数据库系统等，Access 2010 的主界面如图 1-14 所示。

图 1-13　PowerPoint 2010 主界面

图 1-14　Access 2010 主界面

1.1.3　启动 Office 2010 组件

认识 Office 2010 的各个组件后，就可以根据不同的需要选择启动不同的软件来完成工作。启动 Office 2010 中的组件可采用多种不同的方法，下面分别进行简要介绍。

- 通过开始菜单启动：单击【开始】按钮，选择【所有程序】|Microsoft Office |Microsoft Office Word 2010 命令，可启动 Word 2010，同理也可启动其他组件，如图 1-15 所示。

◉ 双击快捷方式启动：通常软件安装完成后会在桌面上建立快捷方式图标，双击这些图标即可启动相应的组件，如图 1-16 所示。

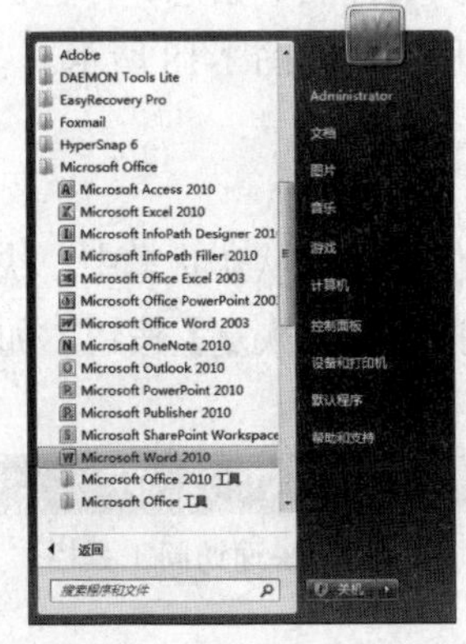

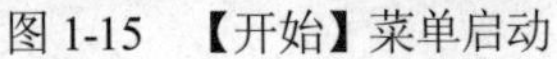

图 1-15 【开始】菜单启动

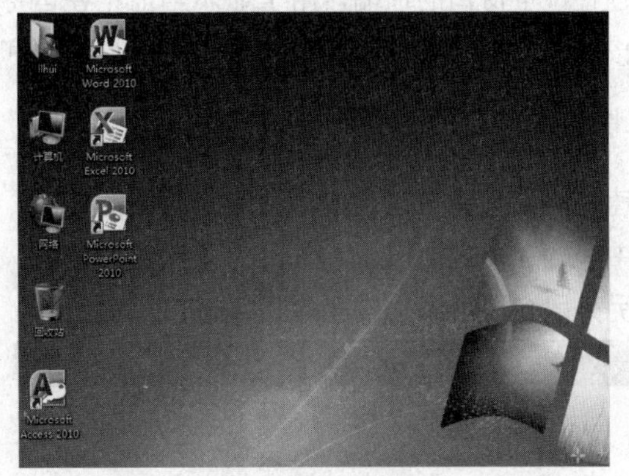

图 1-16 快捷方式图标启动

◉ 通过【计算机】窗口启动：如果清楚地知道软件在电脑中安装的位置，可打开【计算机】窗口，找到安装目录，然后双击可执行文件启动。

◉ 通过已有的文件启动：如果电脑中已经存在已保存的文件，可双击这些文件启动相应的组件。例如双击 Word 文档文件可打开文件并同时启动 Word 2010，双击 Excel 工作簿可打开工作簿并同时启动 Excel 2010。

1.1.4 Office 2010 组件的工作界面

Office 2010 中各个组件的工作界面大致相同，本书主要介绍 Word、Excel 和 PowerPoint 这 3 个组件，下面以 Word 2010 为例来介绍它们的共性界面。

选择【开始】|【所有程序】| Microsoft Office | Microsoft Office Word 2010 命令，启动 Word 2010。可看到图 1-17 所示的工作界面，主要由标题栏、快速访问工具栏、功能区、导航窗格、工作区域、状态与视图栏组成。

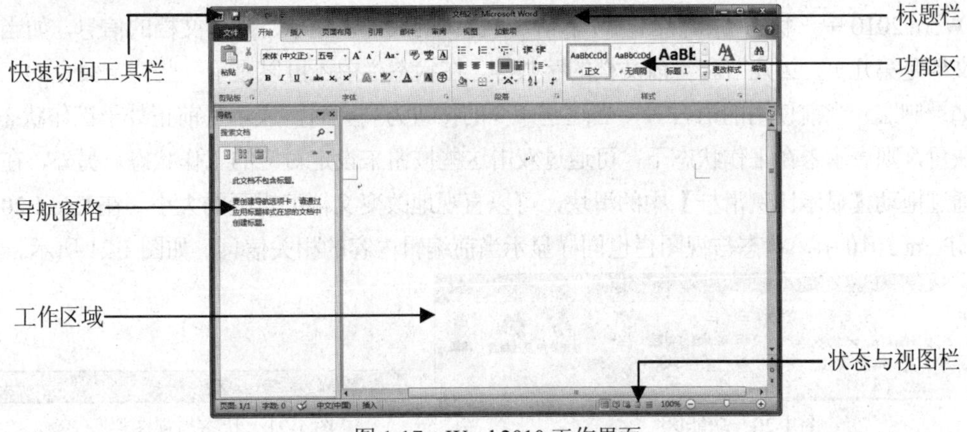

图 1-17 Word 2010 工作界面

1. 标题栏

标题栏位于窗口的顶端，用于显示当前正在运行的程序名及文件名等信息。标题栏最右端有 3 个按钮，分别用来控制窗口的最小化、最大化和关闭应用程序，如图 1-18 所示。

2. 快速访问工具栏

快速访问工具栏中包含最常用操作的快捷按钮，方便用户使用。在默认状态中，快速访问工具栏中包含 3 个快捷按钮，分别为【保存】按钮、【撤销】按钮和【恢复】按钮，如图 1-19 所示，另外用户还可添加或删除相关按钮。

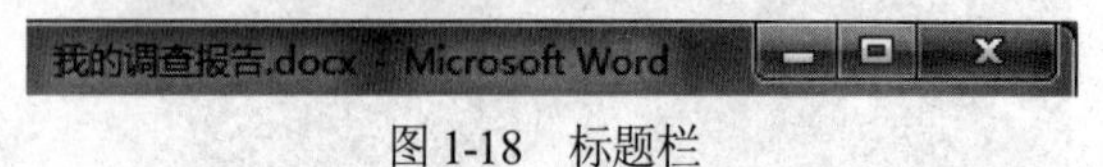

图 1-18　标题栏

图 1-19　快速访问工具栏

3. 功能区

在 Office 2010 中，功能区是完成 Office 各种操作的主要区域。在默认状态下，功能区主要包含【文件】、【开始】、【插入】等多个选项卡，其大多数功能都集中在这些选项卡中，如图 1-20 所示。

4. 导航窗格

在 Word 中导航窗格主要显示文档的标题级文字，以方便用户快速查看文档，单击其中的标题，即可快速跳转到相应的位置。在 PowerPoint 2010 中导航窗格主要显示幻灯片的缩略图。

5. 工作区域

在 Word 2010 中工作区域就是输入文本、添加图形、图像以及编辑文档的区域，用户对文本进行的操作结果都将显示在该区域。在Excel 2010中，工作区域主要用来处理数据。在 PowerPoint 2010 中，工作区域主要用来处理幻灯片中的内容。

6. 状态与视图栏

在 Word 2010 中，状态栏和视图栏位于 Word 窗口的底部，显示了当前文档的信息，如当前显示的文档是第几页、第几节和当前文档的字数等。在状态栏中还可以显示一些特定命令的工作状态，如录制宏、当前使用的语言等，当这些命令的按钮为高亮时，表示目前正处于工作状态，若变为灰色，则表示未在工作状态下，可通过双击这些按钮来设定对应的工作状态。另外，在视图栏中通过拖动【显示比例滑杆】中的滑块，可以直观地改变文档编辑区的大小。在 Excel 2010 和 PowerPoint 2010 中，状态与视图栏也同样显示当前编辑内容的相关信息，如图 1-21 所示。

图 1-20　功能区

图 1-21　状态与视图栏

1.1.5 退出 Office 2010 组件

使用 Office 2010 组件完成工作后，就可以退出这些软件了。以 Word 2010 为例，退出软件的方法通常有以下几种：

- 单击 Word 2010 窗口右上角的【关闭】按钮。
- 右击标题栏，在弹出的快捷菜单中选择【关闭】命令。
- 双击任务栏左侧的按钮。
- 单击【文件】按钮，在打开的界面中选择【关闭】命令关闭当前文档，选择【退出】命令，关闭当前文档并退出 Word 2010 程序。

1.2 Office 2010 的个性化设置

虽然 Office 2010 具有统一风格的界面，但为了方便用户操作，用户可对其各个组件进行个性化设置，例如，自定义快速访问工具栏、更改界面颜色、自定义功能区等。本节以 Word 2010 为例来介绍对 Office 2010 组件的操作界面进行个性化设置的方法。

1.2.1 自定义快速访问工具栏

快速访问工具栏包含一组独立于当前所显示选项卡的命令，是一个可自定义的工具栏。用户可以快速地自定义常用的命令按钮，单击【自定义快速访问工具栏】下拉按钮，从弹出的下拉菜单中选择【打开】命令，即可将【打开】按钮添加到快速访问工具栏中，如图 1-22 所示。

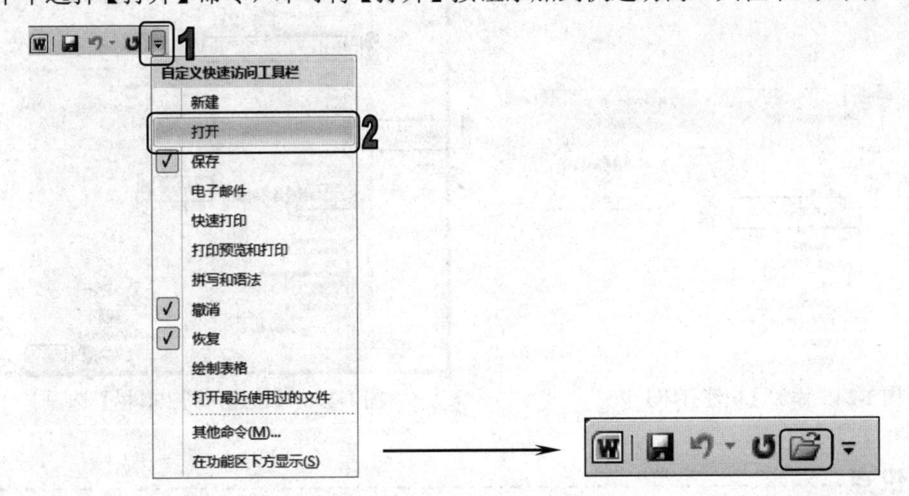

图 1-22 添加命令按钮

如果用户不希望快速访问工具栏出现在当前位置，可以单击【自定义快速访问工具栏】下拉按钮，从弹出的下拉菜单中选择【在功能区下方显示】命令，即可将快速访问工具栏移动到功能区下方，如图 1-23 所示。

提示

右击【自定义快速访问工具栏】的空白处，或右击功能区的空白处，从弹出的快捷菜单中选择【在功能区下方显示快速访问工具栏】命令，也可将快速访问工具栏置于功能区下方。

图 1-23 改变快速访问工具栏的位置

【例 1-2】自定义 Word 2010 快速访问工具栏中的按钮，将【快速打印】和【格式刷】按钮添加到快速访问工具栏中。

(1) 启动 Word 2010，在快速访问工具栏中单击【自定义快速工具栏】按钮，在弹出的菜单中选择【快速打印】命令，将【快速打印】按钮添加到快速访问工具栏中，如图 1-24 所示。

(2) 在快速访问工具栏中单击【自定义快速工具栏】按钮，在弹出的菜单中选择【其他命令】命令，打开【Word 选项】对话框。

(3) 打开【快速访问工具栏】选项卡，在【从下列位置选择命令】下拉列表框中选择【常用命令】选项，并且在下面的列表框中选择【格式刷】选项，然后单击【添加】按钮，将【格式刷】按钮添加到【自定义快速访问工具栏】的列表框中，如图 1-25 所示。

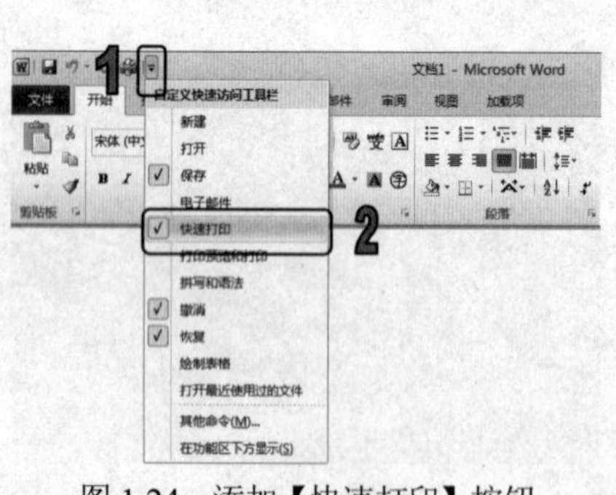

图 1-24 添加【快速打印】按钮

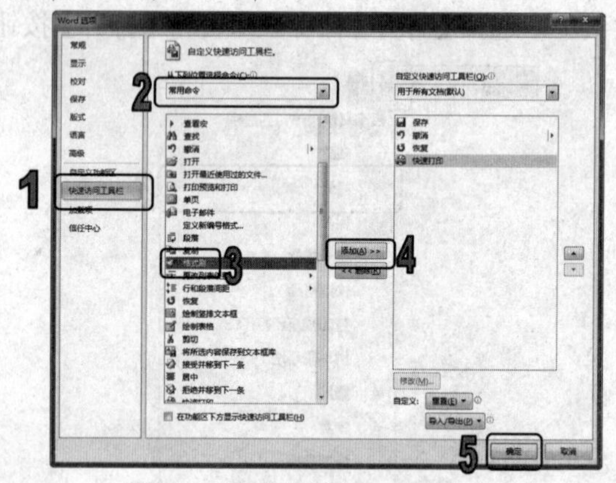

图 1-25 【快速访问工具栏】选项卡

知识点

在功能区的选项卡中，右击某个命令按钮，在弹出的快捷菜单中选择【添加到快速访问工具栏】命令，也可以将该按钮添加到快速访问工具栏中。

(4) 单击【确定】按钮，完成快速工具栏的设置。此时，快速访问工具栏的效果如图 1-26 所示。

图 1-26　自定义快速访问工具栏

提示

只有命令按钮才能被添加到快速访问工具栏中，大多数列表的内容(如缩进和间距值及各个样式)虽然也显示在功能区上，但无法将它们添加到快速访问工具栏。

提示

在快速访问工具栏中右击某个按钮，在弹出的快捷菜单中选择【从快速访问工具栏删除】命令，即可将该按钮从快速访问工具栏中删除。

1.2.2　更改界面颜色

默认情况下，Office 2010 工作界面的颜色为银色。用户可以通过更改界面颜色，定制符合自己需求的软件窗口颜色。

【例 1-3】更改 Word 2010 工作界面颜色。

(1) 启动 Word 2010，单击【文件】按钮，从弹出的菜单中选择【选项】命令，如图 1-27 所示。

(2) 打开【Word 选项】对话框的【常规】选项卡，在【用户界面选项】选项区域的【配色方案】下拉列表中选择【黑色】选项，如图 1-28 所示。

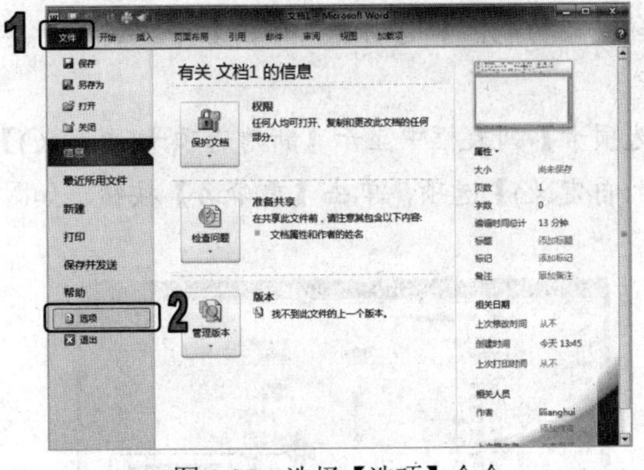

图 1-27　选择【选项】命令

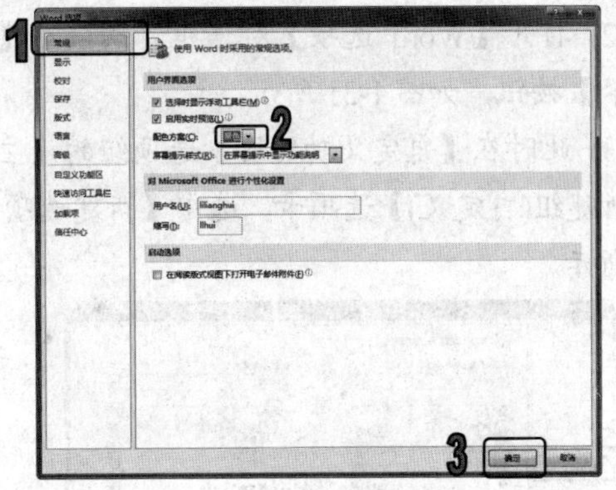

图 1-28　【Word 选项】对话框

(3) 单击【确定】按钮，此时 Word 2010 工作界面的颜色将由原先的银色变为黑色，如图 1-29 所示。

提示

同理，用户还可设置 Office 2010 其他组件的主界面颜色。

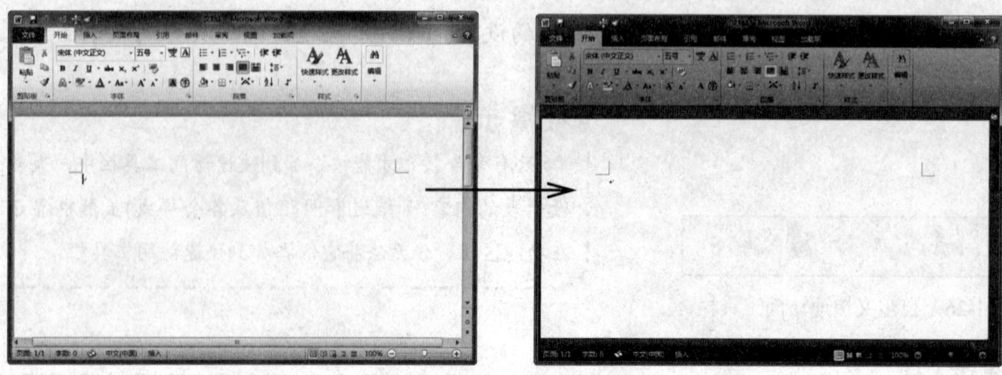

图 1-29　更改工作界面颜色

1.2.3　自定义功能区

用户还可以根据需要，在功能区中添加新选项和新组，并增加新组中的按钮。

【例 1-4】在 Word 2010 中添加新选项卡、新组和新按钮。

(1) 启动 Word 2010，在功能区中任意位置中右击，从弹出的快捷菜单中选择【自定义功能区】命令，如图 1-30 所示。

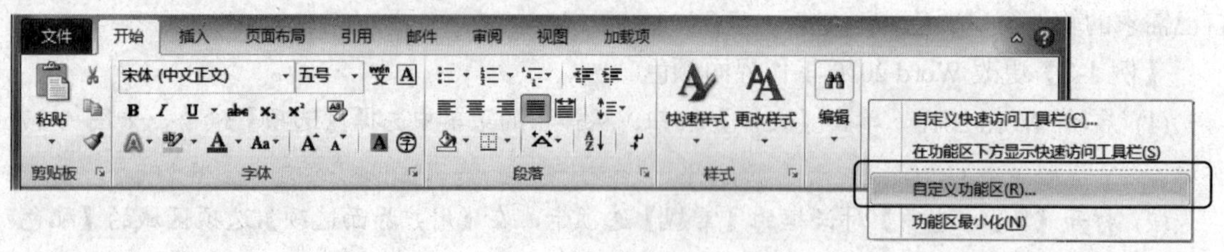

图 1-30　选择【自定义功能区】命令

(2) 打开【Word 选项】对话框，切换至【自定义功能区】选项卡，单击右下方的【新建选项卡】按钮，如图 1-31 所示。

(3) 此时在【自定义功能区】选项组的【主选项卡】列表框中显示【新建选项卡(自定义)】和【新建组(自定义)】选项卡，选中【新建选项卡(自定义)】选项，单击【重命名】按钮，如图 1-32 所示。

图 1-31　【自定义功能区】选项卡

图 1-32　新建选项卡和组

(4) 打开【重命名】对话框，在【显示名称】文本框中输入“新增”，单击【确定】按钮，如图 1-33 所示。

(5) 返回至【Word 选项】对话框，在【主选项卡】列表框中显示重命名的新选项卡，如图 1-34 所示。

图 1-33　【重命名】对话框

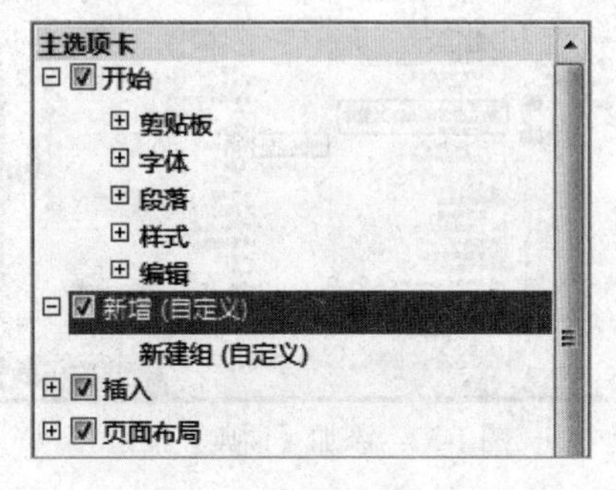

图 1-34　重命名新选项卡

(6) 在【自定义功能区】选项组的【主选项卡】列表框中选中【新建组(自定义)】选项卡，选中【新建选项卡(自定义)】选项，单击【重命名】按钮。

(7) 打开【重命名】对话框，在【符号】列表框中选择一种符号，在【显示名称】文本框中输入“学习”，单击【确定】按钮，如图 1-35 所示。

(8) 返回至【Word 选项】对话框，在【主选项卡】列表框中显示重命名后的选项卡和组，如图 1-36 所示。

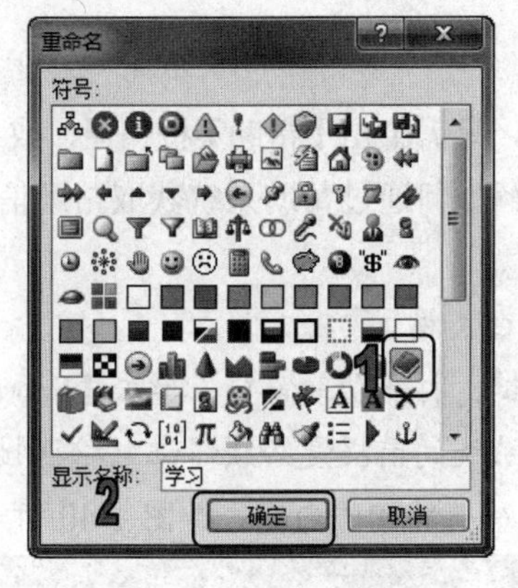

图 1-35　重命名新组

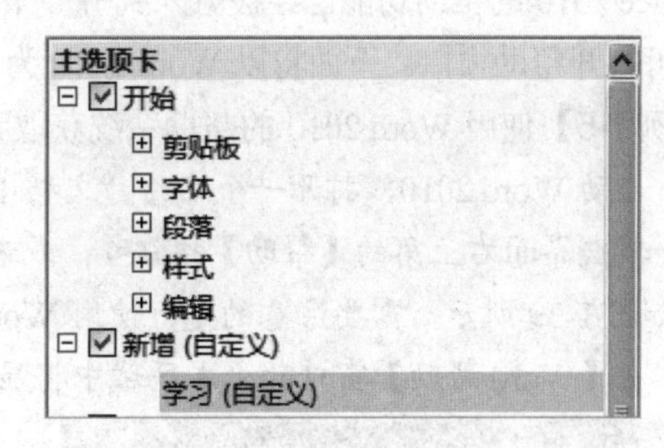

图 1-36　显示重命名后的选项卡和组

(9) 在【从下列位置选中命令】下拉列表框中选择【不在功能区中的命令】选项，并在下方的列表框中选择需要添加到的按钮，这里选择【词典】选项，单击【添加】按钮，即可将其添加到新建的【学习】组中，如图 1-37 所示。

提示

在【Word 选项】对话框右侧的【主选项卡】列表框中取消选中选项卡左侧的复选框，即可隐藏该选项卡，也就是不在工作界面中显示该选项卡。

(10) 完成自定义设置后，单击【确定】按钮，返回至 Word 2010 工作界面，此时显示【新增】选项卡，打开该选项卡，即可看到【学习】组合【词典】按钮，如图 1-38 所示。

图 1-37 添加【词典】按钮

图 1-38 打开【新增】选项卡

1.3 获取帮助信息

在使用 Office 2010 的各个组件时，如果遇到难以弄懂的问题，用户可以求助 Office 2010 的帮助系统。它就像 Office 的导师，可以使用它获取帮助，达到排忧解难的目的。

1.3.1 使用 Office 2010 的帮助系统

Office 2010 的帮助功能已经被融入到每一个组件中，只需单击【帮助】按钮，或者按 F1 键，即可打开帮助窗口。下面将以 Word 2010 为例，讲解如何通过帮助系统获取帮助信息。

【例 1-5】使用 Word 2010 的帮助系统获取帮助信息。

(1) 启动 Word 2010，打开一个名为“文档 1”的空白文档。

(2) 单击界面右上角的【帮助】按钮，或者按 F1 键，打开帮助窗口，单击【Word 入门】链接，如图 1-39 所示。需要注意的是，使用 Word 帮助系统的前提是必须保证电脑连接网络。

(3) 在【Word 帮助】窗口的文本区域中将显示搜索结果的相关内容，如图 1-40 所示。

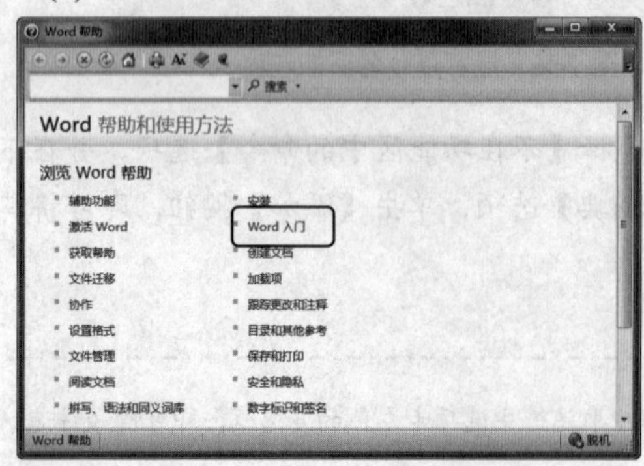

图 1-39 【Word 帮助】窗口

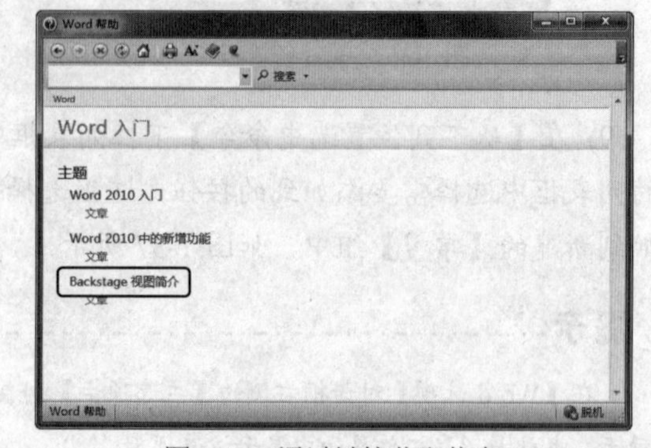

图 1-40 通过链接获取信息

(4) 单击【主题】区域中的第 3 个【Backstage 视图简介】链接，即可在【Word 帮助】窗口的文本区域中显示有关于“Backstage 视图”的相关内容，如图 1-41 所示。

(5) 另外，在【键入要搜索的字词】文本框中输入要搜索的关键字，然后单击【搜索】按钮，也可搜索到与关键词相关的帮助信息，如图 1-42 所示。

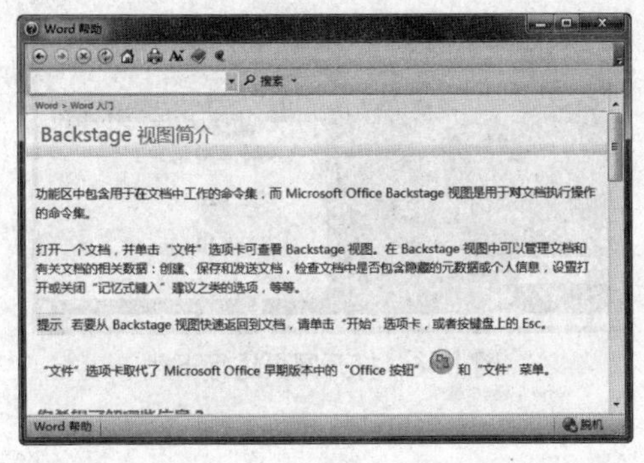

图 1-41　获取“Backstage 视图”的相关内容

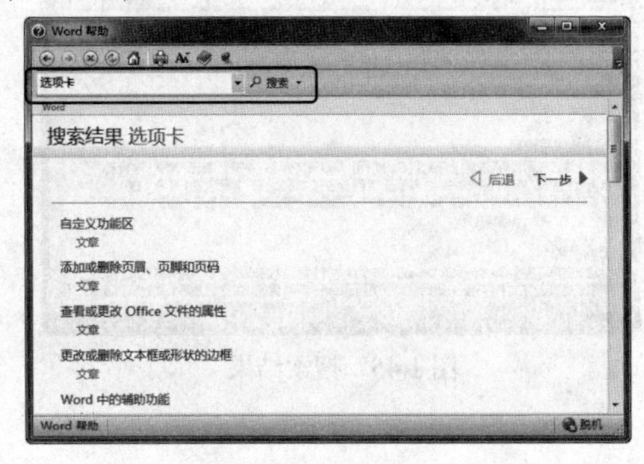

图 1-42　在搜索框中输入信息进行搜索

1.3.2　通过 Internet 获得帮助

当电脑确保已经联网的情况下，用户还可以通过强大的网络搜寻到更多的 Word 2010 帮助信息，即通过 Internet 获得更多的技术支持。

【例 1-6】通过 Internet 搜寻到更多的帮助信息，获得更多技术支持。

(1) 启动 Word 2010，自动打开一个名为“文档 1”的空白文档，单击界面右上角的【帮助】按钮。

(2) 打开【Word 帮助】窗口，单击窗口右下方的【脱机】按钮，选择【显示来自 Office.com 的内容】命令，如图 1-43 所示。

(3) 打开图 1-44 所示的窗口，在【搜索】文本框中输入要搜索的内容，如输入“加密”，然后单击【搜索】按钮。

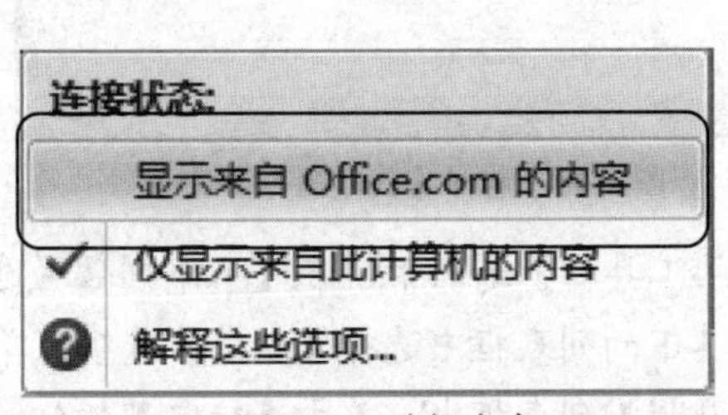

图 1-43　选择命令

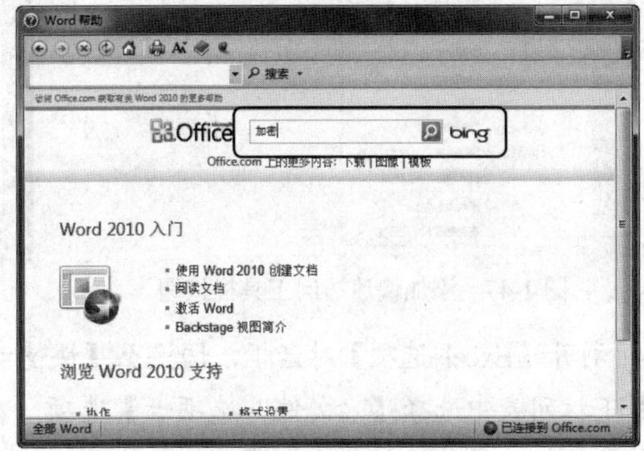

图 1-44　联机帮助界面

(4) 此时自动打开关于“加密”帮助信息的窗口，如图 1-45 所示。

(5) 在图 1-44 所示的窗口中，单击【模板】链接，可打开“微软中国官网”网页，在该网页中可以下载各类 Office 模板，如图 1-46 所示。

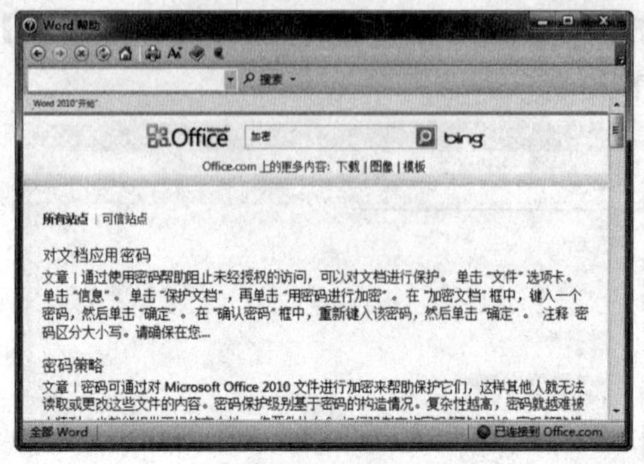

图 1-45　搜索结果

图 1-46　打开网页进行下载

1.4　上机练习

本章上机练习主要练习定制 Excel 2010 的窗口，更好地掌握选择自定义快递访问工具栏、功能区、状态栏和 Excel 选项的方法。

(1) 单击【开始】按钮，从弹出的【开始】菜单列表中选择【所有程序】| Microsoft Office | Microsoft Excel 2010 选项，启动 Excel 2010，打开 Excel 2010 窗口。

(2) 单击快速访问工具栏右侧的【自定义快速访问工具栏】按钮，从弹出的菜单中选择【打开】命令，将【打开】按钮添加至快递访问工具栏中，如图 1-47 所示。

(3) 单击快速访问工具栏右侧的【自定义快速访问工具栏】按钮，从弹出的菜单中选择【其他命令】命令，如图 1-48 所示。

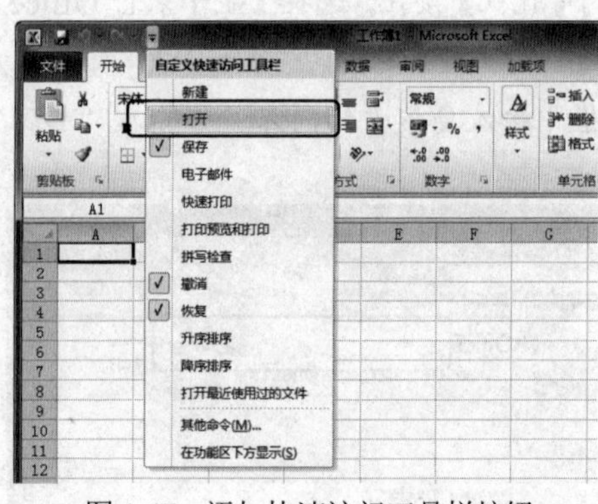

图 1-47　添加快速访问工具栏按钮

图 1-48　选择【其他命令】命令

(4) 打开【Excel 选项】对话框，切换至【快速访问工具栏】选项卡，在【从下列位置选择命令】下拉列表中选择【“文件”选项卡】选项，在其下的列表框中选择【新建】选项，单击【添加】按钮，将其添加到右侧【自定义快速访问工具栏】列表框中，单击【确定】按钮，如图 1-49 所示。

(5) 返回至 Excel 2010 文档窗口，在快速访问工具栏中显示【新建】按钮，如图 1-50 所示。

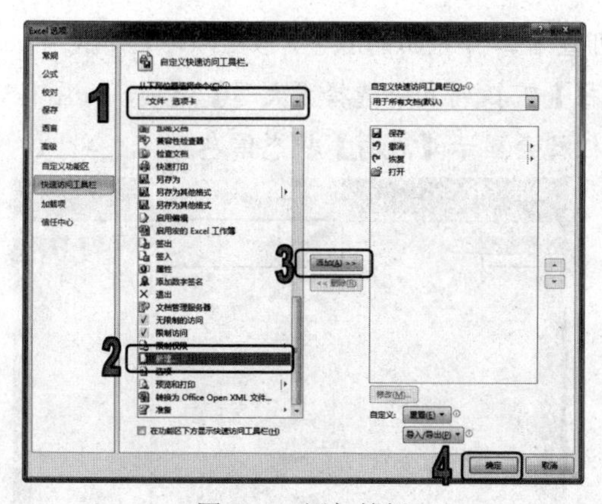

图 1-49　添加按钮

图 1-50　显示【新建】按钮

(6) 单击工作界面右上方的【功能区最小化】按钮，此时即可将功能区选项板最小化为一行，如图 1-51 所示。

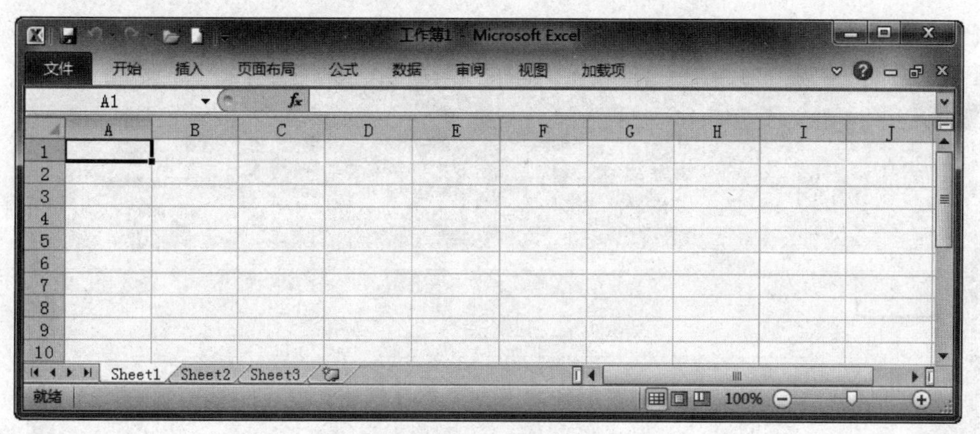

图 1-51　最小化功能区

(7) 单击【文件】按钮，从弹出的【文件】菜单中选择【选项】命令，打开【Excel 选项】对话框，如图 1-52 所示。

(8) 打开【常规】选项卡，在【用户界面选项】选项区域的【配色方案】下拉列表中选择【蓝色】选项，单击【确定】按钮，如图 1-53 所示。

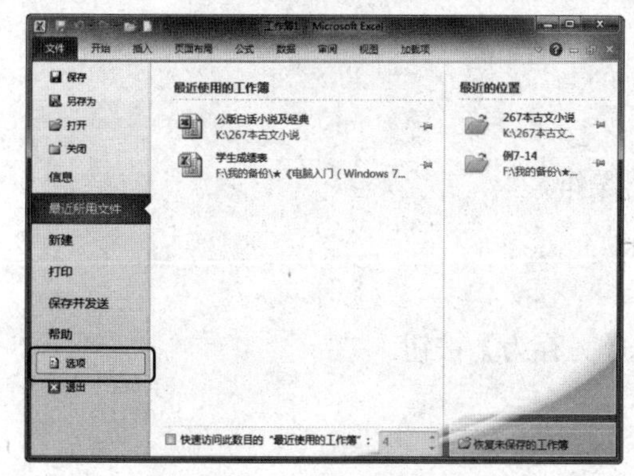

图 1-52　选择【选项】命令

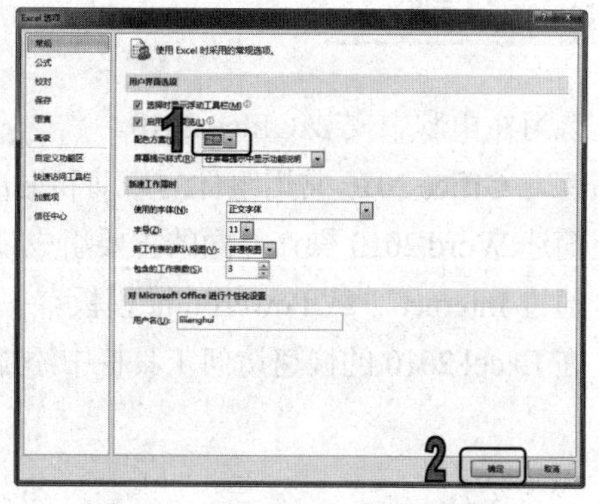

图 1-53　【Excel 选项】对话框

(9) 返回至 Excel 2010 文档窗口，此时即可查看工作界面的颜色，如图 1-54 所示。

(10) 右击状态栏，从弹出的【自定义状态栏】下拉列表中选择【大写】选项，如图1-55 所示。此时如果将输入法状态设置为大写，状态栏就会显示【大写】状态信息。

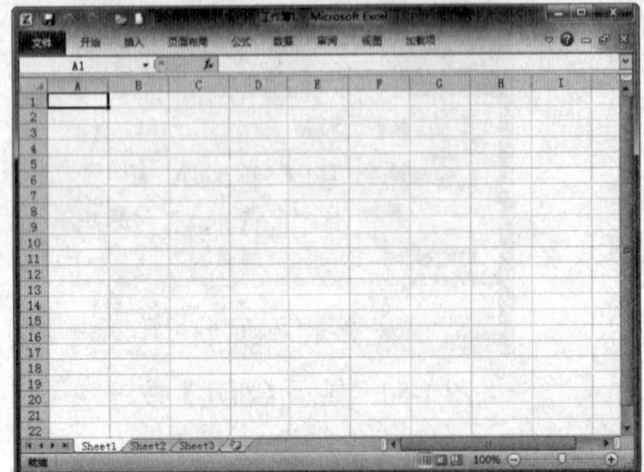

图 1-54　显示蓝色界面

图 1-55　选择【大写】选项

(11) 双击功能区的选项板名称，可使各选项板恢复默认显示，如图 1-56 所示。

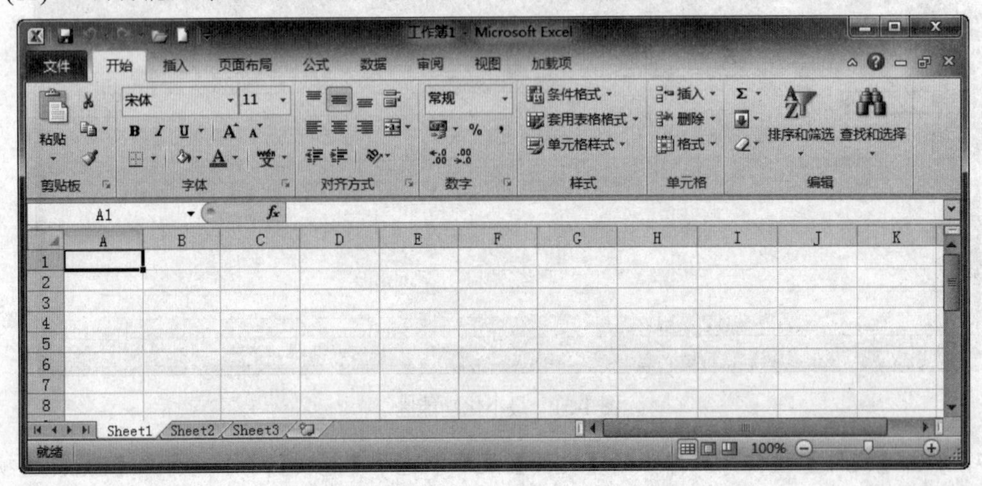

图 1-56　恢复选项板默认显示状态

1.5　习题

1. 练习在电脑中安装 Office 2010。
2. 练习 Office 2010 常用组件的启动和退出操作。
3. 简述 Word 2010 操作界面的主要组成部分。
4. 通过 Internet 下载 PowerPoint 模板。
5. 在 Excel 2010 的快速访问工具栏中添加【另存为】按钮。

第2章 Word 2010 基本操作

学习目标

Word 2010 是 Microsoft 公司最新推出的文字处理软件。它继承了 Windows 友好的图形界面，可方便地进行文字、图形、图像和数据处理，制作具有专业水准的文档。本章主要介绍 Word 2010 的基础操作，包括文档的创建和编辑，以及设置文本和段落格式等内容。

本章重点

- 文档的基本操作
- 输入和编辑文档内容
- 设置文本和段落格式
- 使用项目符号和编号
- 使用格式刷

2.1 文档的基本操作

在使用 Word 2010 编辑文档之前，必须掌握文档的一些基本操作，主要包括新建、保存、打开和关闭文档。只有熟悉了这些基本操作后，才能更好地使用 Word 2010。

2.1.1 新建文档

Word 文档是文本、图片等对象的载体，要制作出一篇工整、漂亮的文档，首先必须创建一个新文档。在 Word 2010 中，可以创建空白文档，也可以根据现有的内容创建文档，甚至可以是一些具有特殊功能的文档，如书法字帖。

1. 创建空白文档

空白文档是指文档中没有任何内容的文档。除了启动 Word 2010 后系统会自动创建一篇空白文档外，还可以使用以下几种方法创建空白文档：

- 单击【文件】按钮，从弹出的菜单中选择【新建】命令。
- 在快速访问工具栏中单击新添加的【新建】按钮。
- 按 Ctrl+N 组合键。

2. 根据现有内容创建文档

根据现有文档创建新文档，可将选择的文档以副本方式在一个新的文档中打开，这时就可以在新的文档中编辑文档的副本，而不会影响到原有的文档。

【例 2-1】根据已有的文档“行政人事管理制度”新建一篇文档。

(1) 启动 Word 2010，单击【文件】按钮，从弹出的菜单中选择【新建】命令，打开 Microsoft Office Backstage 视图。

(2) 在中间的【可用模板】任务窗格中选择【根据现有内容新建】选项，如图 2-1 所示。

(3) 此时系统自动打开【根据现有文档新建】对话框，选择“行政人事管理制度”文档，如图 2-2 所示。

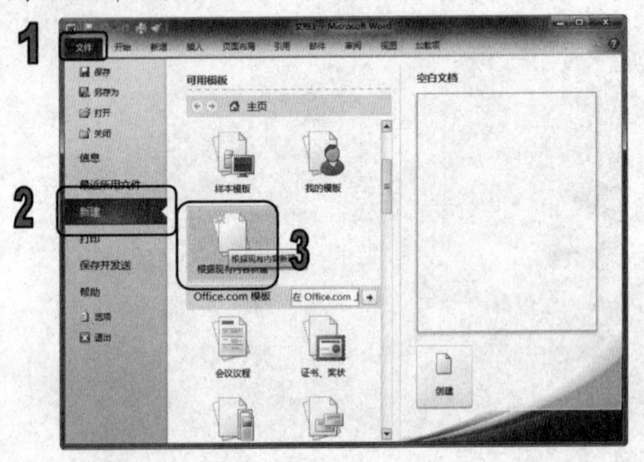

图 2-1　选择【根据现有内容新建】选项

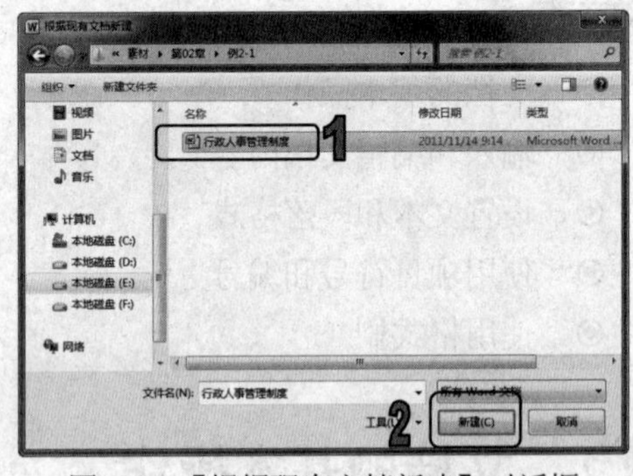

图 2-2　【根据现有文档新建】对话框

(4) 单击【新建】按钮，Word 2010 自动新建一个文档，其中的内容为所选的“行政人事管理制度”的内容，如图 2-3 所示。

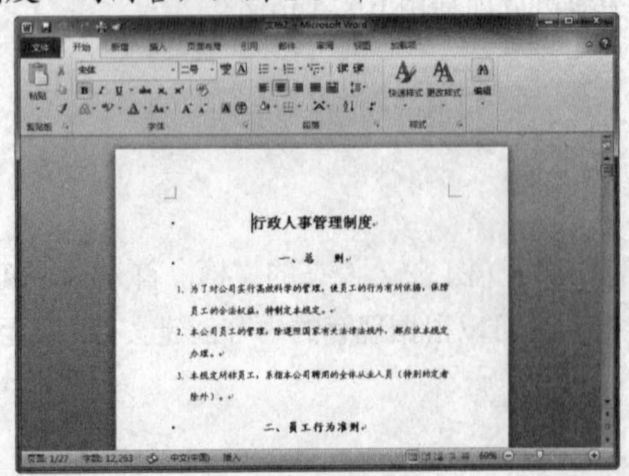

图 2-3　显示创建的文档

提示

Word 2010 中为用户提供了多种具有统一规格、统一框架的文档的模板，如传真、信函或简历等，通过这些模板可以很方便地创建文档。

2.1.2 保存文档

对于新建的文档，只有将其保存起来，才可以再次对其进行查看或编辑修改。而且，在编辑文档的过程中，养成随时保存文档的习惯，可以避免因电脑故障而丢失信息。保存文档分为保存新建的文档、保存已保存过的文档、另存 Word 文档和自动保存文档 4 种方式。下面将详细介绍这 4 种方式。

1. 保存新建的文档

在第一次保存编辑好的文档时，需要指定文件名、文件的保存位置和保存格式等信息。保存新建文档的常用操作如下：

- 单击【文件】按钮，从弹出的菜单中选择【保存】命令。
- 单击快速访问工具栏上的【保存】按钮。
- 按 Ctrl+S 快捷键。

【例 2-2】将【例 2-1】创建的文档以"行政人事管理制度(2013 版)"为名保存到电脑中。

(1) 在【例 2-1】创建的文档中，单击【文件】按钮，从弹出的菜单中选择【保存】命令，如图 2-4 所示。

(2) 打开【另存为】对话框，选择文档的保存路径，在【文件名】文本框中输入"行政人事管理制度(2013 版)"，然后单击【保存】按钮，如图 2-5 所示。

(3) 此时将在 Word 2010 文档窗口的标题栏中显示文档名称，即文档将以"行政人事管理制度(2013 版)"为名保存。

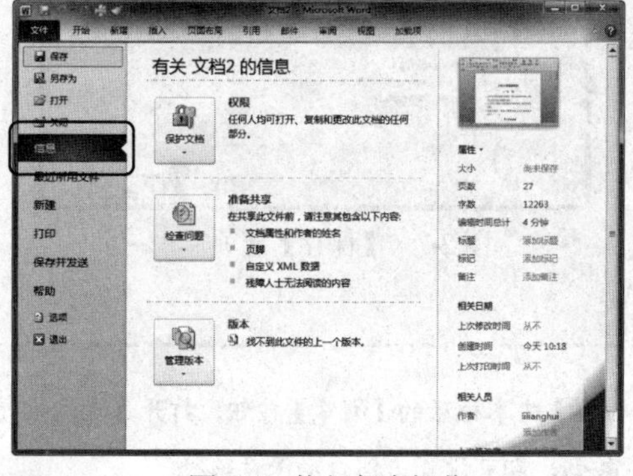

图 2-4 执行保存操作

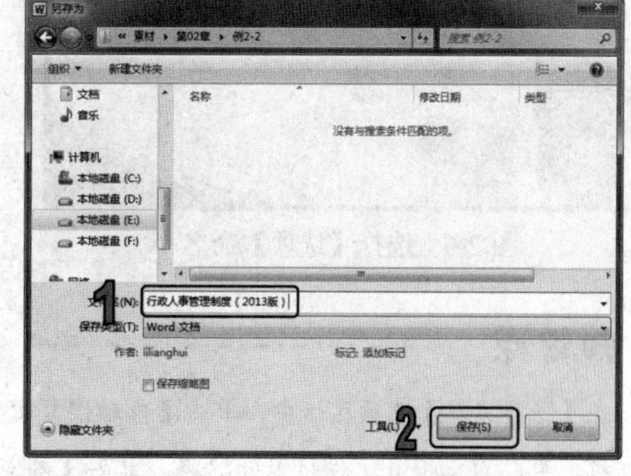

图 2-5 【另存为】对话框

2. 保存已保存过的文档

要对已保存过的文档进行保存，可单击【文件】按钮，在弹出的菜单中选择【保存】命令，或单击快速访问工具栏上的【保存】按钮，此时系统将不会打开【另存为】对话框，而直接按照原有的路径、名称以及格式进行保存。

3. 另存 Word 文档

对于已保存在电脑中的文档，若要改变文档保存的位置、文件名或保存类型，可以执行另存为操作。

在文档编辑窗口中单击【文件】按钮，从弹出的菜单中选择【另存为】命令，这时会打开【另存为】对话框，在该对话框中重新设置文档的名称、保存位置和保存类型，单击【保存】按钮，将重新保存为另一个文档，原来的文档不受影响。

4. 自动保存文档

用户若不习惯随时对修改的文档进行保存操作，则可将文档设置为自动保存。设置自动保存后，无论文档是否进行了修改，系统会根据设置的时间间隔在指定的时间自动对文档进行保存。

【例 2-3】将 Word 2010 文档的自动保存的时间间隔设置为 5 分钟。

(1) 启动 Word 2010，打开一个名为“文档 1”文档。

(2) 单击【文件】按钮，从弹出的菜单中选择【选项】选项，如图 2-6 所示。

(3) 打开【Word 选项】对话框的【保存】选项卡，在【保存文档】选项区域中选中【保存自动恢复信息时间间隔】复选框，并在其右侧的微调框中输入 5，如图 2-7 所示。

(4) 单击【确定】按钮，完成设置。

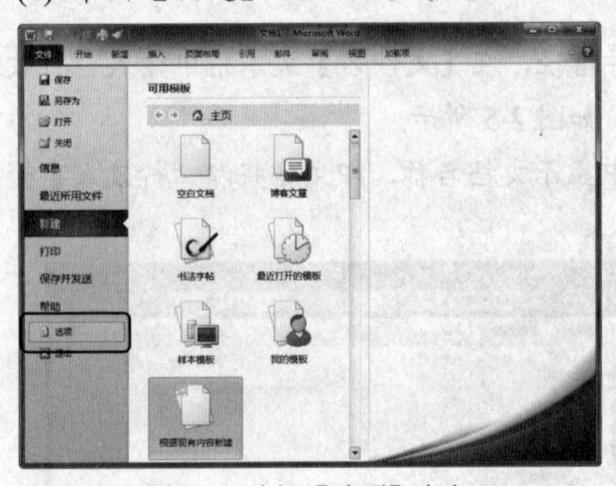

图 2-6 选择【选项】命名

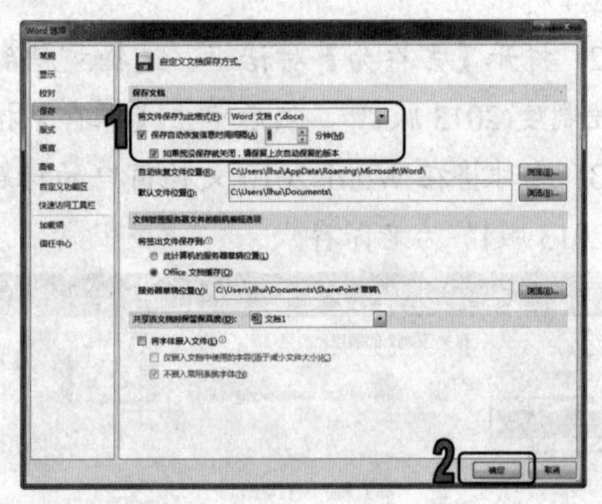

图 2-7 【保存】选项卡

知识点

在【保存文档】选项区域中，单击【自动恢复文件位置】文本框后的【浏览】按钮，打开【修改位置】对话框，更改自动恢复文件位置的路径，单击【确定】按钮，即可设置文档自动保存路径。

2.1.3 打开文档

打开文档是 Word 的一项最基本的操作。如果用户要对保存的文档进行编辑，首先需要将其打开。打开文档的方法有两种，一种是双击文件图标直接打开，另一种是通过【打开】对话框进行打开。

1. 直接打开文档

双击桌面上的【计算机】图标，在打开的驱动器中找到文档所在的位置，然后双击即可打开文档，如图 2-8 所示。

2. 通过【打开】对话框打开文档

在编辑文档的过程中，若需要使用或参考其他文档中的内容，则可使用【打开】对话框来打开文档。单击【文件】按钮，选择【打开】命令，打开【打开】对话框，如图 2-9 所示。选择文档的保存路径，例如选择“行政人事管理制度(2013 版)”文档，然后单击【打开】按钮，即可打开目标文档。

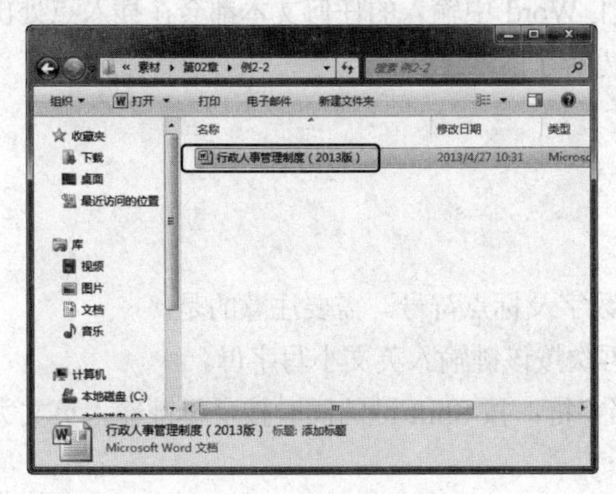

图 2-8　双击打开文档

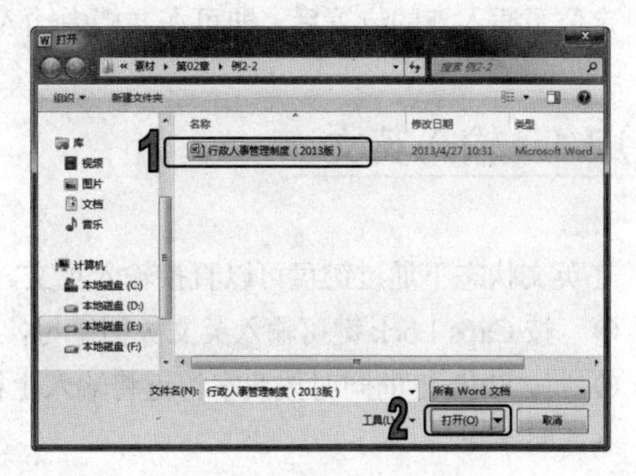

图 2-9　【打开】对话框

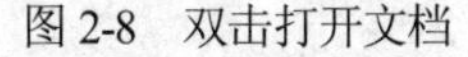

提示

【打开】对话框中【打开】下拉列表中提供了多种打开文档的方式。使用以只读方式打开的文档，将以只读方式存在，对文档的编辑修改将无法直接保存到原文档上，而需要将编辑修改后的文档另存为一个新的文档；使用以副本方式打开的一个文档，而不打开原文档，对该副本文档所作的编辑修改将直接保存到副本文档中，对原文档则没有影响。

2.1.4　关闭文档

当用户不需要使用文档时，应将其关闭。关闭文档的方法非常简单，常用的关闭文档的方法如下：

- 单击标题栏右侧的【关闭】按钮 ✕ 。
- 按 Alt+F4 组合键，结束任务。
- 单击【文件】按钮，从弹出的界面中选择【关闭】命令，关闭当前文档；选择【退出】命令，关闭当前文档并退出 Word 程序。
- 右击标题栏，从弹出的快捷菜单中选择【关闭】命令。

知识点

如果文档经过了修改，但没有保存，那么在进行关闭文档操作时，将会自动弹出信息提示框提示用户进行保存。

2.2 输入文档内容

在文档输入内容是 Word 2010 的一项基本操作。新建一个 Word 文档后，在文档的开始位置将出现一个闪烁的光标，称之为“插入点”。在 Word 中输入的任何文本都会在插入点处出现。定位了插入点的位置后，即可在文档中输入内容了。

2.2.1 输入英文

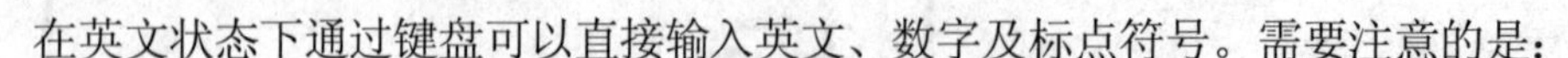

在英文状态下通过键盘可以直接输入英文、数字及标点符号。需要注意的是：

- 按 Caps Lock 键可输入英文大写字母，再次按该键输入英文小写字母。
- 按 Shift 键的同时按双字符键将输入上档字符；按 Shift 键的同时按字母键输入英文大写字母。
- 按 Enter 键，插入点自动移到下一行行首。
- 按空格键，在插入点的左侧插入一个空格符号。

在输入英文的过程中，想要转换文档中的英文大小写，可选定输入的英文内容，然后在【开始】选项卡的【字体】组中单击【更改大小写】按钮Aa，从弹出的下拉菜单中选择相应的命令即可，如图 2-10 所示。

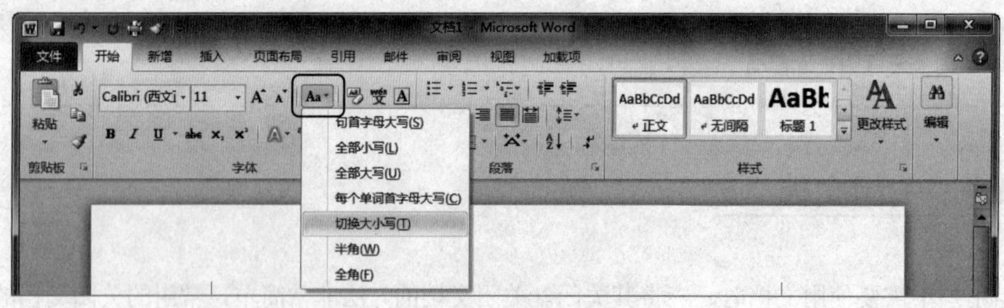

图 2-10 更改英文字母大小写

2.2.2 输入中文

一般情况下，系统会自带一些基本的输入法，如微软拼音、智能 ABC 等。这些中文输入法都是比较通用的，用户可以使用默认的输入法切换方式，例如，打开/关闭输入法控制条组合键(Ctrl+空格键)、切换输入法(Ctrl+Shift 键)等。选择一种中文输入法后，即可在插入点处开始输入中文文本。

提示

搜狗拼音输入法是一种常用的中文输入法，它凭借自身强大的输入功能和友好的操作界面而深受广大用户的喜爱，本书所有实例如无特别说明，都将默认使用搜狗拼音输入法。

【例 2-4】新建一个名为“大学生求职成功三要素”的文档，使用中文输入法输入文本。

(1) 启动 Word 2010，新建一个空白文档，并将其保存为“大学生求职成功三要素”。

(2) 切换至搜狗拼音输入法，在插入点处输入标题“大学生求职成功三要素”，按空格键，将标题移至该行的中间位置，如图 2-11 所示。

(3) 按 Enter 键，换行，然后按 Backspace 键，将插入点移至下一行行首，继续输入文本，如图 2-12 所示。

图 2-11　输入标题文本

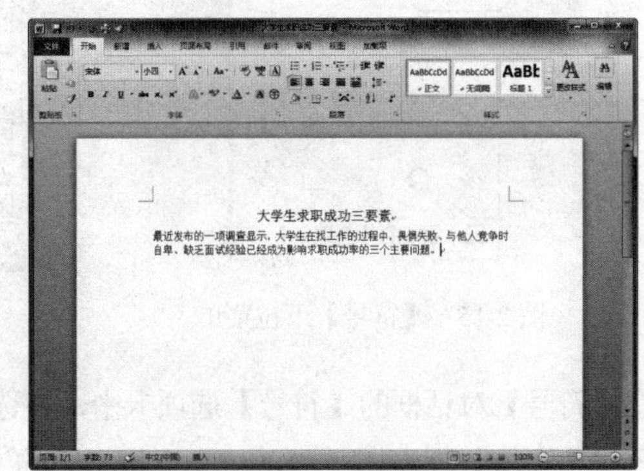

图 2-12　换行输入文本

(4) 按 Enter 键，将插入点跳转至下一行的行首，再按下 Tab 键，首行缩进两个字符，继续输入多段正文文本，如图 2-13 所示。

(5) 按 Enter 键，继续换行，按 Backspace 键，将插入点移至下一行行首，使用同样的方法继续输入所需的文本，完成文本输入后的文档效果如图 2-14 所示。

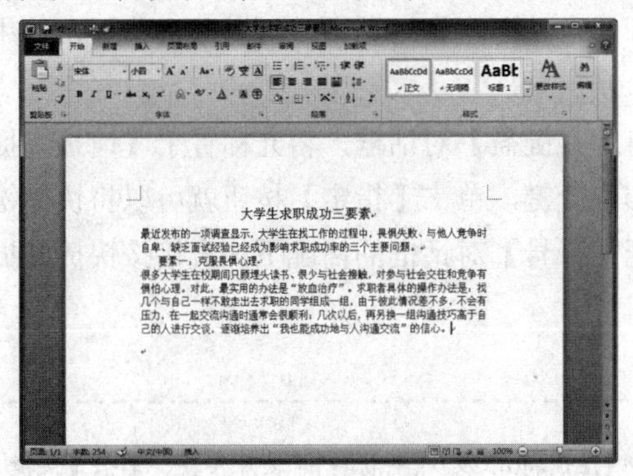

图 2-13　继续输入多段文本

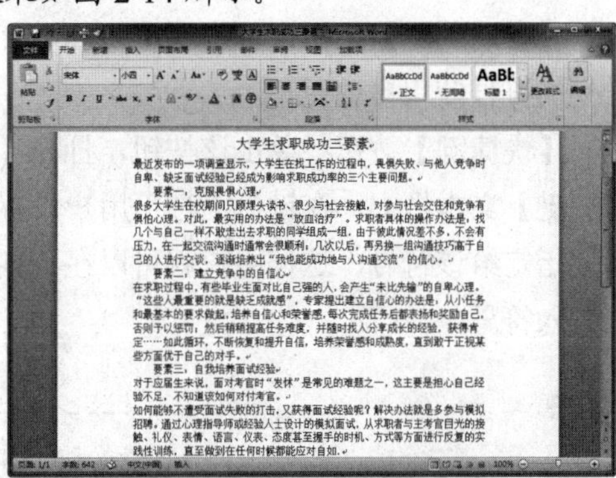

图 2-14　完成文本的输入

2.2.3 输入符号

在输入文本的过程中，有时需要插入一些特殊符号，例如希腊字母、商标符号、图形符号和数字符号等，而这些特殊符号通过键盘是无法输入的。这时，可以通过 Word 2010 提供的插入符号功能来实现符号的输入。

要在文档中插入符号，可先将插入点定位在要插入符号的位置，打开【插入】选项卡，在【符号】组中单击【符号】下拉按钮，在弹出的菜单中选择相应的符号即可，如图 2-15 所示。

在【符号】下拉菜单中选择【其他符号】命令，即可打开【符号】对话框，在其中选择要插入的符号，单击【插入】按钮，同样也可以插入符号，如图 2-16 所示。

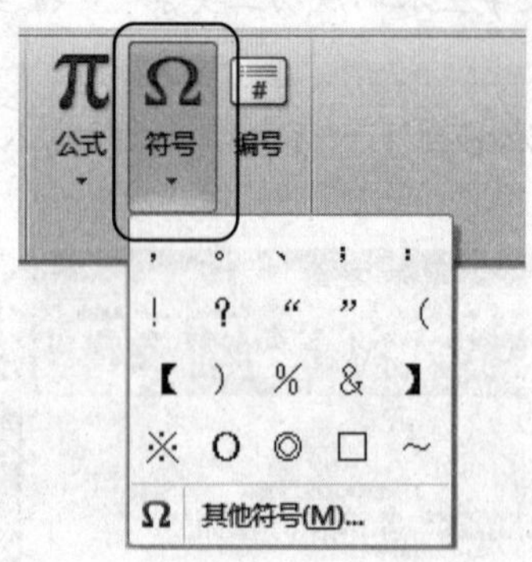

图 2-15 【符号】下拉菜单

图 2-16 【符号】对话框

在【符号】对话框的【符号】选项卡中，各选项的功能如下所示。

- 【字体】列表框：可以从中选择不同的字体集，以输入不同的字符。
- 【子集】列表框：显示各种不同的符号。
- 【近期使用过的符号】选项区域：显示了用户最近使用过的 16 个符号，以方便用户快速查找符号。
- 【字符代码】下拉列表框：显示所选的符号代码。
- 【来自】下拉列表框：显示符号的进制，如符号十进制。
- 【自动更正】按钮：单击该按钮，可打开【自动更正】对话框，可以对一些经常使用的符号使用自动更正。
- 【快捷键】按钮：单击该按钮，打开【自定义键盘】对话框，将光标置于【请按快捷键】文本框中，在键盘上按下用户设置的快捷键，单击【指定】按钮就可以将快捷键指定给该符号，这样用户就可以在不打开【符号】对话框的情况下，直接按快捷键插入符号。

提示

另外，打开【特殊字符】选项卡，在其中可以选择®(注册符)以及™(商标符)等特殊字符，单击【快捷键】按钮，可为特殊字符设置快捷键。

2.2.4　输入日期和时间

使用 Word 2010 编辑文档时，可以使用插入日期和时间功能来输入当前日期和时间。

在 Word 2010 中输入日期类格式的文本时，Word 2010 会自动显示默认格式的当前日期，按 Enter 键即可完成当前日期的输入，如图 2-17 所示。

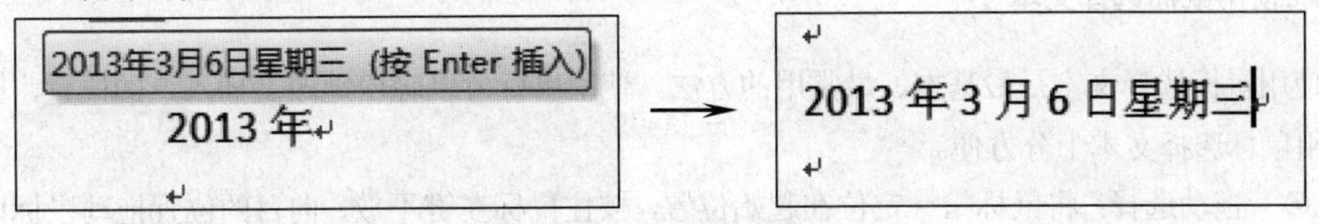

图 2-17　手动输入日期

如果要输入其他格式的日期和时间，除了可以手动输入外，还可以通过【日期和时间】对话框进行插入。打开【插入】选项卡，在【文本】组中单击【日期和时间】按钮，打开【日期和时间】对话框，如图 2-18 所示。

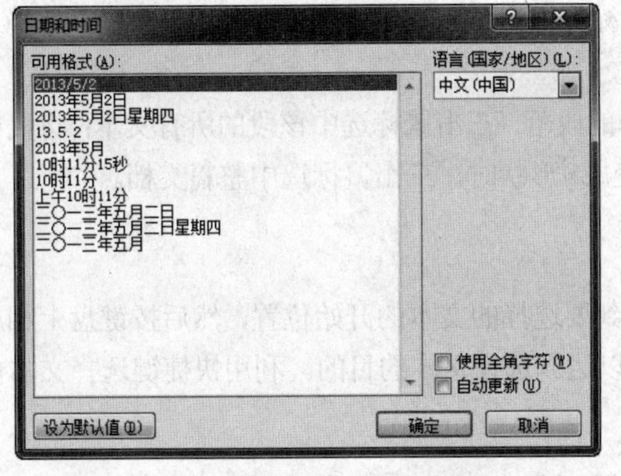

图 2-18　【日期和时间】对话框

提示

在【日期和时间】对话框的【可用格式】列表框中显示的日期和时间是系统当前的日期和时间，因此每次打开该对话框，显示的数据都会不同。

在【日期和时间】对话框中，各选项的功能如下所示。

- 【可用格式】列表框：用来选择日期和时间的显示格式。
- 【语言】下拉列表框：用来选择日期和时间应用的语言，如中文或英文。
- 【使用全角字符】复选框：选中该复选框可以用全角方式显示插入的日期和时间。
- 【自动更新】复选框：选中该复选框可对插入的日期和时间格式进行自动更新。
- 【设为默认值】按钮：单击该按钮可将当前设置的日期和时间格式保存为默认的格式。

2.3　编辑文档内容

在文档中输入内容后，还要对其进行编辑，本节来介绍编辑文档的基本操作方法，包括文档内容的选择、移动和复制、查找和替换等操作。

2.3.1 选择文档的内容

在 Word 2010 中，用户在进行文档内容的编辑之前，必须先选择要编辑的文档内容，本节来介绍如何正确高效地选择文档内容。

1. 使用鼠标选择文本

使用鼠标选择文本是最基本、最常用的方法。使用鼠标可以轻松地改变插入点的位置，因此使用鼠标选择文本十分方便。

- 拖动选择：将鼠标指针定位在起始位置，按住鼠标左键不放，向目的位置拖动鼠标以选择文本。
- 单击选择：将鼠标光标移到要选定行的左侧空白处，当鼠标光标变成↗形状时，单击鼠标选择该行文本内容。
- 双击选择：将鼠标光标移到文本编辑区左侧，当鼠标光标变成↗形状时，双击鼠标左键，即可选择该段的文本内容；将鼠标光标定位到词组中间或左侧，双击鼠标选择该单字或词。
- 三击选择：将鼠标光标定位到要选择的段落，三击鼠标选中该段的所有文本；将鼠标光标移到文档左侧空白处，当光标变成↗形状时，三击鼠标选中整篇文档。

2. 使用键盘选择文本

使用键盘选择文本时，需先将插入点移动到要选择的文本的开始位置，然后按键盘上相应的快捷键即可。使用键盘上相应的快捷键，可以达到选择文本的目的。利用快捷键选择文本内容的功能如表 2-1 所示。

表 2-1 选择文本的快捷键及功能

快 捷 键	功 能
Shift+→	选择光标右侧的一个字符
Shift+←	选择光标左侧的一个字符
Shift+↑	选择光标位置至上一行相同位置之间的文本
Shift+↓	选择光标位置至下一行相同位置之间的文本
Shift+Home	选择光标位置至行首
Shift+End	选择光标位置至行尾
Shift+PageDowm	选择光标位置至下一屏之间的文本
Shift+PageUp	选择光标位置至上一屏之间的文本
Ctrl+Shift+Home	选择光标位置至文档开始之间的文本
Ctrl+Shift+End	选择光标位置至文档结尾之间的文本
Ctrl+A	选择整篇文档

知识点

F8 键的扩展选择功能的使用方法：按一下 F8 键，可以设置选取的起点；连续按两下 F8 键，选取一个字或词；连续按 3 下 F8，可以选取一个句子；连续按 4 下 F8 键，可以选取一段文本；连续按 6 下 F8 键，可以选取当前节，如果文档没有分节则选中全文；连续按 6 下 F8 键，可以选取全文；按下 Shift+F8 组合键，可以缩小选中范围，即是上述系列的“逆操作”。

3. 使用鼠标和键盘的结合选择文本

除了使用鼠标或键盘选择文本外，还可以将鼠标和键盘结合来选择文本。使用鼠标和键盘结合的方式，不仅可以选择连续的文本，也可以选择不连续的文本。

- 选择连续的较长文本。将插入点定位到要选择区域的开始位置，按住 Shift 键不放，再移动光标至要选择区域的结尾处，单击左键即可选择该区域之间的所有文本内容。
- 选择不连续的文本。选择任意一段文本，按住 Ctrl 键，再拖动鼠标选择其他文本，即可同时选择多段不连续的文本。
- 选择整篇文档。按住 Ctrl 键不放，将光标移到文本编辑区左侧空白处，当光标变成↗形状时，单击左键即可选择整篇文档。
- 选择矩形文本。将插入点定位到开始位置，按住 Alt 键并拖动鼠标，即可选择矩形文本区域。

提示

使用命令操作还可以选中与光标处文本格式类似的所有文本，具体方法为：将光标定位在目标格式下任意文本处，打开【开始】选项卡，在【编辑】组中单击【选择】按钮，在弹出的菜单中选择【选择格式相似的文本】命令即可。

2.3.2　复制、移动和删除文本

在编辑文本时，经常需要重复输入文本，可以使用移动或复制文本的方法进行操作。此外，也经常需要对多余或错误的文本进行删除操作，从而加快文档的输入和编辑速度。

1. 复制文本

所谓文本的复制，是指将要复制的文本移动到其他的位置，而原文本仍然保留在原来的位置。复制文本的方法如下：

- 选择需要复制的文本，按 Ctrl+C 组合键，将插入点移动到目标位置，再按 Ctrl+V 组合键。

- 选择需要复制的文本，在【开始】选项卡的【剪贴板】组中，单击【复制】按钮，将插入点移到目标位置处，单击【粘贴】按钮。
- 选择需要复制的文本，按下鼠标右键拖动到目标位置，松开鼠标会弹出一个快捷菜单，在其中选择【复制到此位置】命令，如图 2-19 所示。
- 选择需要复制的文本，右击，从弹出的快捷菜单中选择【复制】命令，把插入点移到目标位置，右击，从弹出的快捷菜单中选择【粘贴选项】命令，如图 2-20 所示。

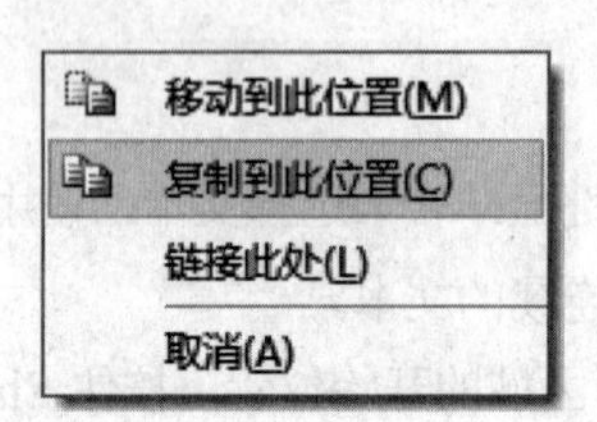

图 2-19　快捷菜单 1

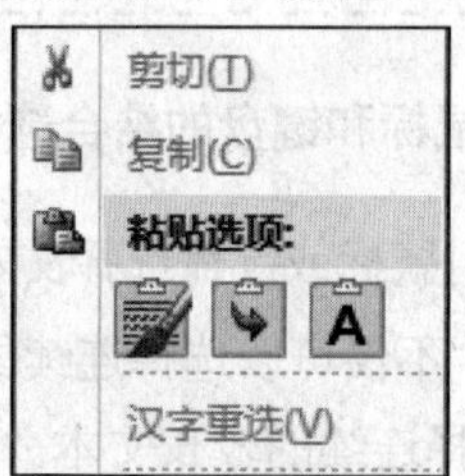

图 2-20　快捷菜单 2

知识点

在右键菜单命令中出现的【粘贴选项】命令选项区域中包含 3 个按钮，单击【保留源格式】按钮，可以保留文本原来的格式；单击【合并格式】按钮，可以使文本与当前文档的格式保持一致；单击【只保留文本】按钮，可以去除要复制内容中的图片和其他对象，只保留纯文本内容。

2. 移动文本

移动文本是指将当前位置的文本移到另外的位置，在移动的同时，会删除原来位置上的原文本。移动文本后，原位置的文本消失。移动文本有以下几种方法：

- 选择需要移动的文本，按 Ctrl+X 组合键；在目标位置处按 Ctrl+V 组合键来实现。
- 选择需要移动的文本，在【开始】选项卡的【剪贴板】组中，单击【剪切】按钮，在目标位置处，单击【粘贴】按钮。
- 选择需要移动的文本，按下鼠标右键拖动至目标位置，松开鼠标后弹出一个快捷菜单，在其中选择【移动到此位置】命令。
- 选择需要移动的文本后，右击，在弹出的快捷菜单中选择【剪切】命令；在目标位置处右击，在弹出的快捷菜单中选择【粘贴选项】命令。
- 选择需要移动的文本后，按下鼠标左键不放，此时鼠标光标变为形状，并出现一条虚线，移动鼠标光标，当虚线移动到目标位置时，释放鼠标，即可将移动文本移动到目标位置。
- 选择需要移动的文本，按 F2 键；在目标位置处按 Enter 键移动文本。

3. 删除文本

在编辑文档的过程中，经常需要删除一些不需要的文本。删除文本的操作方法如下：

- 按Backspace键，删除光标左侧的文本；按Delete键，删除光标右侧的文本。
- 选择要删除的文本，在【开始】选项卡的【剪贴板】组中，单击【剪切】按钮即可。
- 选择文本，按Back space键或Delete键均可删除所选文本。

2.3.3 查找与替换文本

在篇幅比较长的文档中，使用Word 2010提供的查找与替换功能可以快速地找到文档中某个文本或更正文档中多次出现的某个词语，从而无须反复地查找文本，使繁琐的操作变得简单快捷，节约办公时间，提高工作效率。

1. 查找文本

在编辑一篇长文档的过程中，要查找一个文本，可以使用【导航】窗格进行查找，也可以使用Word 2010的高级查找功能。

- 使用【导航】窗格查找文本：【导航】窗格(如图2-21所示)中的上方就是搜索框，用于搜索文档中的内容。在下方的列表框中可以浏览文档中的标题、页面和搜索结果。
- 使用高级查找功能：在Word 2010中，使用高级查找功能不仅可以在文档中查找普通文本，还可以对特殊格式的文本、符号等进行查找。打开【开始】选项卡，在【编辑】组中单击【查找】下拉按钮，从弹出的下拉菜单中选择【高级查找】命令，打开【查找与替换】对话框中的【查找】选项卡，如图2-22所示。在【查找内容】文本框中输入要查找的内容，单击【查找下一处】按钮，即可将光标定位在文档中第一个查找目标处。单击若干次【查找下一处】按钮，可依次查找文档中对应的内容。

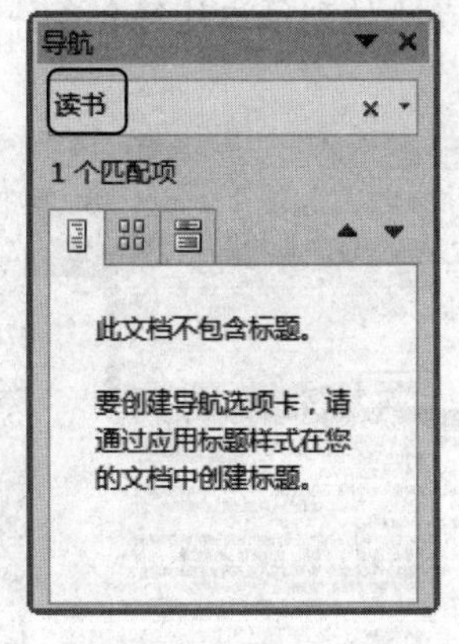

图2-21 【导航】窗格

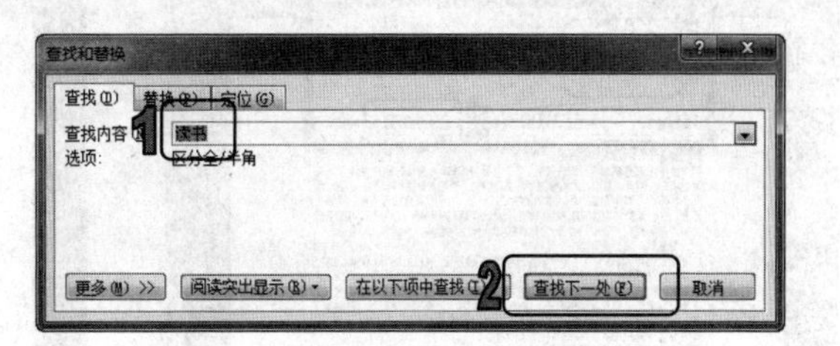

图2-22 【查找与替换】对话框

知识点

在【查找】选项卡中单击【更多】按钮，可展开该对话框的高级设置界面，在该界面中可以设置更为精确的查找条件。

2. 替换文本

想要在多页文档中找到或找全所需操作的字符，比如要修改某些错误的文字，如果仅依靠用户去逐个寻找并修改，既费事，效率又不高，还可能会发生错漏现象。在遇到这种情况时，就需要使用查找和替换操作来解决。替换和查找操作基本类似，不同之处在于，替换不仅要完成查找，而且要用新的文档覆盖原有内容。准确地说，在查找到文档中特定的内容后，才可以对其进行统一替换。

打开【开始】选项卡，在【编辑】组中单击【替换】按钮，打开【查找与替换】对话框的【替换】选项卡，如图 2-23 所示。在【查找内容】文本框中输入要查找的内容；在【替换为】文本框中输入要替换为的内容，单击若干次【替换】按钮，依次替换文档中指定的内容。

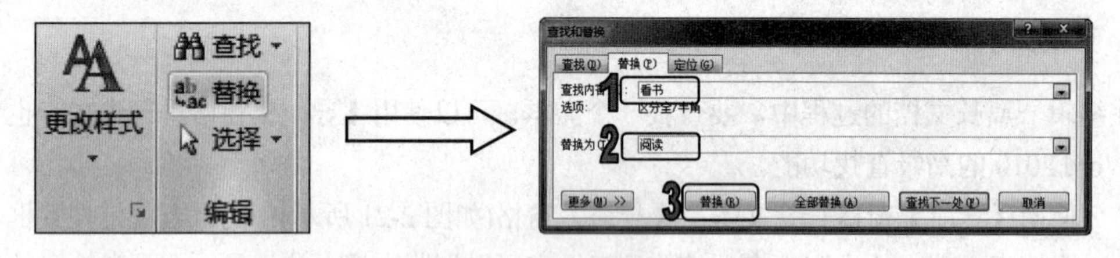

图 2-23　【查找与替换】对话框的【替换】选项卡

【例 2-5】在“大学生求职成功三要素”文档中，将文本“办法”替换为“方法”。

(1) 打开“大学生求职成功三要素”文档，在【开始】选项卡的【编辑】组中单击【替换】按钮，打开【查找和替换】对话框。

(2) 自动打开【替换】选项卡，在【查找内容】文本框中输入文本“办法”，在【替换为】文本框中输入文本“方法”，单击【查找下一处】按钮，查找第一处文本，如图 2-24 所示。

(3) 单击【替换】按钮，完成第一处文本的替换，此时自动跳转到第二处符合条件的文本“办法”处，如图 2-25 所示。

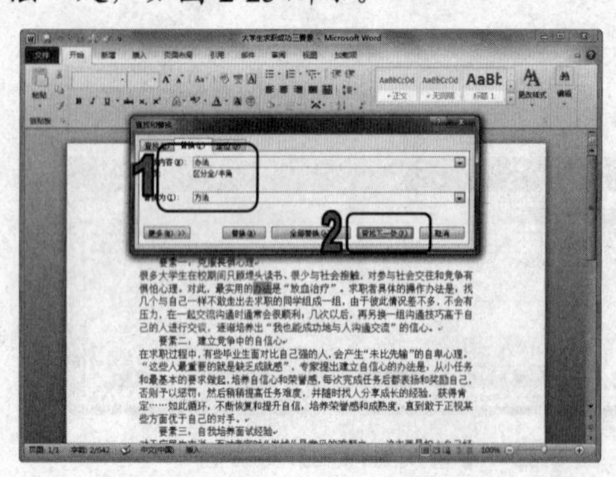

图 2-24　查找第一处符合条件的文本

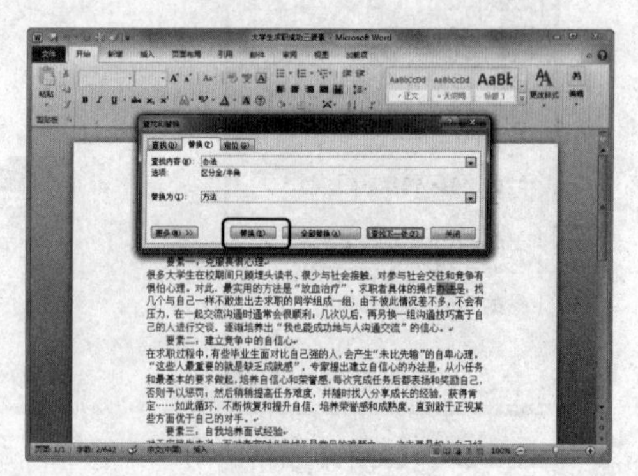

图 2-25　替换第一处符合条件的文本

(4) 单击【替换】按钮，查找到的文本就被替换，然后继续查找。如果不想替换，可以单击【查找下一处】按钮，则将继续查找下一处符合条件的文本。

(5) 单击【全部替换】按钮，文档中所有的文本“办法”都将被替换成文本“方法”，并弹出如图 2-26 所示的提示框，单击【确定】按钮。

(6) 返回至【查找和替换】对话框，如图 2-27 所示。单击【关闭】按钮，关闭对话框，返回至 Word 2010 文档窗口，完成文本的替换。

图 2-26　提示已完成替换操作

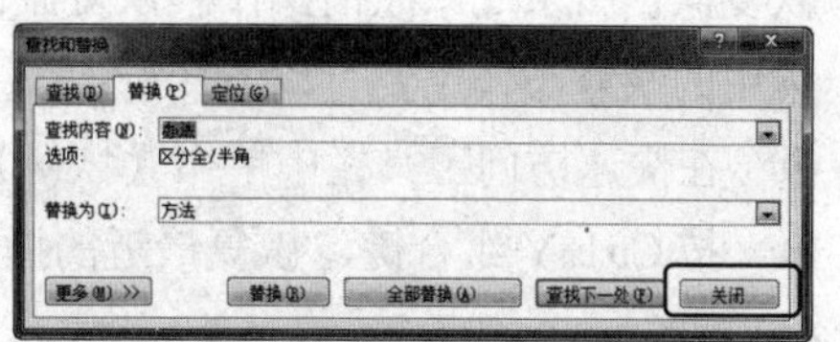

图 2-27　【查找和替换】对话框

知识点

Word 2010 状态栏中有【改写】和【插入】两种状态。在改写状态下，输入的文本将会覆盖其后的文本，而在插入状态下，会自动将插入位置后的文本向后移动。Word 默认的状态是插入，若要更改状态，可以在状态栏中单击【插入】按钮插入，此时将显示【改写】按钮改写，单击该按钮，返回至插入状态。另外，按 Insert 键，可以在这两种状态下切换。

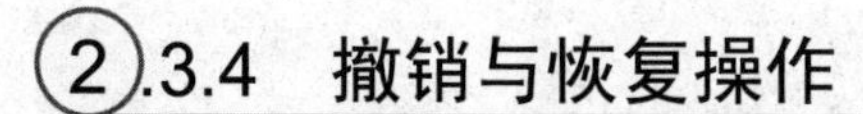

2.3.4　撤销与恢复操作

在编辑文档时，Word 2010 会自动记录最近执行的操作，因此当操作错误时，可以通过撤销功能将错误操作撤销。如果误撤销了某些操作，还可以使用恢复操作将其恢复。

1. 撤销操作

在编辑文档中，使用 Word 2010 提供的撤销功能，可以轻而易举地将编辑过的文档恢复到原来的状态。

常用的撤销操作主要有以下两种：

- 在快速访问工具栏中单击【撤销】按钮，撤销上一次的操作。单击按钮右侧的下拉按钮，可以在弹出的如图 2-28 所示的列表中选择要撤销的操作，撤销最近执行的多次操作。

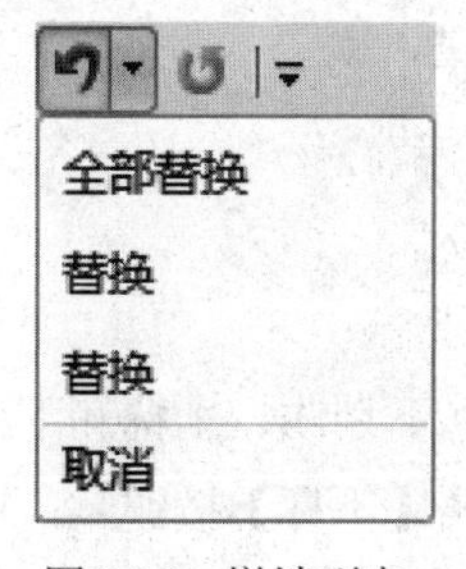

图 2-28　撤销列表

提示

连续单击【撤销】按钮，同样可以撤销执行过的多次操作。

- 按 Ctrl+Z 组合键，可撤销最近的操作。

2. 恢复操作

恢复操作用来还原撤销操作，恢复撤销以前的文档。

常用的恢复操作主要有以下两种：

◉ 在快速访问工具栏中单击【恢复】按钮，恢复操作。

◉ 按 Ctrl+Y 组合键，恢复最近的撤销操作，这是 Ctrl+Z 组合键的逆操作。

提示

恢复不能像撤销那样一次性还原多个操作，所以在【恢复】按钮右侧也没有可展开列表的下三角按钮。当一次撤销多个操作后，再单击【恢复】按钮时，最先恢复的是第一次撤销的操作。

2.4 设置文本格式

在 Word 文档中输入的文本默认字体为宋体，默认字号为五号，为了使文档更加美观、条理更加清晰，通常需要对文本进行格式化操作。

2.4.1 利用【字体】功能组设置

打开【开始】选项卡，使用如图 2-29 所示的【字体】功能组中提供的按钮即可设置文本格式，如文本的字体、字号、颜色、字形等。【字体】功能组中各个按钮的功能说明如下。

◉ 字体：指文字的外观，Word 2010 提供了多种字体，默认字体为宋体。

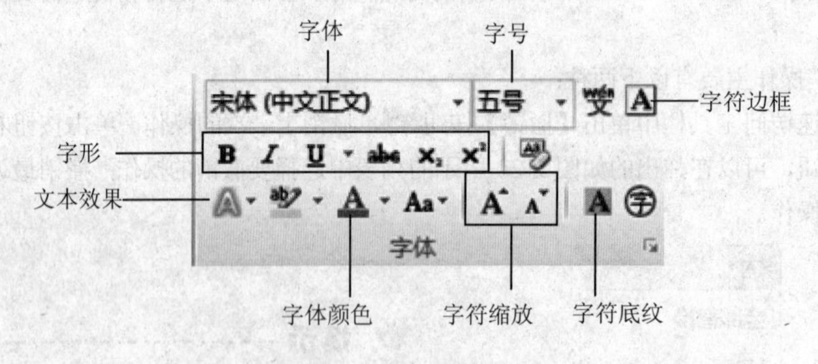

图 2-29 【字体】功能组

◉ 字形：指文字的一些特殊外观，例如加粗、倾斜、下划线、上标和下标等，单击【删除线】按钮，可以为文本添加删除线效果；单击【下标】按钮，可以将文本设置为下标效果；单击【上标】按钮，可以将文本设置为上标效果。

◉ 字号：指文字的大小，Word 2010 提供了多种字号。

◉ 字符边框：为文本添加边框。单击【带圈字符】按钮，可为字符添加圆圈效果。

- 文本效果：为文本添加特殊效果，单击该按钮，从弹出的菜单中可以为文本设置轮廓、阴影、映像和发光等效果。
- 字体颜色：指文字的颜色，单击【字体颜色】按钮右侧的下拉箭头，在弹出的菜单中选择需要的颜色命令。
- 字符缩放：增大或者缩小字符。
- 字符底纹：为文本添加底纹效果。

2.4.2　利用浮动工具栏设置

选中要设置格式的文本，此时选中文本区域的右上角将出现浮动工具栏，如图 2-30 所示，使用工具栏提供的命令按钮可以进行文本格式的设置。

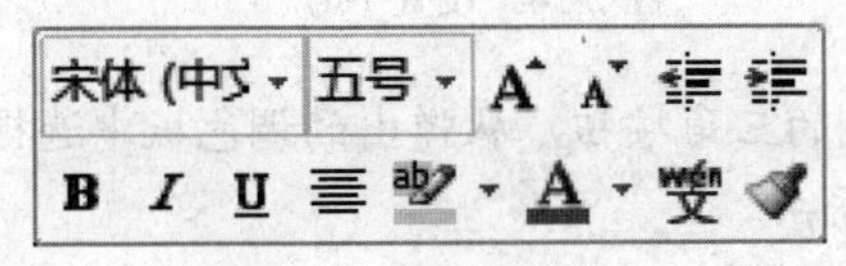

图 2-30　浮动工具栏

提示

浮动工具栏中的按钮功能与【字体】功能区对应按钮的功能类似，在此就不再重复介绍。

2.4.3　利用【字体】对话框设置

利用【字体】对话框不仅可以完成【字体】功能组中所有字体设置功能，而且还能为文本添加其他的特殊效果和设置字符间距等。

打开【开始】选项卡，单击【字体】对话框启动器，打开【字体】对话框的【字体】选项卡，如图 2-31 所示。在该选项卡中可对文本的字体、字号、颜色、下划线等属性进行设置。打开【字体】对话框的【高级】选项卡，如图 2-32 所示，在其中可以设置文字的缩放比例、文字间距和相对位置等参数。

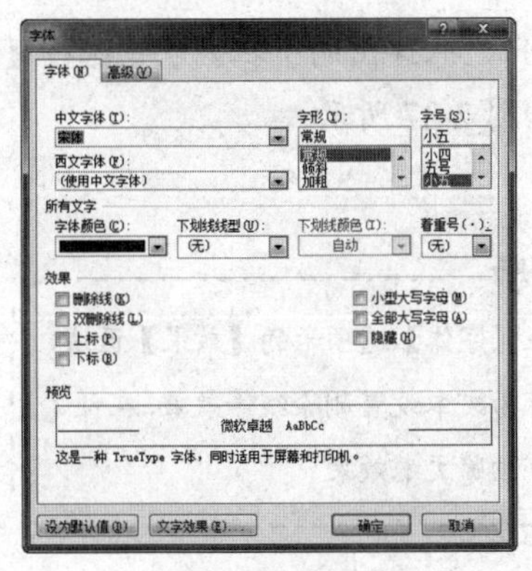

图 2-31　【字体】选项卡

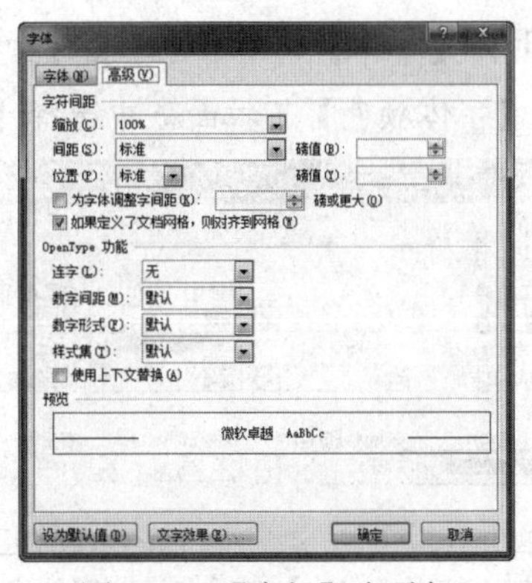

图 2-32　【高级】选项卡

【例 2-6】在“大学生求职成功三要素”文档中为文本设置格式。

(1) 打开“大学生求职成功三要素”文档，选取标题，在【开始】选项卡的【字体】组中单击【字体】下拉按钮，从弹出的下拉列表中选择【汉真广标】选项，如图 2-33 所示。

(2) 在【字体】组中单击【字号】下拉按钮，从弹出的下拉列表中选择【二号】选项，如图 2-34 所示。

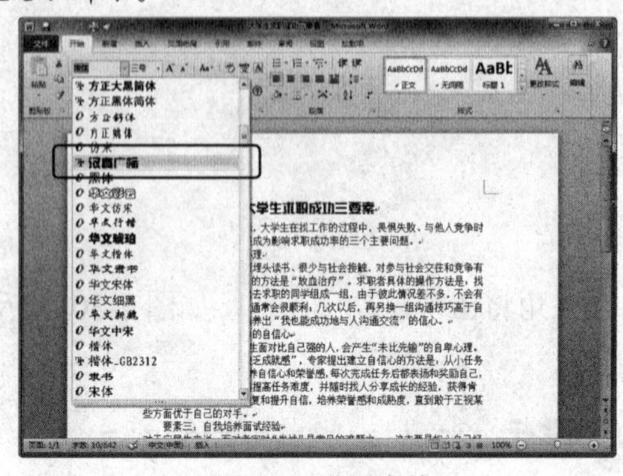

图 2-33 设置字体

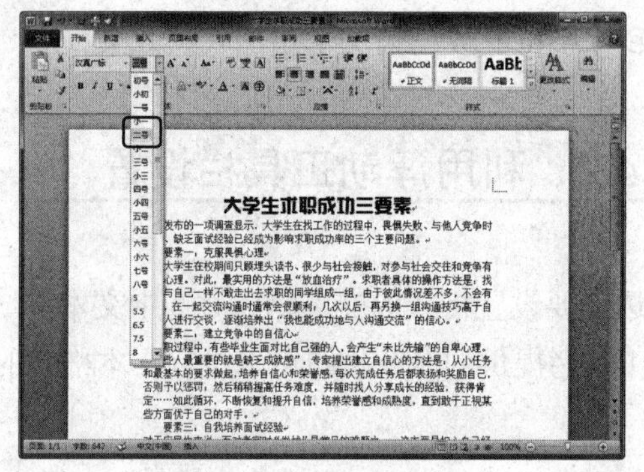

图 2-34 设置字号

(3) 在【字体】组中单击【字体颜色】按钮右侧的三角按钮，从弹出的调色板中选择【橙色，强调文字颜色 6，深色 25%】色块，如图 2-35 所示。

(4) 选中全部正文内容，在【开始】选项卡中单击【字体】对话框启动器，打开【字体】对话框，如图 2-36 所示。

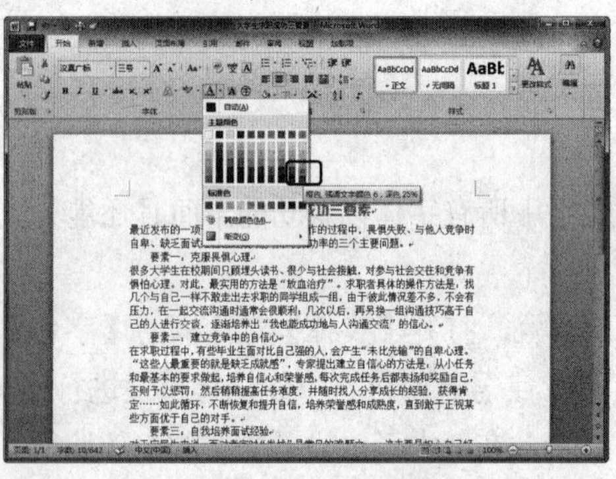

图 2-35 设置标题文本的字体颜色

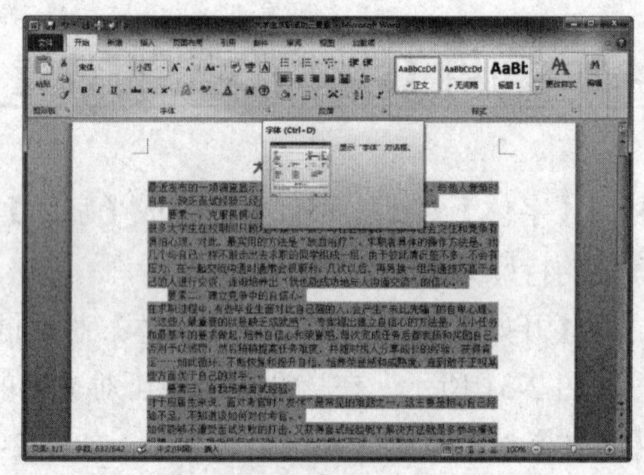

图 2-36 单击【字体】对话框启动器

(5) 打开【字体】选项卡，单击【中文字体】下拉按钮，从弹出的下拉列表中选择【楷体】选项；在【字体颜色】下拉面板中选择【深蓝】色块，如图 2-37 所示。

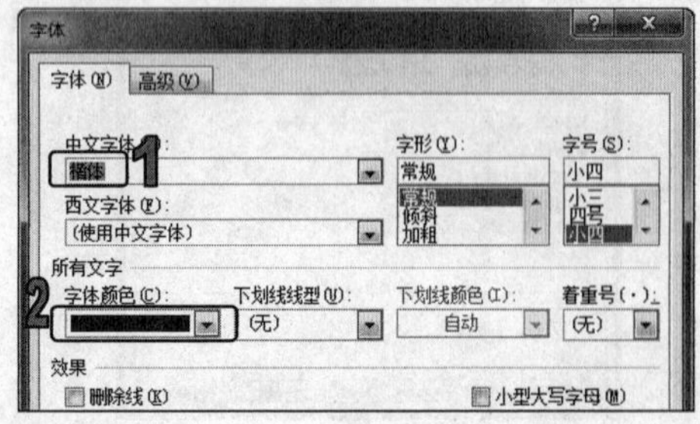
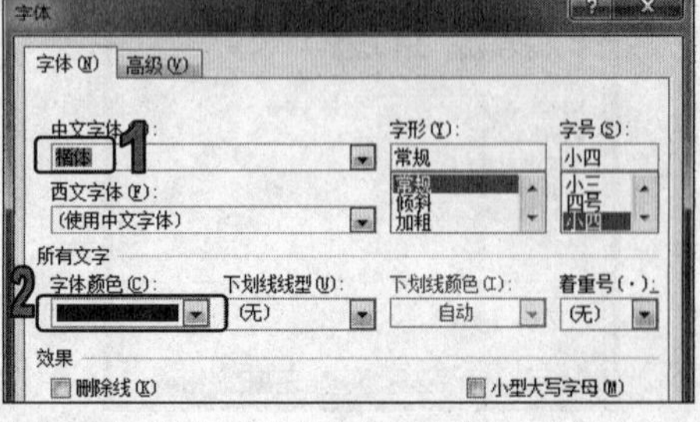

图 2-37 使用【字体】对话框设置字体格式

提示

在【字体】选项卡的【效果】区域，用户可为文本设置删除线等效果，在预览区域可预览文本效果。

(6) 单击【确定】按钮，完成设置，显示设置的文本效果，如图 2-38 所示。

(7) 按 Ctrl 键，同时选中正文中的 3 段标题文本，在【开始】选项卡的【字体】组中单击【加粗】按钮，为文本设置加粗效果，如图 2-39 所示。

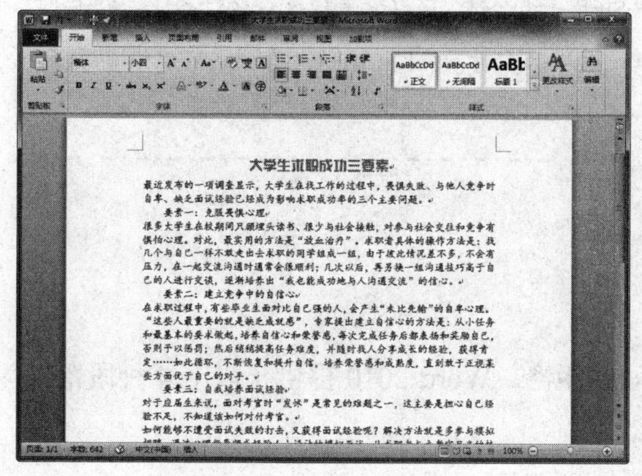

图 2-38　设置正文字体

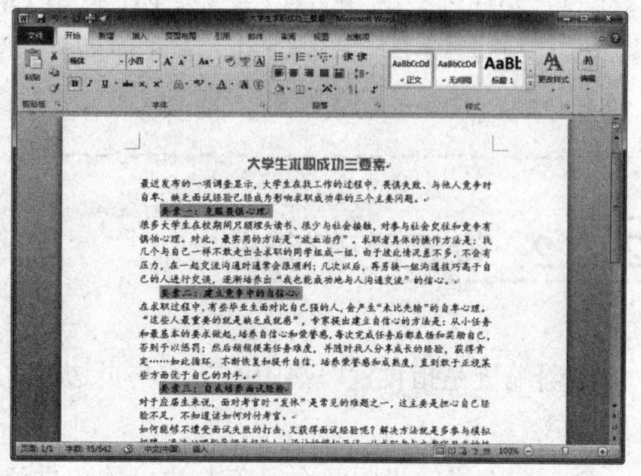

图 2-39　设置加粗效果

(8) 在快速访问工具栏中单击【保存】按钮，保存“大学生求职成功三要素”文档。

2.5　设置段落格式

段落是构成整个文档的骨架，它由正文、图表和图形等加上一个段落标记构成。为了使文档的结构更清晰、层次更分明，Word 2010 提供了段落格式设置功能，包括段落对齐方式、段落缩进、段落间距等。

2.5.1　设置段落对齐方式

段落对齐指文档边缘的对齐方式，包括两端对齐、居中对齐、左对齐、右对齐和分散对齐。这 5 种对齐方式的说明如下。

- 两端对齐：默认设置，两端对齐时文本左右两端均对齐，但是段落最后不满一行的文字右边是不对齐的。
- 左对齐：文本的左边对齐，右边参差不齐。
- 右对齐：文本的右边对齐，左边参差不齐。
- 居中对齐：文本居中排列。
- 分散对齐：文本左右两边均对齐，而且每个段落的最后一行不满一行时，将拉开字符间距使该行均匀分布。

设置段落对齐方式时，先选定要对齐的段落，然后可以通过单击【开始】选项卡的【段落】功能组(或浮动工具栏)中的相应按钮来实现，也可以通过【段落】对话框来实现。使用【段落】功能组是最快捷方便的，也是最常使用的方法。

知识点

按 Ctrl+E 组合键，可以设置段落居中对齐；按 Ctrl+Shift+J 组合键，可以设置段落分散对齐；按 Ctrl+L 组合键，可以设置段落左对齐；按 Ctrl+R 组合键，可以设置段落右对齐；按 Ctrl+J 组合键，可以设置段落两端对齐。

2.5.2 设置段落缩进

段落缩进是指设置段落中的文本与页边距之间的距离。Word 2010 提供了以下 4 种段落缩进的方式。

- 左缩进：设置整个段落左边界的缩进位置。
- 右缩进：设置整个段落右边界的缩进位置。
- 悬挂缩进：设置段落中除首行以外的其他行的起始位置。
- 首行缩进：设置段落中首行的起始位置。

1. 使用标尺设置缩进量

通过水平标尺可以快速设置段落的缩进方式及缩进量。水平标尺中包括首行缩进、悬挂缩进、左缩进和右缩进 4 个标记，如图 2-40 所示。拖动各标记就可以设置相应的段落缩进方式。

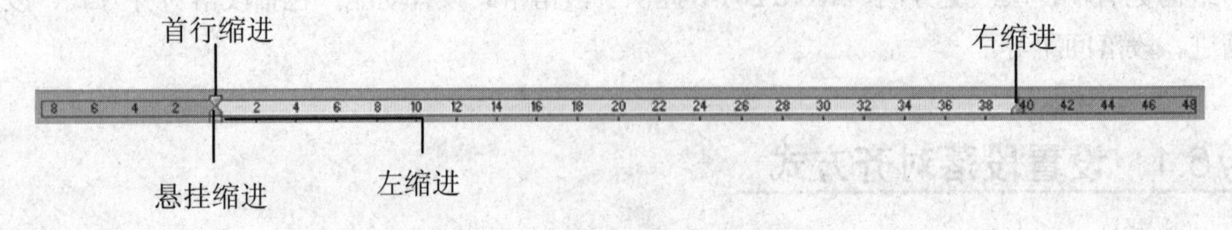

图 2-40　水平标尺

使用标尺设置段落缩进时，在文档中选择要改变缩进的段落，然后拖动缩进标记到缩进位置，可以使某些行缩进。在拖动鼠标时，整个页面上出现一条垂直虚线，以显示新边距的位置。

提示

在使用水平标尺格式化段落时，按住 Alt 键不放，使用鼠标拖动标记，水平标尺上将显示具体的度量值。拖动首行缩进标记到缩进位置，将以左边界为基准缩进第一行。拖动左缩进标记的正三角至缩进位置，可以设置除首行外的所有行的缩进。拖动左缩进标记下方的小矩形至缩进位置，可以使所有行均左缩进。

2. 使用【段落】对话框设置缩进量

使用【段落】对话框可以准确地设置缩进尺寸。打开【开始】选项卡，单击【段落】组对话框启动器，打开【段落】对话框的【缩进和间距】选项卡，在该选择卡中可以进行相关设

置即可设置段落缩进，如图 2-41 所示。

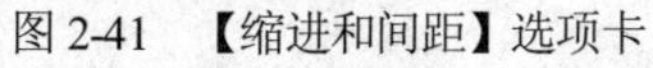

图 2-41　【缩进和间距】选项卡

提示

按 Ctrl+M 组合键可以左侧段落缩进；按 Ctrl+Shift+M 组合键可以取消左侧段落缩进；按 Ctrl+T 组合键可以创建悬挂缩进；按 Ctrl+Shift+T 组合键可以减少悬挂缩进；按 Ctrl+Q 组合键可以取消段落格式。

在【缩进】选项区域的【左】文本框中输入左缩进值，则所有行从左边缩进；在【右】文本框中输入右缩进的值，则所有行从右边缩进；在【特殊格式】下拉列表框可以选择段落缩进的方式。

【例 2-7】在“大学生求职成功三要素”文档中，设置部分段落的首行缩进 2 个字符。

(1) 启动 Word 2010，打开“大学生求职成功三要素”文档。

(2) 选中正文第 1 段文本，打开【视图】选项卡，在【显示】组中选中【标尺】复选框，设置在编辑窗口中显示标尺。

(3) 向右拖动【首行缩进】标记，将其拖动到标尺 2 处，释放鼠标，即可将第 1 段文本设置为首行缩进 2 个字符，如图 2-42 所示。

(4) 按 Ctrl 键的同时，选取正文第 3 段、第 5 段、第 7 段和第 8 段文本，打开【开始】选项卡，在【段落】组中单击对话框启动器，打开【段落】对话框。

(5) 打开【段落】对话框的【缩进和间距】选项卡，在【缩进】选项区域的【特殊格式】下拉列表中选择【首行缩进】选项，在【磅值】微调框中设置为【2 字符】，如图 2-43 所示，然后单击【确定】按钮。

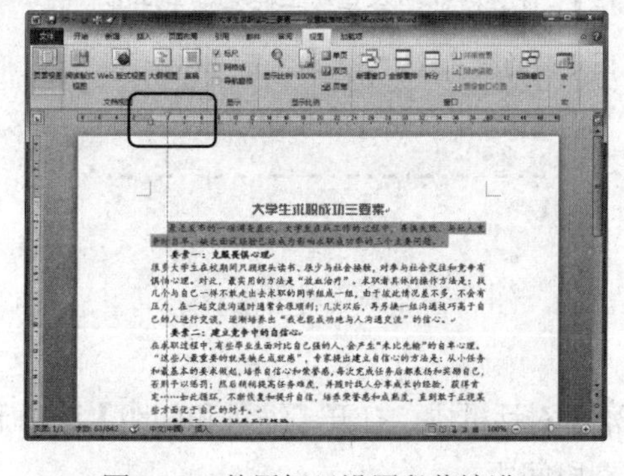

图 2-42　使用标尺设置段落缩进

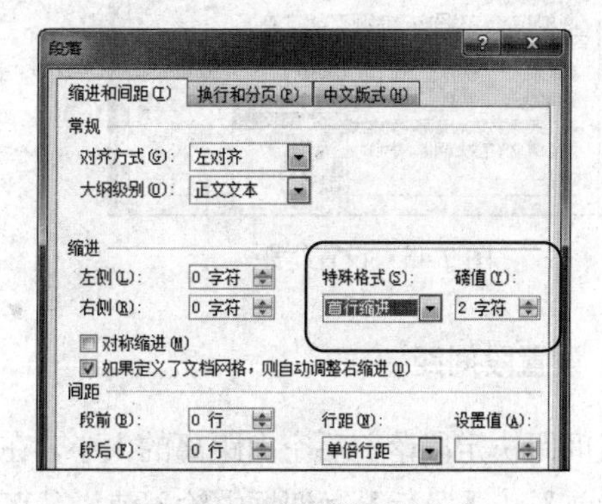

图 2-43　【段落】对话框

(6) 此时，选中的文本段将以首行缩进 2 个字符显示，如图 2-44 所示。

(7) 在快速访问工具栏中单击【保存】按钮，保存修改过的“大学生求职成功三要素”文档。

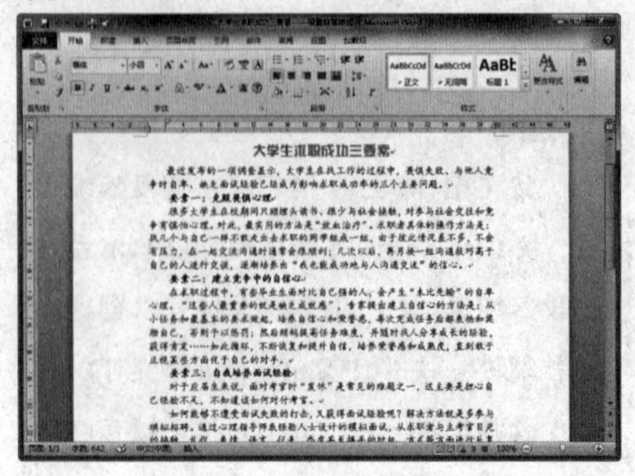

图 2-44　设置缩进后的效果

提示

在【段落】组或浮动工具栏中，单击【减少缩进量】按钮或【增加缩进量】按钮可以减少或增加缩进量。

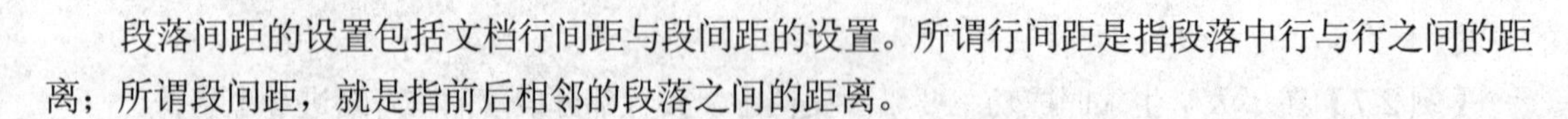

2.5.3　设置段落间距

段落间距的设置包括文档行间距与段间距的设置。所谓行间距是指段落中行与行之间的距离；所谓段间距，就是指前后相邻的段落之间的距离。

1. 设置行间距

行间距决定段落中各行文本之间的垂直距离。Word 2010 默认的行间距值是单倍行距，用户可以根据需要重新对其进行设置。在【段落】对话框中，打开【缩进和间距】选项卡，在【行距】下拉列表框中选择相应选项，并在【设置值】微调框中输入数值即可，如图 2-45 所示。

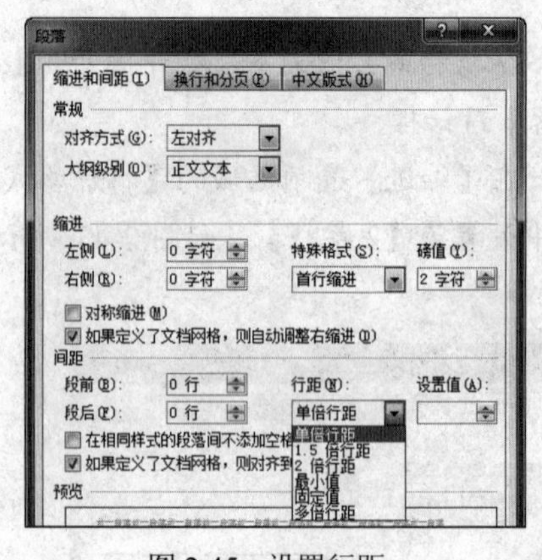

图 2-45　设置行距

提示

用户在排版文档时，为了使段落更加紧凑，经常会把段落的行距设置为【固定值】，这样做可能会导致一些高度大于此固定值的图片或文字只能显示一部分。因此，建议设置行距时慎用固定值。

2. 设置段间距

段间距决定段落前后空白距离的大小。在【段落】对话框中，打开【缩进和间距】选项卡，在【段前】和【段后】微调框中输入值，就可以设置段间距。

【例 2-8】在“大学生求职成功三要素”文档中，设置正文行距为固定值 18 磅；正文中 3 个标题的段落间距为段前 0.5 行，段后 0.5 行。

(1) 启动 Word 2010，打开“大学生求职成功三要素”文档。

(2) 按 Ctrl 键选取正文的第 1 段、第 3 段、第 5 段、第 7 段和第 8 段文本，打开【开始】选项卡，在【段落】组中单击对话框启动器，打开【段落】对话框。

(3) 打开【缩进和间距】选项卡，在【行距】下拉列表框中选择【固定值】选项，在【设置值】微调框中输入“18 磅”，如图 2-46 所示。

(4) 单击【确定】按钮，即可完成正文段落行间距的设置，效果如图 2-47 所示。

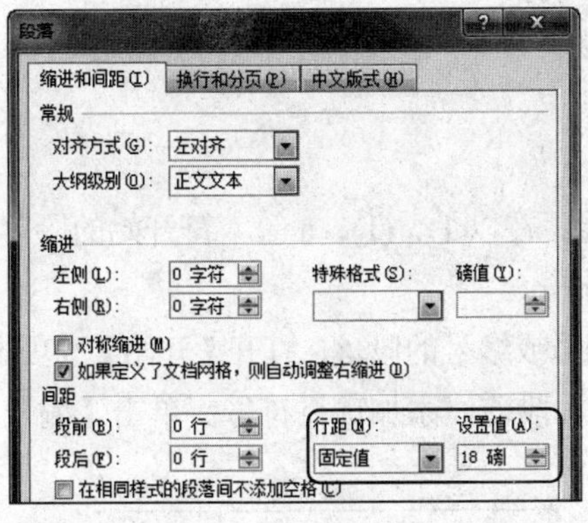

图 2-46　设置固定值

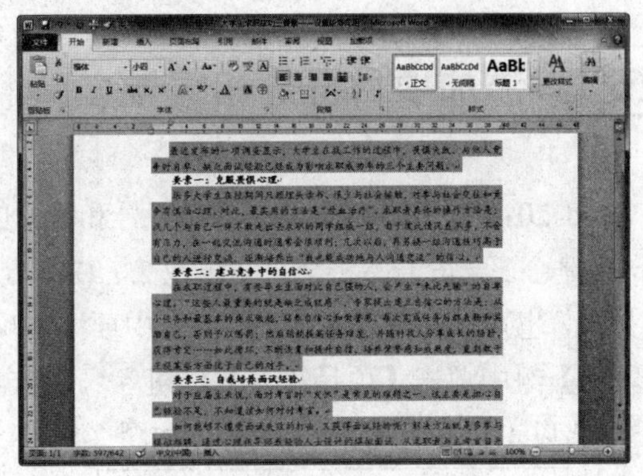

图 2-47　设置行距后的文档效果

提示

按 Ctrl+I 组合键，可以快速设置单倍行距；按 Ctrl+2 组合键，可以快速设置双倍行距；按 Ctrl+5 组合键，可以快速设置 1.5 倍行距。

(5) 选取正文中的 3 段标题文本，打开【开始】选项卡，在【段落】组中单击对话框启动器，打开【段落】对话框。

(6) 打开【缩进和间距】选项卡，在【间距】选项区域中的【段前】和【段后】微调框中分别输入“0.5 行”，如图 2-48 所示。

(7) 单击【确定】按钮，完成段落间距的设置，最终效果如图 2-49 所示。

(8) 在快速访问工具栏中单击【保存】按钮，保存设置后的“大学生求职成功三要素”文档。

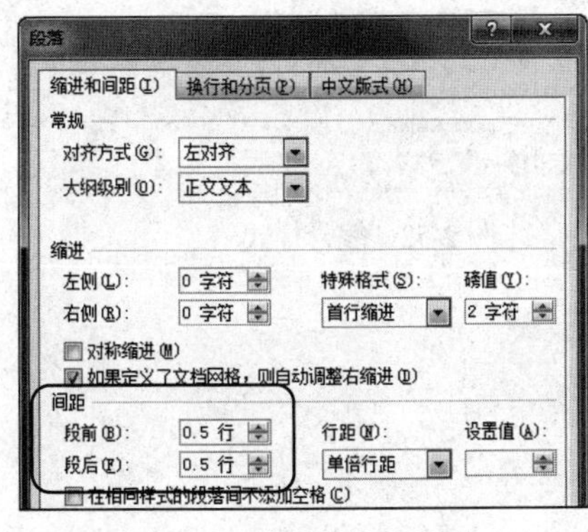

图 2-48　设置段前和段后

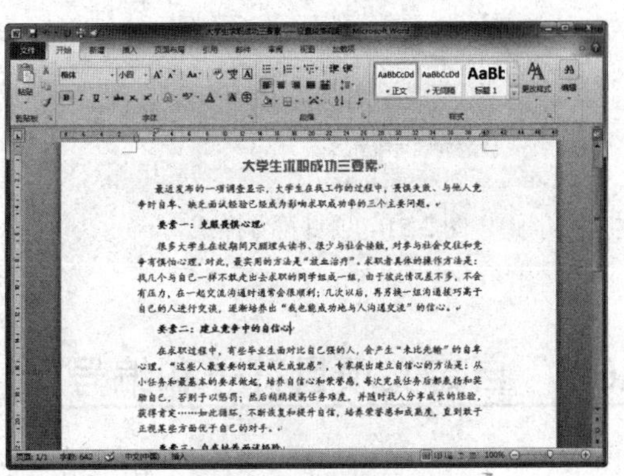

图 2-49　最终效果

2.6 设置项目符号和编号

使用项目符号和编号列表，可以对文档中并列的项目进行组织，或者将内容的顺序进行编号，以使这些项目的层次结构更加清晰、更有条理。Word 2010 提供了 7 种标准的项目符号和编号，并且允许用户自定义项目符号和编号。

2.6.1 添加项目符号和编号

Word 2010 提供了自动添加项目符号和编号的功能。在以 1.、(1)、a 等字符开始的段落中按 Enter 键，下一段开始将会自动出现 2.、(2)、b 等字符。

另外，也可以在输入文本之后，选中要添加项目符号或编号的段落，打开【开始】选项卡，在【段落】组中单击【项目符号】按钮，将自动在每段前面添加项目符号；单击【编号】按钮将以 1.、2.、3.的形式编号，如图 2-50 所示。

● 项目符号 1↵
● 项目符号 2↵
● 项目符号 3↵

1. 编号 1↵
2. 编号 2↵
3. 编号 3↵

图 2-50　自动添加项目符号或编号

若用户要添加其他样式的项目符号和编号，可以打开【开始】选项卡，在【段落】组中，单击【项目符号】下拉按钮，从弹出的如图 2-51 所示的下拉菜单中选择项目符号的样式；单击【编号】下拉按钮，从弹出的如图 2-52 所示的下拉菜单中选择编号的样式。

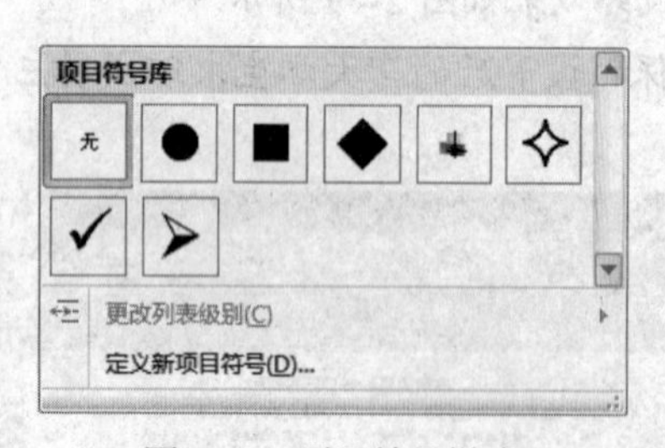

图 2-51　项目符号样式

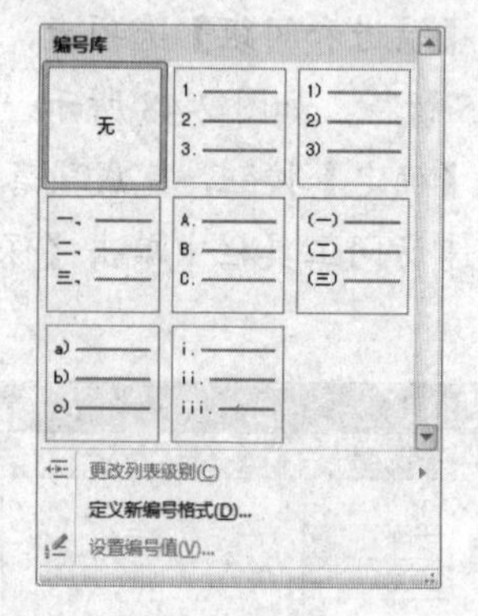

图 2-52　编号样式

2.6.2 自定义项目符号和编号

在使用项目符号和编号功能时，用户除了可以使用系统自带的项目符号和编号样式外，还

可以对项目符号和编号进行自定义设置。

1. 自定义项目符号

选取项目符号段落，打开【开始】选项卡，在【段落】组中单击【项目符号】下拉按钮，在弹出的下拉菜单中选择【定义新项目符号】命令，打开【定义新项目符号】对话框，在其中自定义一种项目符号即可，如图 2-53 所示。其中单击【符号】按钮，打开【符号】对话框，可从中选择合适的符号作为项目符号，如图 2-54 所示。

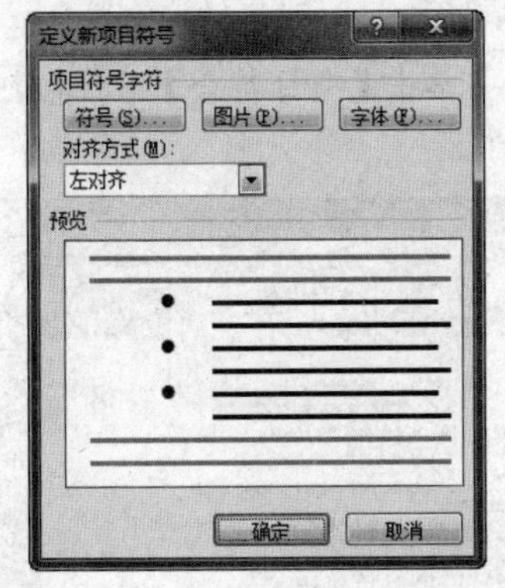

图 2-53　【定义新项目符号】对话框

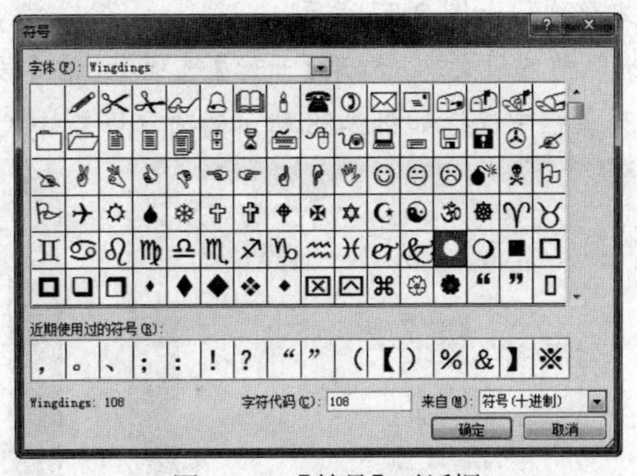

图 2-54　【符号】对话框

2. 自定义编号

选取编号段落，打开【开始】选项卡，在【段落】组中单击【编号】下拉按钮，从弹出的下拉菜单中选择【定义新编号格式】命令，打开【定义新编号格式】对话框，如图 2-55 所示。在【编号样式】下拉列表中选择其他编号的样式，并在【起始编号】文本框中输入起始编号；单击【字体】按钮，可以在打开的对话框中设置项目编号的字体；在【对齐方式】下拉列表中选择编号的对齐方式。

另外，在【开始】选项卡的【段落】组中单击【编号】按钮，从弹出的下拉菜单中选择【设置编号值】命令，打开【起始编号】对话框，如图 2-56 所示，在其中可以自定义编号的起始数值。

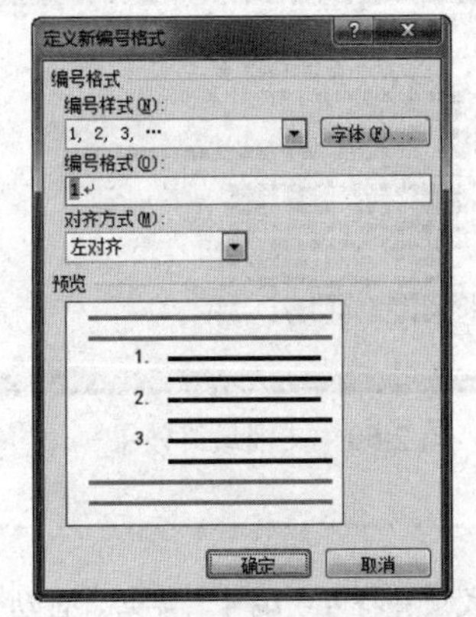

图 2-55　【定义新编号格式】对话框

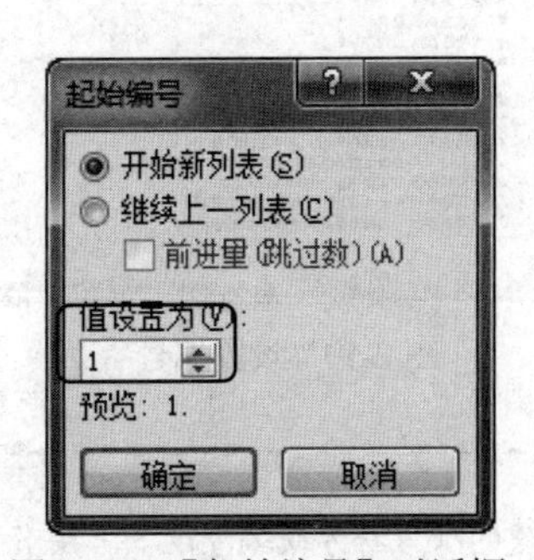

图 2-56　【起始编号】对话框

提示

在【段落】组中单击【多级列表】下拉按钮，可以应用多级列表样式，也可以自定义多级符号，从而使得文档的条理更分明。

【例 2-9】新建“会议日程”文档，并在文档中添加项目符号和编号。

(1) 启动 Word 2010，新建空白文档并将其保存为“会议日程”，然后在文档中输入文本并设置文本格式，如图 2-57 所示。

(2) 选取前 5 段文本，打开【开始】选项卡，在【段落】组中单击【项目符合】下拉按钮，从弹出的列表框中选择如图 2-58 所示的项目符号样式。

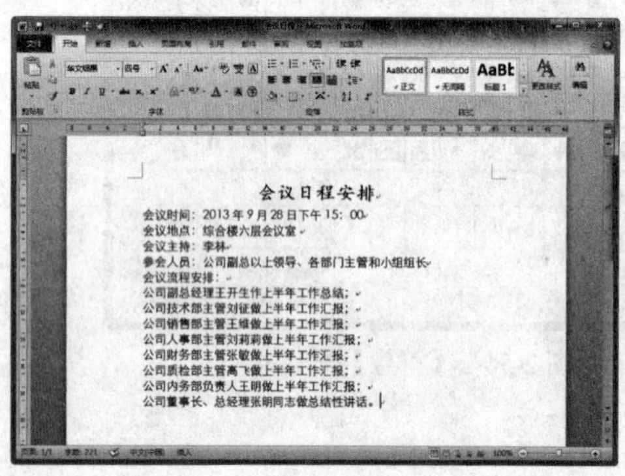

图 2-57　输入文本并设置文本格式

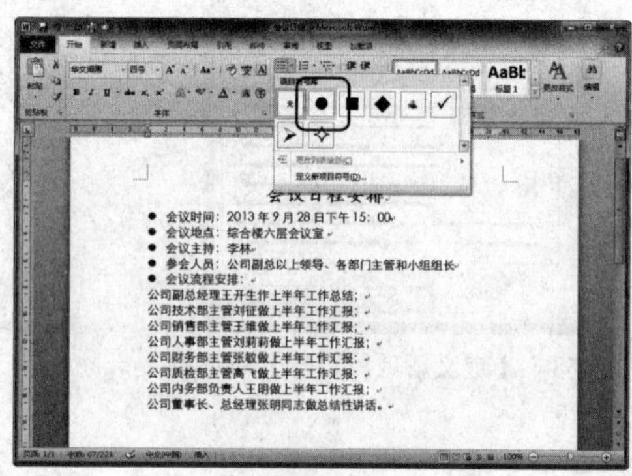

图 2-58　设置项目符号

(3) 此时将在前 5 段文本开头处自动添加该样式的项目符号。

(4) 选取最后 8 段文本，打开【开始】选项卡，在【段落】组中单击【编号】下拉按钮，选取如图 2-59 所示的编号样式。

(5) 此时将在后 8 段文本开头处自动添加该样式的编号，文档最终效果如图 2-60 所示。

(6) 在快速访问工具栏中单击【保存】按钮，保存添加项目符号和编号后的文档。

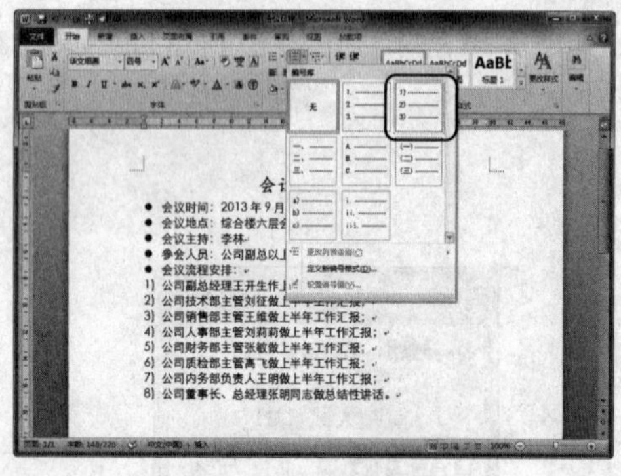

图 2-59　设置编号

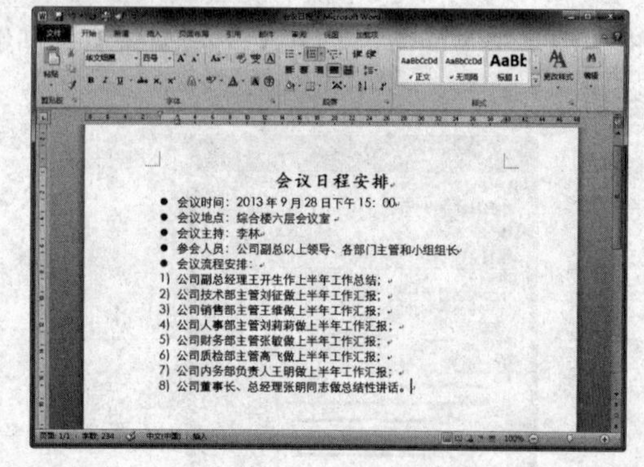

图 2-60　文档最终效果

提示

在创建的项目符号或编号段下，按下 Enter 键后可以自动生成项目符号或编号，要结束自动创建项目符号或编号，可以连续按两次 Enter 键，也可以按 Backspace 键删除新创建的项目符号或编号。

2.6.3 删除项目符号和编号

要删除项目符号，可以在【开始】选项卡中单击【段落】组中的【项目符号】下拉按钮，从弹出的【项目符号库】列表框中选择【无】选项即可，如图 2-61 所示；要删除编号，可以在【开始】选项卡中单击【编号】下拉按钮，从弹出的【编号库】列表框中选择【无】选项即可，如图 2-62 所示。

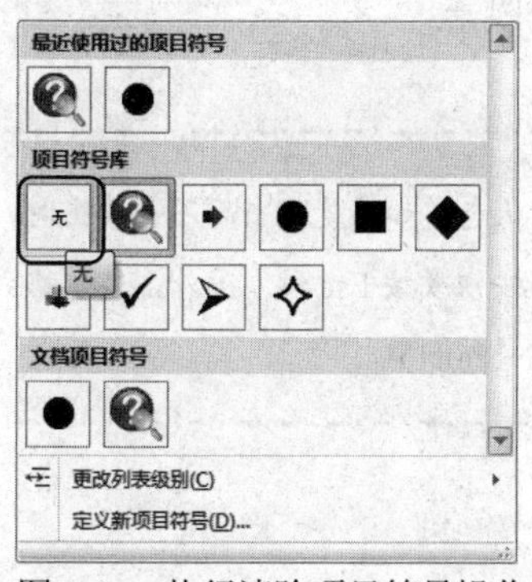

图 2-61 执行清除项目符号操作

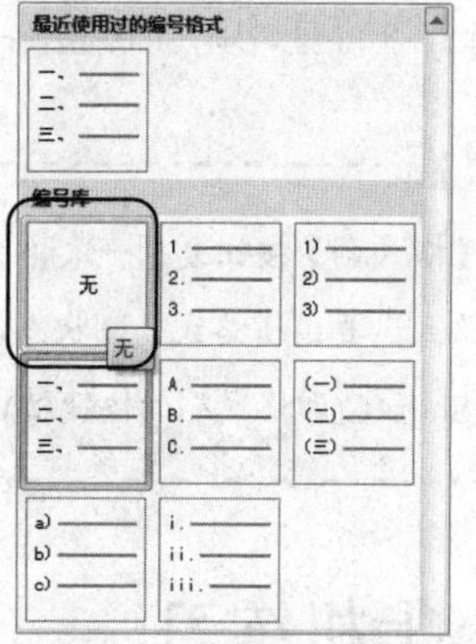

图 2-62 执行清除编号操作

知识点

如果要删除单个项目符号或编号，可以选中该项目符号或编号，然后按 Backspace 键即可。

2.7 使用格式刷

使用【格式刷】功能可以快速地将制定的文本、段落格式复制到目标文本、段落上，可以大大提高工作效率。

2.7.1 应用文本格式

要在文档中不同的位置应用相同的文本格式，可以使用【格式刷】工具快速复制格式，方法很简单，选中要复制其格式的文本，在【开始】选项卡的【剪切板】组中单击【格式刷】按钮，如图 2-63 所示，当鼠标指针变为【 】形状时，拖动鼠标选中目标文本即可。

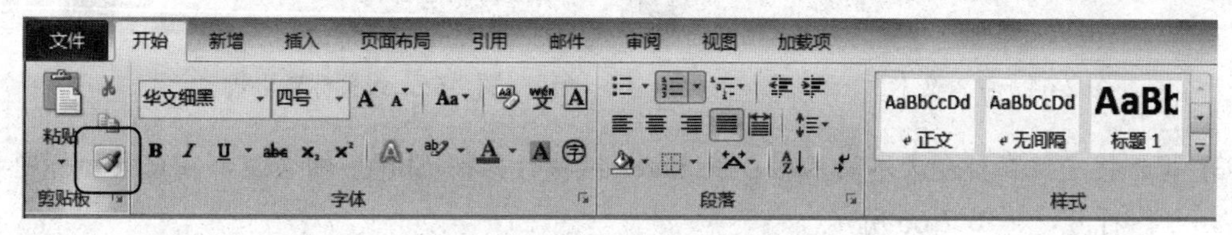

图 2-63 单击【格式刷】按钮

2.7.2 应用段落格式

要在文档中不同的位置应用相同的段落格式，同样可以使用【格式刷】工具快速复制格式。方法很简单，将光标定位在某个将要复制其格式的段落任意位置，在【开始】选项卡的【剪切板】组中单击【格式刷】按钮，当鼠标指针变为形状时，拖动鼠标选中更改目标段落即可。移动鼠标指针到目标段落所在的左边距区域内，当鼠标指定变成形状时按下鼠标左键不放，在垂直方向上进行拖动，即可将格式复制给选中的若干个段落。

知识点

单击【格式刷】按钮复制一次格式后，系统会自动退出复制状态。如果是双击而不是单击时，则可以多次复制格式。要退出格式复制状态，可以再次单击【格式刷】按钮或按 Esc 键。另外，复制格式的快捷键是 Ctrl+Shift+C(即格式刷的快捷键)，粘贴格式的快捷键是 Ctrl+Shift+V。

2.8 上机练习

本章上机练习主要练习制作如图 2-73 所示的招聘简章，使用户更好地掌握格式化字体和段落、设置项目符号和编号等操作。

(1) 启动 Word 2010 应用程序，新建一个名为“招聘简章”的文档，并在其中输入文本内容，如图 2-64 所示。

(2) 选取标题文本“东明科技有限公司招聘简章”，设置字体为【华文楷体】，字号为【二号】，字体颜色为【深红】，然后在【开始】选项卡的【段落】组中单击【居中】按钮，使标题文本居中，效果如图 2-65 所示。

东明科技有限公司招聘简章
招聘岗位：市场专员
岗位描述：
市场信息的收集、分析、比较、汇总；
公司网站资讯的维护、更新；
行业内相关资讯、动态的收集，形成有效性报告；
公司产品包装、宣传资料等基础工作；
完成领导安排的其他工作。
招聘要求：
市场营销类相关专业，大专及以上学历，女性优先；
沟通能力较强，为人踏实稳重，学习能力强，有责任心；
英语熟练，四、六级优先考虑，书面写作能力强；
有 C 类及以上驾照，注重礼仪、形象气质佳。
应聘方式：面试
公司地址：南京市白下区鼎新路×××号 15-606
邮编：210000
电话：025-66668888　转　行政人事部

图 2-64　输入文本

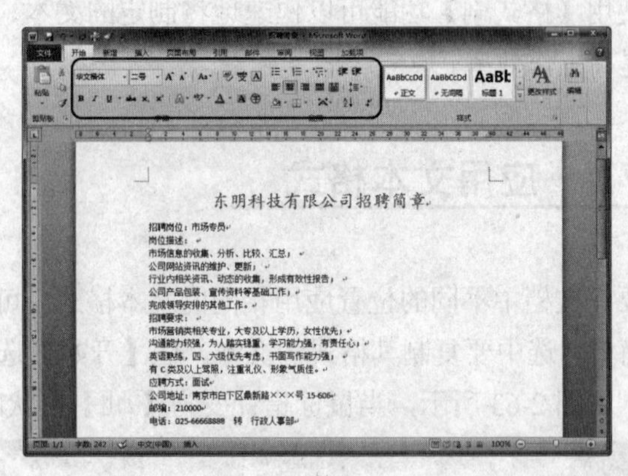

图 2-65　设置标题格式

(3) 将光标定位在标题文本的末尾，按 Enter 键换行，按 Shift+~组合键，在正文和标题之间插入一行~符号，如图 2-66 所示。

(4) 选中所有正文文本，将其字号设置为【四号】，如图 2-67 所示。

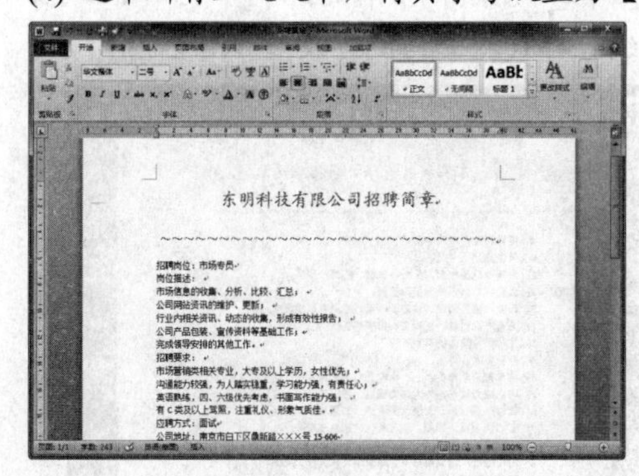

图 2-66　插入~符号

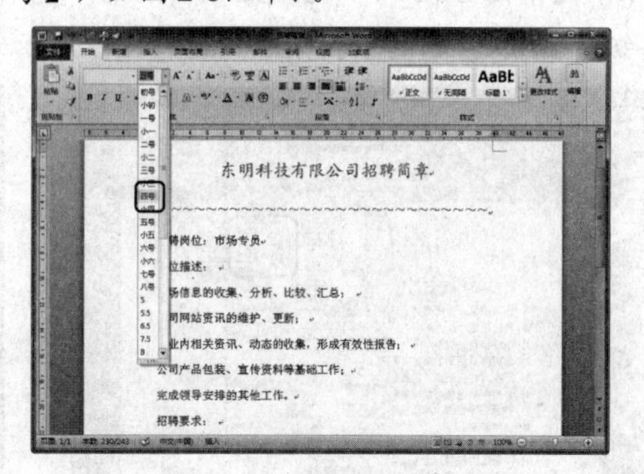

图 2-67　设置正文字号

(5) 保持选中所有文本，在开始选项卡的【段落】组中单击对话框启动器，打开【段落】对话框。打开【缩进和间距】选项卡，在【行距】下拉列表框中选择【固定值】选项，在【设置值】微调框中输入“20 磅”，如图 2-68 所示。

(6) 单击【确定】按钮，即可完成正文段落行间距的设置，效果如图 2-69 所示。

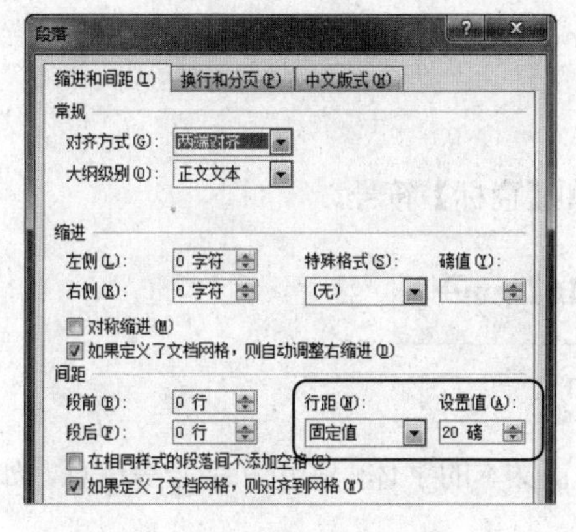

图 2-68　设置段落间距

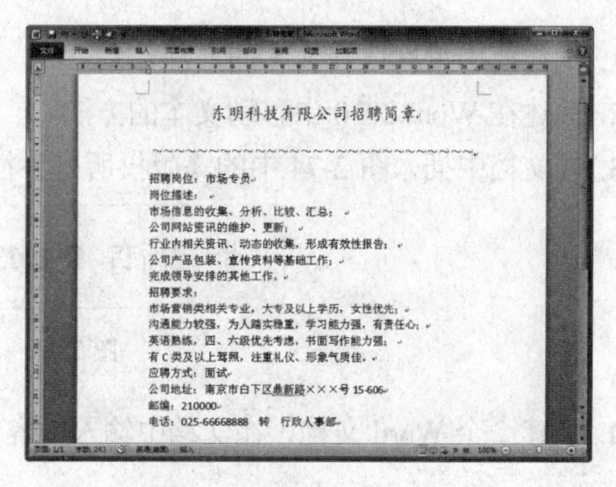

图 2-69　设置后的效果

(7) 选中如图 2-70 所示的相关文本，打开【开始】选项卡，在【段落】组中单击【项目符号】下拉按钮，从弹出的下拉菜单中选择图中所示的项目符号样式，效果如图 2-71 所示。

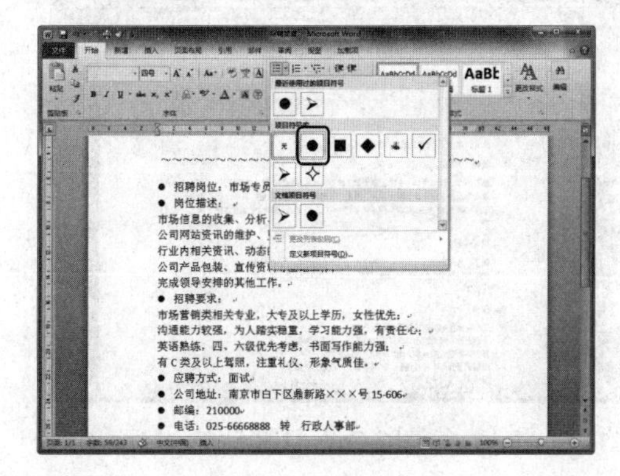

图 2-70　设置项目符号

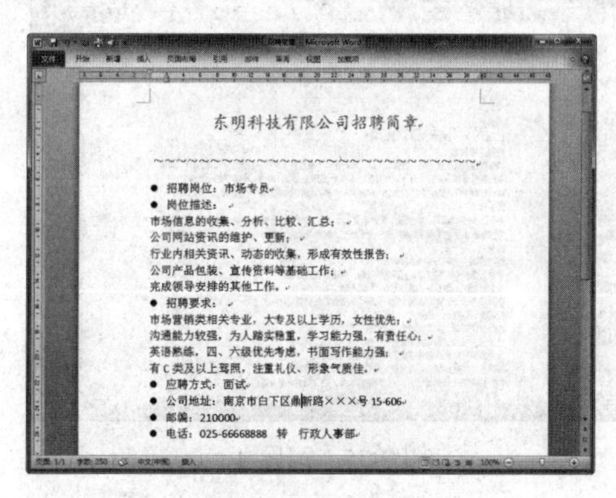

图 2-71　设置项目符号后的效果

(8) 选中图 2-72 所示的相关文本，打开【开始】选项卡，在【段落】组中单击【编号】下拉按钮，从弹出的下拉菜单中选择图中所示的编号样式，文档最终效果如图 2-73 所示。

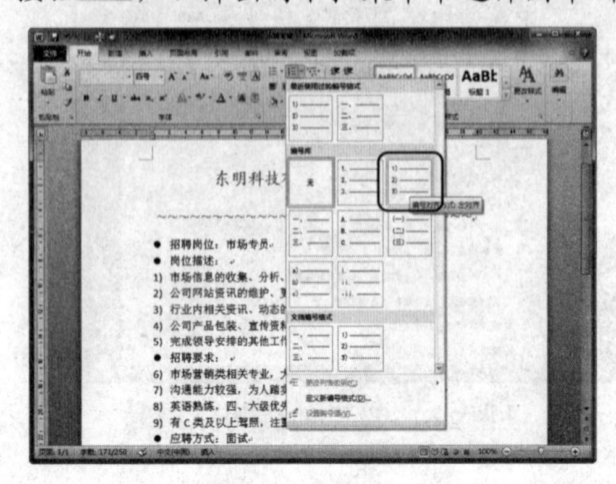

图 2-72　设置编号

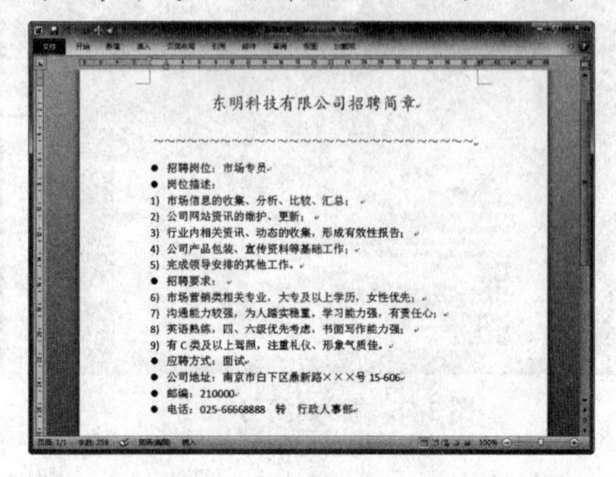

图 2-73　文档最终效果

2.9　习题

1. 简述使用鼠标选择文本的方法。

2. 简述在 Word 2010 中移动文本的方法。

3. 在文档中插入图 2-74 中的【版权所有】符号和【商标】符号。

版权所有　© 2013-2016 Llhui™

图 2-74　习题 3

4. 新建一个 Word 文档，在文档中输入内容并设置文本的字体、颜色和字号等信息，如图 2-75 所示。

5. 对上题中的文档，设置文本的对齐方式，并为相关段落设置段落间距、添加项目符号和编号，效果如图 2-76 所示。

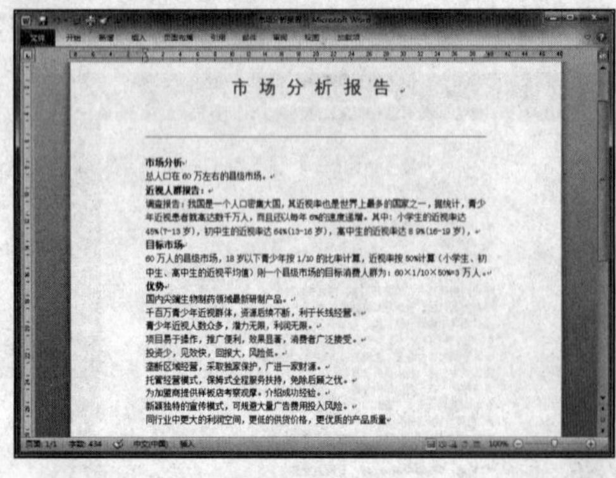

图 2-75　习题 4

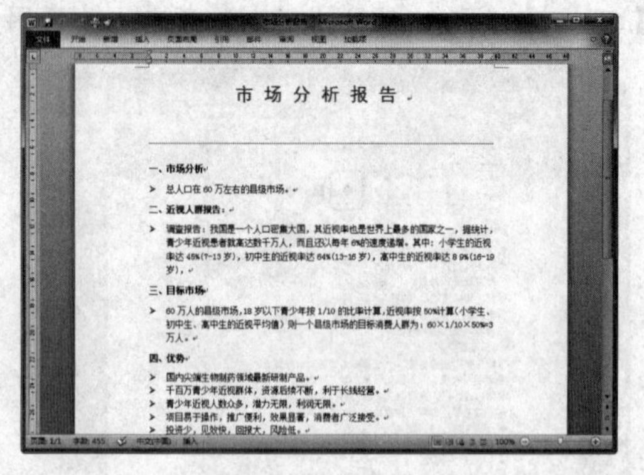

图 2-76　习题 5

在文档中使用表格

学习目标

表格是日常工作中一项非常有用的表达方式。在编辑文档时，为了更形象地说明问题，常常需要在文档中创建表格。如课程表、学生成绩表、个人简历表、商品数据表和财务报表等。本章主要介绍 Word 2010 提供的强大和便捷的表格制作、编辑功能。通过这些功能，不仅可以快速创建各种各样的表格，还可以方便地修改表格、移动表格位置或调整表格大小等，甚至可以对表格中的数据进行计算和排序等。

本章重点

- 创建表格
- 编辑表格
- 设置表格格式
- 表格的高级应用

3.1 创建表格

Word 2010 中提供了多种创建表格的方法，不仅可以通过按钮或对话框完成对表格的创建，还可以根据内置样式快速插入表格。如果表格比较简单，还可以直接拖动鼠标来绘制表格。

3.1.1 使用【表格】按钮创建表格

使用【表格】按钮可以快速打开表格网格框，使用表格网格框可以直接在文档中插入一个最大为 8 行 10 列的表格，这也是最快捷的方法。

将光标定位在需要插入表格的位置，然后打开【插入】选项卡，单击【表格】组中的【表格】按钮，在弹出的菜单中会出现如图 3-1 所示的网格框，拖动鼠标确定要创建表格的行数和列数，然后单击鼠标就可以完成一个规则表格的创建，如图 3-2 所示为 5×3 表格的效果图。

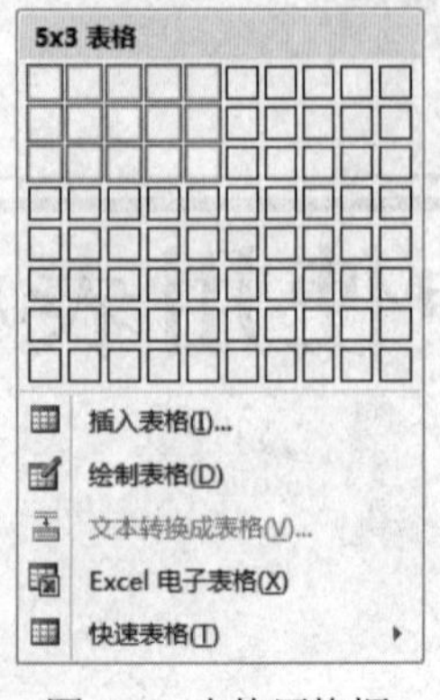

图 3-1　表格网格框

↵	↵	↵	↵	↵
↵	↵	↵	↵	↵
↵	↵	↵	↵	↵

图 3-2　自动创建的规则表格

提示

网格框顶部出现的“m×n 表格”表示要创建的表格是 m 列 n 行。通过【表格】按钮创建表格虽然很方便，但是这种方法一次最多只能插入 8 行 10 列的表格，并且不套用任何样式，列宽是按窗口调整的。所以这种方法只适用于创建行、列数较少的表格。

3.1.2　使用【插入表格】对话框创建表格

使用【插入表格】对话框创建表格时，可以在建立表格的同时精确设置表格的大小。

打开【插入】选项卡，在【表格】组中单击【表格】按钮，在弹出的菜单中选择【插入表格】命令，打开【插入表格】对话框，在【列数】和【行数】微调框中可以指定表格的列数和行数，如图 3-3 所示。如图 3-4 所示的就是插入 3 列 2 行表格的效果图。一些表格的组成部分只有在所有的格式标记都显示出来之后才可以看到，比如表格移动控点、行结束标记、单元格结束标记和表格缩放控点。

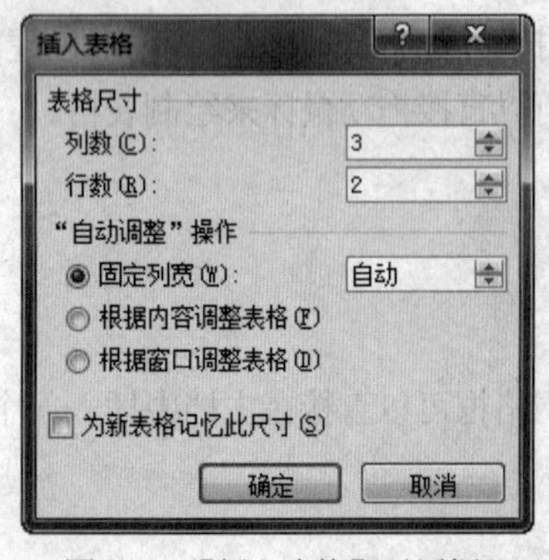

图 3-3　【插入表格】对话框

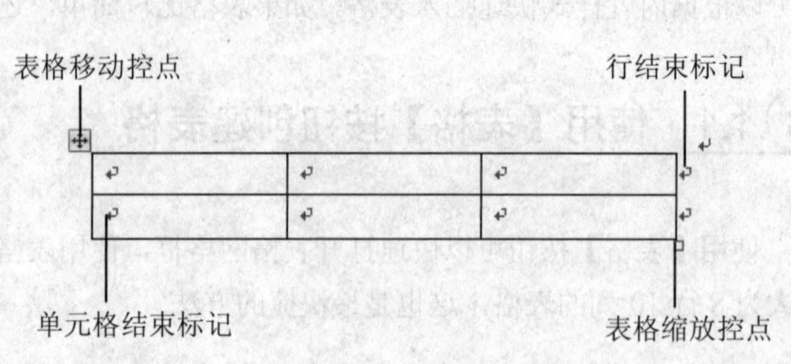

图 3-4　插入 3 列 2 行的表格

【例 3-1】创建“个人简历”文档，在其中创建一个 34 行 7 列的表格。

(1) 启动 Word 2010，创建一个名为“个人简历”的文档，在其中输入标题文本，设置其字体为【隶书】、字号为【一号】，如图 3-5 所示。

(2) 将插入点定位在标题下一行，在【开始】选项卡的【字体】组中单击【清除格式】按钮，清除已有格式。

(3) 打开【插入】选项卡，在【表格】组中单击【表格】按钮，从弹出的菜单中选择【插入表格】命令，如图 3-6 所示。

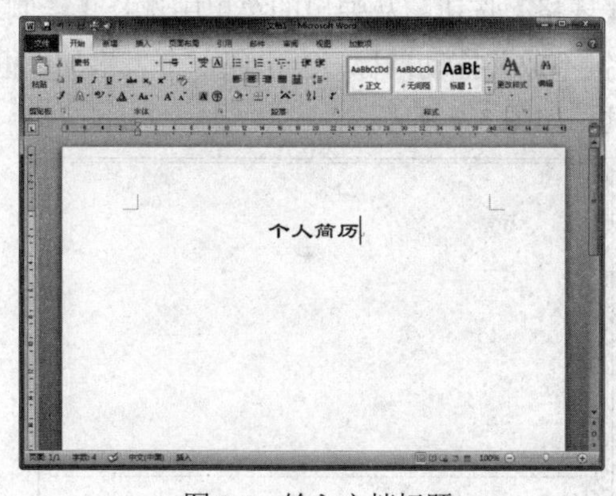

图 3-5　输入文档标题

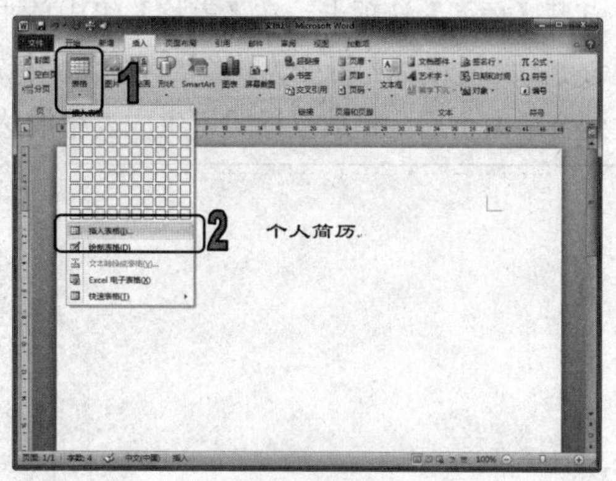

图 3-6　执行【插入表格】命令

(4) 打开【插入表格】对话框。在【列数】和【行数】文本框中分别输入数值 7 和 34，然后选中【固定列宽】单选按钮，在其后的文本框中选择【自动】选项，如图 3-7 所示。

(5) 单击【确定】按钮，关闭对话框。在文档中将插入一个 7 × 34 的规则表格，效果如图 3-8 所示。

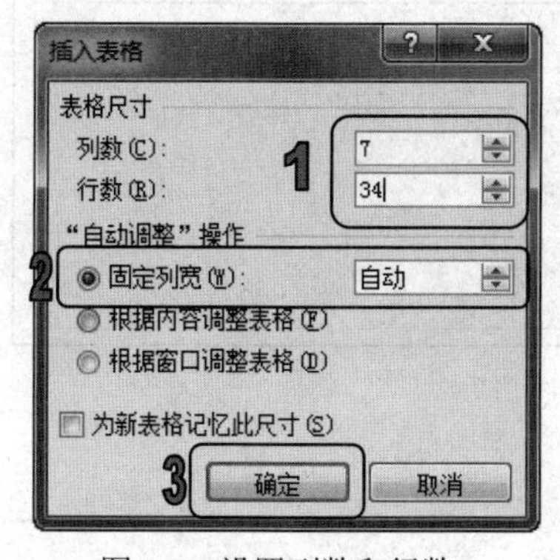

图 3-7　设置列数和行数

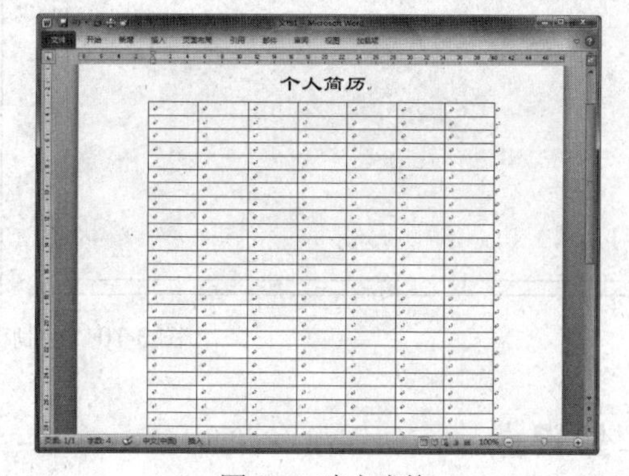

图 3-8　建立表格

提示

表格中的每一格叫作单元格，单元格是用来描述信息的，每个单元格中的信息称为一个项目，项目可以是正文、数据甚至可以是图形。

(6) 在快速访问工具栏中单击【保存】按钮，将创建的表格文档“个人简历”进行保存。

3.1.3 手动绘制表格

在实际的应用中，行与行之间以及列与列之间都是等距的规则表格很少，在很多情况下，还需要创建各种栏宽、行高都不等的不规则表格。

通过 Word 2010 中的绘制表格功能，可以创建不规则的行列数表格，以及绘制一些带有斜线表头的表格。

打开【插入】选项卡，在【表格】组中单击【表格】按钮，从弹出的菜单中选择【绘制表格】命令，此时鼠标光标变为✎形状，按住鼠标左键不放并拖动鼠标，会出现一个表格的虚框，待达到合适大小后，释放鼠标即可生成表格的边框，如图 3-9 所示。

图 3-9　绘制表格边框

在表格边框的任意位置，用鼠标单击选择一个起点，按住鼠标左键不放并向右(或向下)拖动绘制出表格中的横线(或竖线)，如图 3-10 所示。

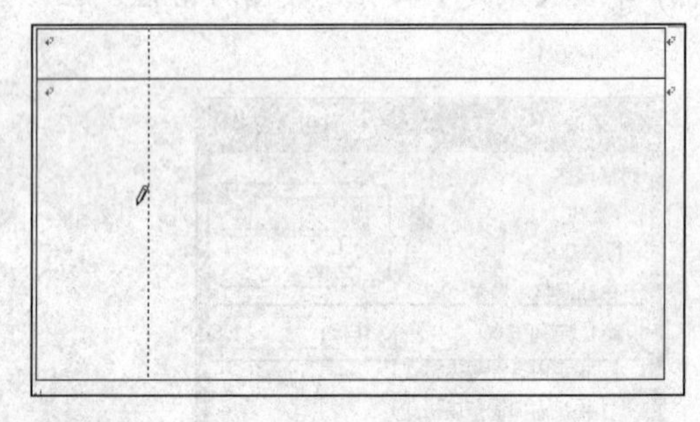

图 3-10　绘制横线和竖线

知识点

如果在绘制过程中出现了错误，打开【表格工具】的【设计】选项卡，在【绘图边框】组中单击【擦除】按钮，待鼠标指针变成橡皮形状时，单击要删除的表格线段，按照线段的方向拖动鼠标，该线段呈高亮显示，松开鼠标，该线段则被删除。

在表格中的第 1 个单元格中，用鼠标单击选择一个起点，按住鼠标左键向右下方拖动即可绘制一个斜线表格，如图 3-11 所示。

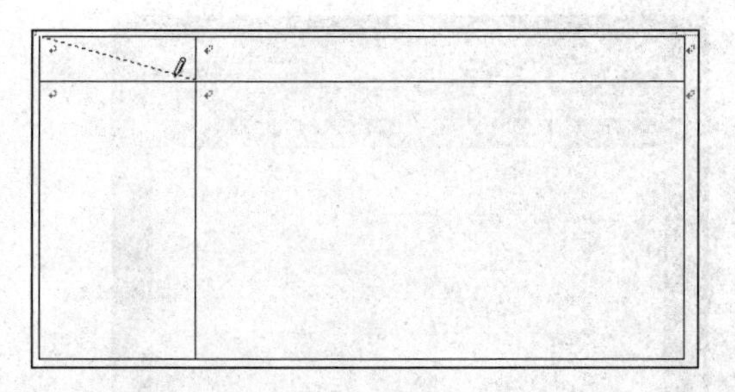

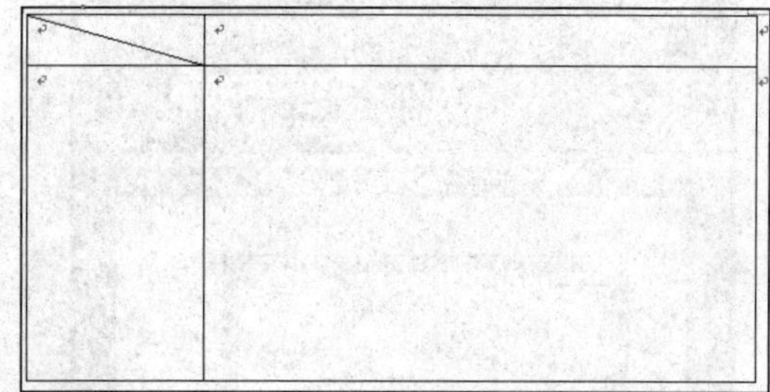

图 3-11　绘制斜线表头

提示

手动绘制表格是指用铅笔工具绘制表格的边框。手动绘制的表格行高和列宽难以做到完全一致，所以只有在特殊情况下才会使用手动绘制的方式创建表格。

3.1.4　插入带有格式的表格

为了快速制作出美观的表格，Word 2010 提供了许多内置表格。使用它们，可以快速地创建具有特定样式的表格。

打开【插入】选项卡，在【表格】组中单击【表格】按钮，在弹出的菜单中选择【快速表格】命令的子命令，此时即可插入带有格式的表格，如图 3-12 所示。这时表格创建好了，无须自己设置，只要在其中修改数据即可。

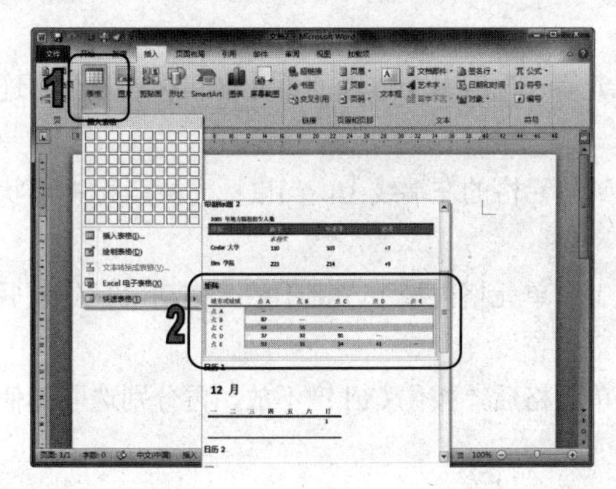

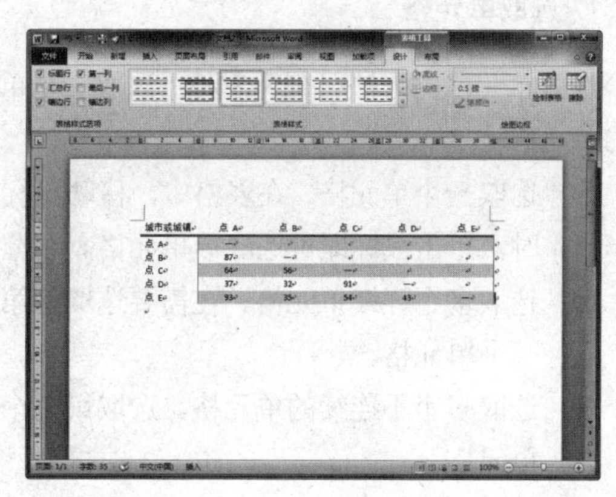

图 3-12　插入带有格式的表格

知识点

打开【插入】选项卡，在【表格】组中单击【表格】按钮，在弹出的菜单中选择【Excel 电子表格】命令，此时即可在 Word 编辑窗口中启动 Excel 应用程序窗口，在其中编辑表格。当表格编辑完成后，在文档任意处单击，即可退出电子表格的编辑状态，完成表格的创建操作，如图 3-13 所示。

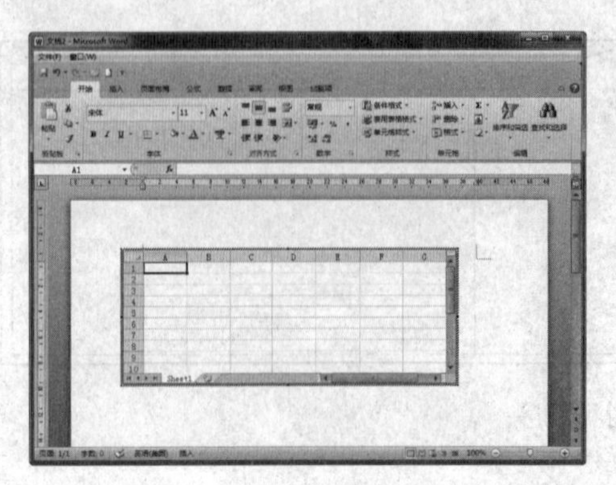
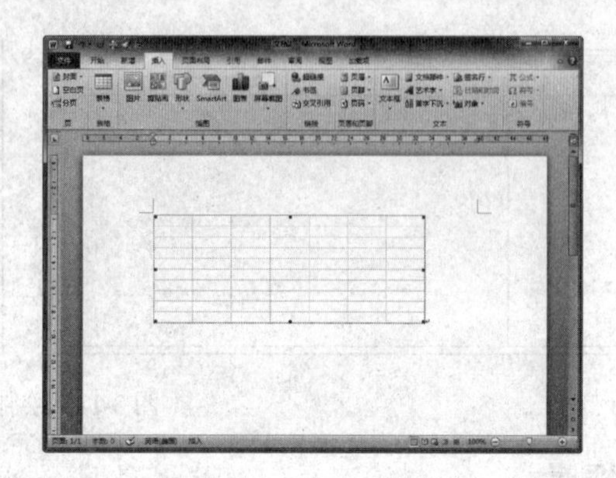

图 3-13　插入 Excel 电子表格

3.2　编辑表格

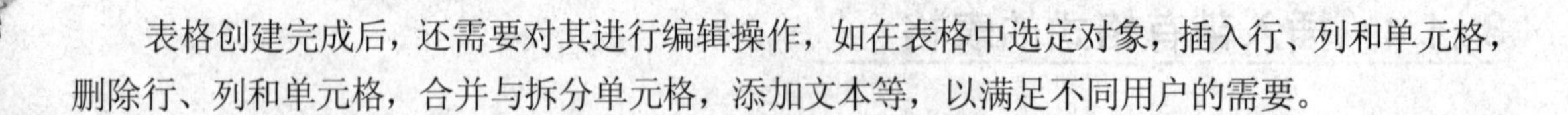

表格创建完成后，还需要对其进行编辑操作，如在表格中选定对象，插入行、列和单元格，删除行、列和单元格，合并与拆分单元格，添加文本等，以满足不同用户的需要。

3.2.1　选定表格对象

对表格进行格式化之前，首先要选定表格编辑对象，然后才能对表格进行操作。

1. 选取单元格

选取单元格的方法可分为 3 种：选取一个单元格、选取多个连续的单元格和选取多个不连续的单元格。

- 选取一个单元格。在表格中，移动鼠标到单元格的左端线上，当鼠标光标变为形状时，单击鼠标即可选取该单元格。
- 选取多个连续单元格。在需要选取的第 1 个单元格内按下左键不放，拖动鼠标到最后一个单元格。
- 选取多个不连续的单元格。选取第 1 个单元格后，按住 Ctrl 键不放，再分别选取其他单元格。

提示

在表格中，将鼠标光标定位在任意单元格中，然后按下 Shift 键，在另一个单元格内单击，则以两个单元格为对角顶点的矩形区域内的所有单元格都被选中。

2. 选取整行

将鼠标移到表格边框的左端线附近，当鼠标光标变为形状时，单击鼠标即可选中该行，

如图 3-14 所示。

3. 选取整列

将鼠标移到表格边框的上端线附近，当鼠标光标变为⬇形状时，单击鼠标即可选中该列，如图 3-15 所示。

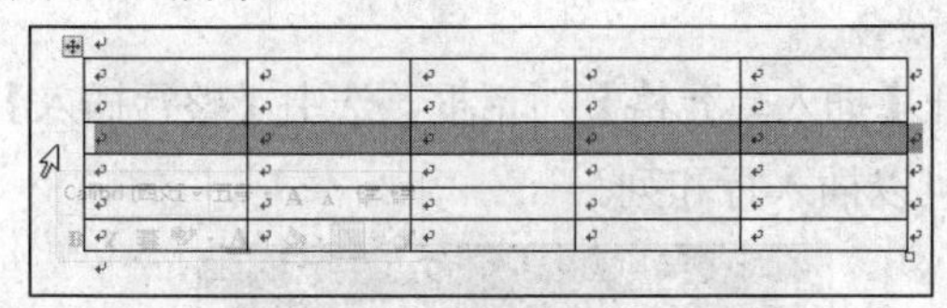

图 3-14 选取整行

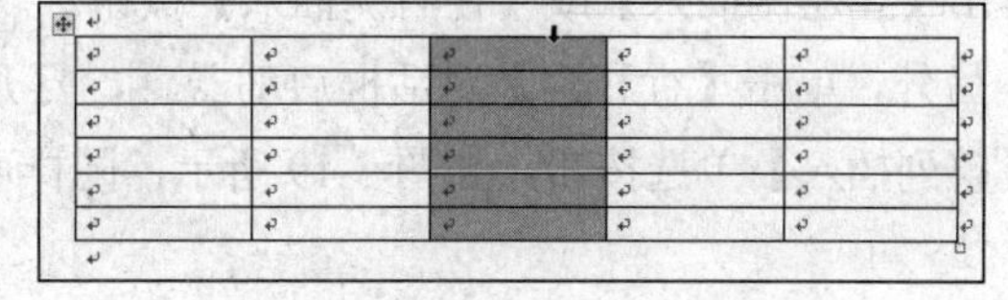

图 3-15 选取整列

4. 选取表格

移动鼠标光标到表格内，表格的左上角会出现一个十字形的小方框⊞，右下角出现一个小方框□，单击这两个符号中的任意一个，就可以选取整个表格，如图 3-16 所示。

知识点

除了使用鼠标选定对象外，还可以使用【布局】选项卡来选定表格、行、列和单元格。方法很简单，将鼠标定位在目标单元格内，打开【表格工具】的【布局】选项卡，在【表】组中单击【选择】按钮，从弹出的如图 3-17 所示的菜单中选择相应的命令即可。

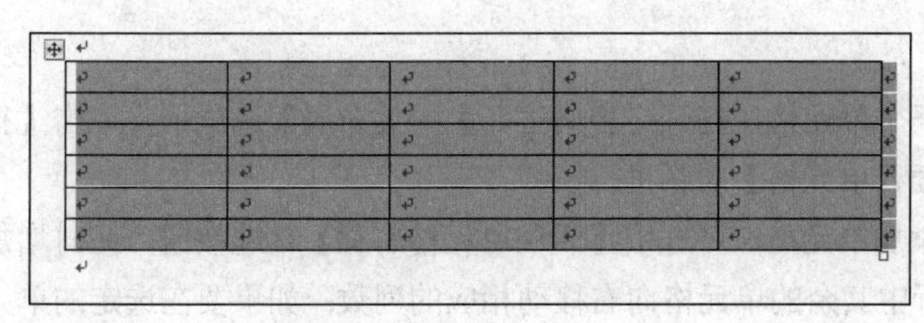

图 3-16 选取整个表格

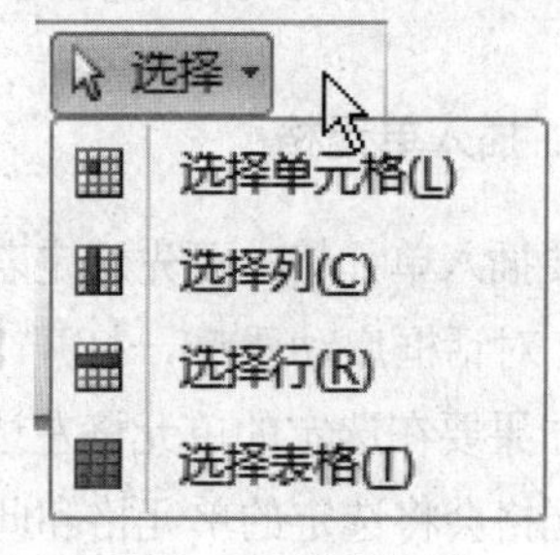

图 3-17 【表】组

提示

将鼠标光标移到左上角的⊞上，按住左键不放拖动，整个表格将会随之移动。将鼠标光标移到右下角的□上，按住左键不放拖动，可以改变表格的大小。

3.2.2 插入行、列和单元格

在创建好表格后，经常会因为情况变化或其他原因需要插入一些新的行、列或单元格。

1. 插入行和列

要向表格中添加行，先选定与需要插入行的位置相邻的行，选择的行数和要增加的行数相同，然后打开【表格工具】的【布局】选项卡，在如图 3-18 所示的【行和列】组中单击【在上方插入】或【在下方插入】按钮即可。插入列的操作与插入行基本类似，只需在【行和列】组中单击【在左侧插入】或【在右侧插入】按钮。

另外，单击【行和列】对话框启动器，打开【插入单元格】对话框，选中【整行插入】或【整列插入】单选按钮，如图 3-19 所示，同样可以插入行和列。

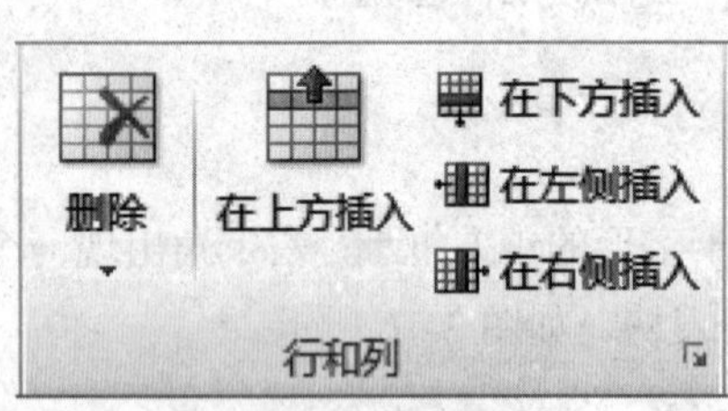

图 3-18 【行和列】组

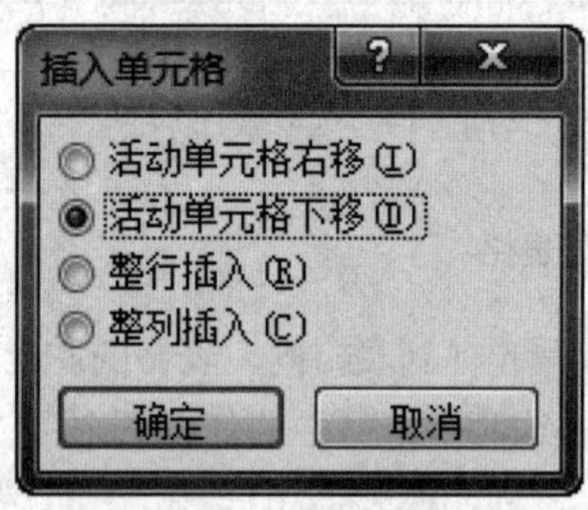

图 3-19 【插入单元格】对话框

知识点

若要在表格后面添加一行，先单击最后一行的最后一个单元格，然后按下 Tab 键即可；也可以将光标定位在表格末尾结束箭头处，按下 Enter 键插入新行。

2. 插入单元格

要插入单元格，可先选定若干个单元格，打开【表格工具】的【布局】选项卡，单击【行和列】对话框启动器，打开【插入单元格】对话框。

如果要在选定的单元格左边添加单元格，可选中【活动单元格右移】单选按钮，此时增加的单元格会将选定的单元格和此行中其余的单元格向右移动相应的列数；如果要在选定的单元格上边添加单元格，可选中【活动单元格下移】单选按钮，此时增加的单元格会将选定的单元格和此列中其余的单元格向下移动相应的行数，而且在表格最下方也增加了相应数目的行。

3.2.3 删除行、列和单元格

在创建表格后，经常会遇到表格的行、列和单元格多余的情况。在 Word 2010 中可以很方便地完成行、列和单元格的删除操作，使表格更加紧凑美观。

1. 删除行和列

选定需要删除的行，或将鼠标放置在该行的任意单元格中，在【行和列】组中，单击【删

除】按钮，在打开的菜单中选择【删除行】命令即可，如图3-20所示。删除列的操作与删除行基本类似，在弹出的删除菜单中选择【删除列】命令。

2. 删除单元格

要删除单元格，可先选定若干个单元格，然后打开【表格工具】的【布局】选项卡，在【行和列】组中单击【删除】按钮，在弹出的菜单中选择【删除单元格】命令，打开【删除单元格】对话框，如图3-21所示，选择移动单元格的方式即可。

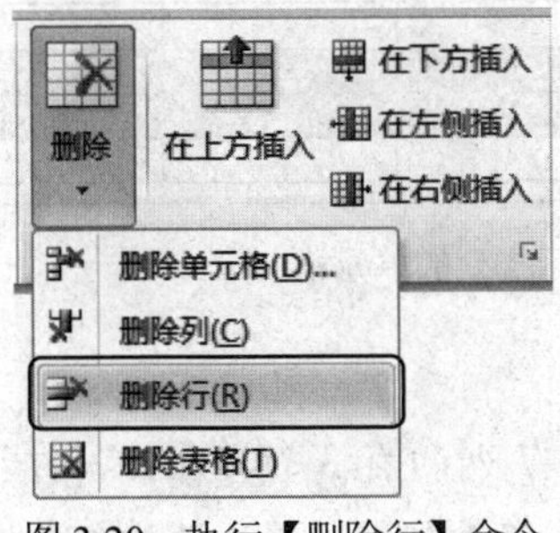

图3-20 执行【删除行】命令

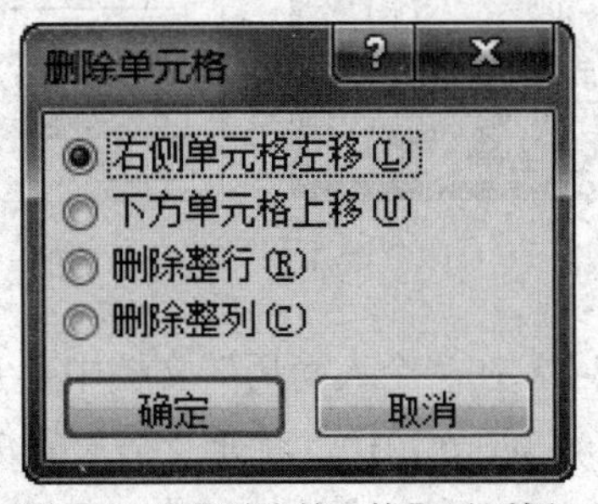

图3-21 【删除单元格】对话框

提示

如果选取某个单元格后，按Delete键，只会删除该单元格中的内容，不会从结构上删除。在打开的【删除单元格】对话框中选中【删除整行】单选按钮或【删除整列】单选按钮，可以删除包含选定的单元格在内的整行或整列。

3.2.4 合并与拆分单元格

在Word 2010中，允许将相邻的两个或多个单元格合并成一个单元格，也可以把一个单元格拆分为多个单元格，达到增加行数和列数的目的。

1. 合并单元格

在表格中选取要合并的单元格，打开【表格工具】的【布局】选项卡，在【合并】组中单击【合并单元格】按钮，如图3-22所示，或者在选中的单元格中右击，从弹出的快捷菜单中选择【合并单元格】命令，此时Word就会删除所选单元格之间的边界，建立起一个新的单元格，并将原来单元格的列宽和行高合并为当前单元格的列宽和行高，如图3-23所示。

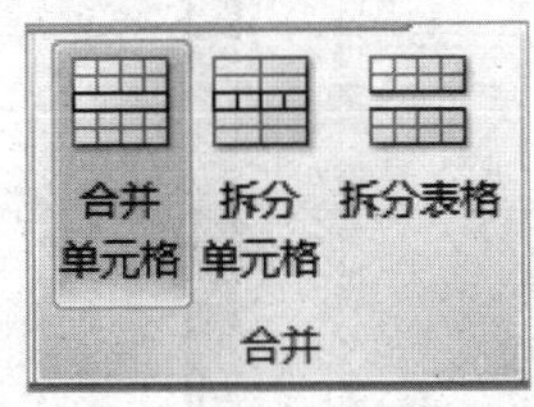

图3-22 【合并】组

↵	↵	↵	↵	↵
↵	↵	↵	↵	↵
↵	↵	↵	↵	↵
↵	↵	↵	↵	↵
↵				
↵	↵	↵	↵	↵

图3-23 合并单元格

2. 拆分单元格

选取要拆分的单元格，打开【表格工具】的【布局】选项卡，在【合并】组中单击【拆分单元格】按钮，或者右击选中的单元格，在弹出的快捷菜单中选择【拆分单元格】命令，打开【拆分单元格】对话框，在【列数】和【行数】文本框中输入列数和行数即可，如图 3-24 所示。

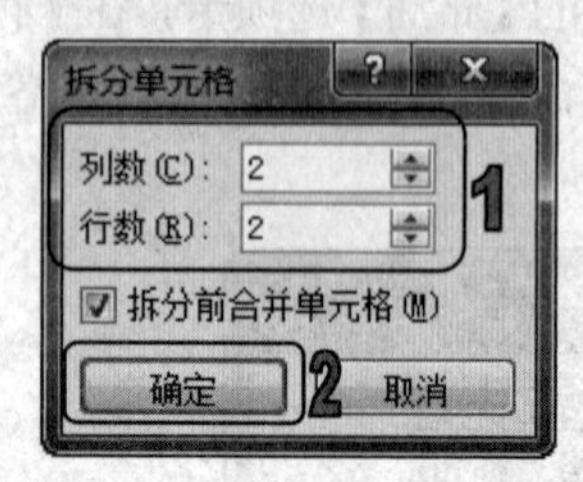

图 3-24　将合并后的一个单元格拆分成 2 行 2 列的单元格

【例 3-2】在“个人简历”文档中合并和拆分单元格。

(1) 启动 Word 2010，打开“个人简历”文档。选中第 7 列的前 3 行单元格，打开【表格工具】的【布局】选项卡，在【合并】组中单击【合并单元格】按钮，将所选的单元格合并为一个单元格，如图 3-25 所示。

(2) 选取第 4 行的后 6 列单元格，右击，从弹出的快捷菜单中选择【合并单元格】命令，如图 3-26 所示。

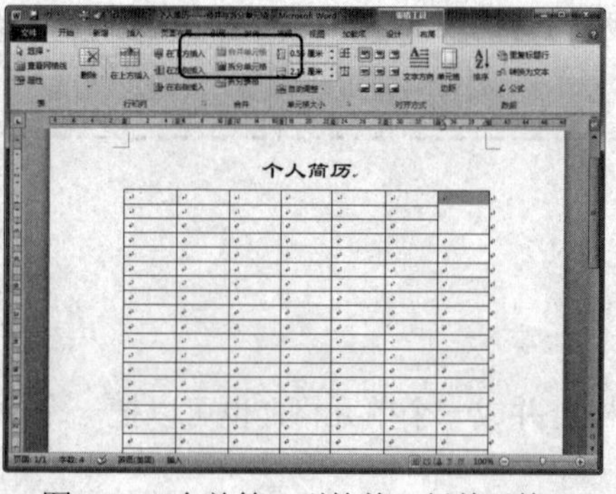

图 3-25　合并第 7 列的前 3 行单元格

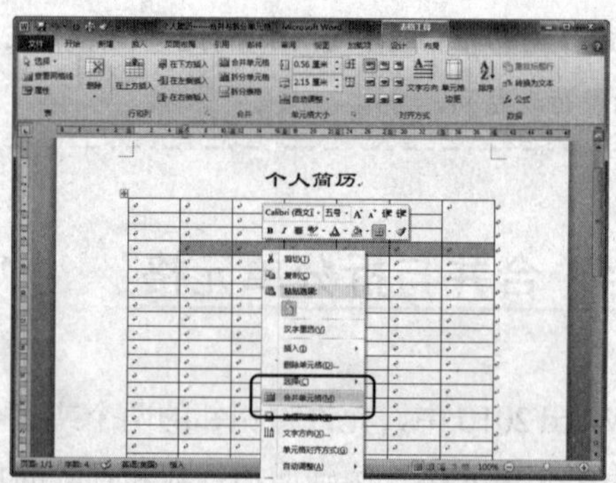

图 3-26　选择【合并单元格】命令

(3) 此时即可将第 4 行的后 6 个单元格合并为一个单元格，效果如图 3-27 所示。

(4) 使用同样的方法，合并其他单元格，最终效果如图 3-28 所示。

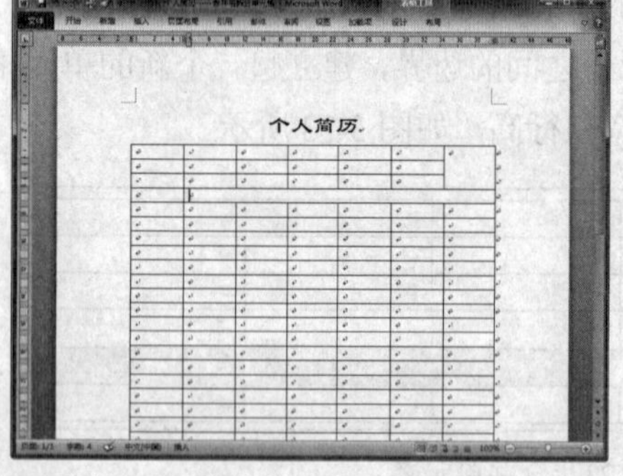

图 3-27　合并第 4 行后 6 列单元格

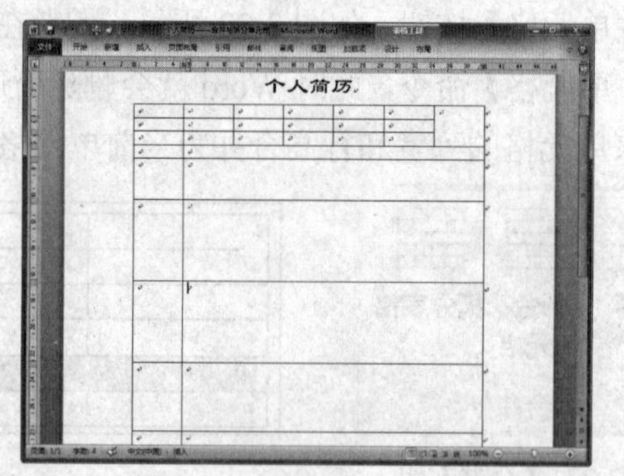

图 3-28　合并其他单元格

(5) 将插入点定位在合并后的表格的第 5 行第 2 列单元格中，打开【表格工具】的【布局】选项卡，在【合并】组中单击【拆分单元格】按钮，打开【拆分单元格】对话框。

(6) 在【列数】微调框中输入 1，在【行数】微调框中输入 2，如图 3-29 所示。

(7) 单击【确定】按钮，此时目标单元格将被拆分成 2 行 1 列的单元格，如图 3-30 所示。

(8) 在快速访问工具栏中单击【保存】按钮，将合并和拆分单元格后的“个人简历”文档进行保存。

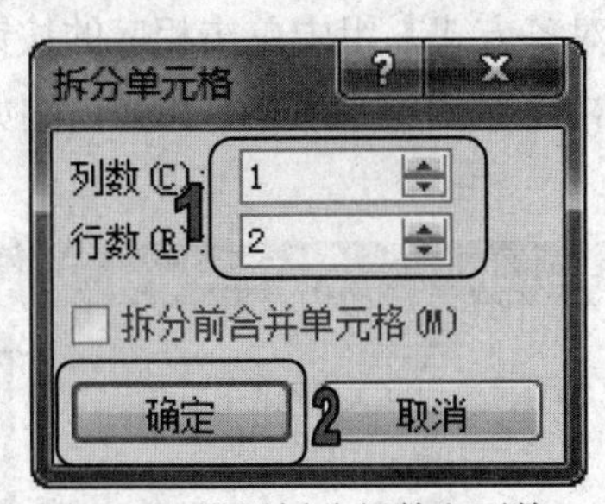

图 3-29　设置拆分行数和列数

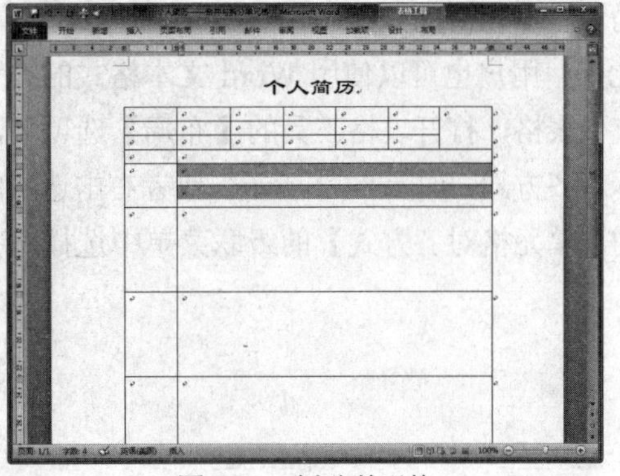

图 3-30　拆分单元格

3.2.5　拆分表格

所谓拆分表格，就是将一个表格拆分为两个独立的子表格。

拆分表格时，将插入点置于要拆分开的行分界处，也就是拆分后形成的第 2 个表格的第 1 行处。打开【表格工具】的【布局】选项卡，在【合并】组中单击【拆分表格】按钮，或者按下 Ctrl+Shift+Enter 组合键，这时，插入点所在行以下的部分就从原表格中分离出来，形成另一个独立的表格。图 3-31 所示的就是将图 3-30 所示的表格拆分为两个独立的子表格。

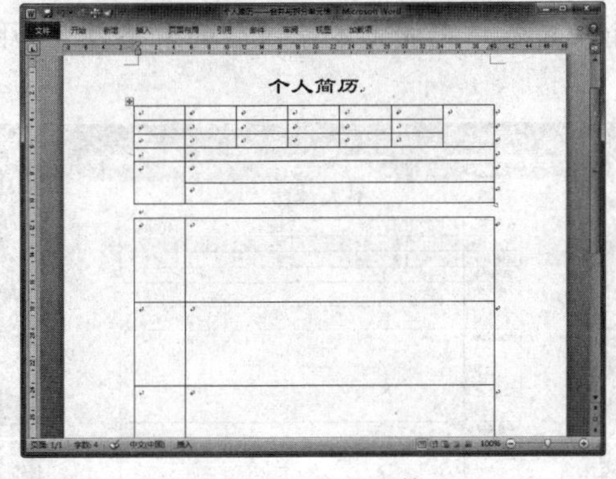

图 3-31　拆分表格

知识点

当表格跨页时，最好先将表格拆分为两个表格再进行调整。如果不拆分，则可设置后续页的表格中出现标题行的方法来解决，将插入点定位在表格第 1 行标题任意单元格中，然后打开【表格工具】的【布局】选项卡，在【数据】组中单击【重复标题行】按钮即可。

提示

在拆分表格时，插入点定位的那一行将成为新表格的首行。

3.2.6 添加表格内容

在表格的各个单元格中可以输入文字、插入图形，也可以对各单元格中的内容进行剪切和粘贴等操作，这和 Word 正文文本中所做的操作基本相同。用户只需将插入点定位在表格的单元格中，然后直接利用键盘输入文本即可。在文本的输入过程中，Word 2010 会根据文本的多少自动调整单元格的大小。

此外，用户也可以使用 Word 文本格式的设置方法设置表格中文本的格式。选择单元格区域或整个表格，打开表格工具的【布局】选项卡，在【对齐方式】组中单击相应的按钮即可设置文本对齐方式，如图 3-32 所示。或者右击选中的单元格区域或整个表格，在弹出的如图 3-33 所示的【单元格对齐方式】的级联菜单中选择对齐方式。

图 3-32 【对齐方式】组

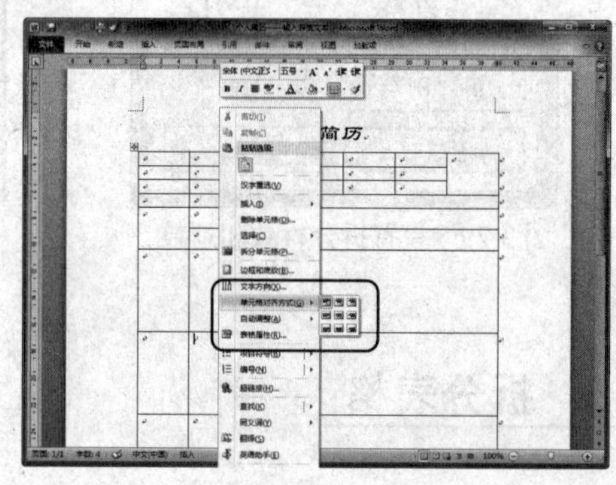

图 3-33 【单元格对齐方式】的级联菜单

【例 3-3】在“个人简历”文档中输入表格文本，并设置其格式。

(1) 启动 Word 2010，打开“个人简历”文档。

(2) 将插入点定位在第 1 行第 1 列的单元格中，输入文本“姓名”，然后将插入点定位在文本中间，按空格键，输入 4 个空格符，如图 3-34 所示。

(3) 使用同样的方法，依次在其他单元格中输入文本，完成文本输入后的表格效果如图 3-35 所示。

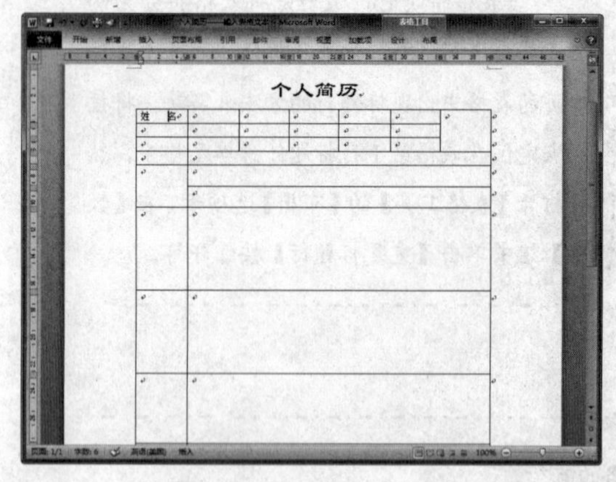

图 3-34 在第 1 个单元格中插入文本

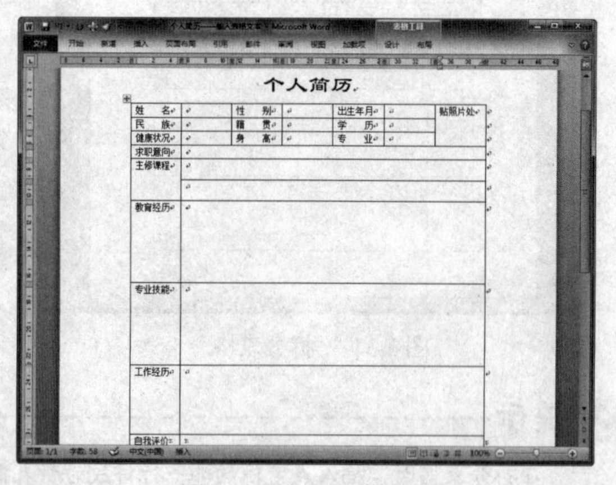

图 3-35 输入表格内容

(4) 按 Ctrl 键的同时，选中所有文本单元格，打开【开始】选项卡，在【字体】组中单击【字体】下拉按钮，从弹出的下拉列表中选择【隶书】选项；单击【字号】下拉按钮，从弹出的下拉列表中选择【小四】选项，此时设置后的文本效果如图 3-36 所示。

(5) 按表格的左上角会出现一个十字形的小方框⊞，选中整个表格，打开【表格工具】的【布局】选项卡，在【对齐方式】组中单击【水平居中】按钮，设置表格文本水平居中对齐，效果如图 3-37 所示。

(6) 在快速访问工具栏中单击【保存】按钮，保存设置后的“简历”文档。

图 3-36　设置文本字体

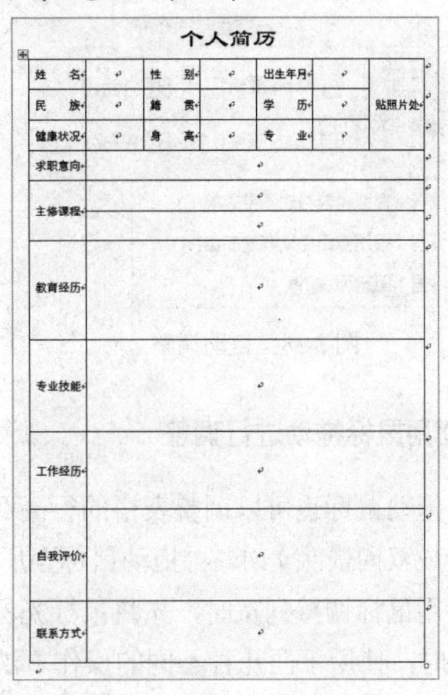

图 3-37　设置文本对齐方式

提示

默认情况下，表格中的文本都是横向排列的。在【表格工具】的【布局】选项卡的【对齐方式】组中，单击【文字方向】按钮，可以更改表格中文字的方向。

3.3　设置表格格式

在创建表格并添加完内容后，通常还需对其进行一定的修饰操作，如调整表格的行高和列宽、设置表格边框和底纹、套用单元格样式、套用表格样式等，使其更加美观。

3.3.1　调整表格的行高和列宽

创建表格时，表格的行高和列宽都是默认值。在实际工作中，如果觉得表格的尺寸不合适，可以随时调整表格的行高和列宽。在 Word 2010 中，可以使用多种方法调整表格的行高和列宽。

1. 自动调整

将插入点定位在表格内，打开【表格工具】的【布局】选项卡，在【单元格大小】组中单击【自动调整】按钮，在弹出的如图 3-38 所示的菜单中选择相应的命令，即可便捷地调整表格行与列的尺寸。

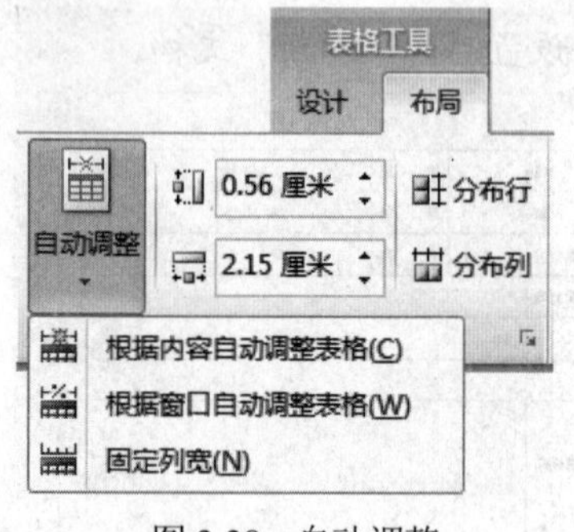

图 3-38　自动调整

提示

在【单元格大小】组中，单击【分布行】和【分布行】按钮，同样可以平均分布行或列。

2. 使用鼠标拖动进行调整

通过拖动鼠标也可以调整表格的行高和列宽。先将鼠标光标指向需调整行的下边框，待鼠标光标变成双向箭头÷时，再拖动鼠标至所需位置，整个表格的高度会随着行高的改变而改变。

在使用鼠标调整列宽时，先将鼠标光标指向表格中需要调整列的边框，待鼠标光标变成双向箭头⇹时，使用下面几种不同的操作方法，可以达到不同的效果：

- 以鼠标光标拖动边框，边框左右两列的宽度发生变化，而整个表格的总体宽度不变。
- 按下 Shift 键，然后拖动鼠标，边框左边一列的宽度发生改变，整个表格的总体宽度随之改变。
- 按下 Ctrl 键，然后拖动鼠标，边框左边一列的宽度发生改变，边框右边各列也发生均匀的变化，而整个表格的总体宽度不变。

3. 使用对话框进行调整

如果表格尺寸要求的精确度较高，可以使用【表格属性】对话框，以输入数值的方式精确调整行高与列宽。

将插入点定位在表格内，在【表格工具】的【布局】选项卡的【单元格大小】组中单击对话框启动器，打开【表格属性】对话框。

打开【行】选项卡，选中【指定高度】复选框，在其后的数值微调框中输入数值，如图 3-39 所示。单击【下一行】按钮，将鼠标光标定位在表格的下一行，进行相同的设置即可。

打开【列】选项卡，选中【指定宽度】复选框，在其后的微调框中输入数值，如图 3-40 所示。单击【后一列】按钮，将鼠标光标定位在表格的下一列，可以进行相同的设置。

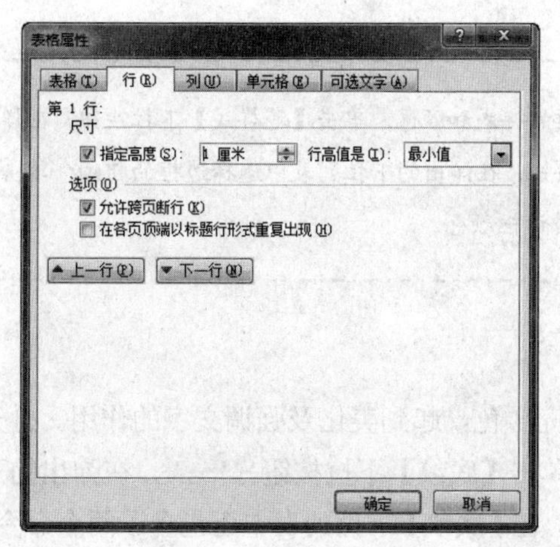

图 3-39　【行】选项卡

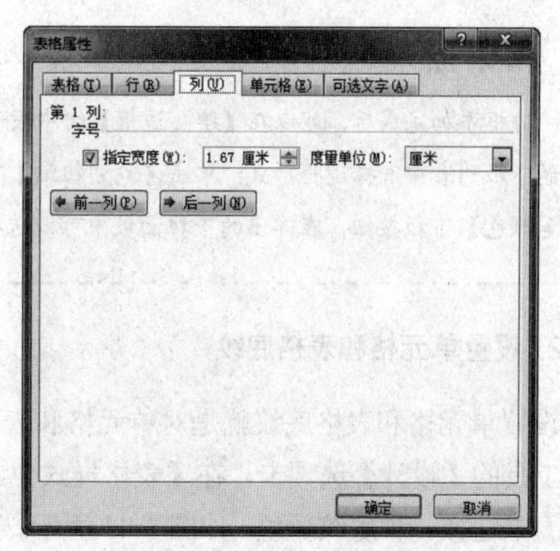

图 3-40　【列】选项卡

3.3.2　设置表格边框和底纹

一般情况下，Word 2010 会自动设置表格使用 0.5 磅的单线边框。如果对表格的样式不满意，则可以重新设置表格的边框和底纹，从而使表格结构更合理、外观更美观。

1. 设置表格边框

表格的边框包括整个表格的外边框和表格内部各单元格的边框线，对这些边框线设置不同的样式和颜色可以让表格所表达的内容一目了然。

打开表格工具的【设计】选项卡，在【表格样式】组中单击【边框】下拉按钮边框，在弹出的下拉菜单中可以为表格设置边框，如图 3-41 所示。若选择【边框和底纹】命令，则打开【边框和底纹】对话框的【边框】选项卡，如图 3-42 所示，在【设置】选项区域中可以选择表格边框的样式；在【样式】下拉列表框中可以选择边框线条的样式；在【颜色】列表框中可以选择边框的颜色；在【宽度】列表框中可以选择边框线条的宽度；在【应用于】下拉列表框中可以设定边框应用的对象。

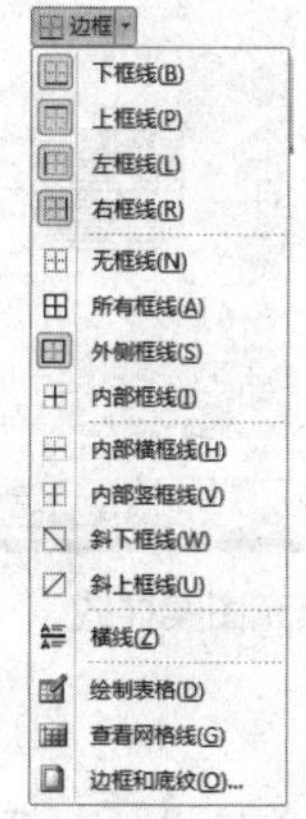

图 3-41　【边框】下拉菜单

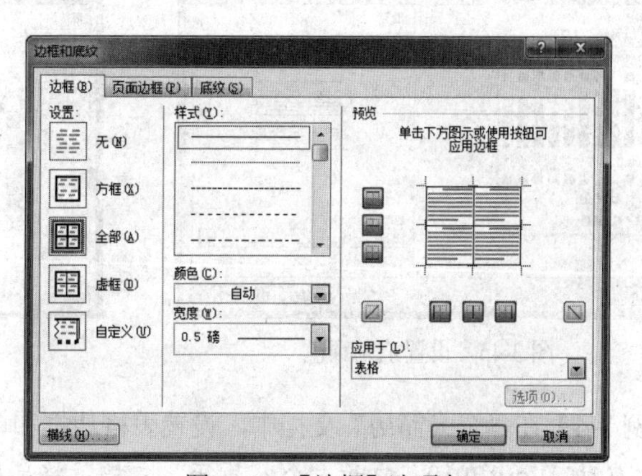

图 3-42　【边框】选项卡

知识点

边框添加完成后，可以在【绘图边框】组中设置边框的样式和颜色。单击【笔样式】下拉按钮，在弹出的下拉列表中选择边框样式；单击【笔划粗细】下拉按钮，在弹出的下拉列表中选择边框的粗细；单击【笔颜色】下拉按钮，在弹出的下拉面板中可以选择一种边框颜色。

2. 设置单元格和表格底纹

设置单元格和表格底纹就是对单元格和表格填充颜色，起到美化及强调文字的作用。打开表格工具的【设计】选项卡，在【表格样式】组中单击【底纹】下拉按钮，在弹出的下拉列表中选择一种底纹颜色，如图 3-43 所示。其中，在【底纹】下拉列表中还包含了两个命令，选择【其他颜色】命令，打开【颜色】对话框，如图 3-44 所示。在该对话框中对底纹的颜色进行选择或自定义设置。

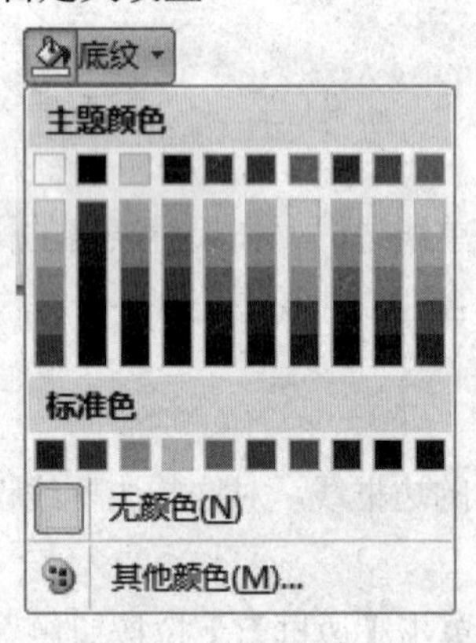

图 3-43　底纹颜色

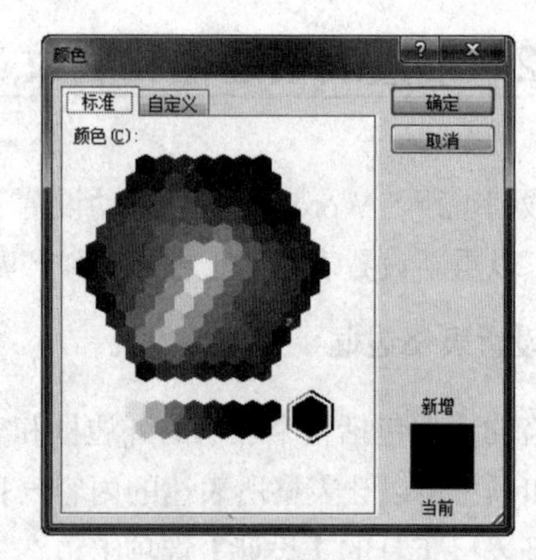

图 3-44　【颜色】对话框

打开【边框和底纹】对话框的【底纹】选项卡，在【填充】下拉列表框中可以设置表格底纹的填充颜色，如图 3-45 所示；在【图案】选项区域中的【样式】下拉列表框中可以选择填充图案的其他样式，如图 3-46 所示；在【应用于】下拉列表框中可以设定底纹应用的对象。

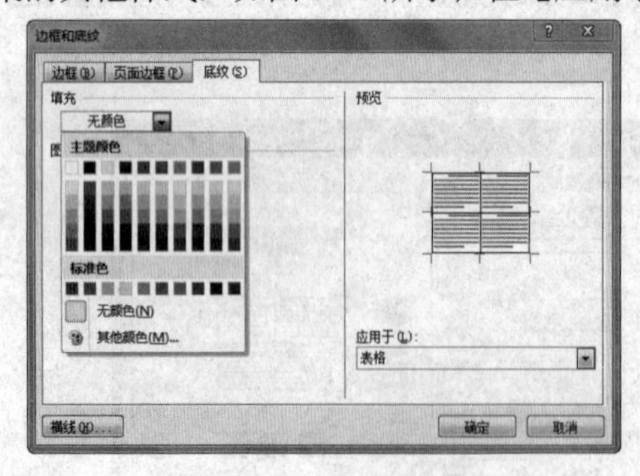

图 3-45　设置填充颜色

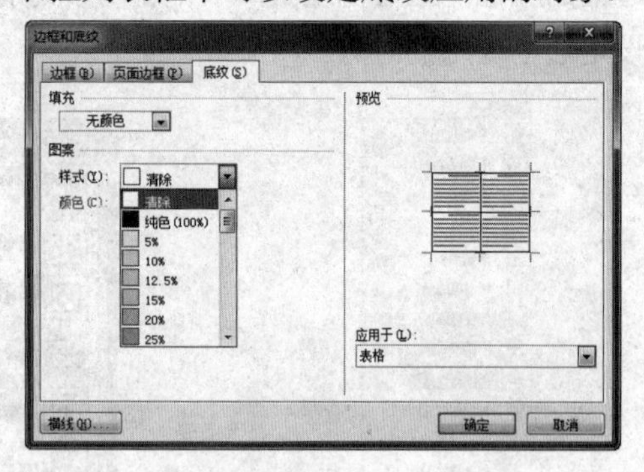

图 3-46　设置填充图案样式

【例 3-4】在“个人简历”文档中，设置表格边框和单元格底纹。

(1) 启动 Word 2010，打开“个人简历”文档。将鼠标指针定位在表格中，打开【表格工

具】的【设计】选项卡，在【表格样式】组中单击【边框】下拉按钮，从弹出的菜单中选择【边框和底纹】命令，打开【边框和底纹】对话框，如图 3-47 所示。

(2) 打开【边框】选项卡，在【样式】列表框中选择一种双线行，在【预览】区域中设置外框线显示效果；在【样式】列表框中选择一种虚线，在【预览】区域中设置内框线显示效果，单击【确定】按钮，完成边框的设置，效果如图 3-48 所示。

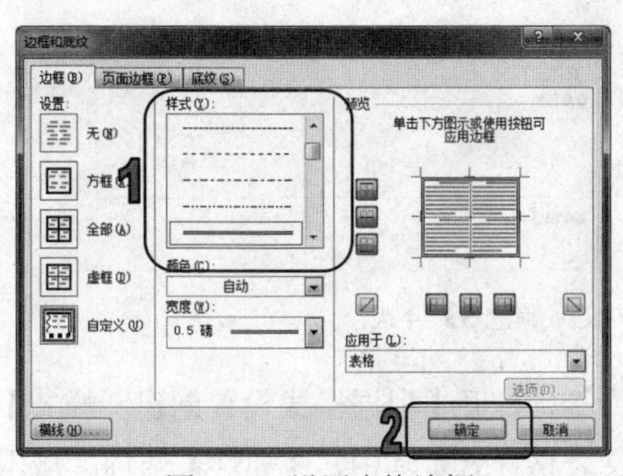

图 3-47　设置表格边框

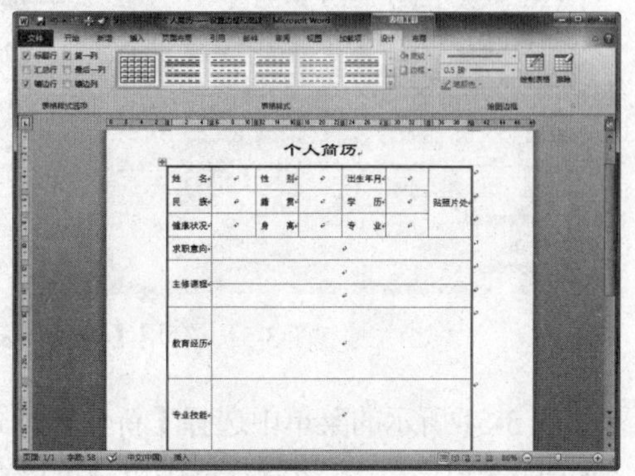

图 3-48　设置后的效果

(3) 按 Ctrl 键的同时，选中文本所在的所有单元格，打开【表格工具】的【设计】选项卡，在【表格样式】组中单击【底纹】按钮，从弹出的颜色面板中选择【白色，背景 1，深色 15%】色块，如图 3-49 所示。

(4) 此时即可为表格中选中的单元格应用设置的底纹颜色，最终效果如图 3-50 所示。

(5) 在快速访问工具栏中单击【保存】按钮，保存修改后的“个人简历”文档。

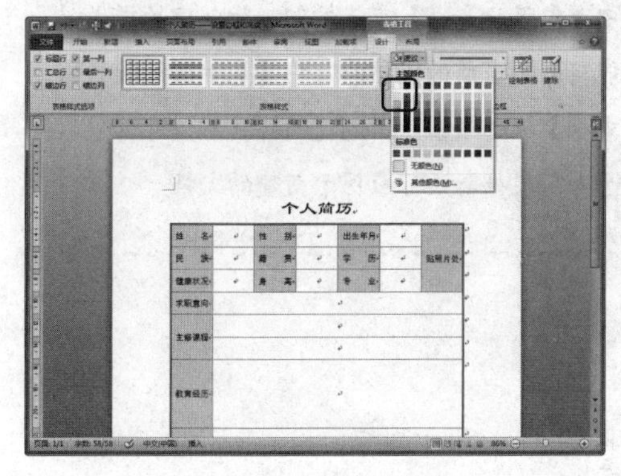

图 3-49　选择底纹颜色

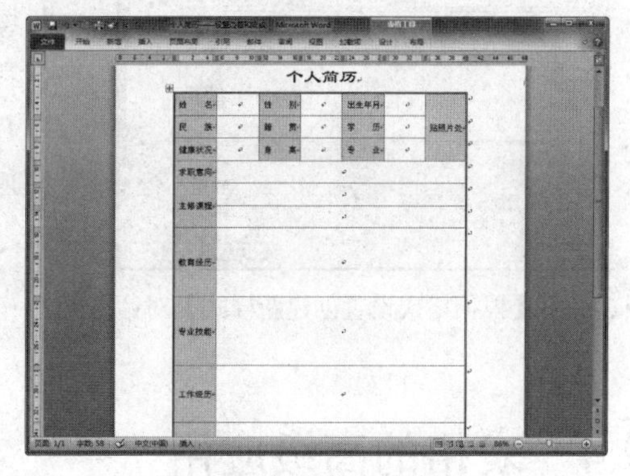

图 3-50　设置单元格底纹

3.3.3　套用表格样式

Word 2010 为用户提供了 100 多种内置的表格样式，这些内置的表格样式提供了各种现成的边框和底纹设置。使用它们，可以快速为表格自动套用样式。

打开【表格工具】的【设计】选项卡，在【表样样式】组中，单击【其他】按钮，在弹出的下拉列表中选择需要的外观样式，即可为表格套用样式，如图 3-51 所示。

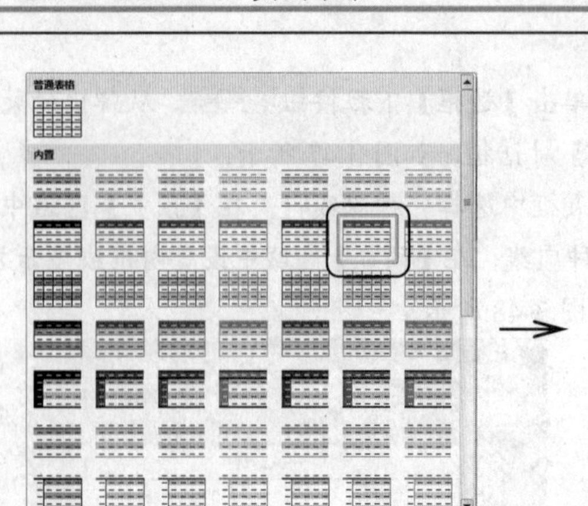

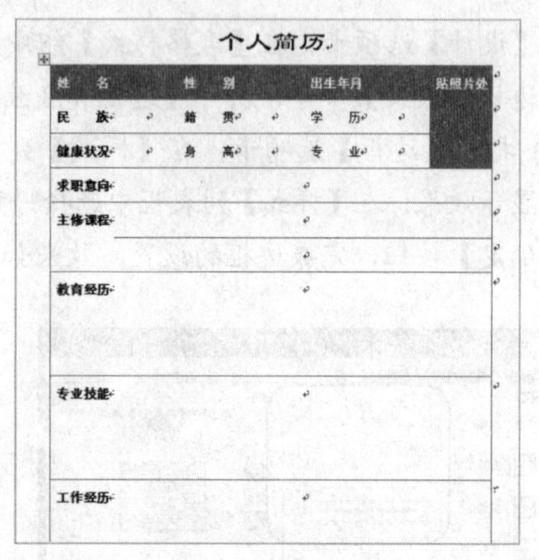

图 3-51 套用【浅色列表-强调文字颜色 5】样式

在如图 3-51 所示的菜单中选择【新建表样式】命令，打开【根据格式设置创建新样式】对话框，如图 3-52 所示。在该对话框中用户可以自定义表格样式。其中，【属性】选项区域用于设置样式的名称、类型和样式基准；【格式】选项区域用于设置表格文本的字体、字号、字体颜色等格式。

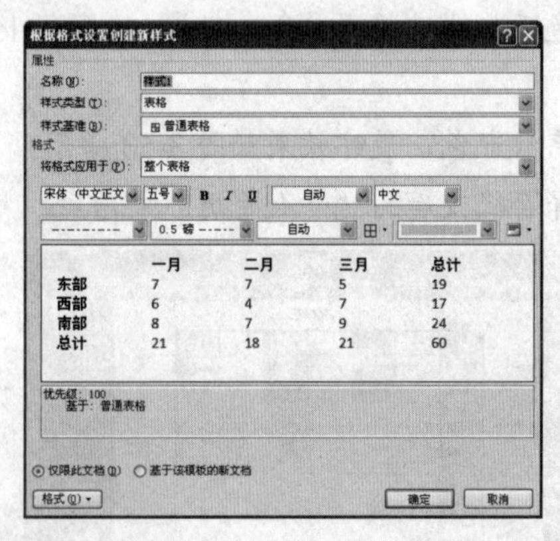

图 3-52 【根据格式设置创建新样式】对话框

> **提示**
>
> 在【根据格式设置创建新样式】对话框中，选中【仅限此文档】单选按钮，所创建的样式只能应用于当前的文档；选中【基于该模板的新文档】单选按钮，所创建的样式不仅可以应用于当前文档，还可应用于新建的文档。

3.4 表格的高级应用

在 Word 2010 的表格中，可以对表格进行一些高级操作，如计算与排序表格中的数据、表格与文本相互转换等。

3.4.1 计算表格数据

在 Word 表格中，可以对其中的数据执行一些简单的运算，可以方便、快捷地得到计算结果。通常情况下，可以通过输入带有加、减、乘、除等运算符的公式进行计算，也可以使用

Word 2010 附带的函数进行较为复杂的计算。下面以实例来介绍计算表格数据的方法。

【例 3-5】在"年度考核表"文档中，计算员工年度考核总分以及各季度考核平均分。

(1) 启动 Word 2010，打开创建好的如图 3-53 所示的"年度考核表"文档。

(2) 将插入点定位在第 2 行第 7 列的单元格中，然后打开【表格工具】的【布局】选项卡，在【数据】组中单击【公式】按钮，打开【公式】对话框，在【公式】文本框中输入=SUN(LEFT)，如图 3-54 所示。

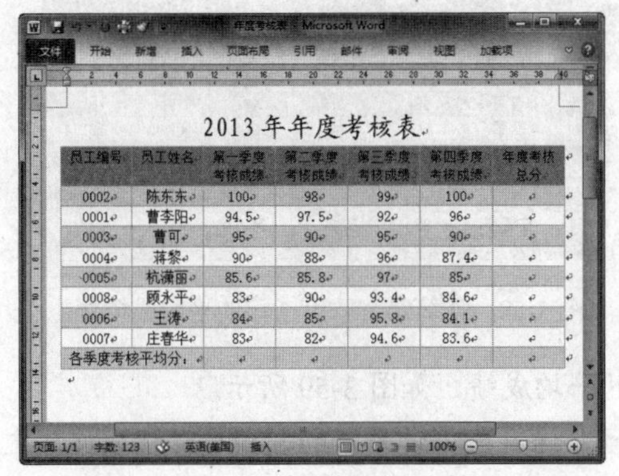

2013 年年度考核表

员工编号	员工姓名	第一季度考核成绩	第二季度考核成绩	第三季度考核成绩	第四季度考核成绩	年度考核总分
0002	陈东东	100	98	99	100	
0001	曹李阳	94.5	97.5	92	96	
0003	曹可	95	90	95	90	
0004	蒋黎	90	88	96	87.4	
0005	杭满丽	85.6	85.8	97	85	
0008	顾永平	83	90	93.4	84.6	
0006	王涛	84	85	95.8	84.1	
0007	庄春华	83	82	94.6	83.6	
各季度考核平均分:						

图 3-53　"年度考核表"文档

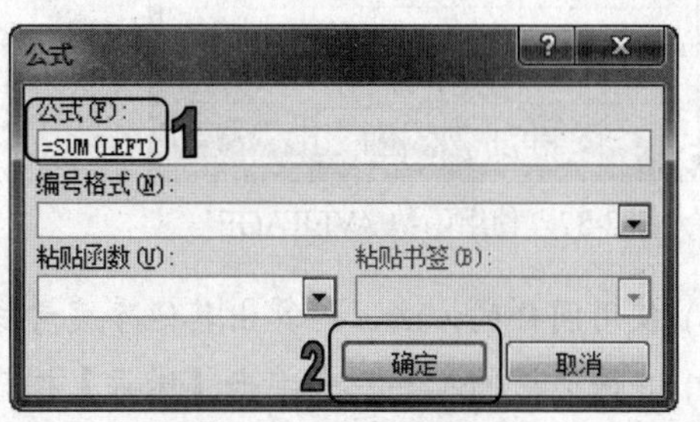

图 3-54　【公式】对话框

提示

在使用 LEFT、RIGHT、ABOVE 函数求和时，如果对应的左侧、右侧、上面的单元格有空白单元格时，Word 将从最后一个不为空且是数字的单元格开始计算。如果要计算的单元格内存在异常的对象，如文本时，Word 公式会自动忽略这些文本。

(3) 单击【确定】按钮，此时即可计算出员工"陈东东"的年度考核总分，如图 3-55 所示。

(4) 使用相同的方法，计算出其他员工的年度考核总分，如图 3-56 所示。

2013 年年度考核表

员工编号	员工姓名	第一季度考核成绩	第二季度考核成绩	第三季度考核成绩	第四季度考核成绩	年度考核总分
0002	陈东东	100	98	99	100	397
0001	曹李阳	94.5	97.5	92	96	
0003	曹可	95	90	95	90	
0004	蒋黎	90	88	96	87.4	
0005	杭满丽	85.6	85.8	97	85	
0008	顾永平	83	90	93.4	84.6	
0006	王涛	84	85	95.8	84.1	
0007	庄春华	83	82	94.6	83.6	
各季度考核平均分:						

图 3-55　计算某员工的年度考核总分

2013 年年度考核表

员工编号	员工姓名	第一季度考核成绩	第二季度考核成绩	第三季度考核成绩	第四季度考核成绩	年度考核总分
0002	陈东东	100	98	99	100	397
0001	曹李阳	94.5	97.5	92	96	380
0003	曹可	95	90	95	90	370
0004	蒋黎	90	88	96	87.4	361.4
0005	杭满丽	85.6	85.8	97	85	353.4
0008	顾永平	83	90	93.4	84.6	351
0006	王涛	84	85	95.8	84.1	348.9
0007	庄春华	83	82	94.6	83.6	343.2
各季度考核平均分:						

图 3-56　计算其他员工的年度考核总分

知识点

在计算结束后，如果修改了表格中的原有数字，则需要首先全选表格，然后按 F9 键更新域，即可让表格中的所有公式计算结果刷新。

(5) 将插入点定位到第 10 行第 2 列的单元格中，打开表格工具的【布局】选项卡，在【数据】

组中单击【公式】按钮，打开【公式】对话框。

(6) 在【粘贴函数】下拉列表框中选择 AVERAGE 选项，将【公式】文本框中的内容修改为=AVERAGE(C2:C9)，如图 3-57 所示。

(7) 单击【确定】按钮，就可以得到运算结果，计算出第一季度考核的平均成绩，如图 3-58 所示。

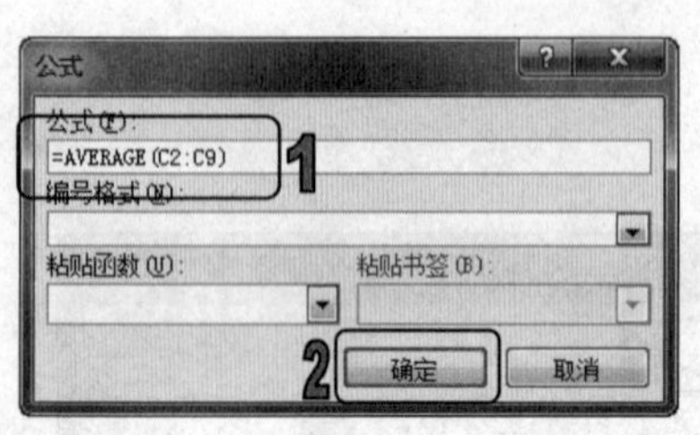

图 3-57　使用函数 AVERAGE

2013 年年度考核表

员工编号	员工姓名	第一季度考核成绩	第二季度考核成绩	第三季度考核成绩	第四季度考核成绩	年度考核总分
0002	陈东东	100	98	99	100	397
0001	曹李阳	94.5	97.5	92	96	380
0003	曹可	95	90	95	90	370
0004	蒋黎	90	88	96	87.4	361.4
0005	杭潇丽	85.6	85.8	97	85	353.4
0008	顾永平	83	90	93.4	84.6	351
0006	王涛	84	85	95.8	84.1	348.9
0007	庄春华	83	82	94.6	83.6	343.2
各季度考核平均分：		89.39				

图 3-58　计算第一季度考核的平均成绩

(8) 使用同样的方法，计算出其他季度考核的平均成绩，如图 3-59 所示。

(9) 在快速访问工具栏中单击【保存】按钮，保存数据计算后的“年度考核表格”文档。

2013 年年度考核表

员工编号	员工姓名	第一季度考核成绩	第二季度考核成绩	第三季度考核成绩	第四季度考核成绩	年度考核总分
0002	陈东东	100	98	99	100	397
0001	曹李阳	94.5	97.5	92	96	380
0003	曹可	95	90	95	90	370
0004	蒋黎	90	88	96	87.4	361.4
0005	杭潇丽	85.6	85.8	97	85	353.4
0008	顾永平	83	90	93.4	84.6	351
0006	王涛	84	85	95.8	84.1	348.9
0007	庄春华	83	82	94.6	83.6	343.2
各季度考核平均分：		89.39	89.54	95.35	88.84	

图 3-59　计算其他计算的平均成绩

提示

Word 中对表格的单元格进行范围描述时需要对表格进行编号。编号规定行的代号从上向下依次为 1、2、3……列的代号从左到右依次为 A、B、C……组合时，列在前、行在后。

3.4.2　排序表格数据

在 Word 2010 中，可以方便地将表格中的文本、数字、日期等数据按升序或降序的顺序进行排序。

选中需要排序的表格或单元格区域，打开【表格工具】的【布局】选项卡，在【数据】组中单击【排序】按钮，打开【排序】对话框，如图 3-60 所示。

【排序】对话框中包括 3 种关键字，分别为主要关键字、次要关键字和第三关键字。在排序过程中，将依照主要关键字进行排序，而当有相同记录时，则依照次要关键字进行排序，最后当主要关键字和次要关键字都有相同记录时，则依照第三关键字进行排序。在关键字下拉列表中，将分别以列 1、列 2、列 3……表示表格中的每个字段列。在每个关键字后的【类型】下拉列表框中可以选择【笔划】、【数字】、【日期】和【拼音】等排序类型；通过选中【升序】

或【降序】单选按钮来选择数据的排序方式。

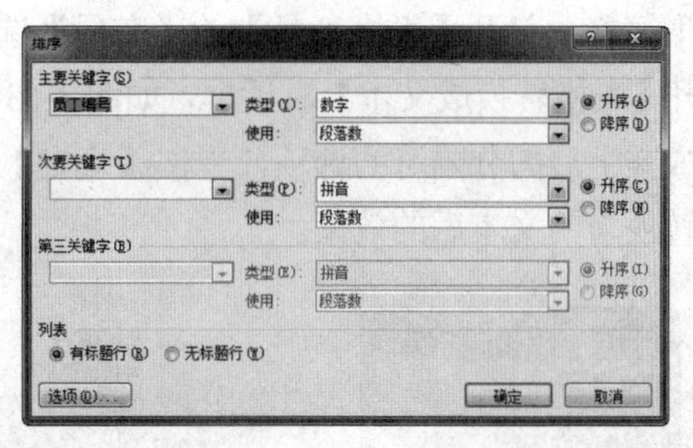

图 3-60　打开【排序】对话框

【例 3-6】在“年度考核表”文档中，将数据按年度考核总分从高到低的顺序进行排序。

(1) 启动 Word 2010，打开表格数据计算后的“年度考核表”文档。

(2) 将插入点定位在表格任意单元格中，打开【表格工具】的【布局】选项卡，在【数据】组中单击【排序】按钮，打开【排序】对话框。

(3) 在【主要关键字】下拉列表框中选择【年度考核总分】选项，在【类型】下拉列表中选择【数字】选项，选中【降序】单选按钮，如图 3-61 所示。

(4) 单击【确定】按钮，此时表格中的数据按年度考核总分从高到低的顺序进行排序，效果如图 3-62 所示。

(5) 在快速访问工具栏中单击【保存】按钮，保存数据排序后的“年度考核表”文档。

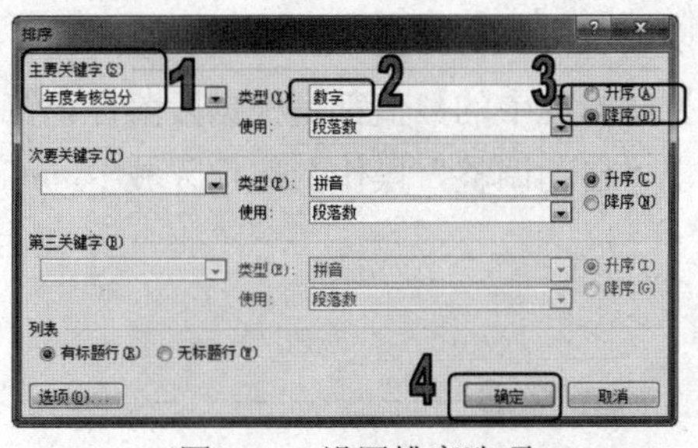

图 3-61　设置排序选项

2013 年年度考核表

员工编号	员工姓名	第一季度考核成绩	第二季度考核成绩	第三季度考核成绩	第四季度考核成绩	年度考核总分
0002	陈东东	100	98	99	100	397
0001	曹李阳	94.5	97.5	92	96	380
0003	曹可	95	90	95	90	370
0004	蒋黎	90	88	96	87.4	361.4
0005	杭潇丽	85.6	85.8	97	85	353.4
0008	顾永平	83	90	93.4	84.6	351
0006	王涛	84	85	95.8	84.1	348.9
0007	庄春华	83	82	94.6	83.6	343.2
各季度考核平均分：		89.39	89.54	95.35	88.84	

图 3-62　排序表格数据

3.4.3　表格与文本之间的转换

在 Word 2010 中，可以将文本转换为表格，也可以将表格转换为文本。要把文本转换为表格时，应首先将需要进行转换的文本格式化，即把文本中的每一行用段落标记隔开，每一列用分隔符(如逗号、空格、制表符等)分开，否则系统将不能正确识别表格的行列分隔，从而导致不能正确转换。

1. 将表格转换为文本

将表格转换为文本，可以去除表格线，仅将表格中的文本内容按原来的顺序提取出来，但

会丢失一些特殊的格式。

选取表格，打开【表格工具】的【布局】选项卡，在【数据】组中单击【转换为文本】按钮，打开【表格转换成文本】对话框，如图 3-63 所示。在对话框中选择将原表格中的单元格文本转换成文字后的分隔符的选项，单击【确定】按钮即可。如图 3-64 所示是将如图 3-62 所示的表格转换为的文本后的效果。

图 3-63 【表格转换成文本】对话框

2013 年年度考核表

员工编号 员工姓名 第一季度考核成绩 第二季度考核成绩 第三季度考核成绩 第四季度考核成绩 年度考核总分
0002 陈东东 100 98 99 100 397
0001 曹李阳 94.5 97.5 92 96 380
0003 曹可 95 90 95 90 370
0004 蒋黎 90 88 96 87.4 361.4
0005 杭潇丽 85.6 85.8 97 85 353.4
0008 顾永平 83 90 93.4 84.6 351
0006 王涛 84 85 95.8 84.1 348.9
0007 庄春华 83 82 94.6 83.6 343.2
各季度考核平均分: 89.39 89.54 95.35 88.84

图 3-64 表格转换为文本

2. 将文本转换为表格

将文本转换为表格与将表格转换为文本不同，在转换之前必须对要转换的文本进行格式化。文本中的每一行之间要用段落标记符隔开，每一列之间要用分隔符隔开。列之间的分隔符可以是逗号、空格、制表符等。

将文本格式化后，打开【插入】选项卡，在【表格】组中单击【表格】按钮，在弹出的菜单中选择【文本转换成表格】命令，打开【将文字转换成表格】对话框，如图 3-65 所示。

在【表格尺寸】选项区域中，【行数】和【列数】文本框中的数值都是根据段落标记符和文字之间的分隔符来确定的，用户也可自己修改。在【“自动调整”操作】选项区域中，可以根据窗口或内容来调整表格的大小。

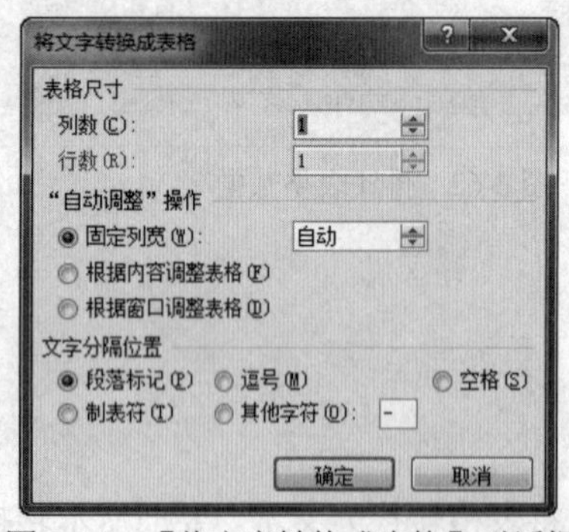

图 3-65 【将文字转换成表格】对话框

知识点

使用文本创建的表格，与直接创建的表格一样，可进行套用表格样式、编辑表格、设置表格的边框和底纹等操作。

3.5 上机练习

本章的上机练习主要介绍制作“来宾登记簿”表格，使用户更好地掌握创建表格、编辑表内容、使用和修改表格样式等操作。

(1) 启动Word 2010，新建一个空白文档，将其以“来宾登记簿”为名保存。

(2) 在文档中输入表格标题“来宾登记簿”，在浮动工具栏的【字体】下拉列表框中选择【黑体】选项，在【字号】下拉列表框中选择【小二】选项，单击【字体颜色】按钮，从弹出的颜色面板中选择【深蓝，文字2】色块，并单击【居中】按钮。

(3) 将插入点定位在标题下方，打开【插入】选项卡，在【表格】组中单击【表格】按钮，在弹出的菜单中选择【插入表格】命令，打开【插入表格】对话框，在【列数】和【行数】微调框中分别输入5和15，如图3-66所示。

(4) 单击【确定】按钮，即可插入15×5的规则表格，如图3-67所示。

图3-66　【插入表格】对话框

图3-67　插入5×15的规则表格

(5) 将插入点定位在第2行第1列单元格内，打开【表格工具】的【布局】选项卡，在【合并】组中单击【拆分单元格】按钮，打开【拆分单元格】对话框。

(6) 在【列数】和【行数】微调框中分别输入2和1，单击【确定】按钮，如图3-68所示。

(7) 此时即可将1个单元格拆分为1行2列的单元格。使用同样的方法，拆分其他单元格；选中要合并的单元格，在【合并】组中单击【合并单元格】按钮，将单元格合并。

(8) 在表格中输入文本，然后选取整个表格，打开【表格工具】的【布局】选项卡，在【对齐方式】组中单击【中部居中】按钮，将对齐方式设置成中部居中，效果如图3-69所示。

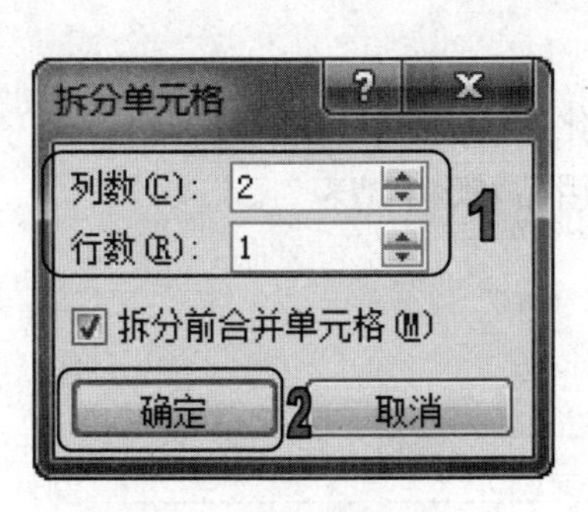

图3-68　设置拆分选项

图3-69　在拆分和合并后的单元格中设置文本

(9) 将插入点定位在表格内，打开【表格工具】的【设计】选项卡，在【表格样式】组中单击【其他】按钮，在弹出的列表框中选择【浅色网格-强调文字颜色3】样式，如图3-70所示，为表格快速应用该表格样式，如图3-71所示。

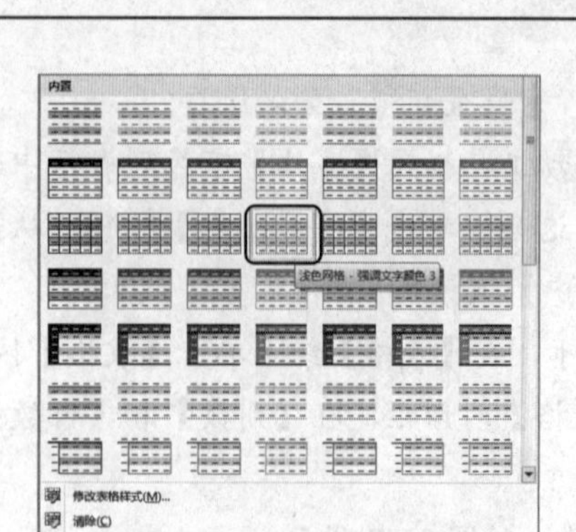

图 3-70　套用表格样式

来宾登记簿

来访日期		来宾信息		被访问人			离去时间	备注（携带物品）
月日	时间	姓名	身份证号码	部门	姓名	访问事宜		

图 3-71　套用样式后的效果

(10) 选中图 3-72 所示的单元格区域，打开【表格工具】的【设计】选项卡，在【表格样式】组中单击【底纹】下拉按钮，选择一种底纹颜色。

(11) 设置完成后，效果如图 3-73 所示。在快速访问工具栏中单击【保存】按钮，保存所制作的“来宾登记簿”文档。

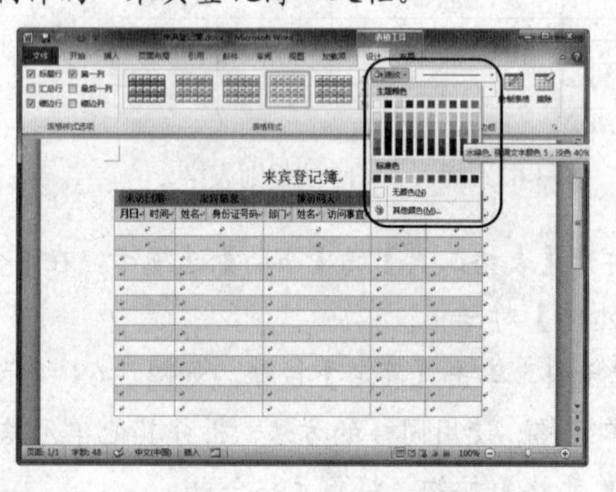

图 3-72　为单元格设置底纹

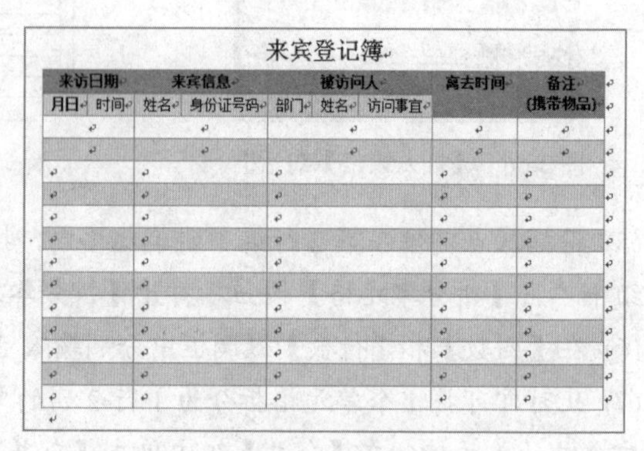

来宾登记簿

来访日期		来宾信息		被访问人			离去时间	备注（携带物品）
月日	时间	姓名	身份证号码	部门	姓名	访问事宜		

图 3-73　表格的最终效果

3.6　习题

1. 在 Word 2010 文档中创建如图 3-74 所示的“合理化建议提案评审表”。
2. 在 Word 2010 文档中创建如图 3-75 所示的“办公用品采购申请表”。

合理化建议提案评审表

编号：＿＿＿＿＿　　　　提案部门：＿＿＿＿＿

提案名称						
提案编号		评审人			评审日期	
创意性	分 值	高度创意	较高创意	一般创意	无创意	实得分
	10	10	7	3	0	
经济性	分 值	重大效益	一般效益	略有效益	无效益	实得分
	20	20	10	5	1	
可行性	分 值	可行性强	可行	需改进	不可行	实得分
	10	10	7	3	0	
努力度	分 值	非常努力	相当努力	努力	一般	实得分
	10	10	7	3	1	
评价标准	A档：45分以上；B档：35－45分；C档：25－34分；D档：15－24分；E档：14分以下					
评审等级	A□　B□　C□　D□　E□				总得分	
备　注						

图 3-74　习题 1

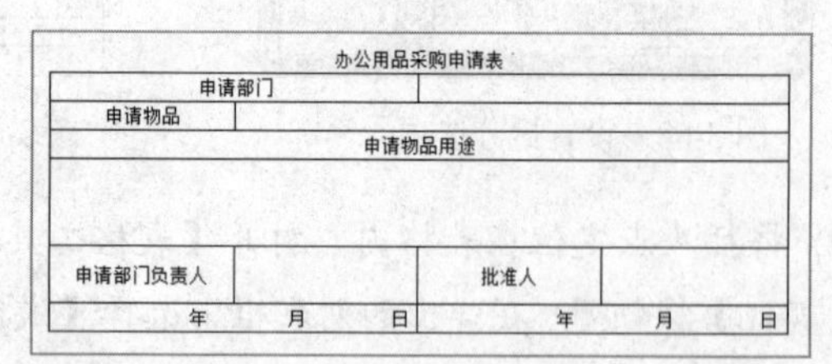

办公用品采购申请表

申请部门	
申请物品	
申请物品用途	
申请部门负责人	批准人
年　月　日	年　月　日

图 3-75　习题 2

制作图文混排的文档

学习目标

如果一篇文章通篇只有文字，而没有任何修饰性的内容，在阅读时不仅缺乏吸引力，而且会使读者阅读疲劳。在文章中适当地插入一些图形和图片，不仅会使文档显得生动有趣，还能帮助读者更直观地理解文章内容。本章主要介绍 Word 2010 的绘图和图形处理功能，从而实现文档的图文混排。

本章重点

- 使用图片和艺术字
- 使用 SmartArt 图形
- 使用自选图形
- 使用文本框
- 使用图表

4.1 使用图片

为使文档更加美观、生动，可以插入图片。在 Word 2010 中，不仅可以插入系统提供的剪贴画，还可以从其他程序或位置导入图片，甚至可以使用屏幕截图功能直接从屏幕中截取画面并以图片形式插入。

4.1.1 插入剪贴画

Word 2010 所提供的剪贴画库内容非常丰富，设计精美，构思巧妙，能够表达不同的主题，适合于制作各种文档。

要插入剪贴画，可以打开【插入】选项卡，在【插图】组中单击【剪贴画】按钮，打开【剪贴画】任务窗格，在【搜索文字】文本框中输入剪贴画的相关主题或文件名称后，单击【搜索】按钮，来查找电脑中与网络上相关的剪贴画文件，如图 4-1 所示。

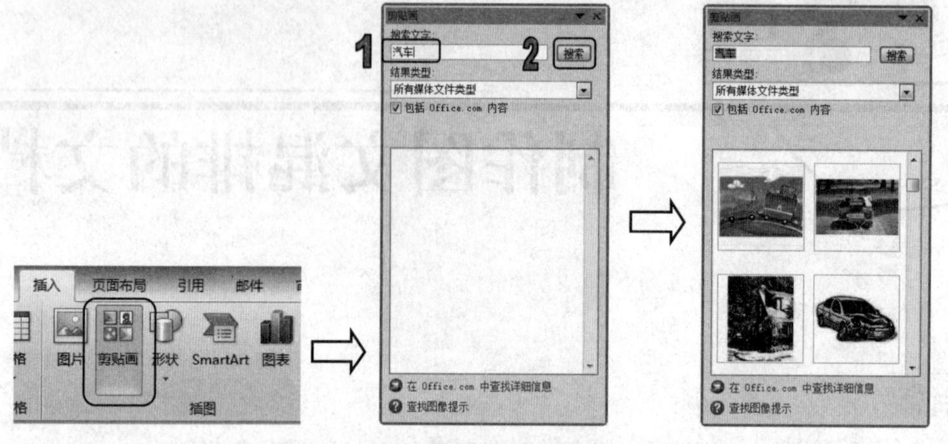

图 4-1　打开【剪贴画】任务窗格并搜索图片

【例 4-1】创建“旅行社宣传海报”文档，在其中插入剪贴画。

(1) 启动 Word 2010，打开一个空白文档，并将其以“旅行社宣传海报”名称进行保存。

(2) 打开【插入】选项卡，在【插图】组中单击【剪贴画】按钮，打开【剪贴画】任务窗格。在【搜索文字】文本框中输入“旅游”，单击【搜索】按钮，即可开始查找电脑与网络上的剪贴画文件，如图 4-2 所示。

(3) 搜索完毕后，将在其下的列表框中显示搜索结果，单击所需的剪贴画图片，即可将其插入到文档中，如图 4-3 所示。

(4) 按 Ctrl+S 快捷键，快速保存新建的“旅行社宣传海报”文档。

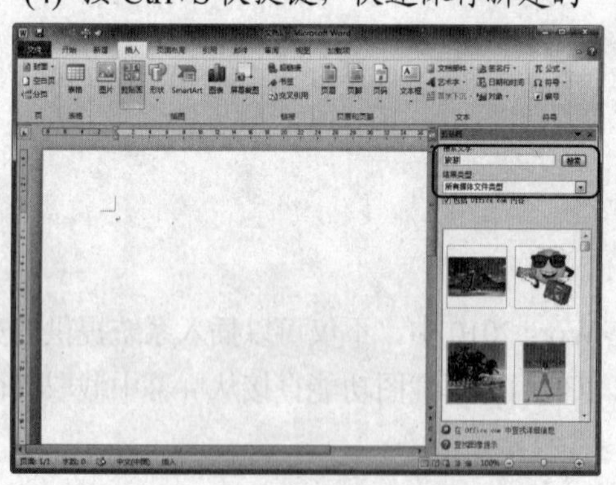

图 4-2　搜索“旅游”相关剪贴画

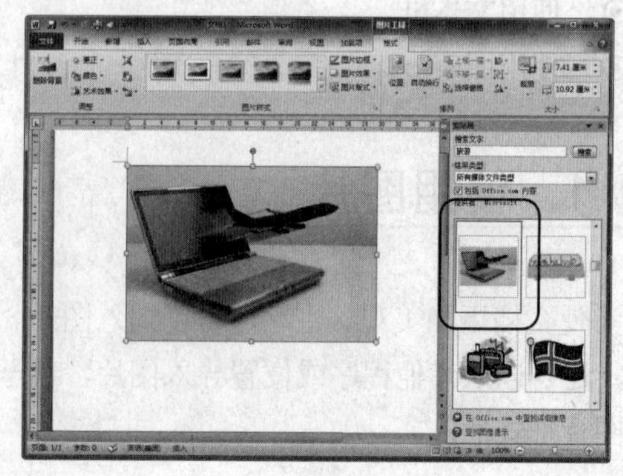

图 4-3　插入剪贴画

4.1.2　插入来自文件的图片

在 Word 2010 中除了可以插入剪贴画，还可以从磁盘的其他位置中选择要插入的图片文件。

这些图片文件可以是 Windows 的标准 BMP 位图，也可以是其他应用程序所创建的图片，如 CorelDRAW 的 CDR 格式矢量图片、JPEG 压缩格式的图片、TIFF 格式的图片等。

打开【插入】选项卡，在【插图】组中单击【图片】按钮，打开【插入图片】对话框，如图 4-4 所示，在其中选择要插入的图片，单击【插入】按钮，即可将图片插入文档中。

图 4-4　【插入图片】对话框

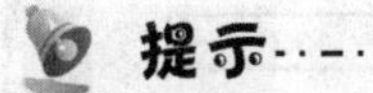

提示

在 Word 2010 中可以一次插入多个图片，在打开的【插入图片】对话框中，使用 Shift 或 Ctrl 键配合选择多个图片，再单击【插入】按钮。

【例 4-2】在“旅行社宣传海报”文档中插入电脑中已保存的图片。

(1) 启动 Word 2010，打开“旅行社宣传海报”文档，将插入点定位到插入的剪贴画右侧的段落标记位置，按 Enter 键换行。

(2) 打开【插入】选项卡，在【插图】组中单击【图片】按钮，打开【插入图片】对话框。

(3) 在电脑的相应位置找到目标图片，选中图片，单击【插入】按钮，即可将其插入到文档中，如图 4-5 所示。

(4) 在快速访问工具栏中单击【保存】按钮，保存“旅行社宣传海报”文档。

图 4-5　在文档中插入来自文件的图片

4.1.3　插入屏幕截图

如果需要在 Word 文档中使用当前正在编辑的窗口中或网页中的某个图片或者图片的一部分，则可以使用 Word 2010 提供的屏幕截图功能来实现。打开【插入】选项卡，在【插图】组

中单击【屏幕截图】按钮，从弹出的菜单中选择【屏幕剪辑】选项，进入屏幕截图状态，拖动鼠标指针截取图片区域即可，如图 4-6 所示。

图 4-6　使用屏幕截图功能截取图片

提示

在【插图】组中单击【屏幕截图】按钮，在【可用视图】列表中选择一个窗口，即可在文档插入点处插入所截取的窗口图片。

4.1.4　编辑图片

插入图片后，Word 2010 会自动打开【图片工具】的【格式】选项卡，如图 4-7 所示，使用相应功能工具按钮，可以设置图片的颜色、大小、版式和样式等，让图片看起来更美观。

图 4-7　【图片工具】的【格式】选项卡

【例 4-3】在“旅行社宣传海报”文档中编辑图片。

(1) 启动 Word 2010，打开“旅行社宣传海报”文档。

(2) 选中插入的剪贴画，打开【图片工具】的【格式】选项卡，在【大小】组中的【形状高度】微调框中输入“2 厘米”，按 Enter 键，即可自动调节图片的宽度和高度，如图 4-8 所示。

(3) 在【图片样式】组中单击【其他】按钮，从弹出的下拉样式表中选择【柔化边缘椭圆】样式，如图 4-9 所示。

(4) 在【排列】组中，单击【自动换行】按钮，从弹出的下拉列表中选择【浮于文字上方】

命令，设置剪贴画的环绕方式。如图 4-10 所示。

图 4-8　调节剪贴画的大小

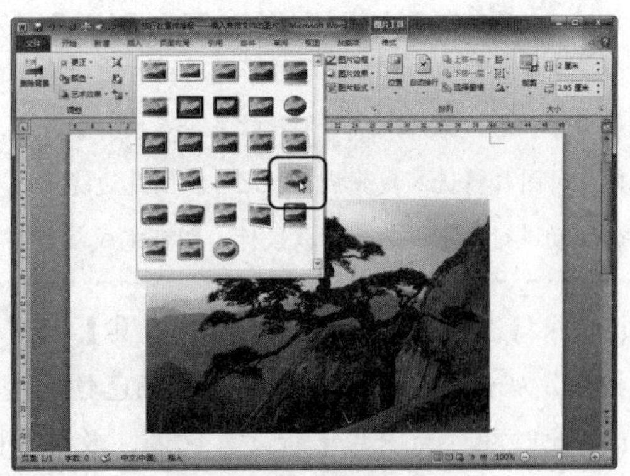

图 4-9　设置剪贴画的样式

(5) 将鼠标指针移至剪贴画上，待鼠标指针变为形状时，按住鼠标左键不放，将剪贴画拖动到文档的合适位置，如图 4-11 所示。

图 4-10　设置剪贴画的环绕方式

图 4-11　调整剪贴画的位置

(6) 使用同样的方法，设置其他图片的环绕方式为【衬于文字下方】，并使用鼠标拖动将调节图片到合适的位置，效果如图 4-12 所示。

(7) 选中文档中的图片，打开【图片工具】的【格式】选项卡，在【大小】组中单击【裁剪】下拉按钮，从弹出的下拉菜单中选择【裁剪为形状】|【云形】选项，可将该图片裁剪为【云形】形状，如图 4-13 所示。

图 4-12　设置图片环绕格式

图 4-13　裁剪图片

知识点

使用【裁剪为形状】命令并不是对图片进行真正的裁剪，如果应用了一次此命令的图片，再应用第二个裁剪形状后，第一个裁剪形状效果会丧失。如果想真正达到图片裁剪的目的，可以直接单击【裁剪】按钮，此时图片将进入裁剪状态，此时在图片边缘出现了裁剪手柄，拖动图片边缘的裁剪手柄，向要裁剪的方向拖动进行裁剪，然后释放鼠标，即可完成裁剪图片操作。

(8) 保持选中图片，打开【图片工具】的【格式】选项卡，在【调整】组中单击【颜色】下拉按钮，从弹出的列表中选择一种颜色饱和度和色调，如图 4-14 所示。

(9) 此时即可为图片重新设置色调，效果如图 4-15 所示。

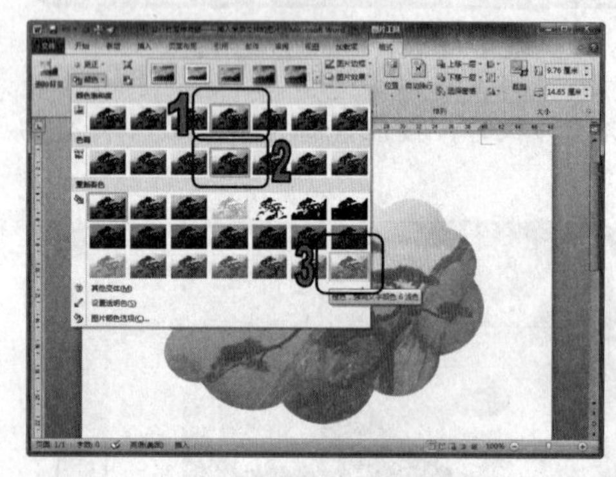

图 4-14　选择颜色饱和度和色调

图 4-15　为图片设置色调

(10) 在快速访问工具栏中单击【保存】按钮，保存设置图片格式后的“旅行社宣传海报”文档。

提示

如果想对图片进行旋转，可以在【格式】选项卡的【排列】组中单击【旋转】按钮，从弹出的菜单中可以选择图片的旋转角度。另外，在【旋转】下拉列表框中选择【其他旋转选项】命令，打开【布局】对话框的【大小】选项卡，在【旋转】微调框中可更准确设置旋转角度，这里的角度以顺时针方向计算。

4.2　使用艺术字

流行报刊和杂志上常常会看到各种各样的艺术字，这些艺术字给文章增添了强烈的视觉冲击效果。Word 2010 提供了艺术字功能，可以把文档的标题以及需要特别突出的内容用艺术字显示出来，使文章更加生动、醒目。

4.2.1　插入艺术字

在 Word 2010 中可以按预定义的形状来创建艺术字，打开【插入】选项卡，在【文本】组

中单击【艺术字】按钮，在艺术字列表框中选择样式即可，如图 4-16 所示。

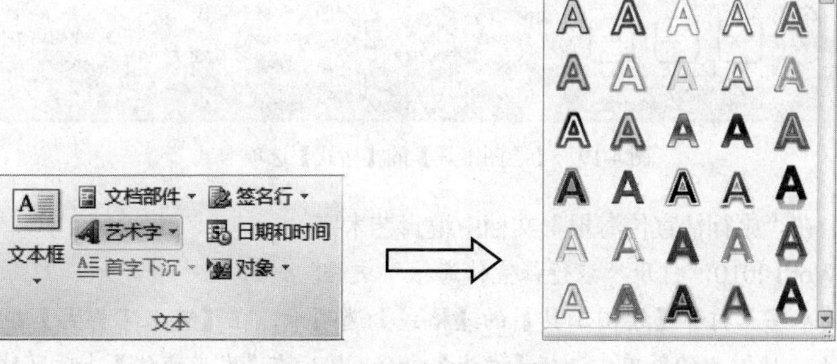

图 4-16　打开艺术字列表框

【例 4-4】在“旅行社宣传海报”文档中插入艺术字并输入文本。

(1) 启动 Word 2010，打开“旅行社宣传海报”文档。

(2) 将插入点定位在第 1 行，打开【插入】选项卡，在【文本】组中单击【艺术字】按钮，在艺术字列表框中选择第 3 行第 4 列的艺术字样式，即可在文档中插入该样式的艺术字，如图 4-17 所示。

(3) 在提示文本“请在此放置您的文字”处输入文本，设置字体为【华文琥珀】，字号为【小初】，然后拖动鼠标调节艺术字至合适的位置，效果如图 4-18。

(4) 在快速访问工具栏中单击【保存】按钮，保存插入艺术字后的“旅行社宣传海报”文档。

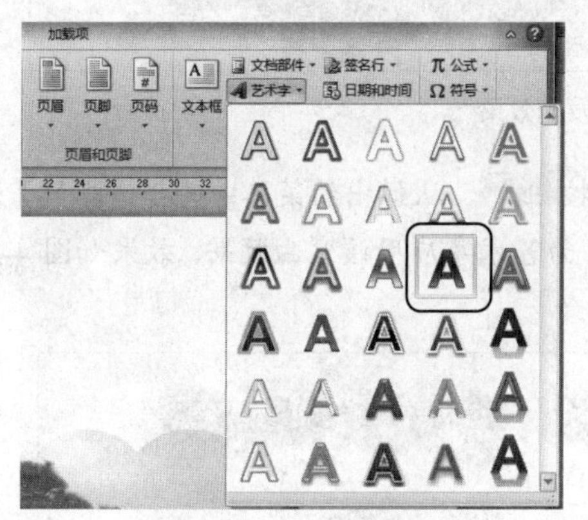

图 4-17　插入艺术字

图 4-18　调整艺术字文本和位置

4.2.2　编辑艺术字

选中艺术字，系统自动打开【绘图工具】的【格式】选项卡，如图 4-19 所示。使用该选项卡中的相应功能按钮，可以设置艺术字的样式、填充效果等属性，还可以对艺术字进行大小调整、旋转或添加阴影、三维效果等操作。

图 4-19 【绘图工具】的【格式】选项卡

【例 4-5】在“旅行社宣传海报”文档中编辑艺术字。

(1) 启动 Word 2010，打开“旅行社宣传海报”文档。

(2) 选中艺术字，打开【绘图工具】的【格式】选项卡，在【艺术字样式】组中单击【文本效果】按钮，从弹出的菜单中选择【发光】命令，然后在【发光变体】选项区域中选择【蓝色，8pt 发光，强调文字颜色 1】选项，为艺术字应用该发光效果，效果如图 4-20 所示。

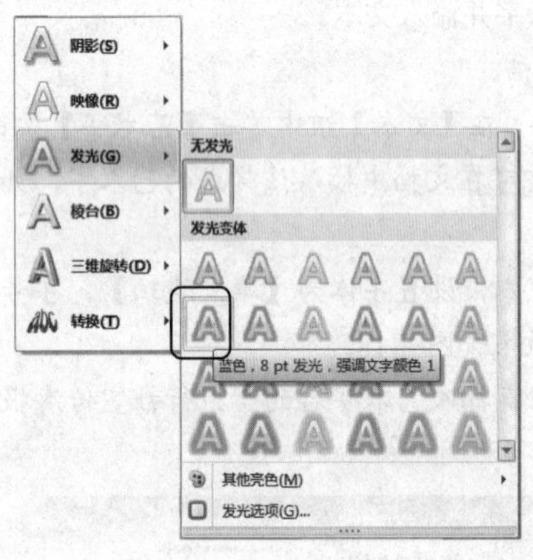

图 4-20 设置艺术字发光效果

(3) 在【艺术字样式】组中单击【艺术字效果】按钮，从弹出的菜单中选择【转换】命令，然后在【弯曲】选项区域中选择【倒 V 形】选项，为艺术字应用该弯曲效果，效果如图 4-21 所示。

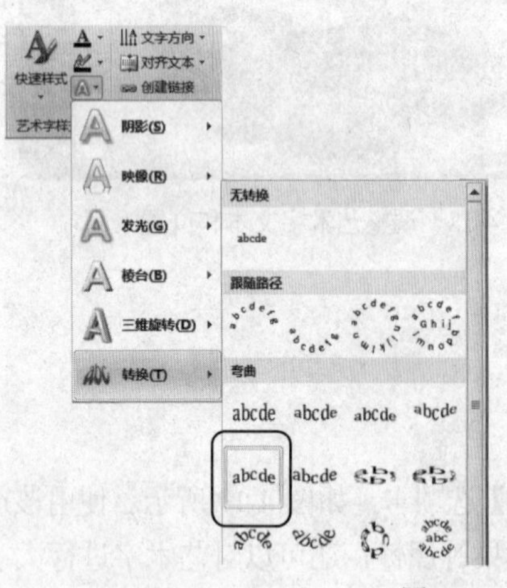

图 4-21 设置艺术字的弯曲效果

(4) 在快速访问工具栏中单击【保存】按钮，保存设置艺术字格式后的“旅行社宣传海报”文档。

知识点

在【绘图工具】的【格式】选项卡的【艺术字样式】组中单击【文本填充】按钮，可以选择使用纯色、图片或纹理填充文本；单击【文本轮廓】按钮，可以设置文本轮廓的颜色、宽度和线型。另外，在【形状样式】组中单击【形状效果】按钮，可以为艺术字形状设置阴影、三维和发光等效果；单击【形状填充】按钮，可以为艺术字形状设置填充色；单击【形状轮廓】下拉按钮，可以为艺术字形状设置轮廓效果。

4.3 使用 SmartArt 图形

Word 2010 提供了 SmartArt 图形功能，用来说明各种概念性的内容。使用该功能，可以轻松制作各种流程图，如层次结构图、矩阵图、关系图等，从而使文档更加形象生动。

4.3.1 插入 SmartArt 图形

SmartArt 图形用于在文档中演示流程、层次结构、循环和关系等。打开【插入】选项卡，在【插图】组中单击 SmartArt 按钮，打开【选择 SmartArt 图形】对话框，如图 4-22 所示，在右侧的列表框中选择合适的类型即可。

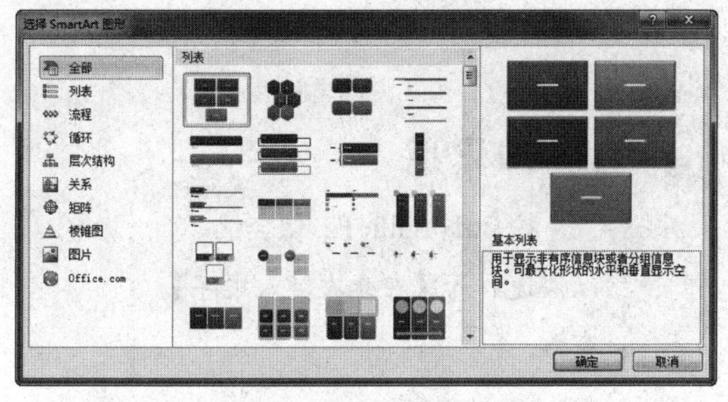

图 4-22　【选择 SmartArt 图形】对话框

提示

按 Alt+N+M 组合键，同样可以快速打开【选择 SmartArt 图形】对话框。

在【选择 SmartArt 图形】对话框中，列出了如下几种 SmartArt 图形类型。

- 列表：显示无序信息。
- 流程：在流程或时间线中显示步骤。
- 循环：显示连续的流程。
- 层次结构：创建组织结构图，显示决策树。
- 关系：对连接进行图解。
- 矩阵：显示各部分如何与整体关联。

⊙ 棱锥图：显示与顶部或底部最大一部分之间的比例关系。

【例 4-6】在“旅行社宣传海报”文档中插入 SmartArt 图形。

(1) 启动 Word 2010，打开“旅行社宣传海报”文档。

(2) 打开【插入】选项卡，在【插图】组中单击 SmartArt 按钮，打开【选择 SmartArt 图形】对话框。

(3) 打开 Office.com 选项卡，在右侧的列表框中选择【选项卡列表】选项，单击【确定】按钮，如图 4-23 所示。

(4) 此时即可在文档中插入具有【选项卡列表】样式的 SmartArt 图形，并同时打开【在此处键入文字】窗格，如图 4-24 所示。

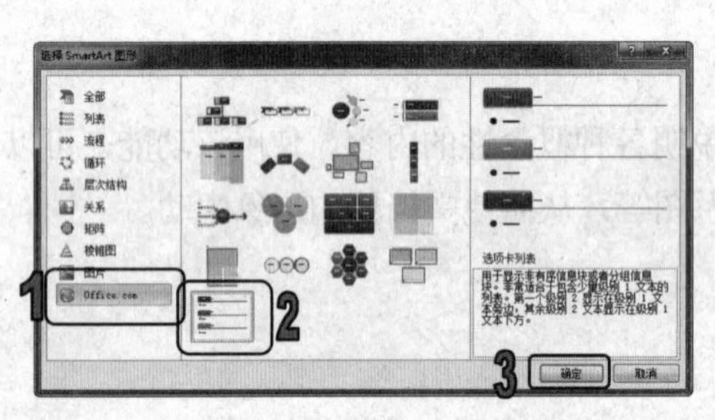

图 4-23 选择 SmartArt 图形样式

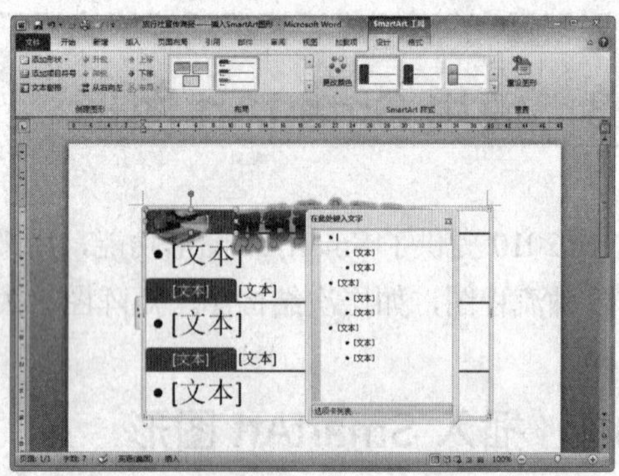

图 4-24 插入 SmartArt 图形

(5) 在【在此处输入文字】窗格中输入相应的文字，效果如图 4-25 所示。

(6) 在快速访问工具栏中单击【保存】按钮，保存“旅行社宣传海报”文档。

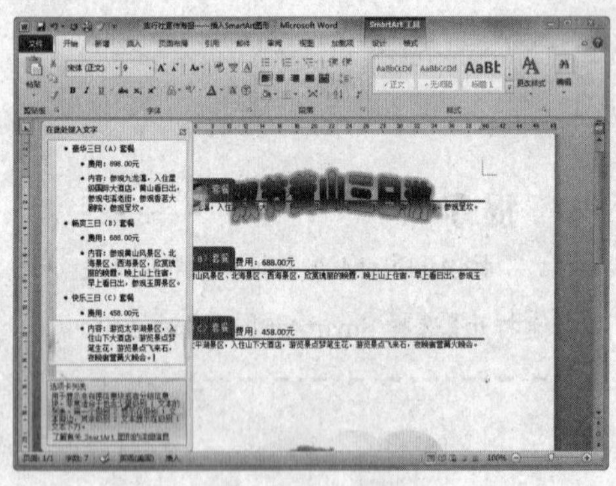

图 4-25 在 SmartArt 图形输入文字

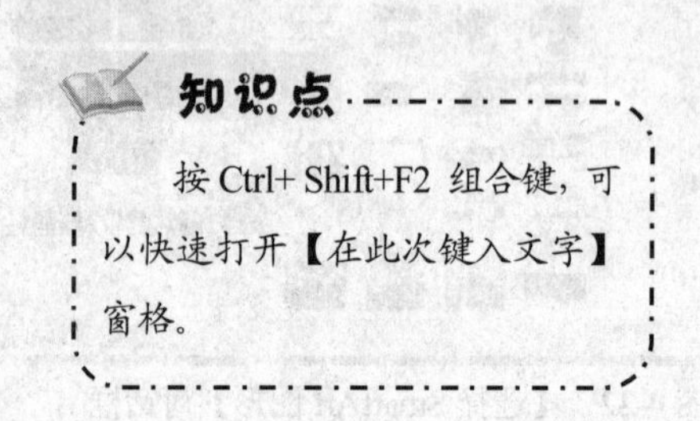

知识点

按 Ctrl+ Shift+F2 组合键，可以快速打开【在此次键入文字】窗格。

4.3.2 编辑 SmartArt 图形

插入 SmartArt 图形后，如果对预设的效果不满意，则可以在如图 4-26 所示的【SmartArt 工具】的【设计】和【格式】选项卡中对其进行编辑操作，如对文本的编辑、添加和删除形状、套用形状样式等。

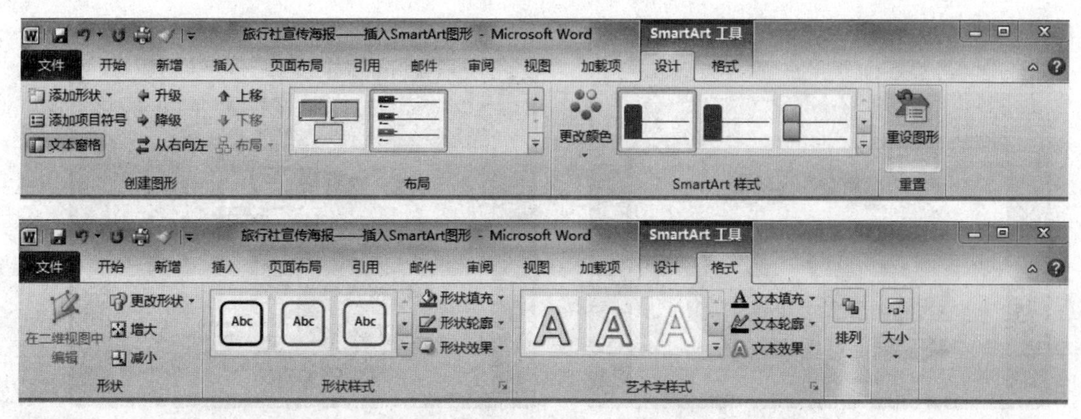

图 4-26　【SmartArt 工具】的【设计】和【格式】选项卡

【例 4-7】在“旅行社宣传海报”文档中编辑 SmartArt 图形。

(1) 启动 Word 2010，打开“旅行社宣传海报”文档。

(2) 选中 SmartArt 图形，打开【SmartArt 工具】的【格式】选项卡，在【排列】组中单击【自动换行】按钮，从弹出的菜单中选择【浮于文字上方】命令，即可设置 SmartArt 图形浮于文字上方，如图 4-27 所示。

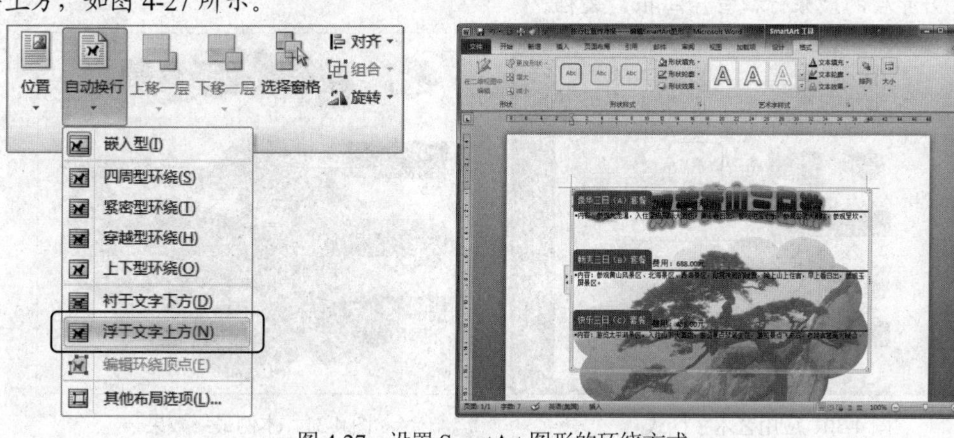

图 4-27　设置 SmartArt 图形的环绕方式

提示

右击【[文本] 】占位符，选择【添加形状】|【在后面添加形状】或【在前面添加形状】命令，即可在该占位符后面或前面添加一个形状。另外，打开【SmartArt 工具】的【设计】选项卡，在【创建图形】组中单击【添加形状】按钮，从弹出的菜单中选择相应的命令，同样可以实现形状的添加操作。

(3) 将鼠标指针移至 SmartArt 图形上，待鼠标指针变为形状时，按住鼠标左键不放，向文档中部进行拖动，拖动到合适位置后释放鼠标左键，即可调节 SmartArt 图形的位置，效果如图 4-28 所示。

(4) 选中 SmartArt 图形，打开【SmartArt 工具】的【设计】选项卡，在【SmartArt 样式】组中单击【更改颜色】按钮，在打开的颜色列表中选择【彩色-强调文字颜】选项，为图形更改

颜色，如图 4-29 所示。

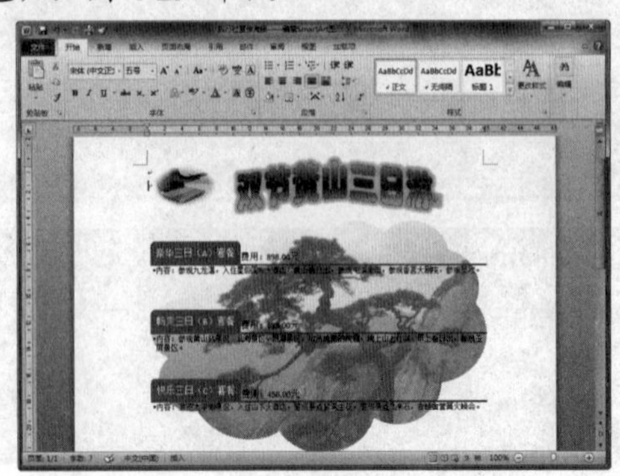

图 4-28 调整 SmartArt 图形的位置

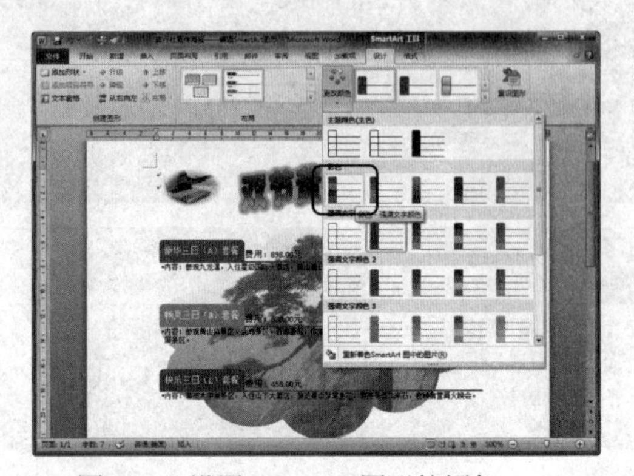

图 4-29 设置 SmartArt 图形的颜色

(5) 打开【SmartArt 工具】的【格式】选项卡，在【艺术字样式】组中单击【其他】按钮，打开艺术字样式列表框，选择第 4 行第 5 列样式，为 SmartArt 图形中的文本应用该艺术字样式，如图 4-30 所示。

(6) 本例最终效果如图 4-31 所示。在快速访问工具栏中单击【保存】按钮，保存创建 SmartArt 图形后的“旅行社宣传海报”文档。

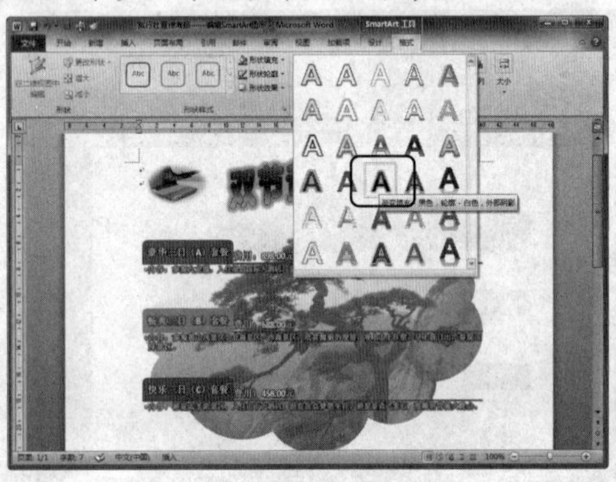

图 4-30 应用艺术字样式

图 4-31 本例最终效果

知识点

如果对 SmartArt 图形的样式和效果设置不满意，可以打开【SmartArt 工具】的【设计】选项卡，在【重置】组中单击【重设图形】按钮，恢复原来的图形样式和颜色等效果。

4.4 使用自选图形

Word 2010 提供了一套可用的自选图形，包括直线、箭头、流程图、星与旗帜、标注等。在文档中，用户可以使用这些形状灵活地绘制出各种图形，并通过编辑操作，使图形达到更符合当前文档的内容的效果。

4.4.1　绘制自选图形

使用 Word 2010 所提供的功能强大的绘图工具，可以方便地制作各种图形及标志。打开【插入】选项卡，在【插图】组中单击【形状】按钮，在弹出的下拉列表中选择需要绘制的图形，当鼠标指针变为十字形状时，按住鼠标左键拖动，即可绘制出相应的形状，如图 4-32 所示。

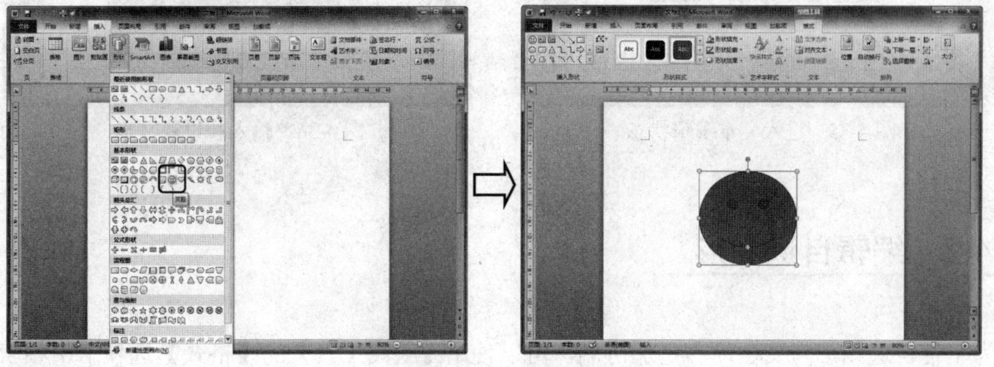

图 4-32　绘制形状

【例 4-8】在“旅行社宣传海报”文档中绘制【折角形】图形，并添加文本。

(1) 启动 Word 2010，打开“旅行社宣传海报”文档。

(2) 打开【插入】选项卡，在【插图】组中单击【形状】下拉按钮，从弹出的列表框【基本形状】区域中选择【折角形】选项，如图 4-33 所示。

(3) 将鼠标指针移至文档中，按住左键并拖动鼠标绘制自选图形，效果如图 4-34 所示。

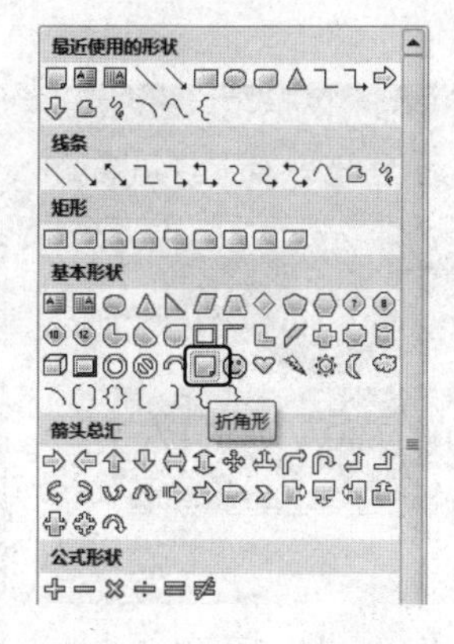

图 4-33　选择【折角形】选项

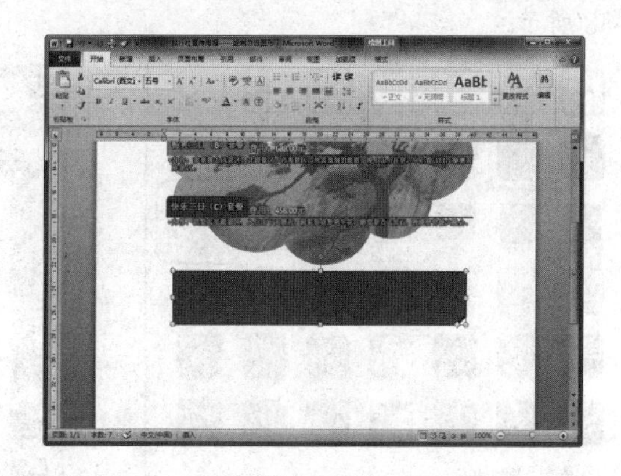

图 4-34　绘制出【折角形】图形

(4) 选中自选图形右击，从弹出的快捷菜单中选择【添加文字】命令，此时在图形中显示闪烁的光标，如图 4-35 所以。

(5) 在自选图形中输入文本，设置标题字体为【华文彩云】，字号为【小三】，然后调整图形的大小，效果如图 4-36 所示。

(6) 在快速访问工具栏中单击【保存】按钮，保存插入自选图形后的“旅行社宣传海报”文档。

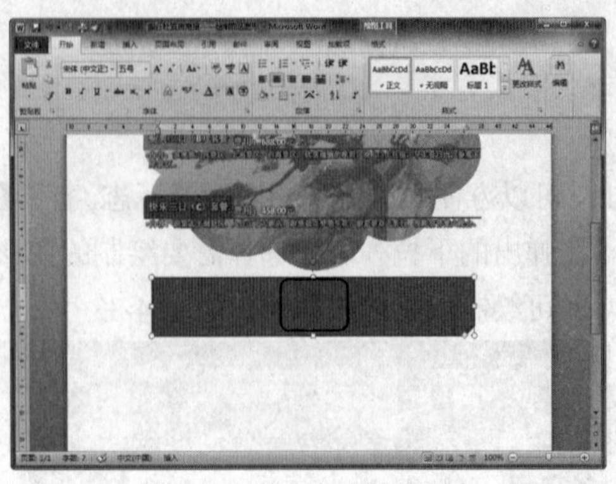

图 4-35　进入文本编辑状态

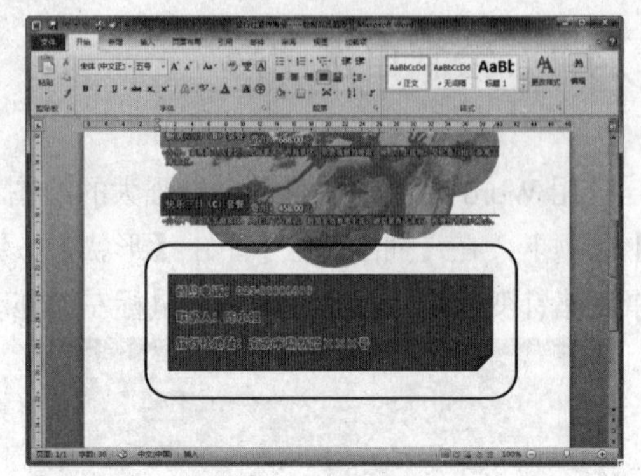

图 4-36　输入和设置文本

4.4.2　编辑自选图形

为了使自选图形与文档内容更加协调，可以使用【绘图工具】的【格式】选项卡中相应功能的工具按钮，对其进行编辑操作，如调整形状大小和位置、设置形状的填充颜色和效果、调整形状的样式等。

【例 4-9】在"旅行社宣传海报"文档中编辑【折角形】图形。

(1) 启动 Word 2010，打开"旅行社宣传海报"文档。

(2) 选中【折角形】图形，打开【绘图工具】的【格式】选项卡，在【形状样式】组中单击【其他】按钮，从弹出的菜单中选择如图 4-37 所示的选项，为自选图形应用该样式，效果如图 4-38 所示。

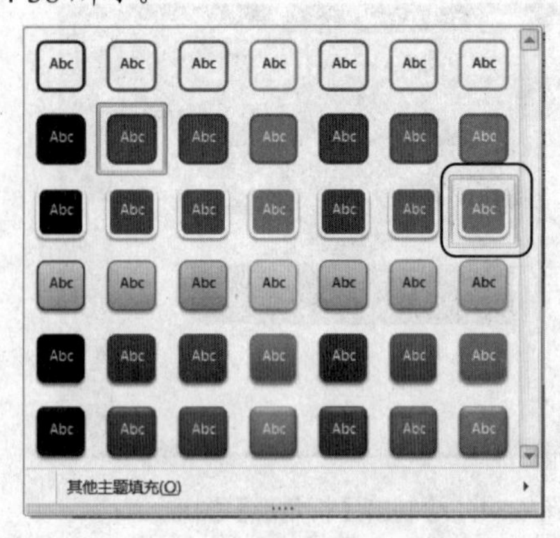

图 4-37　设置自选图形的样式

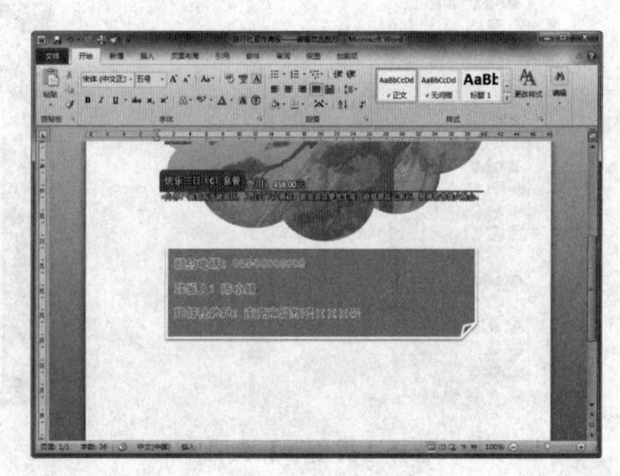

图 4-38　设置样式后的效果

(3) 选中【折角形】图形中的所有文本，打开【绘图工具】的【格式】选项卡，在【艺术字样式】组中单击【快速样式】下拉按钮，从弹出的菜单中选择第 2 行第 5 列的艺术字样式，如图 4-39 所示。

(4) 应用该样式后，效果如图 4-40 所示。在快速访问工具栏中单击【保存】按钮，保存设置后的"旅行社宣传海报"文档。

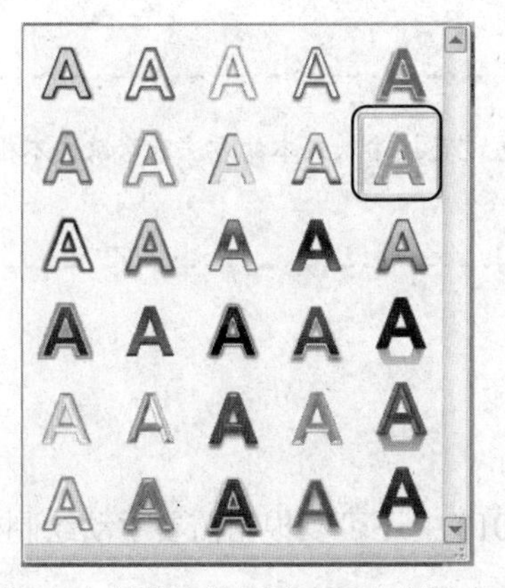

图 4-39　设置自选图形中的文字样式

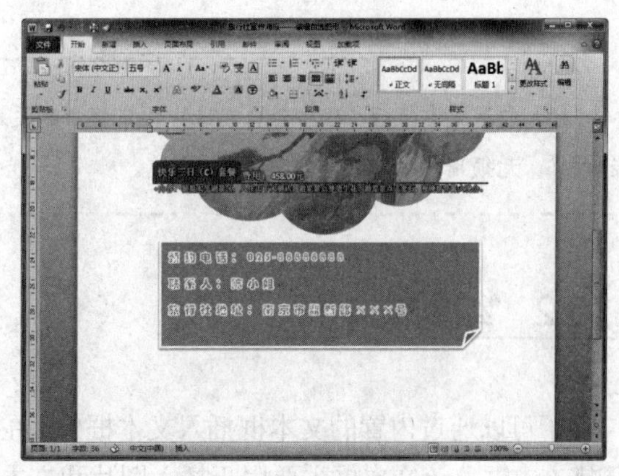

图 4-40　设置样式后的效果

4.5 使用文本框

文本框是一种图形对象，它作为存放文本或图形的容器，可置于页面中的任何位置，并可随意调整其大小。在 Word 2010 中，文本框用来建立特殊的文本，并且可以对其进行一些特殊的处理，如设置边框、颜色、版式格式。

4.5.1 插入内置文本框

Word 2010 提供了 44 种内置文本框，例如简单文本框、边线型提要栏和大括号型引述等。通过插入这些内置文本框，可快速制作出优秀的文档。

打开【插入】选项卡，在【文本】组中单击【文本框】下拉按钮，从弹出的列表框中选择一种内置的文本框样式，即可快速地将其插入到文档的指定位置，如图 4-41 所示。

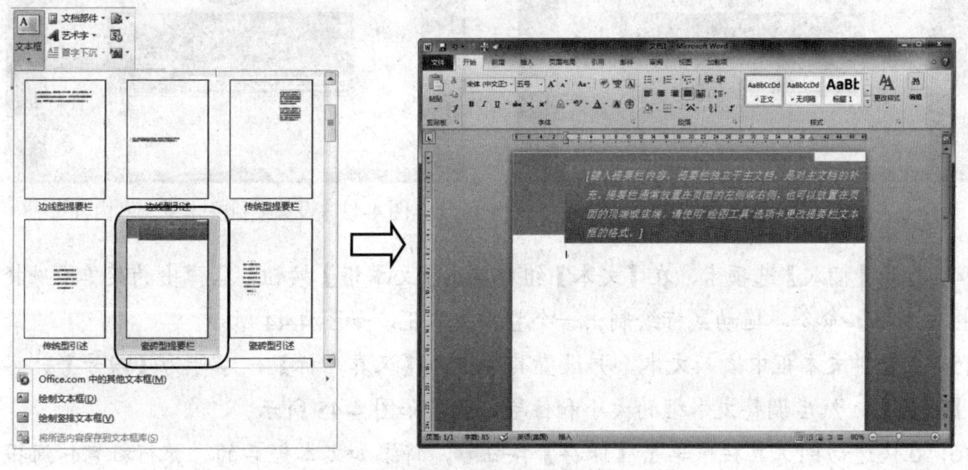

图 4-41　插入内置文本框【磁砖型提要栏】

提示

插入内置文本框后，程序会自动选中文本框中的文本，此时通过直接输入文本的方法来修改文本框中的内容，无须用户手动去选取文本。

4.5.2 绘制文本框

除了可以通过内置的文本框插入文本框外，在 Word 2010 中还可以根据需要手动绘制横排或竖排文本框，该文本框主要用于插入图片和文本等。

打开【插入】选项卡，在【文本】组中单击【文本框】按钮，从弹出的下拉菜单中选择【绘制文本框】或【绘制竖排文本框】命令，此时待鼠标指针变为十字形状，在文档的适当位置按住左键不放并拖动鼠标到目标位置，释放鼠标，即可绘制出以拖动的起始位置和终止位置为对角顶点的文本框。

【例 4-10】在“旅行社宣传海报”文档中插入横排文本框和竖排文本框。

(1) 启动 Word 2010，打开“旅行社宣传海报”文档。

(2) 打开【插入】选项卡，在【文本】组中单击【文本框】按钮，从弹出的菜单中选择【绘制文本框】命令，将鼠标移动到合适的位置，此时鼠标指针变成十字形时，拖动鼠标指针绘制横排文本框，释放鼠标，完成横排文本框的绘制操作，如图 4-42 所示。

(3) 在文本框中闪烁的光标处输入文本，设置其字体为【华文中宋】，字号为【五号】，字体颜色为【深蓝】，如图 4-43 所示。

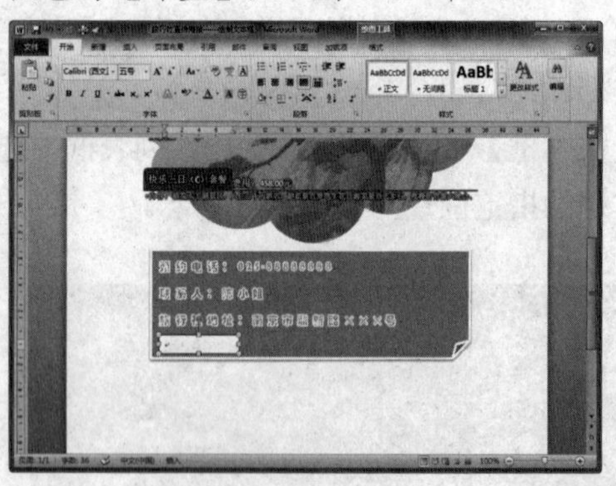

图 4-42　绘制横排文本

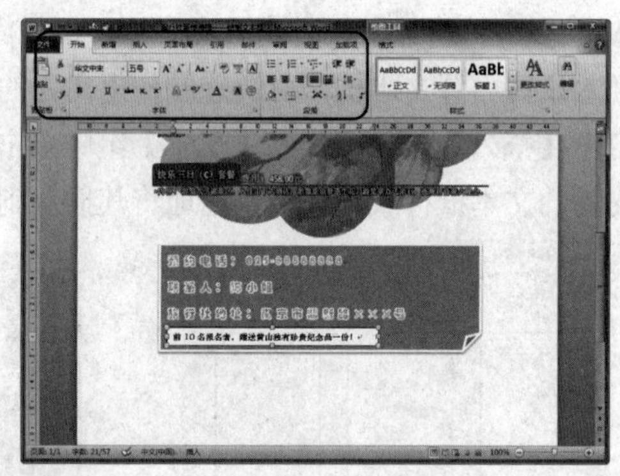

图 4-43　设置横排文本框文本内容

(4) 打开【插入】选项卡，在【文本】组中单击【文本框】按钮，从弹出的菜单中选择【绘制竖排文本框】命令，拖动鼠标绘制出一个竖排文本框，如图 4-44 所示。

(5) 在竖排文本框中输入文本，并设置其字体为【汉真广标】，字号为【四号】，字体颜色为【橙色】，然后调整文本框的大小和位置，效果如图 4-45 所示。

(6) 在快速访问工具栏中单击【保存】按钮，将添加文本框后的“旅行社宣传海报”文档进行保存。

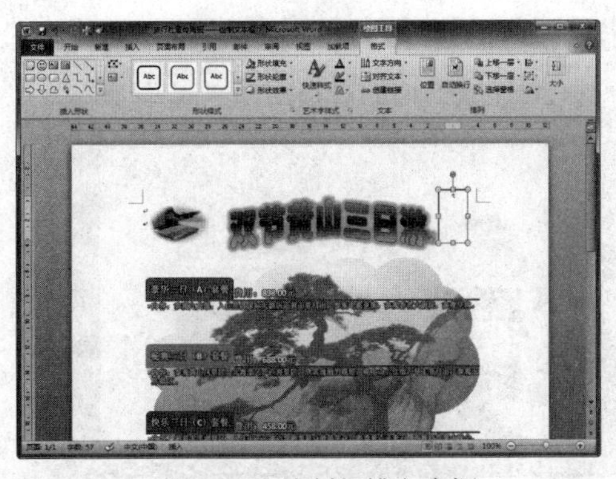
图 4-44　绘制竖排文本框

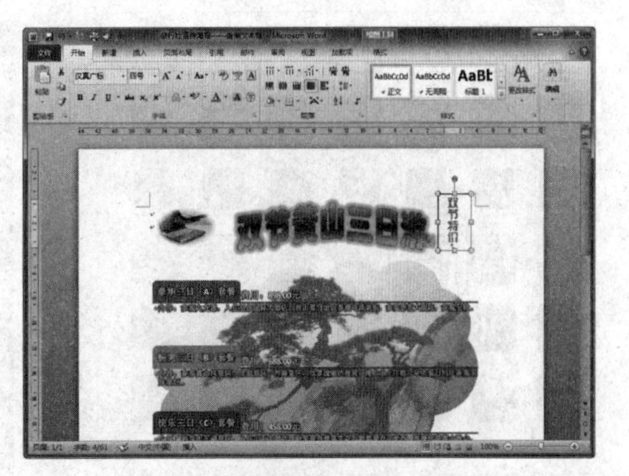
图 4-45　设置竖排文本框文本内容

提示

在绘制文本框后，选中文本框，此时文本框边框位置出现 8 个控制点，拖动这些控制点可以调节文本框的大小。另外，使用鼠标拖动法同样可以调节文本框的位置。

4.5.3　编辑文本框

绘制文本框后，会自动打开如图 4-46 所示的【绘图工具】的【格式】选项卡，使用该选项卡中的相应功能工具按钮，可以设置文本框的各种效果。

图 4-46　文本框工具中的【格式】选项卡

文本框对象的设置方法与其他对象的设置方法类似，下面将以实例来介绍其操作方法。

【例 4-11】在“旅行社宣传海报”文档中设置文本框格式。

(1) 启动 Word 2010，打开“旅行社宣传海报”文档。

(2) 选中最上方的竖排文本框，打开【绘图工具】的【格式】选项卡，在【形状样式】组中单击【其他】按钮，在打开的形状样式列表框选择第 4 行第 3 列的【细微效果-红色，强调颜色 2】样式，如图 4-47 所示。

(3) 此时，即可为文本框应用该形状样式，效果如图 4-48 所示。

提示

右击插入的文本框，从弹出的快捷菜单中选择【设置形状格式】命令，打开【设置形状格式】对话框，在其中同样可以设置文本框的格式，如填充、线型、阴影、发光效果等。

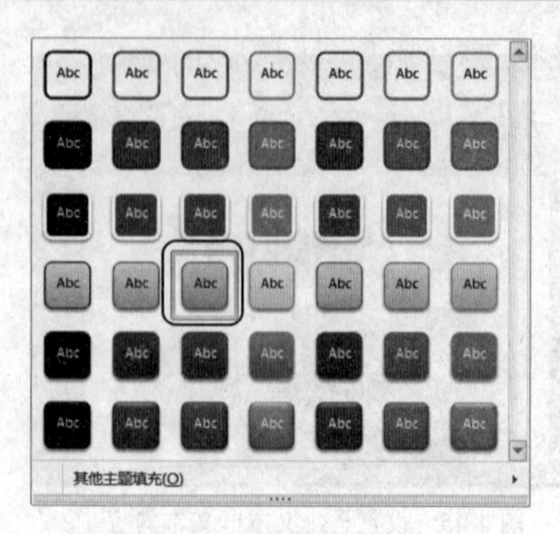

图 4-47　选择形状样式

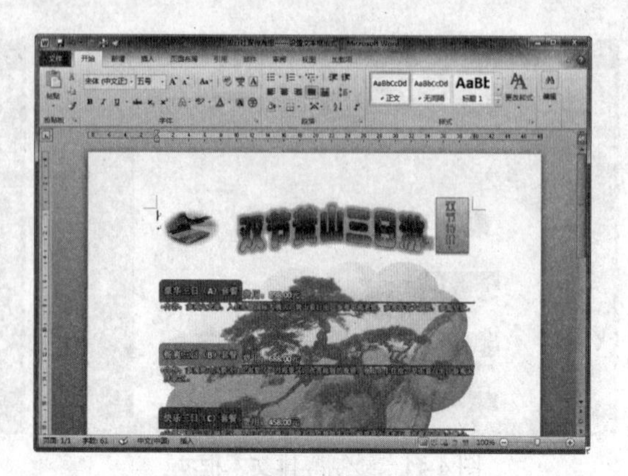

图 4-48　应用文本框的形状样式

(4) 选中下侧的横排文本框，在【形状样式】组中单击【形状填充】按钮，从弹出的菜单中选择【无填充颜色】选项；单击【形状轮廓】按钮，从弹出的菜单中选择【无轮廓】选项，快速为竖排文本框设置无填充颜色和无轮廓效果，如图 4-49 所示。

(5) 按 Ctrl+S 组合键，快速地将设置后的“旅行社宣传海报”文档进行保存。

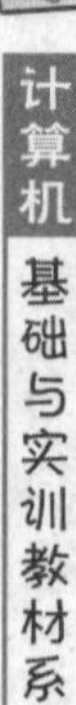

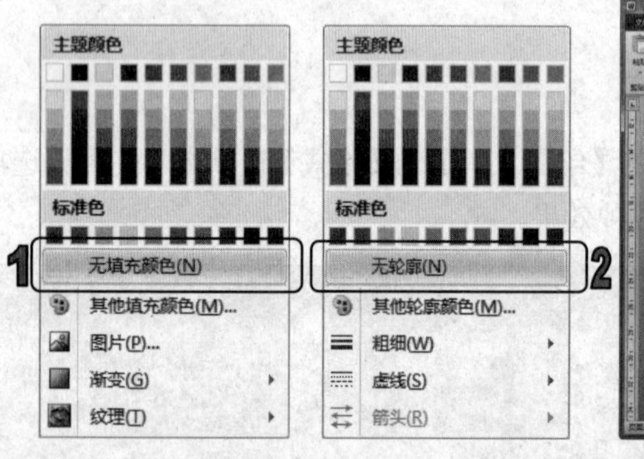

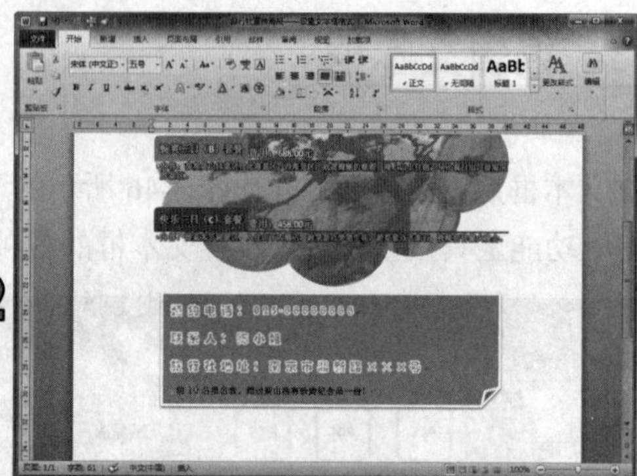

图 4-49　设置无填充色和无轮廓效果

4.6　使用图表

Word 2010 提供了建立图表的功能，用来组织和显示信息。与文字数据相比，形象直观的图表更容易使人理解。在文档中适当加入图表可使文本更加直观、生动、形象。

4.6.1　插入图表

Word 2010 为用户提供了大量预设的图表。使用它们，可以快速地创建用户所需的图表。

要插入图表，可以打开【插入】选项卡，在【插图】组中单击【图表】按钮，打开【插入图表】对话框，如图 4-50 所示。在该对话框中选择一种图表类型后，单击【确定】按钮，即可

在文档中插入图表，同时会启动 Excel 2010 应用程序，用于编辑图表中的数据，如图 4-51 所示。在表格中编辑数据的方法，用户可参考本书关于 Excel 2010 的介绍。

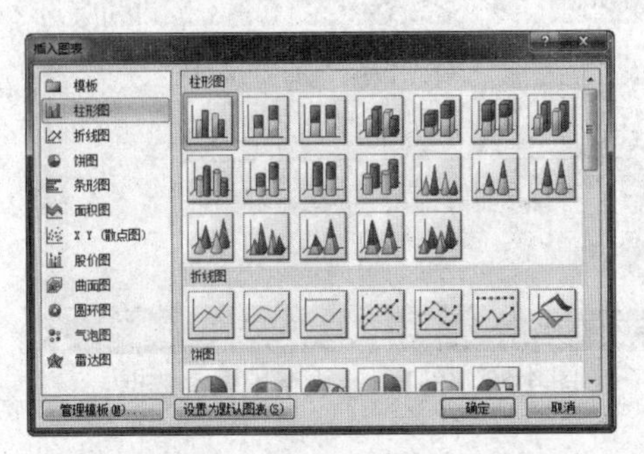

图 4-50　【插入图表】对话框

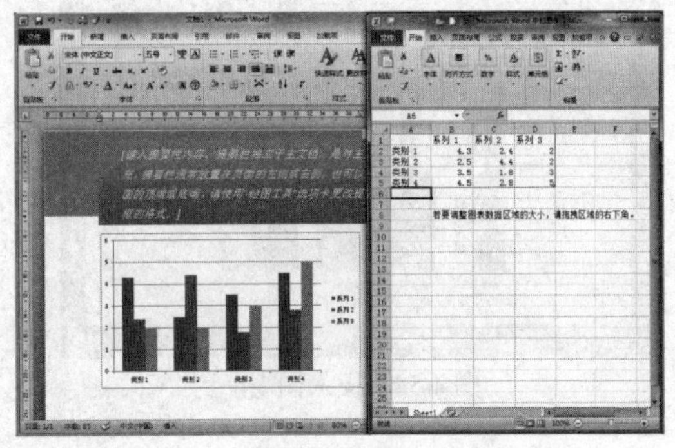

图 4-51　插入图表并启动 Excel 程序

【例 4-12】新建“员工销售业绩表”文档，在其中插入图表。

(1) 启动 Word 2010，新建一个名为“员工销售业绩表”的文档。

(2) 在文档中输入表格标题“员工销售业绩统计图”，设置字体为【华文琥珀】，字号为【小二】，字体颜色为【深蓝，文字 2】，居中对齐，如图 4-52 所示。

(3) 将插入点定位到下一行，打开【插入】选项卡，在【插图】组中单击【图表】按钮，打开【插入图表】对话框，在其右侧的列表框中选择【三维簇状柱形图】选项，单击【确定】按钮，如图 4-53 所示。

图 4-52　设置图表标题文字

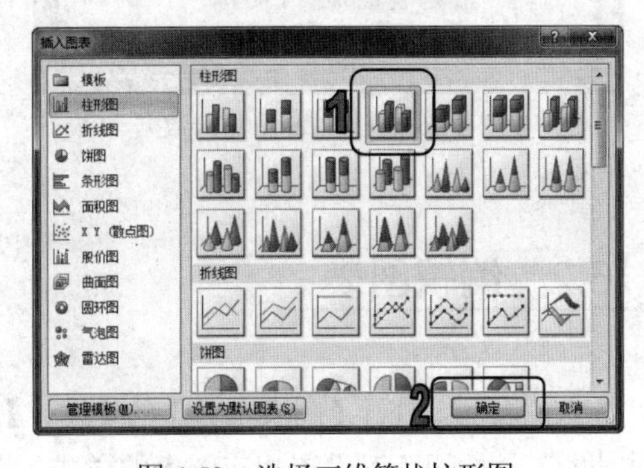

图 4-53　选择三维簇状柱形图

(4) 将图表插入文档中， Excel 2010 应用程序启动，并打开数据编辑窗口，如图 4-54 所示。

(5) 在 Excel 2010 数据编辑窗口中输入如图 4-55 所示的表格数据。

提示

在编辑 Excel 数据表时，可以先在 Word 文档中插入表格并输入数据，然后将 Word 文档表格中的数据全部复制粘贴到 Excel 表中的蓝色方框内，并通过拖动蓝色方框的右下角，调节区域大小，使之和数据范围一致。

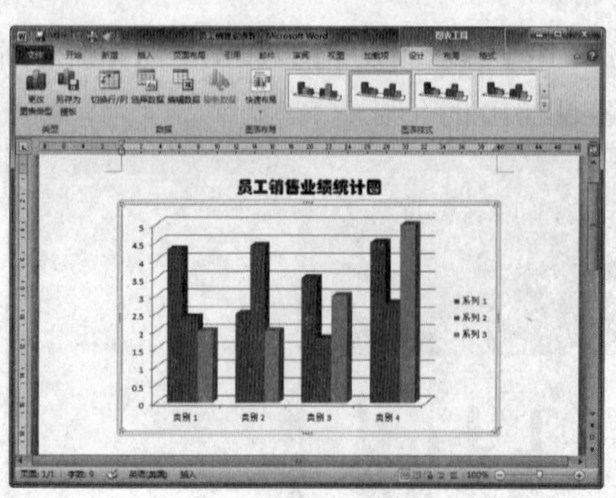

图 4-54　插入图表

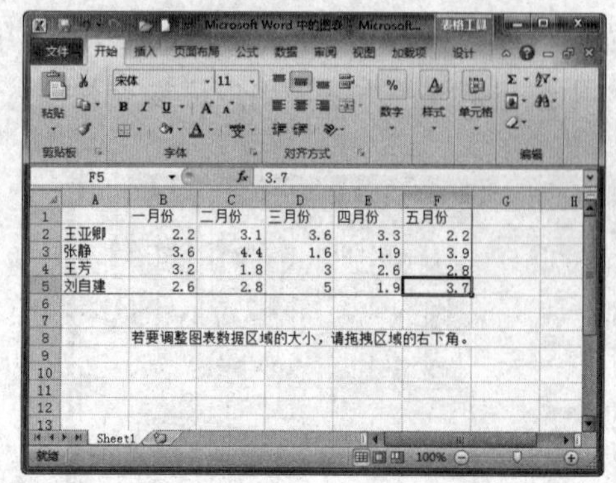

图 4-55　在 Excel 表格中编辑数据

(6) 单击【关闭】按钮，关闭 Excel 表格，在 Word 文档中即可看到随着表格数据更新的图表，效果如图 4-56 所示。

(7) 在快速访问工具栏中单击【保存】按钮，保存“员工销售业绩表”文档。

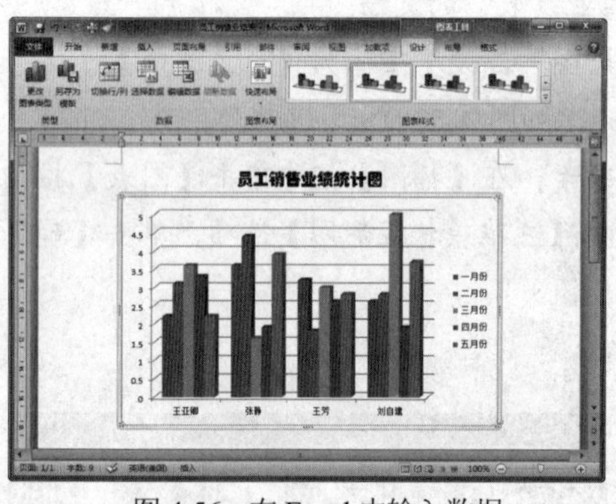

图 4-56　在 Excel 中输入数据

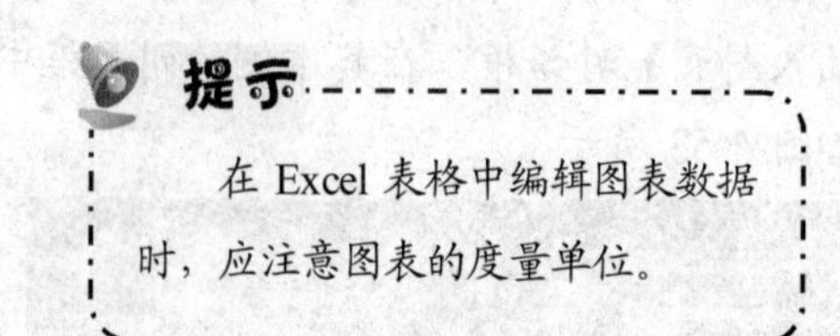

提示

在 Excel 表格中编辑图表数据时，应注意图表的度量单位。

4.6.2　编辑图表

插入图表后，打开【图表工具】的【设计】、【布局】和【格式】选项卡，如图 4-57 所示，通过功能工具按钮可以设置相应图表的样式、布局以及格式等，使插入的图表更为直观。

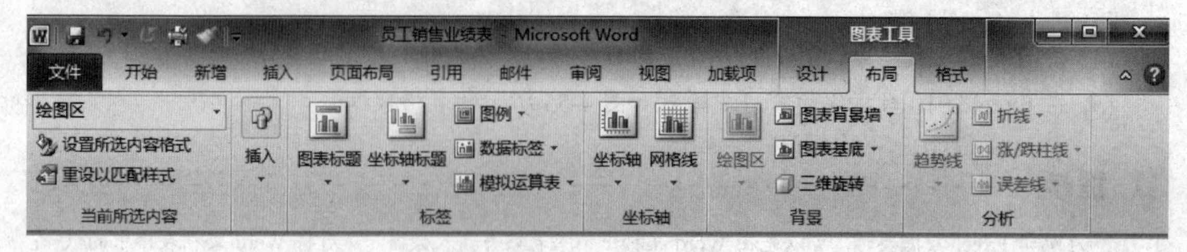

图 4-57　【图表工具】的【布局】选项卡

【例 4-13】在“员工销售业绩表”文档中编辑图表。

(1) 启动 Word 2010，打开“员工销售业绩表”文档。

(2) 选定图表，打开【图表工具】的【布局】选项卡，在【标签】组中单击【图表标题】按钮，从弹出的菜单中选择【居中覆盖标题】选项，此时在图表中央位置插入一个横排标题文本框，在其中输入图表标题，如图 4-58 所示。

(3) 在【标签】组中，单击【坐标轴标题】按钮，从弹出的菜单中选择【主要纵坐标轴标题】|【旋转过的标题】命令，在纵坐标轴左侧插入竖排文本框，并输入文本，如图 4-59 所示。

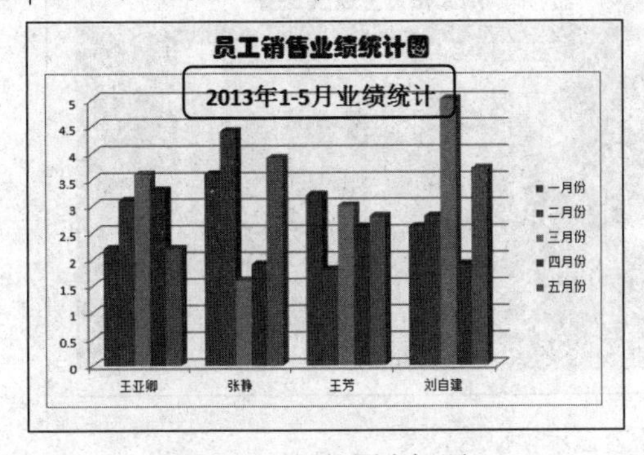

图 4-58　添加图表标题

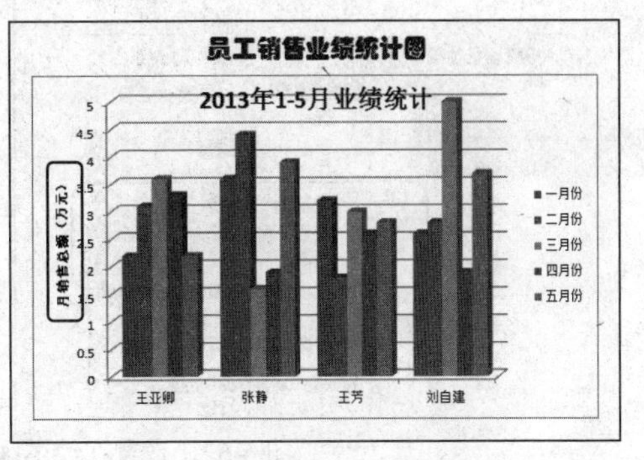

图 4-59　添加纵坐标轴标题

(4) 打开【图表工具】的【设计】选项卡，在【图表样式】组中单击【其他】按钮，在弹出的列表框中选择一种图表样式，此时为图表应用【样式 34】，如图 4-60 所示。

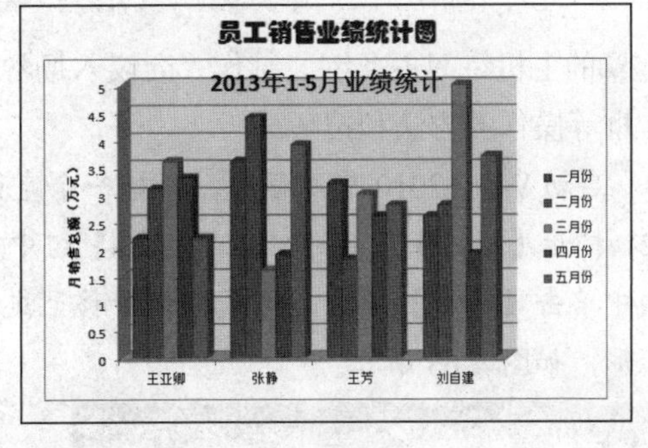

图 4-60　设置图表样式

(5) 打开【图表工具】的【格式】选项卡，在【形状样式】组中单击【其他】按钮，从弹出的列表框中选择【中等效果-蓝色，强调颜色 1】样式，为图表区应用样式，如图 4-61 所示。

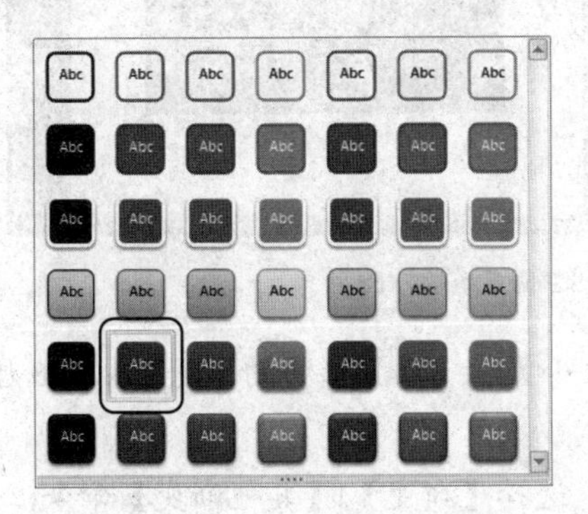

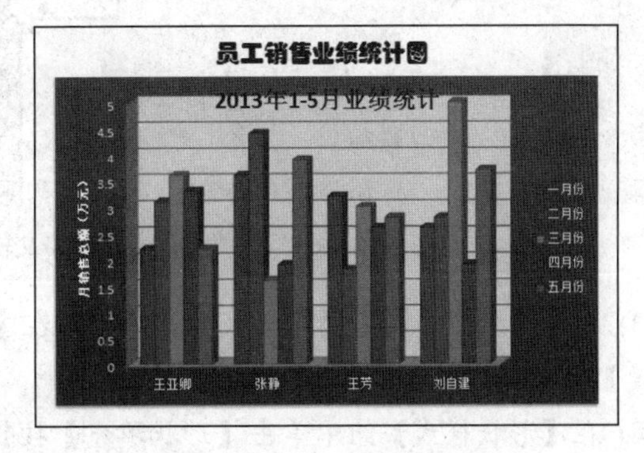

图 4-61　设置图表背景

(6) 打开【图表工具】的【布局】选项卡，在【标签】组中单击【模拟运算表】按钮，从弹出的菜单中选择【显示模拟运算表】选项，此时在绘图区的下方自动显示一个数据表，如图 4-62 所示。

(7) 在快速访问工具栏中单击【保存】按钮，保存“员工销售业绩表”文档。

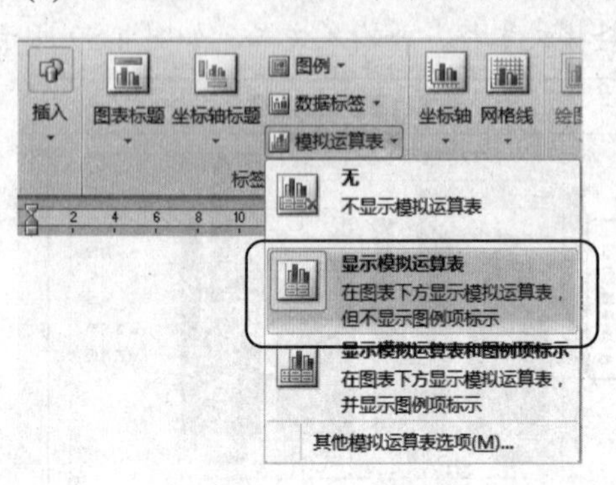

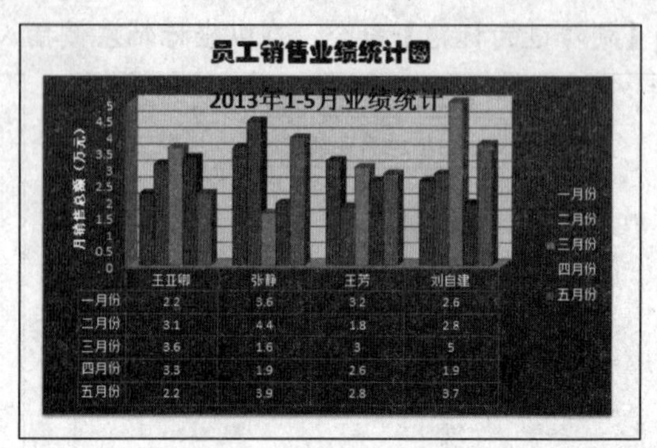

图 4-62　设置在绘图区下方显示模拟运算表

4.7　上机练习

本章的上机练习主要练习制作“会议入场券”文档，使用户更好地掌握插入图片、艺术字和文本框等操作的方法和技巧。

(1) 启动 Word 2010 应用程序，新建一个空白文档，并将其以“会议入场券”为名保存。

(2) 打开【插入】选项卡，在【插图】组中单击【形状】按钮，从弹出菜单的【矩形】选项区域中单击【矩形】按钮，将鼠标指针移至文档中，待鼠标指针变为十字形，拖动鼠标绘制一个矩形，如图 4-63 所示。

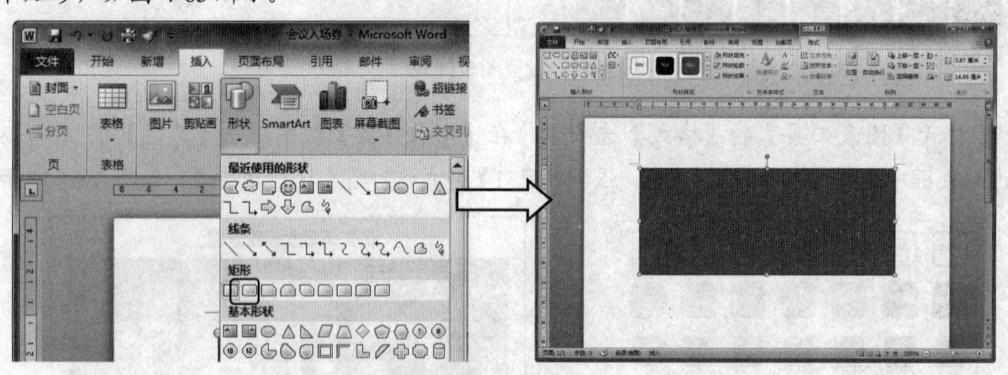

图 4-63　在“会议入场券”文档中绘制“矩形”图形

(3) 打开【绘图工具】的【格式】选项卡，在【大小】组中设置形状的【高度】为 6 厘米，【宽度】为 15 厘米。

(4) 在【形状样式】组中单击【形状填充】按钮，选择【渐变】|【其他渐变】命令，如图 4-64 所示。

(5) 打开【设置形状格式】对话框，在【填充】选项卡中，选择【渐变填充】单选按钮，然后为图形设置一种渐变填充颜色，如图 4-65 所示。设置完成后，单击【关闭】按钮，关闭【设置形状格式】对话框。

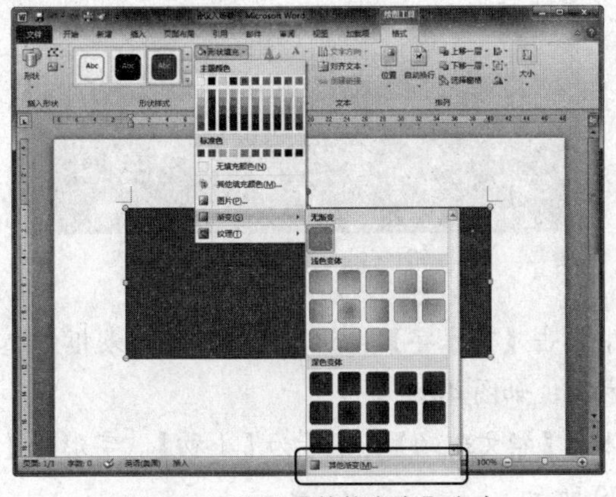

图 4-64　选择【其他渐变】命令

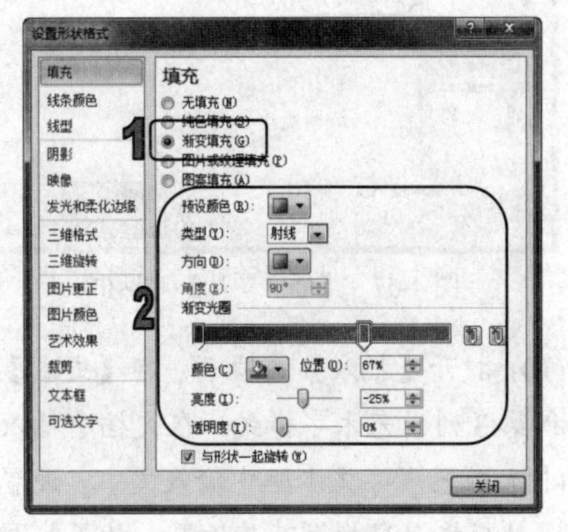

图 4-65　【设置形状格式】对话框

(6) 打开【插入】选项卡，在【插图】组中单击【形状】按钮，从弹出的菜单的【流程图】选项区域中单击【流程图：库存数据】按钮，将鼠标指针移至文档中，待鼠标指针变为十字形，拖动鼠标绘制一个图形，然后设置该图形的【高度】为 6 厘米，并将其移动至合适的位置，效果如图 4-66 所示。

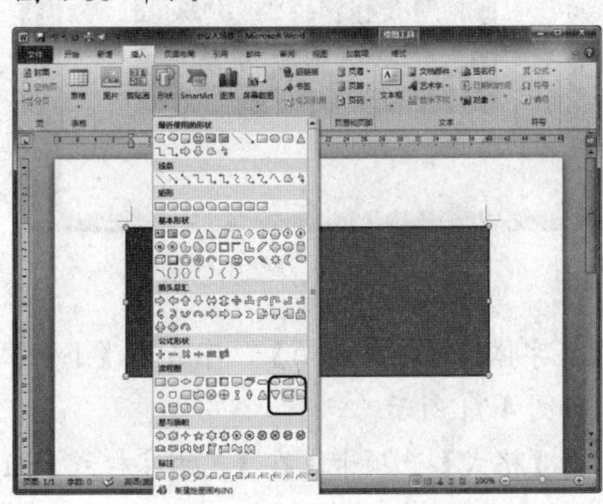

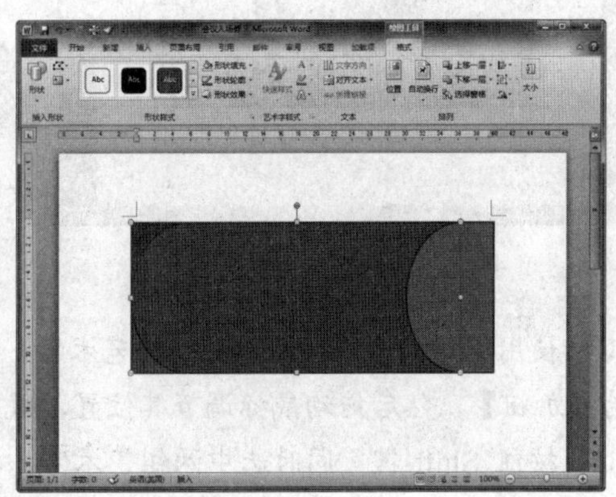

图 4-66　插入自选图形并调整其大小和位置

(7) 在【形状样式】组中单击【形状填充】按钮，从弹出的菜单中选择【图片】命令，打开【插入图片】对话框。

(8) 在【插入图片】对话框中选择需要的图片，然后单击【插入】按钮，将选中的图片填充到自选图形中，如图 4-67 所示。

(9) 按住 Ctrl 键的同时，选中两个自选图形，打开【格式】选项卡，在【形状样式】组中单击【形状轮廓】按钮，从弹出的菜单中选择【无轮廓】命令，删除两个自选图形的轮廓线，效果如图 4-68 所示。

图 4-67 【插入图片】对话框

图 4-68 设置后的效果

(10) 打开【插入】选项卡，在【文本】组中单击【艺术字】按钮，从弹出的列表框中选择第 6 行第 3 列的艺术字样式，在文档中插入艺术字，如图 4-69 所示。

(11) 在艺术字文本框中输入文本，设置字体为【华文琥珀】，字号为【小初】，字形为【加粗】，然后拖动鼠标调节其位置，效果如图 4-70 所示。

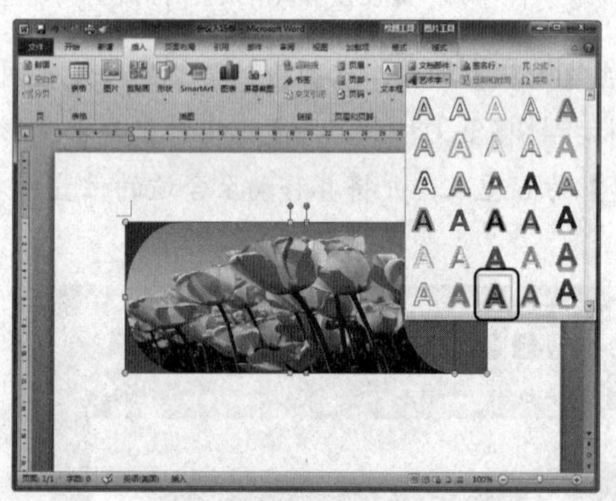

图 4-69 选择艺术字样式

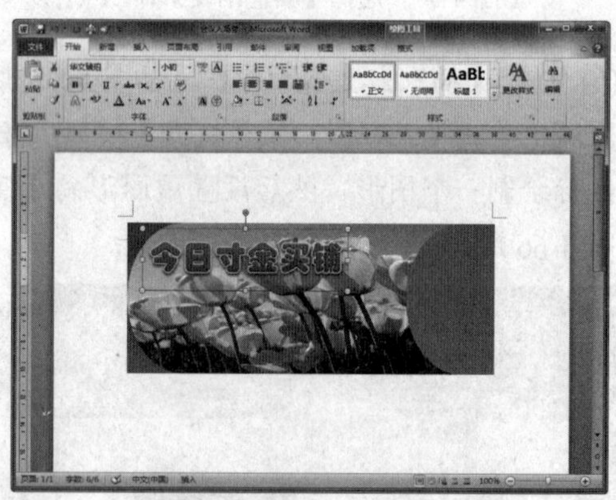

图 4-70 插入并编辑艺术字

(12) 使用同样的方法，插入另一组艺术字，设置字体为【华文琥珀】，字号为【小初】，字形为【加粗】，然后拖动鼠标调节其位置，效果如图 4-71 所示。

(13) 按住 Shift 键，同时选中两组艺术字，打开【格式】选项卡，在【艺术字样式】组中单击【文字效果】按钮，选择【阴影】|【透视】区域的【左上角透视】选项，如图 4-72 所示。

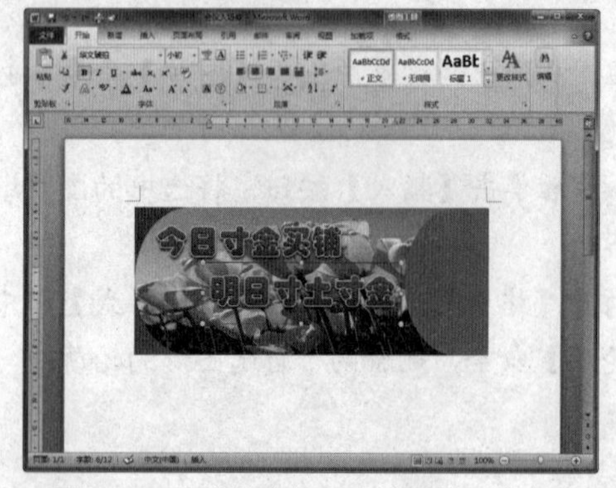

图 4-71 在文档中插入和设置另一艺术字

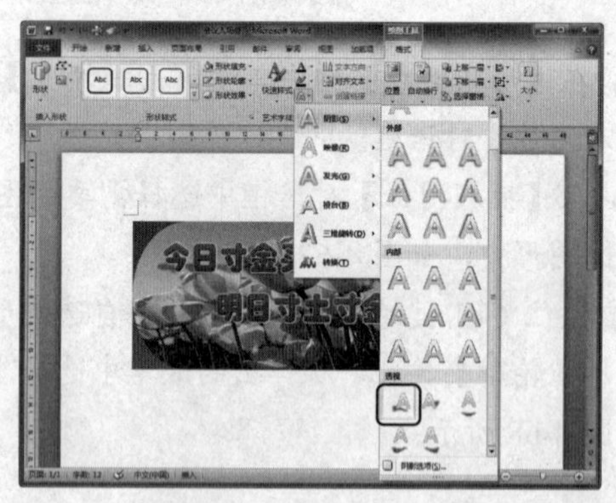

图 4-72 设置艺术字效果

(14) 打开【插入】选项卡，在【文本】组中单击【文本框】按钮，从弹出的快捷菜单中选择【绘制竖排文本框】命令，拖动鼠标在矩形中绘制竖排文本框，如图 4-73 所示。

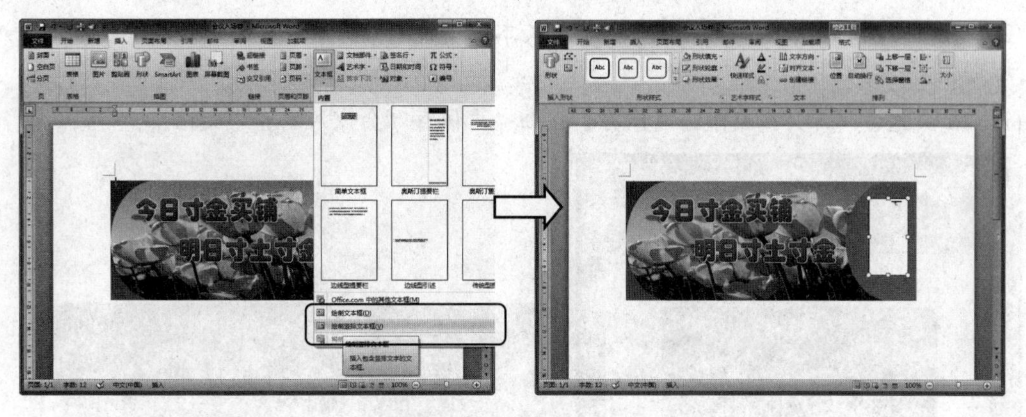

图 4-73　绘制竖排文本框

(15) 在文本框中输入“入场券”，然后设置文本的字体为【华文琥珀】，字号为【一号】，字形为【加粗】，颜色为【深红】，如图 4-74 所示。

(16) 右击文本框，从弹出的快捷菜单中选择【设置形状格式】命令，打开【设置形状格式】对话框，如图 4-75 所示。

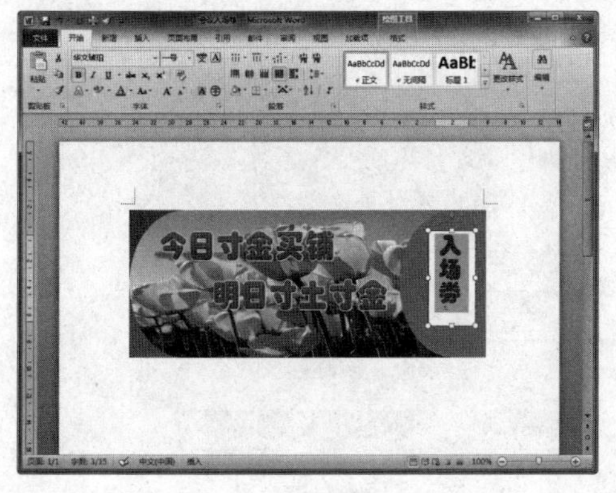

图 4-74　输入文本并设置文本格式

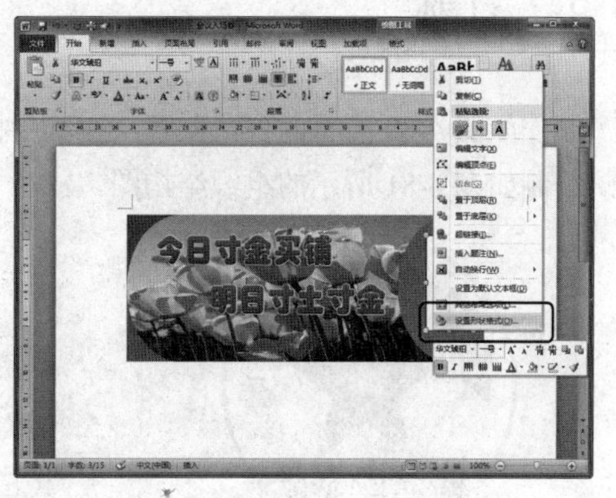

图 4-75　右击文本框

(17) 打开【填充】选项卡，选中【无填充】单选按钮，如图 4-76 所示。

(18) 打开【线条颜色】选项卡，选中【无线条】单选按钮，然后单击【关闭】按钮，如图 4-77 所示。

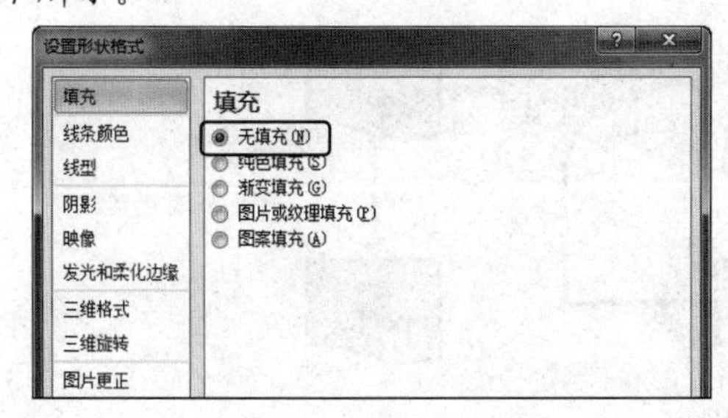

图 4-76　【填充】选项卡

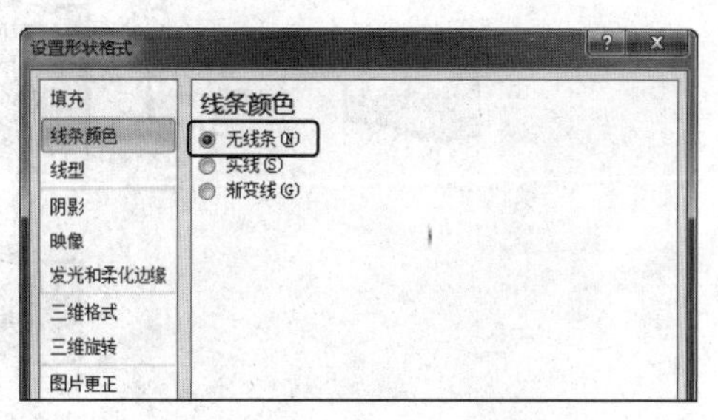

图 4-77　【线条颜色】选项卡

(19) 此时即可将文本框设置为无填充色、无轮廓效果，然后调整文本框到合适的位置，效果如图 4-78 所示。

(20) 使用同样的方法绘制其他文本框，在文本框中输入文本并设置文本效果，最终效果如图 4-79 所示。

(21) 在快速访问工具栏中单击【保存】按钮，保存“会议入场券”文档。。

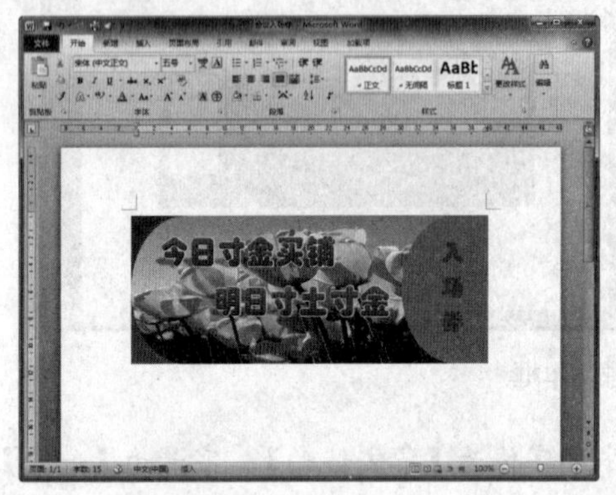

图 4-78　设置文本框格式后的效果

图 4-79　本例最终效果

4.8 习题

1. 制作如图 4-80 所示的公司图章，在其中插入形状和艺术字。
2. 绘制如图 4-81 所示的组织结构图。

图 4-80　习题 1

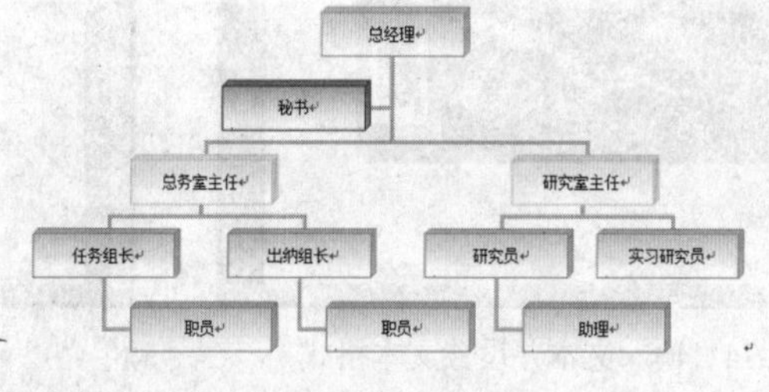

图 4-81　习题 2

3. 在 Word 2010 文档中创建如图 4-82 所示的公文往返流程图。

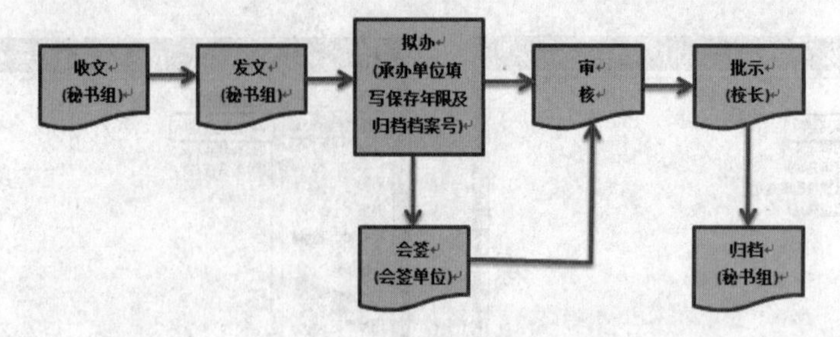

图 4-82　习题 3

页面版式编排与打印

学习目标

页面版式的编排影响着文档的整体美观性，本章主要介绍 Word 2010 页面版式的编排和文档的打印等内容，主要包括设置页边距、纸张大小、页眉和页脚、页码、页面背景、插入目录以及打印文档等操作。

本章重点

- 页面设置
- 设计页眉和页脚
- 设置页码
- 插入目录
- 打印输出

5.1 页面设置

在处理文档的过程中，为了使文档页面更加美观，可以根据需求规范文档的页面，如设置页边距、纸张、版式和文档网格等，从而制作出一个要求较为严格的文档版面。

5.1.1 设置页边距

页边距就是页面上打印区域之处的空白空间。设置页边距，包括调整上、下、左、右边距，调整装订线的距离和纸张的方向。

打开【页面布局】选项卡，在【页面设置】组中单击【页边距】按钮，从弹出的下拉列表框中选择页边距样式，即可快速为页面应用该页边距样式。若选择【自定义边距】命令，打开【页面设置】对话框的【页边距】选项卡，如图 5-1 所示，在其中可以精确设置页面边距和装订线距离。

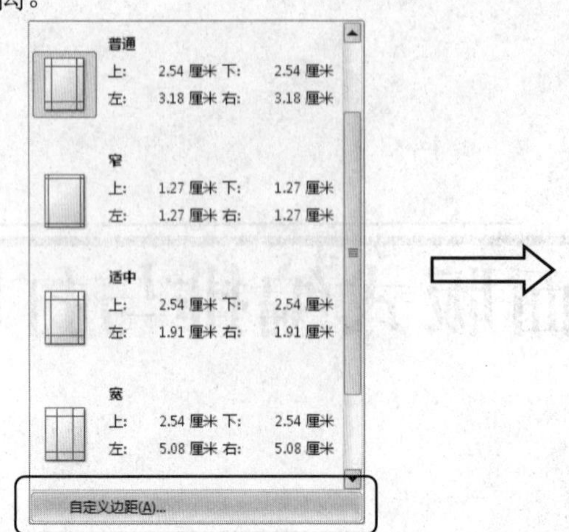

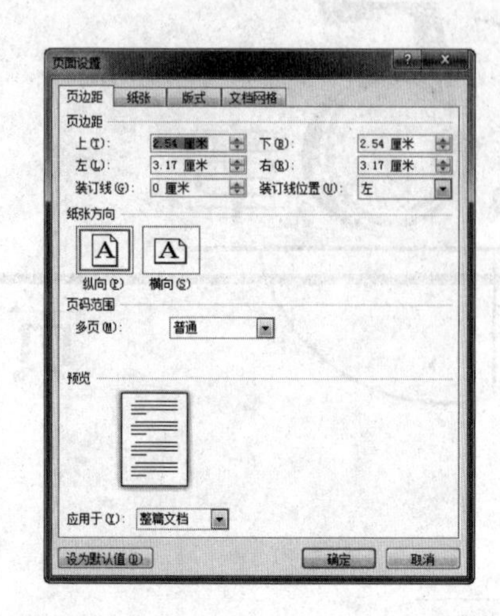

图 5-1　打开【页边距】选项卡

【例 5-1】新建"圣诞贺卡"文档，设置页边距、装订线和纸张方向。

(1) 启动 Word 2010，新建一个空白文档，并将其命名为"圣诞贺卡"并保存。

(2) 打开【页面布局】选项卡，在【页面设置】组中单击【页边距】按钮，从弹出的菜单中选择【自定义边框】命令，打开【页面设置】对话框。

(3) 打开【页边距】选项卡，在【纸张方向】选项区域中选择【横向】选项，在【页边距】的【上】微调框中输入"4.5 厘米"，在【下】微调框中输入"2.5 厘米"，在【左】微调框中输入"5.5 厘米"，在【右】微调框中输入"7.5 厘米"，在【装订线位置】下拉列表框中选择【左】选项，在【装订线】微调框中输入"0.5 厘米"，操作界面如图 5-2 所示。

(4) 单击【确定】按钮，为文档应用所设置的页边距样式，效果如图 5-3 所示。

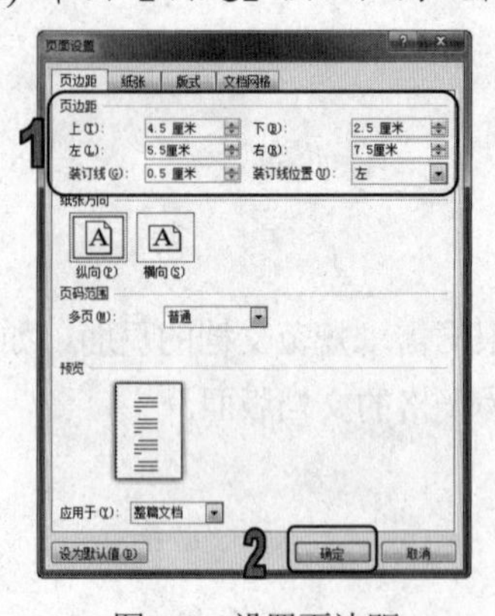

图 5-2　设置页边距

图 5-3　设置页边距后的页面

 **提示**

默认情况下，Word 2010 将此次页边距的数值记忆为【上次的自定义设置】，在【页面设置】组中单击【页边距】按钮，选择【上次的自定义设置】选项，即可为当前文档应用上次的自定义页边距设置。

5.1.2　设置纸张

纸张的设置决定了要打印的效果，默认情况下，Word 2010 文档的纸张大小为 A4 。在制作某些特殊文档(如明信片、名片或贺卡)时，用户可以根据需要调整纸张的大小，从而使文档更具特色。

知识点

日常使用的纸张大小一般有 A4、16 开、32 开和 B5 等几种类型，不同的文档，其页面大小也不同，此时就需要对页面大小进行设置，即选择要使用的纸型，每一种纸型的高度与宽度都有标准的规定，但也可以根据需要进行修改。在【页面设置】组中单击【纸张大小】按钮，在弹出的下拉列表中选择设定的规格选项即可快速设置纸张大小。

【例 5-2】在“圣诞贺卡”文档中设置纸张大小。

(1) 启动 Word 2010，打开“圣诞贺卡”文档。

(2) 打开【页面布局】选项卡，在【页面设置】组中单击【纸张大小】按钮，从弹出的菜单中选择【其他页面大小】命令。

(3) 打开【纸张】选项卡，在【纸张大小】下拉列表框中选择【自定义大小】选项，在【宽度】和【高度】微调框中分别输入“27 厘米”和“17 厘米”，如图 5-4 所示。

(4) 单击【确定】按钮，即可为文档应用所设置的页边大小，效果如图 5-5 所示。

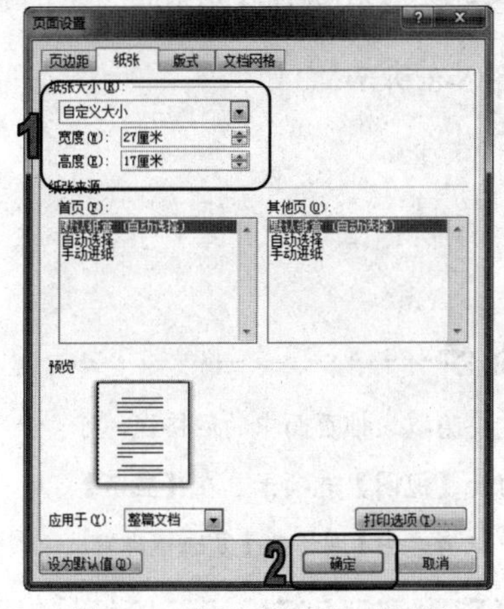

图 5-4　【页面设置】对话框

图 5-5　设置后的效果

5.1.3　设置文档网格

文档网格用于设置文档中文字排列的方向、每页的行数、每行的字数等内容。

【例 5-3】在“圣诞贺卡”文档中设置文档网格。

(1) 启动 Word 2010，打开“圣诞贺卡”文档。打开【页面布局】选项卡，单击【页面设置】对话框启动器，打开【页面设置】对话框。

(2) 打开【文档网格】选项卡，在【文字排列方向】选项区域中选中【水平】单选按钮；在【网格】选项区域中选中【指定行和字符网格】单选按钮；在【字符数】的【每行】微调框中输入 16；在【行数】的【每页】微调框中输入 9，单击【绘图网格】按钮，如图 5-6 所示。

(3) 打开【绘图网格】对话框，选中【在屏幕上显示网格线】复选框，在【水平间隔】微调框中设置数值为 2，然后单击【确定】按钮，操作界面如图 5-7 所示。

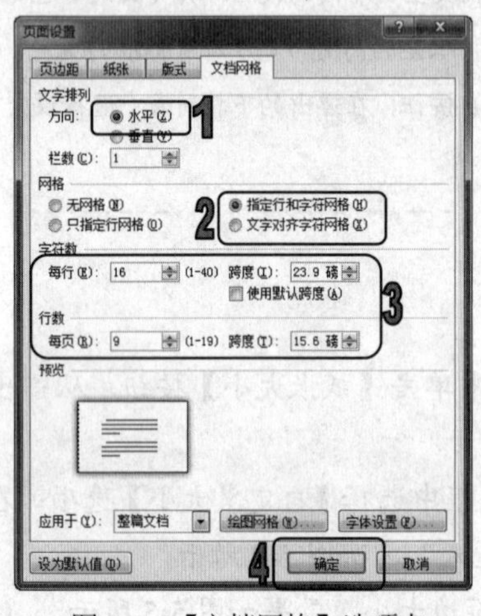

图 5-6 【文档网格】选项卡

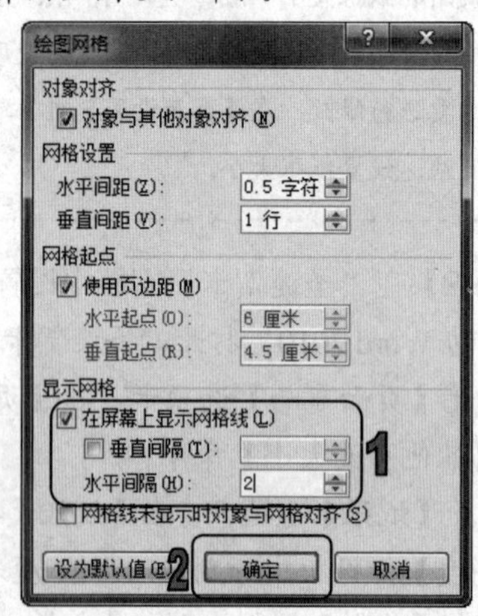

图 5-7 【绘图网格】对话框

(4) 此时即可为文档应用所设置的文档网格，效果如图 5-8 所示，

图 5-8 设置文档网格后的页面

提示

要隐藏文档页面中的网格线，可以打开【视图】选项卡，在【显示】组中取消选中【网格线】复选框即可。

5.1.4 设置稿纸页面

Word 2010 提供了稿纸设置的功能，该功能可以生成空白的稿纸样式文档，或快速地将稿纸网格应用于 Word 文档中的现成文档。

1. 创建空的稿纸文档

打开一个空白的 Word 文档后，使用 Word 2010 自带的稿纸，可以快速地为用户创建方格式、行线式和外框式稿纸页面。

【例 5-4】新建一个“稿纸”文档，在其中创建行线式稿纸页面。

(1) 启动 Word 2010，新建一个空白文档，将其命名为“稿纸”并保存。

(2) 打开【页面布局】选项卡，在【稿纸】组中单击【稿纸设置】按钮，打开【稿纸设置】对话框。

(3) 在【格式】下拉列表框中选择【行线式稿纸】选项；在【行数×列数】下拉列表框中选择 15×20 选项；在【网格颜色】下拉面板中选择【红色】选项，如图 5-9 所示。

(4) 单击【确定】按钮，即可进行稿纸转换，完成后将显示所设置的稿纸格式，此时稿纸颜色显示为红色，如图 5-10 所示。

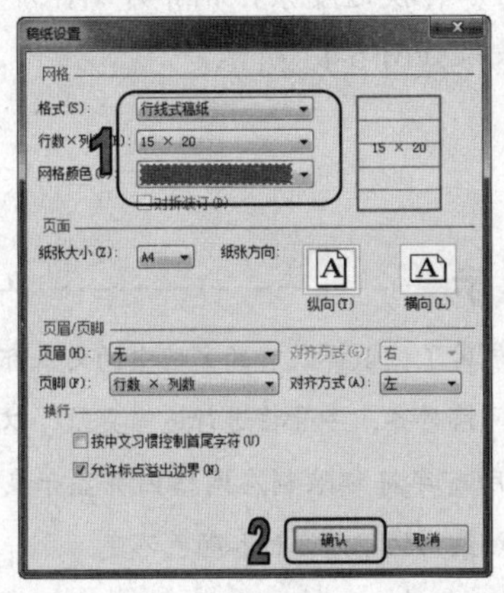

图 5-9　【稿纸设置】对话框

图 5-10　创建空白稿纸文档

提示

在【稿纸设置】对话框中，当选择了任何有效的稿纸样式后，将启用其他属性，用户可以根据需要对稿纸属性进行任何更改，直到对所有设置都感到满意为止。

2. 为现有文档应用稿纸设置

如果在编辑文档时事先没有创建稿纸，为了让读者更方便、清晰地阅读文档，这时就可以为已有的文档应用稿纸。

【例 5-5】为“散文阅读”文档应用方格式稿纸。

(1) 启动 Word 2010，打开创建好的如图 5-11 所示的“散文阅读”文档。

(2) 打开【页面布局】选项卡，在【稿纸】组中单击【稿纸设置】按钮，打开【稿纸设置】对话框。

(3) 在【格式】下拉列表框中选择【方格式稿纸】选项；在【行数×列数】下拉列表框中选择 20×20 选项；在【网格颜色】下拉面板中选择【蓝色】选项，如图 5-12 所示。

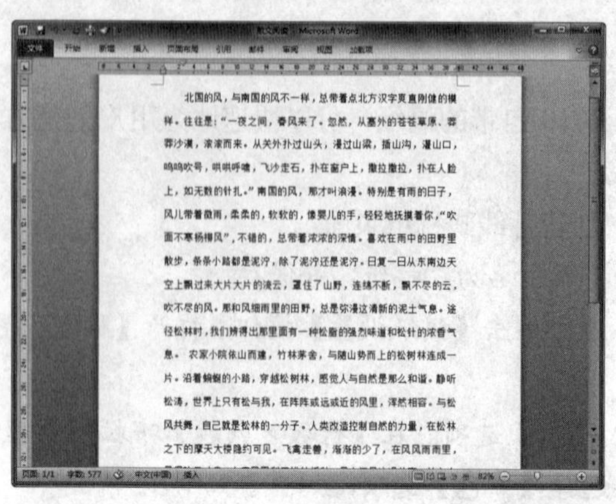

图 5-11 "散文阅读"文档

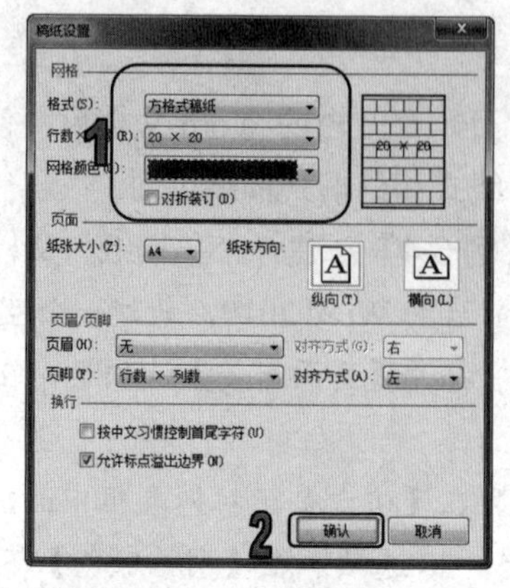

图 5-12 设置稿纸属性

(4) 单击【确定】按钮，此时即可进行稿纸转换，并显示转换进度条，稍等片刻，即可为文档应用所设置的稿纸格式，此时稿纸颜色显示为蓝色，效果如图 5-13 所示。

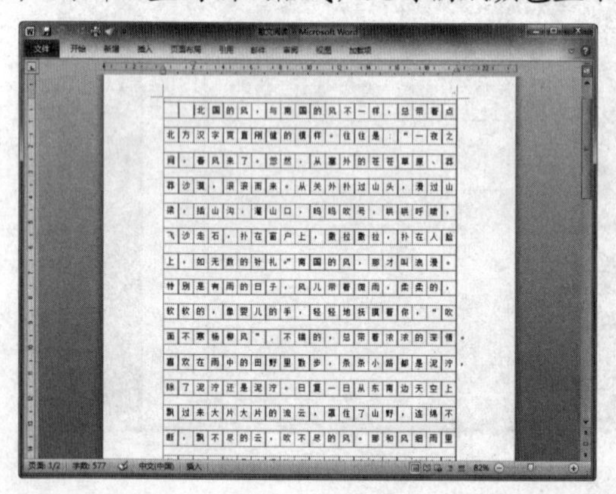

图 5-13 为现有文档应用稿纸设置

提示

应用了稿纸样式后的文档中的文本都将与网格对齐。字号将进行适当更改，以确保所有字符都限制在网格内并显示良好，但最初的字体名称和颜色不变。

5.2 设计页眉和页脚

页眉和页脚是文档中每个页面的顶部、底部和两侧页边距(即页面上打印区域之外的空白空间)中的区域。许多文稿，特别是比较正式的文稿都需要设置页眉和页脚。得体的页眉和页脚，会使文稿更为规范，也会给读者带来方便。

5.2.1 为首页创建页眉和页脚

页眉和页脚通常用于显示文档的附加信息，如页码、时间和日期、作者名称、单位名称、徽标或章节名称等内容。通常情况下，在书籍的章首页，需要创建独特的页眉和页脚。Word 2010 提供了插入封面功能，用于说明文档的主要内容和特点。

【例 5-6】为“员工手册”文档添加封面，并在封面中创建页眉和页脚。

(1) 启动 Word 2010，打开“员工手册”文档。

(2) 打开【插入】选项卡，在【页】组中单击【封面】按钮，在弹出的列表框中选择【新闻纸】选项，此时即可在文档中插入基于该样式的封面，如图 5-14 所示。

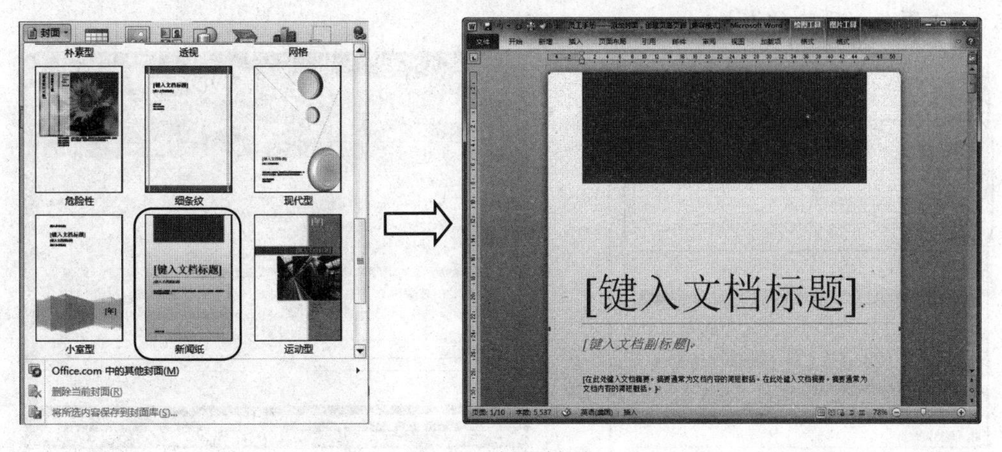

图 5-14　插入封面

(3) 在封面页的占位符中根据提示修改或添加文字，效果如图 5-15 所示。

(4) 打开【插入】选项卡，在【页眉和页脚】组中单击【页眉】按钮，在弹出的列表中选择【空白(三栏)】选项，如图 5-16 所示。

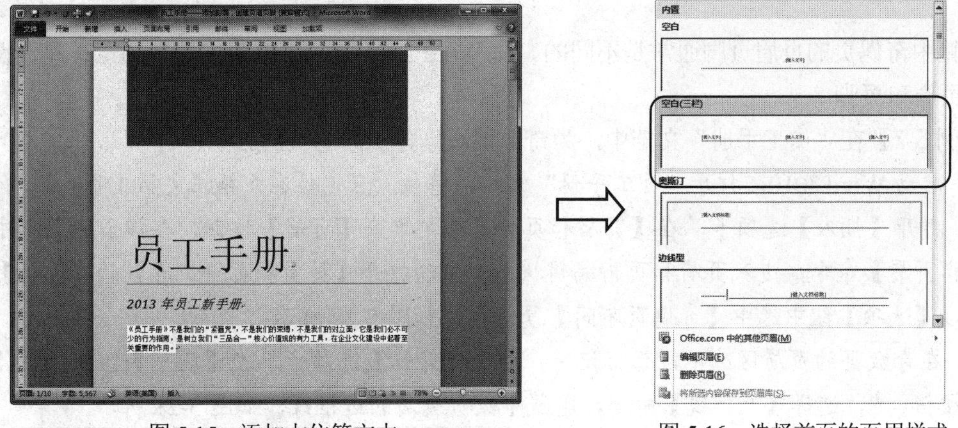

图 5-15　添加占位符文本　　　　图 5-16　选择首页的页眉样式

(5) 在页眉处插入该页眉样式，并输入页眉文本，如图 5-17 所示。

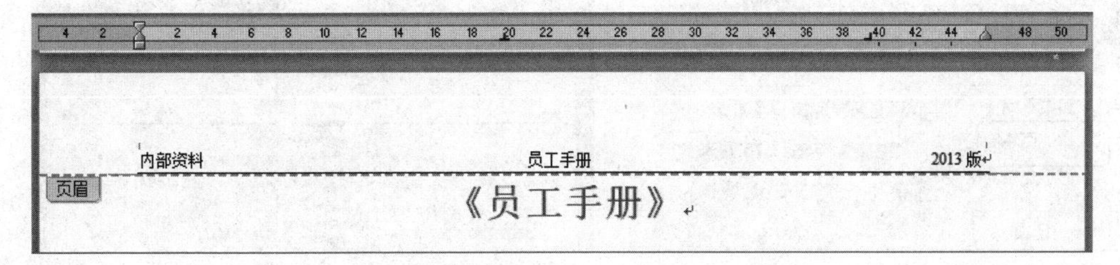

图 5-17　输入页眉

(6) 打开【插入】选项卡，在【页眉和页脚】组中单击【页脚】按钮，在弹出的列表中选择【传统型】选项，如图 5-18 所示。

(7) 此时可在页脚处插入该样式的页脚，并在页脚处编辑文本，如图 5-19 所示。

(8) 打开【页眉和页脚】工具的【设计】选项卡，在【关闭】组中单击【关闭页眉和页脚】按钮，完成页眉和页脚的添加。

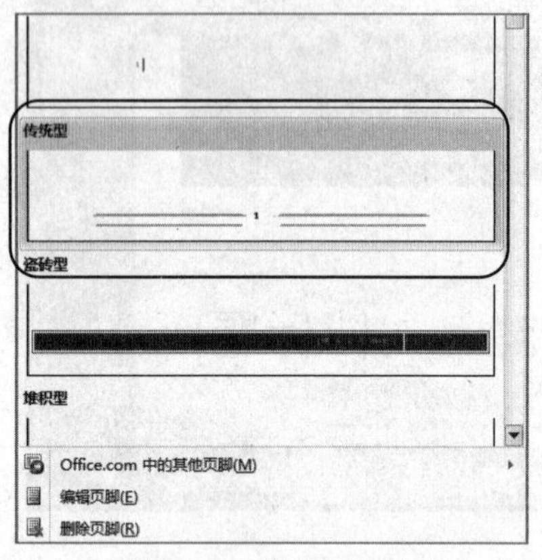

图 5-18　选择页脚样式

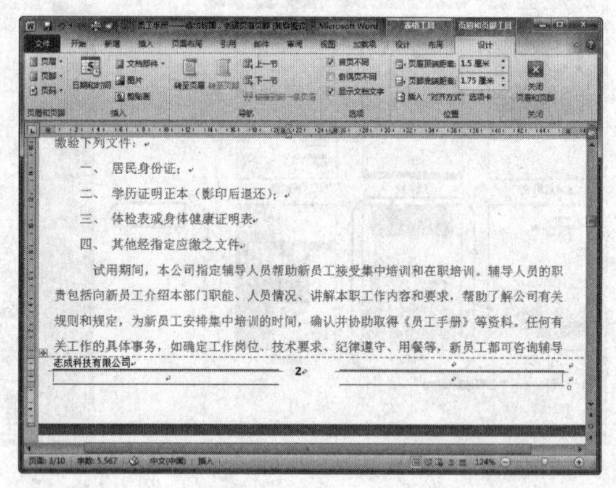

图 5-19　编辑页脚文本

5.2.2　为奇、偶页创建页眉和页脚

书籍中奇偶页的页眉页脚通常是不同的。在 Word 2010 中，可以为文档中的奇、偶页设计不同的页眉和页脚。

【例 5-7】在“员工手册”文档中，为奇、偶页创建不同的页眉。

(1) 启动 Word 2010，打开“员工手册”文档，将插入点定位在文档正文第 1 页。

(2) 打开【插入】选项卡，在【页眉和页脚】组中单击【页眉】按钮，在弹出的菜单中选择【编辑页眉】命令，进入页眉和页脚编辑状态，自动打开【页眉和页脚工具】的【设计】选项卡，在【选项】组中选中【奇偶页不同】复选框，如图 5-20 所示。

(3) 在奇数页的页眉区选中段落标记符，打开【开始】选项卡，在【段落】组中单击【下框线】按钮，选择【无框线】命令，隐藏奇数页页眉的边框线，如图 5-21 所示。

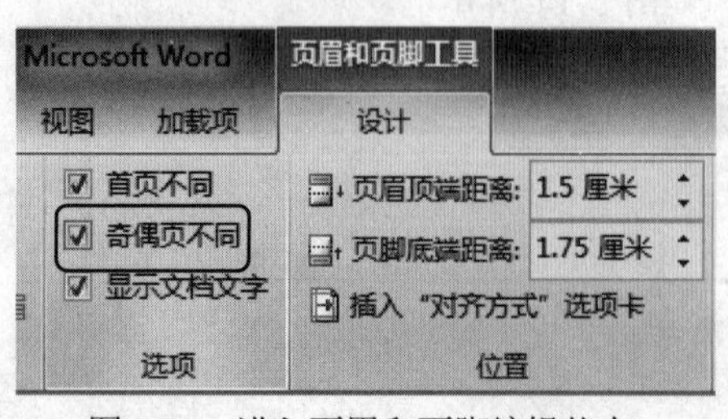

图 5-20　进入页眉和页脚编辑状态

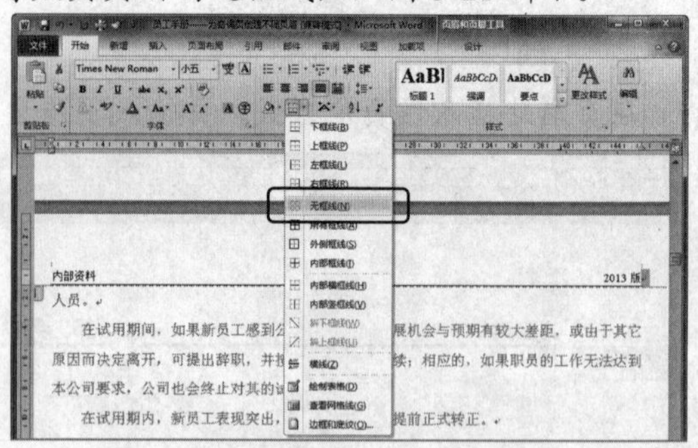

图 5-21　隐藏奇数页页眉的边框线

(4) 将插入点定位在页眉文本编辑区，输入文字“志成科技有限公司——人事部”，设置文字字体为【华文行楷】，字号为【小四】，颜色为【蓝色，强调文字颜色 1】，文本右对齐显示，效果如图 5-22 所示。

(5) 将插入点定位在页眉文本右侧，打开【插入】选项卡，在【插图】组中单击【图片】按钮，打开【插入图片】对话框，选择一张图片，单击【插入】按钮，如图 5-23 所示。

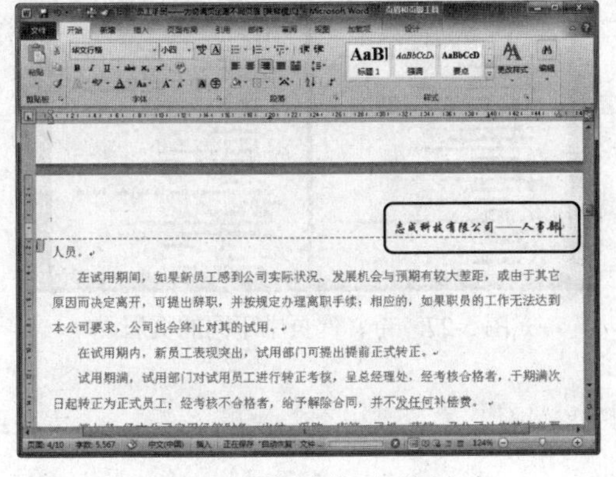

图 5-22　编辑奇数页页眉文本

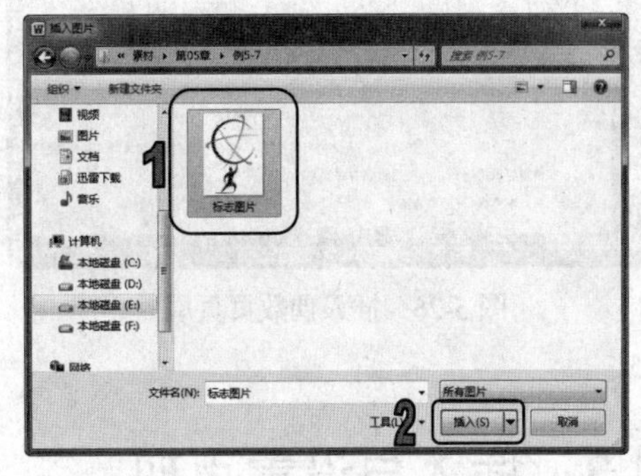

图 5-23　选择页眉图片

(6) 此时即可将图片插入到奇数页的页眉处，如图 5-24 所示。

(7) 打开【图片工具】的【格式】选项卡，在【排列】组中单击【自动换行】按钮，从弹出的菜单中选择【浮于文字上方】命令，为页眉图片设置环绕方式，然后拖动鼠标调节图片大小和位置，效果如图 5-25 所示。

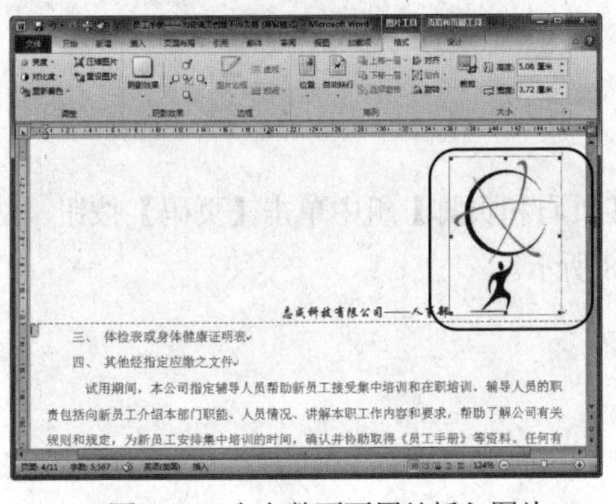

图 5-24　在奇数页页眉处插入图片

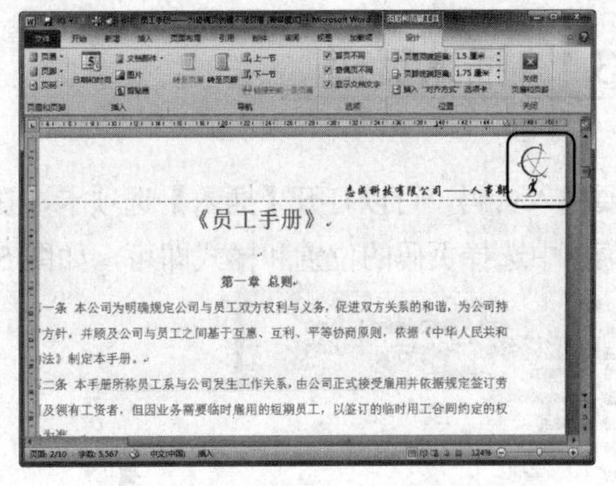

图 5-25　设置页眉图片的格式

(8) 使用同样的方法，设置偶数页页眉，效果如图 5-26 所示。

(9) 打开【页眉和页脚工具】的【设计】选项卡，在【关闭】组中单击【关闭页眉和页脚】按钮，退出页眉和页脚编辑状态，查看为奇、偶页创建的页眉，如图 5-27 所示。

知识点

选中偶数页中的图片，打开【图片工具】的【格式】选项卡，在【排列】组中单击【旋转】按钮，从弹出的菜单中选择【水平翻转】命令，即可设置图片水平自动翻转。

(10) 在快速访问工具栏中单击【保存】按钮，将创建页眉和页脚后的“员工手册”文档进行保存。

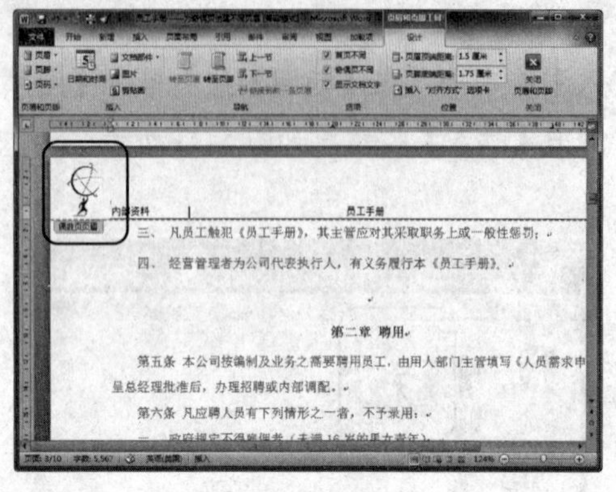

图 5-26　插入偶数页页眉

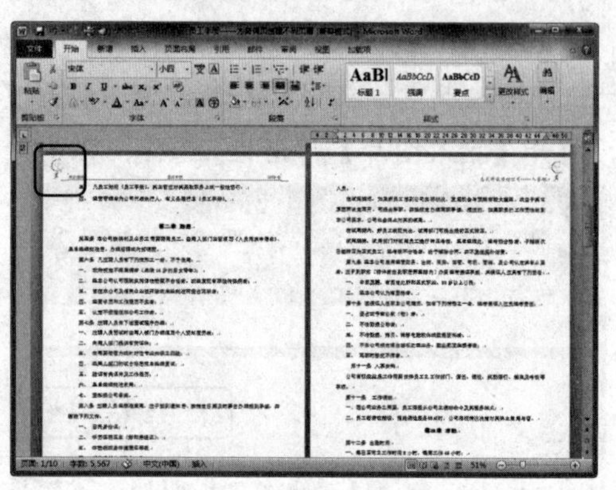

图 5-27　奇、偶页中不同的页眉

5.3　插入与设置页码

所谓的页码，就是书籍每一页面上标明次序的号码或其他数字，用于统计书籍的面数，便于读者阅读和检索。页码一般都被添加在页眉或页脚中，但也不排除其他特殊情况，页码也可以被添加到其他位置。

5.3.1　插入页码

要插入页码，可以打开【插入】选项卡，在【页眉和页脚】组中单击【页码】按钮，从弹出的菜单中选择页码的位置和样式即可，如图 5-28 所示。

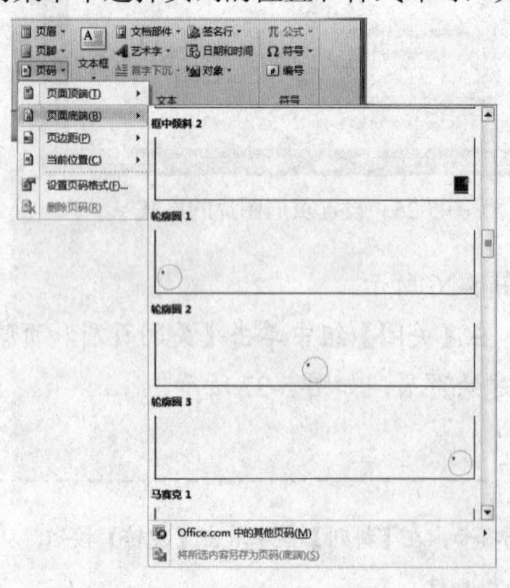

图 5-28　【页码】菜单

知识点

Word 中显示的动态页码的本质就是域，可以通过插入页码域的方式来直接插入页码，最简单的操作是将插入点定位在页眉或页脚区域中，按 Ctrl+F9 组合键，输入 PAGE，然后按 F9 键即可。

5.3.2　设置页码格式

在文档中，如果需要使用不同于默认格式的页码，例如 i 或 a 等，就需要对页码的格式进行设置。打开【插入】选项卡，在【页眉和页脚】组中单击【页码】按钮，在弹出的菜单中选择【设置页码格式】命令，打开【页码格式】对话框，如图 5-29 所示，在该对话框中可以进行页码的格式设置。

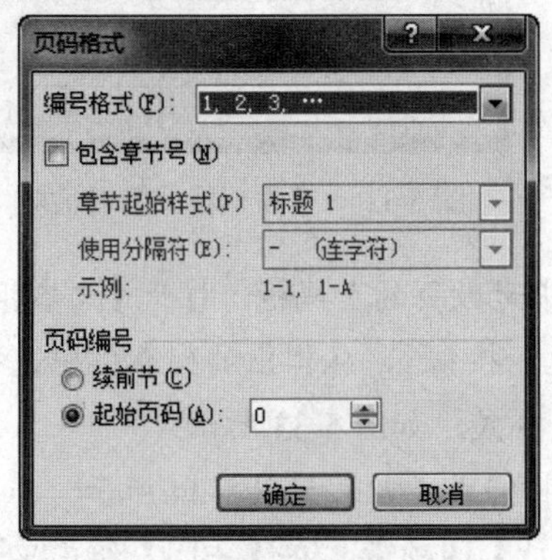

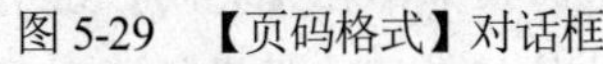
图 5-29　【页码格式】对话框

提示

在【页码格式】对话框中，选中【包含章节号】复选框，可以添加的页码中包含章节号，还可以设置章节号的样式及分隔符；在【页码编号】选项区域中，可以设置页码的起始页。

【例 5-8】在"员工手册"文档中插入页码并设置页码格式。

(1) 启动 Word 2010，打开"员工手册"文档，将插入点定位在奇数页面中。

(2) 打开【插入】选项卡，在【页眉和页脚】组中单击【页码】按钮，在弹出的菜单中选择【页面底端】命令，选择【带有多种形状】中的【带状物】选项，插入页码，如图 5-30 所示。

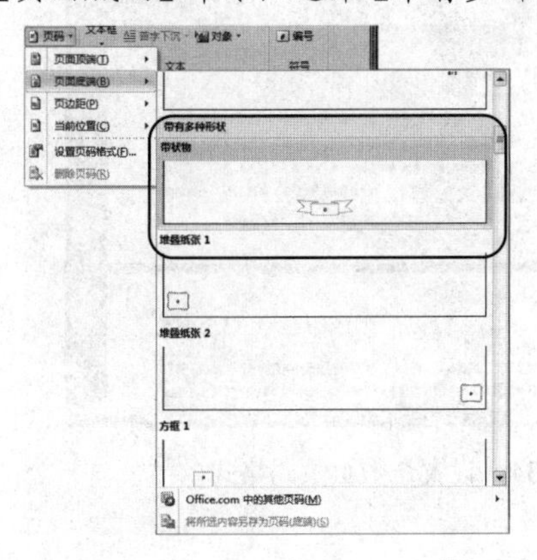

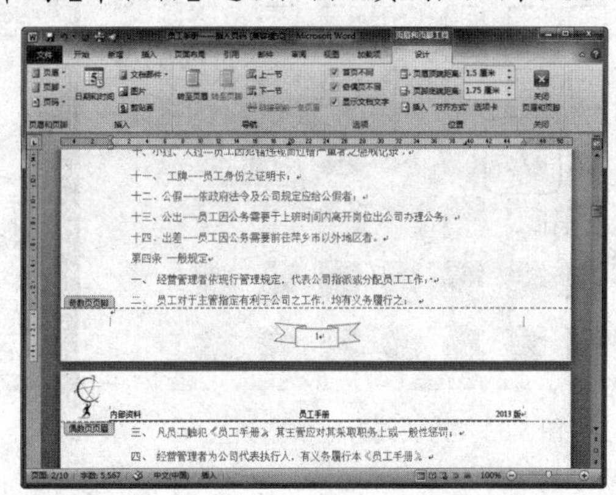

图 5-30　在奇数页面底端插入页码

(3) 将插入点定位在偶数页，使用同样的方法，在页面底端左侧插入【带状物】样式的页码，效果如图 5-31 所示。

(4) 打开【页眉和页脚工具】的【设计】选项卡，在【页眉和页脚】组中单击【页码】按钮，从弹出的菜单中选择【设置页码格式】命令，打开【页码格式】对话框。

(5) 在【编号样式】下拉列表框中选择【-1-，-2-，-3-，…】选项，保持选中【起始页码】单选按钮，在其后的文本框中输入-0-(设置数值为 0，表示封面无页码)，如图 5-32 所示。

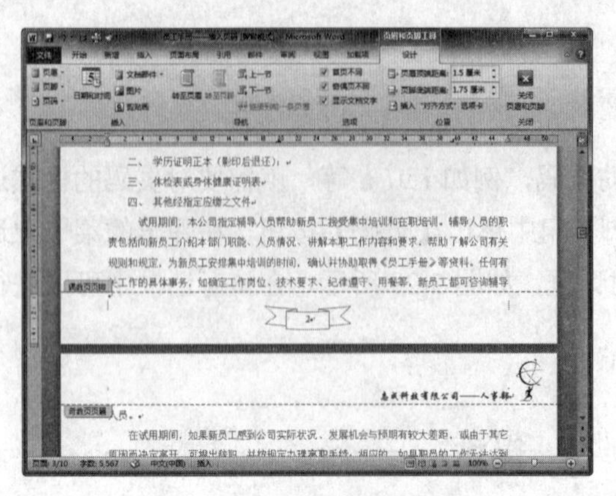

图 5-31　在偶数页面底端插入页码

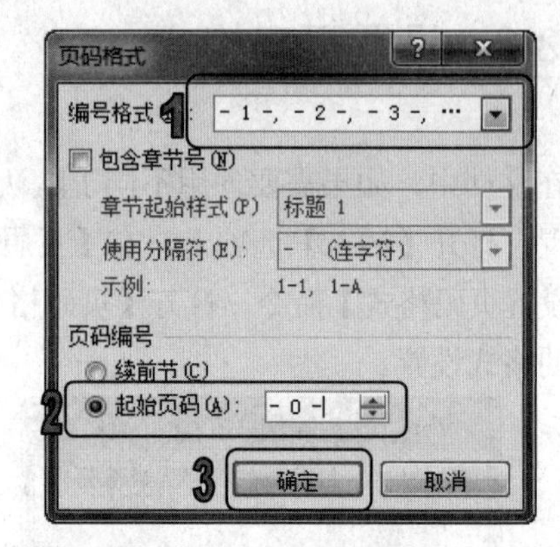

图 5-32　【页码格式】对话框

(6) 单击【确定】按钮，完成页码格式的设置。选中奇数页的页码框，打开【文本框工具】的【格式】选项卡，在【文本框样式】组中单击【其他】按钮，从弹出的列表框中选择【线性向上渐变-强调文字颜色 5】选项，为页码文本框设置样式，如图 5-33 所示。

(7) 使用同样的方法，设置偶数页页码文本框的形状样式，效果如图 5-34 所示。

(8) 设置完成后，打开【页眉和页脚】工具的【设计】选项卡，在【关闭】组中单击【关闭页眉和页脚】按钮，退出页码编辑状态，然后按 Ctrl+S 快捷键，快速保存插入页码后的“员工手册”文档。

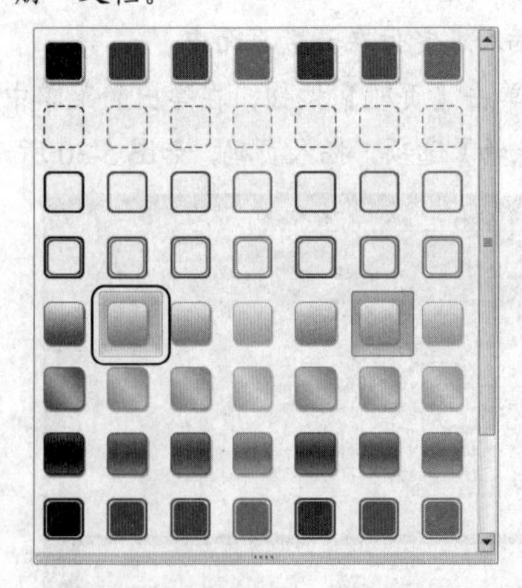

图 5-33　为页码方框填充颜色

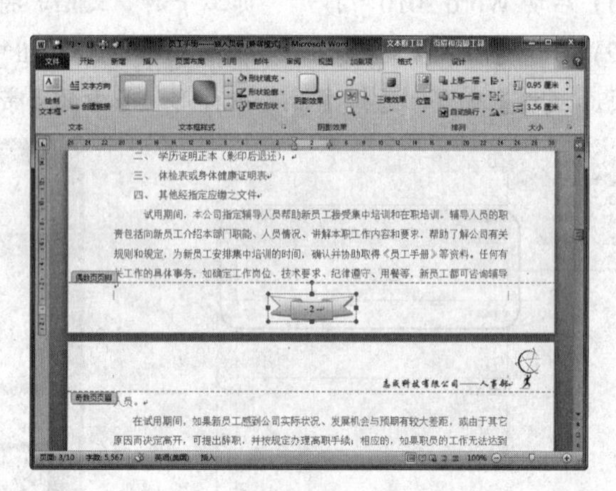

图 5-34　设置奇数页页码格式

5.4　插入分页符和分节符

使用正常模板编辑一个文档时，Word 2010 将整个文档作为一个大章节来处理，但在一些特殊情况下，例如要求前后两页、一页中两部分之间有特殊格式时，操作起来相当不便。此时可在其中插入分页符或分节符。

5.4.1　插入分页符

分页符是分隔相邻页之间文档内容的符号，用来标记一页终止并开始下一页的点。在 Word 2010 中，可以很方便地插入分页符。

要插入分页符，可打开【页面布局】选项卡，在【页面设置】组中单击【分隔符】按钮，从弹出的【分页符】菜单选项区域中选择相应的命令即可，如图 5-35 所示。

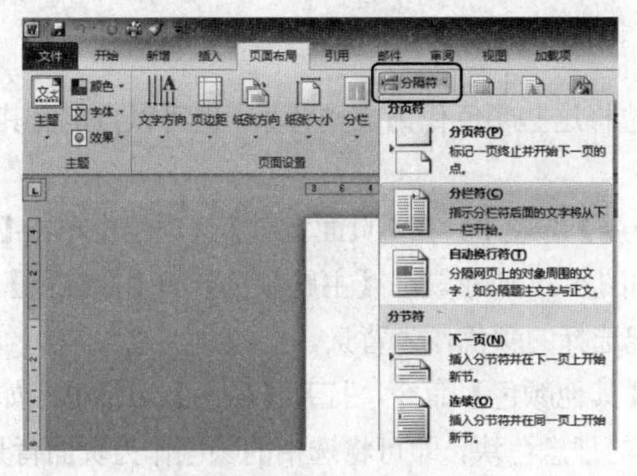

图 5-35　插入分页符

知识点

要显示插入的分页符，打开【Word 选项】对话框的【显示】选项卡，选中【显示所有格式标记】复选框，单击【确定】按钮即可。

5.4.2　插入分节符

如果把一个较长的文档分成几节，就可以单独设置每节的格式和版式，从而使文档的排版和编辑更加灵活。

要插入分节符，可打开【页面布局】选项卡，在【页面设置】组中单击【分隔符】按钮，从弹出的【分节符】菜单选项区域中选择相应的命令即可，如图 5-36 所示。

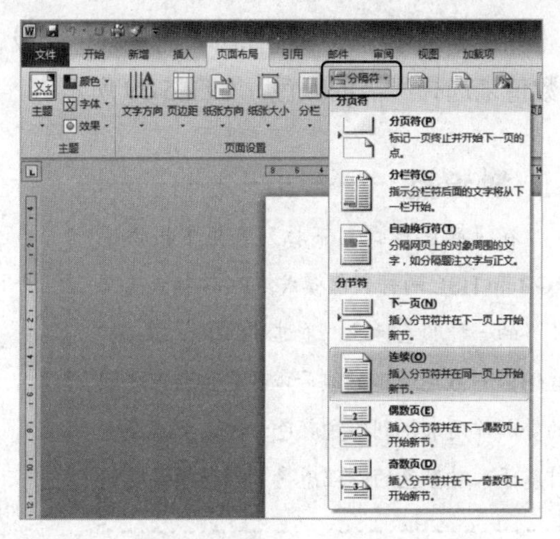

图 5-36　插入分节符

知识点

如果要删除分页符和分节符，只需将插入点定位在分页符或分节符之前(或者选中分页符或分节符)，然后按 Delete 键即可。

5.5 设置页面背景和主题

为了使长文档变得更为生动、美观，可以对页面进行多元化设计，其中就包括设置页面背景和主题。用户可以在文档的页面背景中添加水印效果和其他背景色，还可以为文档设置主题。

5.5.1 使用纯色背景

Word 2010 提供了 70 多种内置颜色，可以选择这些颜色作为文档背景，也可以自定义其他颜色作为背景。

要为文档设置背景颜色，可以打开【页面布局】选项卡，在【页面背景】选项组中单击【页面颜色】按钮，将打开【页面颜色】子菜单，如图 5-37 所示。在【主题颜色】和【标准色】选项区域中，单击其中的任何一个色块，就可以把选择的颜色作为背景。

如果对系统提供的颜色不满意，可以选择【其他颜色】命令，打开【颜色】对话框，如图 5-38 所示。在【标准】选项卡中，选择六边形中的任意色块，即可将选中的颜色作为页面背景。

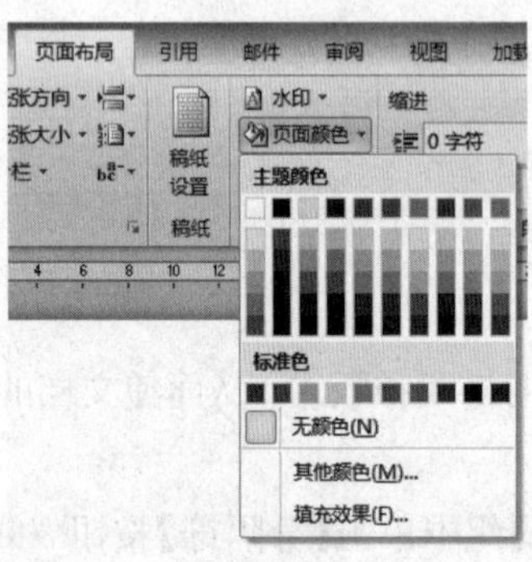

图 5-37 【页面颜色】子菜单

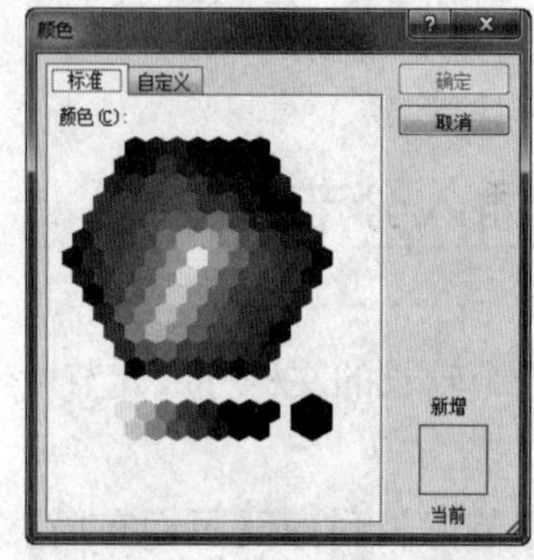

图 5-38 【标准】选项卡

另外，打开【自定义】选项卡，拖动鼠标在【颜色】选项区域中选择所需的背景色，或者在【颜色模式】选项区域中通过设置颜色的具体数值来选择所需的颜色，如图 5-39 所示。

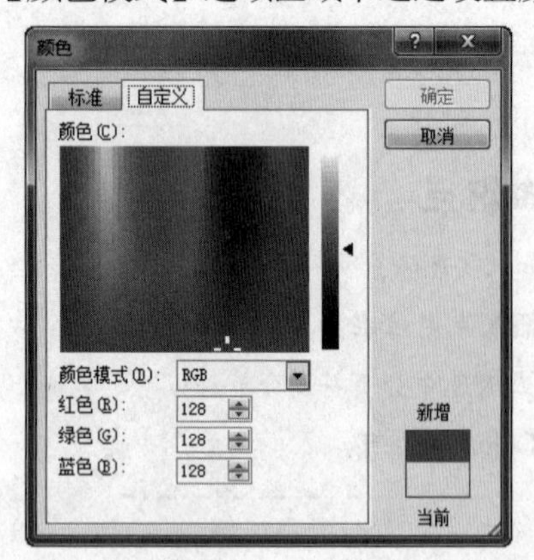

图 5-39 【自定义】选项卡

知识点

在【颜色模式】下拉列表框中提供了 RGB 和 HSL 两种颜色模式。RGB 模式是工业界的一种颜色标准，通过对红(R)、绿(G)、蓝(B)3 种颜色通道的编号以及它们相互之间的叠加作用来得到各种颜色；HSL 模式是一种基于人对颜色的心理感受的颜色模式度。

5.5.2　设置背景填充效果

使用一种颜色(即纯色)作为背景色，对于一些Web页面而言，显示过于单调乏味。Word 2010还提供了其他多种文档背景填充效果，如渐变背景效果、纹理背景效果、图案背景效果及图片背景效果等。

要设置背景填充效果，可以打开【页面布局】选项卡，在【页面背景】组中单击【页面颜色】按钮，在弹出的菜单中选择【填充效果】命令，打开【填充效果】对话框，其中包括 4 个选项卡。

- 【渐变】选项卡：可以通过选中【单色】或【双色】单选按钮来创建不同类型的渐变效果，在【底纹样式】选项区域中选择渐变的样式，如图 5-40 所示。
- 【纹理】选项卡：可以在【纹理】选项区域中，选择一种纹理作为文档页面的背景，如图 5-41 所示。单击【其他纹理】按钮，可以添加自定义的纹理作为文档的页面背景。

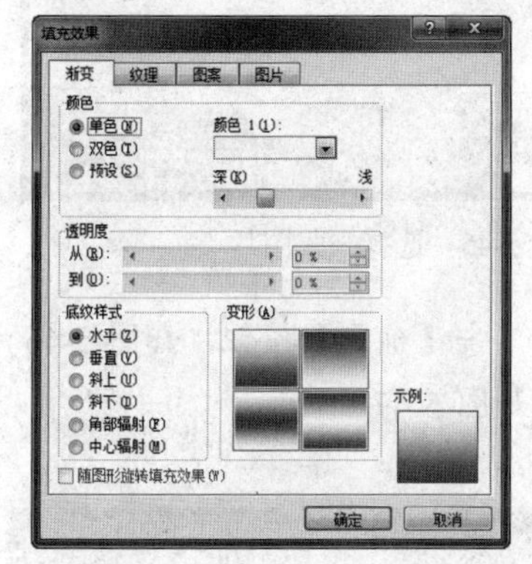

图 5-40　【渐变】选项卡

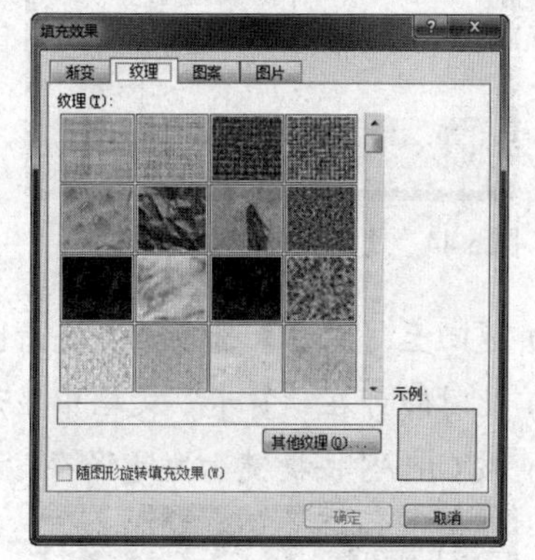

图 5-41　【纹理】选项卡

- 【图案】选项卡：可以在【图案】选项区域中选择一种基准图案，并在【前景】和【背景】下拉列表框中选择图案的前景和背景颜色，如图 5-42 所示。
- 【图片】选项卡：单击【选择图片】按钮，从打开的【选择图片】对话框中选择一个图片作为文档的背景，如图 5-43 所示。

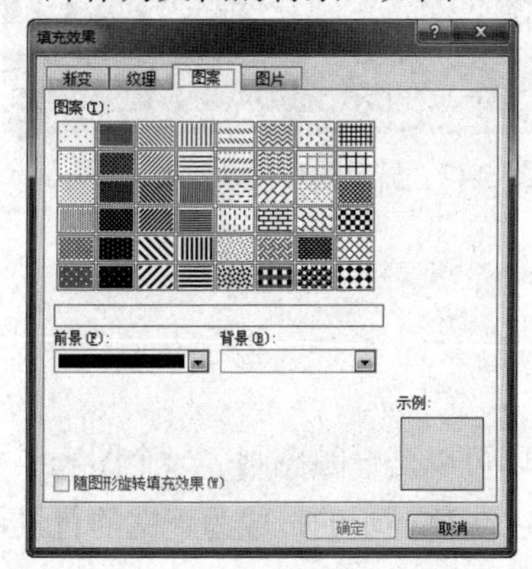

图 5-42　【图案】选项卡

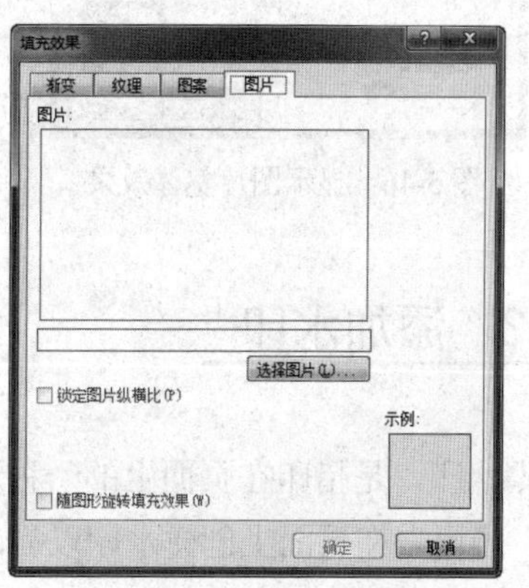

图 5-43　【图片】选项卡

【例 5-9】在“圣诞贺卡”文档中，将图片设置为文档的背景填充效果。

(1) 启动 Word 2010，打开【例 5-3】创建的“贺卡”文档。

(2) 打开【页面布局】选项卡，在【页面背景】组中单击【页面颜色】按钮，从弹出的快捷菜单中选择【填充效果】命令，打开【填充效果】对话框。

(3) 打开【图片】选项卡，单击【选择图片】按钮，如图 5-44 所示。

(4) 打开【选择图片】对话框，打开图片的存放路径，选择需要插入的图片，单击【插入】按钮，如图 5-45 所示。

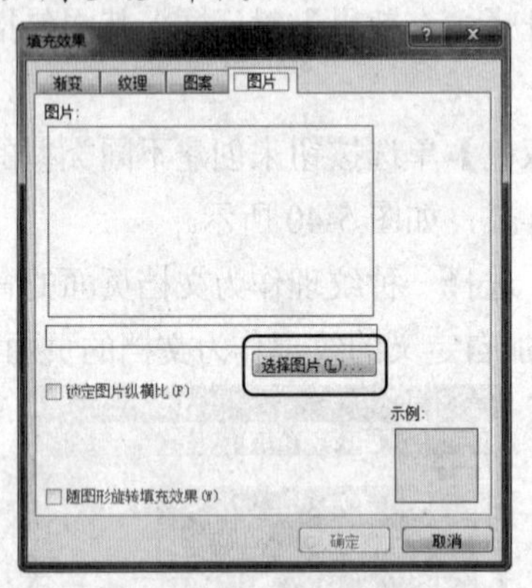

图 5-44 【填充效果】对话框

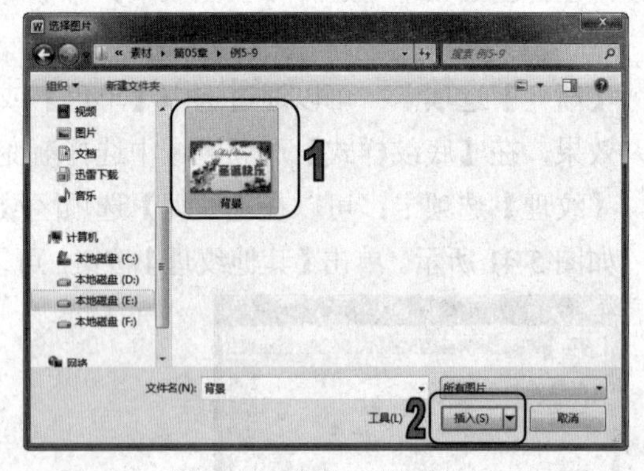

图 5-45 选择一张图片

(5) 返回至【图片】选项卡，查看图片的整体效果，单击【确定】按钮，如图 5-46 所示。

(6) 此时即可在“贺卡”文档中显示图片背景效果，如图 5-47 所示。

(7) 按 Ctrl+S 快捷键，快速保存“贺卡”文档。

图 5-46 显示图片整体效果

图 5-47 显示图片背景效果

5.5.3 添加水印

所谓水印，是指印在页面上的一种透明的花纹。水印可以是一幅图画、一个图表或一种艺术字体。当用户在页面上创建水印以后，它在页面上是以灰色显示的，成为正文的背景，起到美化文档的作用。

在 Word 2010 中，不仅可以从水印文本库中插入内置的水印样式，也可以插入一个自定义的水印。打开【页面布局】选项卡，在【页面背景】组中单击【水印】按钮，在弹出的水印样式列表框中可以选择内置的水印，如图 5-48 所示。若选择【自定义水印】命令，打开【水印】对话框，在如图 5-49 所示的操作界面中，可以自定义水印样式，如图片水印、文字水印等。

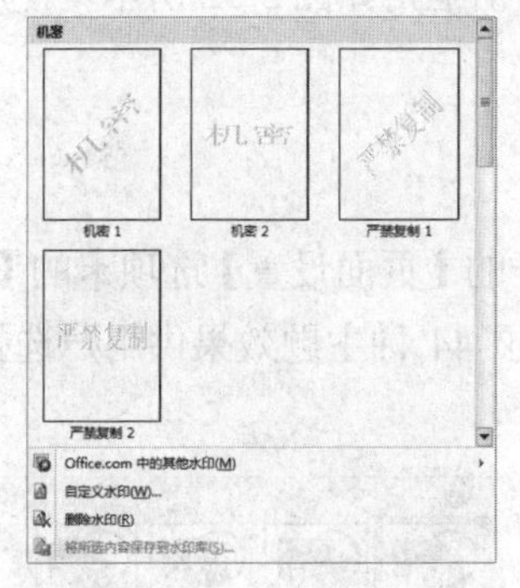

图 5-48　内置水印列表框

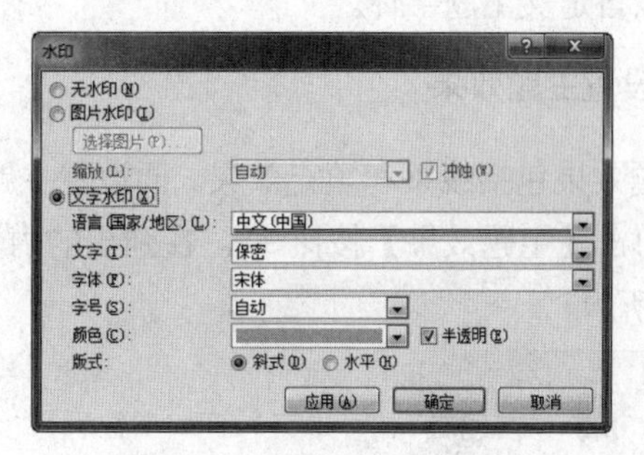

图 5-49　【水印】对话框

5.5.4　设置主题

主题是一套统一的元素和颜色设计方案，为文档提供一套完整的格式集合。利用主题，可以轻松地创建具有专业水准、设计精美的文档。在 Word 2010 中，除了使用内置主题样式外，还可以通过设置主题的颜色、字体或效果来自定义文档主题。

要快速设置主题，可以打开【页面设置】选项卡，在【主题】组中单击【主题】按钮，在弹出的如图 5-50 所示的内置列表中选择适当的文档主题样式即可。

1. 设置主题颜色

主题颜色包括 4 种文本和背景颜色、6 种强调文字颜色和 2 种超链接颜色。要设置主题颜色，可在打开的【页面设置】选项卡的【主题】组中，单击【主题颜色】按钮，在弹出的内置列表中显示了 45 种颜色组合供用户选择，选择【新建主题颜色】命令，打开【新建主题颜色】对话框，如图 5-51 所示。使用该对话框可以自定义主题颜色。

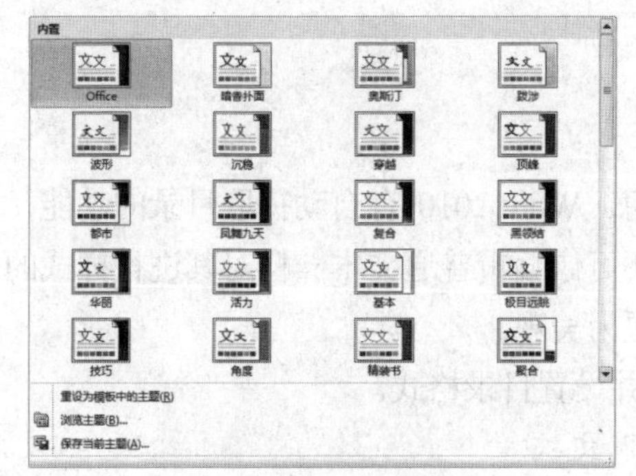

图 5-50　内置主题列表

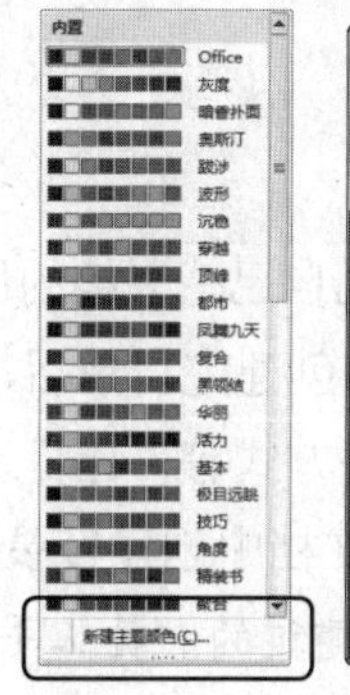

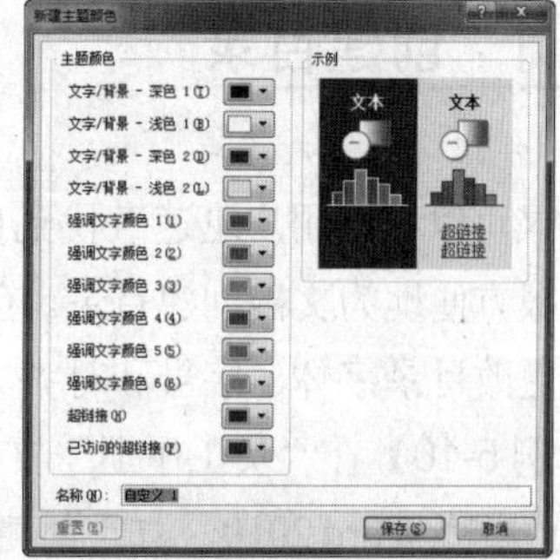

图 5-51　自定义主题颜色

2. 设置主题字体

主题字体包括标题字体和正文字体。要设置主题字体，可在打开的【页面设置】选项卡的【主题】组中，单击【主题字体】按钮，在弹出的内置列表中显示了 47 种主题字体供用户选择，选择【新建主题字体】命令，打开【新建主题字体】对话框，如图 5-52 所示。使用该对话框可以自定义主题字体。

3. 设置主题效果

主题效果包括线条和填充效果。要设置主题效果，在打开的【页面设置】选项卡的【主题】组中，单击【主题效果】按钮，在弹出的内置列表中显示了 44 种主题效果供用户选择，如图 5-53 所示。

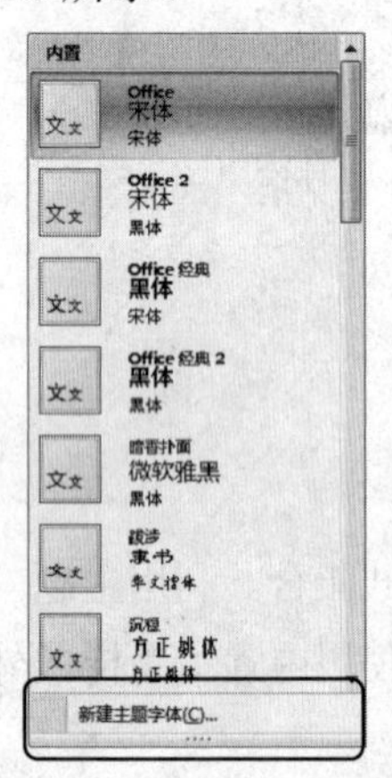

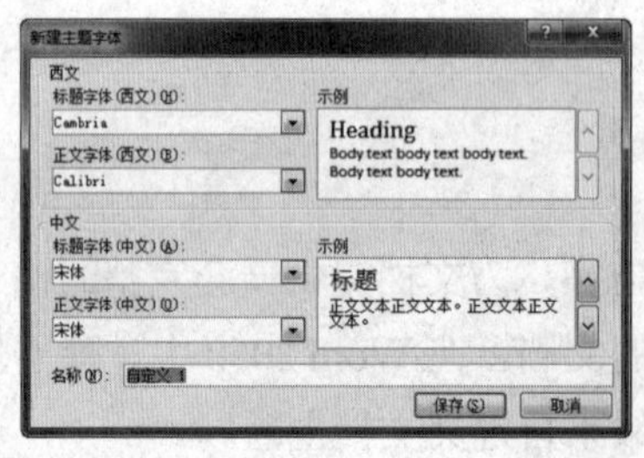

图 5-52 自定义主题字体

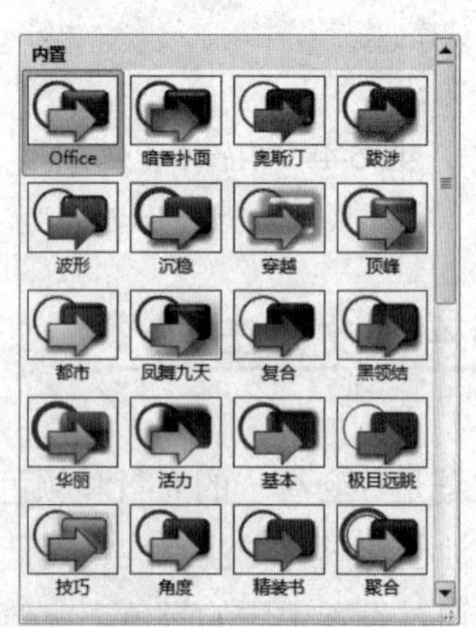

图 5-53 主题效果列表格

5.6 插入目录

目录与一篇文章的纲要类似，通过它可以了解全文的结构和整个文档所要讨论的内容。在 Word 2010 中，可以为一个编辑和排版完成的稿件制作出美观的目录。

5.6.1 创建目录

目录可以帮助用户迅速查找到自己感兴趣的信息。Word 2010 有自动提取目录的功能，用户可以很方便地为文档创建目录。创建完目录后，还可像编辑普通文本一样对其进行样式的设置，如更改目录字体、字号和对齐方式等，让目录更为美观。

【例 5-10】在“员工手册”文档中创建目录，并设置目录格式。

(1) 启动 Word 2010，打开创建过的“员工手册”文档。

(2) 将插入点定位在正文第 1 行的开始处，按多次 Enter 键换行，将正文切换至第 3 页，在

第 1 行中输入文本“目录”，如图 5-54 所示。

(3) 将插入点移至下一行，打开【引用】选项卡，在【目录】组中单击【目录】按钮，从弹出的菜单中选择【插入目录】命令，打开【目录】对话框。

(4) 打开【目录】选项卡，在【显示级别】微调框中输入 2，单击【确定】按钮，如图 5-55 所示。

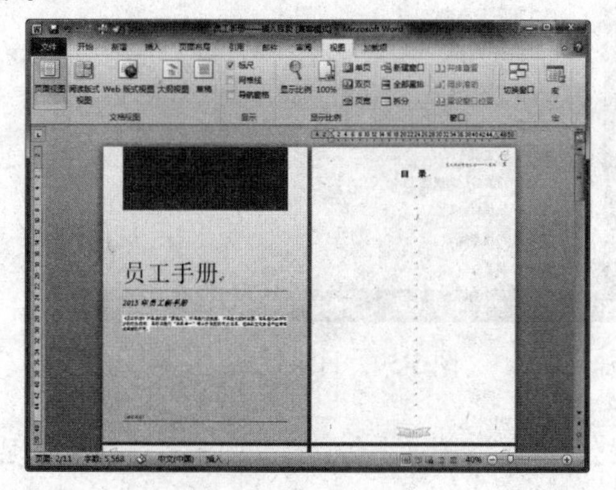

图 5-54　换行和输入文本

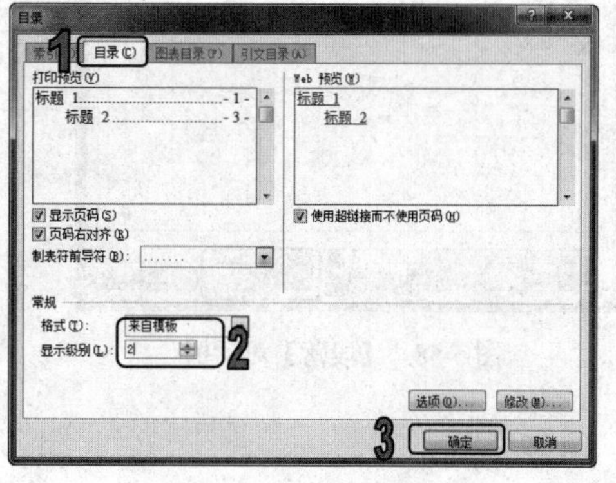

图 5-55　【目录】对话框

知识点

在【引用】选项卡的【目录】组中单击【目录】按钮，在下拉列表框的内置目录样式列表框中选取目录样式，即可快速在文档中创建具有特殊格式的目录。

(5) 即可在正文中插入目录，如图 5-56 所示。

(6) 选取整个目录，打开【开始】选项卡，在【字体】组中的【字体】下拉列表框中选择【黑体】选项，在【字号】下拉列表框中选择【四号】，在【段落】组中单击【居中】按钮，设置目录居中显示，效果如图 5-57 所示。

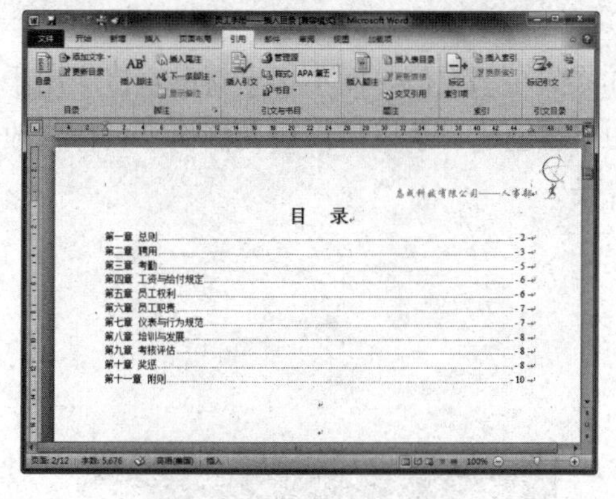

图 5-56　插入目录

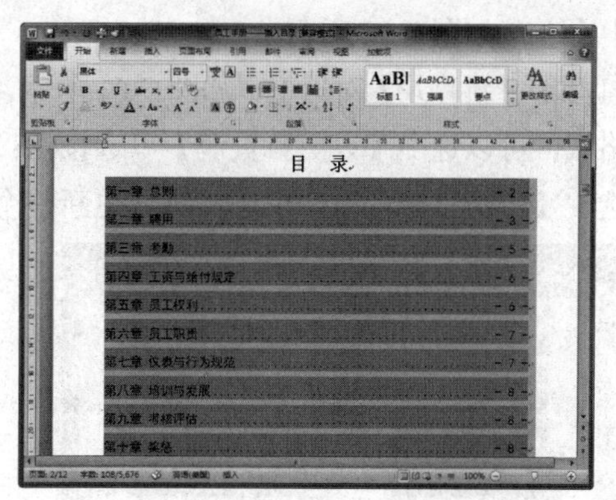

图 5-57　设置字体格式

(7) 单击【段落】对话框启动器，打开【段落】对话框的【缩进和间距】选项卡，在【间距】选项区域的【行距】下拉列表中选择【1.5 倍行距】，如图 5-58 所示。

(8) 单击【确定】按钮，完成设置后，此时目录将以 1.5 倍的行距显示，如图 5-59 所示。

(9) 选取第 3 页中多余的段落标记符，按 Delete 键，将选中的段落标记删除，在快速访问工具栏中单击【保存】按钮，保存“员工手册”文档。

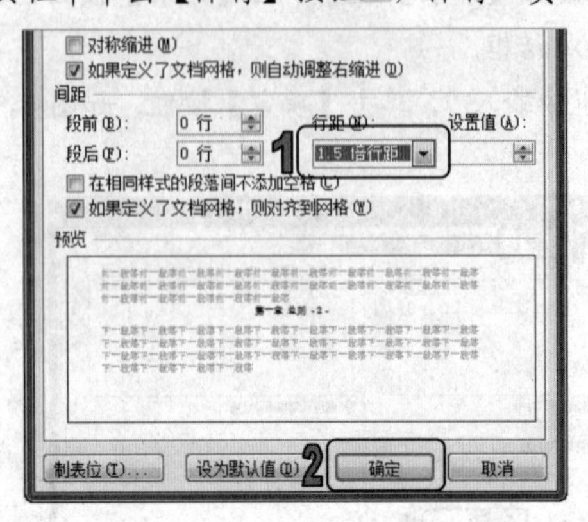

图 5-58 【段落】对话框

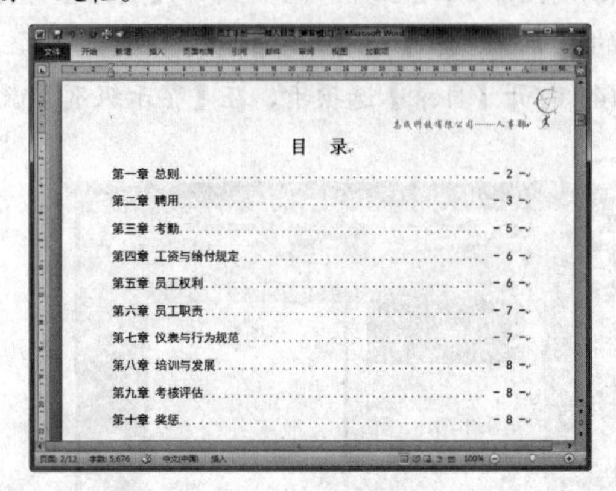

图 5-59 目录效果

知识点

要删除目录，可以在【引用】选项卡的【目录】组中单击【目录】按钮，从弹出的菜单中选择【删除目录】命令即可。

5.6.2 更新目录

当创建了一个目录后，如果对正文文档进行了编辑修改，那么标题和页码都有可能发生变化，与原始目录中的页码不一致，此时就需要更新目录，以保证目录中页码的正确性。

要更新目录，可以先选择整个目录，然后在目录任意处右击，从弹出的快捷菜单中选择【更新域】命令，如图 5-60 所示。

打开【更新目录】对话框，如图 5-61 所示。如果只更新页码，而不想更新已直接应用于目录的格式，可以选中【只更新页码】单选按钮；如果在创建目录以后，对文档作了具体修改，可以选中【更新整个目录】单选按钮，更新整个目录。

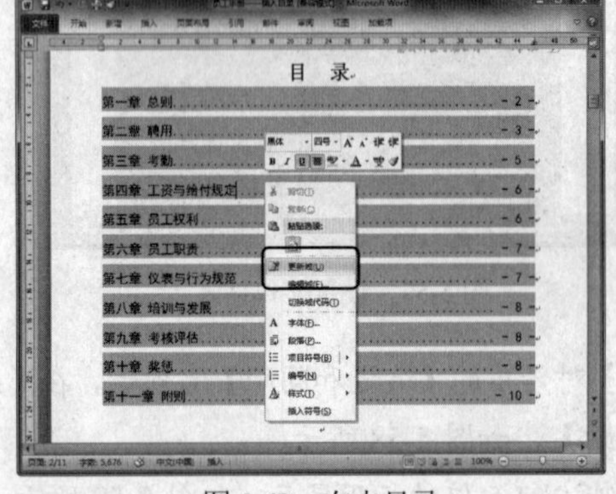

图 5-60 右击目录

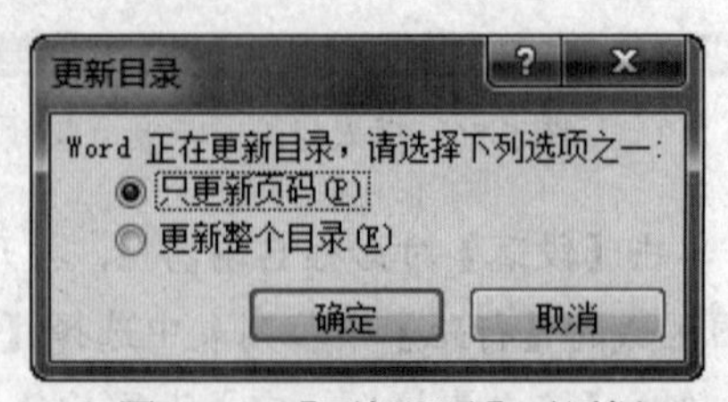

图 5-61 【更新目录】对话框

5.7　特殊排版方式

一般报刊杂志都需要创建带有特殊效果的文档，需要配合使用一些特殊的排版方式。Word 2010 提供了多种特殊的排版方式，例如，文字竖排、首字下沉、分栏、拼音指南和带圈字符等。

5.7.1　文字竖排

古人写字都是以从右至左、从上至下方式进行竖排书写，但现代人一般都以从左至右方式书写文字。使用 Word 2010 的文字竖排功能，可以轻松实现古人书写模式，从而达到复古的效果。

【例 5-11】新建“诗词欣赏”文档，对其中的文字进行垂直排列。

(1) 启动 Word 2010，新建一个名为“诗词欣赏”的文档，在其中输入文本内容。

(2) 按 Ctrl+A 快捷键，选中所有的文本，设置文本的字体为【华文行楷】，字号为【小二】，字体颜色为【深蓝，文字 2】，设置段落格式为【首行缩进】、【2 字符】，如图 5-62 所示。

(3) 选中文本，打开【页面布局】选项卡，在【页面设置】组中单击【文字方向】按钮，从弹出的菜单中选择【垂直】命令，此时即可将以从上至下、从右到左的方式排列诗歌内容，如图 5-63 所示。在快速访问工具栏中单击【保存】按钮，保存“诗词欣赏”文档。

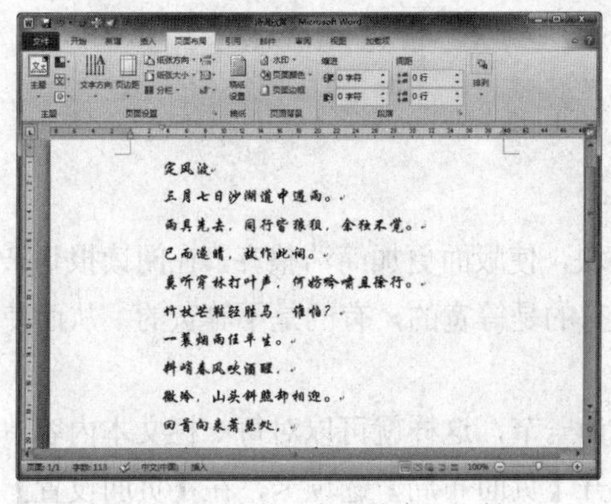

图 5-62　创建“诗词欣赏”文档

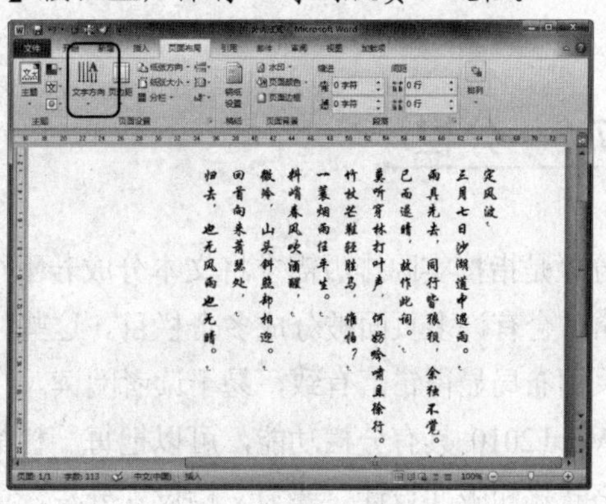

图 5-63　文字竖排

知识点

在【页面布局】选项卡的【页面设置】组中单击【文字方向】按钮，从弹出的菜单中选择【文字方向选项】命令，打开【文字方向-主文档】对话框，在【方向】选项区域中可以设置文字的其他排列方式，如从上至下、从下至上等。

5.7.2　首字下沉

首字下沉是报刊杂志中较为常用的一种文本修饰方式，使用该方式可以很好地改善文档的外观，使文档更美观、更引人注目。设置首字下沉，就是使第一段开头的第一个字放大。放大的程度可以自行设定，占据两行或者三行的位置，而其他字符围绕在它的右下方。

在 Word 2010 中，首字下沉共有 2 种不同的方式，一个是普通的下沉，另外一个是悬挂下沉。两种方式区别之处就在于：【下沉】方式设置的下沉字符紧靠其他文字，而【悬挂】方式设置的字符可以随意的移动其位置。

打开【插入】选项卡，在【文本】组中单击【首字下沉】按钮，在弹出的菜单中选择默认的首字下沉样式，如图 5-64 所示。选择【首字下沉选项】命令，将打开【首字下沉】对话框，如图 5-65 所示，在其中进行相关的首字下沉设置。

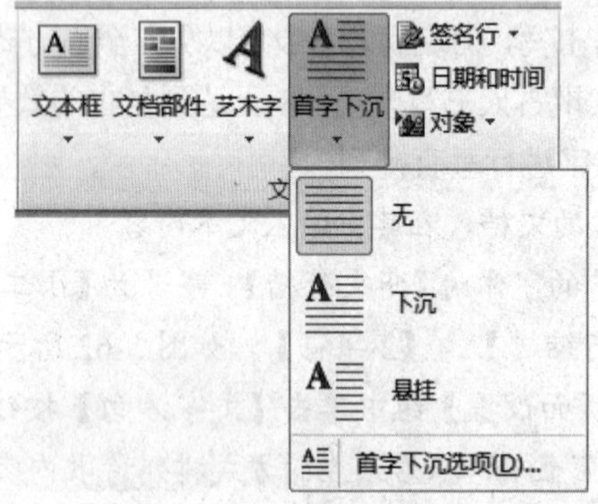

图 5-64　执行【首字下沉】操作

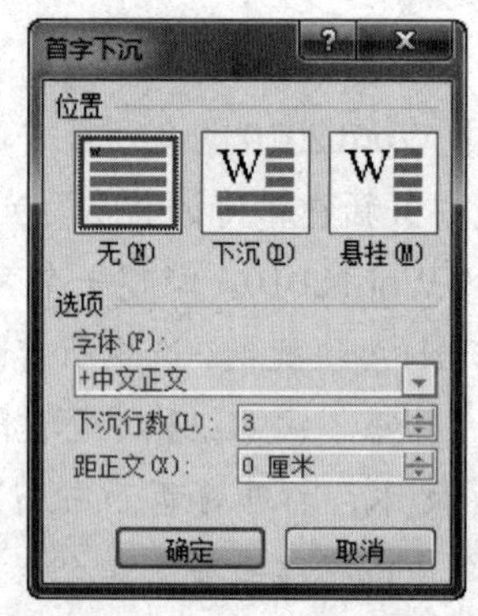

图 5-65　【首字下沉】对话框

5.7.3　分栏

分栏是指按实际排版需求将文本分成若干个条块，使版面更加简洁整齐。在阅读报刊杂志时，常常会有许多页面被分成多个栏目。这些栏目有的是等宽的，有的是不等宽的，从而使得整个页面布局显得错落有致，易于读者阅读。

Word 2010 具有分栏功能，可以把每一栏都视为一节，这样就可以对每一栏文本内容单独进行格式化和版面设计。要为文档设置分栏，可打开【页面布局】选项卡，在【页面设置】组中单击【分栏】按钮，在弹出的菜单中选择【更多分栏】命令，打开【分栏】对话框，如图 5-66。在其中可进行相关分栏设置，如栏数、宽度、间距和分割线等。

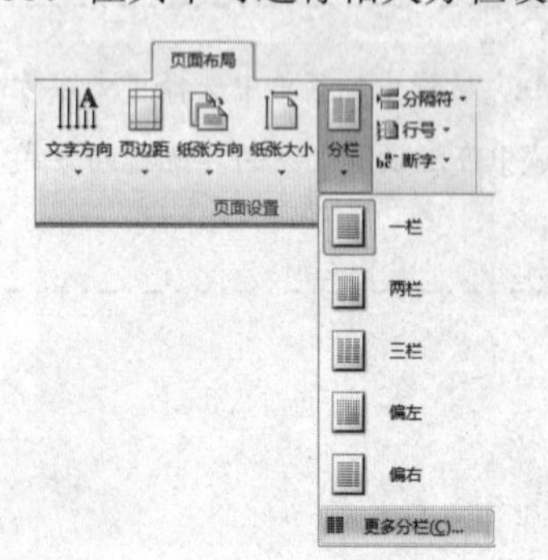

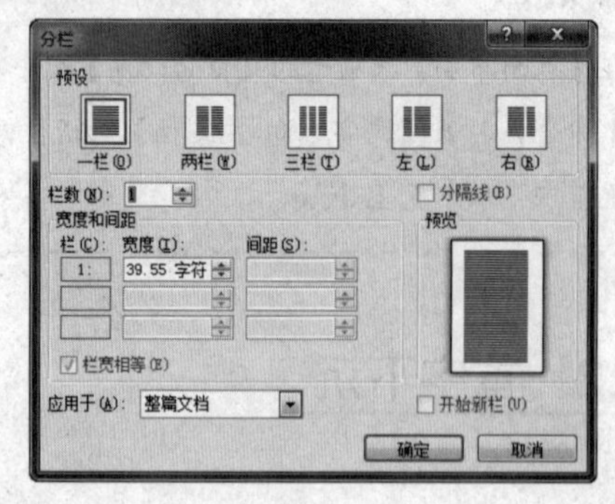

图 5-66　打开【分栏】对话框

5.8 文档的打印

完成文档的制作后，必须先对其进行打印预览，按照用户的不同需求进行修改和调整，然后对打印文档的页面范围、打印份数和纸张大小等参数进行设置，最后将文档打印出来。

5.8.1 预览文档

在打印文档之前，如果希望预览打印效果，可以使用打印预览功能，利用该功能查看文档效果。打印浏览的效果与实际上打印的真实效果非常相近，使用该功能可以避免打印失误和不必要的损失。另外还可以在预览窗格中对文档进行编辑，以得到满意的打印效果。

在 Word 2010 窗口中，单击【文件】按钮，从弹出的菜单中选择【打印】命令，在右侧的预览窗格中可以预览打印效果，如图 5-67 所示。

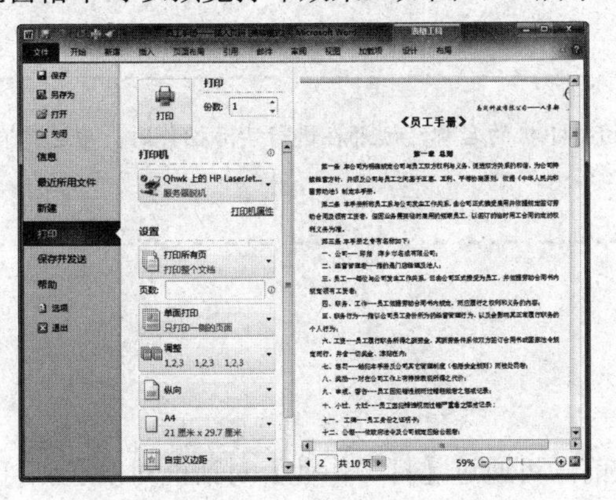

图 5-67　打印预览窗格

> **提示**
>
> 如果看不清楚预览的文档，可以多次单击预览窗格下方的缩放比例工具右侧的⊕按钮，以达到合适的缩放比例进行查看。

5.8.2 打印文档

如果一台打印机与计算机已正常连接，并且安装了所需的驱动程序，就可以在 Word 2010 中将所需的文档直接输出。

在 Word 2010 文档中，单击【文件】按钮，在弹出的菜单中选择【打印】命令，打开 Microsoft Office Backstage 视图，在其中部的【打印】窗格中可以设置打印份数、打印机属性、打印页数和双页打印等内容。

【例 5-12】 打印 10 份“员工手册”文档。

(1) 启动 Word 2010，打开“员工手册”文档。单击【文件】按钮，打开 Microsoft Office Backstage 视图。

(2) 选择左侧的【打印】命令，在【打印】窗格的【份数】微调框中输入 10；在【打印机】

列表框中自动显示默认的打印机，此处设置为【QHWK 上的 HP LaserJet 1018】，状态显示为就绪，表示处于空闲状态，如图 5-68 所示。

(3) 单击【打印】按钮，就可以执行打印操作。

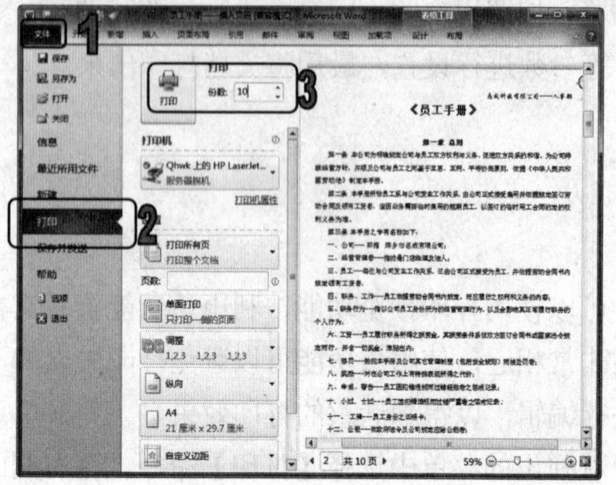

图 5-68 设置打印参数

知识点

在【打印所有页】下拉列表框中可以设置仅打印奇数页或仅打印偶数页，甚至可以设置打印所选定的内容或者打印当前页，在输入打印页面的页码时，每个页码之间用“，”分隔，还可以使用“-”符号表示某个范围的页面。

提示

【QHWK 上的 HP LaserJet 1018】是笔者所使用的打印机的名称，读者在进行实际操作时，应选择自己所使用的打印机。

5.8.3 管理打印队列

将文档送向打印机之后，在文档打印结束之前，可通过【打印作业】对话框对发送到打印机中的打印作业进行管理。

需要查看打印队列中的文档，可以单击【开始】按钮，从弹出的【开始】菜单中选择【设备和打印机】选项，打开【设备和打印机】窗口，双击【QHWK 上的 HP LaserJet 1018】打印机图标，即可打开【打印作业】对话框。在该对话框中可以查看打印作业的文档名、状态、所有者、页数、提交时间等信息，还可以管理作业，如图 5-69 所示。

右击打印的任务，从弹出的快捷菜单中选择【暂停】命令，即可暂停某个打印作业的打印，并不影响打印队列中其他文档的打印；选择【继续】命令，可以重新启动暂停的打印作业；选择【取消】命令，可以取消该打印作业。

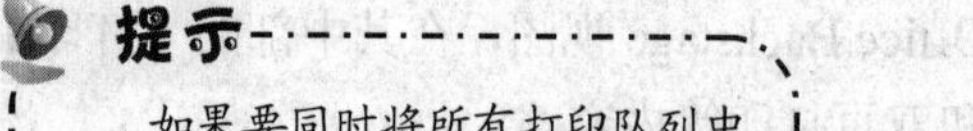

提示

如果要同时将所有打印队列中的打印作业清除，可以选择【打印机】|【取消所有文档】命令，即可清除所有打印文档。

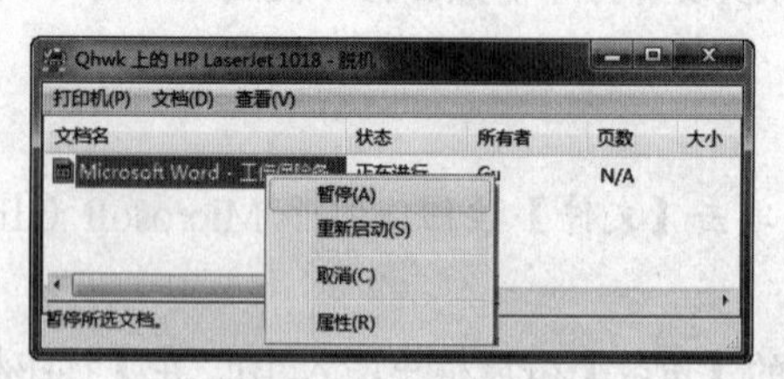

图 5-69 打印任务队列窗口

5.9 上机练习

本章主要介绍了文档的页面版式编排和打印的基本操作方法和技巧，本次上机练习通过制作一个“公司印笺”，来使用户进一步巩固本章所学的内容。

(1) 启动 Word 2010 应用程序，新建一个空白文档，将其命名为“公司印笺”。

(2) 打开【页面布局】选项卡，单击【页面设置】对话框启动器，打开【页面设置】对话框。打开【页边距】选项卡，在【上】微调框中输入“2 厘米”，在【下】微调框和【左】、【右】微调框中都输入“1.5 厘米”，在【装订线】微调框中输入“1 厘米”，在【装订线位置】列表框中选择【上】选项，如图 5-70 所示。

(3) 打开【纸张】选项卡，在【纸张大小】下拉列表框中选择【32 开(13 厘米 × 18.4 厘米)】选项，此时在【宽度】和【高度】文本框中自动填充尺寸，如图 5-71 所示。

(4) 打开【版式】选项卡，在【页眉】和【页脚】微调框中分别输入数值 2 和 1，然后单击【确定】按钮，完成页面大小的设置，如图 5-72 所示。

(5) 在页眉区域双击，进入页眉和页脚编辑状态，在页眉编辑区域中选中段落标记符，打开【开始】选项卡，在【段落】组中单击【下框线】按钮，在弹出的菜单中选择【无框线】命令，隐藏页眉处的边框线。

(6) 将插入点定位在页眉处，打开【插入】选项卡，在【插图】组中单击【图片】按钮，打开【插入图片】对话框，选择需要插入的图片，单击【插入】按钮，将图片插入到页眉中。

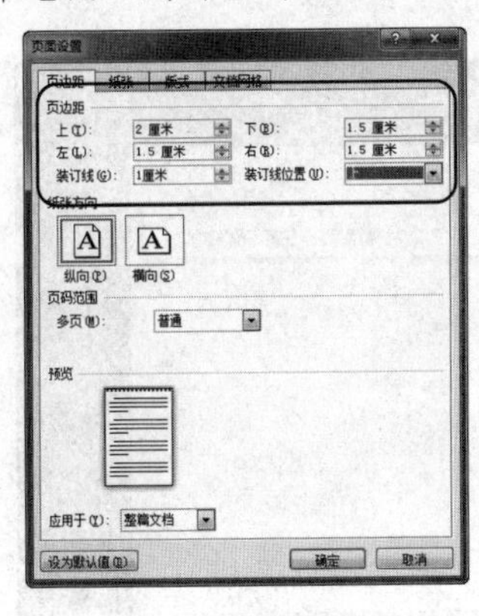

图 5-70　设置页边距

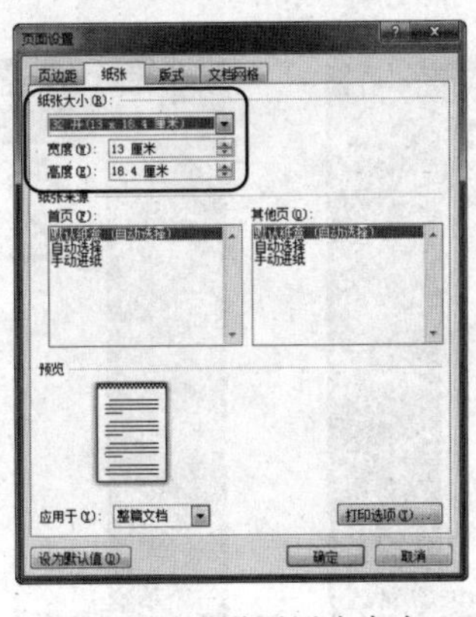

图 5-71　设置纸张大小

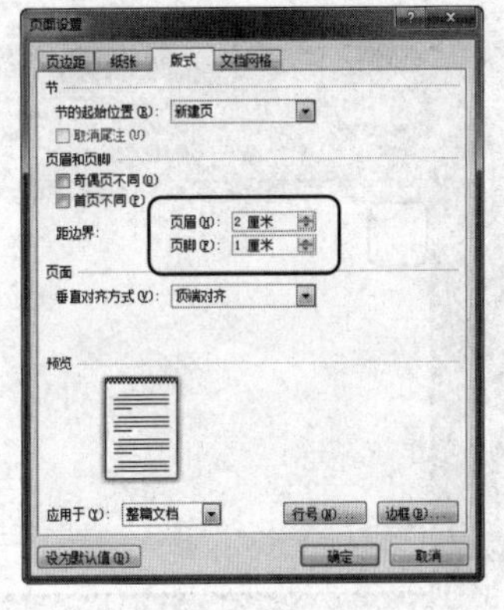

图 5-72　设置版式

(7) 打开【图片工具】的【格式】选项卡，在【排列】组中单击【自动换行】按钮，从弹出的菜单中选择【浮于文字上方】选项，设置环绕方式为【浮于文字上方】，并拖动鼠标调节图片大小和位置，如图 5-73 所示。

(8) 在插入点处输入文本，设置字体为【幼圆】，字号为【小三】，字体颜色为【橙色，前段文字颜色 6，25%】，对齐方式为右对齐。

(9) 打开【插入】选项卡，在【插图】组中单击【形状】按钮，在【线条】选项区域中单击【直线】按钮，在页眉处绘制一条直线。

(10) 打开【绘图工具】的【格式】选项卡，在【形状样式】组中单击【其他】按钮，从弹

出的列表框中选择【粗线-强调颜色 5】选项，为直线应用该形状样式，效果如图 5-74 所示。

图 5-73　设置页眉图片

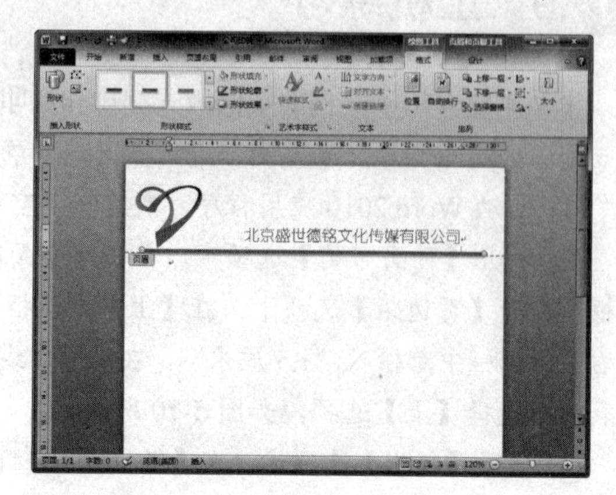

图 5-74　在页眉处绘制和设置直线

(11) 打开【页眉和页脚工具】的【设计】选项卡，在【导航】组中单击【转至页脚】按钮，切换到页脚，输入公司的电话、传真及地址，并且设置字体为【华文细黑】，颜色为【橙色，强调文字颜色 6，深色 25%】，文本居中对齐，如图 5-75 所示。

(12) 使用同样的方法在页脚处绘制一条与页眉处同样的直线，然后打开【页眉和页脚工具】的【设计】选项卡，在【关闭】组中单击【关闭】按钮，退出页眉和页脚编辑状态。

(13) 文档最终效果如图 5-76 所示。在快速访问工具栏中单击【保存】按钮，保存“公司印笺”文档。

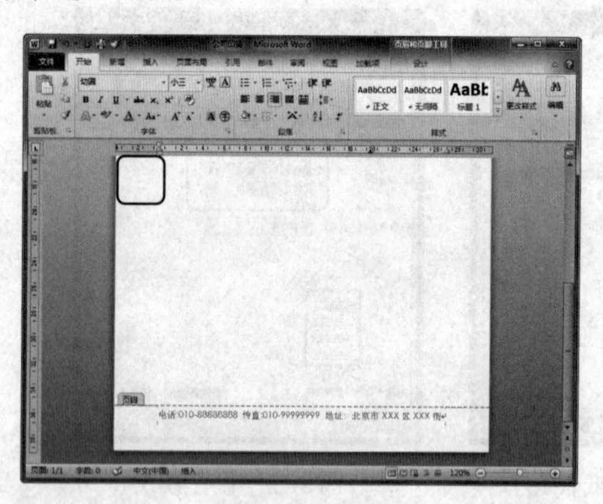

图 5-75　输入和设置页脚文本

图 5-76　文档最终效果

5.10　习题

1. 新建一个文档“会议请柬”，设置上、下、左、右页边距均为 0.5 厘米，纸张大小为自定义 8.5×11 厘米，并自定义设置图片背景填充色。

2. 在上机练习创建的“公司印笺”文档中添加水印效果。

3. 打印制作好的“公司印笺”文档。

第6章 Excel 2010基本操作

学习目标

Excel 2010 是目前最强大的电子表格制作软件之一，它不仅具有强大的数据组织、计算、分析和统计功能，还可以通过图表、图形等多种形式对处理结果加以形象地展示，更能够方便地与 Office 2010 其他组件相互调用数据，实现资源共享。在使用 Excel 2010 制作表格前，首先应掌握它的基本操作，包括使用工作簿、工作表、单元格以及输入和编辑数据的基本方法。

本章重点

- 工作簿的基本操作
- 工作表的基本操作
- 单元格的基本操作
- 输入与编辑数据
- 数据的自动填充

6.1 认识 Excel 2010 基本对象

Excel 2010 的基本对象包括工作簿、工作表与单元格，它们是构成 Excel 2010 的支架，本节将详细介绍工作簿、工作表、单元格以及它们之间的关系。

6.1.1 工作主界面

在认识 Excel 2010 的基本对象之前，先来认识一下 Excel 2010 的工作主界面。在 Excel 2010 的工作主界面中，除了包含与其他 Office 软件相同的界面元素外，还有许多其他特有的组件，如编辑栏、工作表编辑区、工作表标签、行号与列标等，如图 6-1 所示。

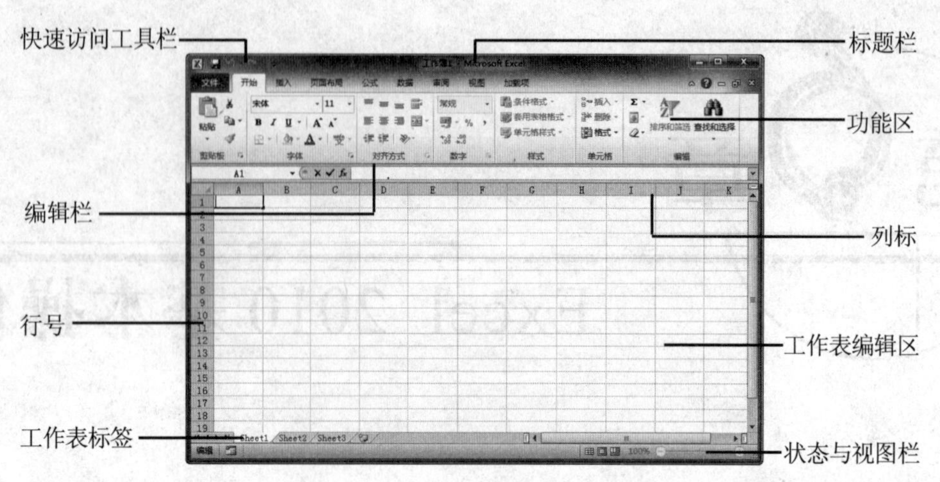

图 6-1　Excel 2010 的工作界面

Excel 2010 的工作界面和 Word 2010 相似，其中相似的元素在此不再重复介绍，仅介绍一下 Excel 特有的编辑栏、工作表编辑区、行号、列标和工作表标签这 5 个元素。

1. 编辑栏

编辑栏中主要显示的是当前单元格中的数据，可在编辑框中对数据直接进行编辑，其结构如图 6-2 所示。

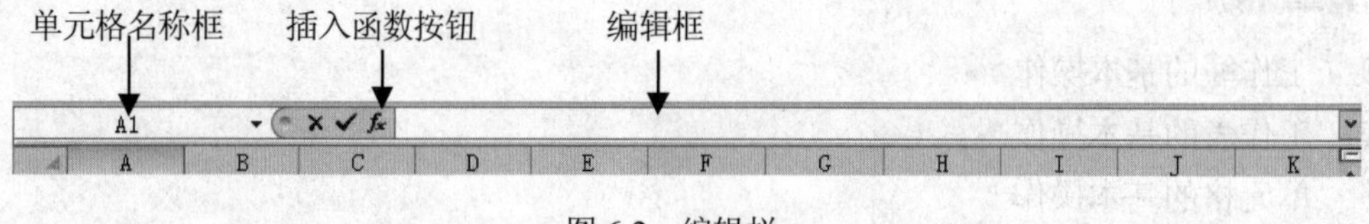

图 6-2　编辑栏

- 单元格名称框：显示当前单元格的名称，这个名称可以是程序默认的，也可以是用户自己设置的。
- 插入函数按钮：默认状态下只有一个按钮 fx，当在单元格中输入数据时会自动出现另外两个按钮 ✕ 和 ✓。单击 ✕ 按钮可取消当前在单元格中的设置；单击 ✓ 按钮可确定单元格中输入的公式或函数；单击 fx 按钮可在打开的【插入函数】对话框中选择需在当前单元格中插入的函数。
- 编辑框：用来显示或编辑当前单元格中的内容，有公式和函数时则显示公式和函数。

2. 工作表编辑区

工作表编辑区相当于 Word 的文档编辑区，是 Excel 的工作平台和编辑表格的重要场所，位于操作界面的中间位置，呈网格状。

3. 行号和列标

Excel 中的行号和列标是确定单元格位置的重要依据，也是显示工作状态的一种导航工具。

其中，行号由阿拉伯数字组成，列标由大写的英文字母组成。单元格的命名规则是：列标号+行号。例如第 A 列的第 7 行即称为 A7 单元格。

4. 工作表标签

在一个工作簿中可以有多个工作表，工作表标签表示的是每个对应工作表的名称。

6.1.2　工作簿

Excel 2010 以工作簿为单元来处理工作数据和存储数据的文件。工作簿文件是 Excel 存储在磁盘上的最小独立单位，其扩展名为.xlsx。工作簿窗口是 Excel 打开的工作簿文档窗口，它由多个工作表组成。刚启动 Excel 2010 时，系统默认打开一个名为【工作簿 1】的空白工作簿，如图 6-3 所示。

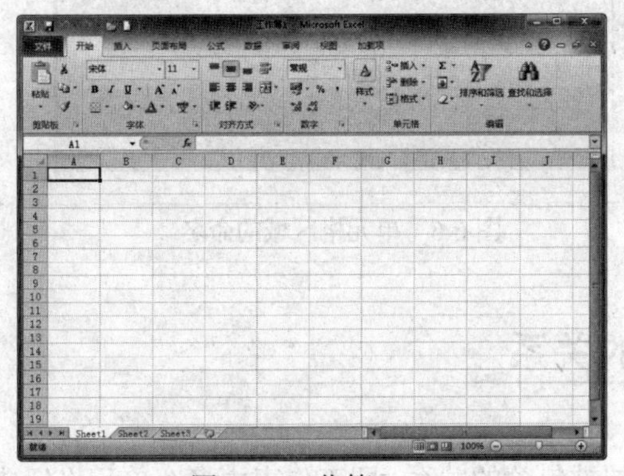

图 6-3　工作簿

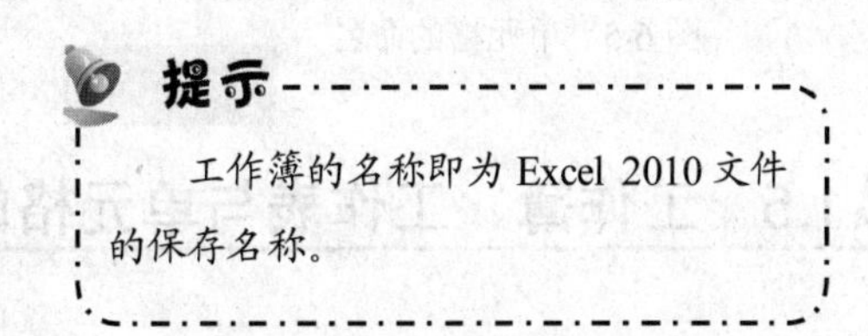

6.1.3　工作表

工作表是在 Excel 中用于存储和处理数据的主要文档，也是工作簿中的重要组成部分，又称为电子表格。

工作表是 Excel 2010 的工作平台，若干个工作表构成一个工作簿。在默认情况下，一个工作簿由 3 个工作表构成，单击不同的工作表标签可以在工作表中进行切换，在使用工作表时，只有一个工作表处于当前活动状态，如图 6-4 所示。

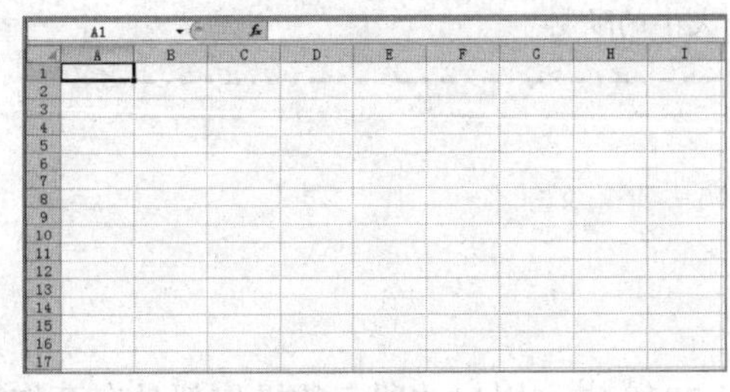

图 6-4　工作表

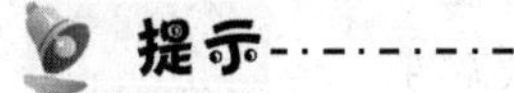

新建工作簿时，系统会默认创建 3 个工作表，名称分别为 Sheet1、Sheet2 与 Sheet3。

6.1.4 单元格

工作表是由单元格组成的，每个单元格都有其独一无二的名称，在 Excel 中，对单元格的命名主要是通过行号和列标来完成的，其中又分为单个单元格的命名和单元格区域的命名两种。

单个单元格的命名是选取列标＋行号的方法，例如 A3 单元格指的是第 A 列，第 3 行的单元格，如图 6-5 所示。

单元格区域的命名规则是，单元格区域中左上角的单元格名称:单元格区域中右下角的单元格名称。例如，在图 6-6 中，选定单元格区域的名称为 A1:F12。

图 6-5 单元格的命名

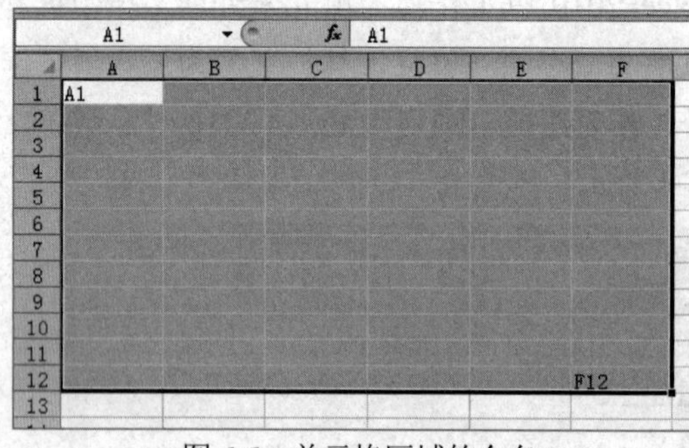

图 6-6 单元格区域的命名

6.1.5 工作簿、工作表与单元格的关系

工作簿、工作表与单元格之间的关系是包含与被包含的关系，即工作表由多个单元格组成，而工作簿又包含一个或多个工作表，其关系如图 6-7 所示。

为了能够使用户更加明白工作簿和工作表的含义，可以把工作簿看成是一本书，一本书是由若干页组成的，同样，一个工作簿也是由许多“页”组成。在 Excel 2010 中，把“书”称为工作簿，把“页”称为工作表(Sheet)。首次启动 Excel 2010 时，系统默认的工作簿名称为“工作簿 1”，并且显示它的第一个工作表(Sheet1)。

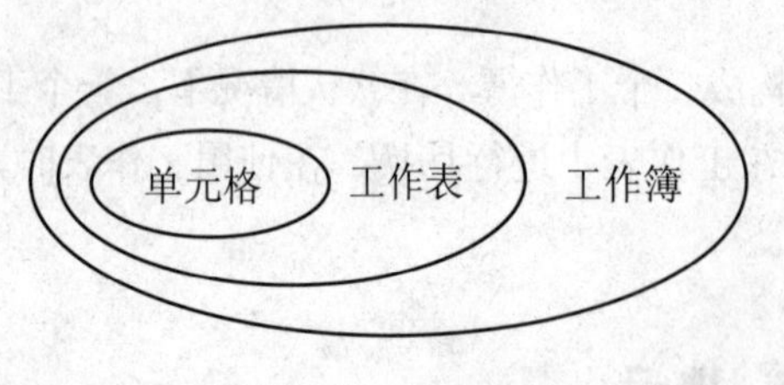

图 6-7 关系图

提示

Excel 2010 的一个工作簿中理论上可以制作无限的工作表，不过受电脑内存大小的限制。

6.2 工作簿的基本操作

工作簿是保存 Excel 文件的基本单位，在 Excel 2010 中，用户的所有的操作都是在工作簿

中进行的，本节将详细介绍工作簿的相关基本操作，包括创建新工作簿、保存工作簿、打开工作簿以及改变工作簿视图等。

6.2.1　创建新工作簿

启动 Excel 时可以自动创建一个空白工作簿。除了启动 Excel 新建工作簿外，在编辑过程中可以直接创建空白的工作簿，也可以根据模板来创建带有样式的新工作簿。

- 新建空白工作簿：单击【文件】按钮，在弹出的【文件】菜单中选择【新建】命令，如图 6-8 所示。在【可用模板】列表框中选择【空白工作簿】选项，单击【创建】按钮，即可新建一个空白工作簿。
- 通过模板新建工作簿：单击【文件】按钮，在打开的【文件】菜单中选择【新建】命令。在【可用模板】列表框中选择【样本模板】选项，然后在该模板列表框中选择一个 Excel 模板，如图 6-9 所示，在右侧会显示该模板的预览效果，单击【创建】按钮，即可根据所选的模板新建一个工作簿。

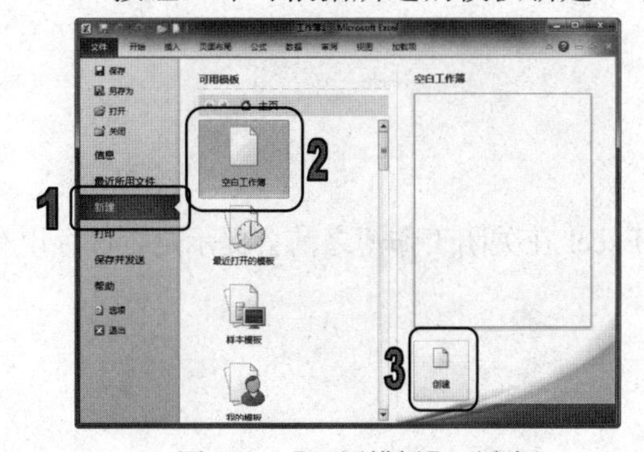

图 6-8　【可用模板】列表框

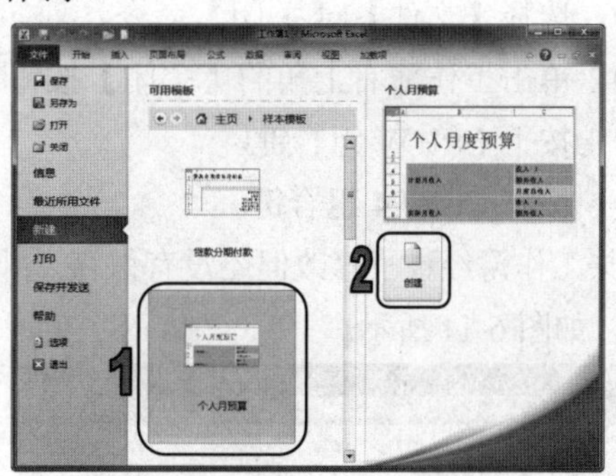

图 6-9　【样本模板】列表框

6.2.2　保存工作簿

完成工作簿中数据的编辑，还需要对其进行保存。用户需要养成及时保存 Excel 工作簿的习惯，以免由于一些突发状况而丢失数据。

在 Excel 2010 中常用的保存工作簿方法有以下 3 种：

- 在快速访问工具栏中单击【保存】按钮。
- 单击【文件】按钮，从弹出的菜单中选择【保存】命令。
- 使用 Ctrl+S 快捷键。

当 Excel 工作簿第一次被保存时，会自动打开【另存为】对话框。在对话框中可以设置工作簿的保存名称、位置以及格式等。

6.2.3 打开和关闭工作簿

当工作簿被保存后，即可在 Excel 2010 中再次打开该工作簿。在不需要该工作簿时，可以将其关闭。

1. 打开工作簿

要对已经保存的工作簿进行浏览或编辑操作，首先要在 Excel 2010 中打开该工作簿。要打开已保存的工作簿，最直接的方法就是双击该工作簿图标，另外用户还可在 Excel 2010 的主界面中单击【文件】按钮，从弹出的菜单中选择【打开】命令，或者按 Ctrl+O 快捷键，打开【打开】对话框，选择要打开的工作簿文件，单击【打开】按钮即可，如图 6-10 所示。

2. 关闭工作簿

在对工作簿中的工作表编辑完成以后，可以将工作簿关闭。在 Excel 2010 中，关闭工作簿主要有以下几种方法：

- 选择【文件】|【关闭】命令。
- 单击工作簿右上角的【关闭】按钮 ×。
- 按下 Ctrl+W 组合键。
- 按下 Ctrl+F4 组合键。

如果工作簿经过了修改但还没有保存，那么 Excel 在关闭工作簿之前会提示是否保存现有的修改，如图 6-11 所示。

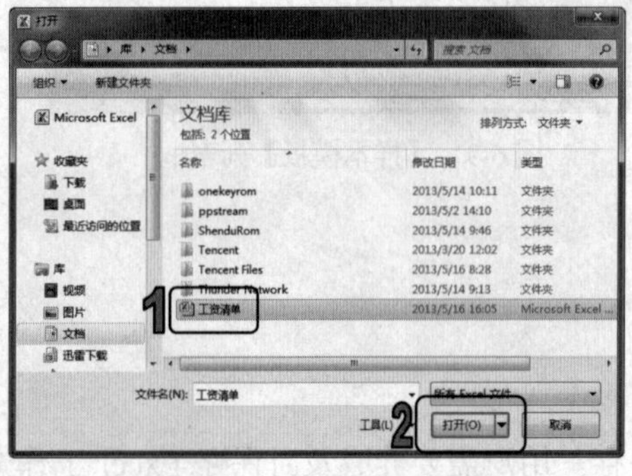

图 6-10 【打开】对话框

图 6-11 信息提示框

6.2.4 保护工作簿

存放在工作簿中的一些数据十分重要，如果由于操作不慎而改变了其中的某些数据，或者被他人改动或复制，将造成损失。在 Excel 2010 中用户可以为重要的工作簿添加密码，保护工作簿的结构与窗口。

【例 6-1】为“个人预算”工作簿设置密码。

(1) 启动 Excel 2010，打开【个人预算】工作簿，选择【审阅】选项卡，在【更改】组中单击【保护工作簿】按钮，如图 6-12 所示。

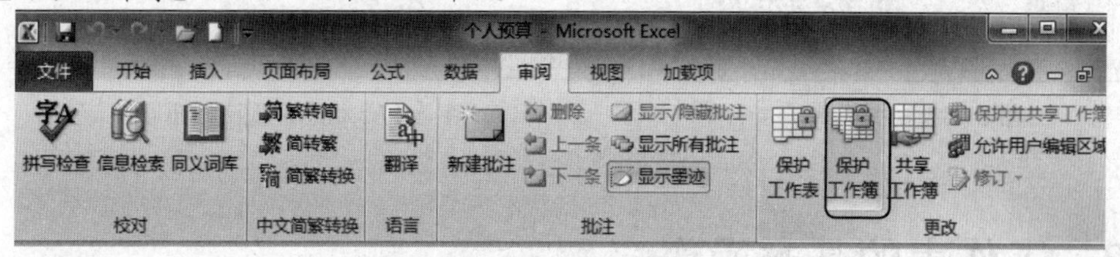

图 6-12　单击【保护工作簿】按钮

(2) 打开【保护结构和窗口】对话框，选中【结构】与【窗口】复选框，在【密码】文本框中输入密码“123456”，然后单击【确定】按钮，如图 6-13 所示。

(3) 打开【确认密码】对话框，在【重新输入密码】文本框中再次输入该密码，单击【确定】按钮，如图 6-14 所示。

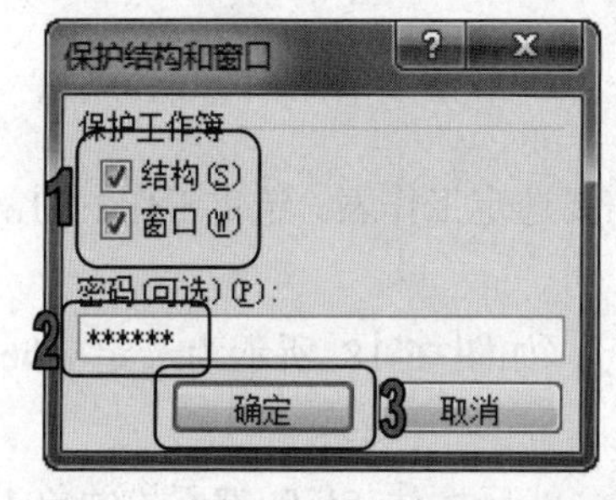

图 6-13　【保护结构和窗口】对话框

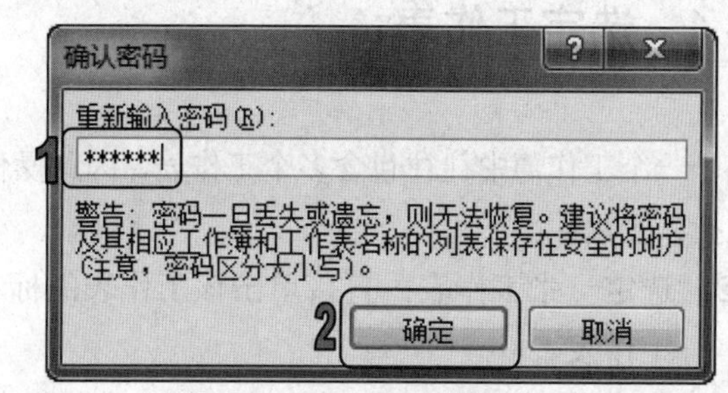

图 6-14　【确认密码】对话框

(4) 工作簿被保护后，将无法完成调整工作簿结构与窗口的相关操作。

(5) 若想撤销保护工作簿，在【审阅】选项卡的【更改】组中单击【保护工作簿】按钮，打开【撤销工作簿保护】对话框，在【密码】文本框中输入工作簿的保护密码，然后单击【确定】按钮，即可撤销保护工作簿，如图 6-15 所示。

图 6-15　撤销保护工作簿

6.2.5　改变工作簿视图

在 Excel 2010 中，用户可以调整工作簿的显示方式。打开【视图】选项卡，然后在【工作簿视图】组中选择视图模式，如图 6-16 所示。另外，单击状态栏右端的按钮，同样可以切换工作簿的视图模式，如图 6-17 所示。

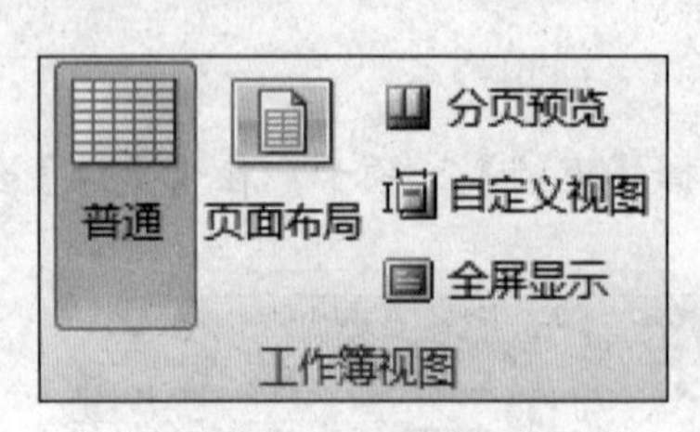

图 6-16　视图模式

图 6-17　状态栏视图按钮

6.3　工作表的基本操作

在 Excel 2010 中，新建一个空白工作簿后，会自动在该工作簿中添加 3 个空白工作表，并依次命名为 Sheet1、Sheet2、Sheet3，本节将详细介绍工作表的基本操作。

6.3.1　选定工作表

由于一个工作簿中往往包含多个工作表，因此操作前需要选定工作表。选定工作表的常用操作包括以下几种：

- 选定一张工作表：直接单击该工作表的标签即可，如图 6-18 所示为选定 Sheet2 工作表。
- 选定相邻的工作表：首先选定第一张工作表标签，然后按住 Shift 键不松并单击其他相邻工作表的标签即可。如图 6-19 所示为同时选定 Sheet1 与 Sheet2 工作表。

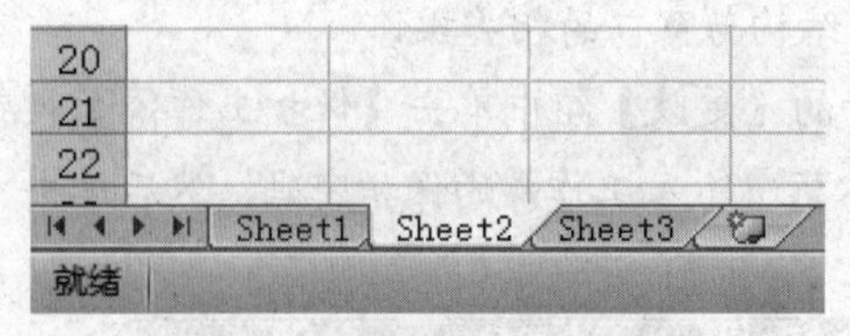

图 6-18　选定一张工作表

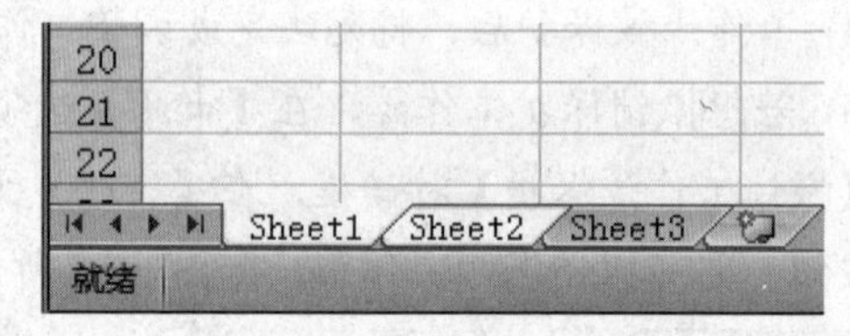

图 6-19　选定相邻工作表

- 选定不相邻的工作表：首先选定第一张工作表，然后按住 Ctrl 键不松并单击其他任意一张工作表标签即可。如图 6-20 所示为同时选定 Sheet1 与 Sheet3 工作表。
- 选定工作簿中的所有工作表：右击任意一个工作表标签，在弹出的菜单中选择【选定全部工作表】命令即可，如图 6-21 所示。

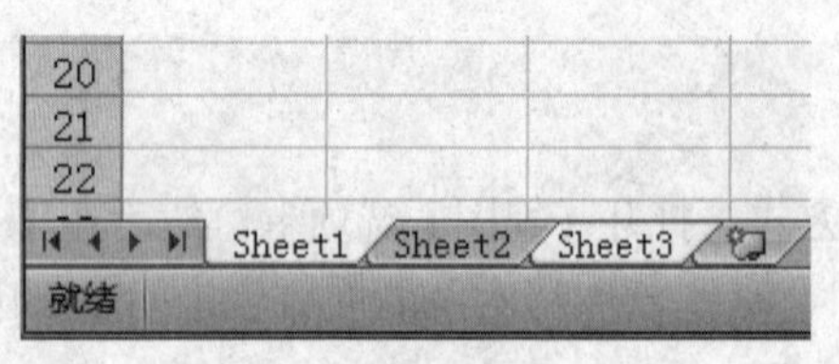

图 6-20　选定不相邻工作表

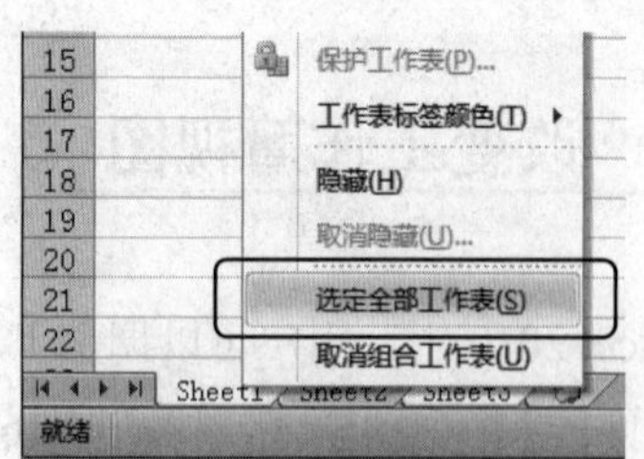

图 6-21　选定所有工作表

6.3.2　插入工作表

如果工作簿中的工作表数量不够，用户可以在工作簿中插入工作表，插入工作表的常用方法有以下 3 种：

- 单击【插入工作表】按钮：工作表切换标签的右侧有一个【插入工作表】按钮，单击该按钮可以快速新建工作表。
- 使用右键快捷菜单：右击当前活动的工作表标签，在弹出的快捷菜单中选择【插入】命令。打开【插入】对话框，在对话框的【常用】选项卡中选择【工作表】选项，然后单击【确定】按钮，如图 6-22 所示。
- 选择功能区中的命令：选择【开始】选项卡，在【单元格】选项组中单击【插入】下拉按钮，在弹出的菜单中选择【插入工作表】命令，即可插入工作表。插入的新工作表位于当前工作表左侧，如图 6-23 所示。

图 6-22　【插入】对话框

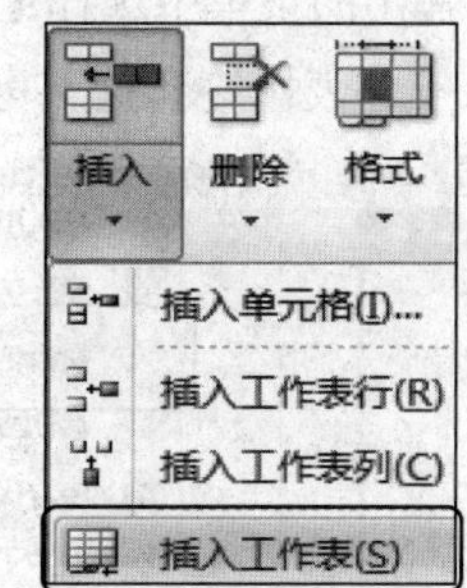

图 6-23　选择【插入工作表】命令

6.3.3　删除工作表

根据实际工作的需要，有时可以从工作簿中删除不需要的工作表。要删除一个工作表，首先单击工作表标签，选定该工作表，然后在【开始】选项卡的【单元格】组中单击【删除】按钮后的倒三角按钮，在弹出的快捷菜单中选择【删除工作表】命令，即可删除该工作表，如图 6-24 所示。此时，它右侧的工作表将自动变成当前的活动工作表。

此外还可以在要删除的工作表的标签上右击，在弹出的快捷菜单中选择【删除】命令，即可删除选定的工作表，如图 6-25 所示。

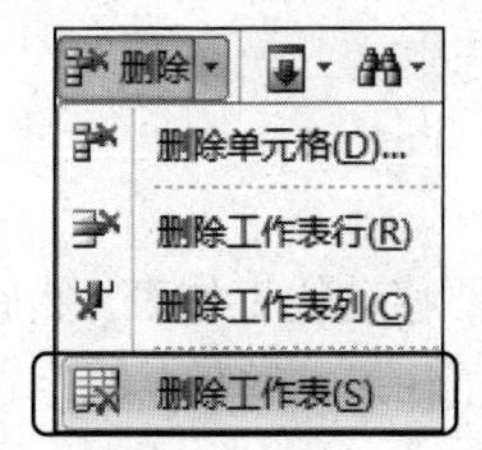

图 6-24　选择【删除工作表】命令

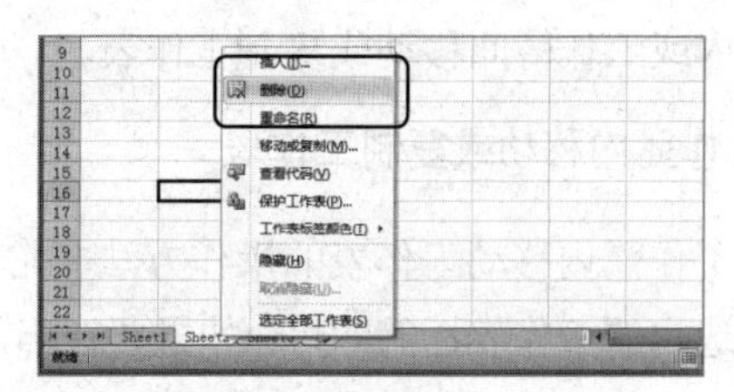

图 6-25　选择【删除】命令

6.3.4 重命名工作表

在 Excel 2010 中，工作表的默认名称为 Sheet1、Sheet2、Sheet3……。为了便于记忆与使用工作表，可以重新命名工作表。

要改变工作表的名称，只需双击选中的工作表标签，这时工作表标签以反白显示，在其中输入新的名称并按下 Enter 键即可，如图 6-26 所示。

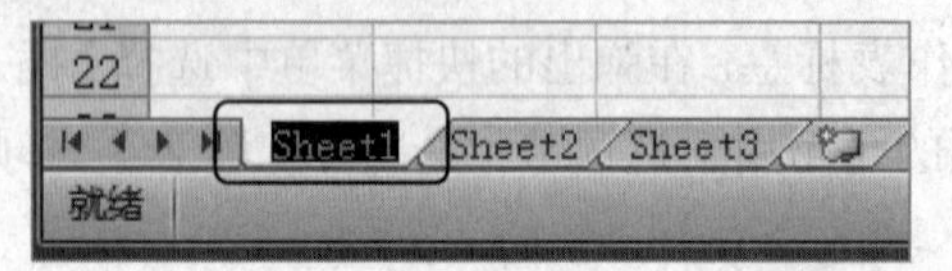

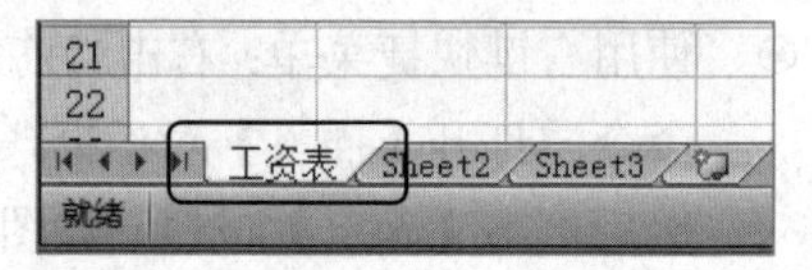

图 6-26　双击重命名工作表

此外还可以先选中需要改名的工作表，打开【开始】选项卡，在【单元格】组中单击【格式】按钮，从弹出的菜单中选择【重命名工作表】命令，或者右击工作表标签，选择【重命名】命令，此时该工作表标签会处于可编辑状态，用户输入新的工作表名称即可，如图 6-27 所示。

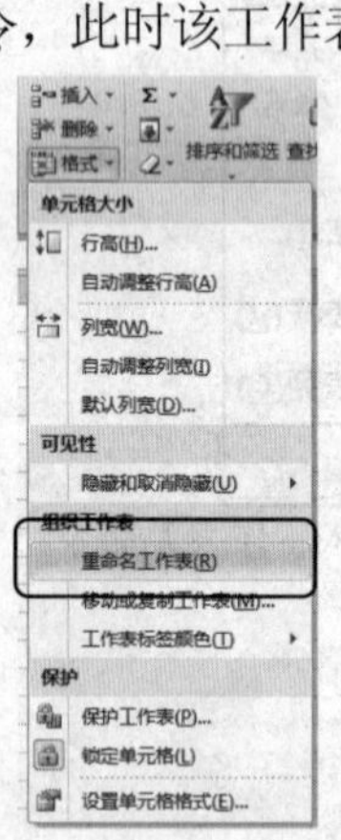

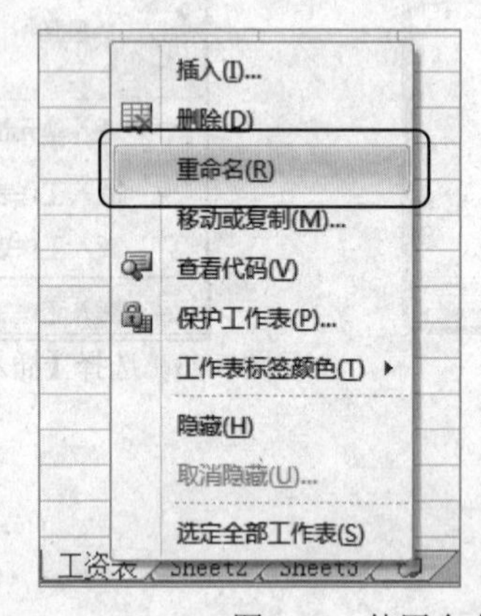

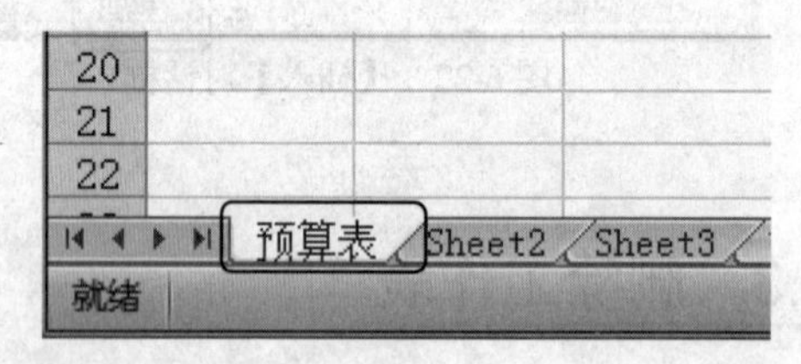

图 6-27　使用命令重命名工作表

6.3.5 移动和复制工作表

在使用 Excel 2010 进行数据处理时，经常把描述同一事物相关特征的数据放在一个工作表中，而把相互之间具有某种联系的不同事物安排在不同的工作表或不同的工作簿中，这时就需要在工作簿内或工作簿间移动或复制工作表。

1. 在工作簿内移动或复制工作表

在同一工作簿内移动工作表的操作方法非常简单，只需选定要移动的工作表，然后沿工作表标签行拖动选定的工作表标签即可；如果要在当前工作簿中复制工作表，需要在按住 Ctrl 键的同时拖动工作表，并在目的地释放鼠标，然后松开 Ctrl 键，如图 6-28 所示。

如果复制工作表，则新工作表的名称会在原来相应工作表名称后附加用括号括起来的数字，表示两者是不同的工作表。例如，源工作表名为 Sheet1，则第一次复制的工作表名为 Sheet1(2)，命名规则依次类推，如图 6-29 所示。

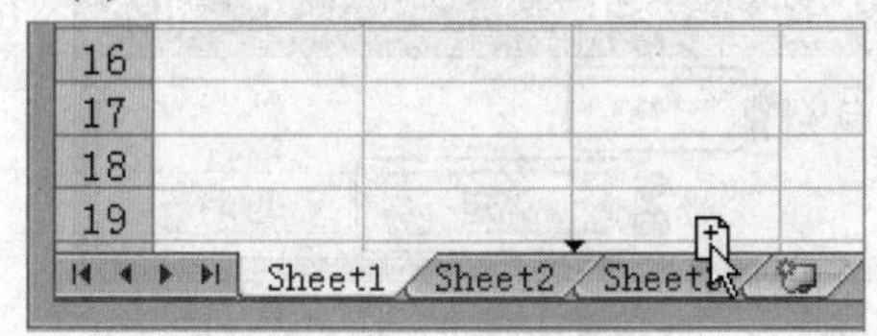

图 6-28　复制工作表

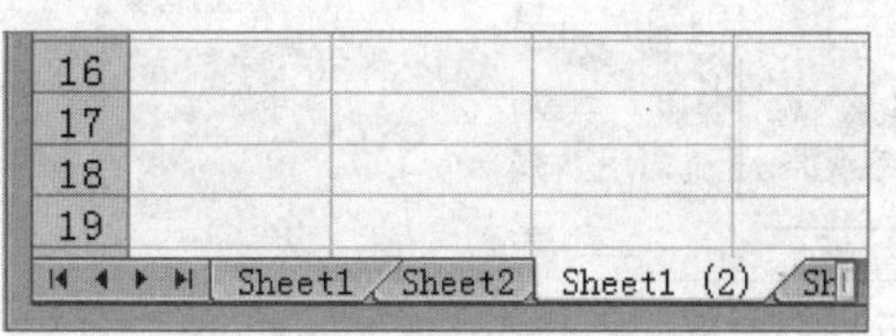

图 6-29　复制后的效果

2. 在工作簿间移动或复制工作表

在两个或多个不同的工作簿间移动或复制工作表时，同样可以通过在工作簿内移动或复制工作表的方法来实现，不过这种方法要求源工作簿和目标工作簿同时打开。

6.3.6　保护工作表

在 Excel 2010 中可以为工作表设置密码，防止其他用户私自更改工作表中的部分或全部内容，查看隐藏的数据行或列，查阅公式等。

要为工作表设置密码，可先选定该工作表，选择【审阅】选项卡，在【更改】组中单击【保护工作表】按钮，打开【保护工作表】对话框，选中【保护工作表及锁定的单元格内容】复选框，在下面的密码文本框中输入保护密码，在【允许此工作表的所有用户进行】列表框中设置允许用户的操作，然后单击【确定】按钮，如图 6-30 所示。随后打开【确认密码】对话框，在对话框中再次输入密码，单击【确定】按钮，即可完成密码的设置，如图 6-31 所示。

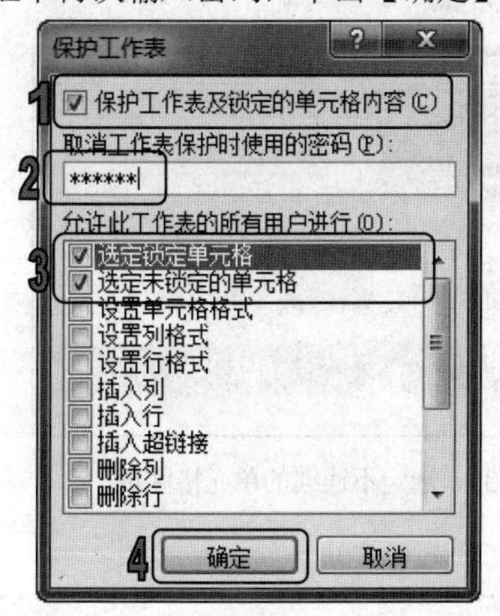

图 6-30　单击【保护工作表】按钮

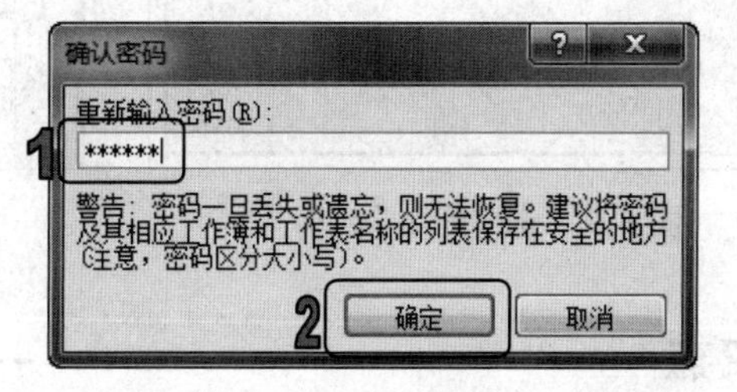

图 6-31　【保护工作表】对话框

工作表被保护后，用户只能查看工作表中的数据和选定单元格，而不能进行任何修改操作。若要撤消工作表保护，选择【审阅】选项卡，在【更改】组中单击【撤消工作表保护】按钮，

打开【撤消工作表保护】对话框，在【密码】文本框中输入密码，然后单击【确定】按钮即可撤消工作表保护，如图 6-32 和图 6-33 所示。

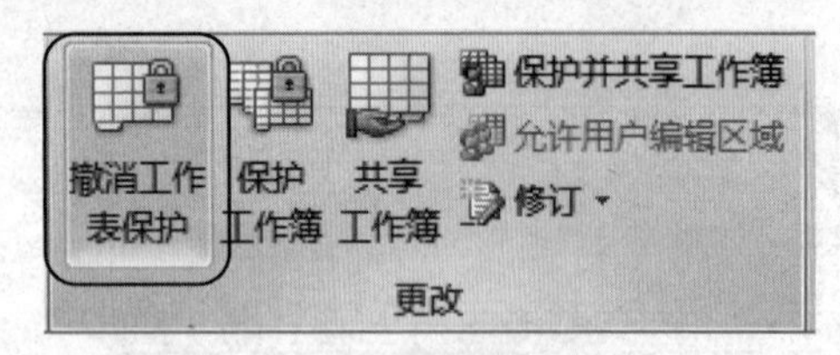

图 6-32 单击【撤消工作表保护】按钮

图 6-33 【撤消工作表保护】对话框

6.4 单元格的基本操作

单元格是工作表的基本单位，在 Excel 2010 中，绝大多数的操作都是针对单元格来完成的。对单元格的操作主要包括单元格的选定、合并与拆分等。

6.4.1 单元格的选定

要对单元格进行操作，首先要选定单元格。选定单元格的操作主要包括选定单个单元格、选定连续的单元格区域和选定不连续的单元格区域。

要选定单个单元格，只需单击该单元格即可。

- 按住鼠标左键拖动可选定一个连续的单元格区域，如图 6-34 所示。
- 按住 Ctrl 键的同时单击所需的单元格，可选定不连续的单元格或单元格区域，如图 6-35 所示。

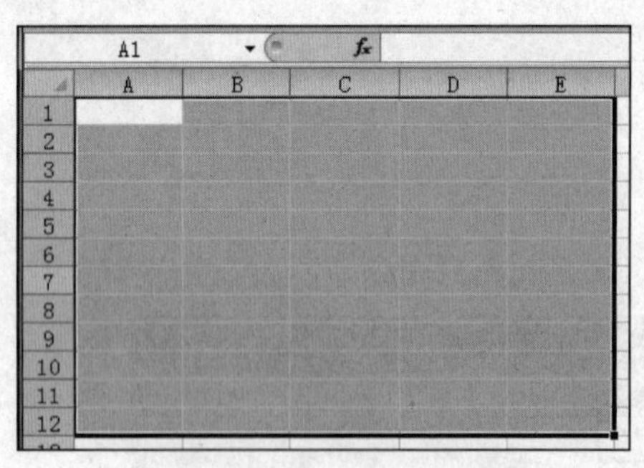

图 6-34 选定连续单元格

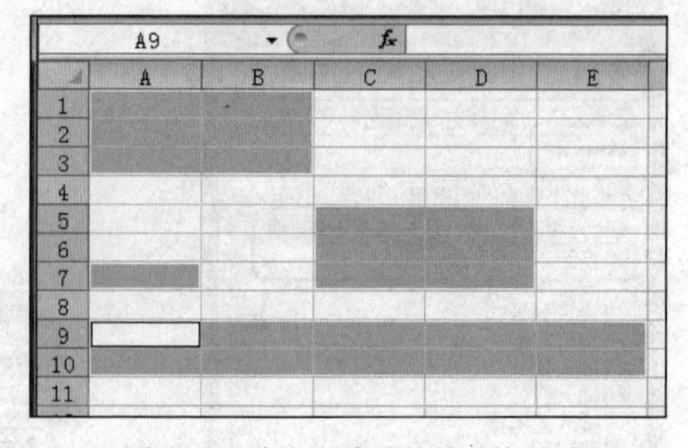

图 6-35 选定不连续的单元格区域

知识点

单击工作表中的行标，可选定整行；单击工作表中的列标，可选定整列；单击工作表左上角行标和列标的交叉处，即全选按钮，可选定整个工作表。

6.4.2　合并与拆分单元格

在编辑表格的过程中，有时需要对单元格进行合并或者拆分操作。合并单元格是指将选定的连续的单元格区域合并为一个单元格，而拆分单元格则是合并单元格的逆操作。

1. 合并单元格

要合并单元格，可采用以下两种方法。

第一种方法：选定需要合并的单元格区域，单击打开【开始】选项卡，在该选项卡的【对齐方式】选项区域中单击【合并后居中】按钮右侧的倒三角按钮，在弹出的下拉菜单中有4个命令，如图6-36所示。这些命令的含义分别如下。

- 合并后居中：将选定的连续单元格区域合并为一个单元格，并将合并后单元格中的数据居中显示，如图6-37所示。

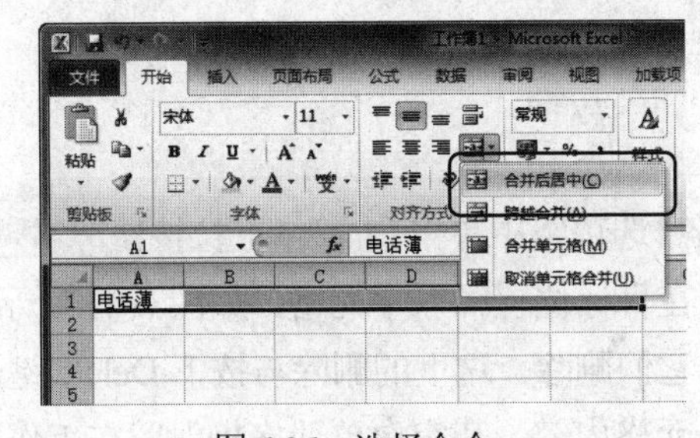

图6-36　选择命令

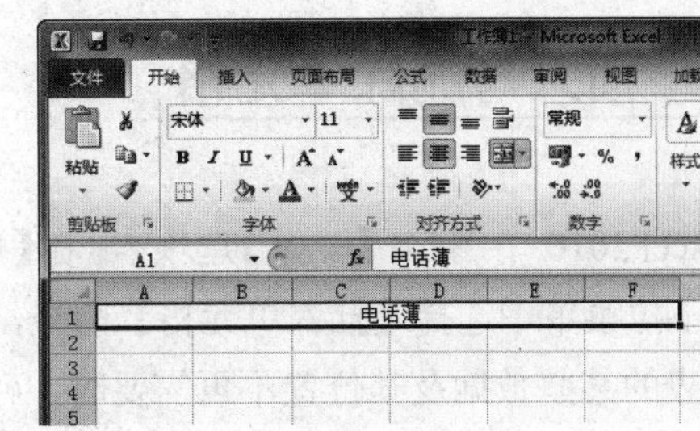

图6-37　【合并后居中】的效果

- 跨越合并：行与行之间相互合并，而上下单元格之间不参与合并。
- 合并单元格：将所选的单元格区域合并为一个单元格。
- 取消单元格合并：合并单元格的逆操作，即拆分单元格。

第二种方法：选定要合并的单元格区域，在选定区域中右击，在弹出的快捷菜单中选择【设置单元格格式】命令，如图6-38所示。

打开【设置单元格格式】对话框，在该对话框【对齐】选项卡的【文本控制】选项区域中选中【合并单元格】复选框，单击【确定】按钮后，即可将选定区域的单元格合并，如图6-39所示。

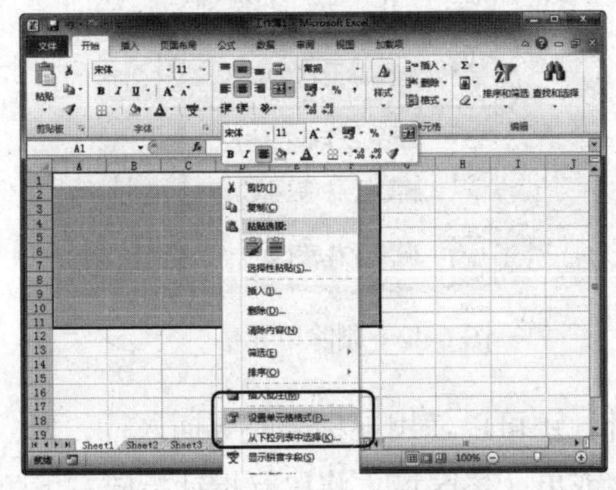

图6-38　右键菜单

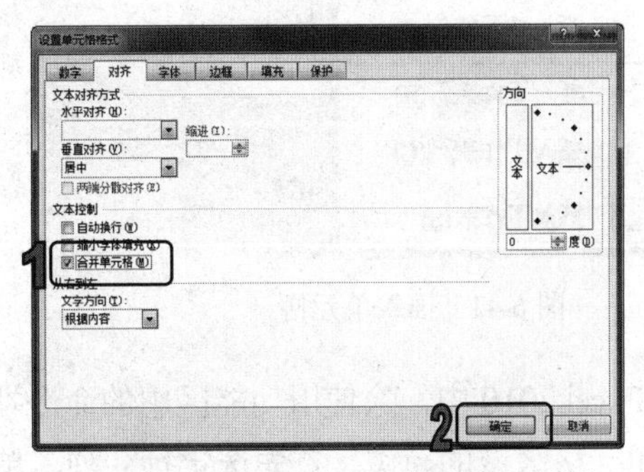

图6-39　【设置单元格格式】对话框

2. 拆分单元格

拆分单元格是合并单元格的逆操作，只有合并后的单元格才能够进行拆分。

选定合并后的单元格，再次单击【合并后居中】按钮，或者单击【合并后居中】按钮下拉菜单中的【取消单元格合并】命令，即可将单元格拆分为合并前的状态，如图 6-40 所示。

图 6-40　拆分单元格

6.4.3　插入与删除单元格

在 Excel 2010 中，打开【开始】选项卡，在【单元格】选项组中单击【插入】下拉按钮，在弹出的下拉菜单中选择【插入单元格】命令，即可在目标位置插入单元格，如图 6-41 所示。

工作表的某些数据及其位置不再需要时，可以将它们删除。这里的删除与按下 Delete 键删除单元格或区域的内容不一样，按 Delete 键仅清除单元格内容，其空白单元格仍保留在工作表中；而删除行、列、单元格或区域，其内容和单元格将一起从工作表中消失，空的位置由周围的单元格补充。

需要在当前工作表中删除单元格时，可选择要删除的单元格，然后在【单元格】组中单击【删除】按钮旁的倒三角按钮，在弹出的菜单中选择【删除单元格】命令，如图 6-42 所示。此时会打开【删除】对话框，如图 6-43 所示，在该对话框中可以设置删除单元格或区域后其他位置的单元格如何移动。

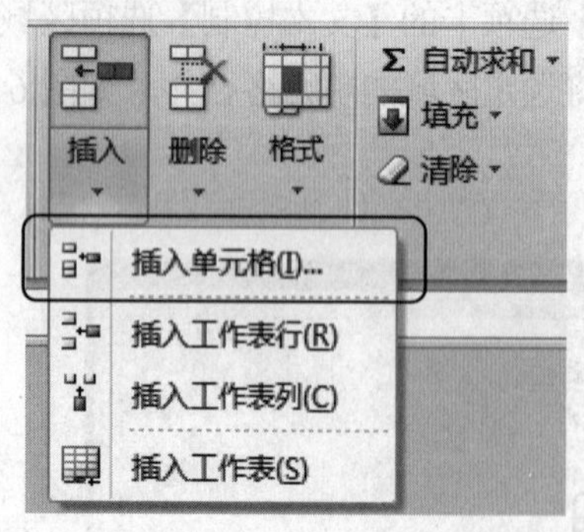

图 6-41　插入单元格

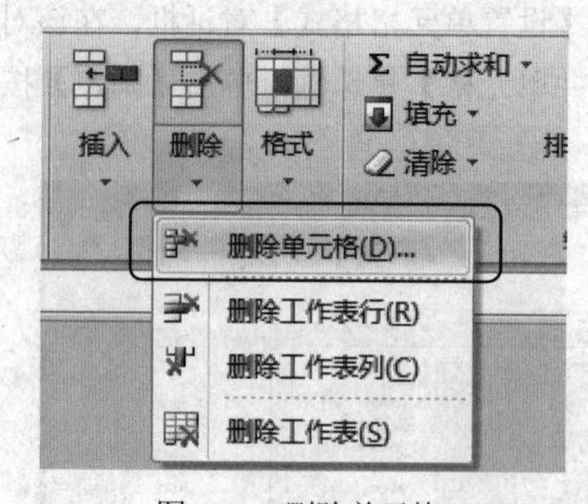

图 6-42　删除单元格

在 Excel 2010 中，除使用功能区中的命令按钮外，还可以使用鼠标来完成插入行、列、单元格或单元格区域的操作。首先选定行、列、单元格或单元格区域，将鼠标指针指向右下角的区域边框，按住 Shift 键并向外进行拖动。拖动时，有一个虚框表示插入的区域，释放鼠标左键，即可插入虚框中的单元格区域，如图 6-44 所示。

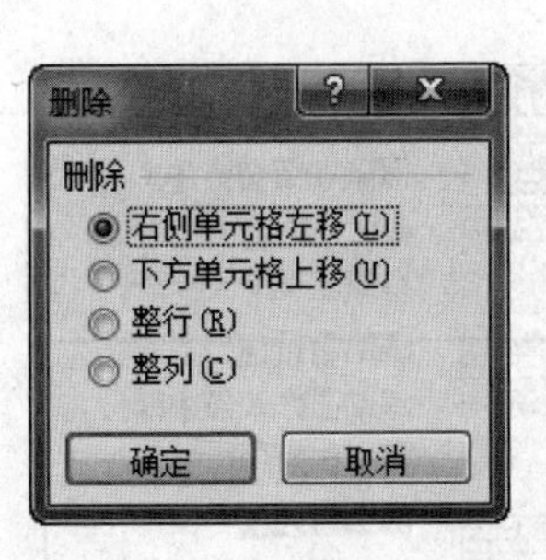

图 6-43 【删除】对话框

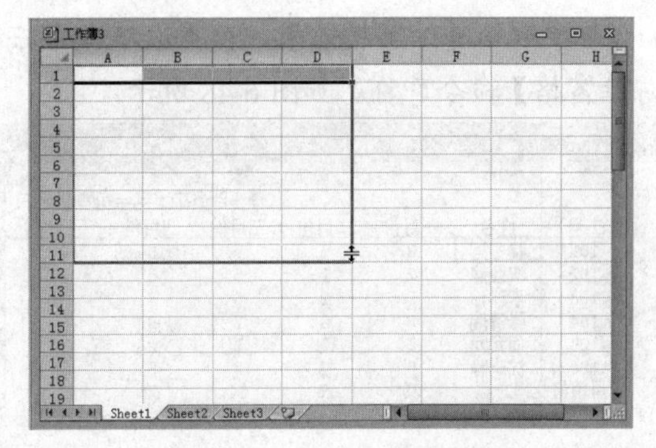

图 6-44 插入单元格区域

6.4.4 冻结拆分窗格

在 Excle 中可以通过冻结拆分窗格命令，使得在工作表滚动时保持行列标志或其他数据可见，下面通过具体实例介绍该功能。

【例 6-2】将【员工销售业绩表】工作簿的【上半年业绩表】工作表中的第 1 行、第 2 行与第 1 列进行冻结拆分。

(1) 启动 Excel 2010 程序，打开【员工销售业绩表】工作簿的【上半年业绩表】工作表，如图 6-45 所示。

(2) 选中 B3 单元格，打开【视图】选项卡，在【窗口】组中单击【冻结窗格】按钮，在弹出的快捷菜单中选择【冻结拆分窗格】命令，如图 6-46 所示。

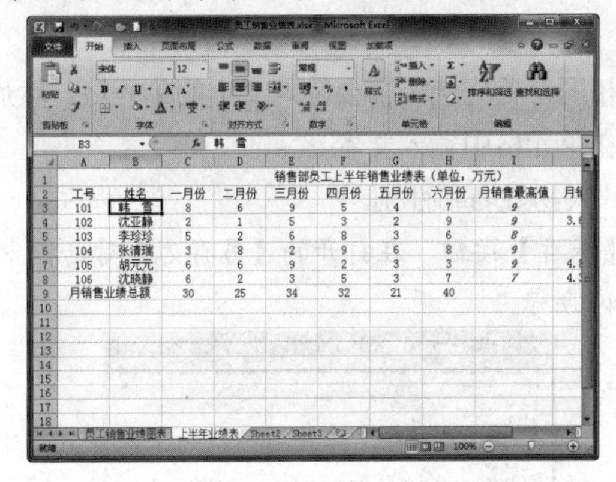

图 6-45 打开工作表

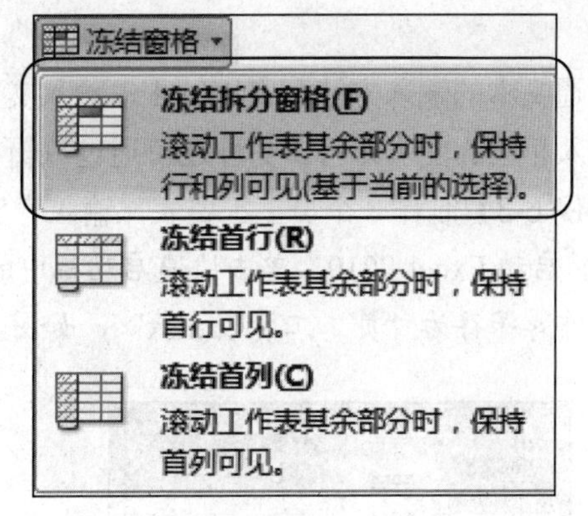

图 6-46 选择【冻结拆分窗格】命令

知识点

在该快捷菜单中，如果选择【冻结首行】或【冻结首列】命令，可以快速冻结工作表的第 1 行与第 1 列按钮。

(3) 此时第 1 行、第 2 行与第 1 列已经被冻结，当拖动水平或垂直滚动条时，表格的第 1 行、第 2 行与第 1 列会始终显示，如图 6-47 所示。

(4) 如果要取消冻结窗格效果，可再次单击【冻结窗格】按钮，在弹出的快捷菜单中选择【取消冻结窗格】命令即可，如图 6-48 所示。

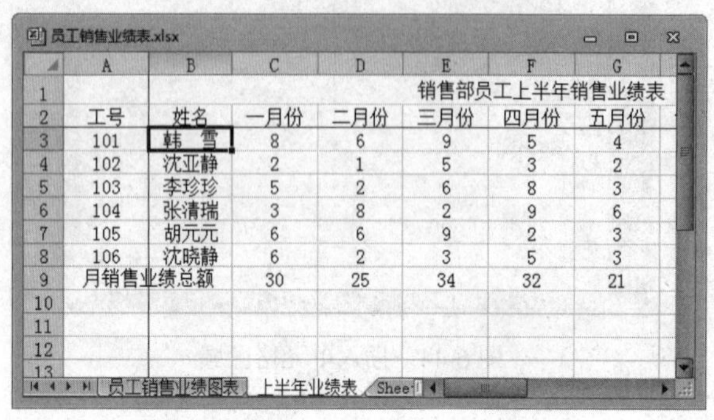

图 6-47　拖动滚动条显示

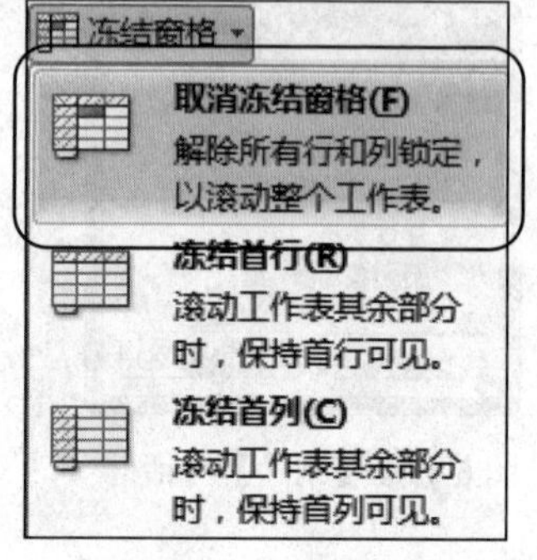

图 6-48　取消冻结窗格

6.5　数据的输入

Excel 的主要功能是处理数据，在对 Excel 有了一定的认识并熟悉了单元格的基本操作后，就可以在 Excel 中输入数据了。Excel 中的数据可分为 3 种类型：一类是普通文本，包括中文、英文和标点符号；一类是特殊符号，例如▲、★、◎等；还有一类是各种数字构成的数值数据，如货币型数据、小数型数据等。数据类型不同，其输入方法也不同。

6.5.1　普通文本的输入

普通文本的输入方法和在 Word 中输入文本相同，首先选定需要输入文本的单元格，然后直接输入相应的文本即可。另外还可通过编辑框在单元格中输入文本。

【例 6-3】制作一个员工工资表，输入表头、人物姓名和性别。

(1) 启动 Excel 2010，单击快速启动栏中的【保存】按钮，在打开的【另存为】对话框中，将该工作簿保存为“员工工资表.xlsx”，如图 6-49 所示。

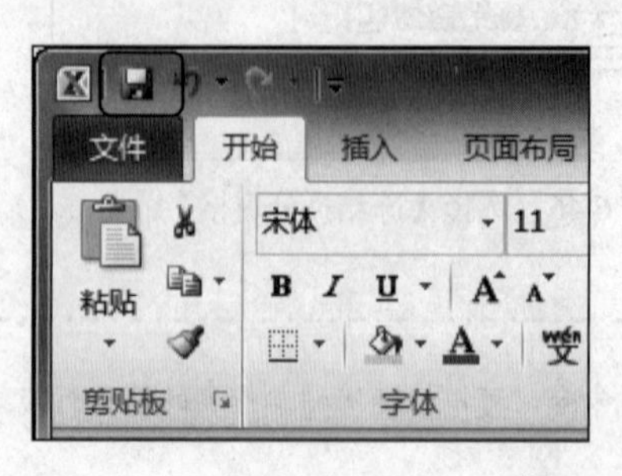

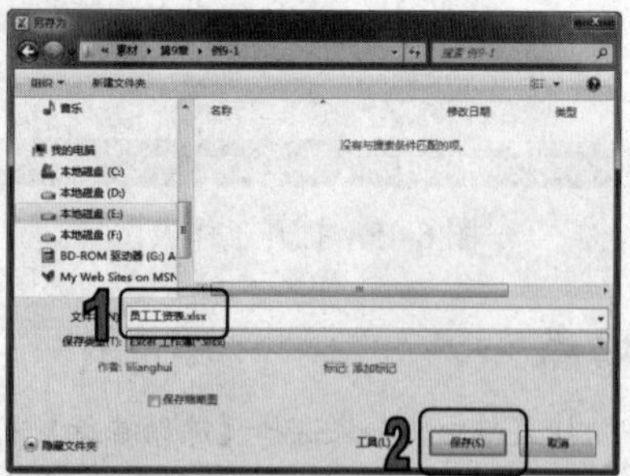

图 6-49　新建工作表并保存

(2) 合并 A1:I2 单元格区域，选定该区域，直接输入文本“员工工资表”，如图 6-50 所示。

(3) 选定 A3 单元格，将光标定位在编辑栏中，然后输入“员工编号”。此时在 A3 单元格中同时出现“员工编号”4 个字，如图 6-51 所示。

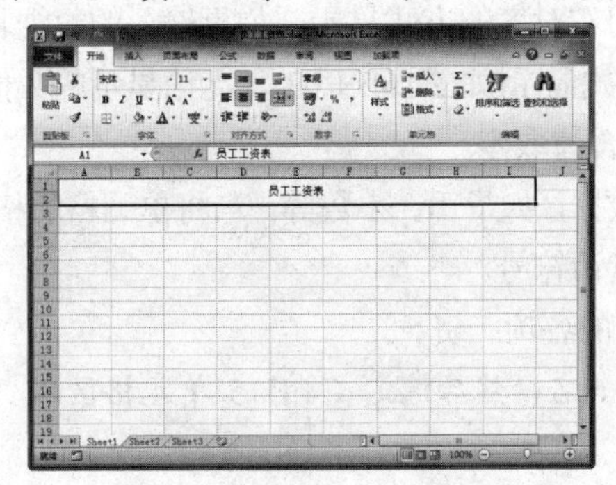

图 6-50　新建工作表并保存

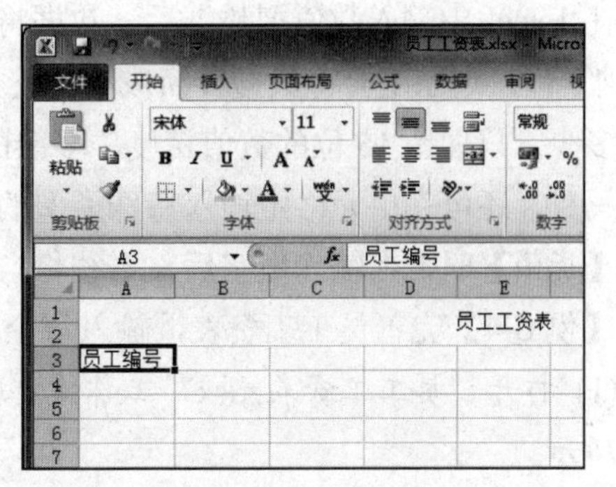

图 6-51　输入文本

(4) 选定 A4 单元格，直接输入“2012001”，然后按照上面介绍的两种方法，在其他单元格中输入文本，表头效果如图 6-52 所示。

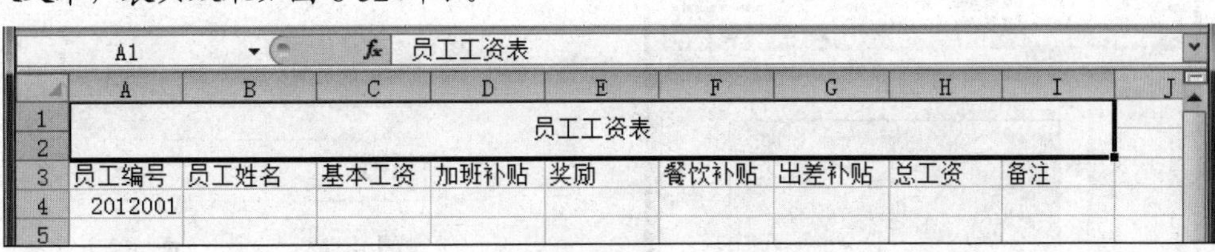

图 6-52　表头效果

6.5.2　特殊符号的输入

特殊符号的输入，可使用 Excel 提供的【符号】对话框实现。方法是：首先选定需要输入特殊符号的单元格，然后打开【插入】选项卡，在【符号】区域中单击【符号】按钮，打开【符号】对话框，如图 6-53 所示。

该对话框中包含有【符号】和【特殊字符】选项卡，每个选项卡下面又包含很多种不同的符号和字符。选择需要的符号，单击【插入】按钮，即可插入该符号。

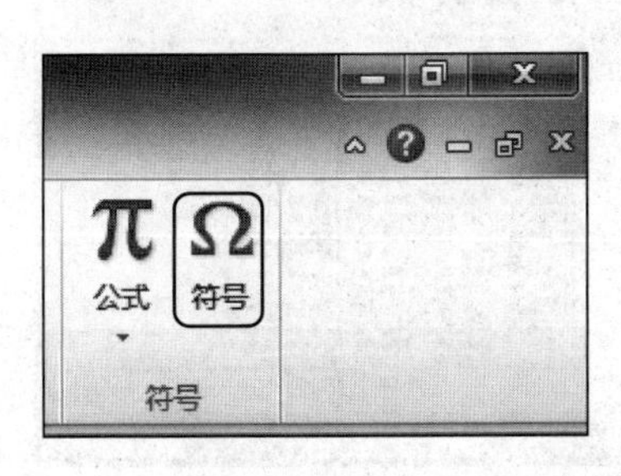

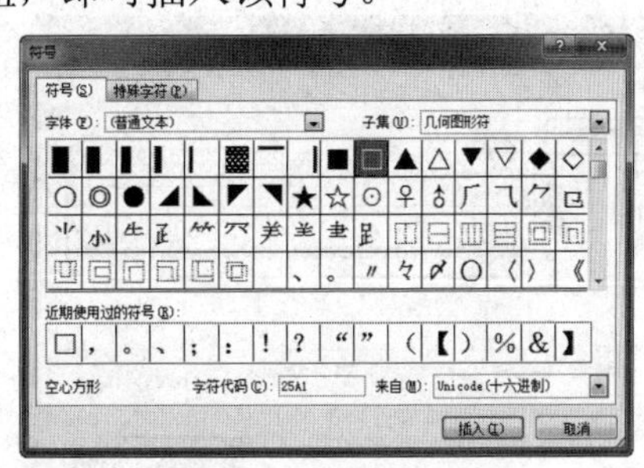

图 6-53　插入特殊符号

6.5.3 数值型数据的输入

在 Excel 中输入数值型数据后，数据将自动采用右对齐的方式显示。如果输入的数据长度超过 11 位，则系统会将数据转换成科学记数法的形式显示(如 2.16E+03)。无论显示的数值位数有多少，只保留 15 位的数值精度，多余的数字将舍掉取零。

另外，还可在单元格中输入特殊类型的数值型数据，如货币、小数等。当将单元格的格式设置为【货币】时，在输入数字后，系统将自动添加货币符号。

【例 6-4】完善员工工资表，输入每个人每个月的各项工资。

(1) 打开“员工工资表.xlsx”工作簿，输入员工姓名，然后选定 C4:H15 单元格区域，如图 6-54 所示。

(2) 在【开始】选项卡的【数字】选项区域中，单击其右下角的【设置单元格格式:数字】按钮，如图 6-55 所示。打开【设置单元格格式】对话框的【数字】选项卡。

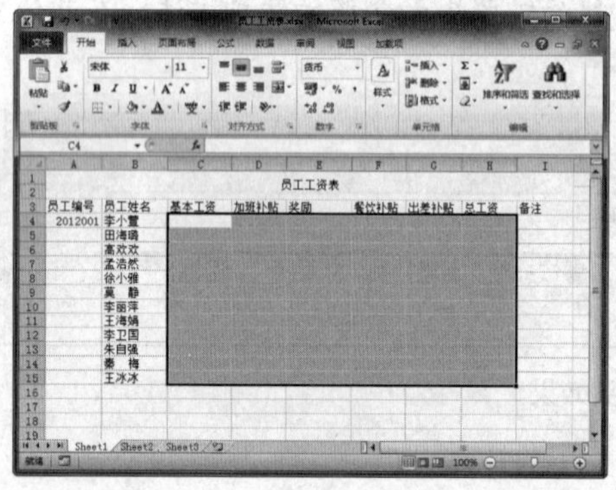

图 6-54 输入文本并选定单元格区域

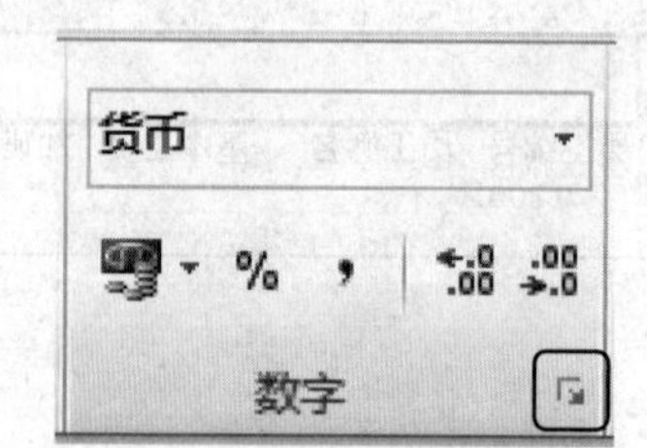

图 6-55 【数字】选项区域

(3) 在左侧的【分类】列表框中选择【货币】选项，然后在右侧的【小数位数】微调框中设置数值为 2，【货币符号】选择￥，在【负数】列表框中选择一种负数格式，如图 6-56 所示。

(4) 选择完成后，单击【确定】按钮，完成货币型数据的格式设置。此时当在 C4:H15 单元格区域输入数字后，系统会自动将其转换为货币型数据，如图 6-57 所示。

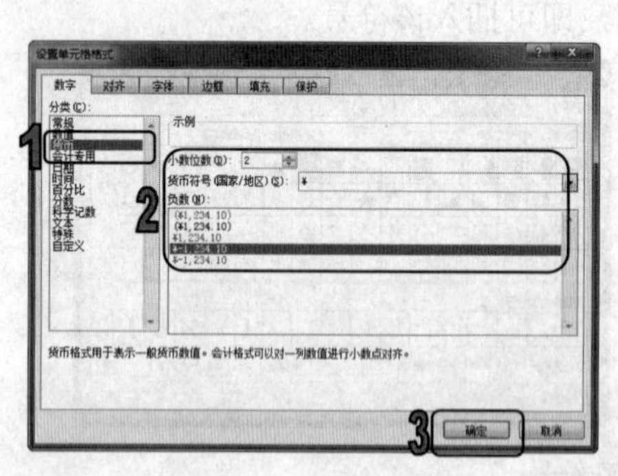

图 6-56 【设置单元格格式-数字】对话框

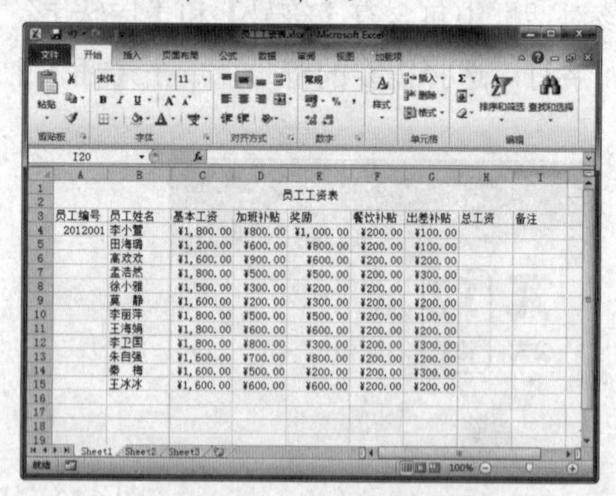

图 6-57 输入货币行数据

6.6 数据的快速填充与自动计算

当需要在连续的单元格中输入相同或者有规律的数据(等差数列、等比数列、年份、月份、星期等，如图 6-58 所示)时，可以使用 Excel 提供的快速填充数据功能来实现。

在使用数据的快速填充功能时，必须先认识一个名词——填充柄。当选择一个单元格时，在这个单元格的右下角会出现一个与单元格黑色边框不相连的黑色小方块，拖动这个小方块即可实现数据的快速填充。这个黑色小方块就叫“填充柄”，如图 6-59 所示。

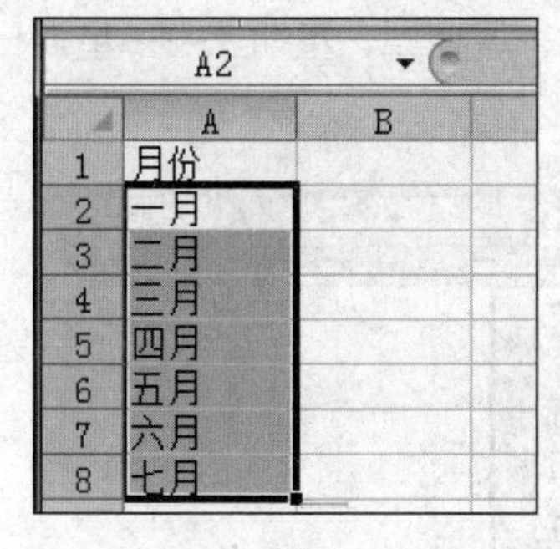

图 6-58 填充月份

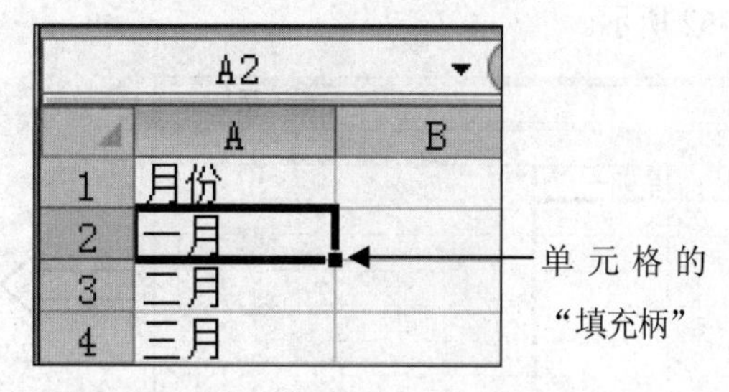

图 6-59 单元格的填充柄

6.6.1 填充相同的数据

在处理数据的过程中，有时候需要输入连续且相同的数据，这时可使用数据的快速填充功能来简化操作。

【例 6-5】在员工工资表的【备注】列中填充相同的文本“已发放”。

(1) 打开“员工工资表.xlsx”工作簿，然后选定 I4 单元格，输入文本“已发放”。

(2) 将鼠标指针移至 I4 单元格右下角的小方块处，当鼠标指针变为【+】形状时，按住鼠标左键不放并拖动至 I15 单元格，如图 6-60 所示。

(3) 此时释放鼠标左键，在 I4:I15 单元格区域中即可填充相同的文本“已发放”，如图 6-61 所示。

D	E	F	G	H	I
	员工工资表				
加班补贴	奖励	餐饮补贴	出差补贴	总工资	备注
¥800.00	¥1,000.00	¥200.00	¥100.00		已发放
¥600.00	¥800.00	¥200.00	¥100.00		
¥900.00	¥600.00	¥200.00	¥200.00		
¥500.00	¥500.00	¥200.00	¥300.00		
¥300.00	¥200.00	¥200.00	¥100.00		
¥200.00	¥300.00	¥200.00	¥200.00		
¥500.00	¥500.00	¥200.00	¥100.00		
¥600.00	¥600.00	¥200.00	¥200.00		
¥800.00	¥300.00	¥200.00	¥300.00		
¥700.00	¥800.00	¥200.00	¥200.00		
¥500.00	¥200.00	¥200.00	¥300.00		
¥600.00	¥600.00	¥200.00	¥200.00		

图 6-60 输入并拖动文本

D	E	F	G	H	I
	员工工资表				
加班补贴	奖励	餐饮补贴	出差补贴	总工资	备注
¥800.00	¥1,000.00	¥200.00	¥100.00		已发放
¥600.00	¥800.00	¥200.00	¥100.00		已发放
¥900.00	¥600.00	¥200.00	¥200.00		已发放
¥500.00	¥500.00	¥200.00	¥300.00		已发放
¥300.00	¥200.00	¥200.00	¥100.00		已发放
¥200.00	¥300.00	¥200.00	¥200.00		已发放
¥500.00	¥500.00	¥200.00	¥100.00		已发放
¥600.00	¥600.00	¥200.00	¥200.00		已发放
¥800.00	¥300.00	¥200.00	¥300.00		已发放
¥700.00	¥800.00	¥200.00	¥200.00		已发放
¥500.00	¥200.00	¥200.00	¥300.00		已发放
¥600.00	¥600.00	¥200.00	¥200.00		已发放

图 6-61 填充文本

6.6.2 填充有规律的数据

有时候需要在表格中输入有规律的数字，例如“星期一、星期二……”，或“一员工编号、二员工编号、三员工编号……”以及天干、地支和年份等。此时可以使用 Excel 特殊类型数据的填充功能进行快速填充。

例如在 A1 单元格中输入文本“星期一”，然后将鼠标指针移至 A1 单元格右下角的小方块处，当鼠标指针变为【+】形状时，按住鼠标左键不放并拖动鼠标至 A7 单元格中。释放鼠标左键，即可在 A1:A7 单元格区域中填充星期序列“星期一、星期二、星期三……星期日”，如图 6-62 所示。

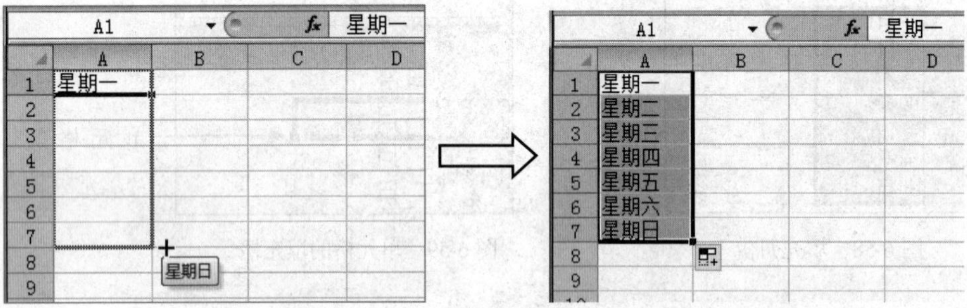

图 6-62　填充星期序列

提示

对于星期、月份等常用的规律性数据，Excel 会自动对其进行识别，用户只需输入其中的一个即可使用自动填充功能填充。

6.6.3 填充等差数列

如果一个数列从第二项起，每一项与它的前一项的差等于同一个常数，这个数列就叫做等差数列，这个常数叫做等差数列的公差。

在 Excel 中也经常会遇到填充等差数列的情况，例如员工编号 1、2、3 等，此时就可以使用 Excel 的自动累加功能来进行填充了。

【例 6-6】在员工工资表中填充员工编号。

(1) 打开“员工工资表.xlsx”工作簿，将鼠标指针移至 A4 单元格右下角的小方块处，当鼠标指针变为【+】形状时，按住 Ctrl 键，同时按住鼠标左键不放拖动鼠标至 A15 单元格中，如图 6-63 所示。

(2) 释放鼠标左键，即可在 A5: A15 单元格区域中填充等差数列：1001、1002、1003、1004、1005、1006，如图 6-64 所示。

	A	B	C	D	E	F
1					员工工资表	
2						
3	员工编号	员工姓名	基本工资	加班补贴	奖励	餐饮补贴
4	2012001	李小萱	¥1,800.00	¥800.00	¥1,000.00	¥200.00
5		田海璐	¥1,200.00	¥600.00	¥800.00	¥200.00
6		高欢欢	¥1,600.00	¥900.00	¥600.00	¥200.00
7		孟浩然	¥1,800.00	¥500.00	¥500.00	¥200.00
8		徐小雅	¥1,500.00	¥300.00	¥200.00	¥200.00
9		莫　静	¥1,600.00	¥200.00	¥300.00	¥200.00
10		李丽萍	¥1,800.00	¥500.00	¥500.00	¥200.00
11		王海娟	¥1,800.00	¥600.00	¥600.00	¥200.00
12		李卫国	¥1,800.00	¥800.00	¥300.00	¥200.00
13		朱自强	¥1,600.00	¥700.00	¥800.00	¥200.00
14		秦　梅	¥1,600.00	¥500.00	¥200.00	¥200.00
15		王冰冰	¥1,600.00	¥600.00	¥600.00	¥200.00
16		2012001				
17						

图 6-63　拖动单元格数据

	A	B	C	D	E	F
1					员工工资表	
2						
3	员工编号	员工姓名	基本工资	加班补贴	奖励	餐饮补贴
4	2012001	李小萱	¥1,800.00	¥800.00	¥1,000.00	¥200.00
5	2012002	田海璐	¥1,200.00	¥600.00	¥800.00	¥200.00
6	2012003	高欢欢	¥1,600.00	¥900.00	¥600.00	¥200.00
7	2012004	孟浩然	¥1,800.00	¥500.00	¥500.00	¥200.00
8	2012005	徐小雅	¥1,500.00	¥300.00	¥200.00	¥200.00
9	2012006	莫　静	¥1,600.00	¥200.00	¥300.00	¥200.00
10	2012007	李丽萍	¥1,800.00	¥500.00	¥500.00	¥200.00
11	2012008	王海娟	¥1,800.00	¥600.00	¥600.00	¥200.00
12	2012009	李卫国	¥1,800.00	¥800.00	¥300.00	¥200.00
13	2012010	朱自强	¥1,600.00	¥700.00	¥800.00	¥200.00
14	2012011	秦　梅	¥1,600.00	¥500.00	¥200.00	¥200.00
15	2012012	王冰冰	¥1,600.00	¥600.00	¥600.00	¥200.00
16						
17						

图 6-64　填充等差数列

6.6.4　数据的自动计算

当需要即时查看一组数据的某种统计结果时(如和、平均值、最大值或最小值)，可以使用 Excel 2010 提供的状态栏计算功能。

【例 6-7】在员工工资表中，(1)查看员工“李小萱”的总工资；(2)查看所有员工的基本工资最高值。

(1) 打开“员工工资表.xlsx”工作簿，选定 C4:G4 单元格区域。

(2) 如果是首次使用状态栏的计算功能，则此时在状态栏中将默认显示选定区域中所有数据的平均值(平均值)、所选数据的数量(计数)和所有数据总和(求和)，如图 6-65 所示。其中所有数据的总和既是员工“李小萱”的总工资。

(3) 要查看最大值，可在状态栏中右击，在弹出的快捷菜单中选择【最大值】命令，表示将在状态栏中添加最大值选项，如图 6-66 所示。

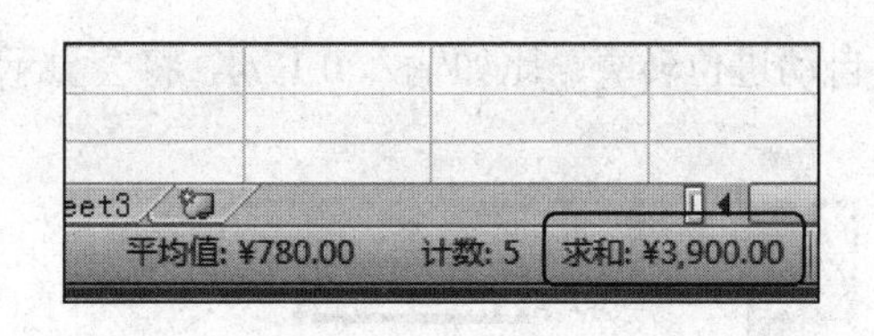

图 6-65　状态栏

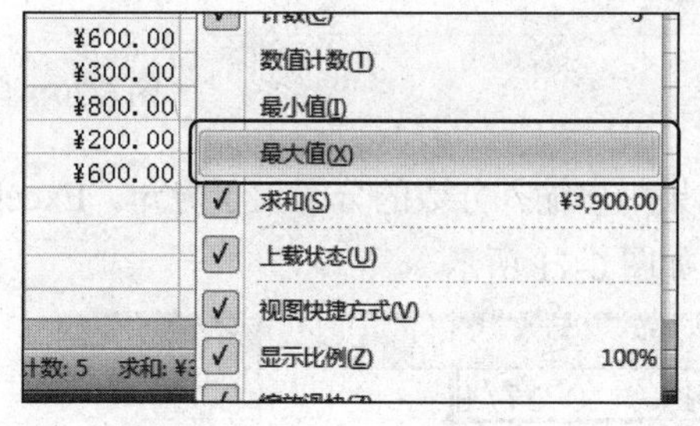

图 6-66　添加【最大值】选项

(4) 此时，状态栏中将显示【最大值】选项。选中 C4:C15 单元格区域，即可在状态栏中显示所选区域的所有数据的最大值。从图 6-67 中可以看出，所有员工的基本工资最高值为 最大值: ¥1,800.00 。

图 6-67　状态栏中显示的数据

6.7 特殊数据类型数据的输入

在 Excel 2010 输入过程中，常常需要输入一些特殊数据，比如分数、指数上标、特殊字符、身份证号码等，用户可以用一些非常规的方法进行输入操作。

6.7.1 输入分数

要在单元格内输入分数，正确的输入方式是：整数部分+空格+分子+斜杠+分母，整数部分为零时也要输入 0 进行占位。

比如要输入分数 1/6，则可以单元格内输入 0 1/6，如图 6-68 所示。输入完毕后，按 Enter 键或单击其他单元格，Excel 自动显示为 1/6，如图 6-69 所示。

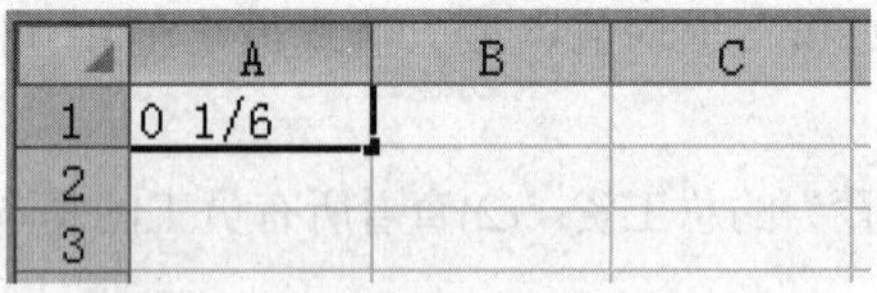

	A	B	C
1	0 1/6		
2			
3			

图 6-68　输入分数

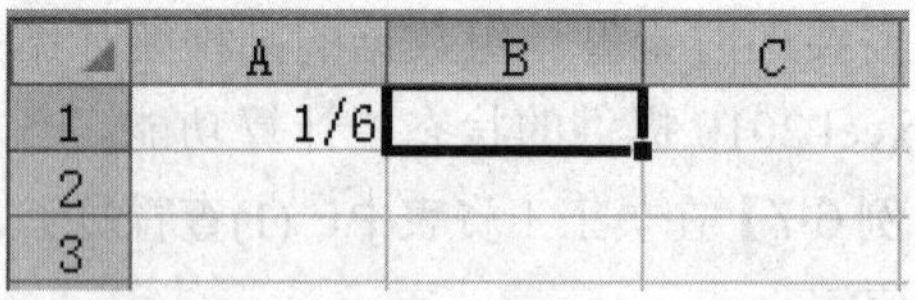

	A	B	C
1	1/6		
2			
3			

图 6-69　显示结果

此外，Excel 会自动对分数进行分子分母的约分，比如输入 2 5/10，将会自动转换为“2 1/2”，如图 6-70 所示。

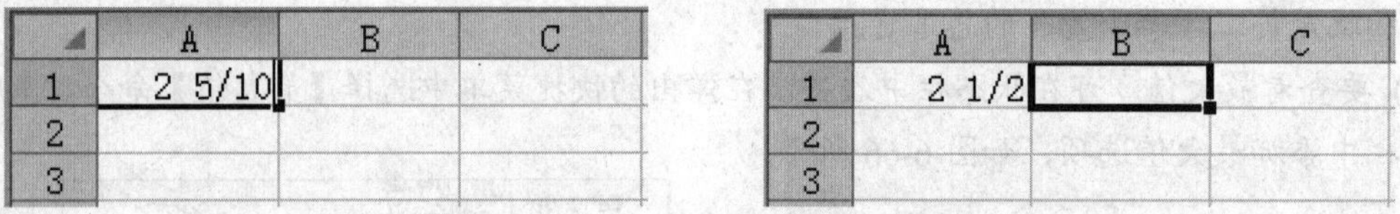

	A	B	C
1	2 5/10		
2			
3			

	A	B	C
1	2 1/2		
2			
3			

图 6-70　自动约分分数

如果用户输入分数的分子大于分母，Excel 会自动进位转算。比如输入 0 17/4，将会显示为 4 1/4，如图 6-71 所示。

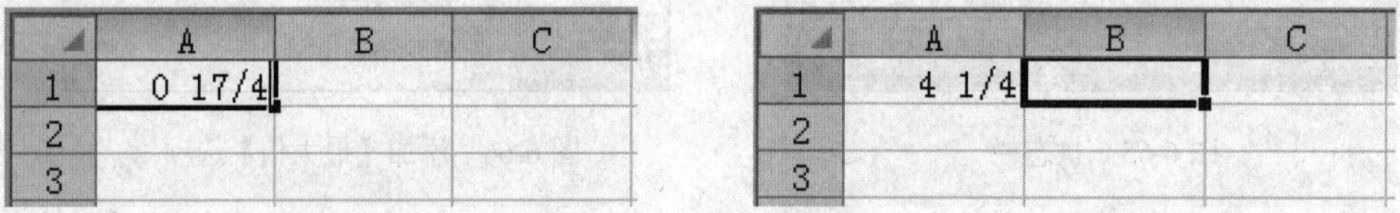

	A	B	C
1	0 17/4		
2			
3			

	A	B	C
1	4 1/4		
2			
3			

图 6-71　自动进位换算

6.7.2 输入指数上标

在数学和工程等应用数据上，有时会需要输入带有指数上标的数字或符号。在 Excel 中可以使用设置单元格格式的方法来改变指数上标的显示。

比如要在单元格输入 K^{n}，可以先在单元格内输入 K-n，选中文本中的-n，然后按 Ctrl+1 组合键打开【设置单元格格式】对话框，如图 6-72 所示。在该对话框中选中【上标】复选框，然后单击【确定】按钮，单元格中的数据将显示为 K^{-n}，如图 6-73 所示。需要注意的是，这样输入的含有上标的数据，是以文本形式保存的，并不能参与数值运算。

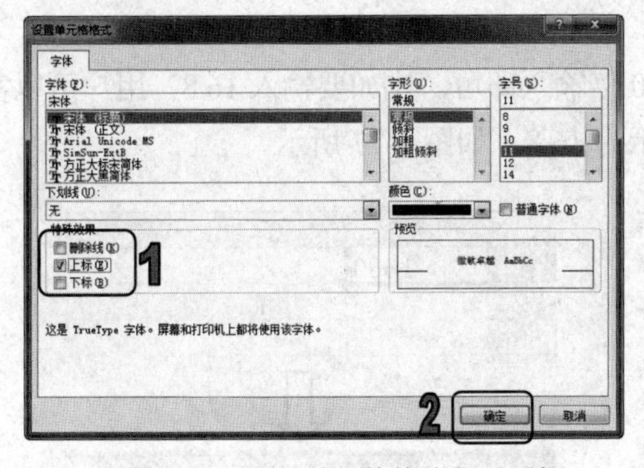

图 6-72　【设置单元格格式】对话框

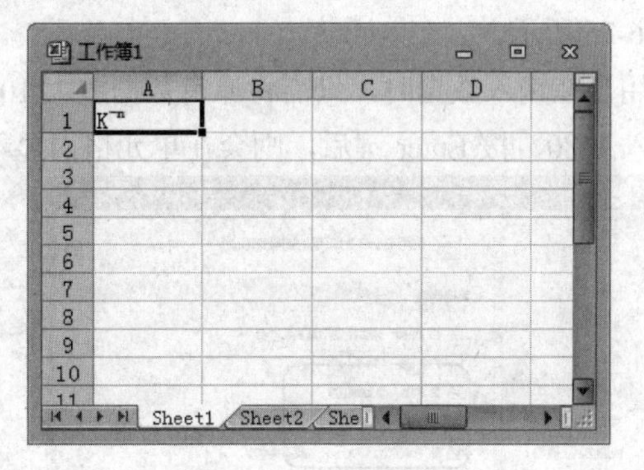

图 6-73　显示上标效果

6.7.3　输入身份证号码

我国身份证号码一般是 15 位到 18 位，由于 Excel 能够处理的数字精度最大为 15 位，因此所有多于 15 位的数字会被当做 0 保持；而大于 11 位的数字默认以科学计数法来表示。

要正确的显示身份证号码，可以让 Excel 以文本型数据来显示。一般有以下这些方法来将数字强制转换为文本：

◎ 在输入身份证号码前，先输入一个半角方式的单引号'。该符号用来表示其后面的内容为文本字符串，如图 6-74 所示。
◎ 单击【开始】选项卡里的【数字格式】下拉按钮，选择【文本】命令，然后再输入身份证号码，如图 6-75 所示。

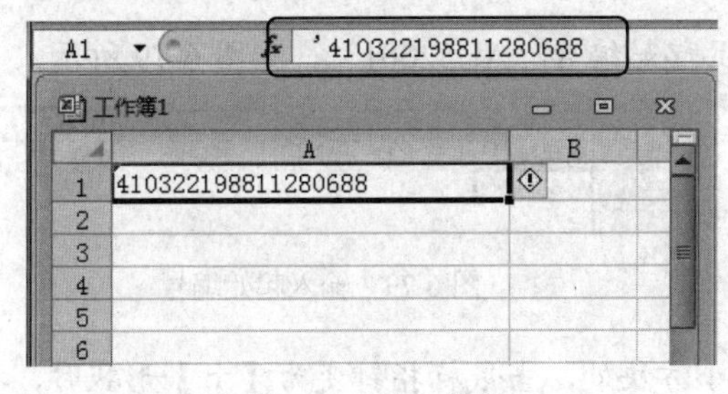

图 6-74　输入数据

图 6-75　选择【文本】命令

6.7.4　自动输入小数点

有一些数据报表有大量的数值数据，如果这些数据保留的最大小数位数是相同的，可以使用系统设置来免去小数点的输入操作。

例如，如果希望所有输入数据最大保留 2 位小数位数，可以选择【文件】|【选项】命令，打开【Excel 选项】对话框，选择【高级】选项卡，在【编辑选项】区域里选中【自动插入小数点】复选框，在右侧的【位数】微调框内调整为 2，最后单击【确定】按钮，即可完成设置。如图 6-76 所示。

用户在输入数据时，只需将原有数据放大 100 倍输入即可。比如要输入 16.8，用户可以实际输入 1680，按 Enter 键后，则会在单元格内显示为 16.8，如图 6-77 所示。

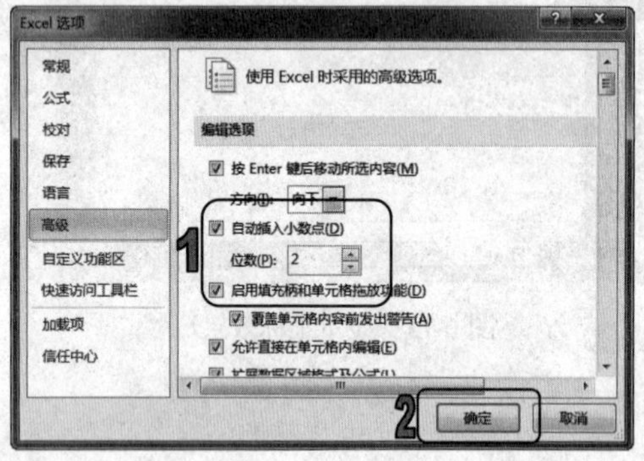

图 6-76 设置保留 2 位小数位数

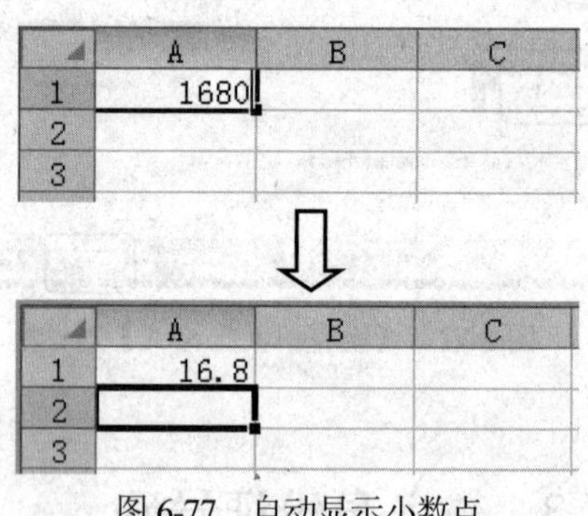

	A	B	C
1	1680		
2			
3			

	A	B	C
1	16.8		
2			
3			

图 6-77 自动显示小数点

6.8 上机练习

本章主要介绍了 Excel 2010 的基础操作，本次上机练习来创建一个“商品价格表”并在表格中输入各种数据，使用户进一步巩固本章所学的内容。

(1) 启动 Excel 2010，新建一个空白工作簿，并将其命名为“商品价格表”。

(2) 在 Sheet1 工作表的 A1:E1 单元格区域中依次输入“商品编号”、“商品名称”、“出厂日期”、“有效期”与“单价”文本数据，如图 6-78 所示。

(3) 选定 A2 单元格，然后在其中输入商品起始编号“AC32001”，如图 6-79 所示。

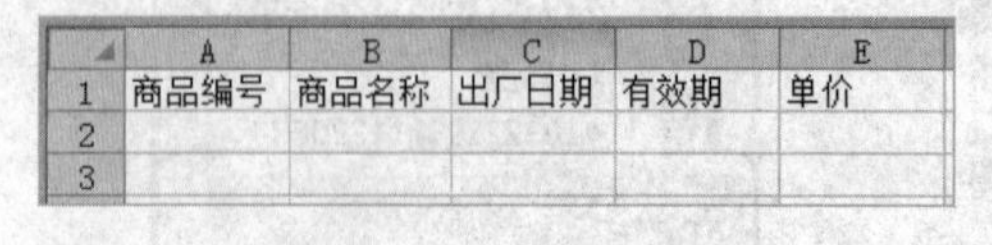

	A	B	C	D	E
1	商品编号	商品名称	出厂日期	有效期	单价
2					
3					

图 6-78 输入表头

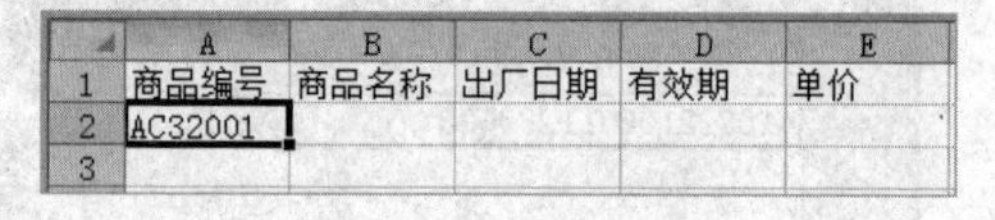

	A	B	C	D	E
1	商品编号	商品名称	出厂日期	有效期	单价
2	AC32001				
3					

图 6-79 输入起始编号

(4) 将鼠标指针移至 A2 单元格右下角的小方块处，当鼠标指针变为【+】形状时，按住鼠标左键不放拖动鼠标至 A12 单元格中。

(5) 释放鼠标左键，即可在 A3: A12 单元格区域中快速填充有规律的数据：AC32002、AC32003、AC32004、AC32005……如图 6-80 所示。

(6) 在【商品名称】列中输入商品名称，然后选中 C2:C12 单元格区域，如图 6-81 所示。

图 6-80　快速填充数据

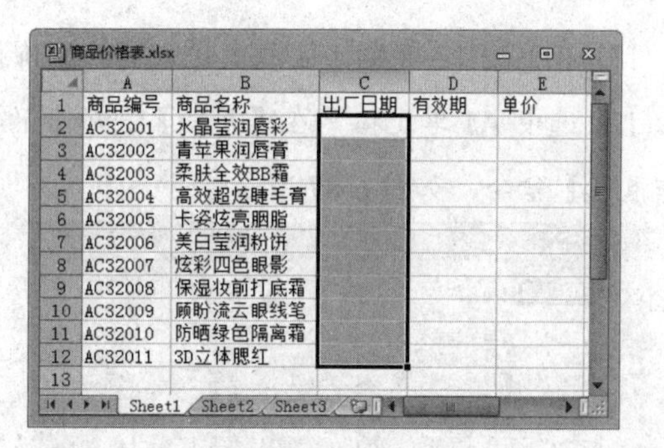

图 6-81　选中单元格区域

(7) 在【开始】选项卡的【数字】选项区域中，单击其右下角的【设置单元格格式:数字】按钮，打开【设置单元格格式】对话框的【数字】选项卡。

(8) 在左侧的【分类】列表框中选择【文本】选项，然后单击【确定】按钮，如图 6-82 所示。设置完成后，在 C2:C12 单元格区域中输入日期，并在 D2 单元格中输入有效期“两年”，效果如图 6-83 所示。

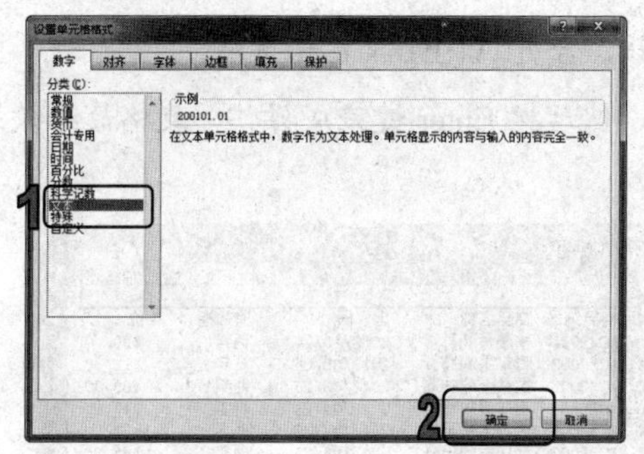

图 6-82　设置数据格式

图 6-83　输入相关数据

(9) 将鼠标指针移至 D2 单元格右下角的小方块处，当鼠标指针变为【+】形状时，按住鼠标左键不放拖动鼠标至 D12 单元格中。释放鼠标左键，即可在 D3: D12 单元格区域中快速填充相同的数据“两年”，如图 6-84 所示。

(10) 选中 E2:E12 单元格区域，打开【设置单元格格式】对话框的【数字】选项卡，在左侧的【分类】列表框中选择【货币】选项，在对话框的右侧设置货币的格式，设置完成后单击【确定】按钮，如图 6-85 所示。

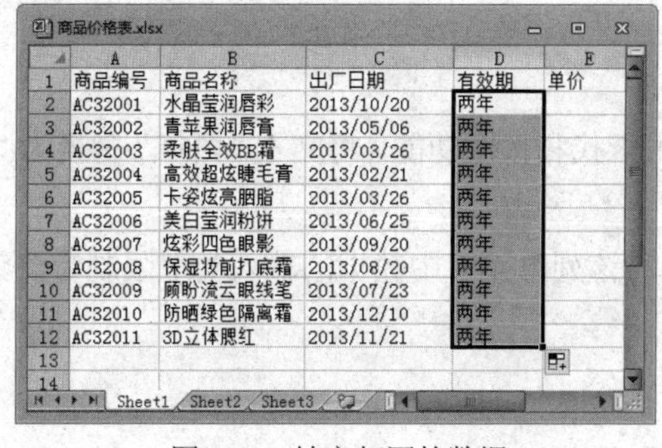

图 6-84　填充相同的数据

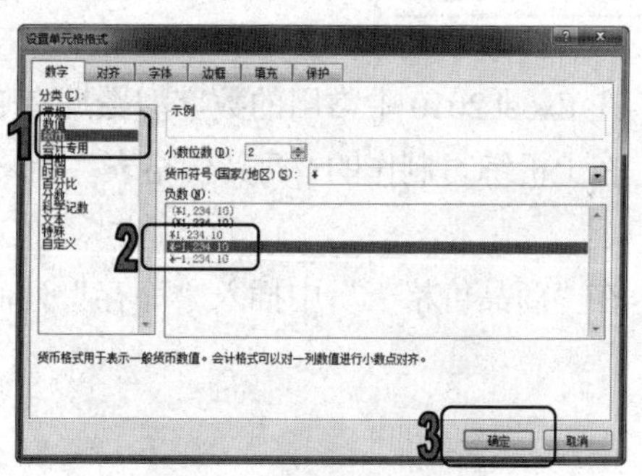

图 6-85　设置单元格格式

(11) 在 E2:E12 单元格区域中输入商品的价格，效果如图 6-86 所示。

(12) 选中 A1 单元格，在【开始】选项卡的【单元格】组中单击【插入】按钮，选择【插入工作表行】命令，如图 6-87 所示。

商品价格表.xlsx

	A	B	C	D	E
1	商品编号	商品名称	出厂日期	有效期	单价
2	AC32001	水晶莹润唇彩	2013/10/20	两年	¥90.00
3	AC32002	青苹果润唇膏	2013/05/06	两年	¥11.60
4	AC32003	柔肤全效BB霜	2013/03/26	两年	¥69.00
5	AC32004	高效超炫睫毛膏	2013/02/21	两年	¥45.00
6	AC32005	卡姿炫亮胭脂	2013/03/26	两年	¥27.00
7	AC32006	美白莹润粉饼	2013/06/25	两年	¥83.00
8	AC32007	炫彩四色眼影	2013/09/20	两年	¥49.00
9	AC32008	保湿妆前打底霜	2013/08/20	两年	¥118.00
10	AC32009	顾盼流云眼线笔	2013/07/23	两年	¥46.00
11	AC32010	防晒绿色隔离霜	2013/12/10	两年	¥39.00
12	AC32011	3D立体腮红	2013/11/21	两年	¥63.00

图 6-86　输入商品价格

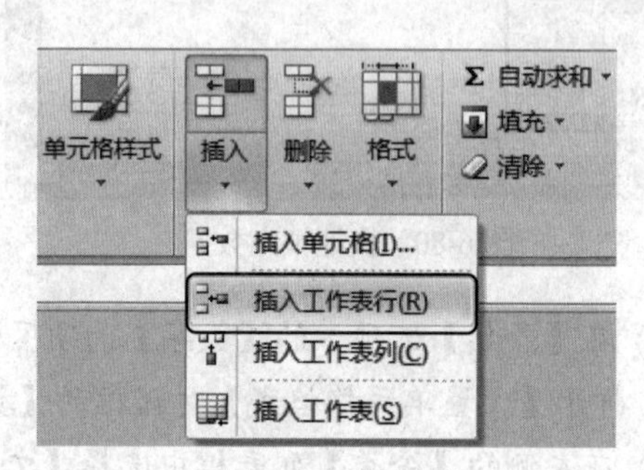

图 6-87　插入行

(13) 此时即可插入一行，然后选中新插入的 A1:E1 单元格区域，如图 6-88 所示。在【开始】选项卡的【对齐方式】组中单击【合并后居中】按钮，合并 A1:E1 单元格区域。

(14) 在合并后的单元格中输入“商品价格表”，然后按 Enter 键完成操作，表格最终效果如图 6-89 所示。

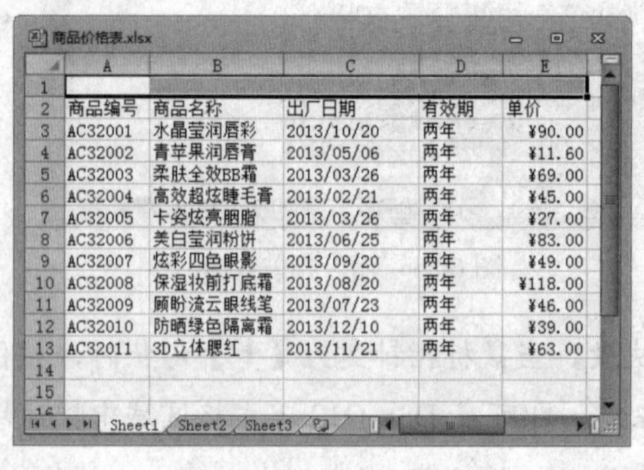

商品价格表.xlsx

	A	B	C	D	E
1					
2	商品编号	商品名称	出厂日期	有效期	单价
3	AC32001	水晶莹润唇彩	2013/10/20	两年	¥90.00
4	AC32002	青苹果润唇膏	2013/05/06	两年	¥11.60
5	AC32003	柔肤全效BB霜	2013/03/26	两年	¥69.00
6	AC32004	高效超炫睫毛膏	2013/02/21	两年	¥45.00
7	AC32005	卡姿炫亮胭脂	2013/03/26	两年	¥27.00
8	AC32006	美白莹润粉饼	2013/06/25	两年	¥83.00
9	AC32007	炫彩四色眼影	2013/09/20	两年	¥49.00
10	AC32008	保湿妆前打底霜	2013/08/20	两年	¥118.00
11	AC32009	顾盼流云眼线笔	2013/07/23	两年	¥46.00
12	AC32010	防晒绿色隔离霜	2013/12/10	两年	¥39.00
13	AC32011	3D立体腮红	2013/11/21	两年	¥63.00

图 6-88　选中单元格区域

商品价格表.xlsx

	A	B	C	D	E
1	商品价格表				
2	商品编号	商品名称	出厂日期	有效期	单价
3	AC32001	水晶莹润唇彩	2013/10/20	两年	¥90.00
4	AC32002	青苹果润唇膏	2013/05/06	两年	¥11.60
5	AC32003	柔肤全效BB霜	2013/03/26	两年	¥69.00
6	AC32004	高效超炫睫毛膏	2013/02/21	两年	¥45.00
7	AC32005	卡姿炫亮胭脂	2013/03/26	两年	¥27.00
8	AC32006	美白莹润粉饼	2013/06/25	两年	¥83.00
9	AC32007	炫彩四色眼影	2013/09/20	两年	¥49.00
10	AC32008	保湿妆前打底霜	2013/08/20	两年	¥118.00
11	AC32009	顾盼流云眼线笔	2013/07/23	两年	¥46.00
12	AC32010	防晒绿色隔离霜	2013/12/10	两年	¥39.00
13	AC32011	3D立体腮红	2013/11/21	两年	¥63.00

图 6-89　表格最终效果

6.9　习题

1. 在 Excel 2010 中常用的数字型数据有哪些？

2. 在上机练习制作的“商品价格表”中，使用查找和替换功能，将文本“两年”替换为“18 个月”。

3. 在“商品价格表”中插入“库存”列，并将该列单元格中数据的输入类型限制为整数。

第7章 管理电子表格中的数据

学习目标

Excel 2010 与其他的数据管理软件一样，在排序、查找、替换以及汇总等数据管理方面具有强大的功能，能够帮助用户更容易地管理电子表格中的数据，本章将详细介绍在 Excel 2010 中管理电子表格数据的各种方法。

本章重点

- 排序表格数据
- 筛选表格数据
- 分类汇总表格数据
- 数据有效性管理

7.1 表格数据的排序

数据排序是指按一定规则对数据进行整理、排列，这样可以为数据的进一步处理做好准备。Excel 2010 提供了多种方法对数据清单进行排序，可以按升序、降序的方式，也可以由用户自定义排序。

7.1.1 快速排序数据

对 Excel 中的数据清单进行排序时，如果按照单列的内容进行简单排序，则可以打开【数据】选项卡，在【排序和筛选】组中单击【升序】按钮或【降序】按钮。这种排序方式属于一种单条件排序。

【例 7-1】在“考核成绩汇总”工作表中，设置总成绩从高到低进行排列。

(1) 启动 Excel 2010 程序，打开“考核成绩汇总”工作簿，选择 Sheet1 工作表，选中“总成绩”所在的 I3:I20 单元格区域，如图 7-1 所示。

(2) 选择【数据】选项卡，在【排序和筛选】组中单击【降序】按钮，如图 7-2 所示。

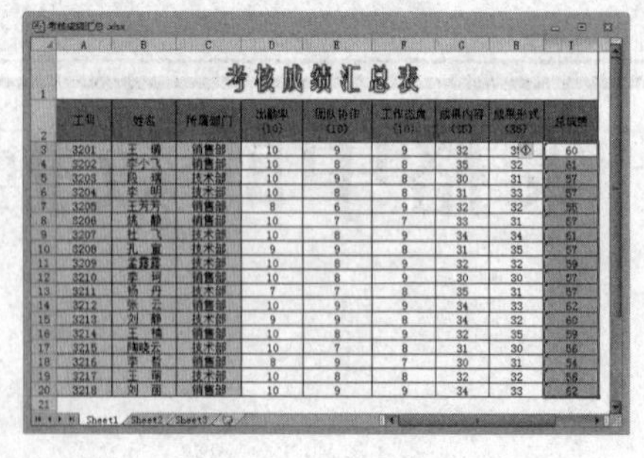

考核成绩汇总表

工号	姓名	所属部门	出勤率(10)	团队协作(10)	工作态度(10)	成果内容(35)	成果形式(35)	总成绩
3201	王璃	销售部	10	9	9	32	3	60
3202	李小飞	销售部	10	8	8	35	32	61
3203	段瑞	技术部	10	9	8	30	31	57
3204	李明	技术部	10	8	8	31	33	57
3205	王芳芳	销售部	8	6	9	32	32	55
3206	姚静	销售部	10	7	7	33	31	57
3207	杜飞	技术部	10	8	9	34	34	61
3208	孔富	技术部	9	9	8	31	35	57
3209	孟露露	技术部	10	8	9	32	32	59
3210	李珂	销售部	10	8	9	30	30	57
3211	杨丹	技术部	7	7	8	35	31	57
3212	张云	销售部	10	9	9	34	33	62
3213	刘静	技术部	9	9	8	34	32	60
3214	王楠	销售部	10	8	9	32	35	59
3215	陶晓云	技术部	10	7	8	31	30	56
3216	李哲	销售部	8	9	7	30	31	54
3217	王丽	技术部	10	8	8	32	32	58
3218	刘丽	销售部	10	9	9	34	33	62

图 7-1　选中单元格区域

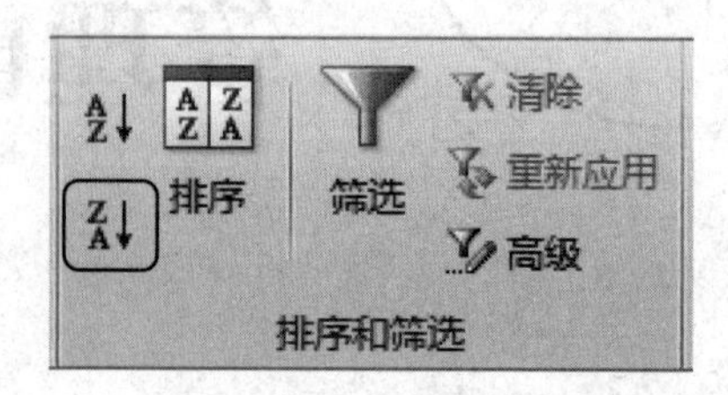

图 7-2　单击【降序】按钮

(3) 打开【排序提醒】对话框，选中【扩展选定区域】单选按钮，然后单击【排序】按钮，如图 7-3 所示。

知识点

在【排序警告】对话框中选中【以当前选定区域排序】单选按钮，然后单击【排序】按钮，Excel 2010 只会将选定区域排序，而其他位置的单元格保持不变。这里排序的数据与数据的记录不是对应的。

(4) 返回工作簿窗口，此时，在工作表中显示排序后的数据，即按照总成绩从高到低的顺序重新排列，如图 7-4 所示。

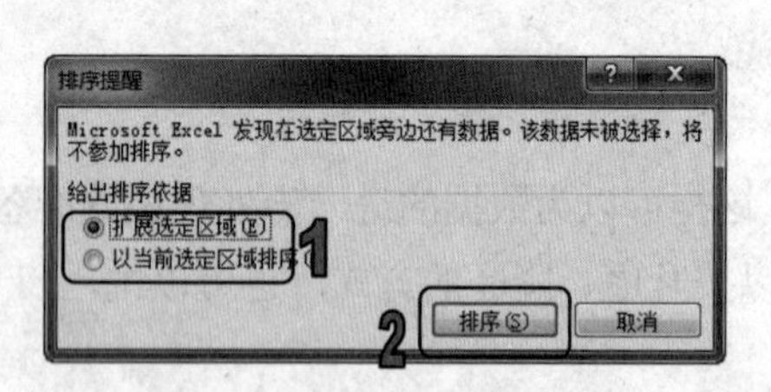

图 7-3　【排序提醒】对话框

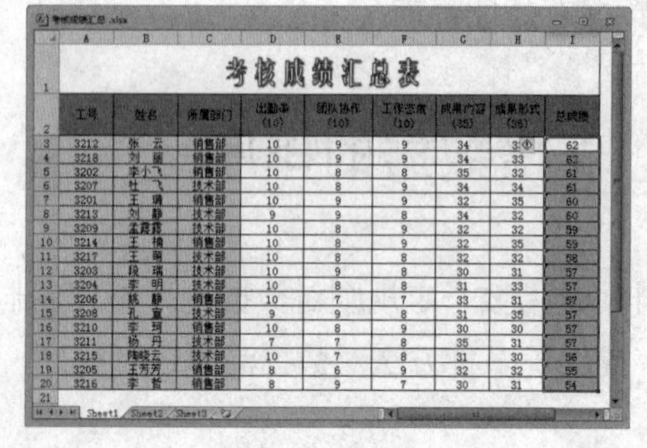

考核成绩汇总表

工号	姓名	所属部门	出勤率(10)	团队协作(10)	工作态度(10)	成果内容(35)	成果形式(35)	总成绩
3212	张云	销售部	10	9	9	34	3	62
3218	刘丽	销售部	10	9	9	34	33	62
3202	李小飞	销售部	10	8	8	35	32	61
3207	杜飞	技术部	10	8	9	34	34	61
3201	王璃	销售部	10	9	9	32	35	60
3213	刘静	技术部	9	9	8	34	32	60
3209	孟露露	技术部	10	8	9	32	32	59
3214	王楠	销售部	10	8	9	32	35	59
3217	王丽	技术部	10	8	8	32	32	58
3203	段瑞	技术部	10	9	8	30	31	57
3204	李明	技术部	10	8	8	31	33	57
3206	姚静	销售部	10	7	7	33	31	57
3208	孔富	技术部	9	9	8	31	35	57
3210	李珂	销售部	10	8	9	30	30	57
3211	杨丹	技术部	7	7	8	35	31	57
3215	陶晓云	技术部	10	7	8	31	30	56
3205	王芳芳	销售部	8	6	9	32	32	55
3216	李哲	销售部	8	9	7	30	31	54

图 7-4　降序排序数据

7.1.2　多条件排序数据

在使用快速排序时，只能使用一个排序条件，可能会出现表格中的数据仍然没有达到用户的排序需求。但如果能够设置多个排序条件，当排序值相等时，就可以参考第二个排序条件进行排序。

【例 7-2】在【考核成绩汇总】工作簿中，按总成绩额从高到低排序表格数据，如果总成绩相

同，则按工号从低到高排序。

(1) 启动 Excel 2010 应用程序，打开【考核成绩汇总】工作簿的 Sheet1 工作表。

(2) 选择 【数据】选项卡，在【排序和筛选】组中，单击【排序】按钮，如图 7-5 所示。

(3) 打开【排序】对话框，在【主要关键字】下拉列表框中选择【总成绩】选项，在【排序依据】下拉列表框中选择【数值】选项，在【次序】下拉列表框中选择【降序】选项，然后单击【添加条件】按钮，如图 7-6 所示。

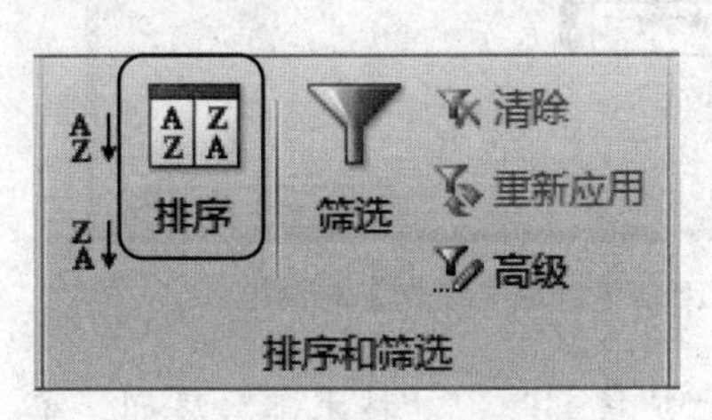

图 7-5　单击【排序】按钮

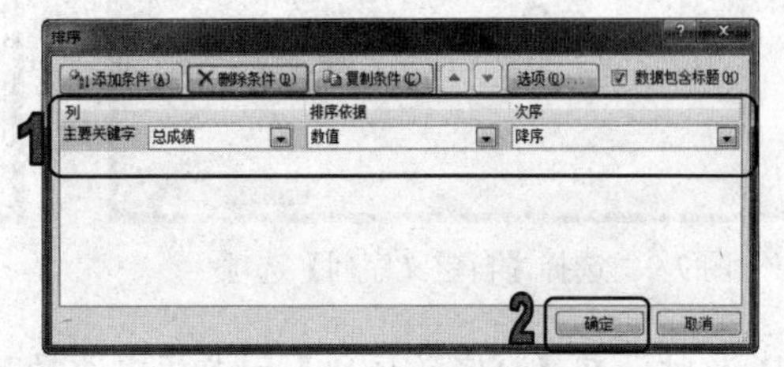

图 7-6　【排序】对话框

(4) 此时添加新的排序条件，在【次要关键字】下拉列表框中选择【工号】选项，在【排序依据】下拉列表框中选择【数值】选项，在【次序】下拉列表框中选择【升序】选项，单击【确定】按钮，如图 7-7 所示。

(5) 返回工作簿窗口，即可按照多个条件对表格中的数据进行排序，如图 7-8 所示。

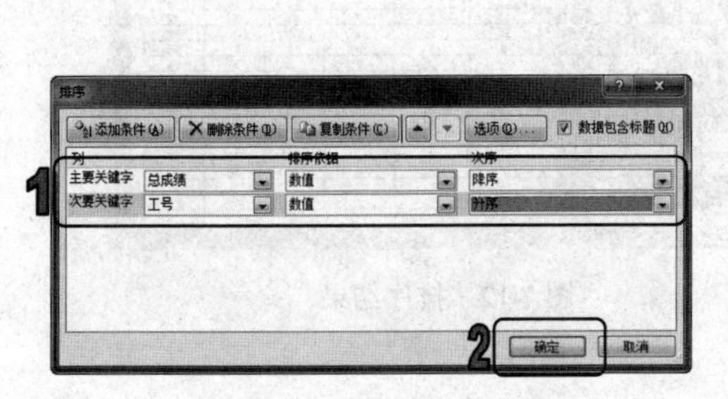

图 7-7　添加新的排序条件

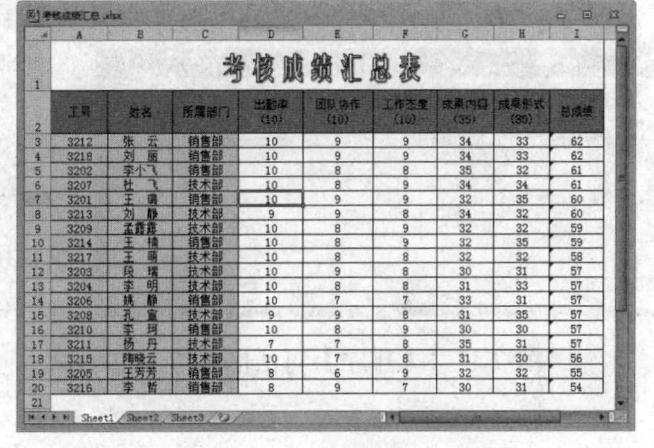

考核成绩汇总表

工号	姓名	所属部门	出勤率(10)	团队协作(10)	工作态度(10)	成果内容(35)	成果形式(35)	总成绩
3212	张　云	销售部	10	9	9	34	33	62
3218	刘　丽	销售部	10	9	9	34	33	62
3202	李小飞	销售部	10	8	8	35	32	61
3207	杜　飞	技术部	10	8	9	34	34	61
3201	王　璐	销售部	10	9	9	32	35	60
3213	刘　静	技术部	9	9	8	34	32	60
3209	孟霏霏	技术部	10	8	9	32	32	59
3214	王　楠	销售部	10	8	9	32	35	59
3217	王　萌	技术部	10	8	8	32	32	58
3203	段　瑞	技术部	10	9	8	30	31	57
3204	李　明	技术部	10	8	8	31	33	57
3206	姚　静	销售部	10	7	7	33	31	57
3208	孔　宣	技术部	9	9	8	31	35	57
3210	李　珂	销售部	10	8	9	30	30	57
3211	杨　丹	技术部	7	7	8	35	31	57
3215	陶晓云	技术部	10	7	8	31	30	56
3205	王芳芳	销售部	8	6	9	32	32	55
3216	李　哲	销售部	8	9	7	30	31	54

图 7-8　排序结果

7.1.3　自定义排序数据

Excel 2010 还允许用户对数据进行自定义排序，通过【自定义序列】对话框可以对排序的依据进行设置。

【例 7-3】在【考核成绩汇总】工作簿中进行自定义排序。

(1) 启动 Excel 2010 应用程序，打开【考核成绩汇总】工作簿的 Sheet1 工作表。

(2) 选择 【数据】选项卡，在【排序和筛选】组中，单击【排序】按钮，打开【排序】对话框，在【主要关键字】下拉列表框中选择【所属部门】选项，在【次序】下拉列表框中选择【自定义序列】选项，如图 7-9 所示。

(3) 打开【自定义序列】对话框，在【输入序列】列表框中输入自定义序列内容“销售部”和“技术部”，然后单击【添加】按钮，如图 7-10 所示。

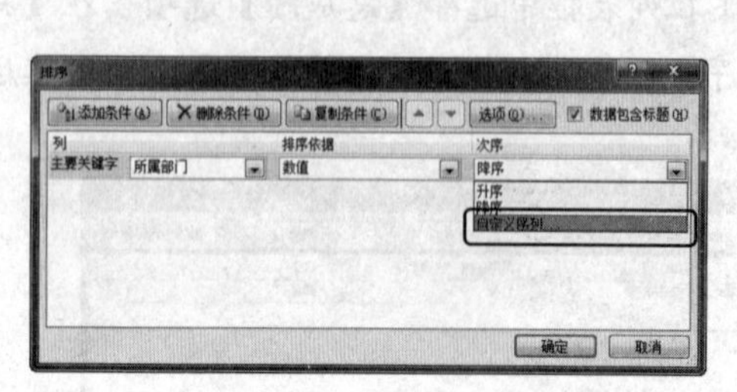

图 7-9　选择【自定义序列】选项

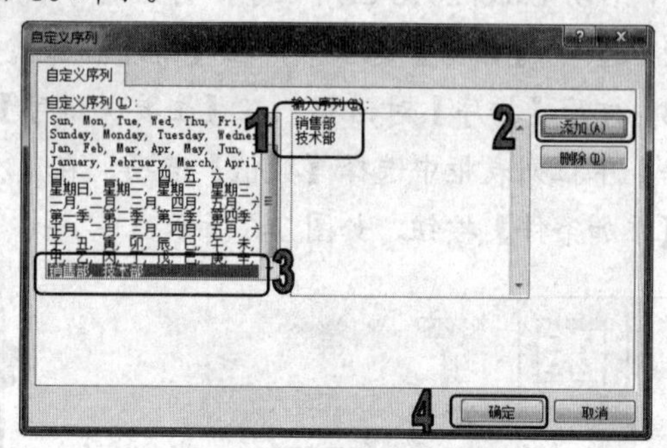

图 7-10　【自定义序列】对话框

(4) 此时，在【自定义序列】列表框中选择刚添加的“销售部”、“技术部”序列，单击【确定】按钮，完成自定义序列操作。

(5) 返回【排序】对话框，如图 7-11 所示。单击【确定】按钮，此时工作表数据将以所属部门“销售部”在前、“技术部”在后的顺序进行排序，如图 7-12 所示。

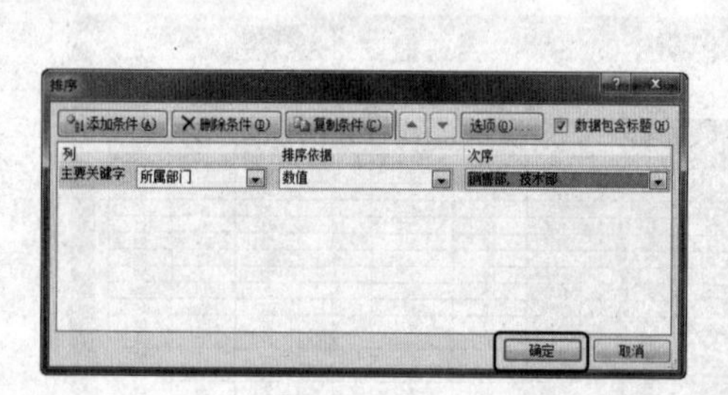

图 7-11　【排序】对话框

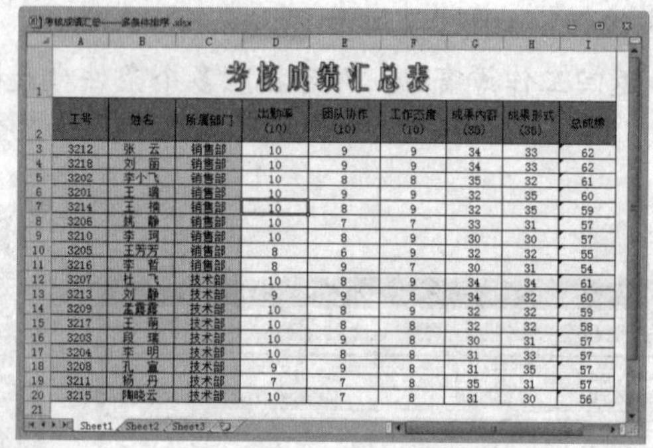

图 7-12　排序结果

7.2　表格数据的筛选

筛选是一种用于查找数据的快速方法。经过筛选后的数据清单只显示包含指定条件的数据行，以供浏览、分析之用。

7.2.1　快速筛选数据

使用 Excel 2010 自带的筛选功能，可以快速筛选表格中的数据。筛选为用户提供了从具有大量记录的数据清单中快速查找符合某种条件记录的功能。使用筛选功能筛选数据时，字段名称将变成一个下拉列表框的框名。

【例 7-4】在“考核成绩汇总”工作簿中自动筛选出总成绩最高的 3 条记录。

(1) 启动 Excel 2010 程序，打开【考核成绩汇总】工作簿的 Sheet1 工作表。

(2) 选择【数据】选项卡，在【排序和筛选】组中单击【筛选】按钮，如图 7-13 所示。

(3) 此时，电子表格进入筛选模式，列标题单元格中添加用于设置筛选条件的下拉菜单按钮，如图 7-14 所示。

图 7-13　单击【筛选】按钮

考核成绩汇总表

工号	姓名	所属部门	出勤率(10)	团队协作(10)	工作态度(10)	成果内容(35)	成果形式(35)	总成绩
3212	张　云	销售部	10	9	9	34	33	62
3218	刘　丽	销售部	10	9	8	34	33	61
3202	李小飞	销售部	10	8	8	35	32	61
3201	王　璐	销售部	10	9	9	32	35	60
3214	王　楠	销售部	10	8	9	32	35	59
3206	姚　静	销售部	10	7	7	33	31	57
3210	李　珂	销售部	10	8	9	30	30	57
3205	王芳芳	销售部	8	6	9	32	32	55
3216	李　哲	销售部	8	9	7	30	31	54

图 7-14　出现下拉菜单按钮

(4) 单击【总成绩】单元格旁边的下拉菜单按钮，在弹出的菜单中选择【数字筛选】|【10 个最大的值】命令，如图 7-15 所示。

(5) 打开【自动筛选前 10 个】对话框，在【最大】右侧的微调框中输入 3，然后单击【确定】按钮，如图 7-16 所示。

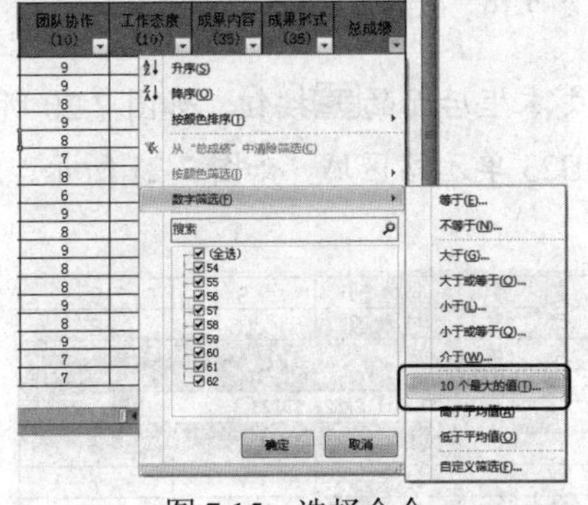

图 7-15　选择命令

图 7-16　设置自动筛选数据数量

(6) 返回工作簿窗口，即可筛选出考核总成绩最高的 3 条记录，即分数最高的 3 个员工的信息，如图 7-17 所示。

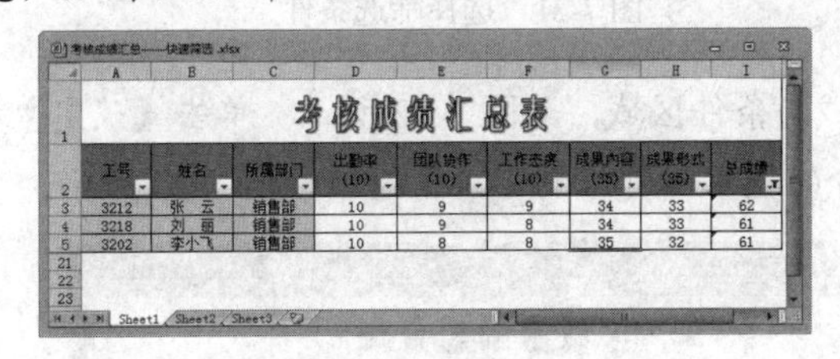

考核成绩汇总表

工号	姓名	所属部门	出勤率(10)	团队协作(10)	工作态度(10)	成果内容(35)	成果形式(35)	总成绩
3212	张　云	销售部	10	9	9	34	33	62
3218	刘　丽	销售部	10	9	8	34	33	61
3202	李小飞	销售部	10	8	8	35	32	61

图 7-17　筛选结果

提示

对于筛选出满足条件的记录，可以继续使用排序功能对其进行排序。

7.2.2　高级筛选数据

对筛选条件较多的情况，可以使用高级筛选功能来处理。使用高级筛选功能，必须先建立一个条件区域，用来指定筛选的数据所需满足的条件。条件区域的第 1 行是所有作为筛选条件的字段名，这些字段名与数据清单中的字段名必须完全一致。条件区域的其他行则是筛选条件。需要注意的是，条件区域和数据清单不能连接，必须用一个空行将其隔开。

【例 7-5】在“考核成绩汇总”工作簿中使用高级筛选功能筛选出总成绩低于 58 分的技术部员工的记录。

(1) 启动 Excel 2010 程序，打开【考核成绩汇总】工作簿的 Sheet1 工作表。

(2) 在 A22:B23 单元格区域中输入筛选条件，要求【所属部门】等于“技术部”，【总成绩】小于 58，如图 7-18 所示。

(3) 在工作表中选择 A2:I20 单元格区域，然后打开【数据】选项卡，在【排序和筛选】组中单击【高级】按钮，如图 7-19 所示。

18	3208	孔　宣	技术部
19	3211	杨　丹	技术部
20	3215	陶晓云	技术部
21			
22	所属部门	总成绩	
23	技术部	<58	
24			

图 7-18　输入筛选条件

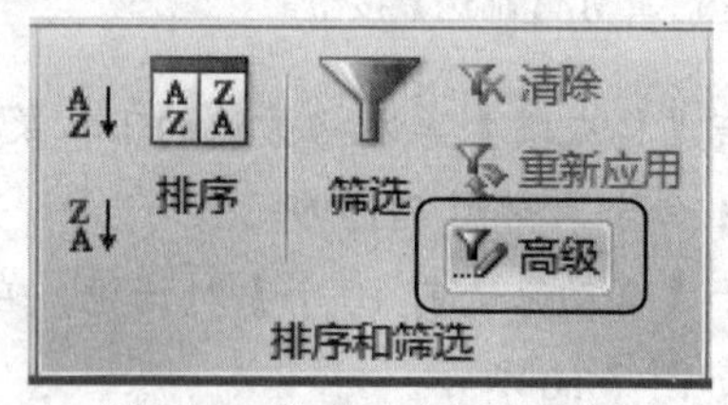

图 7-19　单击【高级】按钮

(4) 打开【高级筛选】对话框，单击【条件区域】文本框后面的按钮，如图 7-20 所示。

(5) 返回工作簿窗口，选择所输入筛选条件的 A22:B23 单元格区域，如图 7-21 所示。然后单击按钮展开【高级筛选】对话框。

图 7-20　【高级筛选】对话框

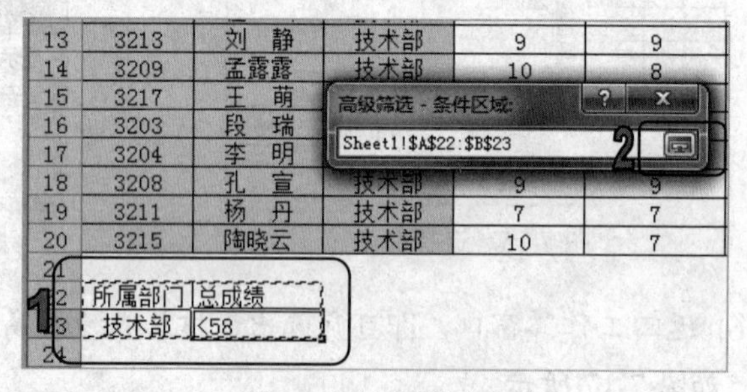

图 7-21　选择筛选条件

(6) 在其中可以查看和设置选定的列表区域与条件区域，如图 7-22 所示。单击【确定】按钮，返回工作簿窗口，筛选出总成绩低于 58 分的技术部员工的记录，结果如图 7-23 所示。

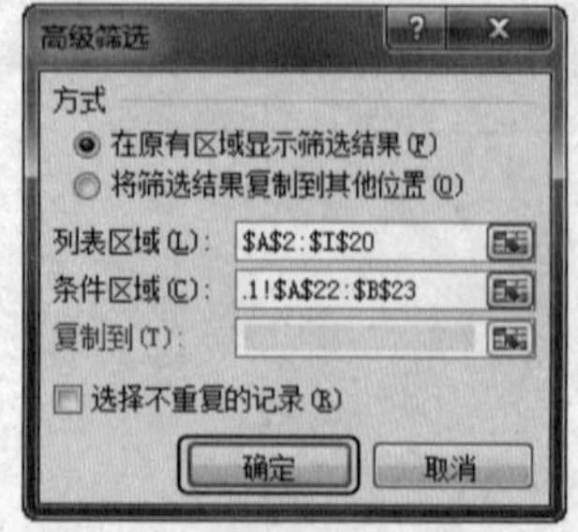

图 7-22　单击【确定】按钮

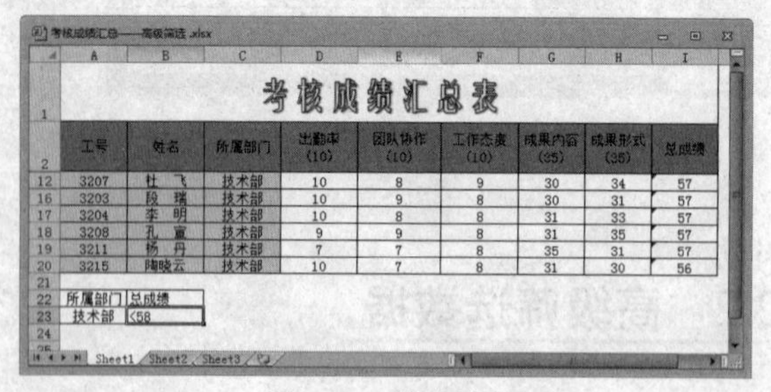

图 7-23　筛选结果

7.2.3 模糊筛选数据

有时筛选数据的条件可能不够精确，只知道其中某一个字或内容。用户可以用通配符来模糊筛选表格内的数据。Excel 通配符为*和？，*代表 0 到任意多个连续字符，？代表仅且一个字符。通配符只能用于文本型数据，对数值和日期型数据无效。

【例 7-6】在“考核成绩汇总”工作簿中筛选出姓“王”且名字是两个字的员工记录。

(1) 启动 Excel 2010 程序，打开【考核成绩汇总】工作簿的 Sheet1 工作表。选中任意一个单元格，单击【数据】选项卡中的【筛选】按钮，使表格进入筛选模式。

(2) 单击 B2 单元格中的下拉箭头，在弹出的菜单中选择【文本筛选】|【自定义筛选】命令，如图 7-24 所示。

(3) 打开【自定义自动筛选方式】对话框，选择条件类型为【等于】，后面的文本框内输入“王？”，然后单击【确定】按钮，如图 7-25 所示。

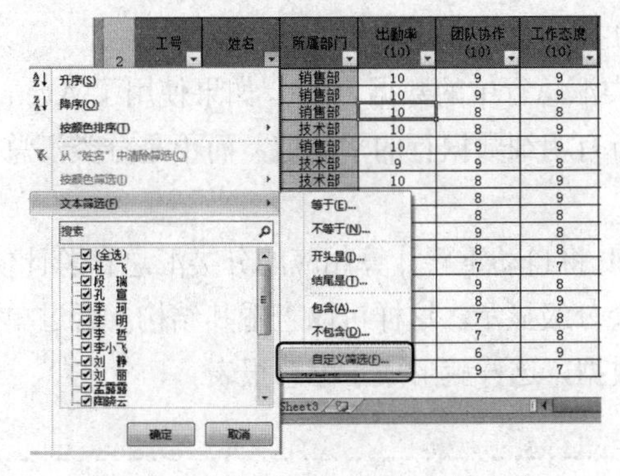

图 7-24　选择【自定义筛选】命令

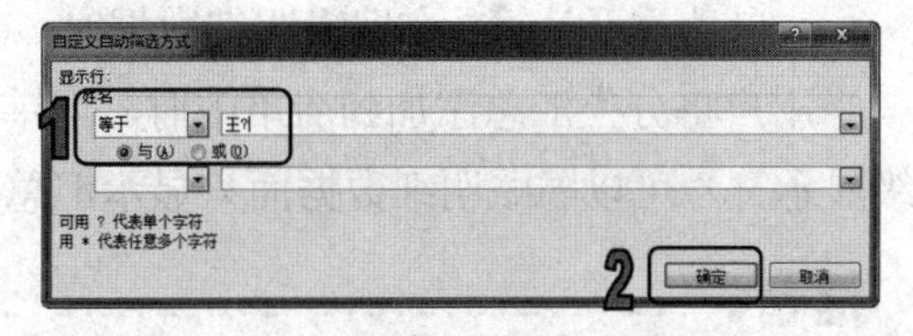

图 7-25　设置筛选条件

(4) 返回工作簿，此时筛选的结果如图 7-26 所示。如果要清除各类筛选操作，重新显示电子表格的全部内容，则在【数据】选项卡的【排序和筛选】组中单击【清除】按钮即可，如图 7-27 所示。

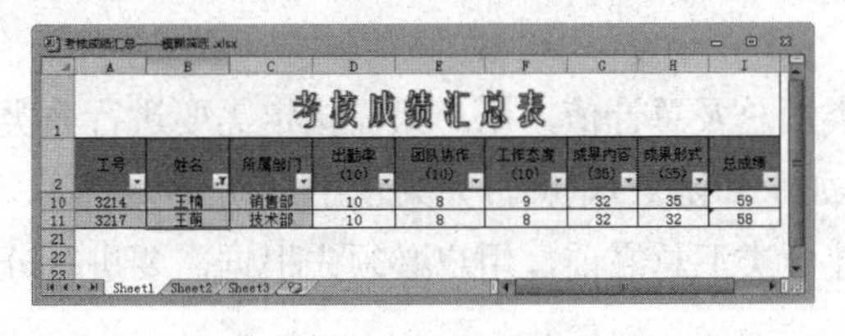

图 7-26　筛选结果

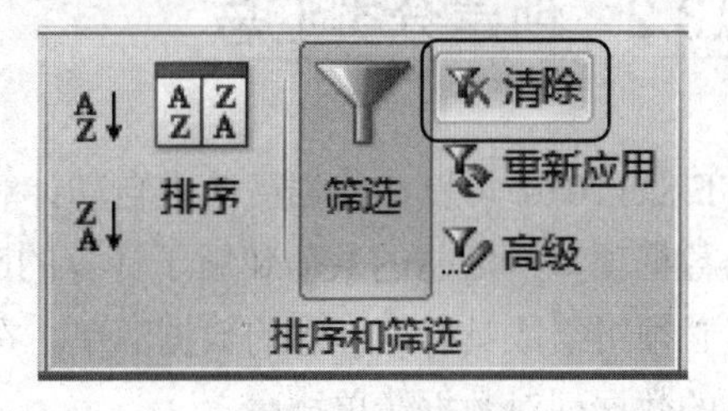

图 7-27　清除操作

7.3 表格数据的分类汇总

分类汇总是对数据清单进行数据分析的一种方法。分类汇总对数据库中指定的字段进行分类，然后统计同一类记录的有关信息。统计的内容可以由用户指定，也可以统计同一类记录的条数，还可以对某些数值段求和、求平均值、求极值等。

7.3.1 分类汇总概述

Excel 可自动计算数据清单中的分类汇总和总计值。当插入自动分类汇总时，Excel 将分级显示数据清单，以便为每个分类汇总显示和隐藏明细数据行。

若要插入分类汇总，请先将数据清单排序，以便将要进行分类汇总的行组合到一起。然后，为包含数字的列计算分类汇总。如果数据不是以数据清单的形式来组织，或者只需单个的汇总，则可使用【自动求和】，而不是使用自动分类汇总。

分类汇总的计算方法有分类汇总、总计和自动重新计算：

- 分类汇总：Excel 使用诸如 Sum 或 Average 等汇总函数进行分类汇总计算。在一个数据清单中可以一次使用多种计算来显示分类汇总。
- 总计：总计值来自于明细数据，而不是分类汇总行中的数据。例如，如果使用了 Average 汇总函数，则总计行将显示数据清单中所有明细数据行的平均值，而不是分类汇总行中汇总值的平均值。
- 自动重新计算：在编辑明细数据时，Excel 将自动重新计算相应的分类汇总和总计值。

当用户将分类汇总添加到清单中时，清单就会分级显示，这样可以查看其结构。通过单击分级显示符号可以隐藏明细数据而只显示汇总的数据，这样就形成了汇总报表。

提示

确保要分类汇总的数据为数据清单的格式：第一行的每一列都有标志，并且同一列中应包含相似的数据，在数据清单中不应有空行或空列。

7.3.2 创建分类汇总

Excel 2010 可以在数据清单中自动计算分类汇总及总计值，用户只需指定需要进行分类汇总的数据项、待汇总的数值和用于计算的函数(如求和函数)即可。如果使用自动分类汇总，工作表必须组织成具有列标志的数据清单。在创建分类汇总之前，用户必须先根据需要进行分类汇总的数据列对数据清单排序。

【例 7-7】在“学生成绩表”工作簿中，将数据按班级排序后分类，并汇总各班级的平均成绩。

(1) 启动 Excel 2010 程序，打开“学生成绩表”工作簿的 Sheet1 工作表。

(2) 选定【班级】列，选择【数据】选项卡，在【排序和筛选】组中单击【升序】按钮，如图 7-28 所示。

(3) 打开【排序提醒】对话框，保持默认设置，单击【排序】按钮，对工作表按【班级】进行升序排序，效果如图 7-29 所示。

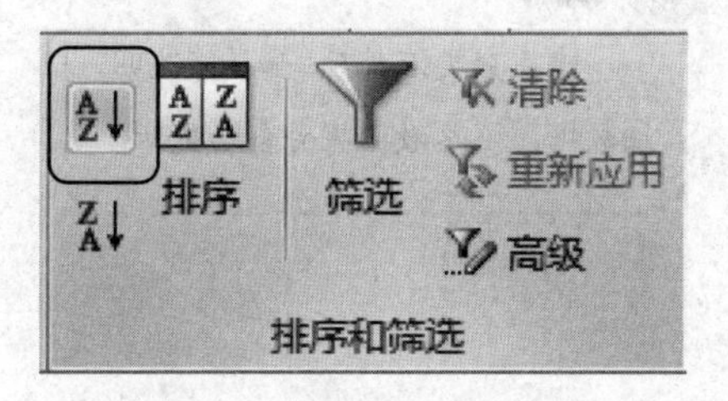

图 7-28　单击【升序】按钮

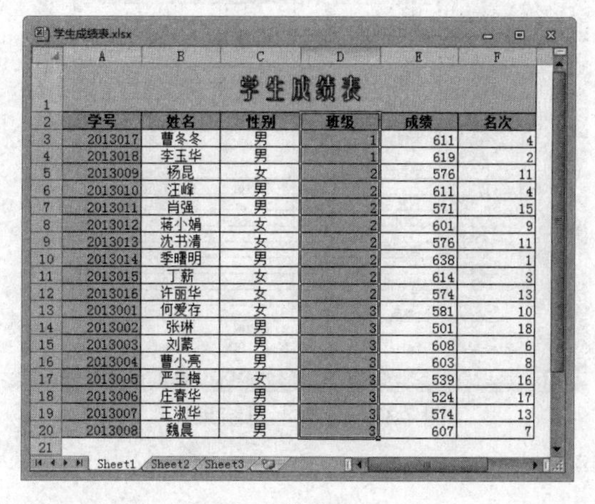

学生成绩表

学号	姓名	性别	班级	成绩	名次
2013017	曹冬冬	男	1	611	4
2013018	李玉华	男	1	619	2
2013009	杨昆	女	2	576	11
2013010	汪峰	男	2	611	4
2013011	肖强	男	2	571	15
2013012	蒋小娟	女	2	601	9
2013013	沈书清	女	2	576	11
2013014	季曙明	男	2	638	1
2013015	丁薪	女	2	614	3
2013016	许丽华	女	2	574	13
2013001	何爱存	女	3	581	10
2013002	张琳	男	3	501	18
2013003	刘蒙	男	3	608	6
2013004	曹小亮	男	3	603	8
2013005	严玉梅	女	3	539	16
2013006	庄春华	男	3	524	17
2013007	王淑华	男	3	574	13
2013008	魏晨	男	3	607	7

图 7-29　排序结果

提示

在分类汇总前，建议用户首先对数据进行排序操作，使得分类字段的同类数据排列在一起，否则在执行分类汇总操作后，Excel 只会对连续相同的数据进行汇总。

(4) 选定任意一个单元格，选择【数据】选项卡，在【分级显示】组中单击【分类汇总】按钮，如图 7-30 所示。

(5) 打开【分类汇总】对话框，在【分类字段】下拉列表框中选择【班级】选项；在【汇总方式】下拉列表框中选择【平均值】选项；在【选定汇总项】列表框中选中【成绩】复选框；分别选中【替换当前分类汇总】与【汇总结果显示在数据下方】复选框，如图 7-31 所示。

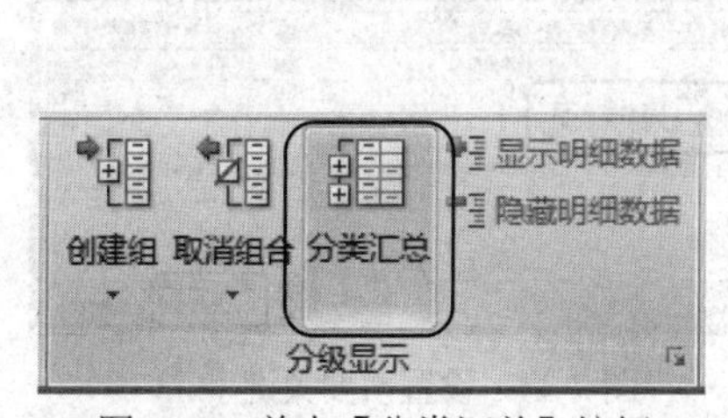

图 7-30　单击【分类汇总】按钮

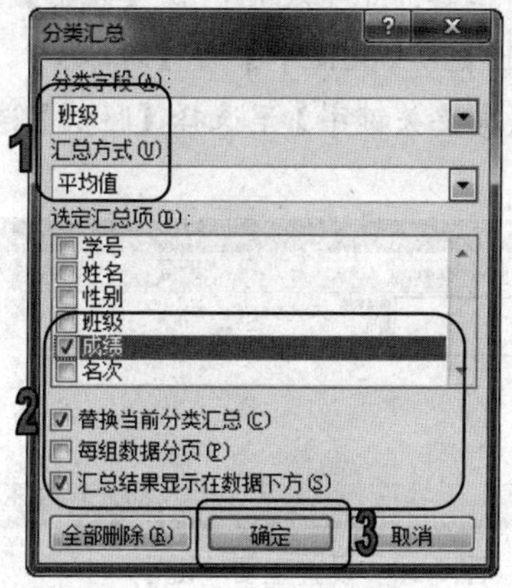

图 7-31　【分类汇总】对话框

(6) 设置完成后单击【确定】按钮，返回工作簿窗口，即可查看表格分类汇总后的效果，如图 7-32 所示。

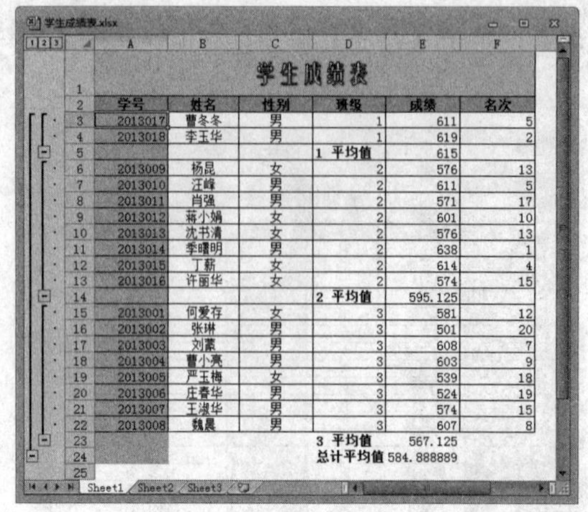

学生成绩表.xlsx

学号	姓名	性别	班级	成绩	名次
2013017	曹冬冬	男	1	611	5
2013018	李玉华	男	1	619	2
			1 平均值	615	
2013009	杨昆	女	2	576	13
2013010	汪峰	男	2	611	5
2013011	肖强	男	2	571	17
2013012	蒋小娟	女	2	601	10
2013013	沈书清	女	2	576	13
2013014	季曙明	男	2	638	1
2013015	丁薪	女	2	614	4
2013016	许丽华	女	2	574	15
			2 平均值	595.125	
2013001	何爱存	女	3	581	12
2013002	张琳	男	3	501	20
2013003	刘蓄	男	3	608	7
2013004	曹小亮	男	3	603	9
2013005	严玉梅	女	3	539	18
2013006	庄春华	男	3	524	19
2013007	王淑华	男	3	574	15
2013008	魏晨	男	3	607	8
			3 平均值	567.125	
			总计平均值	584.888889	

图 7-32　分类汇总结果

提示

建立分类汇总后，如果修改明细数据，汇总数据将会自动更新。

7.3.3　多重分类汇总

在 Excel 2010 中，有时需要同时按照多个分类项来对表格数据进行汇总计算，此时的多重分类汇总需要遵循以下 3 个原则：

- 先按分类项的优先级别顺序对表格中相关字段排序。
- 按分类项的优先级顺序多次执行【分类汇总】命令，并设置详细参数。
- 从第二次执行【分类汇总】命令开始，需要取消选中【分类汇总】对话框中的【替换当前分类汇总】复选框。

【例 7-8】在“学生成绩表”工作簿中分别对每个班级的男女成绩进行汇总。

(1) 启动 Excel 2010 应用程序，打开“学生成绩表”工作簿的 Sheet1 工作表。

(2) 选中任意一个单元格，在【数据】选项卡内单击【排序】按钮，在弹出的【排序】对话框中，选中【主要关键字】为【班级】，然后单击【添加条件】按钮，如图 7-33 所示。

(3) 在【次要关键字】里选择【性别】选项，然后单击【确定】按钮，完成排序，如图 7-34 所示。

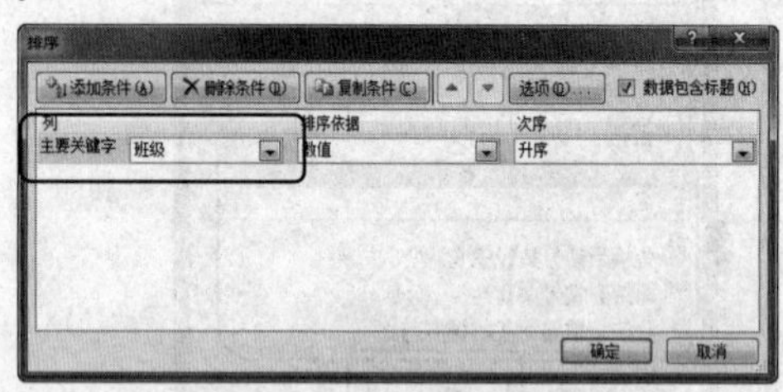

图 7-33　设置主要关键字

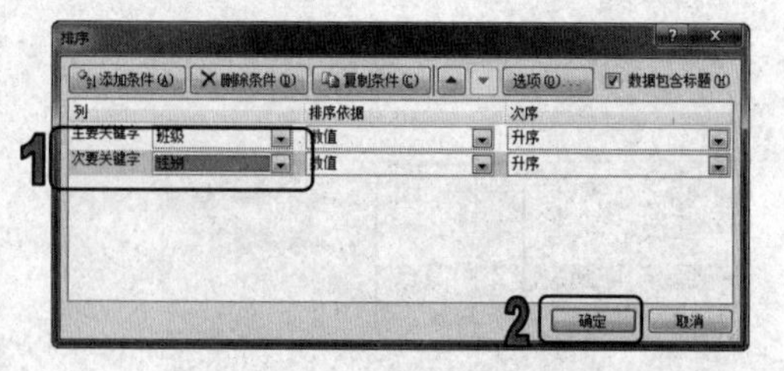

图 7-34　设置次要关键字

(4) 单击【数据】选项卡中的【分类汇总】按钮，打开【分类汇总】对话框，选择【分类字段】为【班级】，【汇总方式】为【求和】，选中【选定汇总项】的【成绩】复选框，然后单击【确定】按钮，如图 7-35 所示。

(5) 此时完成第一次汇总，表格效果如图 7-36 所示。

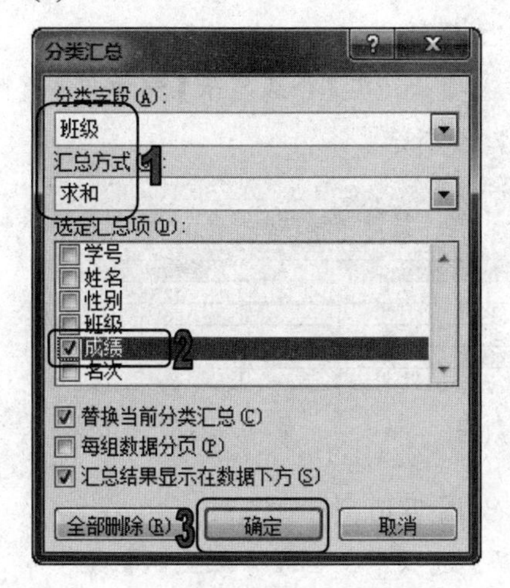

图 7-35　【分类汇总】对话框

图 7-36　第一次汇总结果

(6) 再次单击【数据】选项卡中的【分类汇总】按钮，打开【分类汇总】对话框，选择【分类字段】为【性别】，汇总方式为【求和】，选中【选定汇总项】的【成绩】复选框，取消选中【替换当前分类汇总】复选框，然后单击【确定】按钮，如图 7-37 所示。

(7) 此时表格同时根据【班级】和【性别】两个分类字段进行了汇总，单击【分级显示控制按钮】中的 3，即可得到各个班级的男女成绩汇总，表格效果如图 7-38 所示。

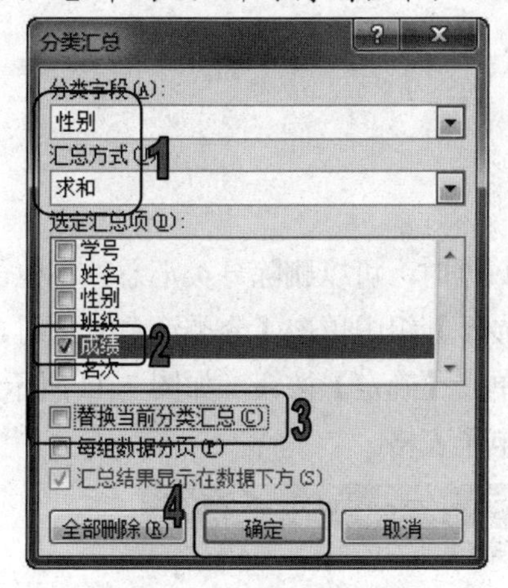

图 7-37　第二次分类汇总

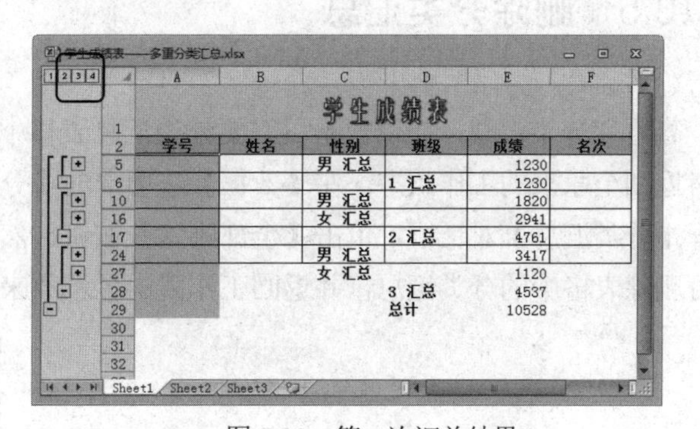

图 7-38　第二次汇总结果

7.3.4　隐藏分类汇总

为了方便查看数据，可将分类汇总后暂时不需要使用的数据隐藏起来，减小界面的占用空间。当需要查看隐藏的数据时，再将其显示。

【例 7-9】在“学生成绩表”工作簿中隐藏除总计外的所有分类数据，然后显示 2 班的详细数据。

(1) 启动 Excel 2010 应用程序，打开“学生成绩表”工作簿的 Sheet1 工作表。

(2) 选定【1 汇总】所在的 D6 单元格，选择【数据】选项卡，在【分级显示】组中单击【隐藏明细数据】按钮，即可隐藏 1 班的详细记录，如图 7-39 所示。

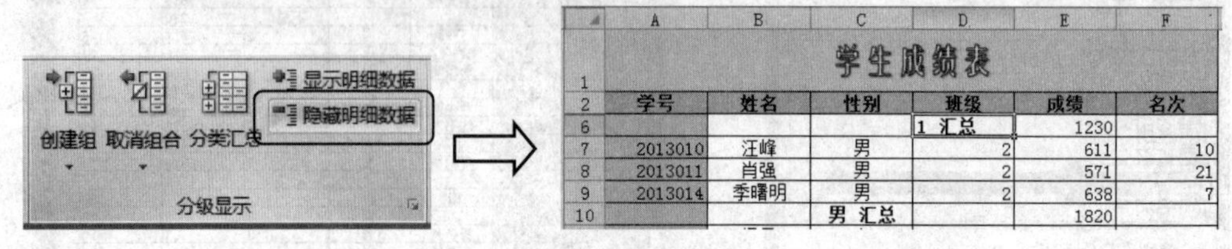

图 7-39　隐藏 1 班的明细数据

(3) 使用同样的方法，隐藏 2 班和 3 班的详细记录，如图 7-40 所示。

(4) 选定【2 汇总】所在的 D17 单元格，打开【数据】选项卡，在【分级显示】组中单击【显示明细数据】按钮，即可重新显示 2 班的详细数据，如图 7-41 所示。

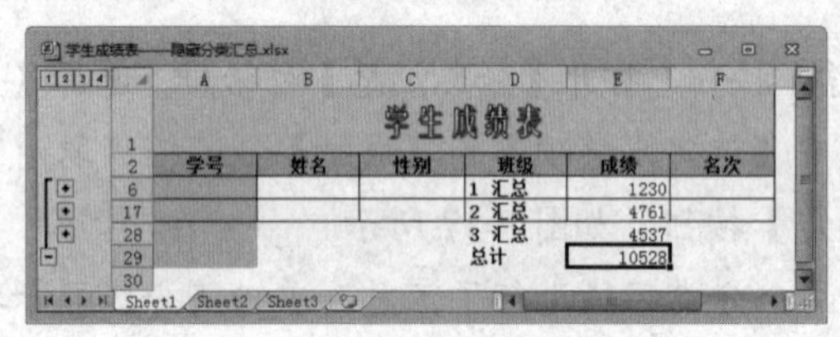

图 7-40　隐藏 2 班和 3 班明细数据

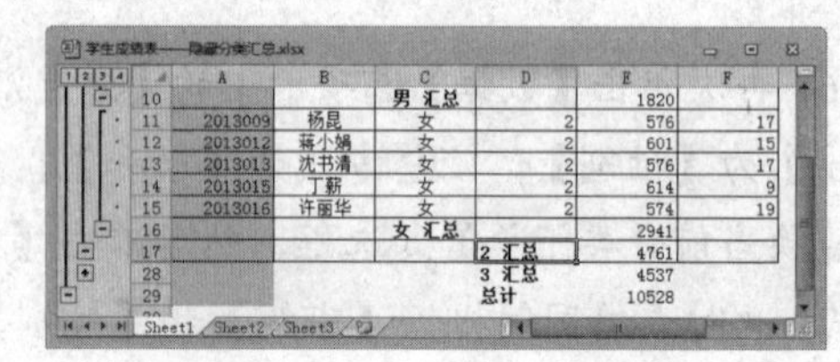

图 7-41　显示 2 班明细数据

7.3.5　删除分类汇总

查看完分类汇总，当用户不再需要分类汇总表格中的数据时，可以删除分类汇总，将电子表格返回至原来的工作状态。在【数据】选项卡的【分级显示】组中单击【分类汇总】按钮。打开【分类汇总】对话框，单击【全部删除】按钮，然后单击【确定】按钮，如图 7-42 所示，即可删除表格中的分类汇总，并返回工作簿中显示原来的电子表格。

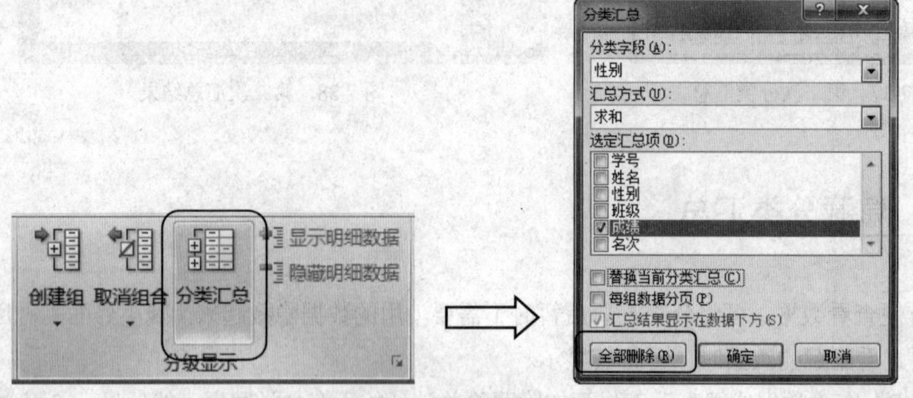

图 7-42　删除分类汇总

7.4 数据有效性管理

数据有效性主要是用来限制单元格中输入数据的类型和范围，以防用户输入无效的数据。此外还可以使用数据有效性定义帮助信息，或圈释无效数据等。

7.4.1 设置数据有效性

用户可以在选中单元格之后，单击【数据】选项卡里的【数据工具】组中的【数据有效性】按钮，打开【数据有效性】对话框，可以在该对话框中进行数据有效性的相关设置，如图 7-43 所示。

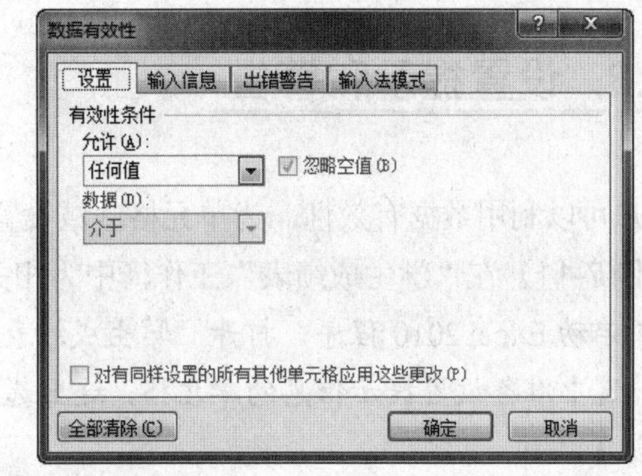

图 7-43　打开【数据有效性】对话框

【例 7-10】在“学生成绩表”工作簿中添加【联系电话(手机)】列，并将单元格中输入的数据限定为 11 位的手机号码。

(1) 启动 Excel 2010 程序，打开【学生成绩表】工作簿的 Sheet1 工作表，在表格中添加“联系电话（手机）”列，然后选中 G3:G20 单元格区域，如图 7-44 所示。

(2) 在【数据】选项卡中单击【数据有效性】按钮，打开【数据有效性】对话框，在【允许】下拉列表中选择【整数】，在【数据】下拉列表中选择【介于】，在【最小值】文本框中输入 13000000000，在【最大值】文本框中输入 19999999999，如图 7-45 所示。

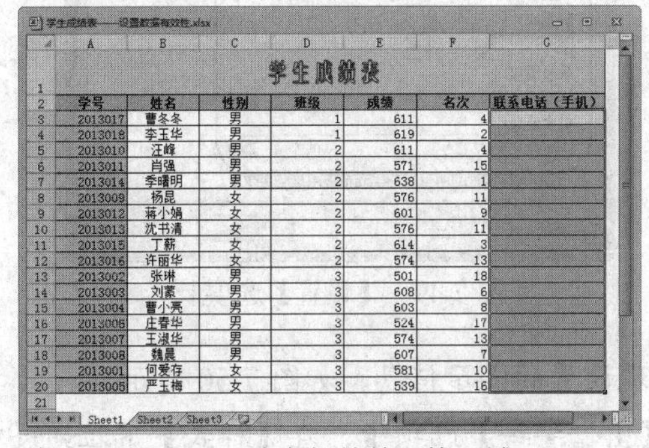

学生成绩表

学号	姓名	性别	班级	成绩	名次	联系电话（手机）
2013017	曹冬冬	男	1	611	4	
2013018	李玉华	男	1	619	2	
2013010	汪峰	男	2	611	4	
2013011	肖强	男	2	571	15	
2013014	季曙明	男	2	638	1	
2013009	杨昆	女	2	576	11	
2013012	蒋小娟	女	2	601	9	
2013013	沈书清	女	2	576	11	
2013015	丁薪	女	2	614	3	
2013016	许丽华	女	2	574	13	
2013002	张琳	男	3	501	18	
2013003	刘蒙	男	3	608	6	
2013004	曹小亮	男	3	603	8	
2013006	庄春华	男	3	524	17	
2013007	王淑华	男	3	574	13	
2013008	魏晨	男	3	607	7	
2013001	何爱存	女	3	581	10	
2013005	严玉梅	女	3	539	16	

图 7-44　选中相关单元格区域

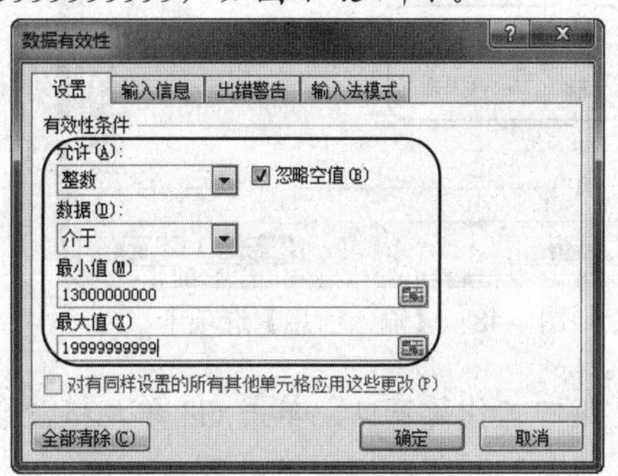

图 7-45　设置参数

(3) 单击【确定】按钮，完成设置。此时，如果在 G3:G20 单元格区域里输入不符合要求的数字，如在 G3 单元格内输入 123456，如图 7-46 所示。

(4) 由于该单元格被限制在整数 11 位数，所以会弹出提示框，表示输入值非法，无法输入该数值。这里单击【取消】按钮即可取消刚才输入的数值，如图 7-47 所示。

E	F	G
绩表		
成绩	名次	联系电话（手机）
611	4	123456
619	2	
611	4	
571	15	

图 7-46　输入 6 位数字

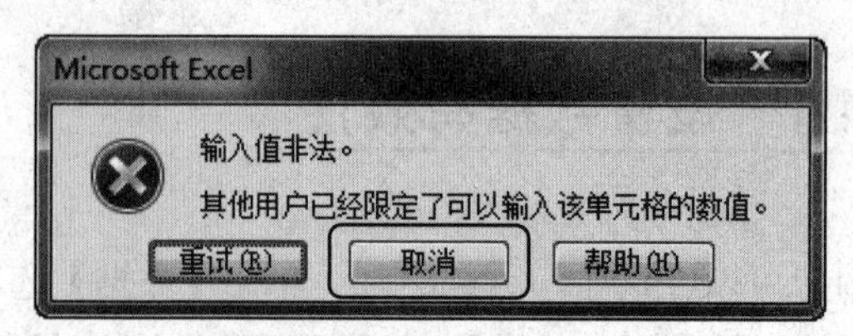

图 7-47　单击【取消】按钮

7.4.2　设置提示和警告

用户可以利用数据有效性，为单元格区域设置输入信息提示，或者自定义警告提示内容。

【例 7-11】在“学生成绩表”工作簿中为相关单元格设置提示警告内容。

(1) 启动 Excel 2010 程序，打开“学生成绩表”工作簿的 Sheet1 工作表。

(2) 选中准备设置提示信息的单元格，这里选定 G3 单元格，单击【数据】选项卡中的【数据有效性】按钮。

(3) 打开【数据有效性】对话框，选择【输入信息】选项卡，在【标题】编辑框中输入提示信息的标题“提示:”，在【输入信息】框中输入提示信息的内容“请输入正确的手机号码!”，操作界面如图 7-48 所示。

(4) 选择【设置】选项卡，在【允许】下拉列表中选择【整数】，在【数据】下拉列表中选择【介于】，在【最小值】文本框中输入 13000000000，在【最大值】文本框中输入 19999999999，如图 7-49 所示。

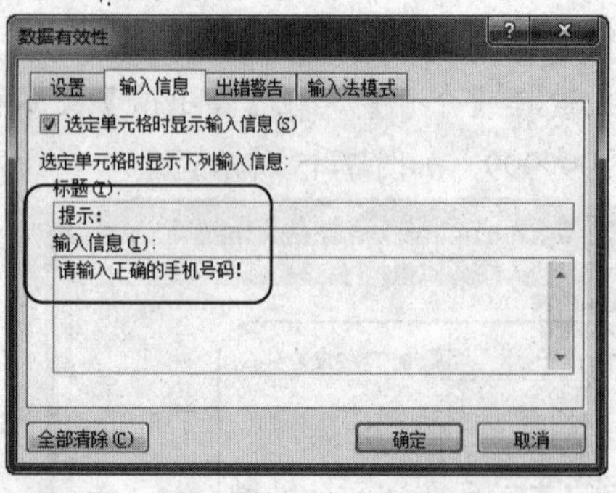

图 7-48　【输入信息】选项卡

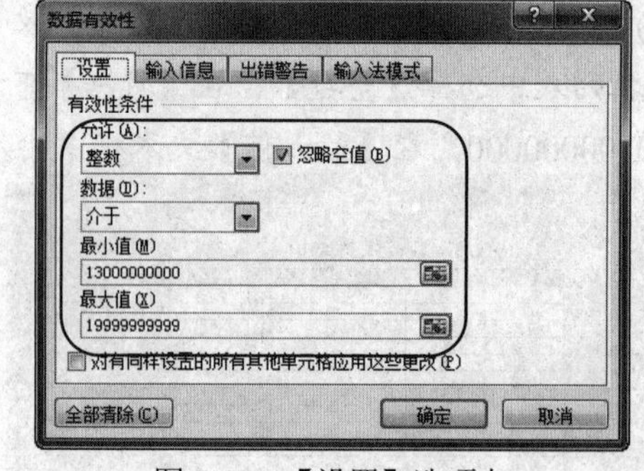

图 7-49　【设置】选项卡

(5) 返回工作簿窗口，单击 G3 单元格，会出现设置的提示信息，如图 7-50 所示。

(6) 重新打开【数据有效性】对话框，选择【出错警告】选项卡，在【样式】下拉列表中

选择【停止】选项，在【标题】框中输入提示信息的标题，在【错误信息】框中输入提示信息，然后单击【确定】按钮，如图 7-51 所示。

图 7-50　显示提示信息

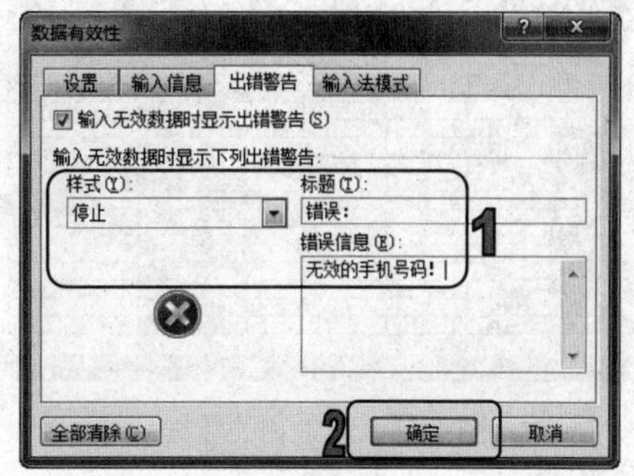

图 7-51　【出错警告】选项卡

知识点

【样式】下【停止】表示禁止非法数据输入，【警告】表示允许选择输入非法数据，【信息】表示仅对非法数据进行提示。

(7) 此时，在设置好的单元格内输入的数值不符合要求时，比如输入 12133336666 然后按 Enter 键，将会弹出错误提示信息，如图 7-52 所示。

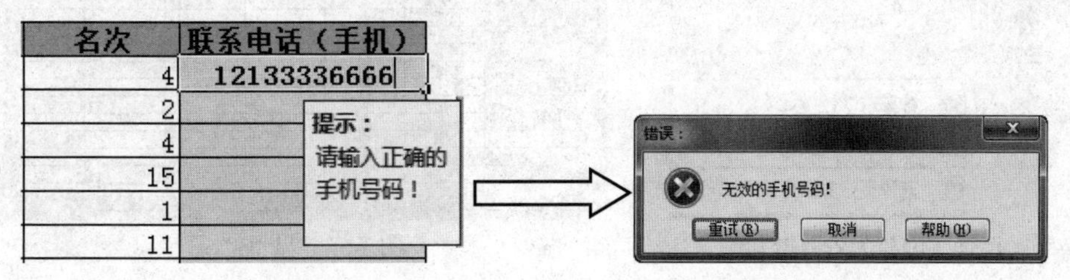

图 7-52　显示错误提示

7.4.3　圈释无效数据

Excel 2010 的数据有效性还具有圈释无效数据的功能，可以方便查找出错误或不符合条件的数据。

【例 7-12】在“学生成绩表”工作簿中圈出“名次”大于 15 的数据。

(1) 启动 Excel 2010 程序，打开“学生成绩表”工作簿的 Sheet1 工作表。

(2) 选中名次列中的 F3:F20 单元格区域，单击【数据】选项卡中的【数据有效性】按钮，如图 7-53 所示。

(3) 打开【数据有效性】对话框。选择【设置】选项卡，在【允许】下拉列表中选择【整数】选项，在【数据】下拉列表中选择【小于或等于】选项，在【最大值】框里输入 18，然后单击【确定】按钮，如图 7-54 所示。

学生成绩表

学号	姓名	性别	班级	成绩	名次	联系电话（手机）
2013017	曹冬冬	男	1	611	4	
2013018	李玉华	男	1	619	2	
2013010	汪峰	男	2	611	4	
2013011	肖强	男	2	571	15	
2013014	季曙明	男	2	638	1	
2013009	杨昆	女	2	576	11	
2013012	蒋小娟	女	2	601	9	
2013013	沈书清	女	2	576	11	
2013015	丁薪	女	2	614	3	
2013016	许丽华	女	2	574	13	
2013002	张琳	男	3	501	18	
2013003	刘蒙	男	3	608	6	
2013004	曹小亮	男	3	603	8	
2013006	庄春华	男	3	524	17	
2013007	王淑华	男	3	574	13	
2013008	魏晨	男	3	607	7	
2013001	何爱存	女	3	581	10	
2013005	严玉梅	女	3	539	16	

图 7-53　选中相关数据

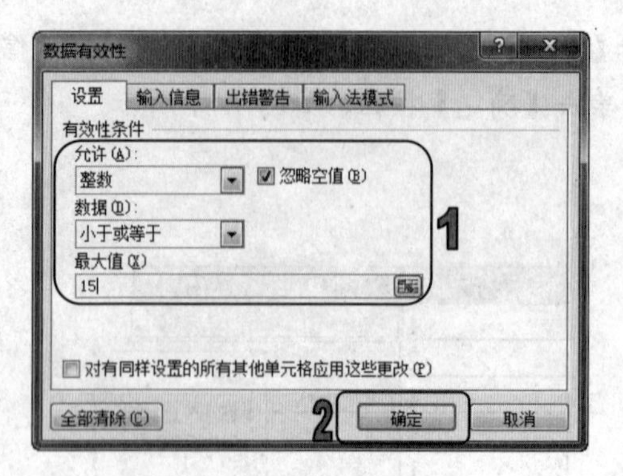

图 7-54　【设置】选项卡

(4) 返回表格，在【数据】选项卡中单击【数据有效性】按钮旁的下拉按钮，在弹出的菜单中选择【圈释无效数据】命令，如图 7-55 所示。

(5) 此时，表格内凡是“名次”大于 18 的都会被红圈圈出，如图 7-56 所示。

图 7-55　选择【圈释无效数据】命令

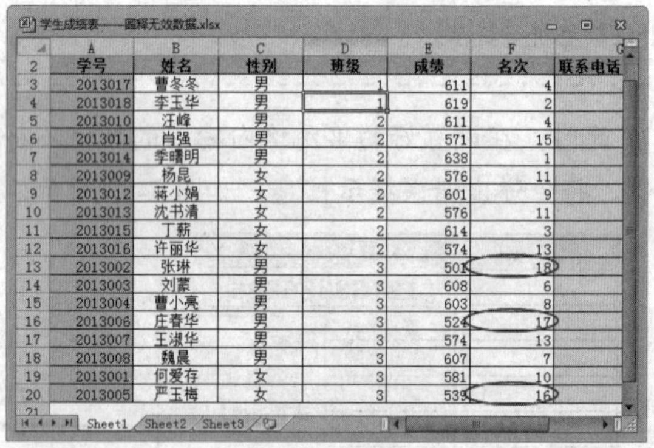

学号	姓名	性别	班级	成绩	名次	联系电话
2013017	曹冬冬	男	1	611	4	
2013018	李玉华	男	1	619	2	
2013010	汪峰	男	2	611	4	
2013011	肖强	男	2	571	15	
2013014	季曙明	男	2	638	1	
2013009	杨昆	女	2	576	11	
2013012	蒋小娟	女	2	601	9	
2013013	沈书清	女	2	576	11	
2013015	丁薪	女	2	614	3	
2013016	许丽华	女	2	574	13	
2013002	张琳	男	3	501	18	
2013003	刘蒙	男	3	608	6	
2013004	曹小亮	男	3	603	8	
2013006	庄春华	男	3	524	17	
2013007	王淑华	男	3	574	13	
2013008	魏晨	男	3	607	7	
2013001	何爱存	女	3	581	10	
2013005	严玉梅	女	3	539	16	

图 7-56　显示红圈

7.5　上机练习

本章主要介绍了对电子表格中的数据进行排序、筛选和分类汇总等操作，本次上机练习通过一个具体实例来使读者进一步巩固本章所学的内容。

(1) 启动 Excel 2010 应用程序，打开【销售业绩统计表】工作簿，在【数据】选项卡的【排序和筛选】组中单击【排序】按钮，打开【排序】对话框，如图 7-57 所示。

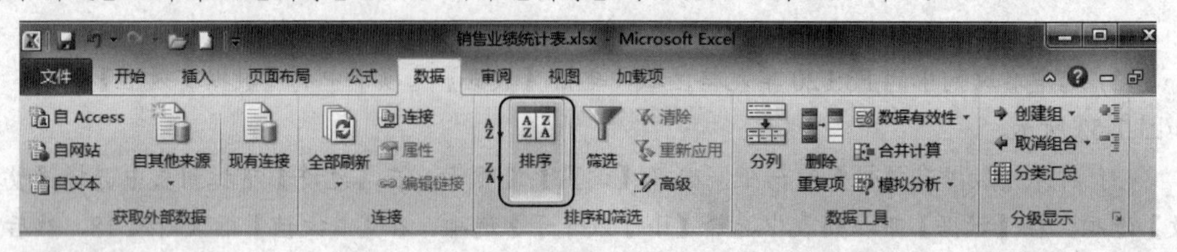

图 7-57　单击【排序】按钮

(2) 在【主要关键字】下拉列表框中选择【销售总额】选项；在【排序依据】下拉列表框中选择【数值】选项；在【次序】下拉列表框中选择【降序】选项，如图 7-58 所示。

(3) 单击【确定】按钮，即可将表格中所有数据按照销售总额从高到低进行排列，如图 7-59 所示。

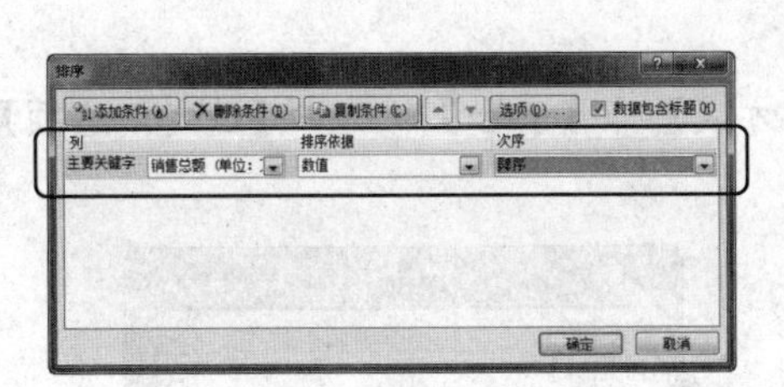

图 7-58 【排序】对话框

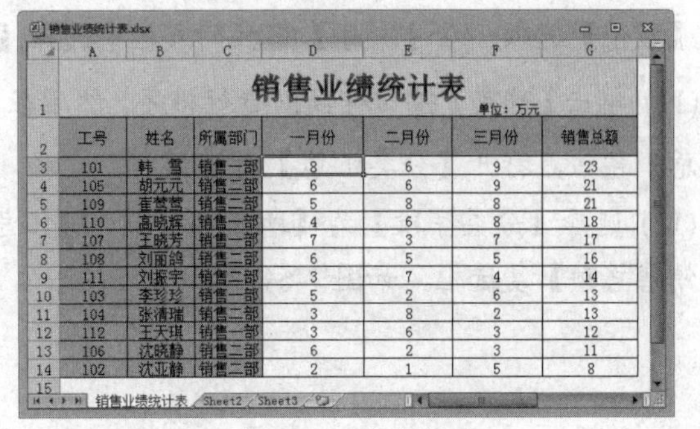

销售业绩统计表.xlsx

销售业绩统计表

单位：万元

工号	姓名	所属部门	一月份	二月份	三月份	销售总额
101	韩 雪	销售一部	8	6	9	23
105	胡元元	销售二部	6	6	9	21
109	崔莹莹	销售二部	5	8	8	21
110	高晓辉	销售一部	4	6	8	18
107	王晓芳	销售一部	7	3	7	17
108	刘丽鸽	销售二部	6	5	5	16
111	刘振宇	销售二部	3	7	4	14
103	李珍珍	销售一部	5	2	6	13
104	张清瑞	销售二部	3	8	2	13
112	王天琪	销售一部	3	6	3	12
106	沈晓静	销售二部	6	2	3	11
102	沈亚静	销售二部	2	1	5	8

销售业绩统计表 Sheet2 Sheet3

图 7-59 排序结果

(4) 下面筛选出销售总额在 10~15 万元之间的员工记录。在【数据】选项卡的【排序和筛选】组中单击【筛选】按钮，使表格进入筛选模式。

(5) 单击 G2 单元格中的下拉箭头，在弹出的菜单中选择【数字筛选】|【介于】命令，如图 7-60 所示。

(6) 打开【自定义自动筛选方式】对话框 ，选择条件类型为“与”，然后按照图 7-61 所示的参数进行设置。

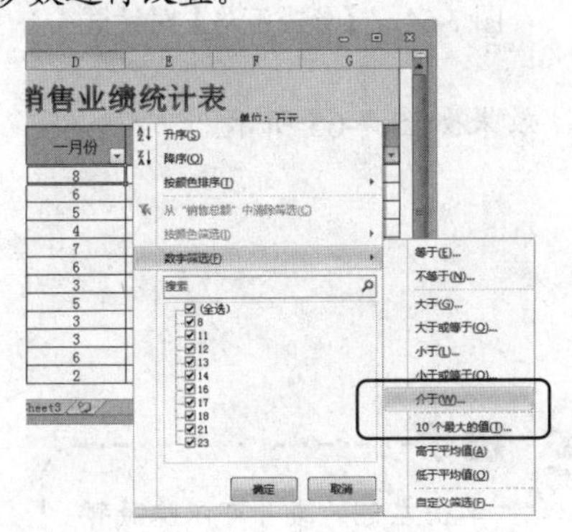

图 7-60 选择【介于】命令

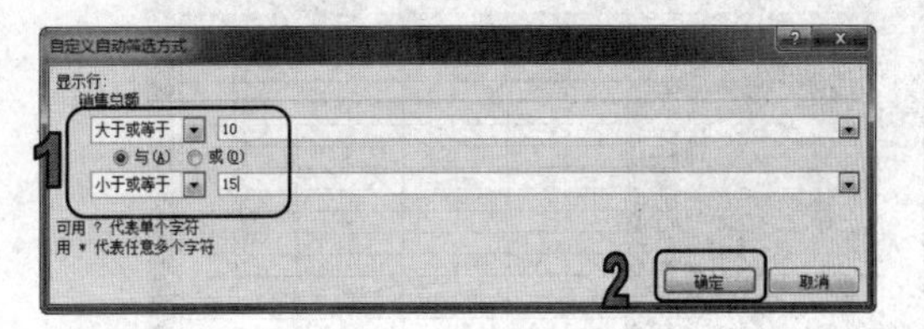

图 7-61 设置筛选条件

(7) 单击【确定】按钮，即可筛选出销售总额在 10~15 万元之间的员工记录，如图 7-62 所示。

工号	姓名	所属部门	一月份	二月份	三月份	销售总额
111	刘振宇	销售二部	3	7	4	14
103	李珍珍	销售一部	5	2	6	13
104	张清瑞	销售二部	3	8	2	13
112	王天琪	销售一部	3	6	3	12
106	沈晓静	销售二部	6	2	3	11

图 7-62 筛选结果

(8) 下面对数据进行分类汇总，要求分别汇总出销售一部和销售二部前三个月的销售总额。

(9) 在【数据】选项卡的【排序和筛选】组中单击【清除】按钮，清除筛选操作，然后单击【排序】按钮，打开【排序】对话框。

(10) 在【主要关键字】下拉列表框中选择【所属部门】选项，在【排序依据】下拉列表框中选择【数值】选项；在【次序】下拉列表框中选择【降序】选项，如图 7-63 所示。

(11) 单击【确定】按钮对数据进行排序，然后在【数据】选项卡的【分级显示】组中单击【分类汇总】按钮，打开【分类汇总】对话框。

(12) 选择【分类字段】为【所属部门】，【汇总方式】为【求和】，选中【选定汇总项】的【销售总额】复选框，如图 7-64 所示。

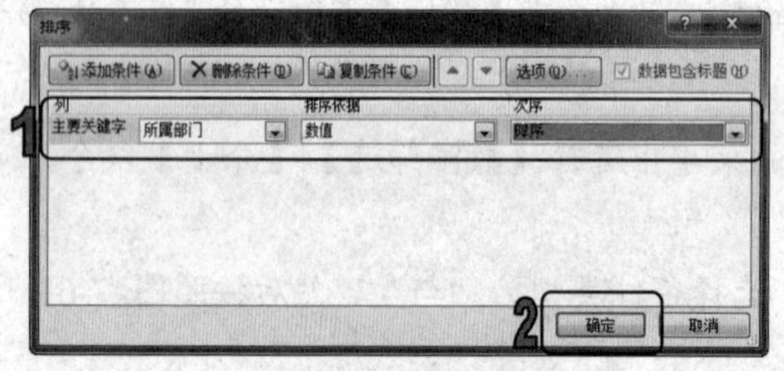

图 7-63 【排序】对话框

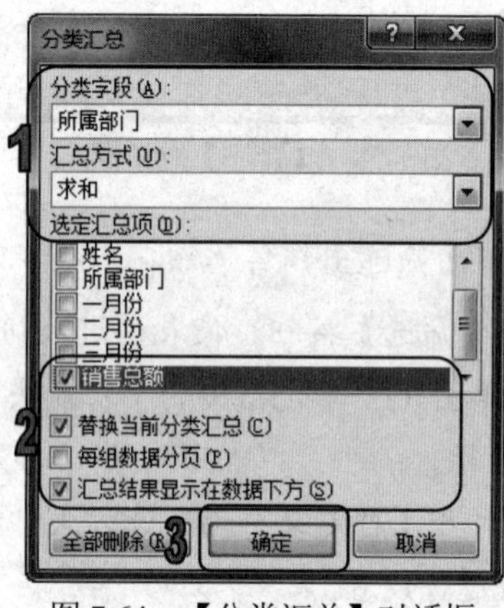

图 7-64 【分类汇总】对话框

(13) 单击【确定】按钮，即可对数据进行分类汇总，效果如图 7-65 所示。

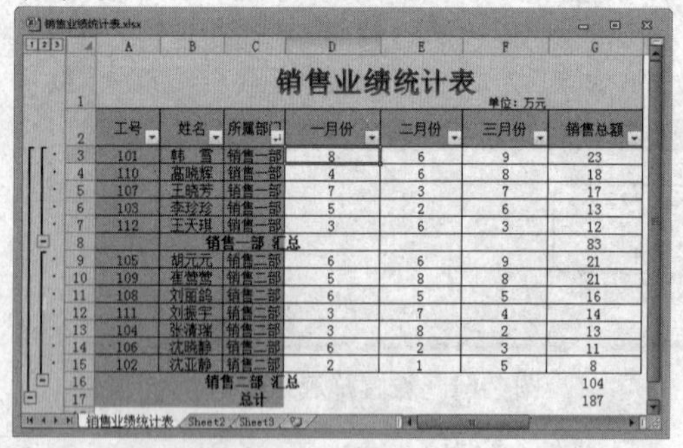

销售业绩统计表

单位：万元

工号	姓名	所属部门	一月份	二月份	三月份	销售总额
101	韩 雪	销售一部	8	6	9	23
110	高晓辉	销售一部	4	6	8	18
107	王晓芳	销售一部	7	3	7	17
103	李珍珍	销售一部	5	2	6	13
112	王天琪	销售一部	3	6	3	12
	销售一部 汇总					83
105	胡元元	销售二部	6	6	9	21
109	崔莺莺	销售二部	5	8	8	21
108	刘丽鸽	销售二部	6	5	5	16
111	刘振宇	销售二部	3	7	4	14
104	张清瑞	销售二部	3	8	2	13
106	沈晓静	销售二部	6	2	3	11
102	沈亚静	销售二部	2	1	5	8
	销售二部 汇总					104
	总计					187

图 7-65 分类汇总结果

提示

单击左侧的减号可以隐藏暂时不需要查看的数据记录。

7.6 习题

1. 在上机练习的“销售业绩统计表”工作簿中圈释出月销售额在 3 万元以下的数据记录。
2. 在上机练习的“销售业绩统计表”工作簿中筛选出销售总额在 15 万元以上的数据记录。

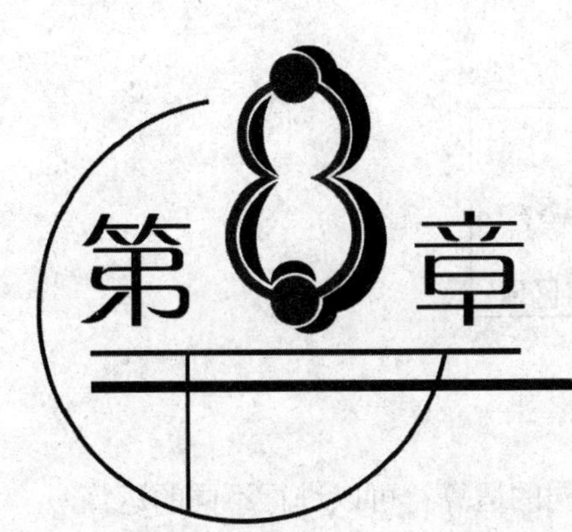

第8章 使用公式与函数

学习目标

要分析和处理 Excel 工作表中的数据，就离不开公式和函数。公式和函数可以帮助用户快速并准确地计算表格中的数据并输出结果，达到事半功倍的效果。本章就来详细介绍如何使用公式与函数计算电子表格中的数据。

本章重点

- 公式和函数概念
- 运算符的类型与优先级
- 公式的使用
- 函数的使用
- 常用函数简介

8.1 认识公式和函数

公式是函数的基础，它是单元格中的一系列值、单元格引用、名称或运算符的组合，可以生成并输出一个新的值。函数是 Excel 预定义的内置公式，可以进行数学、文本、逻辑的运算或者查找工作表的信息，与直接使用公式进行计算相比较，使用函数进行计算的速度更快，同时更能减少错误的发生。

8.1.1 认识公式

公式是 Excel 中由用户自定义对工作表中的数据进行计算和处理的计算式。公式遵循一个特定的语法或次序：最前面是等号=，后面是参与计算的数据对象和运算符，即公式的表达式。

如图 8-1 所示。

图 8-1　公式

公式主要由以下几个元素构成。

- 运算符：指对公式中的元素进行特定类型的运算，不同的运算符可以进行不同的运算，如加、减、乘、除等。
- 数值或任意字符串：包含数字或文本等各类数据。
- 函数及其参数：函数及函数的参数也是公式中的最基本元素之一，它们也用于进行数值的计算。
- 运算符：指对公式中的元素进行特定类型的运算，不同的运算符可以进行不同的运算，如加、减、乘、除等。
- 单元格引用：指定要进行运算的单元格地址，可以是单个单元格或单元格区域，也可以是同一工作簿中其他工作表中的单元格或其他工作簿中某张工作表中单元格。

8.1.2　认识函数

函数是 Excel 中预定义的一些公式，它将一些特定的计算过程通过程序固定下来，使用一些称为参数的特定数值按特定的顺序或结构进行计算，将其命名后可供用户调用。函数由函数名和参数两部分组成，如图 8-2 所示。

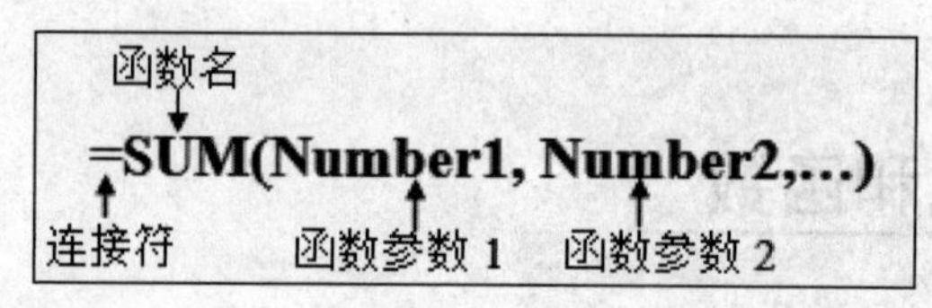

图 8-2　函数

函数主要由如下几个元素构成。

- 连接符：包括【=】、【,】、【()】等，这些连接符都必须是英文符号。
- 函数名：需要执行运算的函数的名称，一个函数只有唯一的一个名称，它决定了函数的功能和用途。
- 函数参数：函数中最复杂的组成部分，它规定了函数的运算对象、顺序和结构等。参数可以是数字、文本、数组或单元格区域的引用等，参数必须符合相应的函数要求才能产生有效值。

函数与公式既有区别又有联系。函数是公式的一种，是已预先定义计算过程的公式，函数

的计算方式和内容已完全固定，用户只能通过改变函数参数的取值来更改函数的计算结果。用户也可以自定义计算过程和计算方式，或更改公式的所有元素来更改计算结果。函数与公式各有优缺点，在实际工作中，两者往往需要同时使用。

知识点

任何函数和公式都以“=”开头，输入“=”后，Excel 会自动将其后的内容作为公式处理。函数以函数名称开始，其参数则以“(”开始，以“)”结束。每个函数必定对应一对括号。函数中还可以包含其他的函数，即函数的嵌套使用。在多层函数嵌套使用时，尤其要注意一个函数一定要对应一对括号。

8.2 公式的运算符

在 Excel 2010 中，公式遵循一个特定的语法或次序：最前面是等号【=】，后面是参与计算的数据对象和运算符。运算符用来连接需要运算的数据对象，并说明进行了哪种公式运算，本节将详细介绍公式运算符的类型与优先级。

8.2.1 运算符的类型

运算符对公式中的元素进行特定类型的运算。Excel 2010 中主要包含算术运算符、比较运算符、文本连接运算符与引用运算符 4 种类型。

1. 算术运算符

如果要完成基本的数学运算，如加法、减法和乘法，连接数据和计算数据结果等，可以使用表 8-1 所示的算术运算符。

表 8-1 算术运算符

算术运算符	含　义	示　例
+(加号)	加法运算	2+2
－(减号)	减法运算或负数	2－1 或－1
*(星号)	乘法运算	2*2
/(正斜线)	除法运算	2/2
%(百分号)	百分比	20%
^(插入符号)	乘幂运算	2^2

2. 比较运算符

使用表 8-2 所示的运算符可以比较两个值的大小。当用运算符比较两个值时，结果为逻辑

值，满足运算符则为 TRUE，反之则为 FALSE。

表 8-2 比较运算符

比较运算符	含 义	示 例
=(等号)	等于	A1=B1
>(大于号)	大于	A1>B1
<(小于号)	小于	A1<B1
>=(大于等于号)	大于或等于	A1>=B1
<=(小于等于号)	小于或等于	A1<=B1
<>(不等号)	不等于	A1<>B1

3. 文本连接运算符

使用和号(&) 加入或连接一个或更多文本字符串以产生一串新的文本，表 8-3 为文本连接运算符的含义。

表 8-3 文本连接运算符

文本连接运算符	含 义	示 例
&(和号)	将两个文本值连接或串起来产生一个连续的文本值	如 kb&soft

4. 引用运算符

单元格引用就是用于表示单元格在工作表上所处位置的坐标集。例如，显示在第 B 列和第 3 行交叉处的单元格，其引用形式为 B3。使用表 8-4 所示的引用运算符可以将单元格区域合并计算。

表 8-4 引用运算符

引用运算符	含 义	示 例
：(冒号)	区域运算符，产生对包括在两个引用之间的所有单元格的引用	(A5:A15)
,(逗号)	联合运算符，将多个引用合并为一个引用	(SUM(A5:A15,C5:C15)
(空格)	交叉运算符产生对两个引用共有的单元格的引用	(B7:D7 C6:C8)

比如，A1＝B1+C1+D1+E1+F1，如果使用引用运算符，就可以把这一运算公式写为：A1＝SUM(B1：F1)。

8.2.2 运算符的优先级

如果公式中同时用到多个运算符，Excel 2010 将会依照运算符的优先级来依次完成运算。

如果公式中包含相同优先级的运算符，例如公式中同时包含乘法和除法运算符，则 Excel 将从左到右进行计算。Excel 2010 运算符优先级由高至低见表 8-5 所示。

表 8-5　运算符优先级

运 算 符	说 明
:(冒号) (单个空格) ,(逗号)	引用运算符
—	负号
%	百分比
^	乘幂
* 和 /	乘和除
+ 和—	加和减
&	连接两个文本字符串(连接)
= < > <= >= <>	比较运算符

如果要更改求值的顺序，可以将公式中要先计算的部分用括号括起来，如公式=5+4*5 的值是 25，因为 Excel 2010 按先乘除后加减进行运算，先将 4 与 5 相乘，然后再加上 5，即得到结果 25。若在公式上添加括号如=(5+4)*5，则 Excel 2010 先用 5 加上 4，再用结果乘以 5，得到结果 45。

8.3　使用公式

在电子表格中输入数据后，可通过 Excel 2010 中的公式对这些数据进行自动、精确、高速的运算处理，从而节省大量的时间。

8.3.1　公式的输入

在输入公式前，必须先输入等号，然后再依次输入其他元素。例如，要在 A3 单元格中显示 A1 和 A2 两个单元格中数据的和，应先选定 A3 单元格，然后输入=A1+A2，输入完成后按 Enter 键即可，如图 8-3 所示。

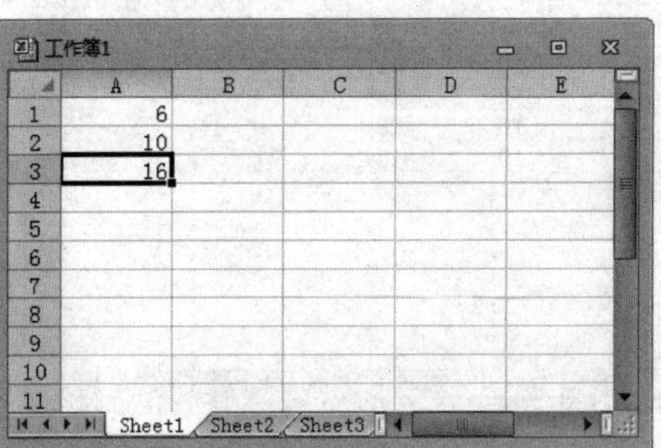

图 8-3　输入公式

8.3.2 公式的引用

要想在不同的单元格中使用相同的公式，可以将公式复制或移动，这就牵涉到了公式的引用问题。公式的引用分为相对应用、绝对引用和混合引用 3 种，只有充分理解各种公式引用的用法，才能正确地复制和移动公式。

1. 相对引用

相对引用是 Excel 中最常用的引用方式，也是 Excel 的默认引用方式。在对单元格中的公式使用相对引用时，单元格的地址会随着公式位置的变化而变化。例如在图 8-4 中，C1 单元格中的公式为=A1+B1，若选中 C1 单元格，然后拖动 C1 单元格右下角的填充柄至 C4 单元格中，则 C2 单元格中的公式会自动变为=A2+B2，C3 单元格中的公式会变为=A3+B3，依此类推，如图 8-5 所示。

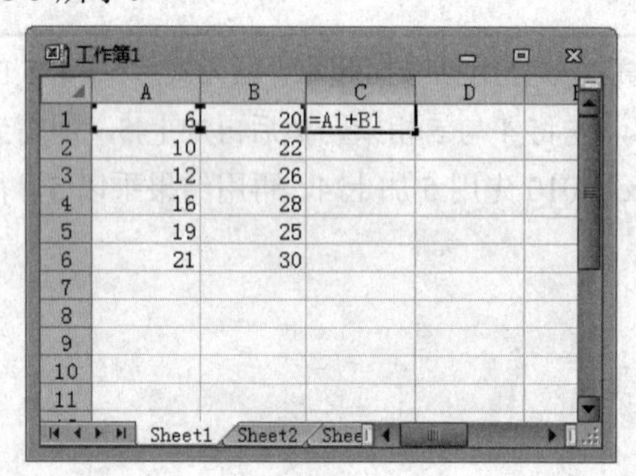

图 8-4　C1 单元格中的公式

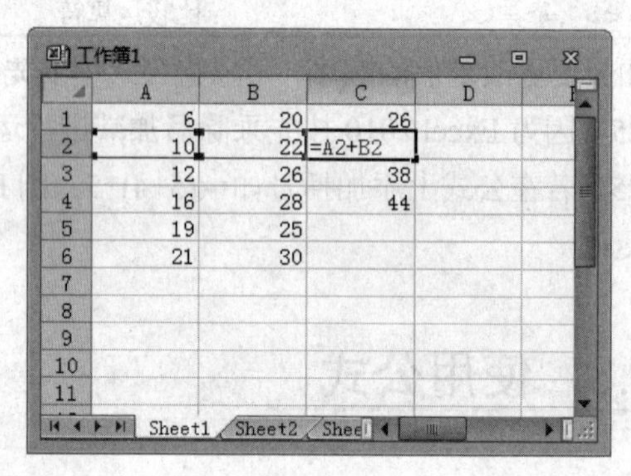

图 8-5　相对引用

2. 绝对引用

绝对引用，引用的是单元格的绝对地址。在对公式使用绝对引用时，单元格的地址不会随着公式位置的变化而变化。单元格的绝对引用格式需要在行号和列号上加上【$】符号。例如，在图 8-6 中的 C1 单元格中输入=$A$1＋$B$1 将此公式使用自动填充的方法填充到 C2、C3、C4 单元格中时，公式依然会保持原貌，不会发生任何改变，如图 8-7 所示。

图 8-6　C1 单元格中的公式

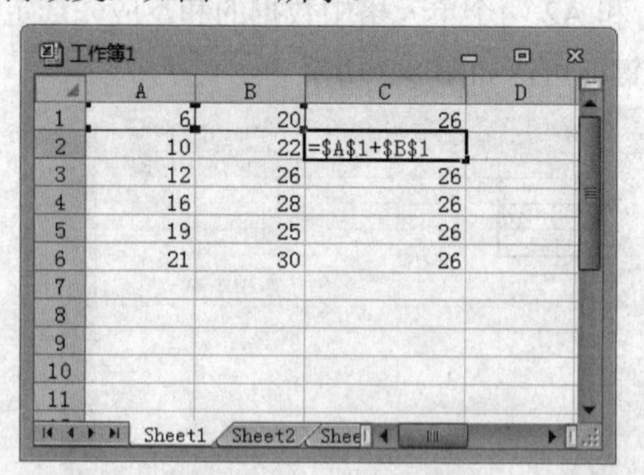

图 8-7　绝对引用

3. 混合引用

混合引用指的是在单元格引用的行号和列号前加上$符号。例如：$A1 表示在对公式进行引用时，列号不变，而行号相对会改变；A$1 表示在对公式进行引用时，列号相对改变，而行号不变。

若将图 8-6 中，C1 单元格中的公式改为=$A1+$B$1，如图 8-8 所示。则使用自动填充的方法将该公式填充到 C2、C3、C4 单元格中时，C2 单元格中的公式会变为=$A2+$B$1， C3 单元格中的公式会变为=$A3+$B$1，C4 单元格中的公式会变为=$A4+$B$1，如图 8-9 所示。

工作簿1

	A	B	C	D
1	6	20	=$A1+$B$1	
2	10	22	26	
3	12	26	26	
4	16	28	26	
5	19	25	26	
6	21	30	26	
7				
8				
9				
10				
11				

Sheet1 Sheet2 Shee

图 8-8 C1 单元格中的公式

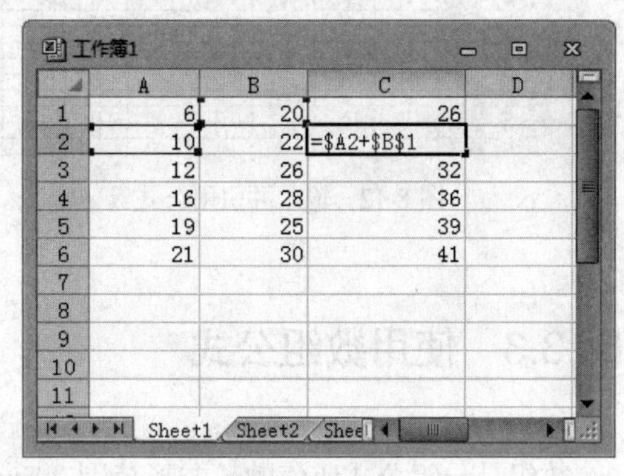

图 8-9 混合引用

知识点

默认设置下，在单元格中只显示公式计算的结果，而公式本身则只显示在编辑栏中。为了方便用户检查公式的正确性，可打开【公式】选项卡，在【公式审核】组中单击【显示公式】按钮，即可设置在单元格中显示公式。

【例 8-1】在“期末考试成绩表”工作簿中，利用公式计算出每个学生的各科考试总成绩。

(1) 打开“期末考试成绩表”工作簿的 Sheet1 工作表，选择 I3 单元格，然后在编辑栏中输入公式=C3+D3+E3+F3+G3+H3，如图 8-10 所示。

(2) 按 Enter 键，即可在 I3 单元格中显示公式计算结果，如图 8-11 所示。

SUM =C3+D3+E3+F3+G3+H3

期末考试成绩表

	A	B	C	D	E	F	G	H	I
2	班级	姓名	语文	数学	英语	物理	化学	生物	总成绩
3	高三一班	韩愉	101	66	117.5	53	54	30	3+G3+H3
4	高三一班	李银巧	87	53	106	31	62	24	
5	高三一班	杜华	81	70	99.5	33	51.5	22	
6	高三一班	王振梅	85	66	101	35	47	21	
7	高三一班	郑森	87	44	46.5	46	73	31	
8	高三一班	谷婉婉	90	27	93.5	49	46.5	20	
9	高三一班	韩龙	89	53	65	41	55	22	
10	高三一班	白永超	82	40	87.5	59	37	18	
11	高三一班	李冉	84	64	74	26	39.5	31	
12	高三一班	丁志强	93	30	84.5	34	50	23	
13	高三一班	陈俊杰	88	44	63	30	45	26	
14	高三一班	曹岳鹏	89	55	36.5	54	51	10	
15	高三一班	马尹超	86	38	60.5	43	47	16	
16	高三一班	石南南	77	41	76.5	41	34	8	
17	高三一班	霍丽芳	84	35	60.5	28	37	28	
18	高三一班	白晓利	81	20	78	31	27	13	
19	高三一班	贾广晓	79	30	70.5	25	26	17	
20	高三一班	王栋辉	68	36	69.5	19	41	13	
21	高三一班	李国军	74	40	66	31	30	5	

图 8-10 在编辑栏中输入公式

I4

期末考试成绩表

	A	B	C	D	E	F	G	H	I
2	班级	姓名	语文	数学	英语	物理	化学	生物	总成绩
3	高三一班	韩愉	101	66	117.5	53	54	30	421.5
4	高三一班	李银巧	87	53	106	31	62	24	
5	高三一班	杜华	81	70	99.5	33	51.5	22	
6	高三一班	王振梅	85	66	101	35	47	21	
7	高三一班	郑森	87	44	46.5	46	73	31	
8	高三一班	谷婉婉	90	27	93.5	49	46.5	20	
9	高三一班	韩龙	89	53	65	41	55	22	
10	高三一班	白永超	82	40	87.5	59	37	18	
11	高三一班	李冉	84	64	74	26	39.5	31	
12	高三一班	丁志强	93	30	84.5	34	50	23	
13	高三一班	陈俊杰	88	44	63	30	45	26	
14	高三一班	曹岳鹏	89	55	36.5	54	51	10	
15	高三一班	马尹超	86	38	60.5	43	47	16	
16	高三一班	石南南	77	41	76.5	41	34	8	
17	高三一班	霍丽芳	84	35	60.5	28	37	28	
18	高三一班	白晓利	81	20	78	31	27	13	
19	高三一班	贾广晓	79	30	70.5	25	26	17	
20	高三一班	王栋辉	68	36	69.5	19	41	13	
21	高三一班	李国军	74	40	66	31	30	5	

图 8-11 显示公式计算结果

(3) 将鼠标指针移至 I3 单元格右下角的小方块处，当鼠标指针变为✚形状时，按住鼠标左键不放并拖动至 I21 单元格，如图 8-12 所示。

(4) 此时释放鼠标左键，在 I4:I21 单元格区域中即可使用相对引用的方法引用 I3 单元格中的公式。每个单元格中计算出的数值就是每个学生的各科总成绩，如图 8-13 所示。

	A	B	C	D	E	F	G	H	I
1	期末考试成绩表								
2	班级	姓名	语文	数学	英语	物理	化学	生物	总成绩
3	高三一班	韩愉	101	66	117.5	53	54	30	421.5
4	高三一班	李银巧	87	53	106	31	62	24	
5	高三一班	杜华	81	70	99.5	33	51.5	22	
6	高三一班	王振梅	85	66	101	35	47	21	
7	高三一班	郑淼	87	44	46.5	46	73	31	
8	高三一班	谷婉婉	90	27	93.5	49	46.5	20	
9	高三一班	韩龙	89	53	65	41	55	22	
10	高三一班	白永超	82	40	87.5	59	37	18	
11	高三一班	李冉	84	64	74	26	39.5	31	
12	高三一班	丁志强	93	30	84.5	34	50	23	
13	高三一班	陈俊杰	88	44	63	30	45	26	
14	高三一班	曹岳鹏	89	55	36.5	54	51	10	
15	高三一班	马尹超	86	38	60.5	43	47	16	
16	高三一班	石南南	77	41	76.5	41	34	8	
17	高三一班	霍丽芳	84	35	60.5	28	37	28	
18	高三一班	白晓利	81	20	78	31	27	13	
19	高三一班	贾广晓	79	30	70.5	25	26	17	
20	高三一班	王栋辉	68	36	69.5	19	41	13	
21	高三一班	李国军	74	40	66	31	30	5	

图 8-12　输入并引用公式

	A	B	C	D	E	F	G	H	I
1	期末考试成绩表								
2	班级	姓名	语文	数学	英语	物理	化学	生物	总成绩
3	高三一班	韩愉	101	66	117.5	53	54	30	421.5
4	高三一班	李银巧	87	53	106	31	62	24	363
5	高三一班	杜华	81	70	99.5	33	51.5	22	357
6	高三一班	王振梅	85	66	101	35	47	21	355
7	高三一班	郑淼	87	44	46.5	46	73	31	327.5
8	高三一班	谷婉婉	90	27	93.5	49	46.5	20	326
9	高三一班	韩龙	89	53	65	41	55	22	325
10	高三一班	白永超	82	40	87.5	59	37	18	323.5
11	高三一班	李冉	84	64	74	26	39.5	31	318.5
12	高三一班	丁志强	93	30	84.5	34	50	23	314.5
13	高三一班	陈俊杰	88	44	63	30	45	26	296
14	高三一班	曹岳鹏	89	55	36.5	54	51	10	295.5
15	高三一班	马尹超	86	38	60.5	43	47	16	290.5
16	高三一班	石南南	77	41	76.5	41	34	8	277.5
17	高三一班	霍丽芳	84	35	60.5	28	37	28	272.5
18	高三一班	白晓利	81	20	78	31	27	13	250
19	高三一班	贾广晓	79	30	70.5	25	26	17	247.5
20	高三一班	王栋辉	68	36	69.5	19	41	13	246.5
21	高三一班	李国军	74	40	66	31	30	5	246

图 8-13　显示公式计算结果

8.3.3　使用数组公式

数组是一组公式或值的长方形范围，Excel 2010 视数组为一个整体。数组是小空间进行大量计算的强有力方法，可以代替很多重复的公式。

1. 输入数组公式

比如要在 C1:C6 得到 A1:A6 和 B1:B6 行求和的结果，可以在 C1 单元格输入公式=Al+B1，然后引用公式到 C2:C5 单元格区域。

如果使用数组公式的方法，可以首先选择 C1:C6 单元格区域，然后在编辑栏中输入公式=A1:A6+B1:B6，输入完成后按 Shift+Ctrl+Enter 组合键结束输入，即可使用数组公式计算结果，如图 8-14 所示。

SUM　=A1:A6+B1:B6

	A	B	C
1	22	32	=A1:A6+B1:B6
2	26	20	
3	36	21	
4	39	22	
5	32	25	
6	12	23	

C1　{=A1:A6+B1:B6}

	A	B	C
1	22	32	54
2	26	20	46
3	36	21	57
4	39	22	61
5	32	25	57
6	12	23	35

图 8-14　使用数组公式计算结果

数组公式的特性如下：

- 输入公式前，选择单元格区域进行输入；
- 按 Shift+Ctrl+Enter 组合键结束公式输入；
- 结束输入后公式的特征为使用{}将公式括起来；
- 计算结果不是单个数值，而是数组。

2. 选中数组范围

通常，输入数组公式的范围，其大小与外形应该与作为输入数据的单元格区域范围的大小和外形相同。如果存放结果的范围太小，就看不到所有的结果；如果范围太大，有些单元格中就会出现不必要的#N/A 错误。因此，选择的数组公式的范围必须与数组参数的范围一致。

知识点

数组公式如果返回的是多个结果，则在删除数组公式时，必须删除整个数组公式，即选中整个数组公式所在单元格区域然后再删除，不能只删除数组公式的一部分。

3. 数组常量

在数组公式中，通常都使用单元格区域引用，也可以直接输入数值数组。这样直接输入的数值数组被称为数组常量。当不想在工作表中一个单元格接一个单元格地输入数值时，可以用这种方法来建立数组常量。

可以用以下的方法来建立数组中的数组常量：直接在公式中输入数值，并且用大括号【{}】括起来，注意把不同列的数值用逗号【，】分开，不同行的数值用分号【；】分开。例如，如果要表示一行中的100、200、300和下一行中的400、500、600，应该输入一个2行3列的数组常量{100，200，300；400，500，600}。数组常量有其输入的规范，因此，无论在单元格中输入数组常量还是直接在公式中输入数组常量，并非随便输入一个数值或者公式就可以了。

在Excel中，使用数组常量时应该注意以下的规定：

- 数组常量中不能含有单元格引用，并且数组常量的列或者行的长度必须相等。
- 数组常量可以包括数字、文本、逻辑值FALSE和TRUE以及错误值，如"#NAME?"。
- 数组常量中的数字可以是整数、小数或者科学记数公式。
- 在同一数组中可以有不同类型的数值，如{1，2，"A"，TURE}。
- 数组常量中的数值不能是公式，必须是常量，并且不能含有【$】、【( )】或者【%】。
- 文本必须包含在双引号内，如"CLASSROOMS"。

8.4 使用函数

函数是预先定义的公式，可以说是公式的特殊形式，是Excel自带的内部公式。函数主要按照特定的语法顺序，使用参数(特定的数值)进行计算操作。与直接使用公式进行计算相比较，使用函数进行计算的速度更快，同时减少了错误的发生。

8.4.1 函数的类型

Excel 2010 内置函数包括常用函数、财务函数、日期与时间函数、数学与三角函数、统计函数、查找与引用函数、数据库函数、文本函数、逻辑函数、信息函数和工程函数。下面分别介绍一下它们的语法和作用。

1. 常用函数

在 Excel 中，常用函数就是最经常使用的函数，如求和、计算算术平均数等。常用函数包括：SUM、AVERAGE、ISPMT、IF、HYPERLINK、COUNT、MAX、SIN、SUMIF、PMT，它们的语法和作用如表 8-6 所示。

在常用函数中，最常用的是 SUM 函数，其作用是返回某一单元格区域中所有数字之和，如=SUM(A1:G10)，表示对 A1:G10 单元格区域内所有数据求和。SUM 函数的语法是：

SUM(number1,number2 …)其中，number1, number2…为 1 到 30 个需要求和的参数。说明如下：

- 直接输入到参数表中的数字、逻辑值及数字的文本表达式将被计算。
- 如果参数为数组或引用，只有其中的数字将被计算。数组或引用中的空白单元格、逻辑值、文本或错误值将被忽略。
- 如果参数为错误值或为不能转换成数字的文本，将会导致错误。

表 8-6 常用函数

语 法	作 用
SUM (number1，number2…)	返回单元格区域中所有数值的和
ISPMT(Rate，Per，Nper，Pv)	返回普通(无提保)的利息偿还
AVERAGE (number1，number2…)	计算参数的算术平均数；参数可以是数值或包含数值的名称、数组或引用
IF (Logical_test，Value_if_true，Value_if_false)	执行真假值判断，根据对指定条件进行逻辑评价的真假而返回不同的结果
HYPERLINK (Link_location，Friendly_name)	创建快捷方式，以便打开文档或网络驱动器，或连接 Internet
COUNT (value1，value2…)	计算参数表中的数字参数和包含数字的单元格个数
MAX (number1，number2…)	返回一组数值中的最大值，忽略逻辑值和文本字符
SIN (number)	返回给定角度的正弦值
SUMIF (Range，Criteria，Sum_range)	根据指定条件对若干单元格求和
PMT (Rate，Nper，Pv，Fv，Type)	返回在固定利率下，投资或贷款的等额分期偿还额

2. 财务函数

财务函数用于财务的计算，它可以根据利率、贷款金额和期限计算出所要支付的金额。它们的变量相互紧密关联。系统内部的财务函数包括：DB、DDB、SYD、SLN、FV、PV、NPV、NPER、RATE、PMT、PPMT、IPMT、IRR、MIRR、NOMINAL 等。

3. 日期和时间函数

日期与时间函数主要用于分析和处理日期值和时间值，系统内部的日期和时间函数包括：DATE、DATEVALUE、DAY、HOUR、TIME、TODAY、WEEKDAY、YEAR 等。

4. 数学与三角函数

数学与三角函数用于进行各种各样的数学计算，使 Excel 不再局限于财务应用领域。系统内部的数学和三角函数包括：ABS、ASIN、COMBINE、COSLOG、PI、ROUND、SIN、TAN、TRUNC 等。

5. 统计函数

统计函数用来对数据区域进行统计分析，其中常用的函数包括 AVERAGE、COUNT、MAX 以及 MIN 等。

6. 查找与引用函数

查找与引用函数用来在数据清单或表格中查找特定数值或查找某一个单元格的引用。系统内部的查找与引用函数包括：ADDRESS、AREAS、CHOOSE、COLUMN、COLUMNS、GETPIVOTDATA、HLOOKUP、HYPERLINK、INDEX、INDIRECT、LOOKUP、MATCH、OFFSET、ROW、ROWS、TRANSPOSE、VLOOKUP。

7. 数据库函数

数据库函数用来分析数据清单中的数值是否满足特定的条件，系统内部的数据库函数包括：DAVERAGE、DCOUNT、DCOUNTA、DGET、DMAX、DMIN、DPRODUCT、DSTDEV、DSTDEVP、DSUM、DVAR、DVARP。

8. 文本函数

文本函数主要用来处理文本字符串，系统内部的文本函数包括：ASC、CHAR、CLEAN、CODE、CONCATENATE、DOLLAR、EXACT、FIND、FINDB、FIXED、LEFT、LEFTB、LEN、LENB、LOWER、MID、MIDB、PROPER、REPLACE、REPLACEB、REPT、RIGHT、RIGHTB、RMB、SEARCH、SEARCHB、SUBSTITUTE、T、TEXT、TRIM、UPPER、VALUE、WIDECHAR。

9. 逻辑函数

逻辑函数用来进行真假值判断或进行复合检验，系统内部的逻辑函数包括：AND、FALSE、IF、NOT、OR、TRUE。

10. 信息函数

信息函数用于确定保存在单元格中的数据的类型，信息函数包括一组 IS 函数，在单元格满足条件时返回 TRUE，系统内部的信息函数包括：CELL、ERROR.TYPE、INFO、ISBLANK、

ISERR、ISERROR、ISLOGICAL、ISNA、ISNONTEST、ISNUMBER、ISREF、ISTEXT、N、NA、PHONETIC、TYPE。

11. 工程函数

工程函数主要应用于计算机、物理等专业领域，可用于处理贝塞尔函数、误差函数以及进行各种负数计算等，系统内部的工程函数包括：BESSELI、BESSELJ、BESSELK、BESSELY、BIN2OCT、BIN2DEC、BIN2HEX、OCT2 BIN、OCT2 DEC、OCT2 HEX、DEC2 BIN、DEC2 OCT、DEC2 HEX、HEX2 BIN、HEX2 OCT、HEX2 DEC、ERF、ERFC、GESTEP、DELTA、CONVERT、IMABS、IMAGINARY。

8.4.2 插入函数

在 Excel 2010 中，使用【插入函数】对话框可以插入 Excel 2010 内置的任意函数，如图 8-15 所示。

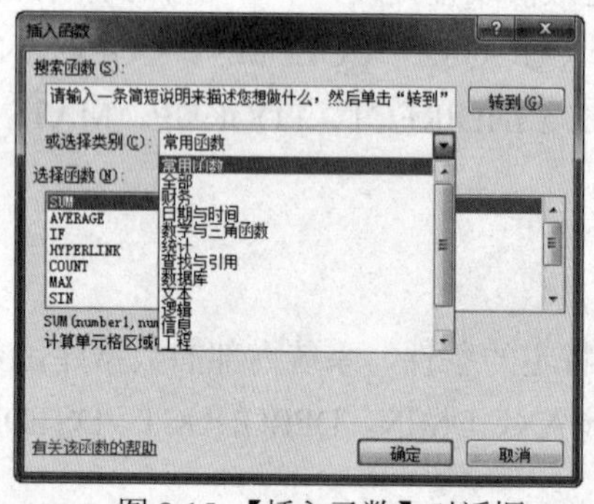

图 8-15 【插入函数】对话框

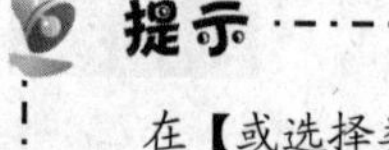

在【或选择类别】下拉列表框中可以选择函数类别，然后在下面的【选择函数】列表框中选要插入的函数。

【例 8-2】在“期末考试成绩表”工作簿中插入 AVERAGE 函数和 SUM 函数。

(1) 启动 Excel 2010 应用程序，打开“期末考试成绩表”工作簿的 Sheet1 工作表，在该工作表中删除总成绩列中的数据，然后插入一个“平均成绩”列，如图 8-16 所示。

(2) 选定 I3 单元格，打开【公式】选项卡，在【函数库】组中单击【插入函数】按钮，打开【插入函数】对话框，如图 8-17 所示。

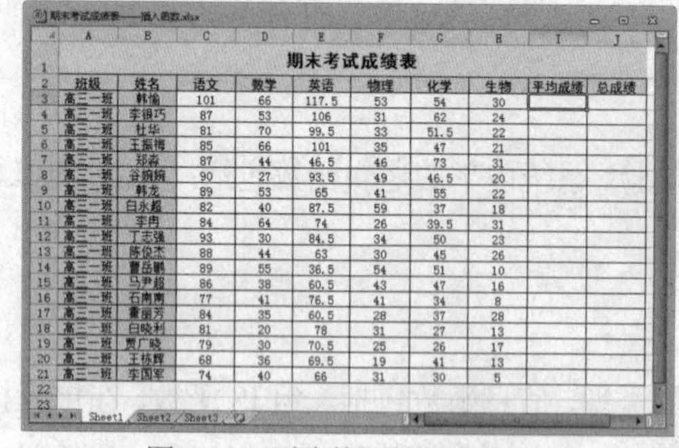

图 8-16 删除数据并插入列

图 8-17 单击【插入函数】按钮

(3) 在【或选择类别】下拉列表框中选择【常用函数】选项，然后在【选择函数】列表框中选择 AVERAGE 选项，表示插入平均值函数 AVERAGE，如图 8-18 所示。

(4) 单击【确定】按钮，打开【函数参数】对话框，在 AVERAGE 选项区域的 Number1 文本框中输入计算平均值的范围，这里输入 C3:H3，如图 8-19 所示。

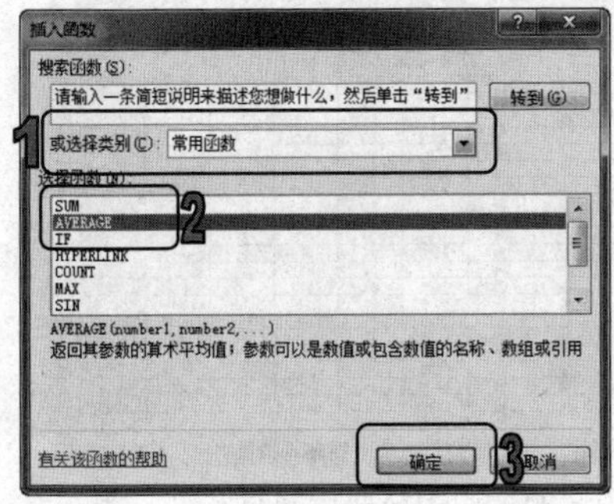

图 8-18　选择 AVERAGE 函数

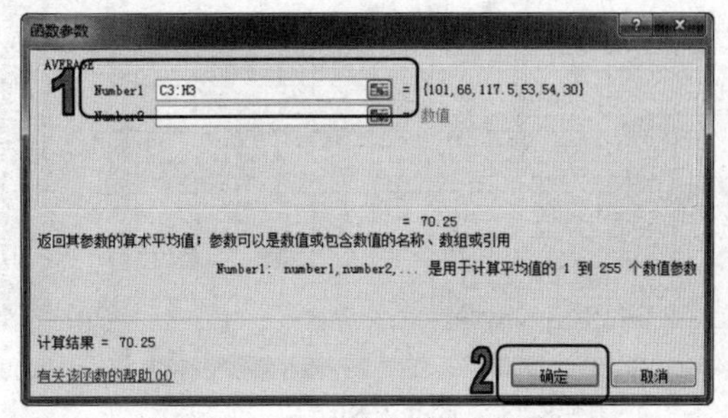

图 8-19　【函数参数】对话框

(5) 单击【确定】按钮，即可在 I3 单元格中显示计算结果，使用同样的方法，在 I4:I21 单元格区域中插入平均值函数 AVERAGE，计算平均值，效果如图 8-20 所示。

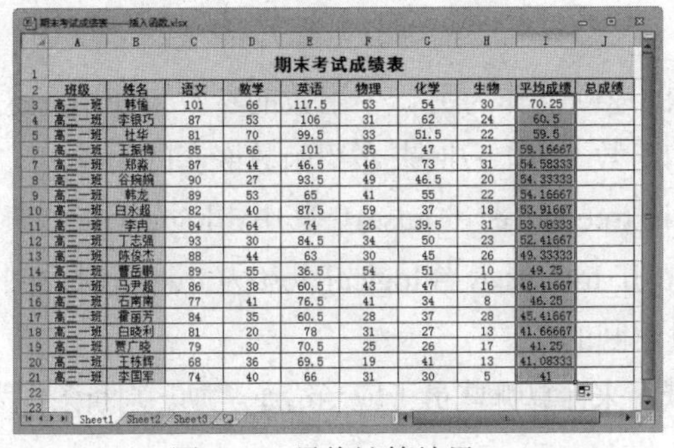

期末考试成绩表

班级	姓名	语文	数学	英语	物理	化学	生物	平均成绩	总成绩
高三一班	韩偏	101	66	117.5	53	54	30	70.25	
高三一班	李银巧	87	53	106	31	62	24	60.5	
高三一班	杜华	81	70	99.5	33	51.5	22	59.5	
高三一班	王振梅	85	66	101	35	47	21	59.16667	
高三一班	郑淼	87	44	46.5	46	73	31	54.58333	
高三一班	谷婉婉	90	27	93.5	49	46.5	20	54.33333	
高三一班	韩龙	89	53	65	41	55	22	54.16667	
高三一班	白永超	82	40	87.5	59	37	18	53.91667	
高三一班	李冉	84	64	74	26	39.5	31	53.08333	
高三一班	丁志强	93	30	84.5	34	50	23	52.41667	
高三一班	陈俊杰	88	44	63	30	45	26	49.33333	
高三一班	曹岳鹏	89	55	36.5	54	51	10	49.25	
高三一班	马尹超	86	38	60.5	43	47	16	48.41667	
高三一班	石南南	77	41	76.5	41	34	8	46.25	
高三一班	霍丽芳	84	35	60.5	28	37	28	45.41667	
高三一班	白晓利	81	20	78	31	27	13	41.66667	
高三一班	贾广晓	79	30	70.5	25	26	17	41.25	
高三一班	王栋辉	68	36	69.5	19	41	13	41.08333	
高三一班	李国军	74	40	66	31	30	5	41	

图 8-20　最终计算结果

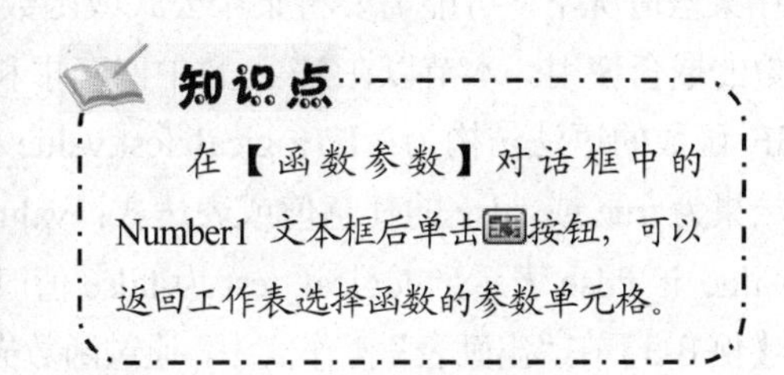

知识点

在【函数参数】对话框中的 Number1 文本框后单击按钮，可以返回工作表选择函数的参数单元格。

(6) 选定 J3 单元格，在编辑栏中单击【插入函数】按钮，打开【插入函数】对话框，在【或选择类别】下拉列表框中选择【常用函数】选项，然后在【选择函数】列表框中选择 SUM 选项，插入求和函数，如图 8-21 所示。

(7) 单击【确定】按钮，打开【函数参数】对话框，在 SUM 选项区域的 Number1 文本框中输入计算求和的范围，这里输入 C3:H3，如图 8-22 所示。

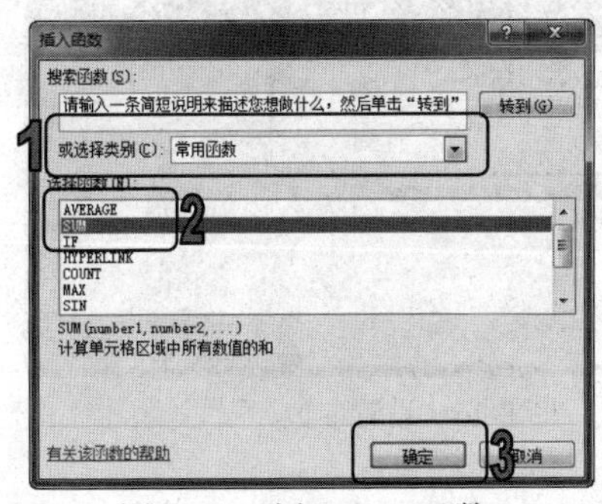

图 8-21　选择 SUM 函数

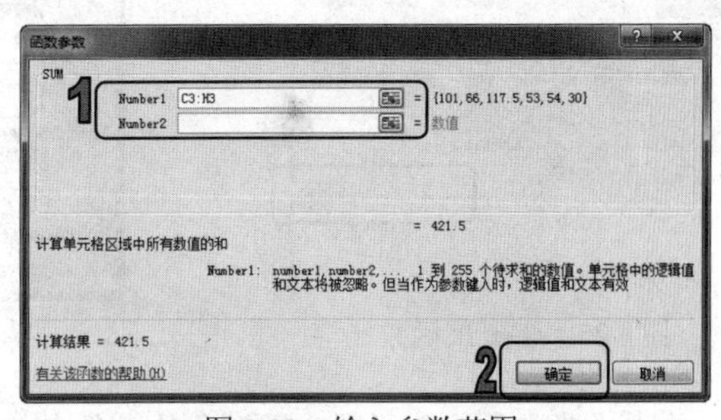

图 8-22　输入参数范围

(8) 单击【确定】按钮，即可在 J3 单元格中显示计算结果，如图 8-23 所示。

(9) 将鼠标指针移至 J3 单元格右下角的小方块处，当鼠标指针变为✚形状时，按住鼠标左键不放并拖动至 J21 单元格，此时释放鼠标左键，在 J4:J21 单元格区域中即可使用相对引用的方法引用 J3 单元格中的求和函数，如图 8-24 所示。

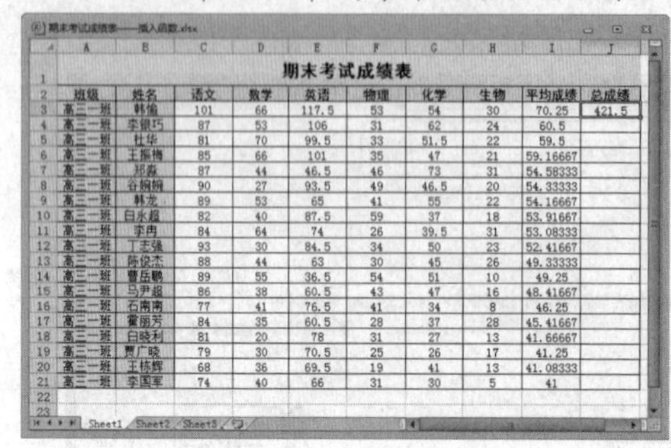

图 8-23　显示求和结果

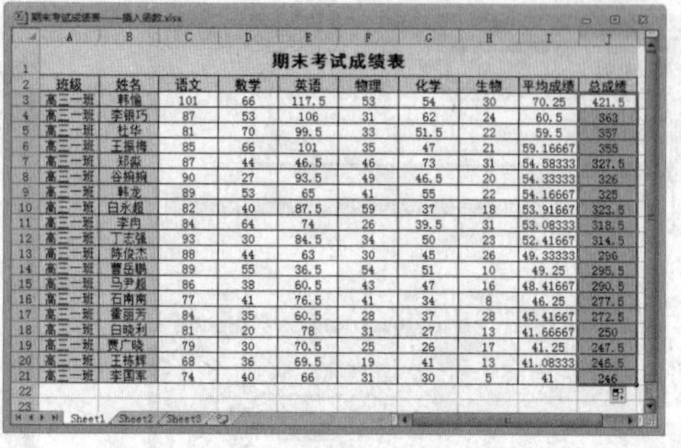

图 8-24　引用公式后的结果

8.4.3　嵌套函数

在某些情况下，可能需要将某个公式或函数的返回值作为另一个函数的参数来使用，这就是函数的嵌套使用。本节以在 IF 函数中嵌套求和函数 SUM 为例来介绍函数嵌套的用法。

IF 函数的语法结构为：IF(logical_test,value_if_true,value_if_false)。其中，logical_test 表示计算结果为 true 或 false 的任意值或表达式；value_if_true 表示当 logical_test 为 true 值时返回的值；value_if_false 表示当 logical_test 为 false 值时返回的值。

【例 8-3】在“出勤表”工作簿中，通过函数嵌套来计算哪些员工应当给予奖励。判断条件为：全年正常上班天数大于 252 天的给予奖励。

(1) 启动 Excel 2010 应用程序，打开“出勤表”工作簿的 Sheet1 工作表。

(2) 选中 G4 单元格，打开【公式】选项卡，在【函数库】组中单击【逻辑】按钮，在弹出的菜单中选择 IF 命令，打开条件函数的【函数参数】对话框，如图 8-25 所示。

(3) 在 IF 选项区域的 Logical_test 文本框中输入 SUM(C4:F4)>252，在 Value_if_true 文本框中输入“是”，在 Value_if_false 文本框中输入“否”，如图 8-26 所示。

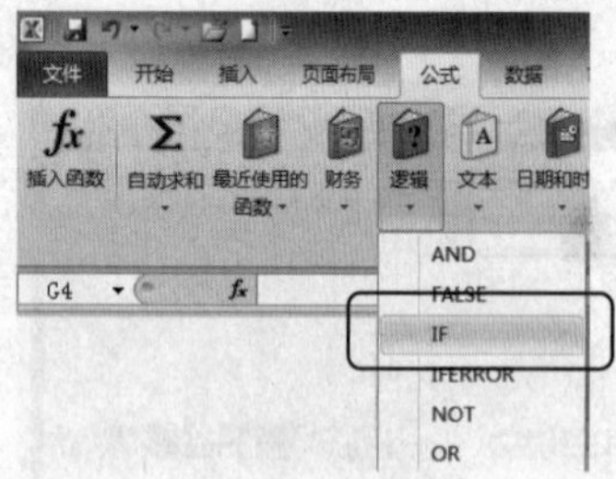

图 8-25　选择 IF 函数

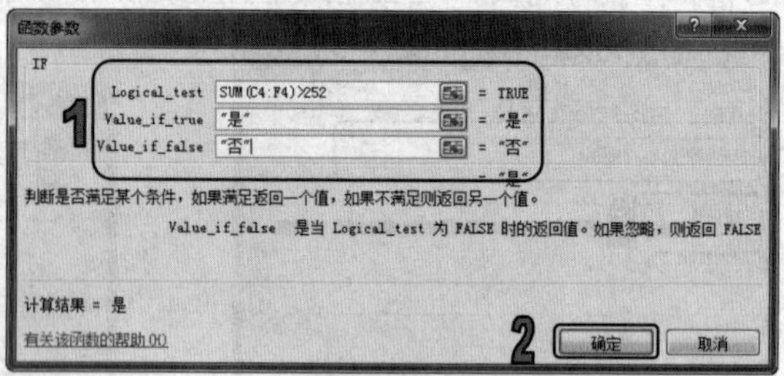

图 8-26　设置参数

(4) 单击【确定】按钮，即可通过条件函数在 G4 单元格中显示是否奖励，如图 8-27 所示。

(5) 通过相对引用功能，复制函数至 G5:G13 单元格区域，计算结果如图 8-28 所示。

出勤表

员工编号	姓名	正常上班天数				
		第一季度	第二季度	第三季度	第四季度	是否奖励
96301	李玲	66	63	64	63	是
96302	王芳	64	66	66	66	
96303	曹小飞	61	66	64	63	
96304	王宇	66	60	60	62	
96305	刘健	63	62	66	62	
96306	李子璇	60	65	63	62	
96307	高小飞	36	61	64	65	
96308	王楠	66	63	61	66	
96309	陶芸	63	62	62	63	
96310	牛莉	65	66	65	63	

图 8-27 显示函数计算结果

出勤表

员工编号	姓名	正常上班天数				
		第一季度	第二季度	第三季度	第四季度	是否奖励
96301	李玲	66	63	64	63	是
96302	王芳	64	66	66	66	是
96303	曹小飞	61	66	64	63	是
96304	王宇	66	60	60	62	否
96305	刘健	63	62	66	62	是
96306	李子璇	60	65	63	62	否
96307	高小飞	36	61	64	65	否
96308	王楠	66	63	61	66	是
96309	陶芸	63	62	62	63	否
96310	牛莉	65	66	65	63	是

图 8-28 引用函数

8.5 常用函数简介

Excel 2010 中包括上百种不同的函数，每个函数的应用各不相同。下面对几种常用的函数进行讲解，包括最大值函数和最小值函数、SUMPRODUCT 函数、日期与时间函数等。

8.5.1 最大值和最小值函数

最大值和最小值函数可以将选择的单元格区域中的最大值或最小值返回到需要保存结果的单元格中。最大值函数的语法结构为：MAX(number1,number2…)；最小值函数的语法结构为：Min(number1,number2…)

【例 8-4】在“期末考试成绩表”工作簿中，分别计算出各科成绩的单科成绩最高分和单科成绩最低分。

(1) 启动 Excel 2010 应用程序，打开“期末考试成绩表”工作簿的 Sheet1 工作表，并在工作表的底部添加“单科成绩最高分”和“单科成绩最低分”行。

(2) 选中 C22 单元格，在该单元格中输入公式=MAX(C3:C21)，如图 8-29 所示，输入完成后按下 Enter 键，即可统计出 C3:C21 单元格区域中的最大值，如图 8-30 所示。

16	高三一班	石南南	77	41
17	高三一班	霍丽芳	84	35
18	高三一班	白晓利	81	20
19	高三一班	贾广晓	79	30
20	高三一班	王栋辉	68	36
21	高三一班	李国军	74	40
22	单科成绩最高分		=MAX(C3:C21)	
23	单科成绩最低分			

图 8-29 输入函数

16	高三一班	石南南	77	41
17	高三一班	霍丽芳	84	35
18	高三一班	白晓利	81	20
19	高三一班	贾广晓	79	30
20	高三一班	王栋辉	68	36
21	高三一班	李国军	74	40
22	单科成绩最高分		101	
23	单科成绩最低分			

图 8-30 输出结果

(3) 选中 C23 单元格，在该单元格中输入公式=MIN(C3:C21)，如图 8-31 所示，输入完成后按下 Enter 键，即可统计出 C3:C21 单元格区域中的最小值，如图 8-32 所示。

16	高三一班	石南南	77	41
17	高三一班	霍丽芳	84	35
18	高三一班	白晓利	81	20
19	高三一班	贾广晓	79	30
20	高三一班	王栋辉	68	36
21	高三一班	李国军	74	40
22	单科成绩最高分		101	
23	单科成绩最低分		=MIN(C3:C21)	

图 8-31　输入函数

16	高三一班	石南南	77	41
17	高三一班	霍丽芳	84	35
18	高三一班	白晓利	81	20
19	高三一班	贾广晓	79	30
20	高三一班	王栋辉	68	36
21	高三一班	李国军	74	40
22	单科成绩最高分		101	
23	单科成绩最低分		68	

图 8-32　输出结果

(4) 选中 C22:C23 单元格区域，将鼠标指针移至 C23 单元格右下角的小方块处，当鼠标指针变为＋形状时，按住鼠标左键不放并拖动至 H23 单元格中，对公式进行引用，最终效果如图 8-33 所示。

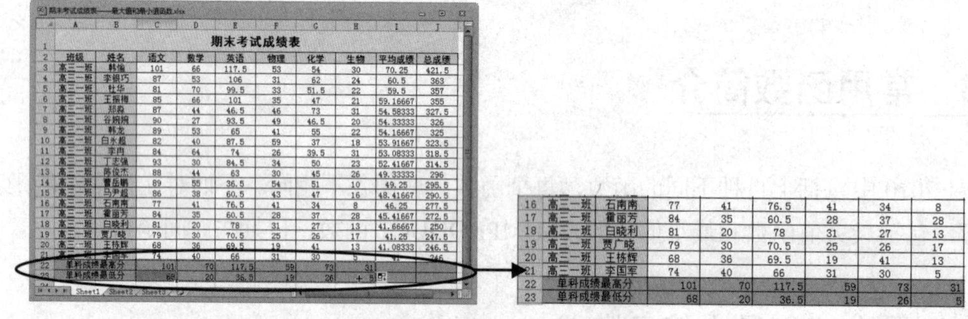

期末考试成绩表

	班级	姓名	语文	数学	英语	物理	化学	生物	平均成绩	总成绩
3	高三一班	韩愉	101	66	117.5	53	54	30	70.25	421.5
4	高三一班	李银巧	87	53	106	31	62	24	60.5	363
5	高三一班	杜华	81	70	99.5	33	51.5	22	59.5	357
6	高三一班	王振梅	85	66	101	35	47	21	59.16667	355
7	高三一班	郑淼	87	44	46.5	46	73	31	54.58333	327.5
8	高三一班	谷婉婉	90	27	93.5	49	46.5	20	54.33333	326
9	高三一班	韩龙	89	53	65	41	55	22	54.16667	325
10	高三一班	白永超	82	40	87.5	59	37	18	53.91667	323.5
11	高三一班	李冉	84	64	74	26	39.5	31	53.08333	318.5
12	高三一班	丁志强	93	30	84.5	34	50	23	52.41667	314.5
13	高三一班	陈俊杰	88	44	63	30	45	26	49.33333	296
14	高三一班	曹岳鹏	89	55	36.5	54	51	10	49.25	295.5
15	高三一班	马尹超	86	38	60.5	43	47	16	48.41667	290.5
16	高三一班	石南南	77	41	76.5	41	34	8	46.25	277.5
17	高三一班	霍丽芳	84	35	60.5	28	37	28	45.41667	272.5
18	高三一班	白晓利	81	20	78	31	27	13	41.66667	250
19	高三一班	贾广晓	79	30	70.5	25	26	17	41.25	247.5
20	高三一班	王栋辉	68	36	69.5	19	41	13	41.08333	246.5
21	高三一班	李国军	74	40	66	31	30	5	41	246
22	单科成绩最高分		101	70	117.5	59	73	31		
23	单科成绩最低分		68	20	36.5	19	26	5		

16	高三一班	石南南	77	41	76.5	41	34	8
17	高三一班	霍丽芳	84	35	60.5	28	37	28
18	高三一班	白晓利	81	20	78	31	27	13
19	高三一班	贾广晓	79	30	70.5	25	26	17
20	高三一班	王栋辉	68	36	69.5	19	41	13
21	高三一班	李国军	74	40	66	31	30	5
22	单科成绩最高分		101	70	117.5	59	73	31
23	单科成绩最低分		68	20	36.5	19	26	5

图 8-33　引用函数后的最终效果

8.5.2　SUMPRODUCT 函数

SUMPRODUCT 函数用于在指定的几个数值中，将数值间的元素相乘，并返回乘积之和。其语法结构为：SUMPRODUCT(array1,array2,array3…)，其中，参数 array1,array2,array3，…表示 2~255 个数组，其元素需要进行相乘并求和。

【例 8-5】在“产品销售统计表”工作簿中，使用 SUMPRODUCT 函数计算产品销售总额。

(1) 启动 Excel 2010 应用程序，打开“产品销售统计表”工作簿。

(2) 选中 D10 单元格，输入公式“=SUMPRODUCT((A3:A9="抱枕")*(C3:C9)*(D3:D9))”，如图 8-34 所示。

(3) 按 Enter 键，即可计算出抱枕类产品的销售总额，如图 8-35 所示。

产品销售统计表

	产品分类	产品名称	单价(元)	销售数量	备注
3	抱枕	海绵宝宝	36	321	
4	毛绒公仔	轻松熊	23	268	
5	毛绒公仔	彼得兔	89	362	
6	毛绒公仔	泰迪熊	56	235	
7	抱枕	达达兔	28	210	
8	抱枕	趴趴熊	32	362	
9	抱枕	菜菜抱枕	31	256	
10	抱枕类销售总额			=SUMPRODUCT((A3:A9="抱枕")*(C3:C9)*(D3:D9))	
11	毛绒公仔类销售总额				
12	所有产品销售总额				

图 8-34　输入函数

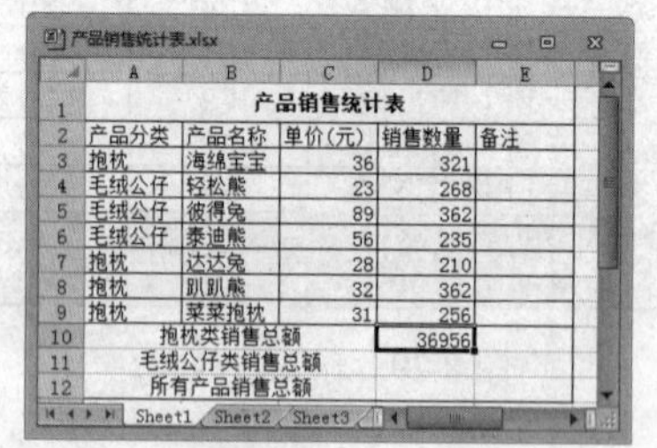

产品销售统计表

	产品分类	产品名称	单价(元)	销售数量	备注
3	抱枕	海绵宝宝	36	321	
4	毛绒公仔	轻松熊	23	268	
5	毛绒公仔	彼得兔	89	362	
6	毛绒公仔	泰迪熊	56	235	
7	抱枕	达达兔	28	210	
8	抱枕	趴趴熊	32	362	
9	抱枕	菜菜抱枕	31	256	
10	抱枕类销售总额			36956	
11	毛绒公仔类销售总额				
12	所有产品销售总额				

图 8-35　输出结果

(4) 选中 D11 单元格，输入公式“=SUMPRODUCT((A3:A9="毛绒公仔")*(C3:C9)*(D3:D9))”，如图 8-36 所示。

(5) 按 Enter 键，即可计算出毛绒公仔类产品的销售总额，如图 8-37 所示。

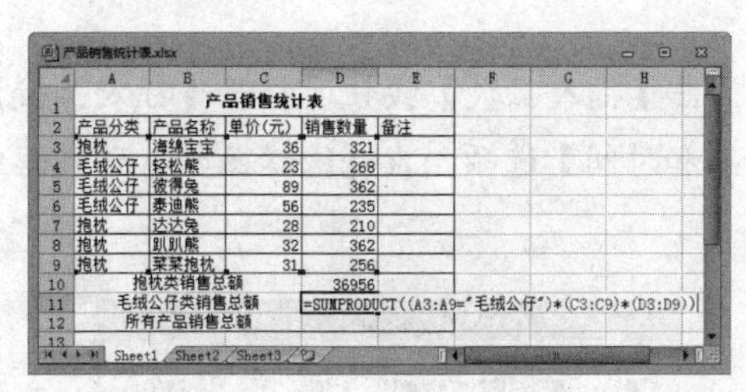

	A	B	C	D	E
1	产品销售统计表				
2	产品分类	产品名称	单价(元)	销售数量	备注
3	抱枕	海绵宝宝	36	321	
4	毛绒公仔	轻松熊	23	268	
5	毛绒公仔	彼得兔	89	362	
6	毛绒公仔	泰迪熊	56	235	
7	抱枕	达达兔	28	210	
8	抱枕	趴趴熊	32	362	
9	抱枕	菜菜抱枕	31	256	
10	抱枕类销售总额			36956	
11	毛绒公仔类销售总额			=SUMPRODUCT((A3:A9="毛绒公仔")*(C3:C9)*(D3:D9))	
12	所有产品销售总额				

图 8-36　输入函数

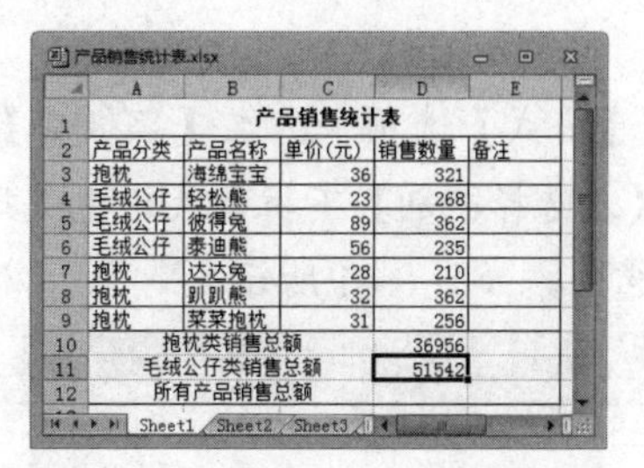

	A	B	C	D	E
1	产品销售统计表				
2	产品分类	产品名称	单价(元)	销售数量	备注
3	抱枕	海绵宝宝	36	321	
4	毛绒公仔	轻松熊	23	268	
5	毛绒公仔	彼得兔	89	362	
6	毛绒公仔	泰迪熊	56	235	
7	抱枕	达达兔	28	210	
8	抱枕	趴趴熊	32	362	
9	抱枕	菜菜抱枕	31	256	
10	抱枕类销售总额			36956	
11	毛绒公仔类销售总额			51542	
12	所有产品销售总额				

图 8-37　输出结果

(6) 选中 D12 单元格，输入公式=SUMPRODUCT(C3:C9,D3:D9)，如图 8-38 所示。按 Enter 键，即可计算出所有产品的销售总额，如图 8-39 所示。

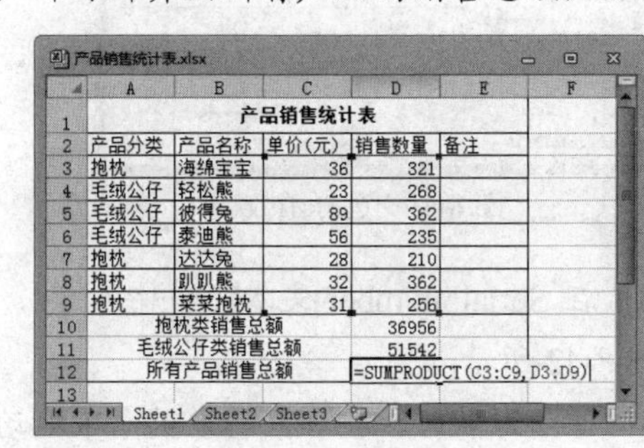

	A	B	C	D	E
1	产品销售统计表				
2	产品分类	产品名称	单价(元)	销售数量	备注
3	抱枕	海绵宝宝	36	321	
4	毛绒公仔	轻松熊	23	268	
5	毛绒公仔	彼得兔	89	362	
6	毛绒公仔	泰迪熊	56	235	
7	抱枕	达达兔	28	210	
8	抱枕	趴趴熊	32	362	
9	抱枕	菜菜抱枕	31	256	
10	抱枕类销售总额			36956	
11	毛绒公仔类销售总额			51542	
12	所有产品销售总额			=SUMPRODUCT(C3:C9,D3:D9)	

图 8-38　输入函数

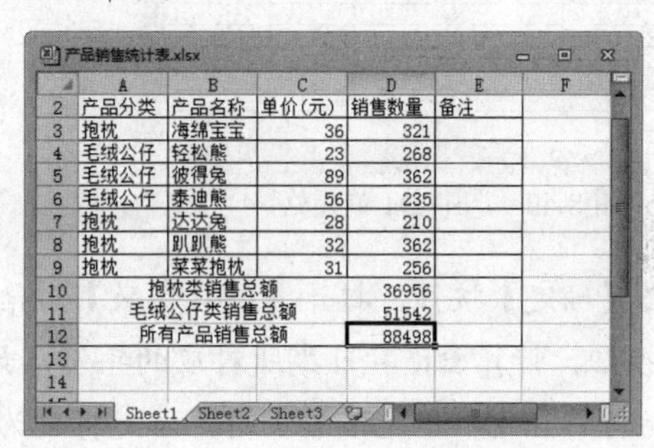

	A	B	C	D	E
2	产品分类	产品名称	单价(元)	销售数量	备注
3	抱枕	海绵宝宝	36	321	
4	毛绒公仔	轻松熊	23	268	
5	毛绒公仔	彼得兔	89	362	
6	毛绒公仔	泰迪熊	56	235	
7	抱枕	达达兔	28	210	
8	抱枕	趴趴熊	32	362	
9	抱枕	菜菜抱枕	31	256	
10	抱枕类销售总额			36956	
11	毛绒公仔类销售总额			51542	
12	所有产品销售总额			88498	

图 8-39　输出结果

8.5.3　EDATE 和 DATE 函数

DATE 函数用于将指定的日期转换为日期序列号。其语法结构为：DATE(year,month,day)，其中，参数 year 表示指定的年份，可以为 1~4 位的数字；month 表示一年中从 1 月~12 月各月的正整数或负整数；day 表示一个月中从 1 日~31 日中各天的正整数或负整数。

知识点

如果参数 month 大于 12，则 month 将从指定年份的一月份开始累加该月份；如果参数 day 大于该月份的最大天数时，则 day 将从指定月数的第一天开始累加该天数。

EDATE 函数用于返回某个日期的序列号，该日期代表指定日期(start_date)之间或之后的月数。其语法结构为：EDATE(start_date,months)，其中，参数 start_date 表示一个开始日期，参数 months 表示在 start_date 之前或之后的月数。正数表示未来日期，负数表示过去日期。其中参数 start_date 应使用 DATE 函数输入日期，如果参数 months 不是整数，将截尾取整。

【例 8-6】在“个人借贷”工作簿中，使用 EDATE 和 DATE 函数计算还款日期和还款倒计时。

(1) 启动 Excel 2010 应用程序，打开“个人借贷”工作簿，然后选中 D4 单元格，如图 8-40 所示。

(2) 打开【公式】选项卡，在【函数库】组中单击【插入函数】按钮，打开【插入函数】对话框。在【或选择类别】下拉列表框中选择【日期和时间】选项，在【选择函数】列表框中选择 YEAR 选项，如图 8-41 所示。

	A	B	C	D	E	F
1			个人借贷			
2			统计日期：			
3	姓名	借款日期	借款期限（月）	借款年份	还款日期	还款倒计时
4	赵丽	2012/3/20	22			
5	王云	2011/6/30	38			
6	刘峰	2012/9/20	26			
7	刘玉玲	2012/10/20	29			
8	王长远	2012/3/18	20			
9	王小华	2013/1/12	30			
10	张晓楠	2013/1/20	10			
11	李峰	2011/6/15	28			
12	张晓涵	2012/3/12	29			
13	崔正阳	2013/2/15	20			
14	马晓峰	2011/2/21	30			
15						

图 8-40　选中 D4 单元格

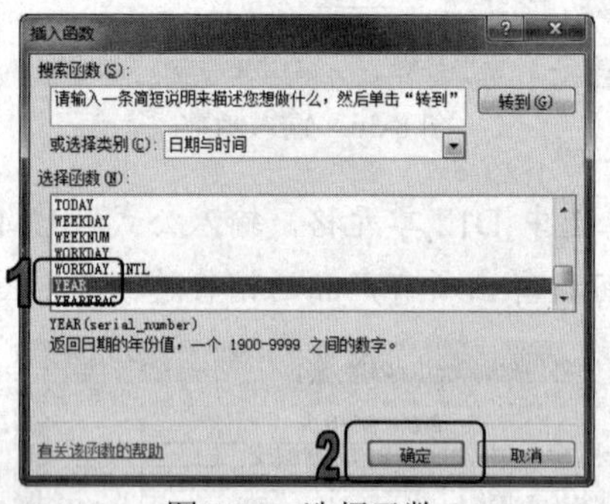

图 8-41　选择函数

(3) 单击【确定】按钮，打开【函数参数】对话框，在 Serial_number 文本框中输入 C4，单击【确定】按钮，计算出借款日期所对应的年份，如图 8-42 所示。

(4) 将光标移至 D4 单元格右下角，当光标变为实心十字形状时，按住鼠标左键向下拖动到 E13 单元格，然后释放鼠标，即可进行公式填充，并返回计算结果，计算出所有借款日期所对应的年份，如图 8-43 所示。

图 8-42　【函数参数】对话框

	A	B	C	D	E	F
1			个人借贷			
2			统计日期：			
3	姓名	借款日期	借款期限（月）	借款年份	还款日期	还款倒计时
4	赵丽	2012/3/20	22	2012		
5	王云	2011/6/30	38	2011		
6	刘峰	2012/9/20	26	2012		
7	刘玉玲	2012/10/20	29	2012		
8	王长远	2012/3/18	20	2012		
9	王小华	2013/1/12	30	2013		
10	张晓楠	2013/1/20	10	2013		
11	李峰	2011/6/15	28	2011		
12	张晓涵	2012/3/12	29	2012		
13	崔正阳	2013/2/15	20	2013		
14	马晓峰	2011/2/21	30	2011		
15						

图 8-43　填充公式

(5) 选中 D2 单元格，按 Ctrl+【；】快捷键，即可输入当前系统日期，如图 8-44 所示。

(6) 选中 E4 单元格，在编辑栏中输入公式=TEXT(EDATE(B4,C4),"YYYY/MM/DD")，如图 8-45 所示。

知识点

先用 EDATE 函数生成还款日期的序列号，然后用 TEXT 将日期序列号转化为日期样式。

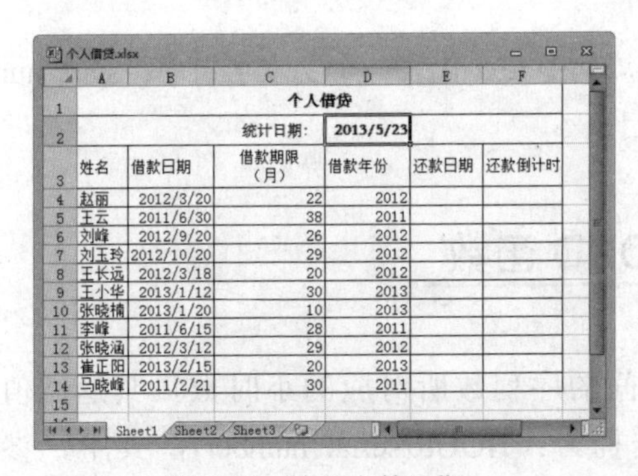

图 8-44 输入当前日期

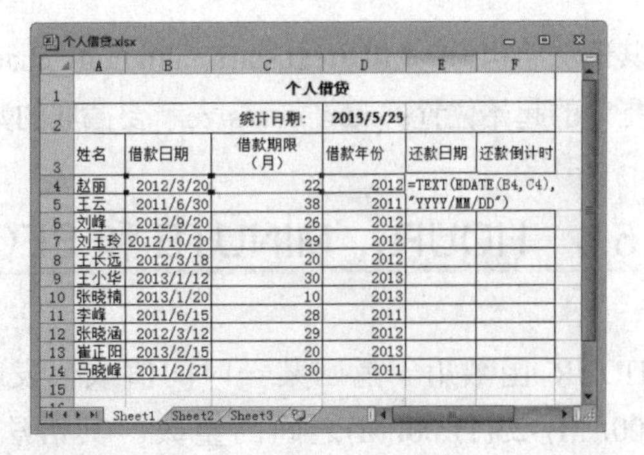

图 8-45 输入公式

(7) 按 Enter 键，即可根据“赵丽”的借款日期和期限计算出还款日期，如图 8-46 所示。

(8) 将光标移至 E4 单元格右下角，当光标变为实心十字形状时，按住鼠标左键向下拖动到 E14 单元格，然后释放鼠标，即可进行公式填充，并返回计算结果，统计出所有借款人的还款日期，如图 8-47 所示。

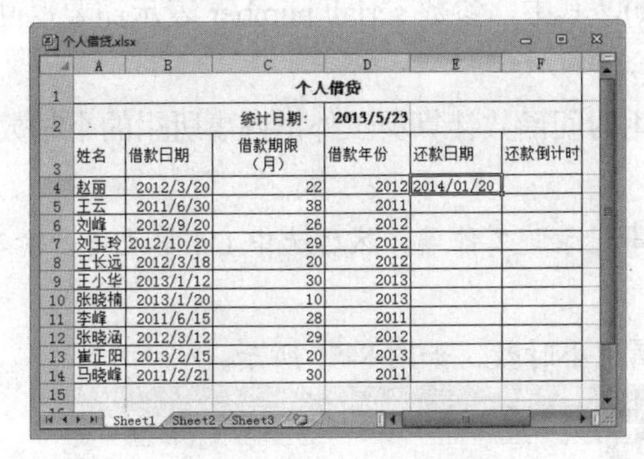

图 8-46 计算出还款日期

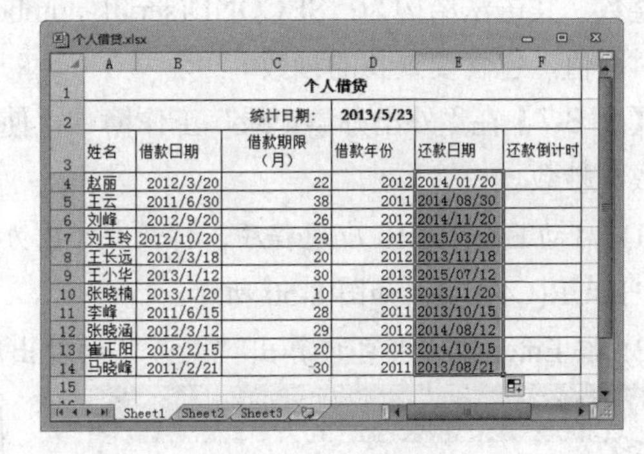

图 8-47 填充公式

(9) 选中 F4 单元格，直接输入公式“=DATE(MID(E4,1,4),MID(E4,6,2),MID(E4,9,2))-TODAY()&"(天)"”，如图 8-48 所示。

(10) 按 Enter 键，即可根据“赵丽”的还款日期计算出还款倒计时。使用相对引用方式计算出其他借款人的还款倒计时，如图 8-49 所示。

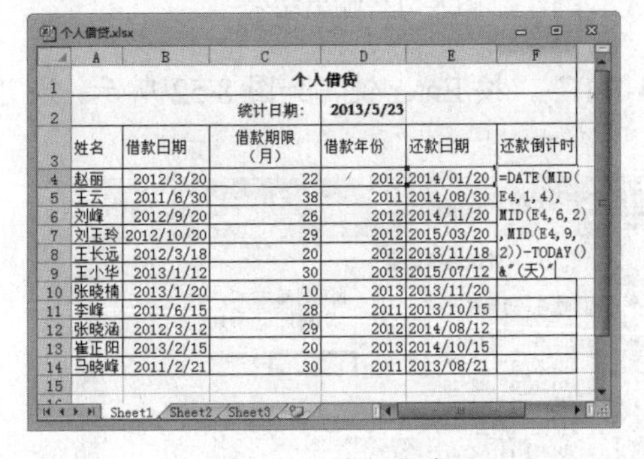

图 8-48 输入公式

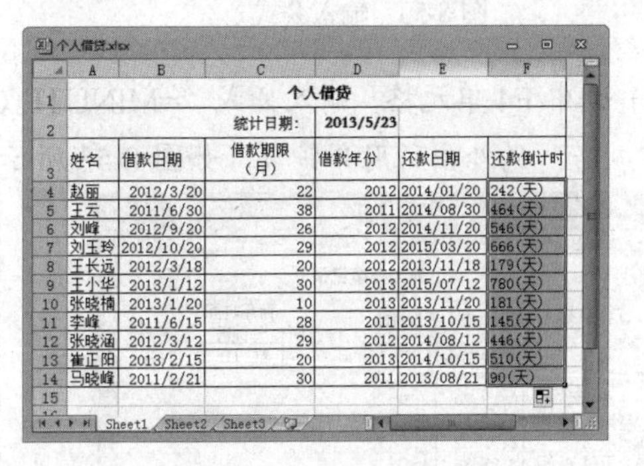

图 8-49 引用公式

在步骤(9)中，MID 函数主要功能是从一个文本字符串的指定位置开始，截取指定数目的字

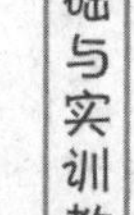

符。其语法结构为：MID(text,start_num,num_chars)，其中 text 代表一个文本字符串；start_num 表示指定的起始位置；num_chars 表示要截取的数目。

8.5.4 HOUR、MINUTE 和 SECOND 函数

HOUR 函数用于返回某一时间值或代表时间的序列数所对应的小时数，其返回值为 0(12:00AM)~23(11:00PM)之间的整数。其语法结构为：HOUR(serial_number)，其中，参数 serial_number 表示将要计算小时的时间值，包含要查找的小时数。

MINUTE 函数用于返回某一时间值或代表时间的序列数所对应的分钟数，其返回值为 0~59 之间的整数。其语法结构为：MINUTE(serial_number)，其中，参数 serial_number 表示需要返回分钟数的时间，包含要查找的分钟数。

SECOND 函数用于返回某一时间值或代表时间的序列数所对应的秒数，其返回值为 0~59 之间的整数。其语法结构为：SECOND(serial_number)，其中，参数 serial_number 表示需要返回秒数的时间值，包含要查找的秒数。

【例 8-7】在“外出办事记录”工作簿中，使用时间函数计算员工外出办事所用的小时数、分钟数和秒数。

(1) 启动 Excel 2010 应用程序，打开“外出办事记录”工作簿，然后选中 D4 单元格，输入公式=HOUR(C4-B4)，如图 8-50 所示。

(2) 按 Enter 键，即可计算出“刘芳”的外出所用小时数，如图 8-51 所示。

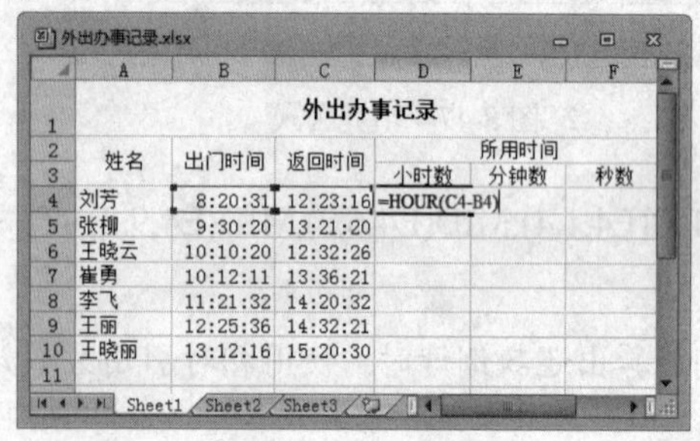

图 8-50 输入公式

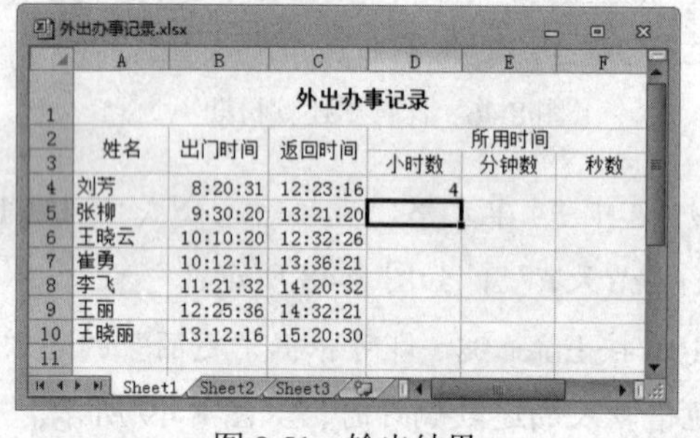

图 8-51 输出结果

(3) 选中 E4 单元格，输入公式“=MINUTE(C4-B4)”，按 Enter 键，如图 8-52 所示。即可计算出“刘芳”的外出所用分钟数，如图 8-53 所示。

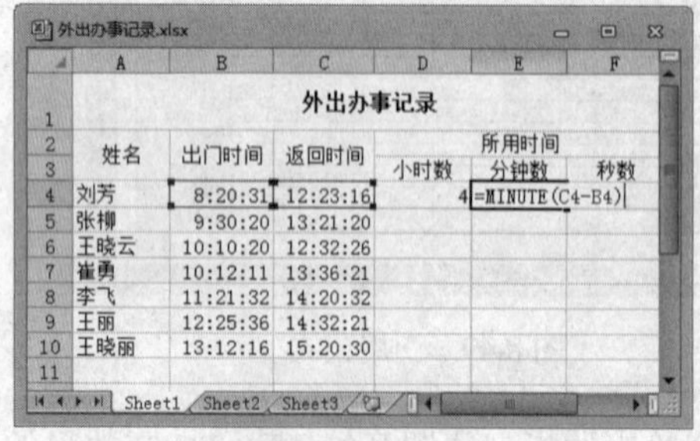

图 8-52 输入公式

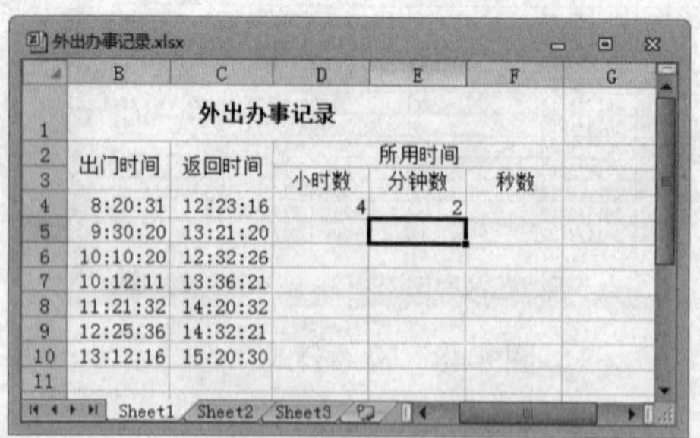

图 8-53 输出结果

(4) 选中 F4 单元格，输入公式=SECOND(C4-B4)，按 Enter 键，结果如图 8-54 所示，为计算出的“刘芳”的外出所用秒数，如图 8-55 所示。

外出办事记录.xlsx

	B	C	D	E	F
1	外出办事记录				
2	出门时间	返回时间	所用时间		
3			小时数	分钟数	秒数
4	8:20:31	12:23:16	4	2	=SECOND(C4-B4)
5	9:30:20	13:21:20			
6	10:10:20	12:32:26			
7	10:12:11	13:36:21			
8	11:21:32	14:20:32			
9	12:25:36	14:32:21			
10	13:12:16	15:20:30			

Sheet1　Sheet2　Sheet3

图 8-54　输入公式

外出办事记录.xlsx

	B	C	D	E	F
1	外出办事记录				
2	出门时间	返回时间	所用时间		
3			小时数	分钟数	秒数
4	8:20:31	12:23:16	4	2	45
5	9:30:20	13:21:20			
6	10:10:20	12:32:26			
7	10:12:11	13:36:21			
8	11:21:32	14:20:32			
9	12:25:36	14:32:21			
10	13:12:16	15:20:30			

Sheet1　Sheet2　Sheet3

图 8-55　输出结果

(5) 使用相对引用方式填充公式至 D5:F10 单元格区域，计算出所有员工的外出秒数，如图 8-56 所示。

外出办事记录.xlsx

	B	C	D	E	F
1	外出办事记录				
2	出门时间	返回时间	所用时间		
3			小时数	分钟数	秒数
4	8:20:31	12:23:16	4	2	45
5	9:30:20	13:21:20	3	51	0
6	10:10:20	12:32:26	2	22	6
7	10:12:11	13:36:21	3	24	10
8	11:21:32	14:20:32	2	59	0
9	12:25:36	14:32:21	2	6	45
10	13:12:16	15:20:30	2	8	14

Sheet1　Sheet2　Sheet3

外出办事记录.xlsx

	B	C	D	E	F
1	外出办事记录				
2	出门时间	返回时间	所用时间		
3			小时数	分钟数	秒数
4	8:20:31	12:23:16	4	2	45
5	9:30:20	13:21:20	3	51	0
6	10:10:20	12:32:26	2	22	6
7	10:12:11	13:36:21	3	24	10
8	11:21:32	14:20:32	2	59	0
9	12:25:36	14:32:21	2	6	45
10	13:12:16	15:20:30	2	8	14

Sheet1　Sheet2　Sheet3

图 8-56　引用公式并输出结果

8.5.5　SYD 和 SLN 函数

SYD 函数用于返回某项资产按年限总和折旧法计算的指定期间的折旧值。其语法结构为：SYD(cost,salvage,life,per)，其中，参数 cost 表示资产原值；参数 salvage 表示资产在折旧期末的价值，也称为资产残值；参数 life 表示折旧期限，也称为资产的使用寿命；参数 per 表示期间，单位与 life 相同。

SLN 函数用于返回某项资产在一个期间内的线性折旧值。其语法结构为：SLN(cost,salvage,life)，其中，参数 cost 表示资产原值；参数 salvage 表示资产在折旧期末的价值，也称为资产残值；参数 life 表示折旧期限，也称作资产的使用寿命。

【例 8-8】在“公司设备折旧”工作簿中，使用财务函数 SYD 和 SLN 计算设备每年、每月和每日的折旧值。

(1) 启动 Excel 2010 应用程序，打开“公司设备折旧”工作簿，然后选中 C4 单元格，打开【公式】选项卡，在【函数库】组中单击【财务】按钮，从弹出的快捷菜单中选择 SLN 命令，如图 8-57 所示。

(2) 打开【函数参数】对话框，在 Cost 文本框中输入 B3；在 Salvage 文本框中输入 C3；在 Life

文本框中输入 D3*365，然后单击【确定】按钮，如图 8-58 所示。

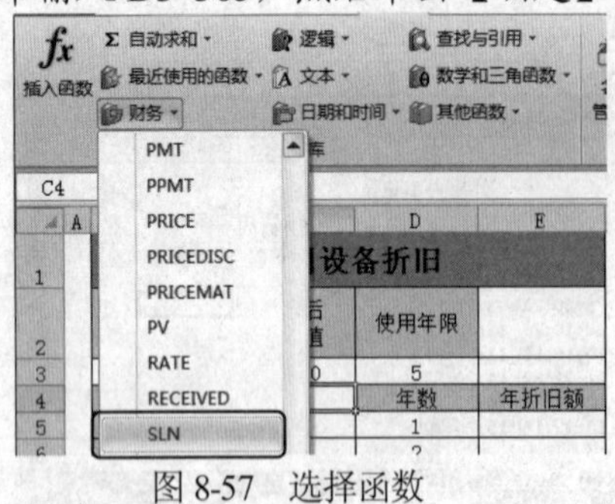

图 8-57　选择函数

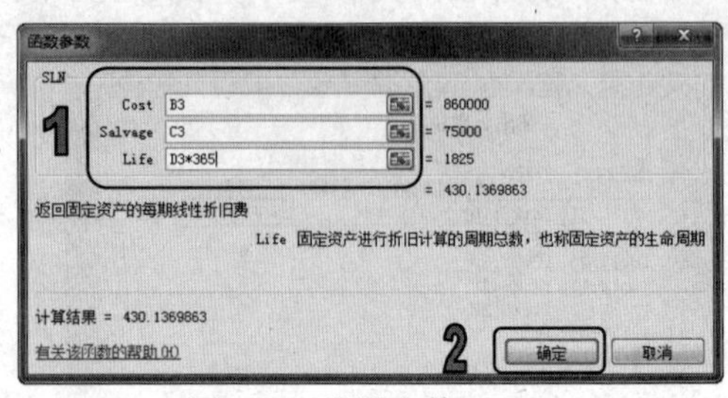

图 8-58　设置参数

(3) 此时可使用线性折旧法计算设备每天的折旧值，如图 8-59 所示。

(4) 选中 C5 单元格，输入公式=SLN(B3,C3,D3*12)，按 Enter 键，即可使用线性折旧法计算出每月的设备折旧值，如图 8-60 所示。

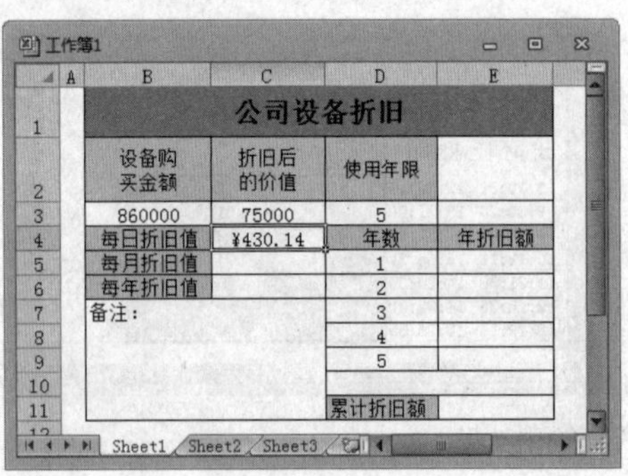

图 8-59　输出每日折旧值

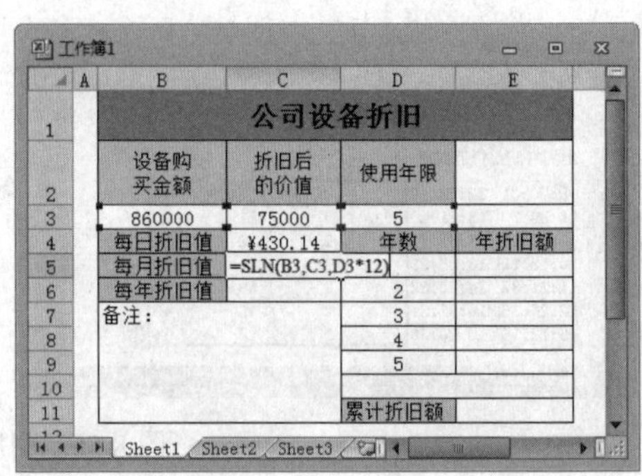

图 8-60　输入公式

(5) 选中 C6 单元格，输入公式=SLN(B3,C3,D3)，按 Enter 键，即可使用线性折旧法计算出设备每年的折旧值，如图 8-61 和图 8-62 所示。

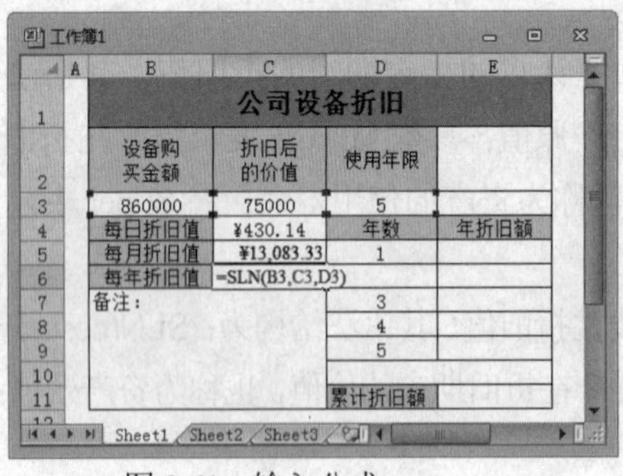

图 8-61　输入公式

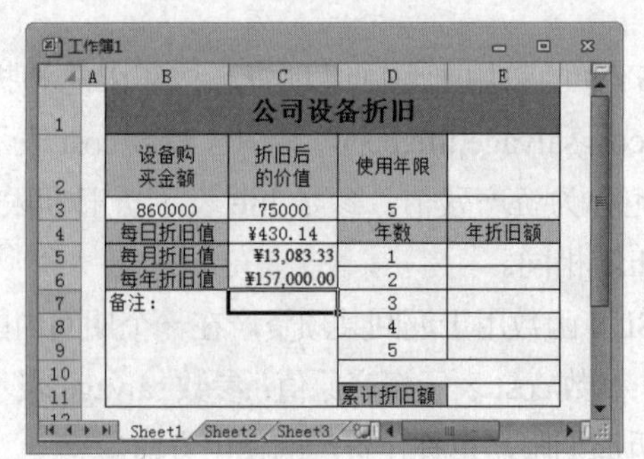

图 8-62　输出每年折旧值

(6) 选中 E5 单元格，打开【公式】选项卡，在【函数库】组中单击【财务】按钮，从弹出的快捷菜单中选择 SYD 命令，打开【函数参数】对话框，如图 8-63 所示。

(7) 在 Cost 文本框中输入 B3；在 Salvage 文本框中输入 C3；在 Life 文本框中输入 D3；在 Per 文本框中国输入 D5，单击【确定】按钮，使用年限总和折旧法计算第 1 年的设备折旧额，如图 8-64 所示。

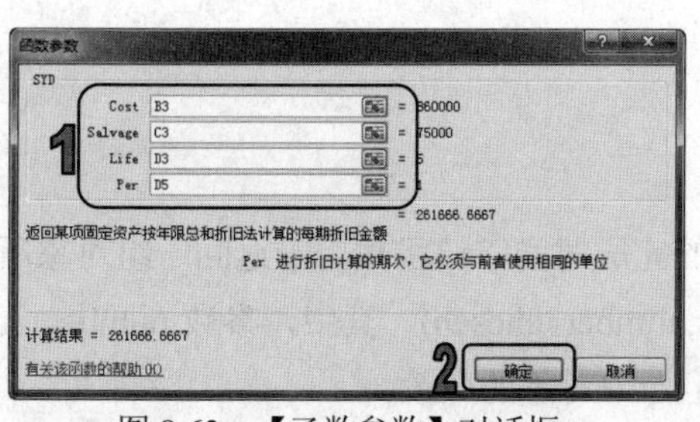

图 8-63　【函数参数】对话框

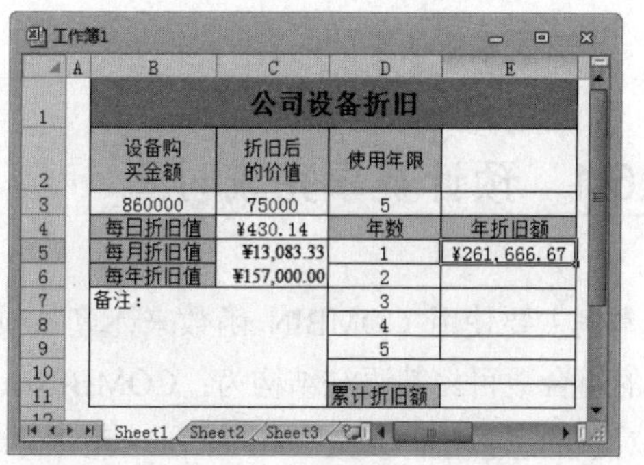

图 8-64　输出第一年的年折旧值

(8) 在编辑栏中将公式更改为=SYD($B$3, $C$3,$D$3,D5)，按 Enter 键，计算公式结果，如图 8-65 所示。

(9) 将光标移动至 E5 单元格右下角，当指针变为实心十字形状时，按住鼠标左键向下拖动到 E9 单元格，然后释放鼠标，即可进行公式填充，计算出不同年限的折旧额，如图 8-66 所示。

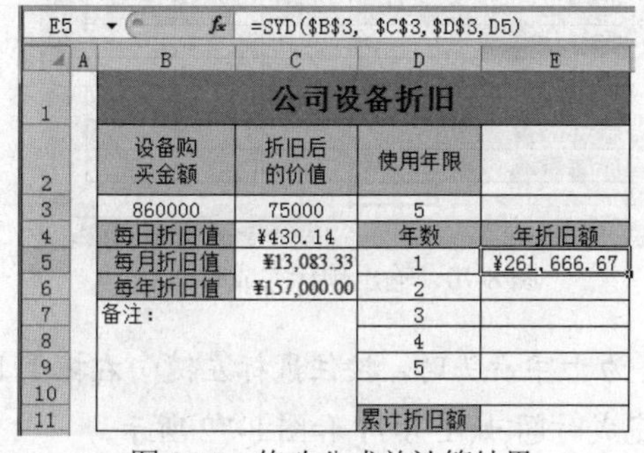

图 8-65　修改公式并计算结果

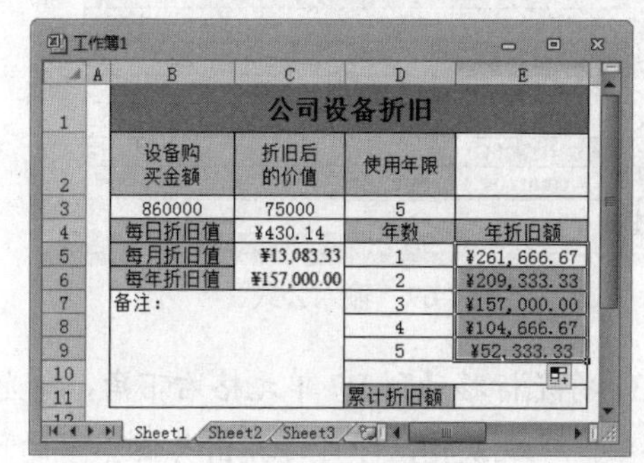

图 8-66　填充公式

(10) 选中 E11 单元格，输入公式=SUM (E5:E9)，然后按 Enter 键，计算累积折旧额，如图 8-67 和图 8-68 所示。

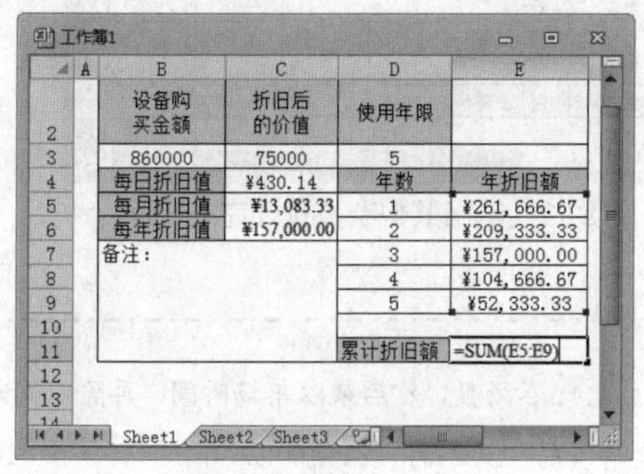

图 8-67　输入公式

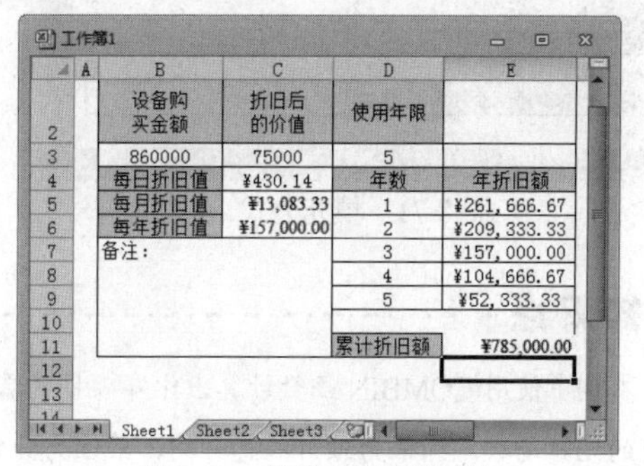

图 8-68　输出累计折旧额

8.6　上机练习

本章主要介绍了 Excel 2010 中公式和函数的用法，本次上机练习通过两个具体实例来使读

者进一步巩固本章所学的内容。

8.6.1 预计赛事完成时间

本例主要使用 COMBIN 函数来计算各项赛事的完成时间，该函数用于返回一组对象所有可能的组合数目。其语法结构为：COMBIN(number,number_chosen)，其中，参数 number 表示某一对象的总数量；参数 number_chosen 表示每一组合中对象的数量。

(1) 启动 Excel 2010 应用程序，打开“棋类比赛时间表”工作簿。选中 B7 单元格，使用 COMBIN 函数在编辑栏中输入公式= COMBIN(B3,B4)*B5/ B6/60，如图 8-69 所示。

(2) 按 Enter 键，将返回“中国象棋”比赛完成的预计时间，如图 8-70 所示。

棋类比赛时间表				
比赛项目	中国象棋	军旗	围棋	五子棋
参赛总人数	20	12	26	18
每局比赛人数	2	2	2	2
平均每局时间（分钟）	30	45	50	20
同时进行比赛场数	3	5	2	6
= COMBIN(B3,B4)*B5/B6/60				

图 8-69　输入公式

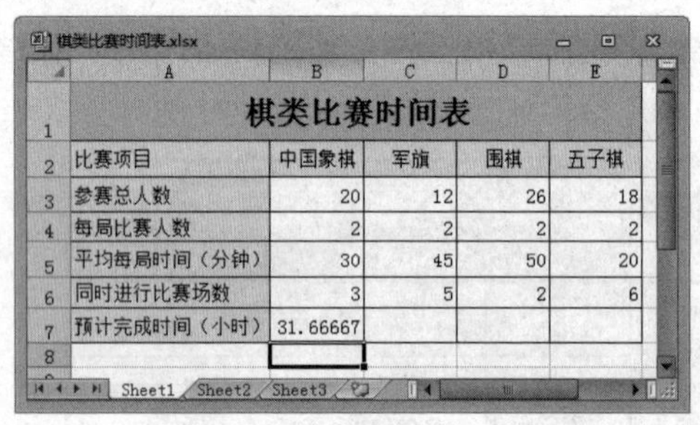

图 8-70　输出预计完成时间

(3) 将光标移动到 B7 单元格右下角，待光标变为十字箭头时，按住鼠标左键向右拖至 E7 单元格中，释放鼠标，即可计算出其他赛事的预计完成时间,如图 8-71 和图 8-72 所示。

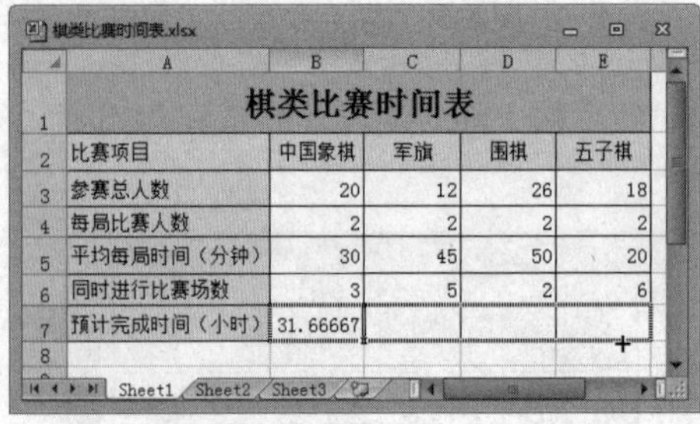

图 8-71　填充公式

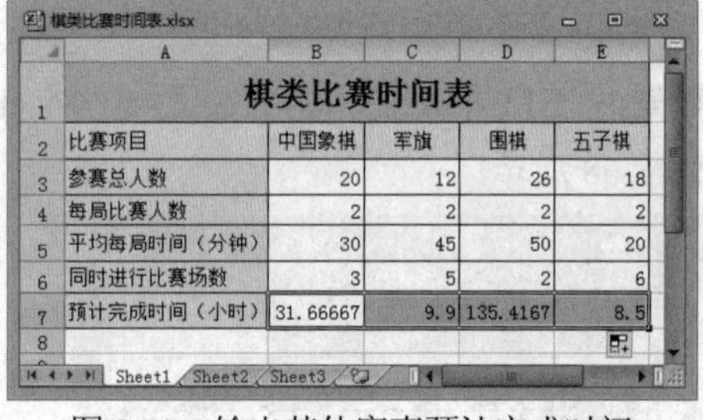

图 8-72　输出其他赛事预计完成时间

知识点

本例中使用 COMBIN 函数计算出比赛项目的需要进行的总比赛场数，然后乘以单场时间，再除以同时进行的比赛场数。结果为预计的总时间，单位为分钟。需要将其转化为小时，必须除以 60。

8.6.2 员工工资明细查询

本例要求在“员工工资清单”工作簿中创建“员工工资明细查询”工作表，使用 LOOKUP

函数完成查询操作。其中LOOKUP函数主要用于从单行或单列或从数组中查找一个值。

(1) 启动Excel 2010应用程序，打开“员工工资清单”工作簿，将Sheet2工作表命名为“员工工资明细查询”，然后在其中输入数据，如图8-73所示。

(2) 选中C3单元格，打开【数据】选项卡，在【数据工具】组中单击【数据有效性】按钮，打开【数据有效性】对话框。

(3) 打开【设置】选项卡，单击【允许】下拉按钮，从弹出的列表框中选择【序列】选项，选中右侧所有的复选框，然后在【来源】选项区域中单击按钮，如图8-74所示。

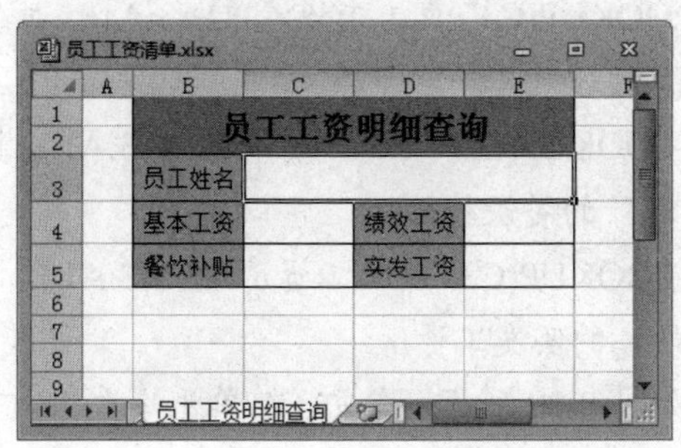

图8-73　命名工作表并输入数据

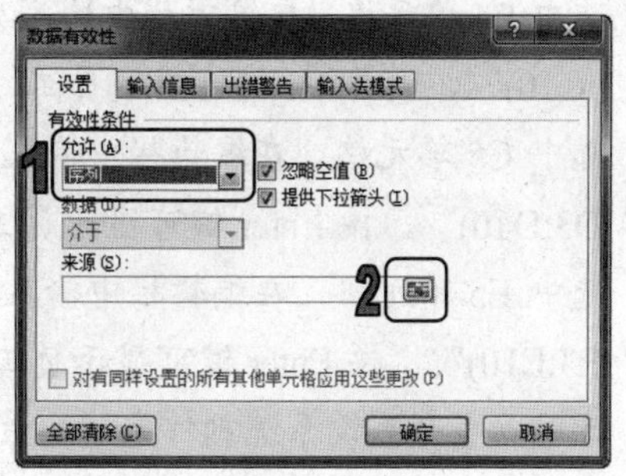

图8-74　【数据有效性】对话框

(4) 切换到“员工工资清单”工作表，选中A3:A10单元格区域，如图8-75所示。选择完成后单击按钮，返回【数据有效性】对话框。然后单击【确定】按钮完成设置。

(5) 此时，在C3单元格右侧显示下拉按钮，单击该下拉按钮，从弹出的下拉菜单中选择员工“白小蝶”，如图8-76所示。

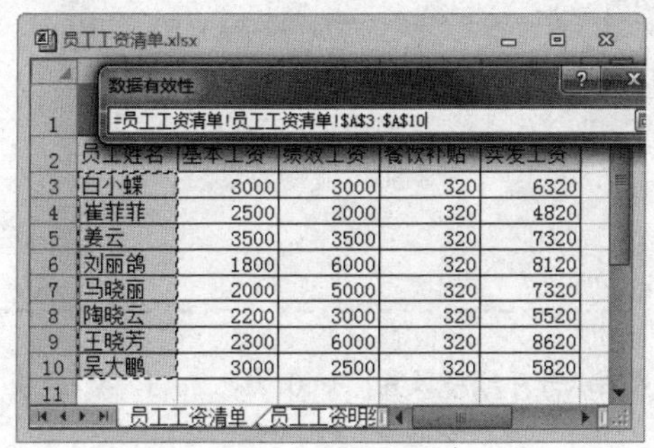

图8-75　选择单元格区域

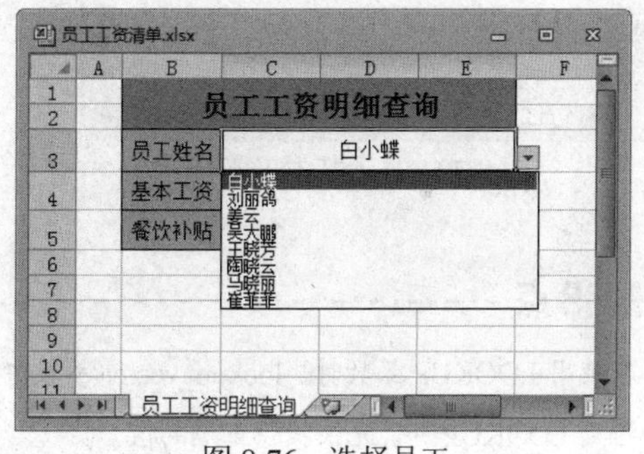

图8-76　选择员工

(6) 选中C4单元格，打开【公式】选项卡，在【函数库】组中单击【查找和引用函数】按钮，从弹出的菜单中选择LOOKUP选项。

(7) 在打开的【选定参数】对话框中，选择如图8-77所示的向量类型，单击【确定】按钮，打开【函数参数】对话框。

(8) 在Lookup_value文本框中输入C3；在Lookup_vector文本框中设置数据为“员工工资清单”工作表的A3:A10单元格区域；在Result_vector文本框中设置数据为“员工工资清单”工作表的B3:B10单元格区域，如图8-78所示。

(9) 设置完成容，单击【确定】按钮，按员工姓名查找基本工资，此处显示的是员工“白小蝶”的基本工资，如图8-79所示。

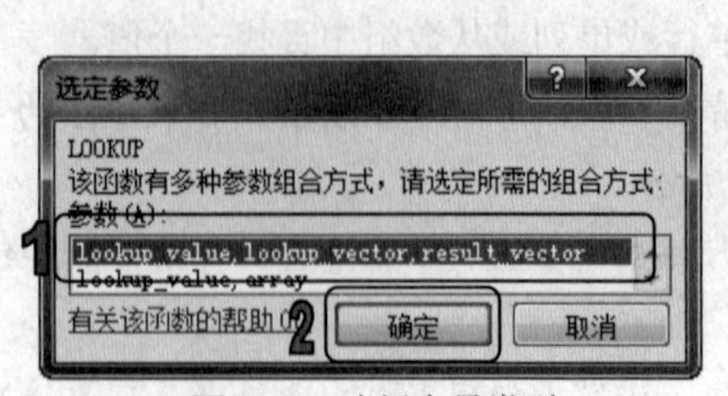

图 8-77　选择向量类型

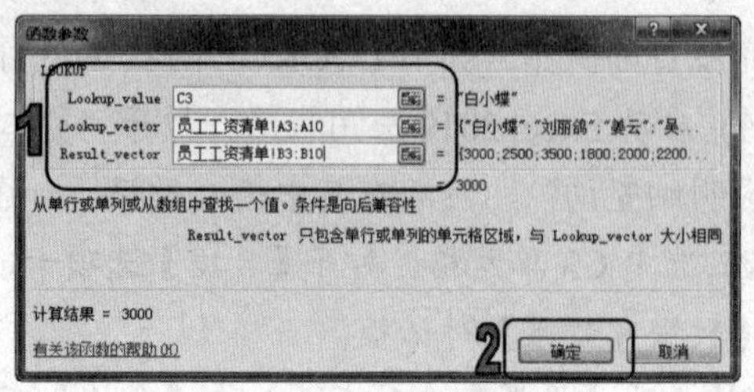

图 8-78　设置参数

(10) 选中 E4 单元格，在编辑栏中输入公式“=LOOKUP(C3, 员工工资清单!A3:A10, 员工工资清单!C3:C10)”，按 Enter 键可显示员工“白小蝶”的绩效工资。

(11) 选中 C5 单元格，在编辑栏中输入公式“=LOOKUP(C3, 员工工资清单! A3:A10, 员工工资清单!D3:D10)”，按 Enter 键可显示员工“白小蝶”的餐饮补贴。

(12) 选中 E5 单元格，在编辑栏中输入公式“=LOOKUP(C3, 员工工资清单! A3:A10, 员工工资清单!E3:E10)”，按 Enter 键可显示员工“白小蝶”的实发工资。

(13) 此时，整个查询系统制作完毕，最终效果如图 8-80 所示。单击 C3 单元格右侧的下拉按钮，从弹出的下拉菜单中选择其他员工姓名，即可在对应的单元格中显示该员工的工资明细。

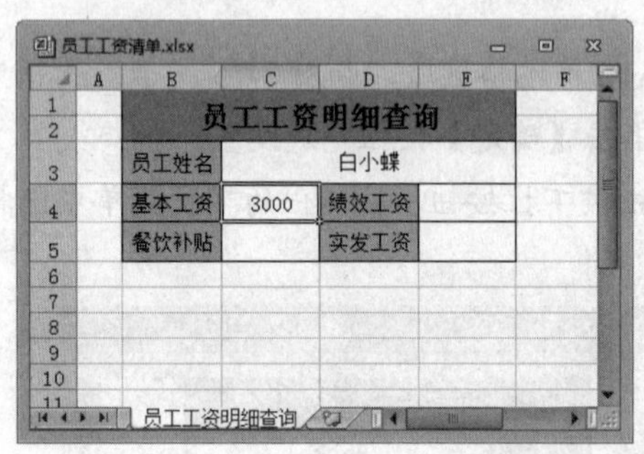

图 8-79　显示基本工资

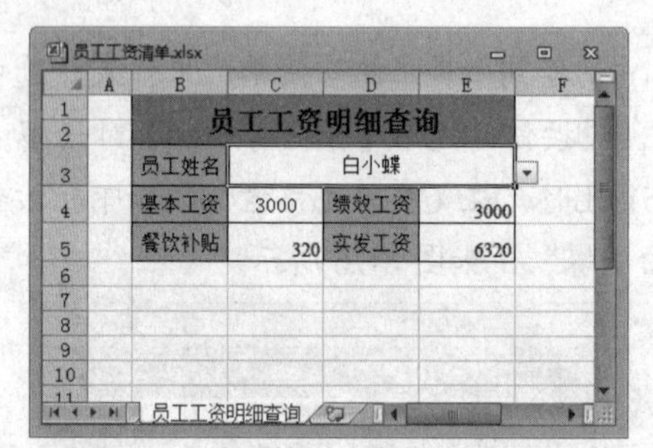

图 8-80　最终效果

知识点

在使用 LOOKUP 函数时。lookup_vector 参数中的值必须以升序顺序放置，如 0，1，2，3，4…；A~Z 等，否则 LOOKUP 可能无法提供正确的值。

8.7　习题

1. 简述公式和函数的主要组成元素。

2. 简述相对引用和绝对引用的区别？

3. 新建一个“学生成绩表”工作簿，在该工作簿中创建“学生成绩统计”和“学生成绩查询”两个工作表，然后在“学生成绩查询”工作表中建立查询。查询要求：(1)根据学号查询学生成绩详细信息；(2)根据学生姓名查询学生成绩详细信息。

第9章 制作图表与数据透视图

学习目标

在 Excel 2010 电子表格中，插入图表可以更直观地表现表格中数据的发展趋势或分布状况。另外为了更方便分析数据，用户还可插入数据透视表及数据透视图。本章介绍如何在 Excel 2010 中插入图表、数据透视表和数据透视图。

本章重点

- 插入图表
- 编辑图表
- 制作数据透视表
- 制作数据透视图

9.1 图表简介

为了能更加直观地表达电子表格中的数据，用户可将数据以图表的形式来表示，因此图表在制作电子表格时具有举足轻重要的作用。

9.1.1 图表的结构

图表的基本结构包括：图表区、绘图区、图表标题、数据系列、网格线、图例等，如图 9-1 所示。图表的各组成部分介绍如下。

- 图表标题：图表标题在图表中起到说明性的作用，是图表性质的大致概括和内容总结，它相当于一篇文章的标题并可用来定义图表的名称。它可以自动与坐标轴对齐或居中排列于图表坐标轴的外侧。
- 图表区：在 Excel 2010 中，图表区指的是包含绘制的整张图表及图表中元素的区域。

◉ 绘图区：图表中的整个绘制区域。二维图表和三维图表的绘图区有所区别。在二维图表中，绘图区是以坐标轴为界并包括全部数据系列的区域；而在三维图表中，绘图区是以坐标轴为界并包含数据系列、分类名称、刻度线和坐标轴标题的区域。

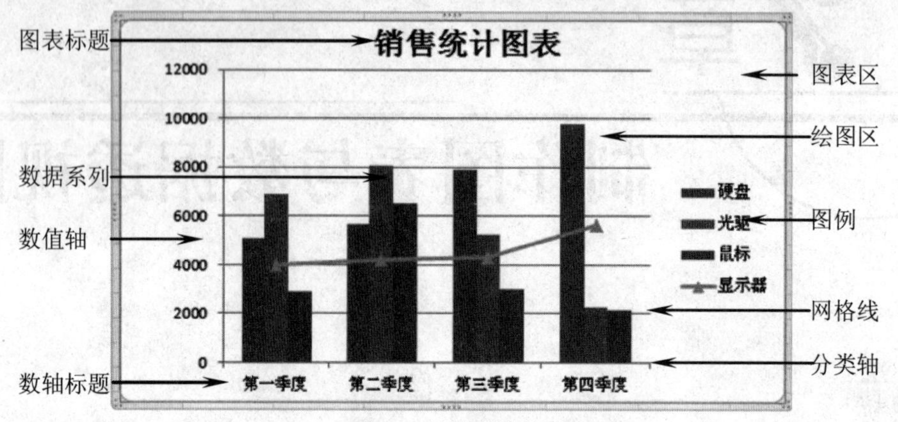

图 9-1　图表基本构成

◉ 数据系列：在 Excel 中，数据系列又称为分类，它指的是图表上的一组相关数据点。在 Excel 2010 图表中，每个数据系列都用不同的颜色和图案加以区别。每一个数据系列分别来自于工作表的某一行或某一列。在同一张图表中(除了饼图外)，用户可以绘制多个数据系列。

◉ 网格线：和坐标纸类似，网格线是图表中从坐标轴刻度线延伸并贯穿整个绘图区的可选线条系列。网格线的形式有多种：水平的、垂直的、主要的、次要的，还可以对它们进行组合。网格线使得对图表中的数据进行观察和估计更为准确和方便。

◉ 图例：在图表中，图例是包围图例项和图例项标示的方框，每个图例项左边的图例项标示和图表中相应数据系列的颜色与图案相一致。

◉ 数轴标题：用于标记分类轴和数值轴的名称，在 Excel 2010 默认设置下其位于图表的下面和左面。

◉ 图表标签：用于在工作簿中切换图表工作表与其他工作表，可以根据需要修改图表标签的名称。

9.1.2 图表的类型

Excel 2010 提供了多种图表，如柱形图、折线图、饼图、条形图、面积图和散点图等，各种图表各有优点，适用于不同的场合。

◉ 柱形图：可直观地对数据进行对比分析以得出结果。在 Excel 2010 中，柱形图又可细分为二维柱形图、三维柱形图、圆柱图和圆锥图等，如图 9-2 所示为三维柱形图。

◉ 折线图：折线图可直观地显示数据的走势情况。在 Excel 2010 中，折线图又分为二维折线图与三维折线图，如图 9-3 所示为二维折线图。

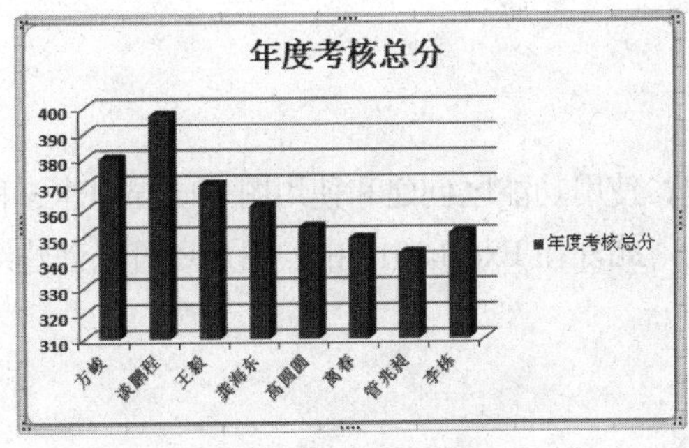

图 9-2　三维柱形图

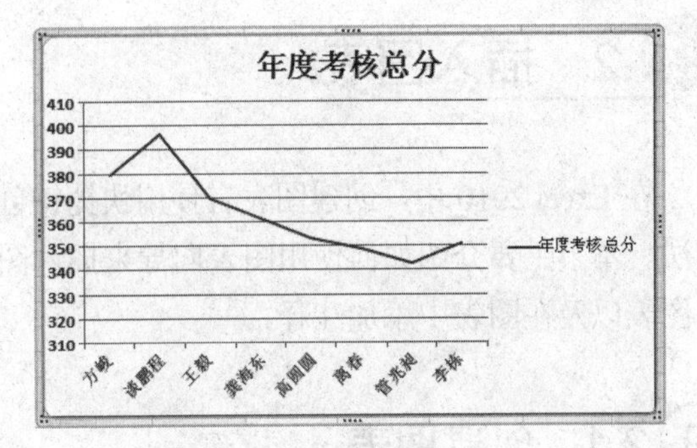

图 9-3　二维折线图

- 饼图：能直观地显示数据占有比例，而且比较美观。在 Excel 2010 中，饼图又可细分为二维饼图与三维饼图，如图 9-4 所示为三维饼图。
- 条形图：就是横向的柱形图，其作用也与柱形图相同，可直观地对数据进行对比分析。在 Excel 2010 中，条形图又可细分为二维条形图、三维条形图、圆柱图、圆锥图以及棱锥图，如图 9-5 所示为圆柱图。

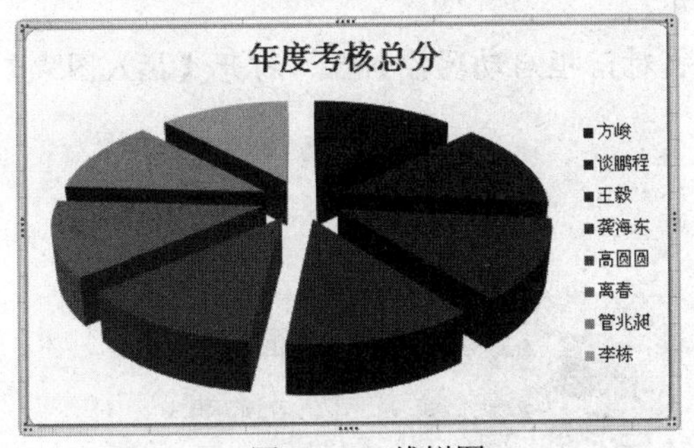

图 9-4　三维饼图

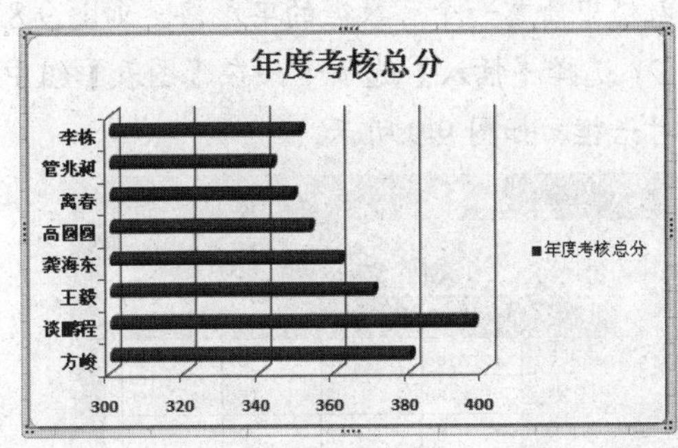

图 9-5　圆柱图

- 面积图：能直观地显示数据的大小与走势范围，在 Excel 2010 中，面积图又可分为二维面积图与三维面积图，如图 9-6 所示为三维面积图。
- 散点图：可以直观地显示图表数据点的精确值，帮助用户对图表数据进行统计计算，如图 9-7 所示。

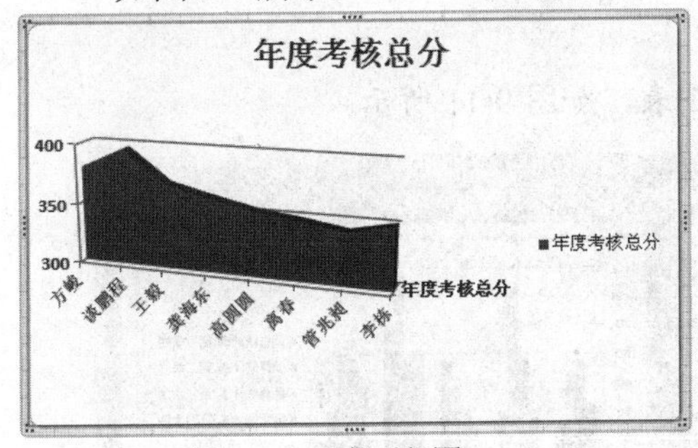

图 9-6　三维面积图

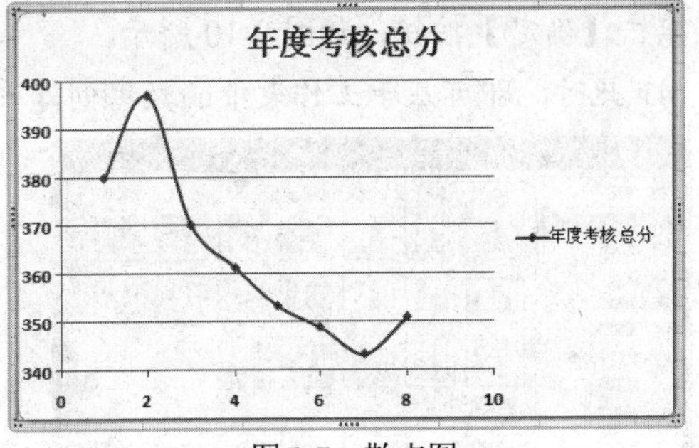

图 9-7　散点图

知识点

除了上面介绍的图表外，Excel 2010 还包括股价图、曲面图、圆环图、气泡图以及雷达图等类型图表。

9.2 插入图表

在 Excel 2010 中，创建图表有使用快捷键创建、使用功能区创建和使用图表向导创建 3 种方法。本节主要介绍如何使用图表向导来插入图表，此外在 Excel 2010 中，用户还可以创建组合图表以及在图表中添加注释。

9.2.1 创建图表

使用 Excel 2010 提供的图表向导，可以方便、快速地建立一个标准类型或自定义类型的图表。在图表创建完成后，仍然可以修改其各种属性，以使整个图表更趋于完善。

【例 9-1】依据“销售统计表”工作簿，使用图表向导创建图表。

(1) 启动 Excel 2010 应用程序，打开“销售统计表”工作簿，切换至 Sheet1 工作表，然后选中表格中任意一个有数据的单元格。如图 9-8 所示。

(2) 选择【插入】选项卡，在【图表】组中单击对话框启动器按钮，打开【插入图表】向导对话框，如图 9-9 所示。

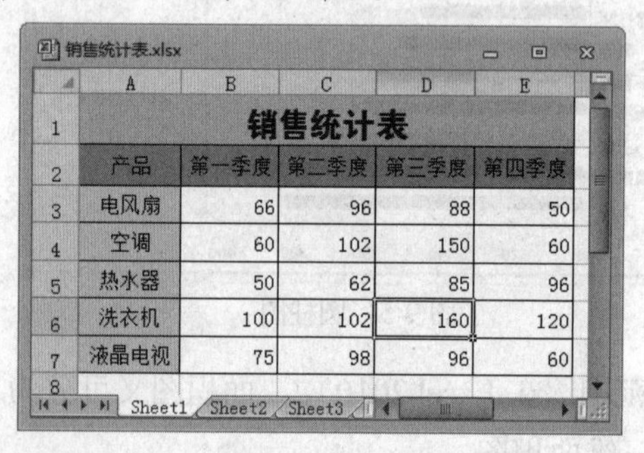

销售统计表				
产品	第一季度	第二季度	第三季度	第四季度
电风扇	66	96	88	50
空调	60	102	150	60
热水器	50	62	85	96
洗衣机	100	102	160	120
液晶电视	75	98	96	60

图 9-8　打开工作簿

图 9-9　单击对话框启动器按钮

(3) 在向导对话框左侧的导航窗格中选择图表类型，并在右侧的列表框中选择一种图表类型，单击【确定】按钮，如图 9-10 所示。

(4) 此时，即可基于工作表中的数据创建一个图表，如图 9-11 所示。

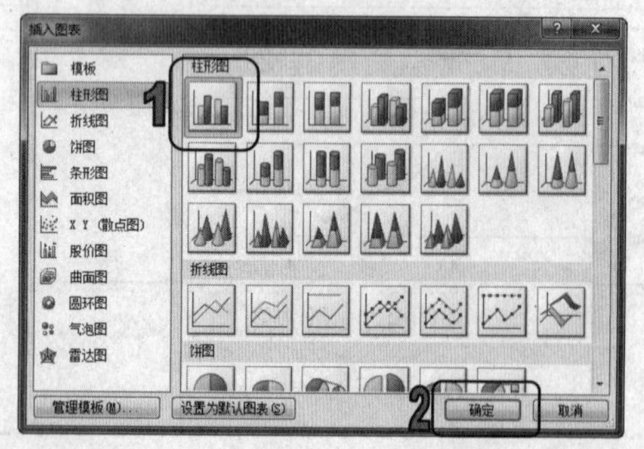

图 9-10　【插入图表】对话框

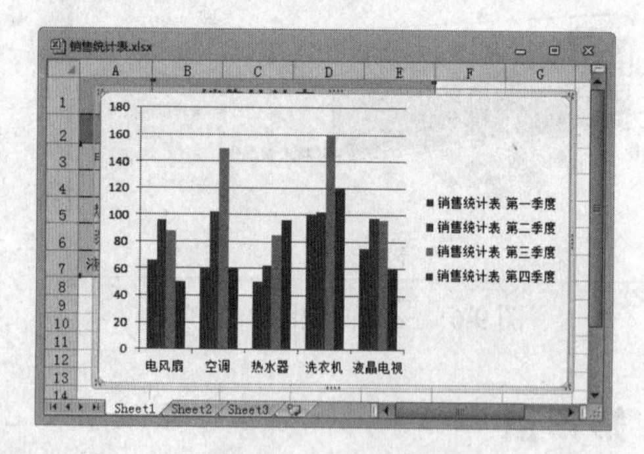

图 9-11　创建图表

在 Excel 2010 中，按 Alt+F1 组合键或者按 F11 键可以快速创建图表。其中使用 Alt+F1 快捷键创建的是嵌入式图表，而使用 F11 快捷键创建的是图表工作表。在 Excel 2010 功能区中，打开【插入】选项卡，使用【图表】组中的图表按钮可以方便地创建各种图表。

9.2.2　创建组合图表

有时在同一个图表中需要同时使用 2 种图表类型，即为组合图表，比如由柱状图和折线图组成的线柱组合图表。

【例 9-2】在“销售统计表”工作簿中，创建线柱组合图表。

(1) 启动 Excel 2010 应用程序，打开“销售统计表”工作簿，切换至 Sheet1 工作表。

(2) 单击图表中表示第一季度的任意一个蓝色柱体，则会选中所有有关第一季度的数据柱体，被选中的数据柱体 4 个角上显示小圆圈符号，如图 9-12 所示。

(3) 在【图表工具】|【设计】选项卡里单击【更改图表类型】按钮，如图 9-13 所示。

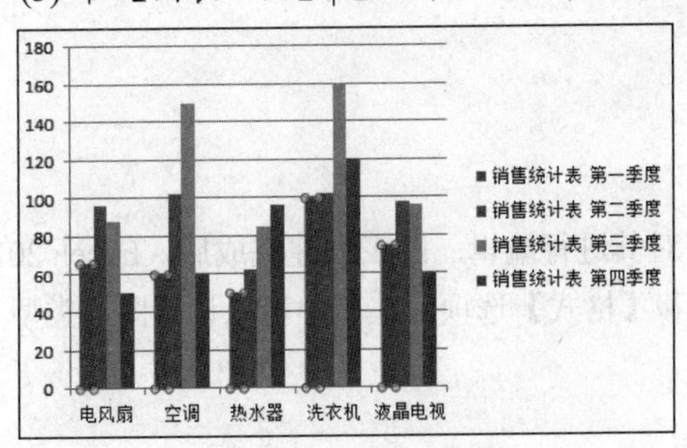

图 9-12　选取数据柱体

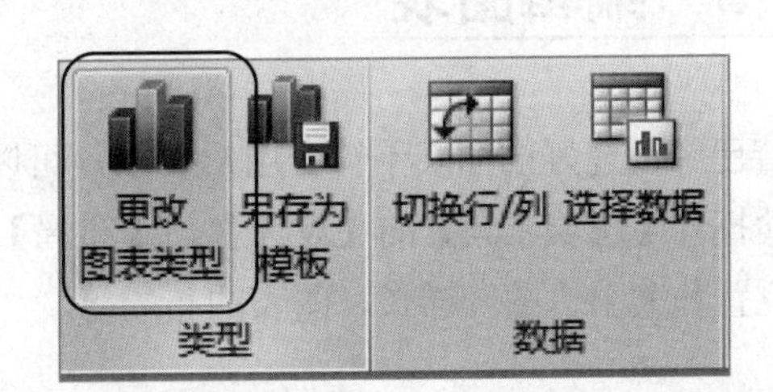

图 9-13　单击【更改图表类型】按钮

(4) 打开【更改图表类型】对话框，选择【折线图】列表框中【带数据标记的折线图】选项，然后单击【确定】按钮，如图 9-14 所示。

(5) 此时原来“第一季度”柱体变为折线，完成线柱组合图表，如图 9-15 所示。

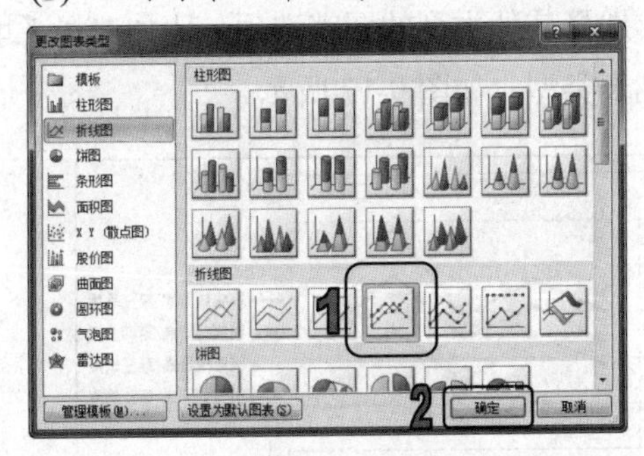

图 9-14　【更改图表类型】对话框

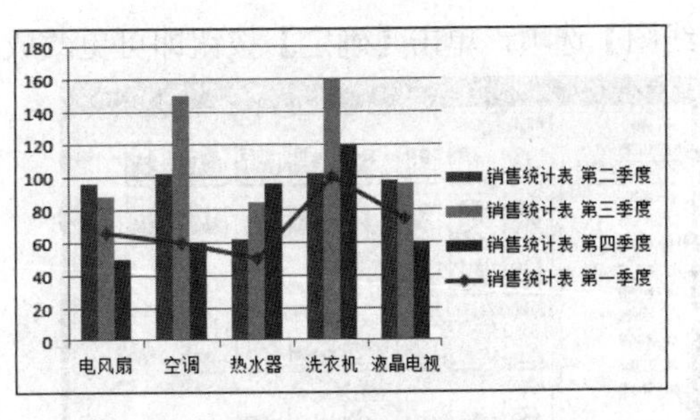

图 9-15　显示组合图表

9.2.3 添加图表注释

在创建图表时，为了更加方便理解，有时需要添加注释解释图表内容。图表的注释就是一种浮动的文字，可以使用【文本框】功能来添加。

先选中图表，在【插入】选项卡里，选择【文本】区域里的【文本框】|【横排文本框】命令，在图表中单击插入文本框，并在文本框内输入文字，如图 9-16 所示。当选中文本框时，还可以在【绘图工具】|【格式】选项卡里设置文本和文本框的格式。

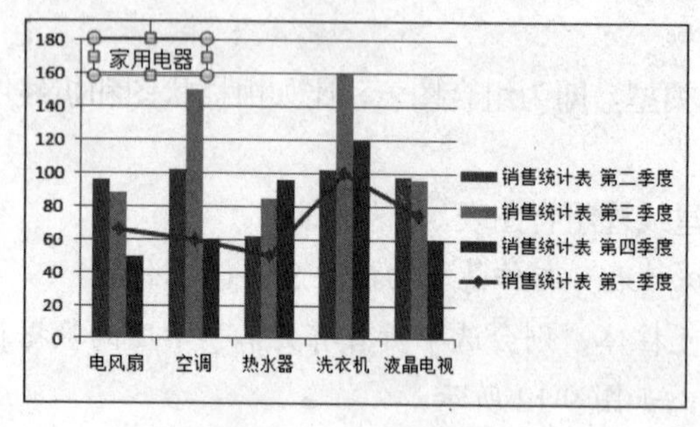

图 9-16 添加文本框

提示

如果没有选中图表就选择【文本框】命令，文本框将会放在图表的上面而不是在图表内部。而文本框不在图表内部，当移动图表时，文本框不会跟随移动。

9.3 编辑图表

若已经创建好的图表不符合用户要求，可以对其进行编辑。图表创建完成后，Excel 2010 会自动打开【图表工具】的【设计】、【布局】和【格式】选项，在其中可以设置图表类型、图表位置和大小、图表样式、图表的布局等。

9.3.1 更改图表类型

如果用户对插入图表的类型不满意，觉得无法确切地表现所需要的内容，则可以更改图表的类型。首先选中图表，然后打开【图表工具】的【设计】选项卡，在【类型】组中单击【更改图表类型】按钮，打开【更改图表类型】对话框，选择其他类型的图表选项，比如选择【堆积折线图】选项，单击【确定】按钮即可更改成该图表类型，如图 9-17 所示。

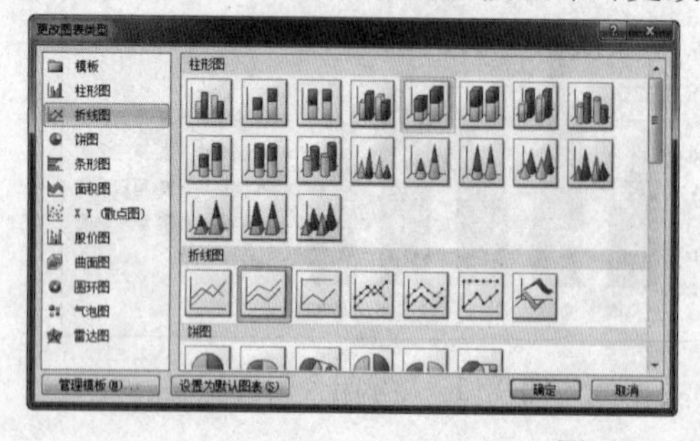

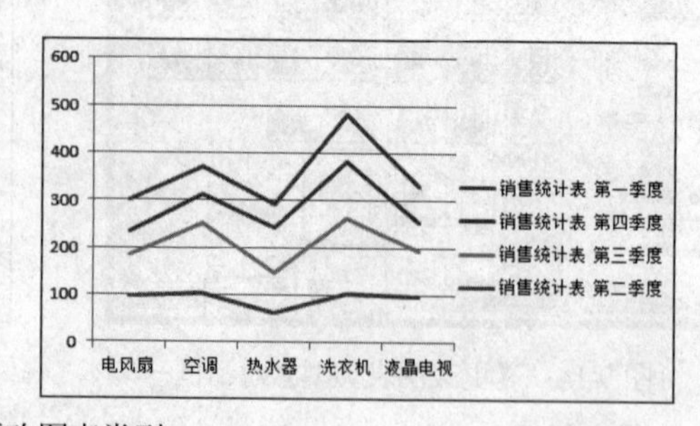

图 9-17 更改图表类型

9.3.2 更改图表数据源

在 Excel 2010 图表中，用户可以通过增加或减少图表数据系列，来控制图表中显示数据的内容。

【例 9-3】在“销售统计表”工作簿中，更改图表的数据源。

(1) 启动 Excel 2010 应用程序，打开“销售统计表”工作簿，切换至 Sheet1 工作表。

(2) 选中图表，打开【图表工具】的【设计】选项卡，在【数据】组中单击【选择数据】按钮，如图 9-18 所示。

(3) 打开【选择数据源】对话框，单击【图表数据区域】后面的按钮，如图 9-19 所示。

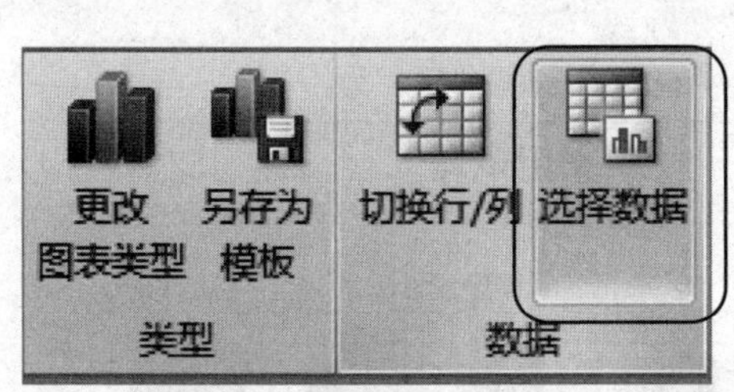

图 9-18 单击【选择数据】按钮

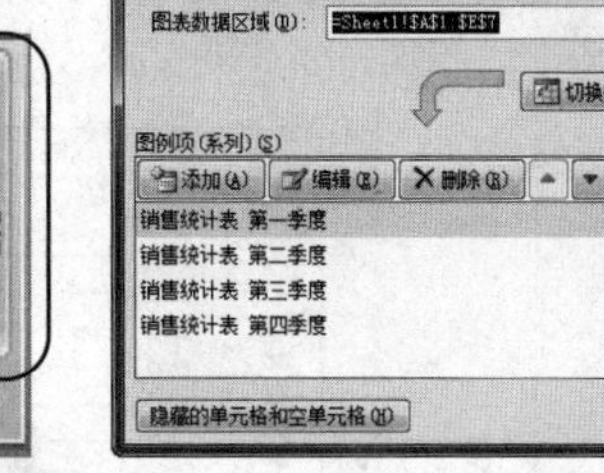

图 9-19 单击按钮

(4) 返回工作表，选择 A2:D6 单元格区域，然后单击按钮，如图 9-20 所示。

(5) 返回【选择数据源】对话框，单击【确定】按钮，此时数据源发生变化，图表也随之发生变化，如图 9-21 所示。

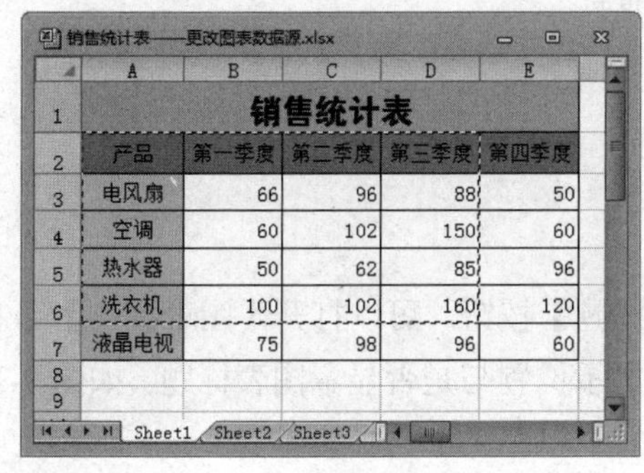

销售统计表——更改图表数据源.xlsx

产品	第一季度	第二季度	第三季度	第四季度
电风扇	66	96	88	50
空调	60	102	150	60
热水器	50	62	85	96
洗衣机	100	102	160	120
液晶电视	75	98	96	60

图 9-20 选定数据源单元格区域

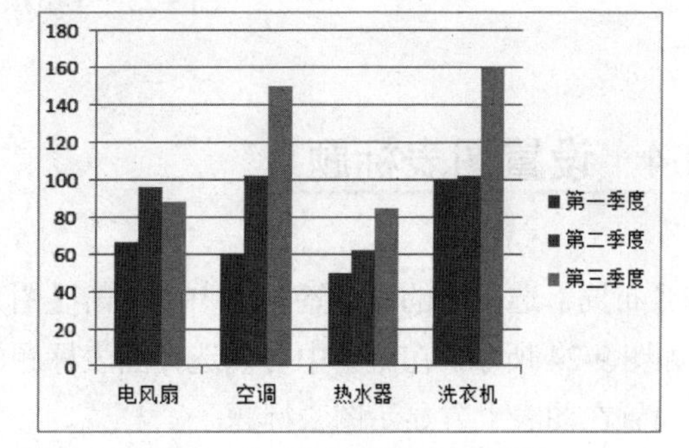

图 9-21 改变数据源后的图表

9.3.3 套用图表预设样式和布局

Excel 2010 为所有类型图表预设了多种样式效果，打开【图表工具】|【设计】选项卡的【图表样式】组，在【图表样式】菜单中即可为图表套用预设的图表样式。如图 9-22 所示为【销售统计表】工作簿中的图表，设置采用【样式 42】样式。

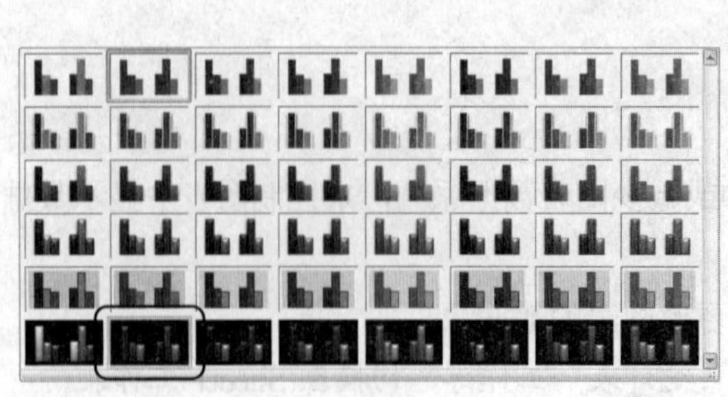

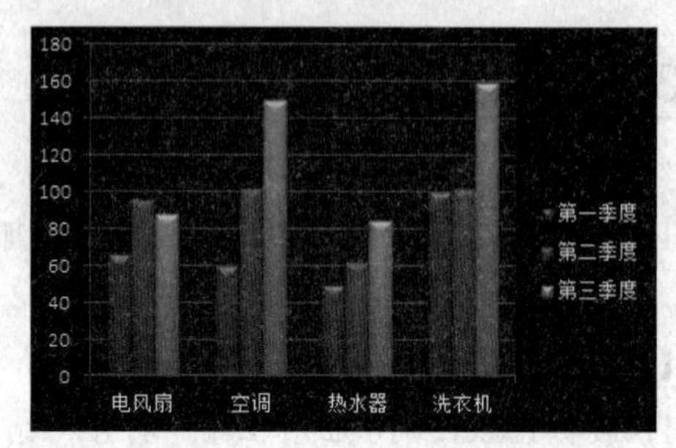

图 9-22　套用预设样式

Excel 2010 为所有类型图表预设了多种布局效果，打开【图表工具】|【设计】选项卡的【图表布局】组，在【图表布局】菜单中即可为图表套用预设的图表布局。如图 9-23 所示为“销售统计表”工作簿中的图表，设置采用【布局 5】布局。

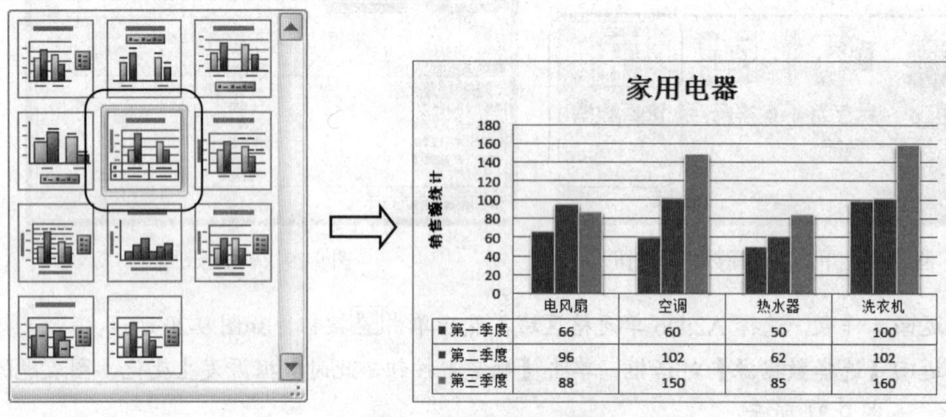

图 9-23　套用预设布局

9.3.4　设置图表标题

在【布局】选项卡的【标签】组中，单击【图表标题】按钮，可以打开【图表标题】下拉菜单，如图 9-24 所示。在菜单中可以选择图表标题的显示位置与是否显示图表标题。如图 9-25 所示为设置在图表上方显示图表标题。

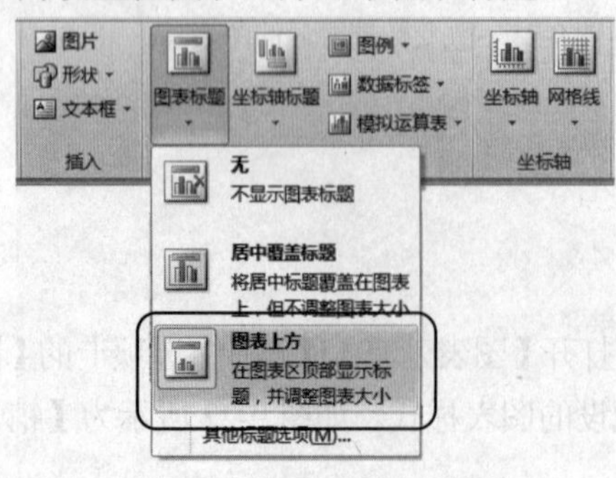

图 9-24　【图表标题】菜单

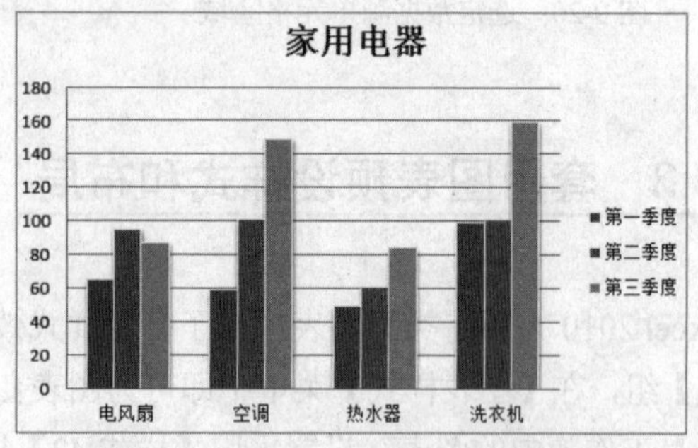

图 9-25　在图表上方添加图表标题

9.3.5 设置坐标轴标题

在【布局】选项卡的【标签】组中，单击【坐标轴标题】按钮，可以打开【坐标轴标题】菜单，如图 9-26 所示。在菜单中可以分别设置横坐标轴标题与纵坐标轴标题。如图 9-27 所示为设置图表显示横坐标轴的标题。

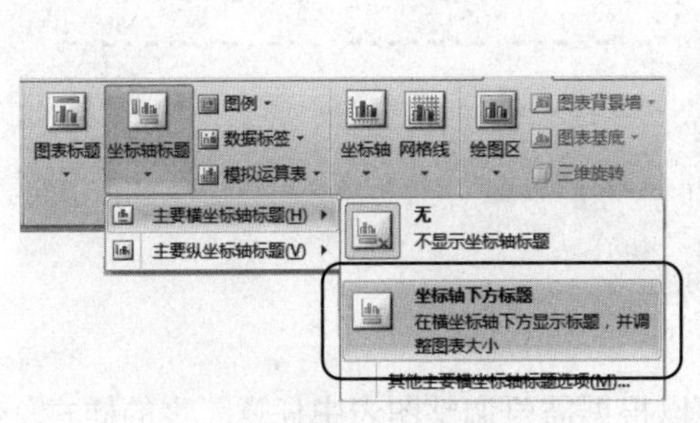

图 9-26　【坐标轴标题】菜单

图 9-27　添加横坐标轴的标题

9.3.6 设置绘图区背景

在 Excel 2010 中，用户可以为图表的绘图区设置背景，选中图表的绘图区，打开【图表工具】的【布局】选项卡，在【背景】组中，单击【绘图区】按钮，在打开的【绘图区】菜单中选择【其他绘图区选项】命令，如图 9-28 所示。

打开【设置绘图区格式】对话框，在其中可以进行纯色、渐变色和图片背景的设置。这里选中【纯色填充】单选按钮，单击【颜色】下拉按钮，从弹出的颜色面板中可以选择一种颜色，单击【关闭】按钮，如图 9-29 所示。

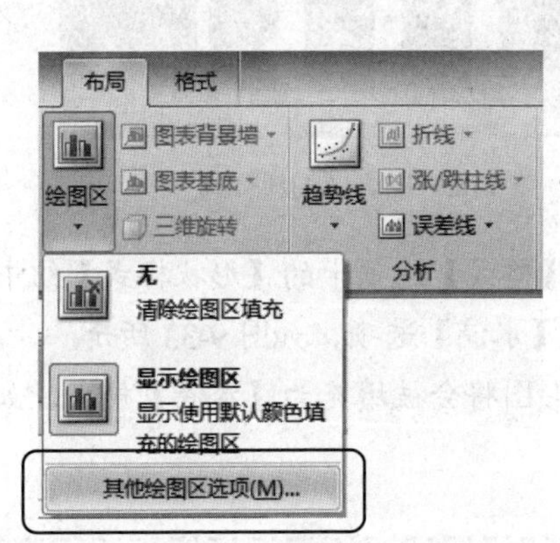

图 9-28　【绘图区】菜单

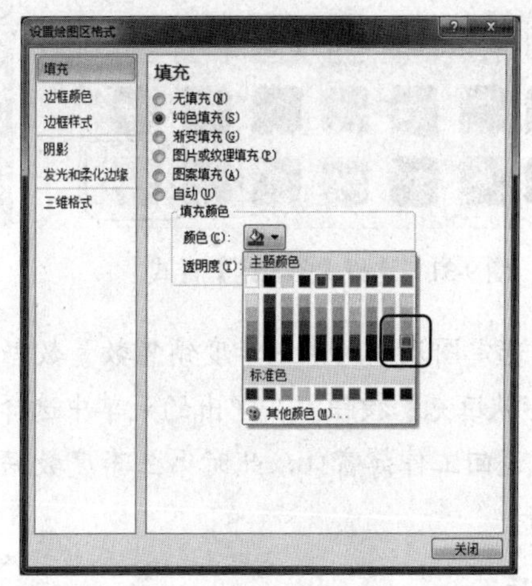

图 9-29　【设置绘图区格式】对话框

此时，即可在图表中显示所设置的绘图区背景色，如图 9-30 所示。

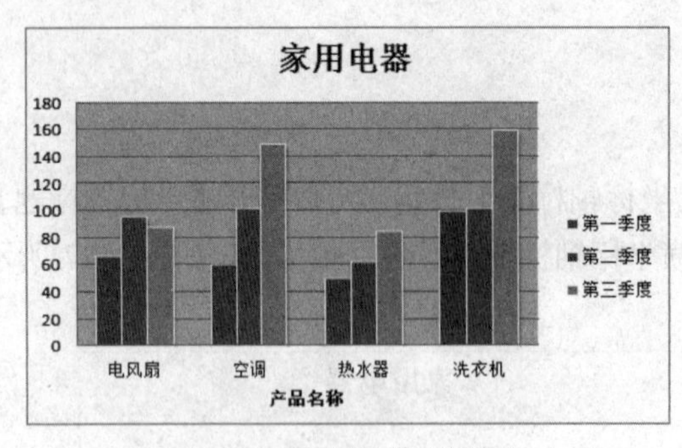

图 9-30　显示绘图区背景色

提示

要清除设置好的绘图区背景色，可以在【绘图区】菜单中选择【无】。

9.3.7　设置图表各元素样式

在 Excel 2010 电子表格中插入图表后，用户可以根据需要调整图表中任意元素的样式，例如图表区的样式、绘图区的样式以及数据系列的样式等。

【例 9-4】在“销售统计表”工作簿中，设置图表中各元素的样式。

(1) 启动 Excel 2010 应用程序，打开“销售统计表”工作簿的 Sheet1 工作表。

(2) 选中图表，打开【图表工具】的【格式】选项卡，在【形状样式】组中单击【其他】按钮，在弹出的【形状样式】下拉列表框中选择一种预设样式，如图 9-31 所示。

(3) 返回工作簿窗口，即可查看新设置的图表区样式，如图 9-32 所示。

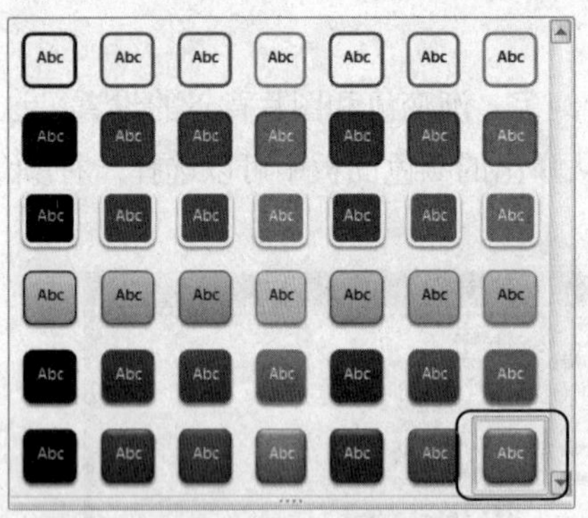

图 9-31　选择【图表区】样式

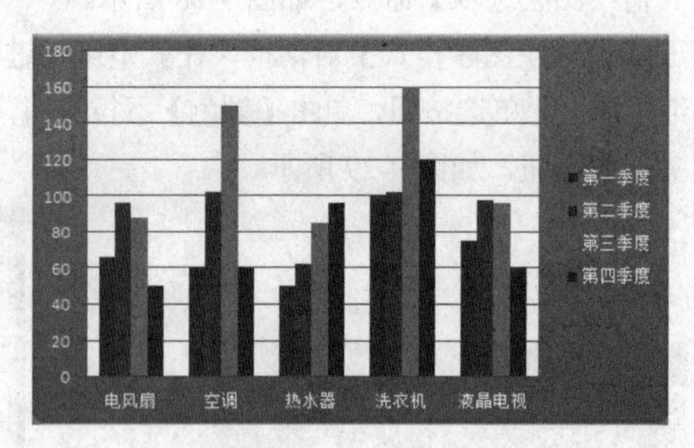

图 9-32　图表区的新样式

(4) 选定图表中的第三季度销售数量数据系列，在【格式】选项卡的【形状样式】组中，单击【形状填充】按钮，在弹出的菜单中选择【纹理】|【水滴】选项，如图 9-33 所示。

(5) 返回工作簿窗口，此时第三季度数据系列的柱形图将会被填充为【水滴】样式，如图 9-34 所示。

提示

单击【形状填充】下拉按钮，选择【图片】命令，打开【插入图片】对话框，选择一副图片，然后单击【插入按钮】，可为选择的柱形形状添加图片填充效果。

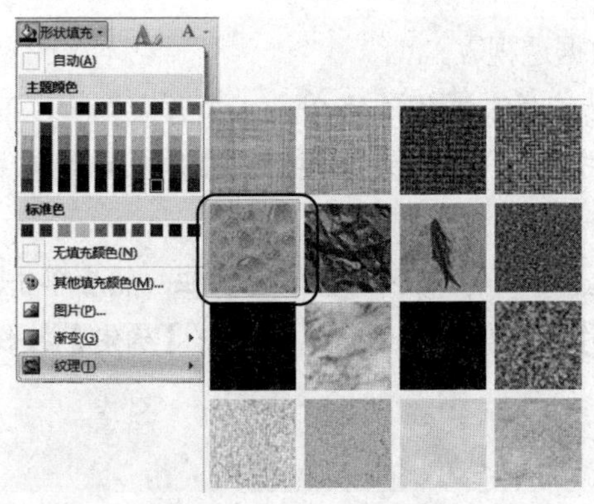

图 9-33　选择填充样式

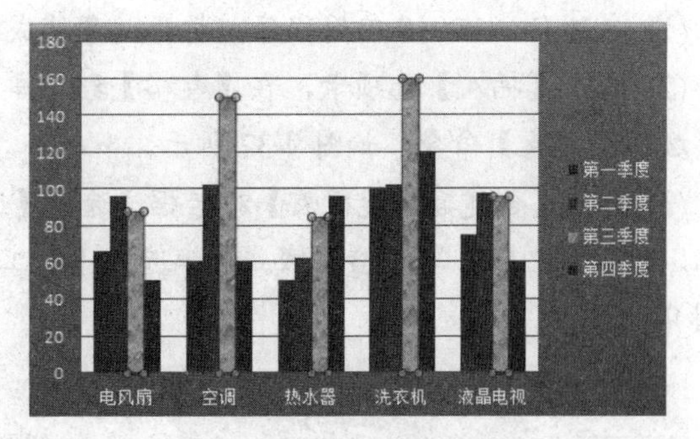

图 9-34　数据系列的新样式

(6) 在图表中选择网格线，然后在【格式】选项卡的【形状样式】组中，单击【形状效果】下拉按钮，从弹出的列表中选择【阴影】|【右上斜偏移】选项，如图 9-35 所示。

(7) 返回工作簿窗口，即可查看图表网格线的新样式，如图 9-36 所示。

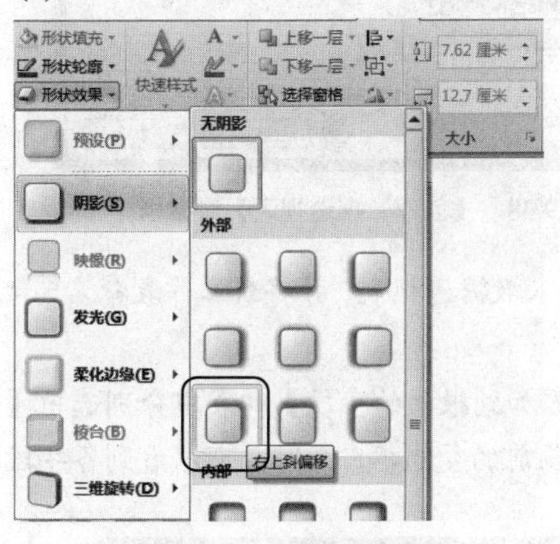

图 9-35　选择网格线样式

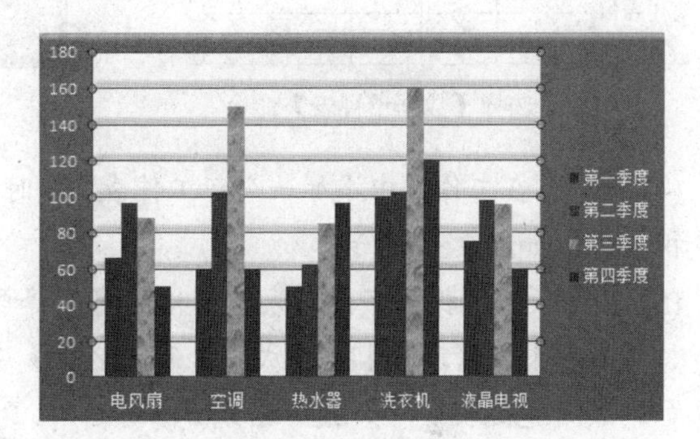

图 9-36　网格线的新样式

9.4　制作数据透视表

数据透视表是一种对大量数据快速汇总和建立交叉列表的交互式表格。它不仅可以转换行和列以查看源数据的不同汇总结果，也可以显示不同页面以筛选数据，还可以根据需要反映区域中的细节数据，本节来介绍如何制作数据透视表。

9.4.1　创建数据透视表

要创建数据透视表，必须连接一个数据来源并输入报表的位置，本节以“考试成绩汇总”工作表为数据源来创建数据透视表。

【例 9-5】在“考试成绩汇总”工作簿中创建数据透视表。

(1) 启动 Excel 2010 应用程序，打开“考试成绩汇总”工作簿的 Sheet1 工作表。

(2) 选择【插入】选项卡，在【表格】组中单击【数据透视表】按钮，在弹出的菜单中选择【数据透视表】命令，如图 9-37 所示。

(3) 打开【创建数据透视表】对话框，选中【选择一个表或区域】单选按钮，然后单击按钮，选取 A2:F19 单元格区域。继续选中【新工作表】单选按钮，然后单击【确定】按钮，如图 9-38 所示。

图 9-37　选择【数据透视表】命令

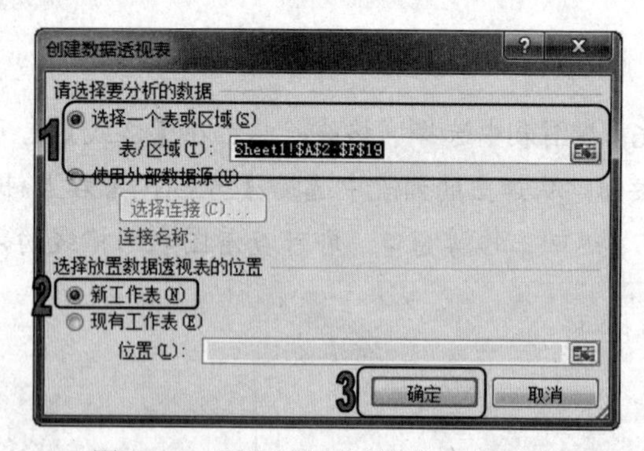

图 9-38　【创建数据透视表】对话框

(4) 此时，在工作簿中添加一个新工作表，同时插入数据透视表，并将新工作表命名为“数据透视表”，如图 9-39 所示。

(5) 在【数据透视表字段列表】窗格的【选择要添加到报表的字段】列表中分别选中【姓名】、【性别】、【班级】、【成绩】和【名次】字段前的复选框，此时，可以看到各字段已经添加到数据透视表中，如图 9-40 所示。

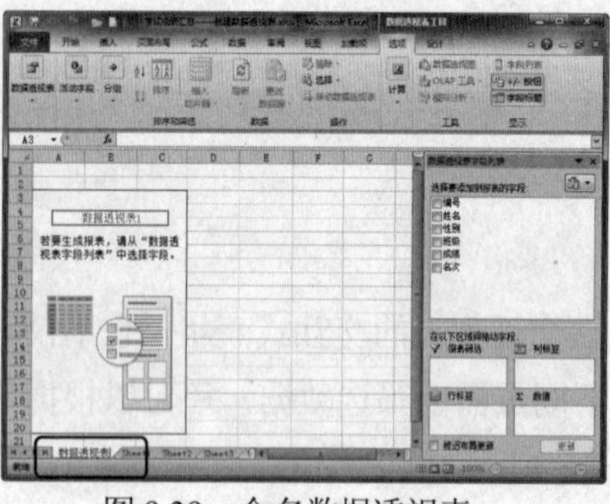

图 9-39　命名数据透视表

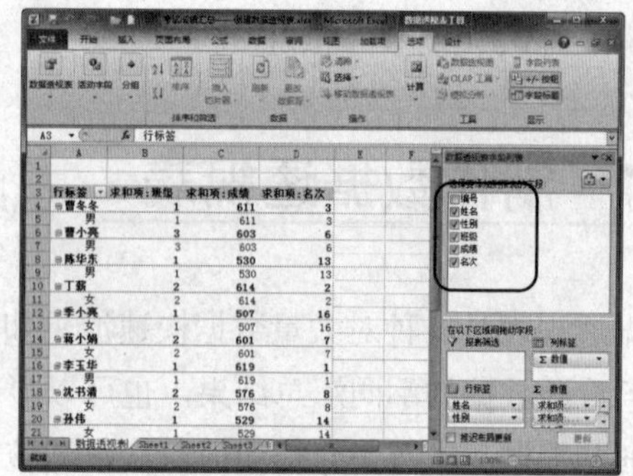

图 9-40　添加字段

9.4.2　布局数据透视表

创建数据透视表后，可以直接在【数据透视表字段列表】任务窗格中向数据透视表中添加或删除字段，也可以拖动字段来改变数据表的布局。

【例 9-6】在“考试成绩汇总”工作簿的数据透视表中设置字段和布局。

(1) 启动 Excel 2010 应用程序，打开“考试成绩汇总”工作簿的【数据透视表】工作表。

(2) 在【数据透视表字段列表】任务窗格中的【数值】列表框中单击【求和项：名次】下拉按钮，从弹出的菜单中选择【删除字段】命令。此时在数据透视表内删除该字段，如图 9-41 所示。

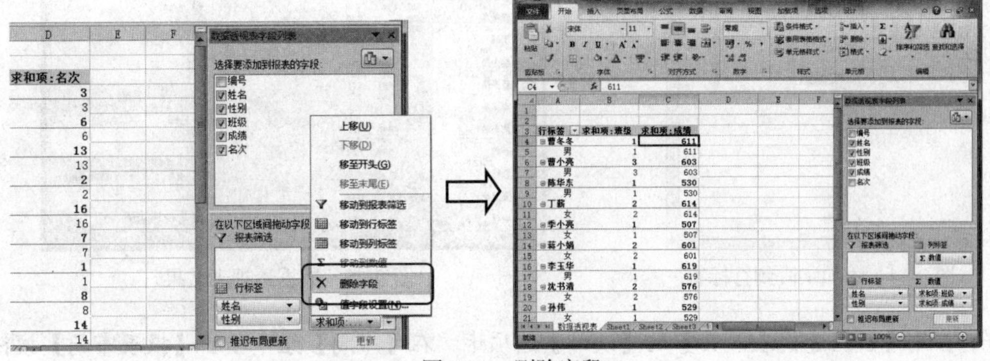

图 9-41　删除字段

(3) 在【数据透视表字段列表】任务窗格的【数值】列表框中单击【求和项：班级】下拉按钮，从弹出的菜单中选择【移动到报表筛选】命令，此时将该字段移动到【报表筛选】列表框中，如图 9-42 所示。

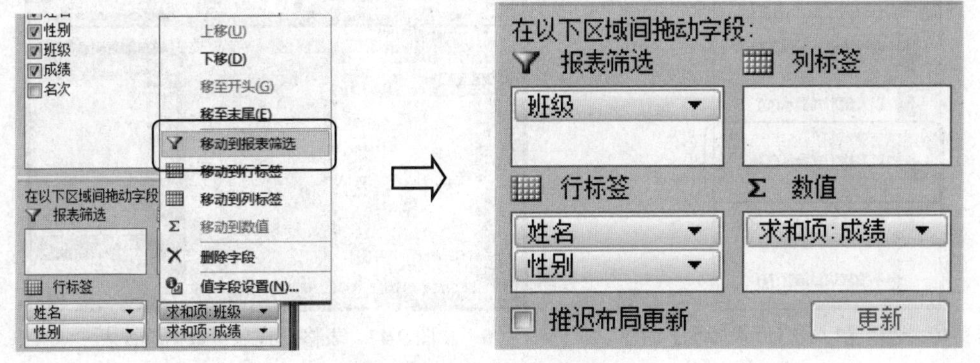

图 9-42　移动字段到报表筛选

(4) 在【行标签】列表框中选择【性别】字段，按住鼠标左键拖动到【列标签】列表框中，释放鼠标，即可移动该字段，如图 9-43 所示。

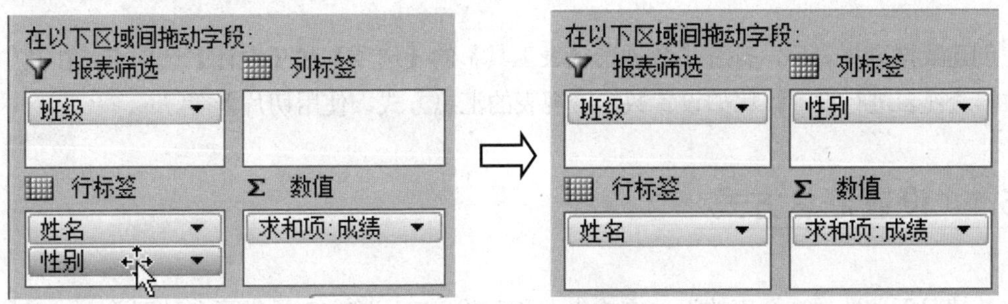

图 9-43　拖动字段到列标签

(5) 在【选择要添加到报表的字段】列表中右击【编号】字段，从弹出的菜单中选择【添加到行标签】命令，如图 9-44 所示，此时数据透视表如图 9-45 所示。

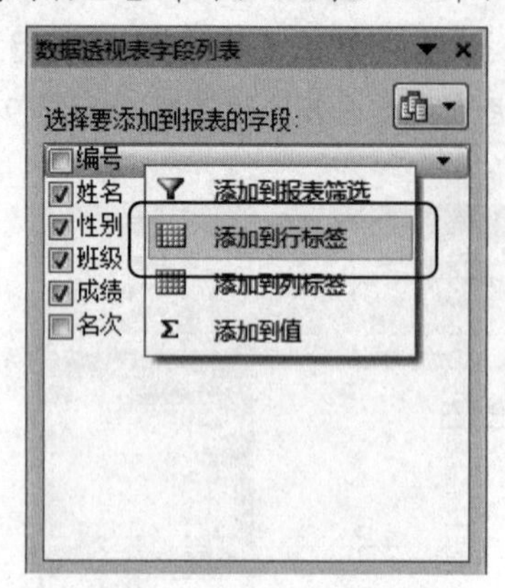

图 9-44　添加字段到行标签

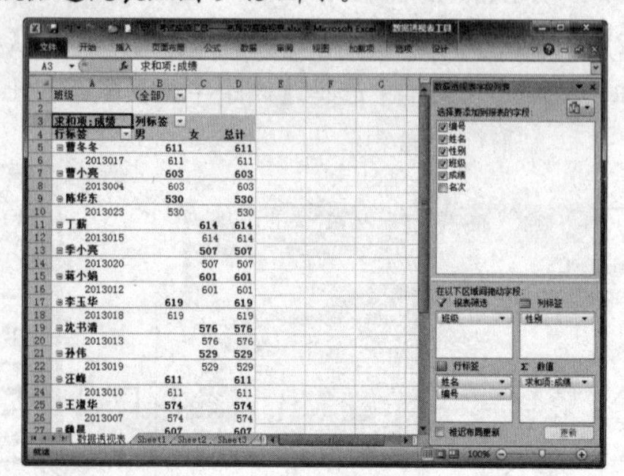

图 9-45　数据透视表效果

(6) 打开【数据透视表工具】的【设计】选项卡，在【布局】组中单击【报表布局】按钮，从弹出的菜单中选择【以表格形式显示】命令，如图 9-46 所示。

(7) 此时，数据透视报表将以表格的方式显示在工作表中，如图 9-47 所示。

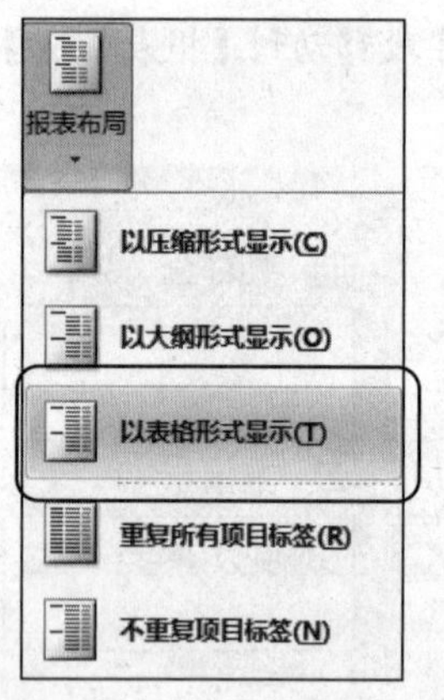

图 9-46　选择【以表格形式显示】命令

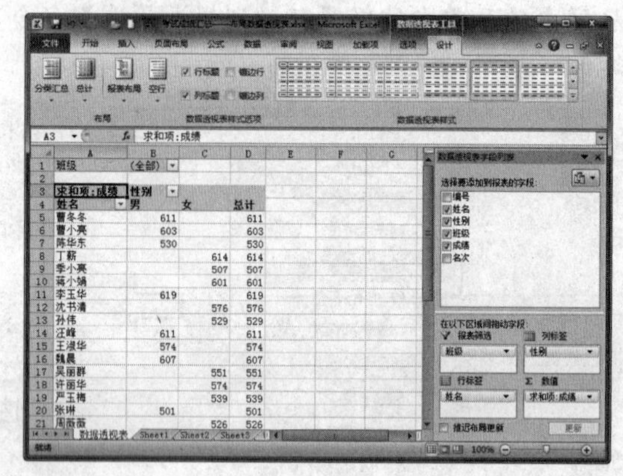

图 9-47　表格形式显示数据透视表

9.5　汇总方式和切片器

在创建数据透视表后，打开【数据透视表工具】的【选项】和【设计】选项卡，在其中可以对数据透视表进行设置。比如设置数据透视表的汇总方式、使用切片器等。

9.5.1　设置汇总方式

默认情况下，数据透视表的汇总方式为求和汇总。Excel 2010 提供了多种汇总方式，如平

均值、最大值、最小值以及计数等，用户可以根据需要自行设置汇总方式。

【例 9-7】在“考试成绩汇总”工作簿的数据透视表中设置汇总方式。

(1) 启动 Excel 2010 应用程序，打开“考试成绩汇总”工作簿的【数据透视表】工作表。

(2) 在数据透视表中选中【求和项：成绩】单元格，右击，从弹出的快捷菜单中选择【值汇总依据】|【平均值】命令，即可更改汇总方式，如图 9-48 所示。

(3) 或者用户在【数据透视表字段列表】任务窗格中的【数值】列表框中单击【求和项：成绩】下拉按钮，从弹出的菜单中选择【值字段设置】命令，如图 9-49 所示。

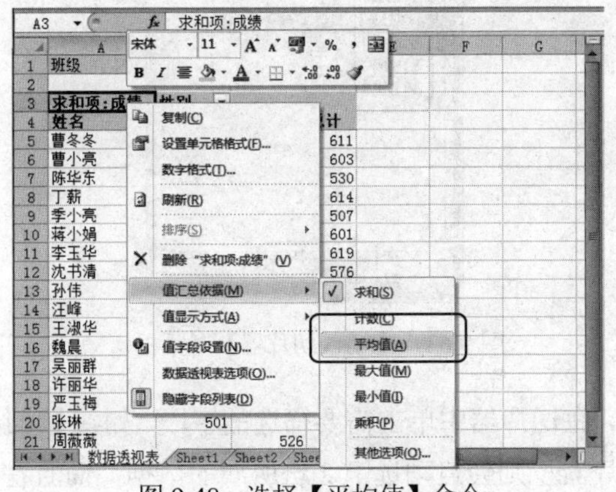

图 9-48　选择【平均值】命令

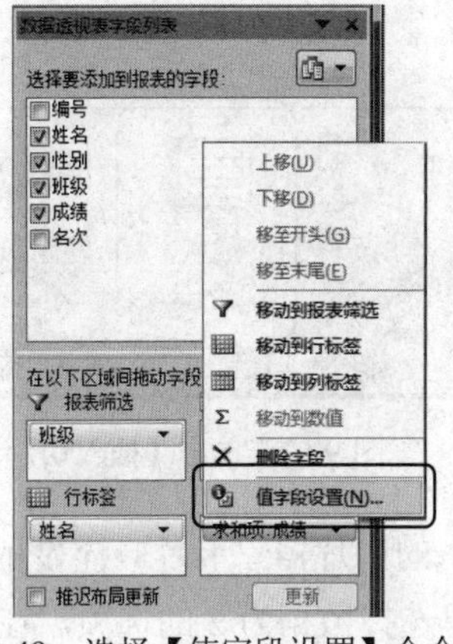

图 9-49　选择【值字段设置】命令

(4) 打开【值字段设置】对话框，在【计算类型】列表框中也可选择汇总方式为【平均值】选项，然后单击【确定】按钮，如图 9-50 所示。

(5) 改变汇总方式后，【考试成绩汇总】工作簿的【数据透视表】工作表如图 9-51 所示。

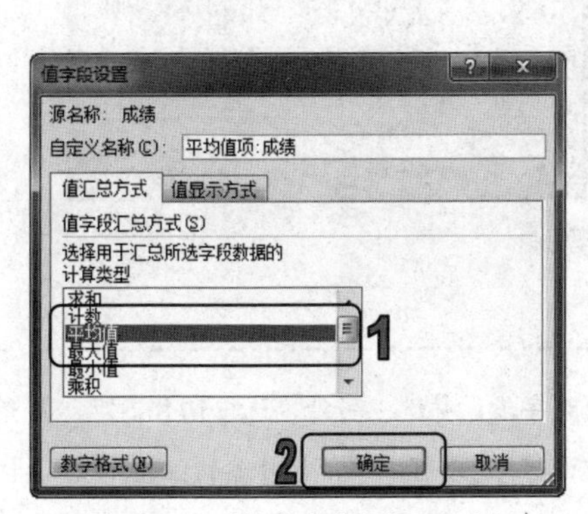

图 9-50　【值字段设置】对话框

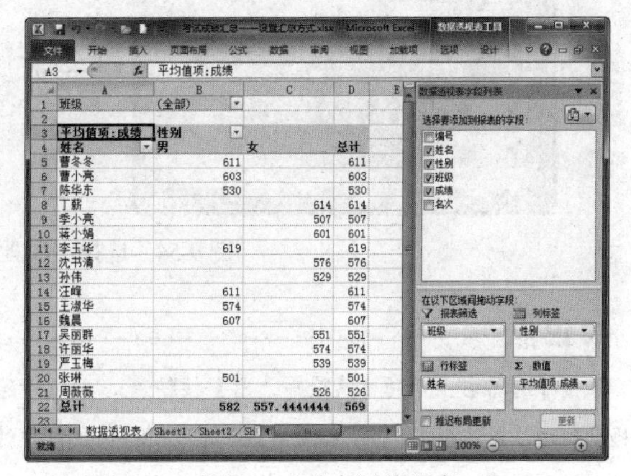

图 9-51　改变汇总方式

9.5.2　插入切片器

切片器是 Excel 2010 新增加的一个功能，它是使用简便的筛选组件，包含一组按钮。使用切片器可以方便地筛选出数据表中的数据。

要在数据透视表中筛选数据，首先需要插入切片器，选中数据透视表中的任意单元格，打开【数据透视表工具】的【选项】选项卡，在【排序和筛选】组中，单击【插入切片器】按钮，如图 9-52 所示。打开【插入切片器】对话框。选中字段前面的复选框，单击【确定】按钮，如图 9-53 所示，即可显示插入的切片器。

图 9-52　单击【插入切片器】按钮

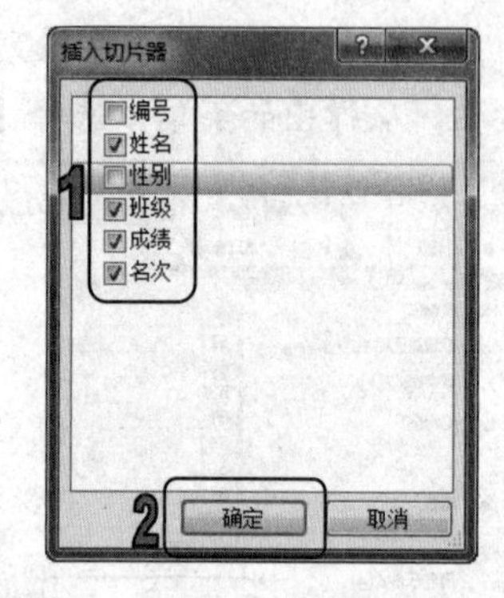

图 9-53　【插入切片器】对话框

插入的切片器象卡片一样显示在工作表内，在切片器中单击需要筛选的字段，如在【班级】切片器里选择数据为 2 的选项，在【姓名】切片器里则会自动选中 2 班所属的数据，而且在数据透视表中也会显示该数据，如图 9-54 所示。

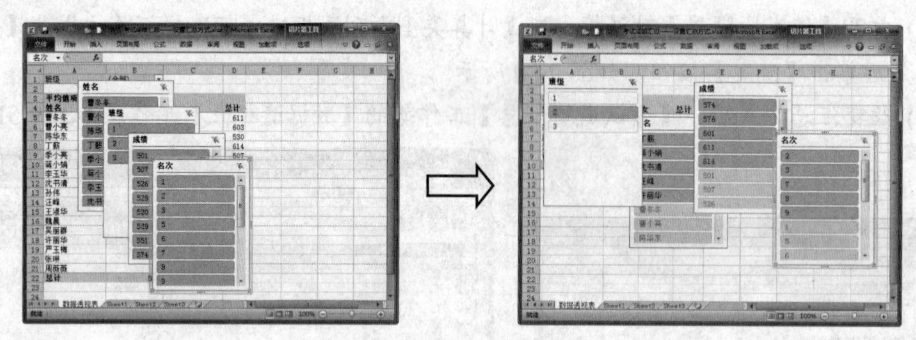

图 9-54　选择切片器数据

知识点

单击筛选器右上角的【清除筛选器】按钮，即可清除对字段的筛选。另外，选中切片器后，将光标移动到切片器边框上，当光标变成形状时，按住鼠标左键进行拖动，可以调节切片器的位置；打开【切片器工具】的【选项】选项卡，在【大小】组中还可以设置切片器大小钮。

9.5.3　设置切片器

切片器以层叠方式显示在数据透视表中，用户可以根据需求重新设置切片器，如排列切片器、

设置切片器按钮以及应用切片器样式等。

1. 排列切片器

选中切片器，打开【切片器工具】的【选项】选项卡，在【排列】组中单击【对齐】按钮，从弹出的菜单中选择一种排列方式，如选择【垂直居中】对齐方式，此时，切片器将垂直居中显示在数据透视表中，用户可使用鼠标拖动的方式调整各个切片器，使其相互直接没有重叠，效果如图 9-55 所示。

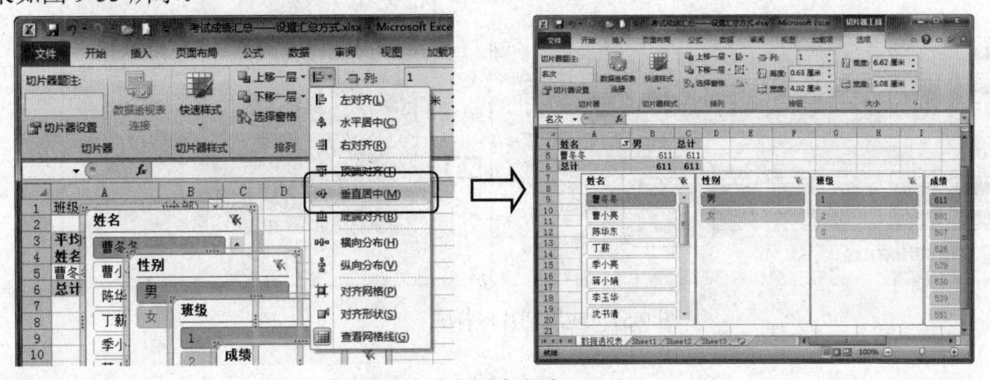

图 9-55　选择对齐方式

知识点

选中某个切片器，在【排列】组中单击【上移一层】和【下移一层】按钮，可以上下移动切片器，或者将切片器置于顶层或底层。用户可以按 Ctrl 键选中多个切片器，在切片器内，可以按 Ctrl 键选中多个字段项进行筛选。

2. 设置切片器按钮

切片器中包含多个按钮(即记录或数据)，用户可以设置按钮大小和排列方式。选中切片器后，打开【切片器工具】的【选项】选项卡，在【按钮】组的【列】微调框中输入按钮的排列方式，在【高度】和【宽度】文本框中输入按钮的高度和宽度，如图 9-56 所示。

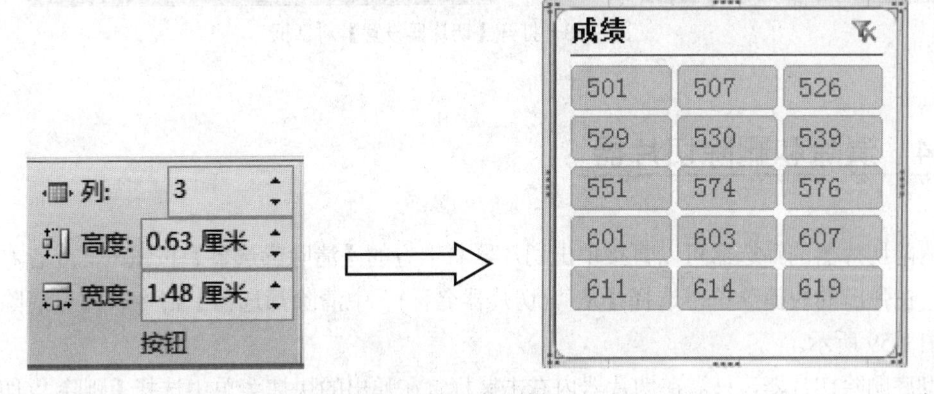

图 9-56　设置切片器按钮

3. 应用切片器样式

Excel 2010 为用户提供了多种内置的切片器样式。选中切片器后，打开【切片器工具】的【选项】选项卡，在【切片器样式】组中单击【其他】按钮，从弹出的列表框中选择一种样式，即可快速为切片器应用该样式，如图 9-57 所示。

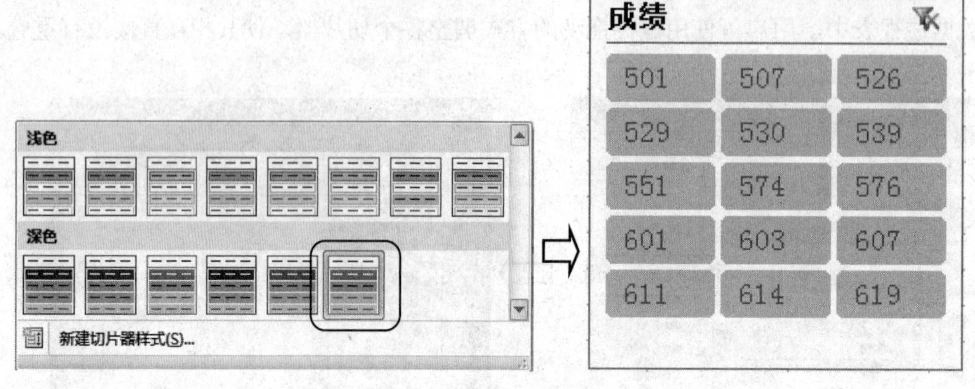

图 9-57　应用切片器样式

4. 进行详细设置

选中一个切片器后，打开【切片器工具】的【选项】选项卡，在【切片器】组中单击【切片器设置】按钮，打开【切片器设置】对话框，可以重新设置切片器的名称、排列序方式以及页眉标签等，操作界面如图 9-58 所示。

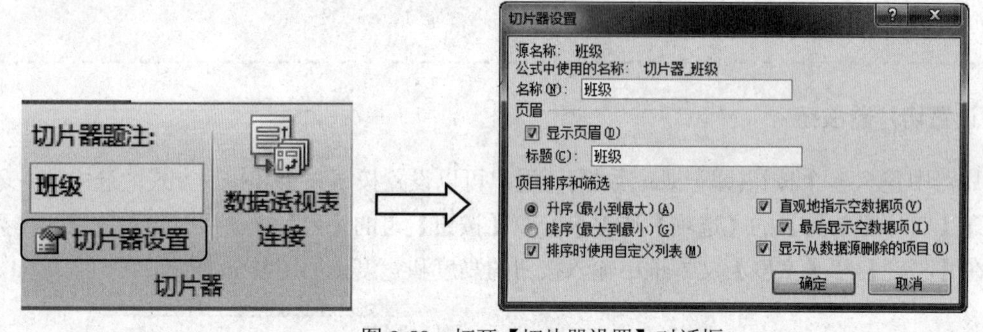

图 9-58　打开【切片器设置】对话框

9.5.4　清除和删除切片器

要清除切片器的筛选器可以直接单击切片器右上方的【清除筛选器】按钮，或者右击切片器内，在弹出的快捷菜单中选择【从“(切片器名称)”中清除筛选器】命令，即可清除筛选器，如图 9-59 所示。

要彻底删除切片器，只需在切片器内右击鼠标，在弹出的快捷菜单中选择【删除“(切片器名称)”】命令，即可删除该切片器，如图 9-60 所示。

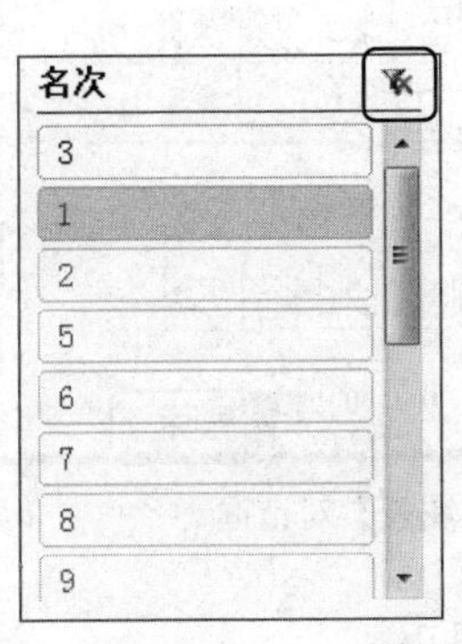

图 9-59　清除筛选器

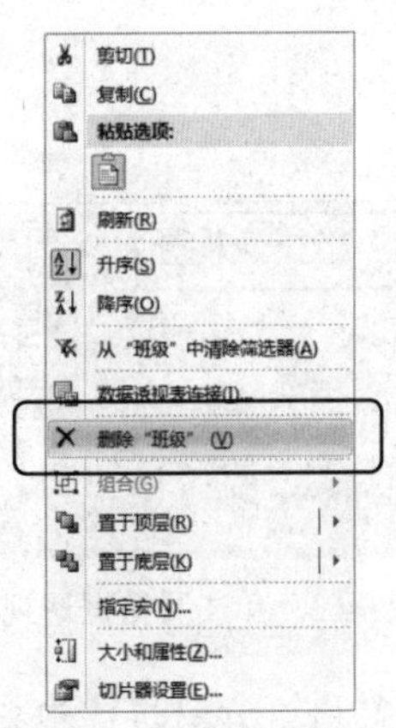

图 9-60　删除切片器

9.6　制作数据透视图

数据透视图可以看作是数据透视表和图表的结合，它以图形的形式表示数据透视表中的数据。在 Excel 2010 中，可以根据数据透视表快速创建数据透视图并对其进行设置。

9.6.1　创建数据透视图

通过创建好的数据透视表，用户可以快速简单的创建数据透视图。

【例 9-8】在“销售统计表”工作簿中，创建数据透视表，然后根据数据透视表创建数据透视图。

(1) 启动 Excel 2010 应用程序，打开“销售统计表”工作簿的 Sheet1 工作表，并在该工作表中添加【销售总额】列，如图 9-61 所示。

(2) 以 A2:F7 单元格区域为数据源创建一个数据透视表，如图 9-62 所示。

销售统计表					
产品	第一季度	第二季度	第三季度	第四季度	销售总额
电风扇	66	96	88	50	300
空调	60	102	150	60	372
热水器	50	62	85	96	293
洗衣机	100	102	160	120	482
液晶电视	75	98	96	60	329

图 9-61　添加列

产品	求和项：第一季度	求和项：第二季度	求和项：第三季度	求和项：第四季度	求和项：销售总额
电风扇	66	96	88	50	300
空调	60	102	150	60	372
热水器	50	62	85	96	293
洗衣机	100	102	160	120	482
液晶电视	75	98	96	60	329
总计	351	460	579	386	1776

图 9-62　创建数据透视表

(3) 选定数据透视表中的任意单元格，打开【数据透视表工具】的【选项】选项卡，在【工具】组中单击【数据透视图】按钮，如图 9-63 所示。

(4) 打开【插入图表】对话框，在【柱形图】选项卡里选择【三维簇状柱形图】选项，然后单击【确定】按钮，如图 9-64 所示。

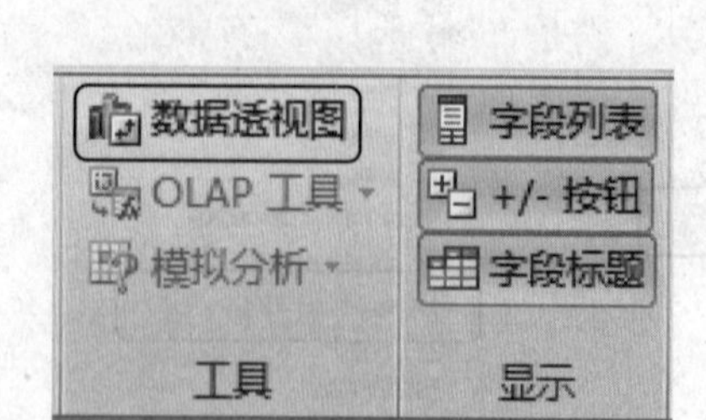

图 9-63　单击【数据透视图】按钮

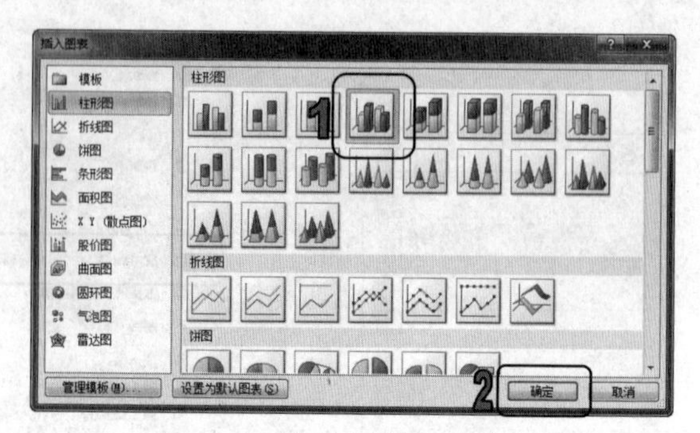

图 9-64　【插入图表】对话框

(5) 此时，在数据透视表中插入一个数据透视图，如图 9-65 所示。

(6) 打开【数据透视图工具】的【设计】选项卡，在【位置】组中单击【移动图表】按钮，如图 9-66 所示。

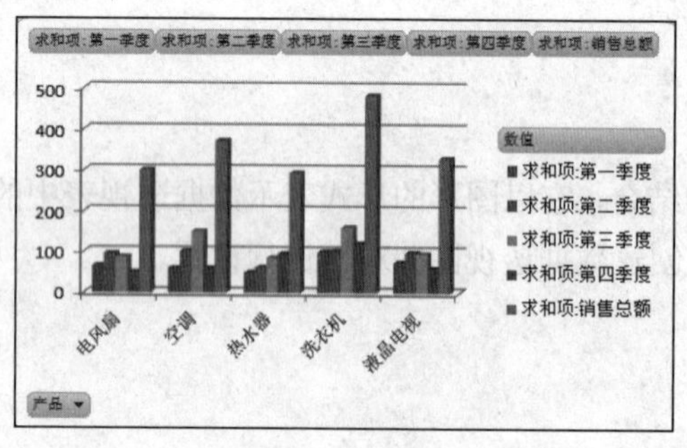

图 9-65　插入数据透视图

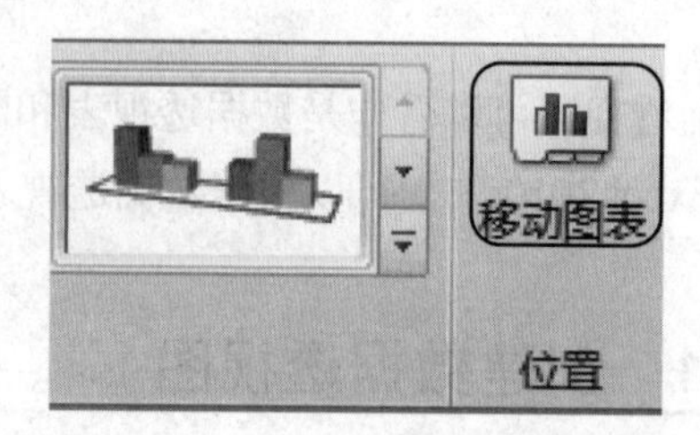

图 9-66　单击【移动图表】按钮

(7) 打开【移动图表】对话框。选中【新工作表】单选按钮，在其中的文本框中输入工作表的名称"数据透视图"，然后单击【确定】按钮，如图 9-67 所示。

(8) 此时即可在工作簿中添加一个新工作表，同时插入数据透视图，如图 9-68 所示。

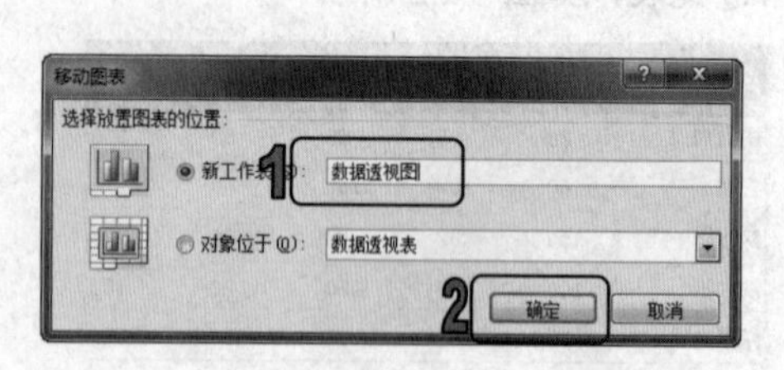

图 9-67　【移动图表】对话框

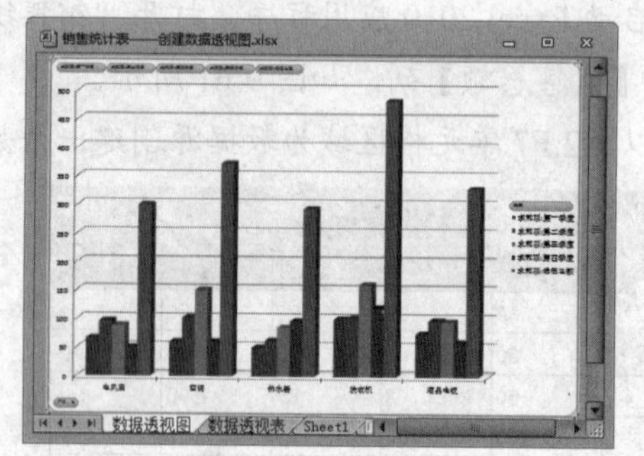

图 9-68　移动数据透视图

9.6.2　分析数据透视图项目

数据透视图是一个动态的图表，它通过数据透视表字段列表和字段按钮来分析和筛选其中

的项目。

【例 9-9】在“销售统计表”工作簿中，分析和筛选其中项目。

(1) 启动 Excel 2010 应用程序，打开“销售统计表”工作簿的【数据透视图】工作表。

(2) 打开【数据透视图工具】的【分析】选项卡，在【显示/隐藏】组中分别单击【字段列表】和【字段按钮】按钮，显示数据透视表字段列表和字段按钮，如图 9-69 所示。

(3) 在【数据透视表字段列表】任务窗格的【选择要添加到报表的字段】列表框中单击【产品】右侧的下拉按钮，从弹出的列表框中取消选中除【电风扇】以外的其他复选框，然后单击【确定】按钮，操作界面如图 9-70 所示。

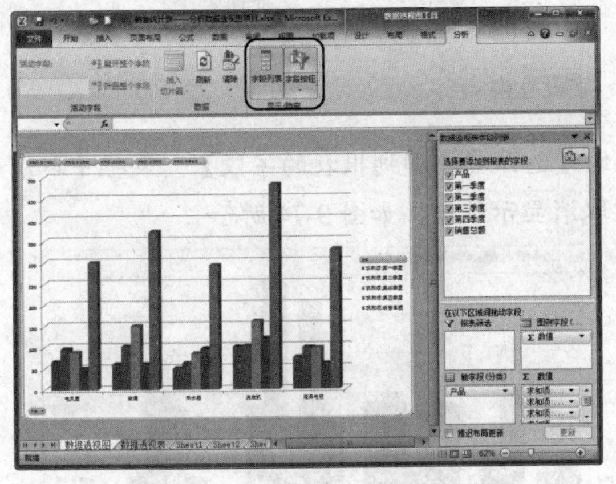

图 9-69　显示字段列表和字段按钮

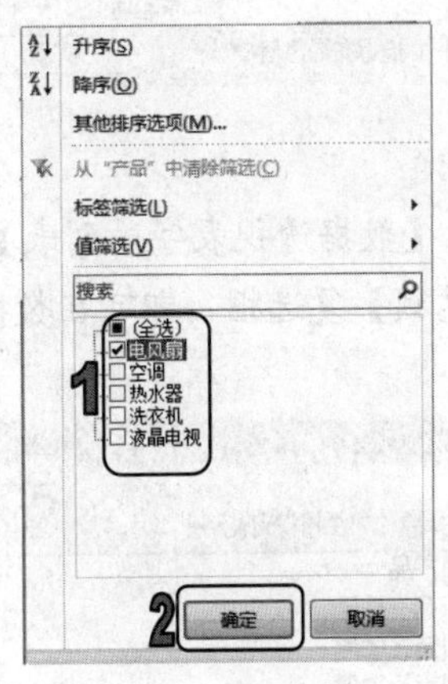

图 9-70　筛选项目

知识点

当【字段列表】和【字段按钮】按钮高亮显示时，再次单击这两个按钮，可取消显示数据透视表字段列表和字段按钮。

(4) 此时，在数据透视图中筛选出电风扇的销售数据，如图 9-71 所示。

(5) 打开【数据透视图工具】的【分析】选项卡，在【数据】组中单击【清除】按钮，从弹出的菜单中选择【清除筛选】命令，即可显示所有的项目，如图 9-72 所示。

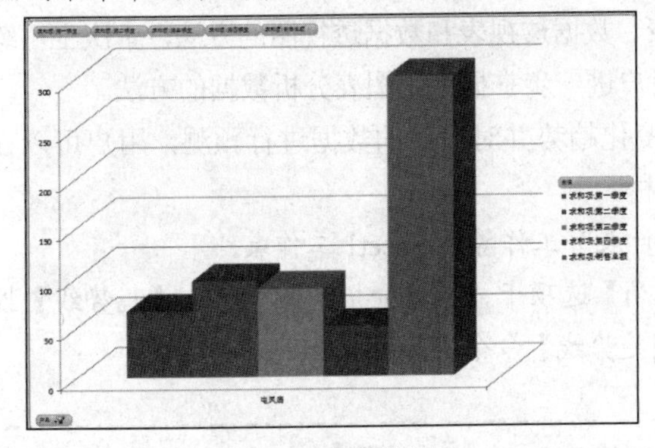

图 9-71　筛选项目

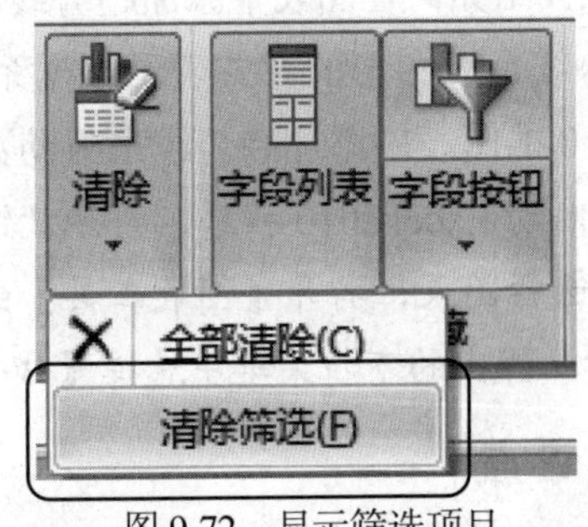

图 9-72　显示筛选项目

(6) 在【数据透视表字段列表】任务窗格的【在以下区域间拖动字段】区域，将【图例字

段】列表中的【数值】项拖动到【轴字段】列表中；将【轴字段】列表中的【产品】项选项拖动到【图例字段】列表中，完成【图例字段】和【轴字段】的互换，如图 9-73 所示。

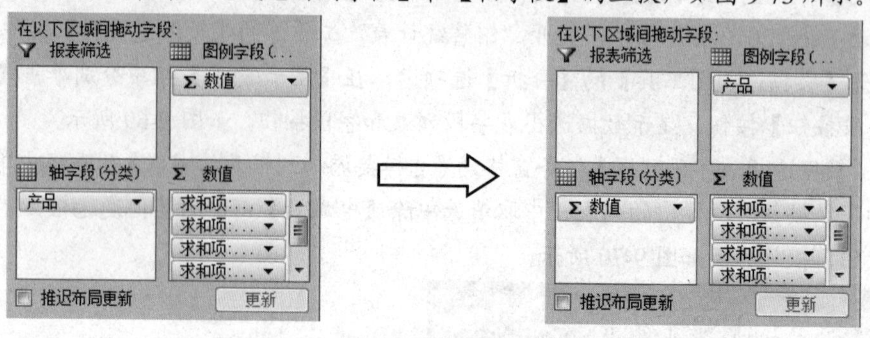

图 9-73　字段互换

(7) 在【数据透视表字段列表】任务窗格的【选择要添加到报表的字段】列表框中取消选中【销售总额】复选框，即可在数据透视图中取消显示该项，如图 9-74 所示

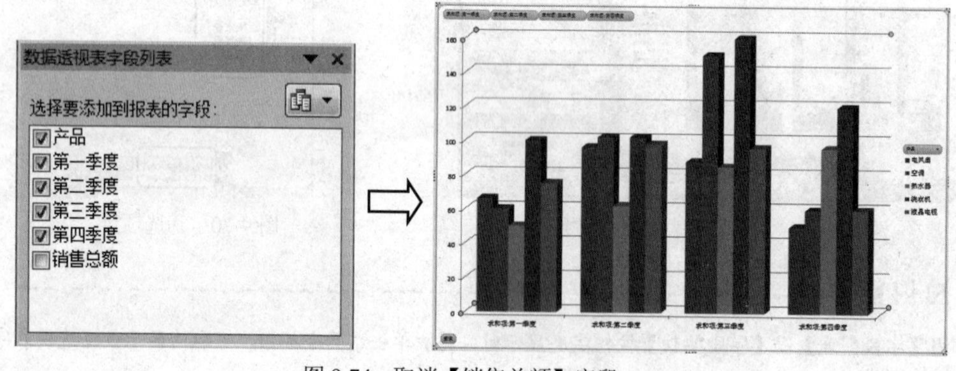

图 9-74　取消【销售总额】字段

9.7　上机练习

本章主要介绍了在 Excel 2010 中制作图表、数据透视表和数据透视图的方法，本次上机练习向读者介绍如何在图表中添加趋势线，使用户进一步掌握使用图表分析数据的方法。

趋势线是以图形的方式表示数据系列的变化趋势并对以后的数据进行预测，用户可以在 Excel 2010 的图表中添加趋势线来帮助数据分析。

(1) 启动 Excel 2010 程序，打开“销售统计表”工作簿的 Sheet1 工作表。

(2) 选择图表，打开【图表工具】的【布局】选项卡，在【分析】组中单击【趋势线】按钮，然后从弹出的下拉菜单中选择【线性预测趋势线】命令，如图 9-75 所示。

知识点

选择【其他趋势线选项】命令可打开【设置趋势线格式】对话框，在该对话框中用户可对趋势线的类型和格式进行更加详细的设置。

(3) 打开【添加趋势线】对话框，选择【销售总额】选项，然后单击【确定】按钮，如图 9-76 所示。

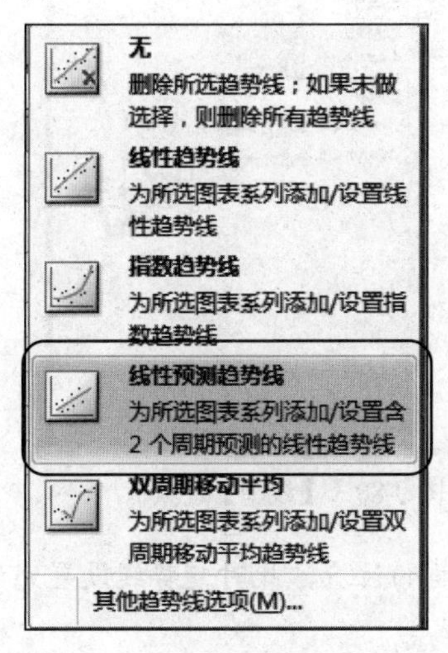

图 9-75　【趋势线】菜单

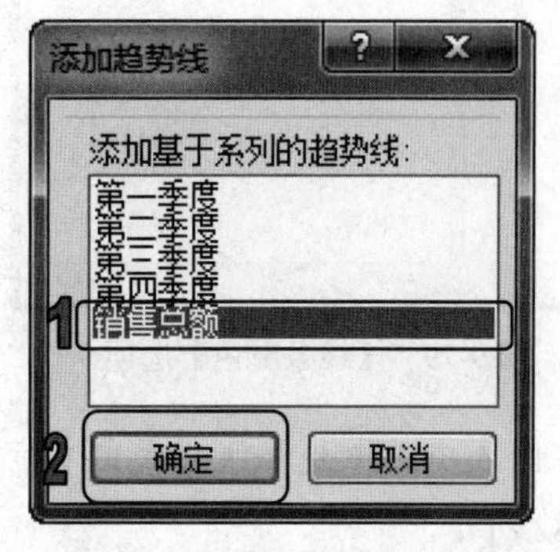

图 9-76　【添加趋势线】对话框

(4) 此时，在图表上添加了趋势线，然后右击添加的趋势线，从弹出的快捷菜单中选择【设置趋势线格式】选项，如图 9-77 所示。

(5) 打开【设置趋势线格式】对话框的【趋势线选项】选项卡，在该选项卡中选中【显示公式】复选框，如图 9-78 所示。

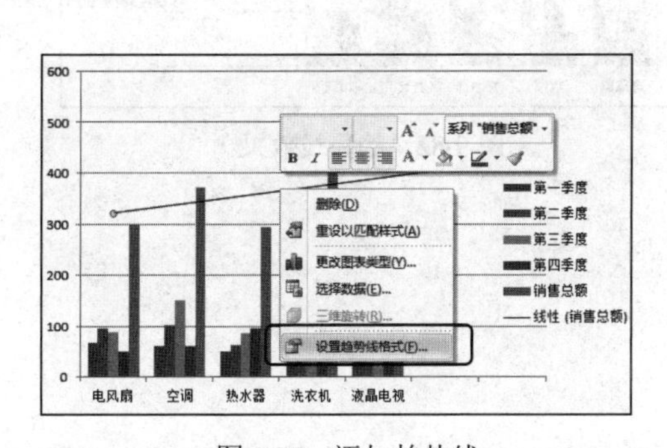

图 9-77　添加趋势线

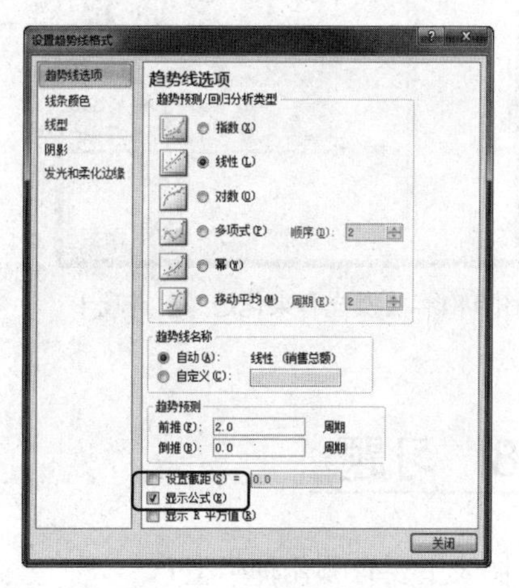

图 9-78　【趋势线选项】选项卡

(6) 选择【线条颜色】选项卡，选中【实线】单选按钮，然后在【颜色】下拉菜单中选择红色，如图 9-79 所示。

(7) 选择【线型】选项卡，在【箭头设置】区域中的【后端类型】下拉菜单中选择【燕尾箭头】选项，如图 9-80 所示。

(8) 选择【发光和柔化边缘】选项卡，在【预设】下拉列表中选择【红色，5pt 发光，强调文字颜色 2】选项，如图 9-81 所示。

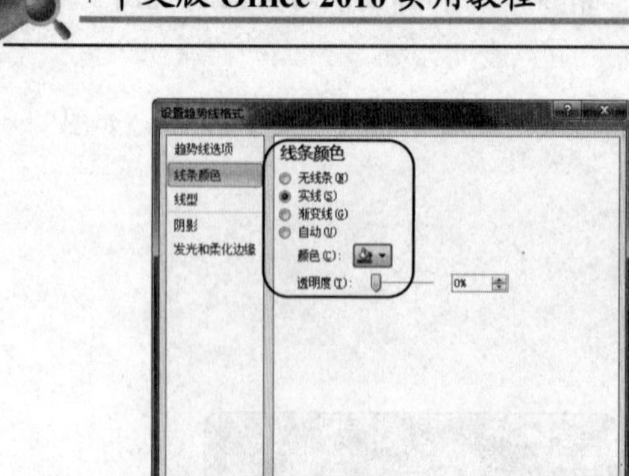

图 9-79 【线条颜色】选项卡

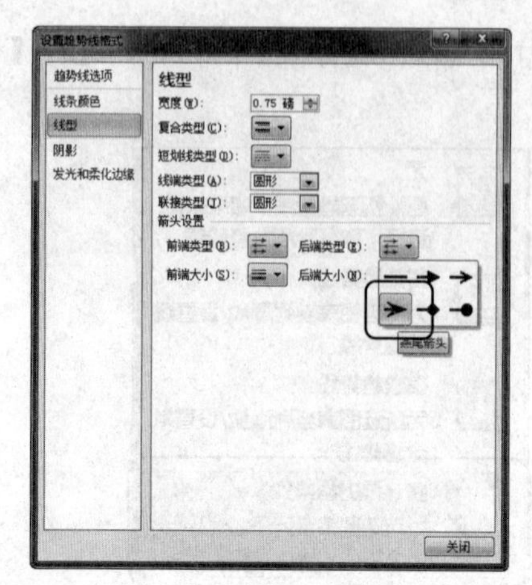

图 9-80 【线型】选项卡

(9) 在图表中选中趋势线公式文本框，将其拖动到合适的位置，此时趋势线设置完毕，效果如图 9-82 所示。

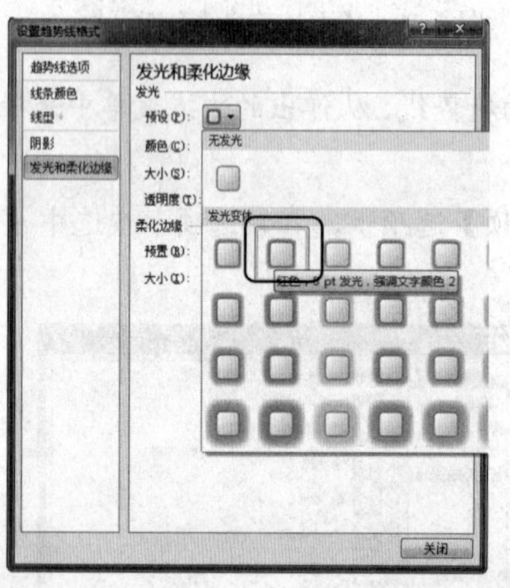

图 9-81 【发光和柔化边缘】选项卡

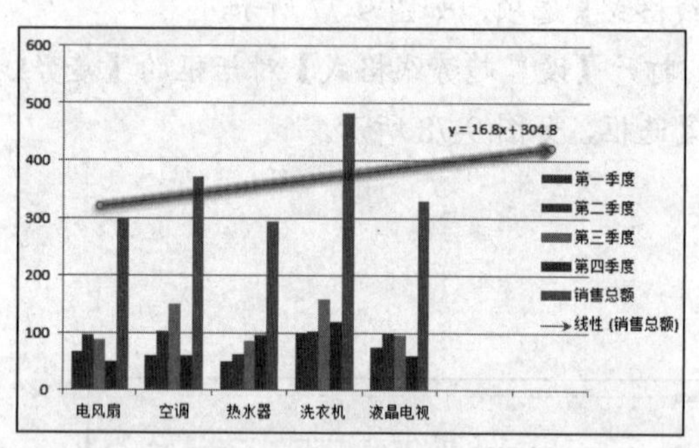

图 9-82 趋势线效果

9.8 习题

1. 图表主要有哪几种类型？
2. 创建“员工业绩考核表”工作簿，输入数据后添加饼状图表。
3. 在“员工业绩考核表”工作簿的图表中添加趋势线。
4. 创建“进货资金统计表”工作簿，制作数据透视表。
5. 根据“进货资金统计表”工作簿的数据透视表，制作条形的数据透视图。

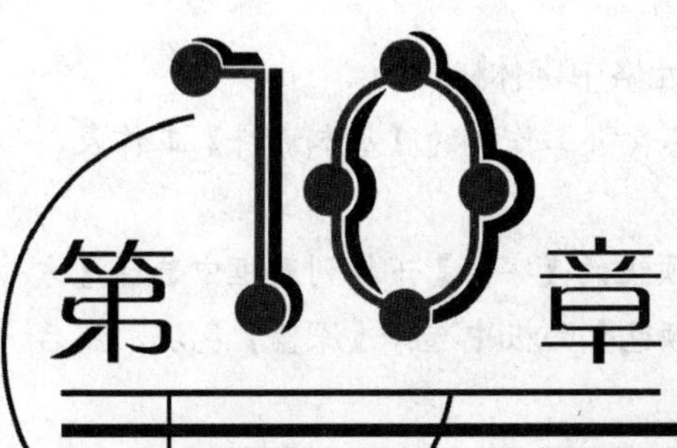

第10章 表格的格式设置与打印

学习目标

使用 Excel 2010 创建表格后，还可以对表格进行格式化操作。Excel 2010 提供了丰富的格式化命令，利用这些命令可以对工作表与单元格的格式进行设置，帮助用户创建更加美观的电子表格。此外用户还可根据需要将制作好的表格打印出来以方便查看和保存。

本章重点

- 设置单元格格式
- 设置工作表样式
- 设置条件格式
- 预览和打印

10.1 设置单元格格式

在 Excel 2010 中，用户可以根据需要设置不同的单元格格式，如设置单元格字体格式、单元格中数据的对齐方式以及单元格的边框和底纹等，从而达到美化单元格的目的。

10.1.1 设置字体格式

对不同的单元格设置不同的字体，可以使工作表中的某些数据醒目和突出，也使整个电子表格的版面更为丰富。

在【开始】选项卡的【字体】组中，使用相应的工具按钮可以完成简单的字体格式设置工作，若对字体格式设置有更高要求，可以打开【设置单元格格式】对话框的【字体】选项卡，在该选项卡中按照需要进行字体、字形、字号等详细设置。

【例 10-1】在“员工基本信息表”工作簿中设置单元格中字体格式。

(1) 启动 Excel 2010 应用程序，打开“员工基本信息表”工作簿的【基本资料】工作表，如图 10-1 所示。

(2) 选定 A1 单元格，在【开始】菜单中【字体】选项组的【字体】下拉列表框中选择【方正姚体】，在【字号】下拉列表框中选择 18，在【字体颜色】面板中选择【深蓝】色块，然后单击【加粗】按钮，各项设置如图 10-2 所示。

	A	B	C	D	E	F
1	员工基本资料					
2	姓名	性别	年龄	籍贯	所属部门	工作年限
3	王晓芳	女	22	江苏南京	策划部	3
4	柳如是	女	26	陕西西安	策划部	5
5	高晓梅	女	25	河北唐山	策划部	6
6	李双	男	21	浙江台州	广告部	7
7	王萌	女	20	河南洛阳	广告部	2
8	孙坚	男	23	江苏淮安	广告部	1
9	刘莉莉	女	27	江苏盐城	销售部	2
10	文静	女	28	江苏南通	技术部	8
11	田晓梅	女	22	上海	销售部	3
12	马万年	男	29	四川成都	技术部	5
13	李亚萍	女	25	重庆	销售部	6

图 10-1 打开工作表

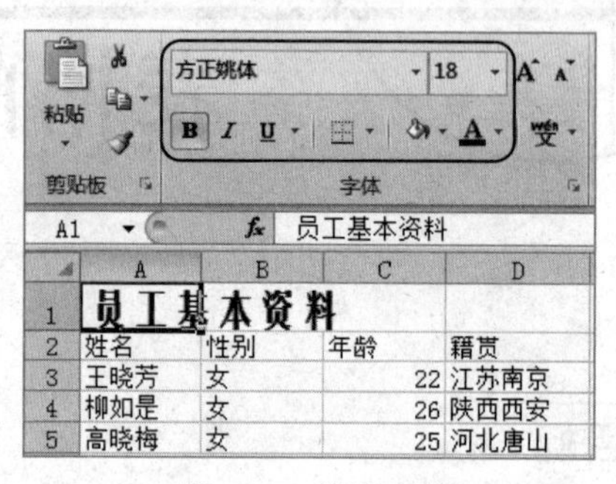

	A	B	C	D
1	员工基本资料			
2	姓名	性别	年龄	籍贯
3	王晓芳	女	22	江苏南京
4	柳如是	女	26	陕西西安
5	高晓梅	女	25	河北唐山

图 10-2 设置字体

(3) 选定 A2:F2 单元格区域，右击，在打开的快捷菜单中选择【设置单元格格式】命令，打开【设置单元格格式】对话框。

(4) 打开【字体】选项卡，在【字体】列表框中选择【华文细黑】，在【字号】列表框中选择 12，如图 10-3 所示。

(5) 单击【确定】按钮，完成设置，此时表格如图 10-4 所示。

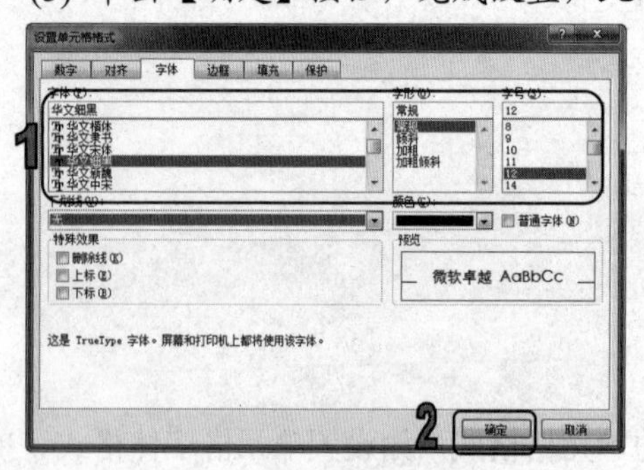

图 10-3 【字体】选项卡

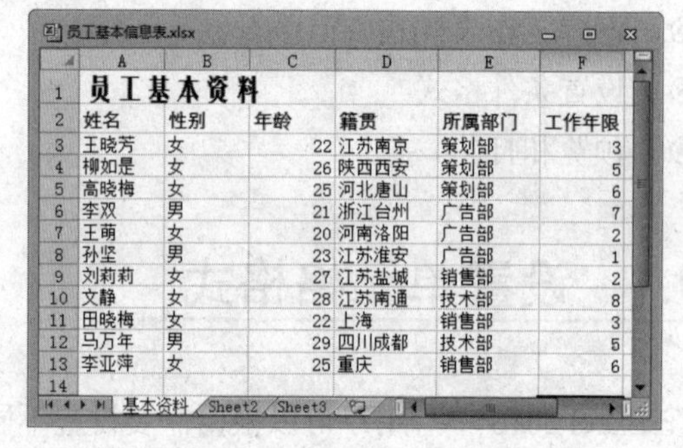

	A	B	C	D	E	F
1	员工基本资料					
2	姓名	性别	年龄	籍贯	所属部门	工作年限
3	王晓芳	女	22	江苏南京	策划部	3
4	柳如是	女	26	陕西西安	策划部	5
5	高晓梅	女	25	河北唐山	策划部	6
6	李双	男	21	浙江台州	广告部	7
7	王萌	女	20	河南洛阳	广告部	2
8	孙坚	男	23	江苏淮安	广告部	1
9	刘莉莉	女	27	江苏盐城	销售部	2
10	文静	女	28	江苏南通	技术部	8
11	田晓梅	女	22	上海	销售部	3
12	马万年	男	29	四川成都	技术部	5
13	李亚萍	女	25	重庆	销售部	6

图 10-4 设置字体后的效果

10.1.2 设置对齐方式

所谓对齐是指单元格中的内容在显示时，相对单元格上下左右的位置。默认情况下，单元格中的文本靠左对齐，数字靠右对齐，逻辑值和错误值居中对齐。通过【开始】选项卡的【对齐方式】组中的命令按钮，可以快速设置单元格的对齐方式，如合并后居中、旋转单元格中的内容等，各种方式效果如图 10-5 所示。

如果要设置较复杂的对齐操作，可以使用【设置单元格格式】对话框的【对齐】选项卡来

完成，如图 10-6 所示。

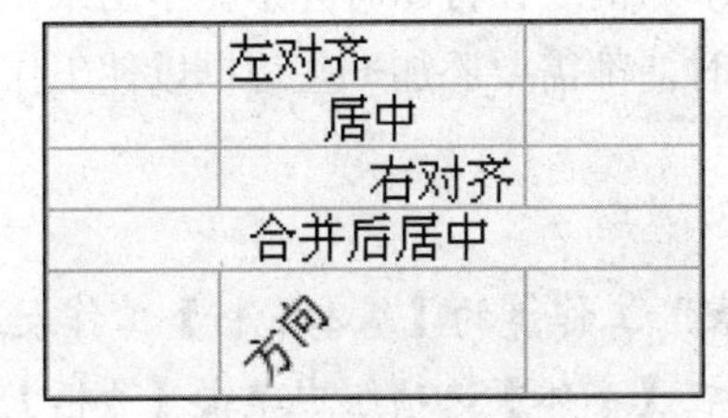

图 10-5　各种对齐方式

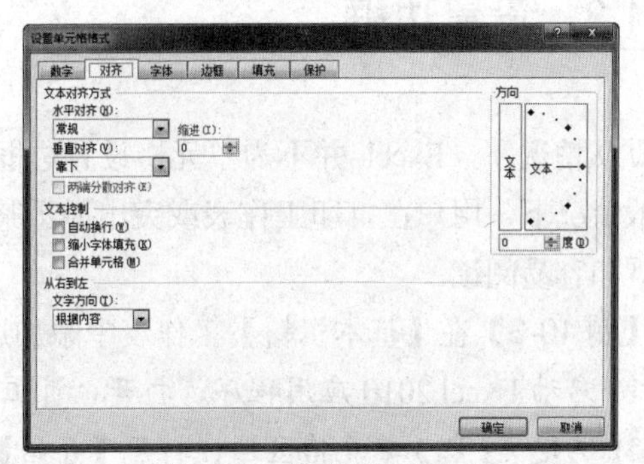

图 10-6　【对齐】选项卡

【例 10-2】在【基本资料】工作表中设置标题合并后居中，并且设置列标题自动换行和垂直居中显示。

(1) 启动 Excel 2010 应用程序，打开“员工基本信息表”工作簿的【基本资料】工作表。

(2) 选择要合并的 A1:F1 单元格区域，在【对齐方式】选项组中单击【合并后居中】按钮，即可居中对齐标题并合并，如图 10-7 所示。

(3) 选择列标题单元格区域 A2:F2，然后在【对齐方式】选项组中单击【垂直居中】按钮和【居中】按钮，将列标题单元格中的内容水平并垂直居中显示，如图 10-8 所示。

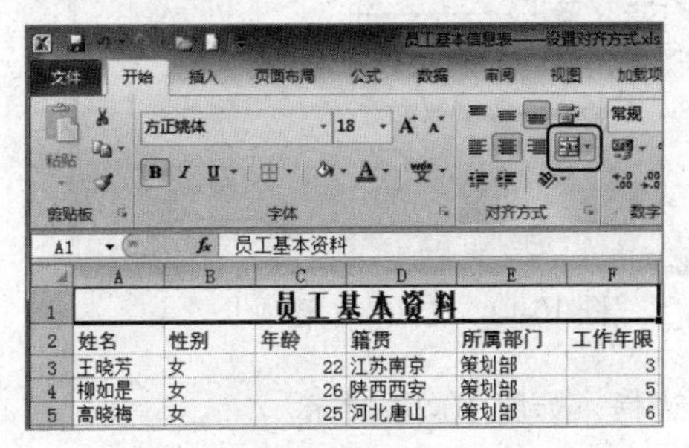

图 10-7　合并居中

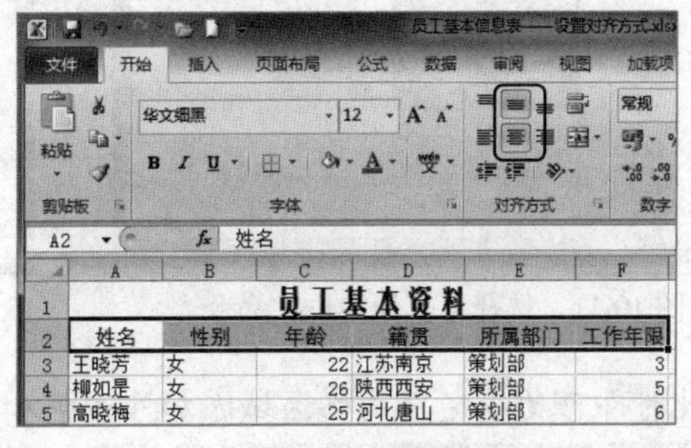

图 10-8　垂直居中

(4) 右击 A2:F2 单元格区域，在打开的快捷菜单中选择【设置单元格格式】命令，打开【设置单元格格式】对话框的【对齐】选项卡，在【文本控制】区域选中【自动换行】复选框，然后单击【确定】按钮，如图 10-9 所示。

(5) 在 F2 单元格中添加文本，并调整行高和相关字体大小，最终效果如图 10-10 所示。

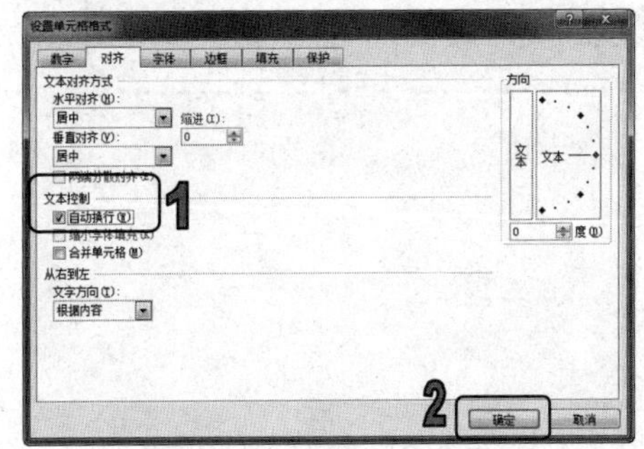

图 10-9　改变文字方向

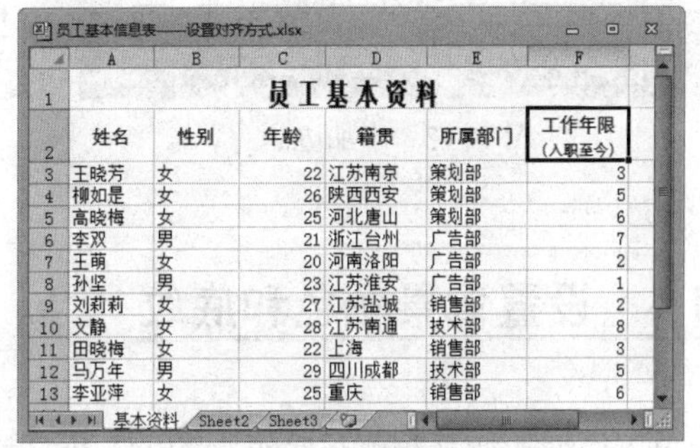

图 10-10　本例最终效果

10.1.3 设置边框

默认情况下，Excel 并不为单元格设置边框，工作表中的框线在打印时并不显示出来。但在一般情况下，用户在打印工作表或突出显示某些单元格时，都需要添加一些边框以使工作表更美观和容易阅读。

【例 10-3】在【基本资料】工作表中添加边框。

(1) 启动 Excel 2010 应用程序，打开"员工基本信息表"工作簿的【基本资料】工作表。

(2) 选定 A1:F13 单元格区域，打开【开始】选项卡，在【字体】选项组中单击【边框】下拉按钮田▾，从弹出的菜单中选择【其他边框】命令，如图 10-11 所示。

(3) 打开【设置单元格格式】对话框的【边框】选项卡，在【线条】选项区域的【样式】列表框中保持默认设置，在【预置】选项区域中分别单击【外边框】和【内边框】按钮，然后单击【确定】按钮，如图 10-12 所示。

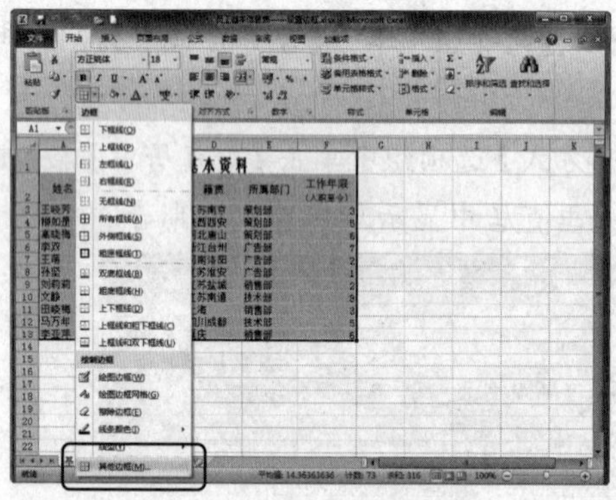

图 10-11 选择【其他边框】命令

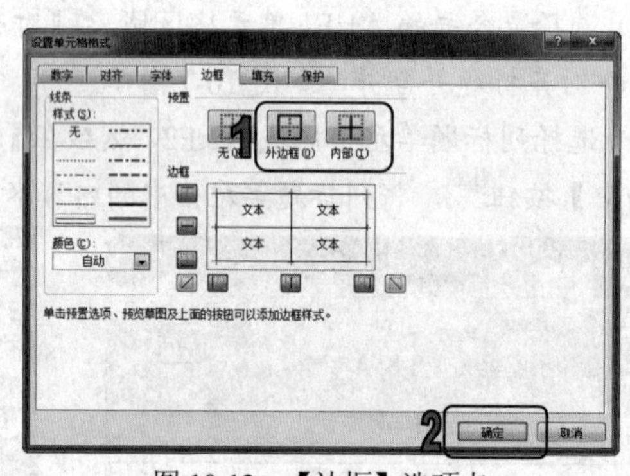

图 10-12 【边框】选项卡

(4) 此时即可为选定单元格区域添加外边框和内边框，如图 10-13 所示。

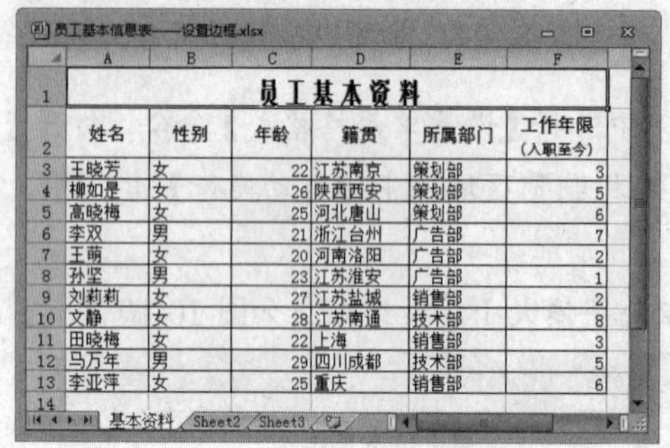

员工基本信息表——设置边框.xlsx

员工基本资料					
姓名	性别	年龄	籍贯	所属部门	工作年限(入职至今)
王晓芳	女	22	江苏南京	策划部	3
柳如是	女	26	陕西西安	策划部	5
高晓梅	女	25	河北唐山	策划部	6
李双	男	21	浙江台州	广告部	7
王萌	女	20	河南洛阳	广告部	2
孙坚	男	23	江苏淮安	广告部	1
刘莉莉	女	27	江苏盐城	销售部	2
文静	女	28	江苏南通	技术部	8
田晓梅	女	22	上海	销售部	3
马万年	男	29	四川成都	技术部	5
李亚萍	女	25	重庆	销售部	6

基本资料 Sheet2 Sheet3

图 10-13 添加边框

提示

在【视图】选项卡的【显示/隐藏】组中取消选中【网格线】复选框，可以隐藏显示电子表格中的网格线，以便更加清楚地显示边框效果。

10.1.4 设置背景颜色和底纹

为单元格添加背景颜色与底纹，可以使电子表格突出显示重点内容，区分工作表不同部分，使工作表更加美观和容易阅读。

【例 10-4】在【基本资料】工作表中，为标题单元格添加底纹，为列标题单元格添加背景颜色。

(1) 启动 Excel 2010 应用程序，打开“员工基本信息表”工作簿的【基本资料】工作表。

(2) 选定 A1:F1 单元格区域，右击打开快捷菜单，选择【设置单元格格式】命令，打开【设置单元格格式】对话框的【填充】选项卡，在【图案样式】下拉列表框中选择一种底纹样式，在【图案颜色】下拉列表框中选择橙色，然后单击【确定】按钮，如图 10-14 所示。

(3) 返回电子表格，即可查看标题单元格添加底纹后的效果，如图 10-15 所示。

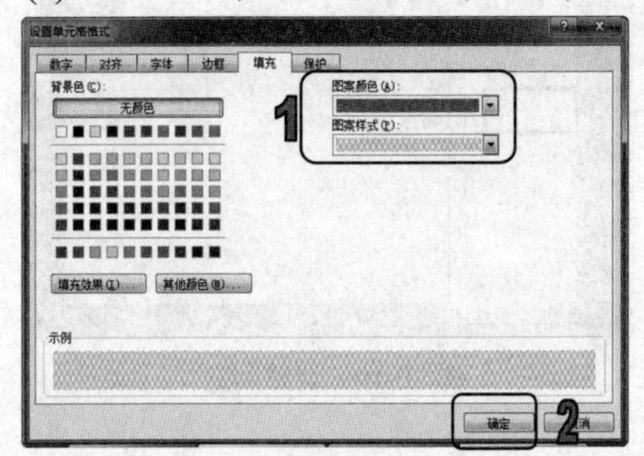

图 10-14　【填充】选项卡

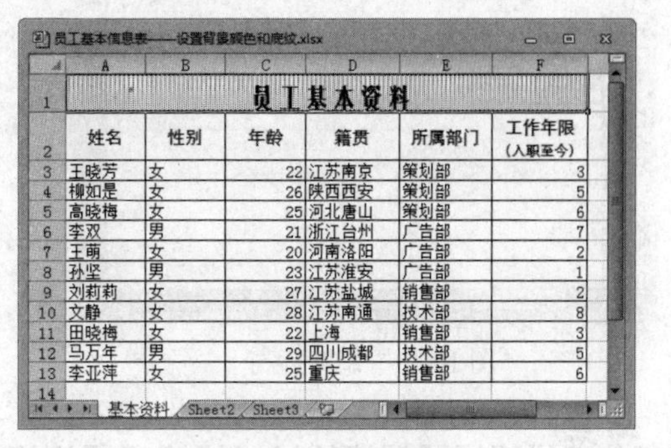

	A	B	C	D	E	F
2	姓名	性别	年龄	籍贯	所属部门	工作年限（入职至今）
3	王晓芳	女	22	江苏南京	策划部	3
4	柳如是	女	26	陕西西安	策划部	5
5	高晓梅	女	25	河北唐山	策划部	6
6	李双	男	21	浙江台州	广告部	7
7	王萌	女	20	河南洛阳	广告部	2
8	孙坚	男	23	江苏淮安	广告部	1
9	刘莉莉	女	27	江苏盐城	销售部	2
10	文静	女	28	江苏南通	技术部	8
11	田晓梅	女	22	上海	销售部	3
12	马万年	男	29	四川成都	技术部	5
13	李亚萍	女	25	重庆	销售部	6

图 10-15 填充底纹

(4) 选定 A2:F2 单元格区域，右击打开快捷菜单，选择【设置单元格格式】命令，打开【设置单元格格式】对话框的【填充】选项卡，在【背景色】选项区域中为列标题单元格选择淡蓝色，然后单击【确定】按钮，如图 10-16 所示。

(5) 返回电子表格，即可查看列标题单元格添加背景颜色后的效果，如图 10-17 所示。

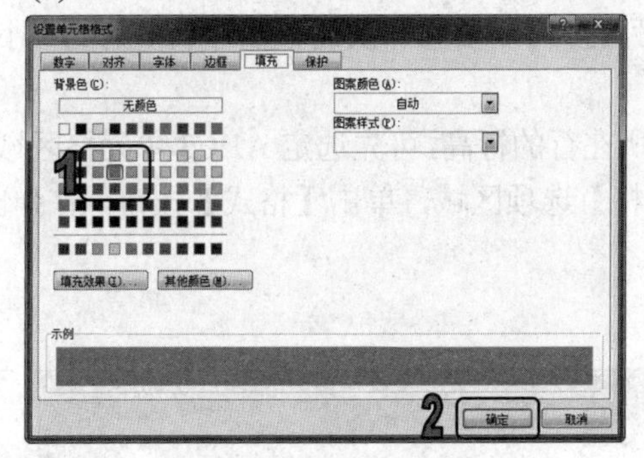

图 10-16　【填充】选项卡

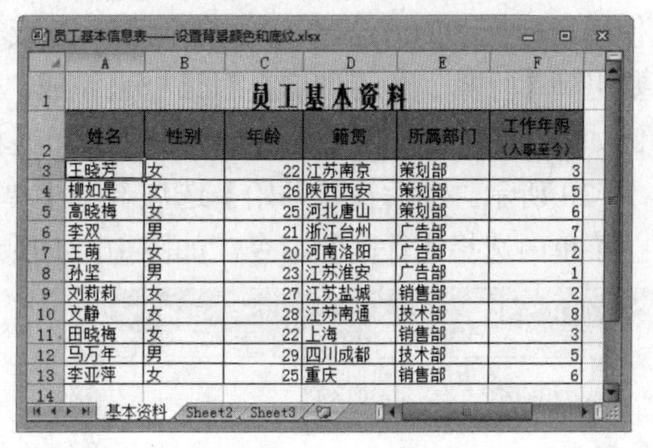

	A	B	C	D	E	F
2	姓名	性别	年龄	籍贯	所属部门	工作年限（入职至今）
3	王晓芳	女	22	江苏南京	策划部	3
4	柳如是	女	26	陕西西安	策划部	5
5	高晓梅	女	25	河北唐山	策划部	6
6	李双	男	21	浙江台州	广告部	7
7	王萌	女	20	河南洛阳	广告部	2
8	孙坚	男	23	江苏淮安	广告部	1
9	刘莉莉	女	27	江苏盐城	销售部	2
10	文静	女	28	江苏南通	技术部	8
11	田晓梅	女	22	上海	销售部	3
12	马万年	男	29	四川成都	技术部	5
13	李亚萍	女	25	重庆	销售部	6

图 10-17　添加背景颜色

10.1.5　设置行高和列宽

在向单元格输入文字或数据时，经常会出现这样的现象：有的单元格中的文字只显示了一半；有的单元格中显示的是一串#符号，而在编辑栏中却能看见对应单元格的文字或数据。出现这些现象的原因在于单元格的宽度或高度不够，不能将其中的文字正确显示。

此时，用户就需要对工作表中的单元格高度和宽度进行适当的调整，以使单元格中的内容能够正常显示。设置行高和列宽有主要有以下几种方法。

1. 使用鼠标拖动改变行高和列宽

当将鼠标指针移动到两个行号(列标)之间时，鼠标指针会变成✢ (✣)形状，此时按住鼠标左键不放，而上下(左右)移动鼠标，即可调整相应单元格的行高(列宽)，如图 10-18 和 10-19 所示。

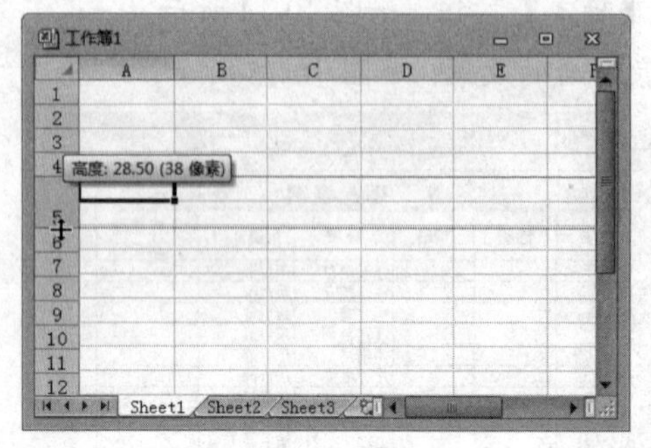

图 10-18　调整行高

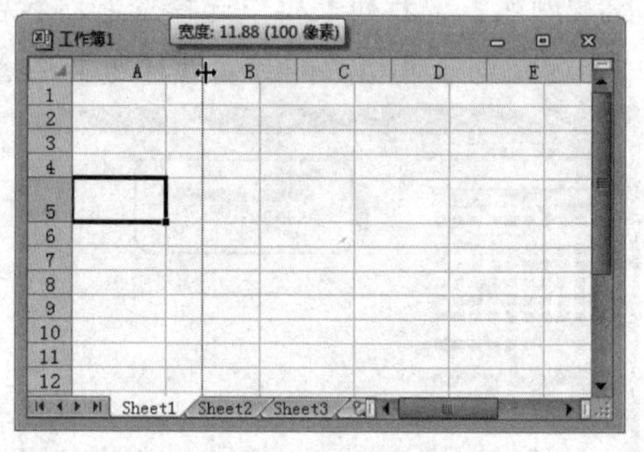

图 10-19　调整列宽

提示

在拖动鼠标调整行高(列宽)时，调整的主要是光标所在位置上方(左边)的行(列)的行高(列宽)，而光标所在位置下方(右边)的行(列)的高度(宽度)保持不变。

2. 使用对话框来调整行高和列宽

使用鼠标拖动的方法，一次只能调整一行或一列的大小。要想一次调整多行或多列的大小，就需要用到【行高】和【列宽】对话框来完成。

例如，要调整 A1:C3 单元格区域中所有单元格所在行的行高，可先选定 A1:C3 单元格区域，如图 10-20 所示。然后在【开始】选项卡的【单元格】选项区域，单击【格式】按钮，在弹出的下拉菜单中选择【行高】命令，如图 10-21 所示。

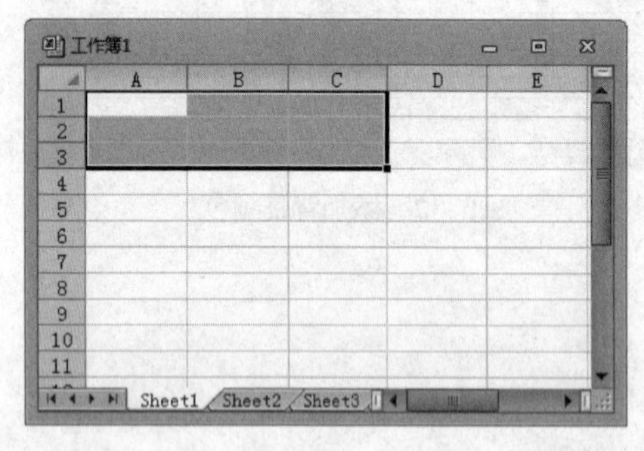

图 10-20　选择 A1:C3 单元格区域

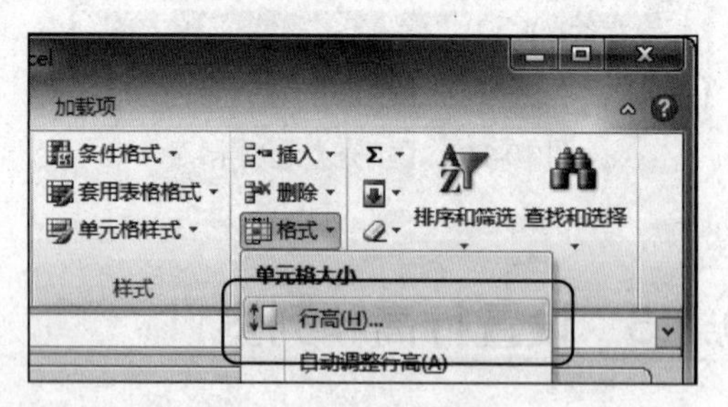

图 10-21　选择【行高】命令

在打开的如图 10-22 所示的【行高】对话框中设置相应的参数后，单击【确定】按钮，即可完成行高的调整，效果如图 10-23 所示。

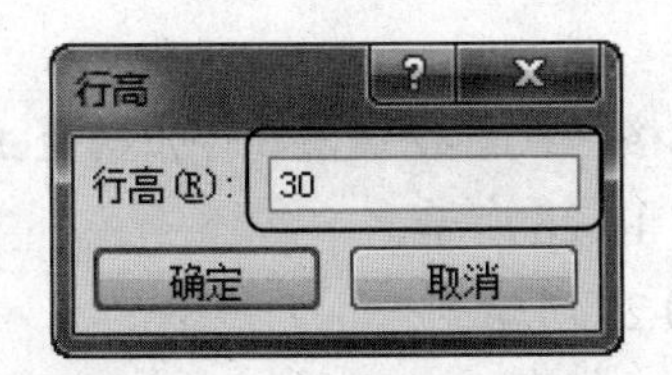

图 10-22　【行高】对话框

图 10-23　调整行高后的效果

3. 设置最合适的行高和列宽

有时表格中多种数据内容长短不一，看上去较为凌乱，用户可以设置最适合的行高和列宽，来匹配表格的匹配和美观度。

在【开始】选项卡中单击【格式】下拉按钮，选择菜单中的【自动调整行高】命令或【自动调整列宽】命令即可调整所选内容最合适的行高或列宽，如图 10-24 所示。

此外还有一种更快捷的方法：选中所有内容，将鼠标放置于列标签之间的线上，当光标显示为黑色双向箭头的时候，双击鼠标左键即可使处于选中状态的列宽调整为最合适。使用同样方法，在行标签之间线上双击鼠标左键，也能调整最适合的行高，如图 10-25 所示。

图 10-24　自动调整行高

	A	B	C	D
4	2	2013年4月6日	¥20,000.00	¥2,000.00
5	3	2013年4月8日	¥50,000.00	¥2,000.00
6	4	2013年4月8日	¥8,724.50	¥1,000.00
7	5	2013年4月10日	¥21,723.90	¥1,000.00
8	6	2013年4月10日	¥87,659.30	¥2,000.00
9	7	2013年4月13日	¥20,083.40	¥1,000.00
10	8	2013年4月14日	¥107,654.90	¥3,000.00
11	9	2013年4月15日	¥5,892.00	¥500.00

图 10-25　双击光标

10.2　套用单元格样式

样式就是字体、字号和缩进等格式设置特性的组合，将这一组合作为集合加以命名和存储。应用某一种样式时，将同时应用该样式中所有的格式设置指令。Excel 2010 自带了多种单元格样式，可以对单元格方便地套用这些样式。同样，用户也可以自定义所需的单元格样式。

10.2.1　套用内置单元格样式

如果要使用 Excel 2010 的内置单元格样式，可以先选中需要设置样式的单元格或单元格区域，然后再对其应用内置的样式。

【例 10-5】在【基本资料】工作表中为指定的单元格应用内置样式。

(1) 启动 Excel 2010 应用程序，打开“员工基本信息表”工作簿的【基本资料】工作表，然后选定 A3:A13 单元格区域。

(2) 在【开始】选项卡的【样式】选项组中单击【单元格样式】按钮，在弹出的【主题单元格样式】菜单中选择【60%-强调文字颜色 2】选项，如图 10-26 所示。

(3) 此时选定的单元格区域会自动套用该样式，如图 10-27 所示。

图 10-26　选择【60%-强调文字颜色 2】选项

图 10-27　套用样式

10.2.2　自定义单元格样式

除了套用内置的单元格样式外，用户还可以创建自定义的单元格样式，并将其应用到指定的单元格或单元格区域中。

【例 10-6】在【基本资料】工作表中为指定的单元格自定义样式。

(1) 启动 Excel 2010 应用程序，打开“员工基本信息表”工作簿的【基本资料】工作表。

(2) 在【开始】选项卡的【样式】选项组中单击【单元格样式】按钮，从弹出菜单中选择【新建单元格样式】命令，如图 10-28 所示。

(3) 打开【样式】对话框，在【样式名】文本框中输入文字“我的样式”，然后单击【格式】按钮，如图 10-29 所示。

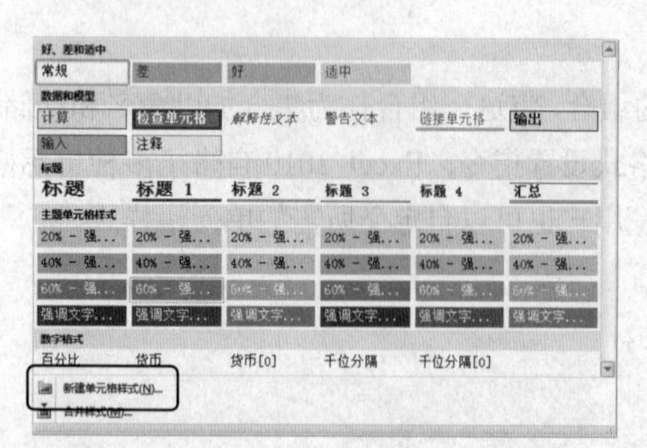

图 10-28　选择【新建单元格样式】命令

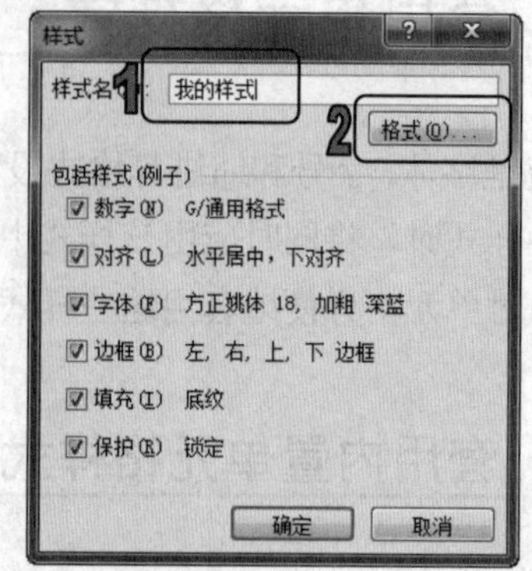

图 10-29　【样式】对话框

(4) 打开【设置单元格格式】对话框，选择【对齐】选项卡，在【水平对齐】和【垂直对齐】下拉列表中分别选择【居中】选项，如图 10-30 所示。

(5) 选择【填充】选项卡，在【背景色】选项区域中选择一种色块，然后单击【确定】按钮，如图 10-31 所示。

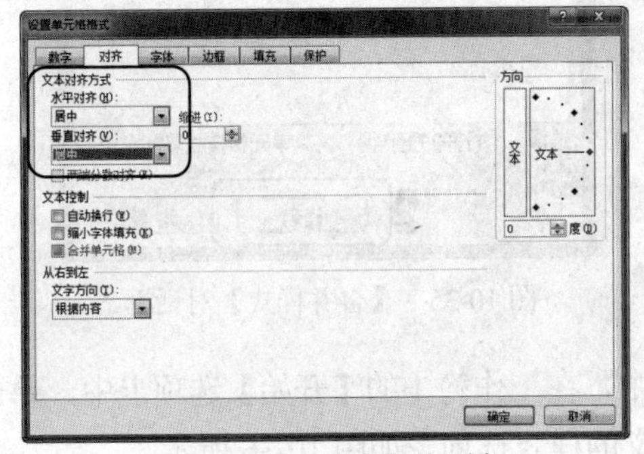

图 10-30　【对齐】选项卡

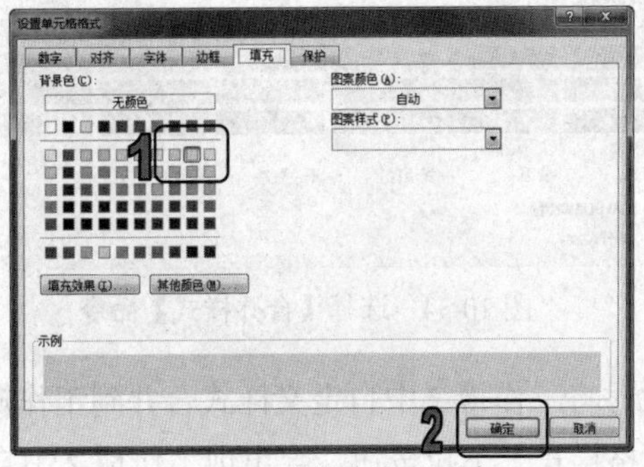

图 10-31　【填充】选项卡

(6) 返回【样式】对话框，单击【确定】按钮，此时在单元格样式菜单中将出现【我的样式】选项，如图 10-32 所示。

(7) 选定 B3:F13 单元格区域，在单元格样式菜单中选择【我的样式】选项，应用该样式，设置后的效果如图 10-33 所示。

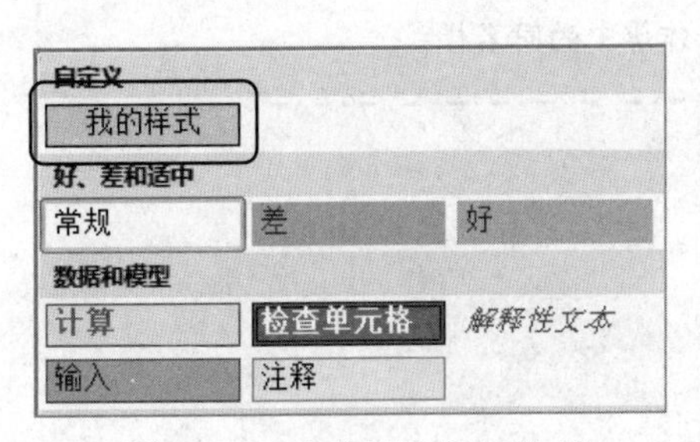

图 10-32　【我的样式】 选项

员工基本资料

姓名	性别	年龄	籍贯	所属部门	工作年限（入职至今）
王晓芳	女	22	江苏南京	策划部	3
柳如是	女	26	陕西西安	策划部	5
高晓梅	女	25	河北唐山	策划部	6
李双	男	21	浙江台州	广告部	7
王萌	女	20	河南洛阳	广告部	2
孙坚	男	23	江苏淮安	广告部	1
刘莉莉	女	27	江苏盐城	销售部	2
文静	女	28	江苏南通	技术部	8
田晓梅	女	22	上海	销售部	3
马万年	男	29	四川成都	技术部	5
李亚萍	女	25	重庆	销售部	6

图 10-33　应用样式

10.2.3　合并单元格样式

应用 Excel 2010 提供的合并样式功能，用户可以从其他工作簿中提取想要的样式，共享给当前工作簿。

例如要在工作簿 1 中使用工作簿 2 中的单元格样式，可先打开这两个工作簿。切换至工作簿 1，在【开始】选项卡的【样式】选项组中单击【单元格样式】按钮，在弹出的【单元格样式】下拉列表中选择【合并样式】命令，如图 10-34 所示。

打开【合并样式】对话框，选中【工作簿 2.xlsx】选项，然后单击【确定】按钮，如图 10-35 所示。

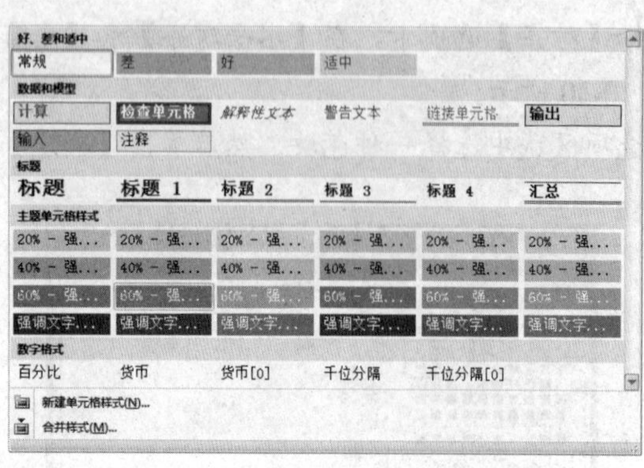

图 10-34　选择【合并样式】命令

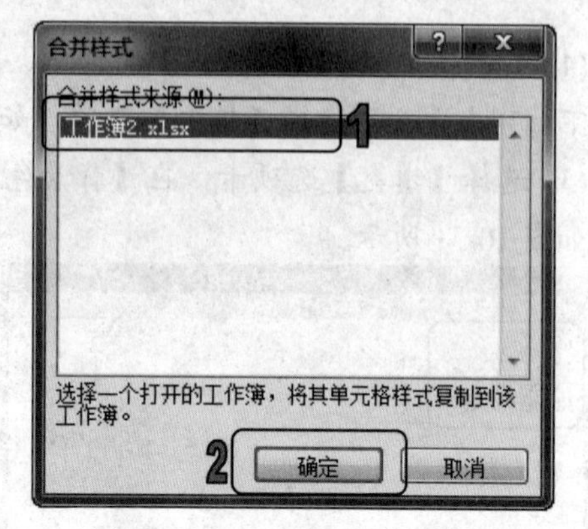

图 10-35　【合并样式】对话框

此时将工作簿 2 中自定义样式合并到工作簿 1 中，在工作簿 1 的【开始】选项卡中，单击【单元格样式】下拉按钮，会出现工作簿 2 中自定义的样式选项，如图 10-36 所示。

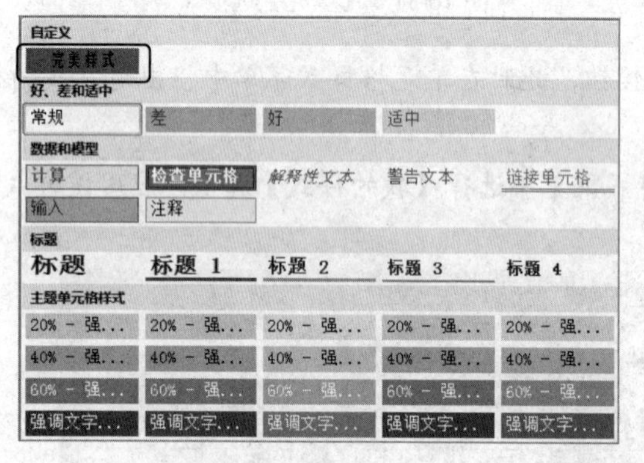

图 10-36　显示自定义样式

提示

如果当前工作簿和目标工作簿包含相同名称，但设置不同的样式，则会弹出对话框，询问是否需要覆盖当前工作簿中的同名样式。

10.2.4　删除单元格样式

如果想要删除某个不再需要的单元格样式，可以在单元格样式菜单中右击要删除的单元格样式，在弹出的快捷菜单中选择【删除】命令即可，如图 10-37 所示。

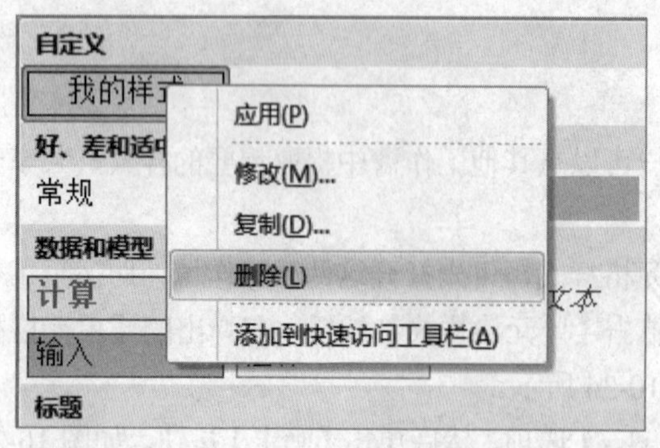

图 10-37　删除单元格样式

提示

选择【修改】命令，可对自定义的样式进行修改；选择【添加到快速访问工具栏】命令，可将该样式添加到快速访问工具栏，以方便套用。

10.3　设置工作表样式

除了通过格式化单元格来美化电子表格外，在 Excel 2010 中用户还可以通过设置工作表样式和工作表标签颜色等来达到美化工作表的目的。

10.3.1　套用预设的工作表样式

在 Excel 2010 中，预设了一些工作表样式，套用这些工作表样式可以大大节省格式化表格的时间。

【例 10-7】在【基本资料】工作表中套用预设的工作表样式。

(1) 启动 Excel 2010 应用程序，打开“员工基本信息表”工作簿的【基本资料】工作表。

(2) 打开【开始】选项卡，在【样式】选项组里单击【套用表格格式】按钮，弹出工作表样式菜单，选择一种工作表样式，如图 10-38 所示。

(3) 打开【套用表格式】对话框，单击文本框右边的按钮，打开【创建表】对话框，选择套用工作表样式的范围，如图 10-39 所示。

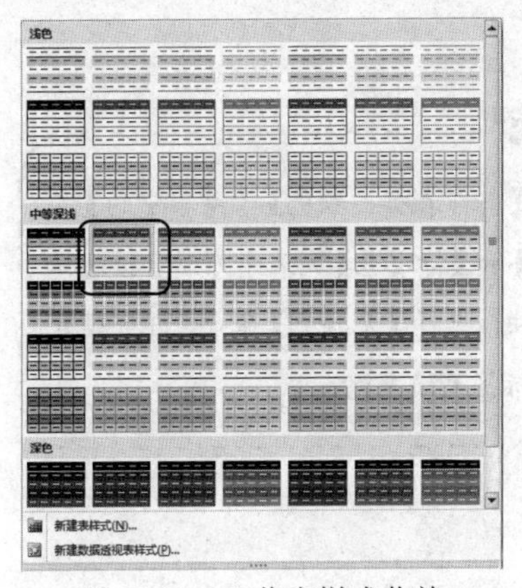

图 10-38　工作表样式菜单

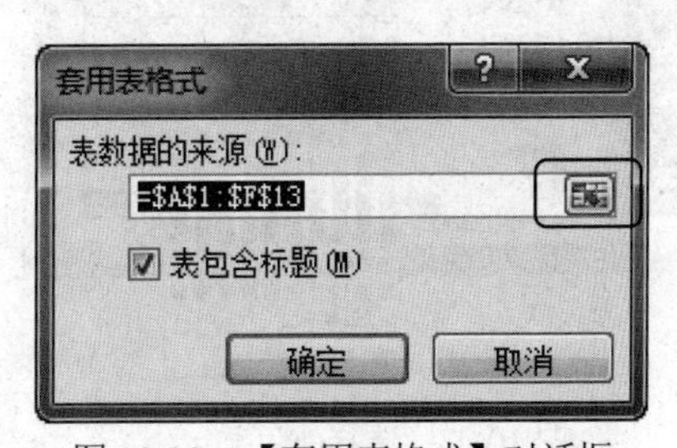

图 10-39　【套用表格式】对话框

(4) 在表格中选定 A2:F13 单元格区域，然后单击【创建表】对话框右侧的按钮，如图 10-40 所示。

(5) 打开图 10-41 所示的【创建表】对话框，然后单击【确定】按钮。

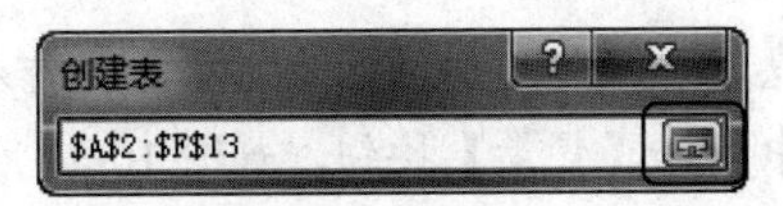

图 10-40　单击按钮

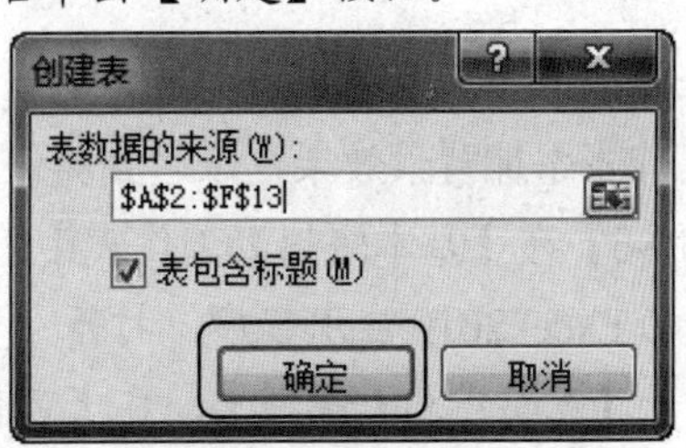

图 10-41　【创建表】对话框

(6) 此时选定单元格区域将自动套用工作表样式，如图 10-42 所示。

员工基本信息表——套用工作表样式.xlsx

	A	B	C	D	E	F
1	员工基本资料					
2	姓名	性别	年龄	籍贯	所属部门	工作年限（入职至今）
3	王晓芳	女	22	江苏南京	策划部	3
4	柳如是	女	26	陕西西安	策划部	5
5	高晓梅	女	25	河北唐山	策划部	6
6	李汉	男	21	浙江台州	广告部	7
7	王萌	女	20	河南洛阳	广告部	2
8	孙坚	男	23	江苏淮安	广告部	1
9	刘莉莉	女	27	江苏盐城	销售部	2
10	文静	女	28	江苏南通	技术部	8
11	田晓梅	女	22	上海	销售部	3
12	马万年	男	29	四川成都	技术部	5
13	李亚萍	女	25	重庆	销售部	6

基本资料 Sheet2 Sheet3

图 10-42　套用工作表样式后的效果

提示

套用表格样式后，Excel 2010 会自动打开【表工具】的【设计】选项卡，在其中可以进一步设置表样式以及相关选项。

10.3.2　改变工作表标签颜色

在 Excel 2010 中，可以通过设置工作表标签颜色，以达到突出显示该工作表的目的。

要改变工作表标签颜色，只需右击该工作表标签，从弹出的快捷菜单中选择【工作表标签颜色】命令，弹出子菜单，从中选择一种颜色，如图 10-43 所示为工作表标签选择红色。

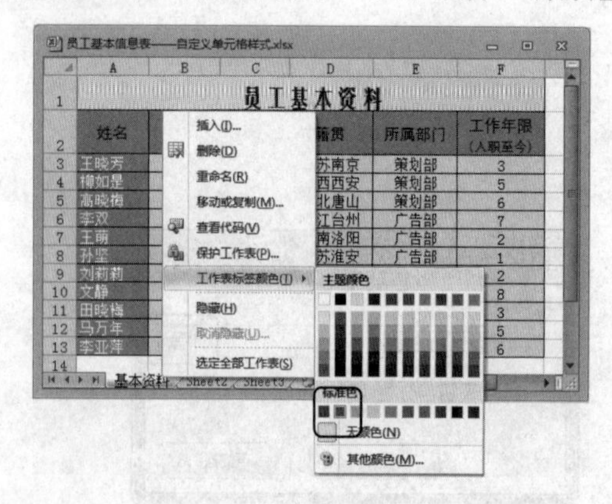

图 10-43　选择颜色

提示

在【工作表标签颜色】子菜单中的【主题颜色】和【标准色】列表中可以直接选择一种色块；选择【无颜色】命令，即可设置工作表标签无填充色。

10.3.3　设置工作表背景

在 Excel 2010 中，除了可以为选定的单元格区域设置底纹样式或填充颜色之外，用户还可以为整个工作表添加背景效果，以达到美化工作表的目的。

【例 10-8】在【基本资料】工作表中添加背景图片。

(1) 启动 Excel 2010 应用程序，打开“员工基本信息表”工作簿的【基本资料】工作表。

(2) 打开【页面布局】选项卡，在【页面设置】组中单击【背景】按钮，如图 10-44 所示。

(3) 打开【工作表背景】对话框，选择要作为背景的图片文件，单击【插入】按钮，如图

10-45 所示。

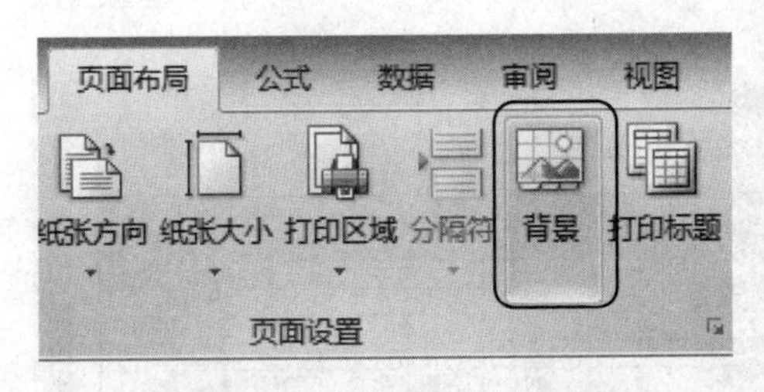

图 10-44　单击【背景】按钮

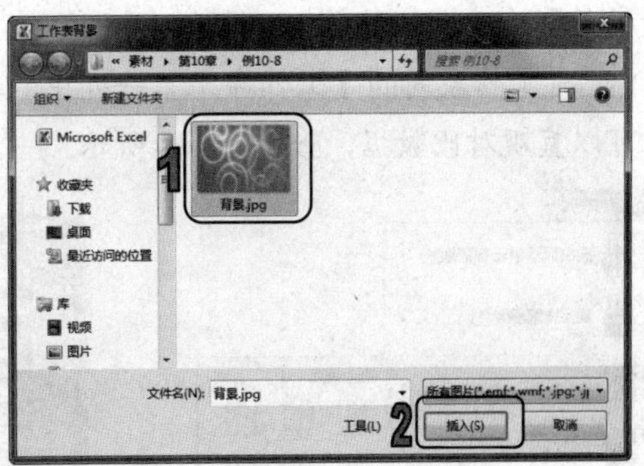

图 10-45　【工作表背景】对话框

(4) 此时即可在工作表中添加该背景图片，效果如图 10-46 所示。

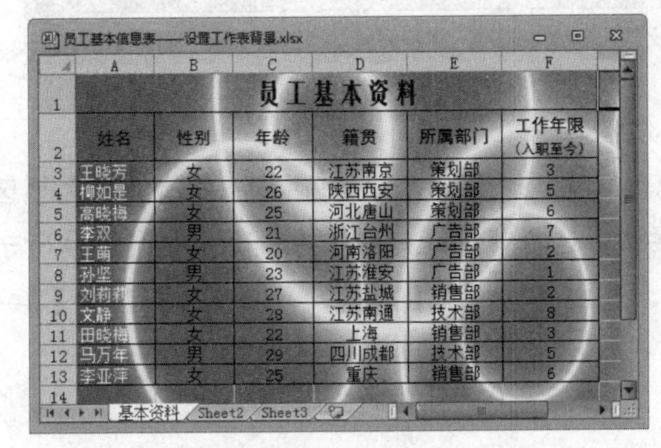

员工基本资料					
姓名	性别	年龄	籍贯	所属部门	工作年限（入职至今）
王晓芳	女	22	江苏南京	策划部	3
柳如是	女	26	陕西西安	策划部	5
高晓梅	女	25	河北唐山	策划部	6
李双	男	21	浙江台州	广告部	7
王茜	女	20	河南洛阳	广告部	2
孙坚	男	23	江苏淮安	广告部	1
刘莉莉	女	27	江苏盐城	销售部	2
文静	女	28	江苏南通	技术部	8
田晓梅	女	22	上海	销售部	3
马万年	男	29	四川成都	技术部	5
李亚萍	女	25	重庆	销售部	6

图 10-46　插入背景图片

提示

若要取消工作表的背景图片，在【页面布局】选项卡的【页面设置】组中单击【删除背景】按钮即可。

10.4　设置条件格式

Excel 2010 的条件格式功能可以根据指定的公式或数值来确定搜索条件，然后将格式应用到符合搜索条件的选定单元格中，并突出显示要检查的动态数据。例如，希望使单元格中的负数用红色显示，超过 1000 以上的数字字体增大等。

10.4.1　使用数据条效果

在 Excel 2010 中，条件格式功能提供了数据条、色阶、图标集 3 种内置的单元格图形效果样式。其中数据条效果可以直观地显示数值大小对比程度，使得表格数据效果更为直观方便。

【例 10-9】在【基本资料】工作表中以数据条形式来显示工作年限。

(1) 启动 Excel 2010 应用程序，打开“员工基本信息表”工作簿的【基本资料】工作表。

(2) 选定 F3:F13 单元格区域，在【开始】选项卡的【样式】组中单击【条件格式】按钮，

在弹出的下拉列表中选择【数据条】命令，在弹出的下拉列表中选择【渐变填充】列表里的【浅蓝色数据条】选项，如图 10-47 所示。

(3) 此时工作表内的【工作年限】一列中的数据单元格内添加了浅蓝色渐变填充的数据条效果，可以直观对比数据，如图 10-48 所示。

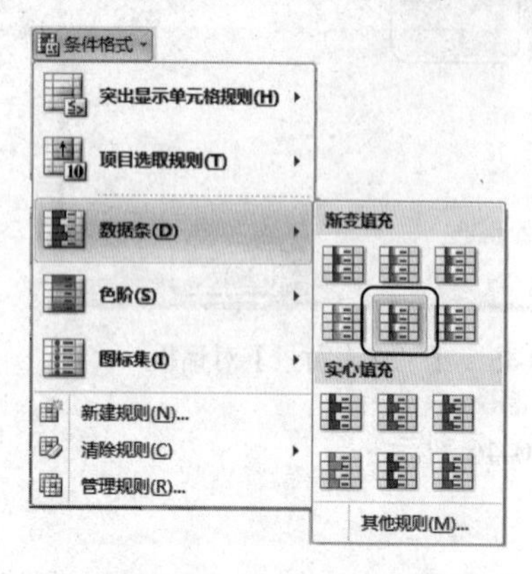

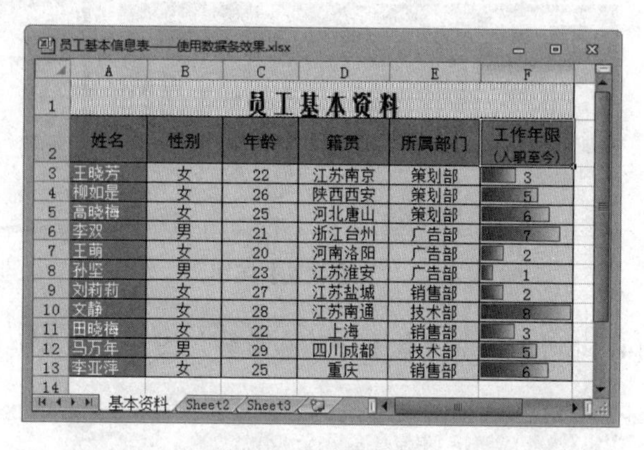

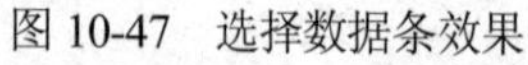
图 10-47 选择数据条效果

图 10-48 显示效果

(4) 用户还可以通过设置将单元格数据隐藏起来，只保留数据条效果。先选中单元格区域 F3:F13 里的任意单元格，单击【条件格式】按钮，选择【管理规则】命令，如图 10-49 所示。

(5) 打开【条件格式规则管理器】对话框，选中【数据条】规则，单击【编辑规则】按钮，如图 10-50 所示。

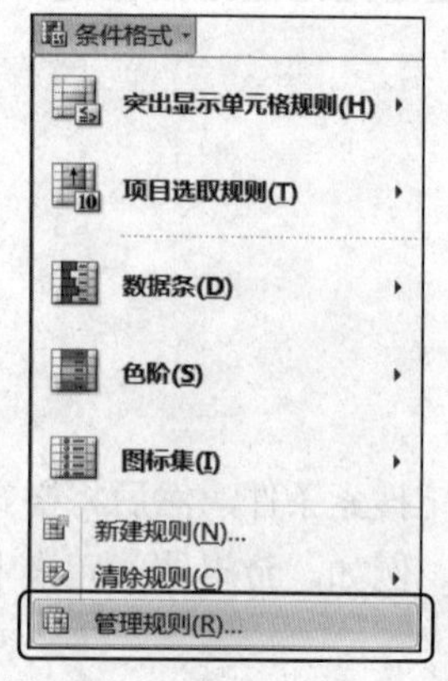

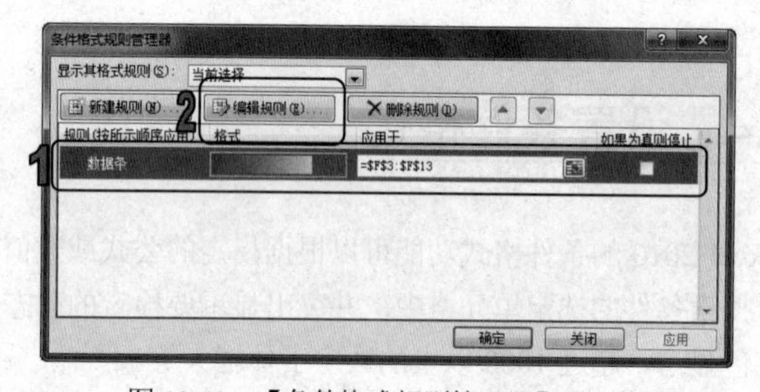

图 10-49 选择数据条效果

图 10-50 【条件格式规则管理器】对话框

(6) 打开【编辑格式规则】对话框，在【编辑规则说明】区域里选中【仅显示数据条】复选框，然后单击【确定】按钮，如图 10-51 所示。

提示

在【编辑格式规则】对话框中，用户还可对数据条的其他参数进行设置，例如设置最大值和最小值的显示方式、数据条的填充颜色等。

(7) 返回【条件格式规则管理器】对话框，单击【确定】按钮即可完成设置。此时单元格

区域 F3:F13 只有数据条的显示，没有具体数值，如图 10-52 所示。

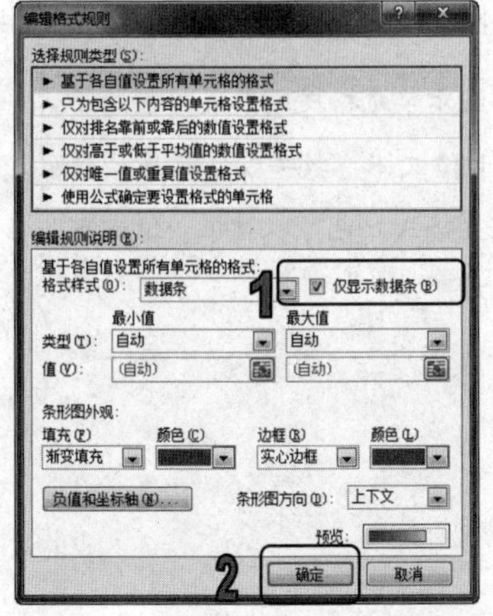

图 10-51　【编辑格式规则】对话框

图 10-52　只显示数据条

10.4.2　自定义条件格式

用户可以自定义电子表格的条件格式，来查找或编辑符合条件格式的单元格。

【例10-10】在【基本资料】工作表中设置以浅红填充色、深红色文本突出显示员工年龄大于 25 的单元格。

(1) 启动 Excel 2010 应用程序，打开“员工基本信息表”工作簿的【基本资料】工作表。

(2) 选定年龄所在的单元格区域 C3:C13，在【开始】选项卡中单击【条件格式】按钮，在弹出的菜单中选择【突出显示单元格规则】|【大于】命令，如图 10-53 所示。

(3) 打开【大于】对话框，在【为大于以下值的单元格设置格式】文本框中输入 25，在【设置为】下拉列表框中选择【浅红填充色深红色文本】选项，然后单击【确定】按钮，如图 10-54 所示。

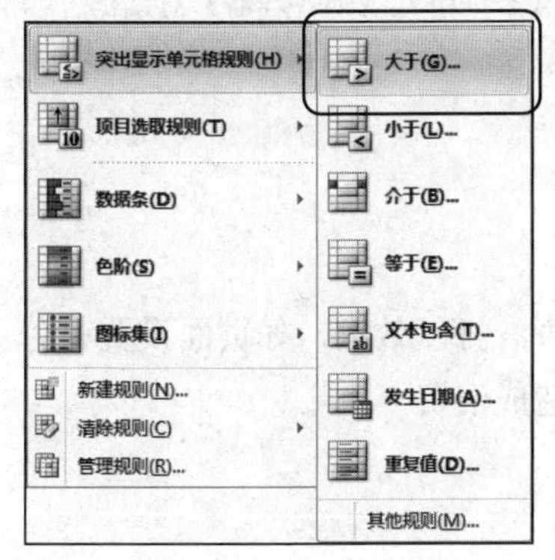

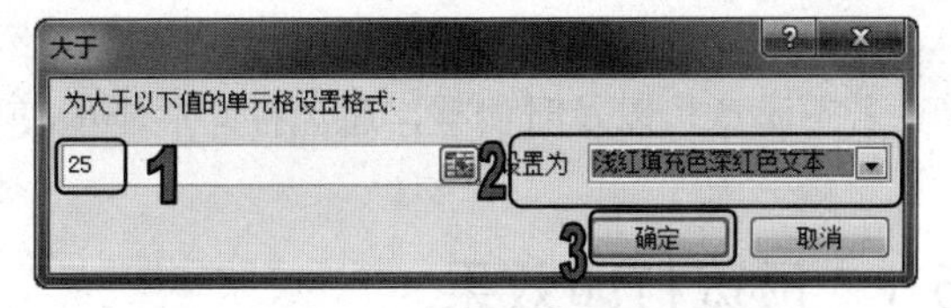

图 10-53　选择【大于】命令

图 10-54　【大于】对话框

(4) 此时在【年龄】列中，所有满足条件的单元格都将会自动套用浅红填充色深红色文本的单元格格式，如图 10-55 所示。

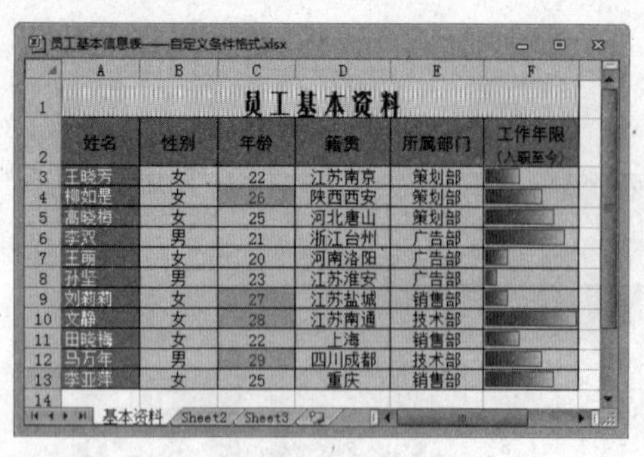

员工基本信息表——自定义条件格式.xlsx

姓名	性别	年龄	籍贯	所属部门	工作年限（入职至今）
王晓芳	女	22	江苏南京	策划部	
柳如是	女	26	陕西西安	策划部	
高晓梅	女	25	河北唐山	策划部	
李双	男	21	浙江台州	广告部	
王萌	女	20	河南洛阳	广告部	
孙坚	男	23	江苏淮安	广告部	
刘莉莉	女	27	江苏盐城	销售部	
文静	女	28	江苏南通	技术部	
田晓梅	女	22	上海	销售部	
马万年	男	29	四川成都	技术部	
李亚萍	女	25	重庆	销售部	

图 10-55 显示符合条件格式

提示

【突出显示单元格规则】菜单下的子命令可以对包含文本、数字或日期/时间值的单元格设置格式，也可以对惟一值或重复值设置格式。

10.4.3 清除条件格式

当用户不再需要条件格式时可以选择清除条件格式，清除条件格式主要有以下 2 种方法：

- 在【开始】选项卡中单击【条件格式】按钮，在弹出菜单中选择【清除规则】命令，然后继续在弹出菜单中选择合适的清除范围，如图 10-56 所示。
- 在【开始】选项卡中单击【条件格式】按钮，在弹出菜单中选择【管理规则】命令，打开【条件格式规则管理器】对话框，选中要删除的规则后单击【删除规则】按钮，然后单击【确定】按钮即可清除条件格式，如图 10-57 所示。

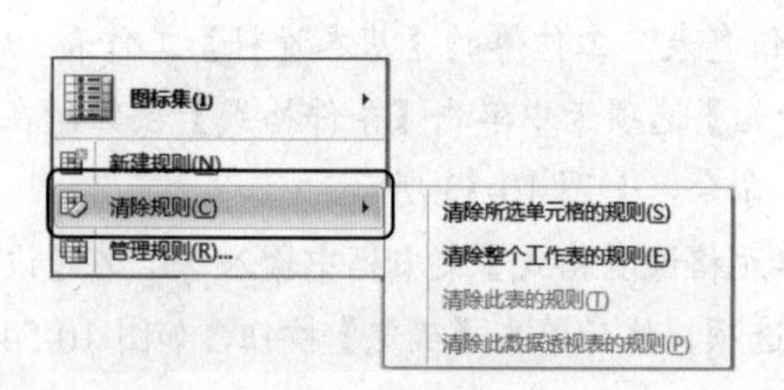

图 10-56 选择【清除规则】命令

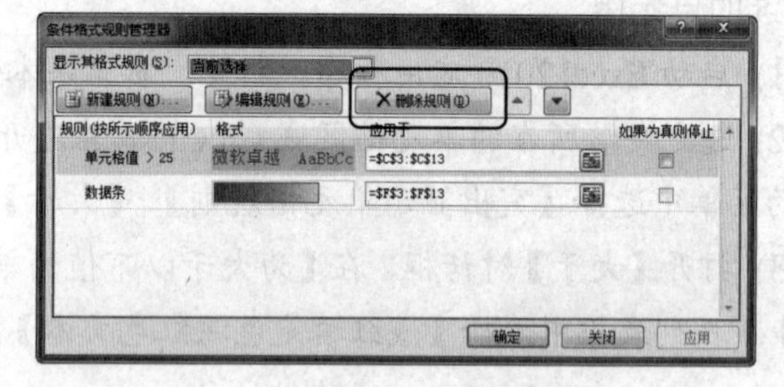

图 10-57 【条件格式规则管理器】对话框

10.5 预览和打印设置

Excel 2010 提供打印预览功能，用户可以通过该功能查看打印效果，如页面设置、分页符效果等。若不满意可以及时调整，避免打印后不能使用而造成浪费

10.5.1 预览打印效果

选择【文件】|【打印】命令，在最右侧显示预览效果窗格。如果是多页表格，可以单击左下角的左右翻页按钮选择页数预览，如图 10-58 所示。单击右下角的【缩放到页面】按钮，可

以将原始页面放入预览窗格，单击旁边的【显示边距】按钮可以显示默认页边距，如图 10-59 所示。

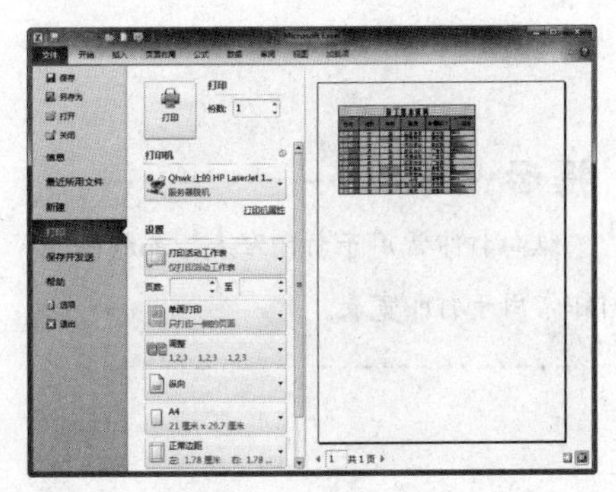

图 10-58 预览表格

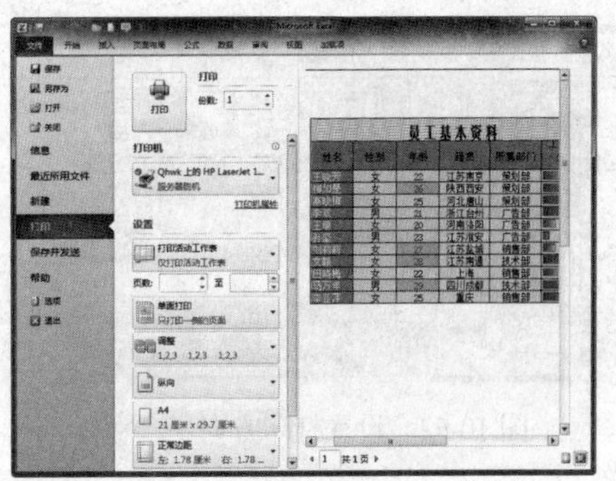

图 10-59 缩放显示

10.5.2 设置页边距

页边距指的是打印工作表的边缘距离打印纸边缘的距离。Excel 2010 提供了 3 种预设的页边距方案，分别为【普通】、【宽】与【窄】，其中默认使用的是【普通】页边距方案。

要使用系统预设的页边距方案，可打开【页面布局】选项卡，在【页面设置】组中单击【页边距】按钮，在弹出的菜单中选择相应的默认方案即可，如图 10-60 所示。

如果预设的 3 种页边距方案不能满足用户的需要，也可在【页边距】菜单中选择【自定义边距】命令，打开【页面设置】对话框的【页边距】选项卡，在该选项卡中可以自定义页边距大小，如图 10-61 所示。

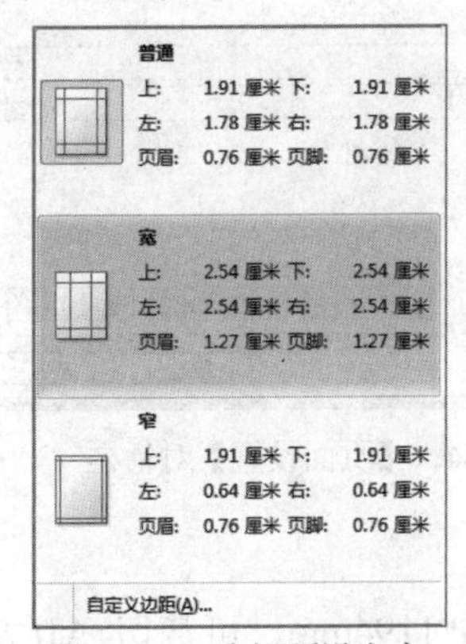

图 10-60 选择预设方案

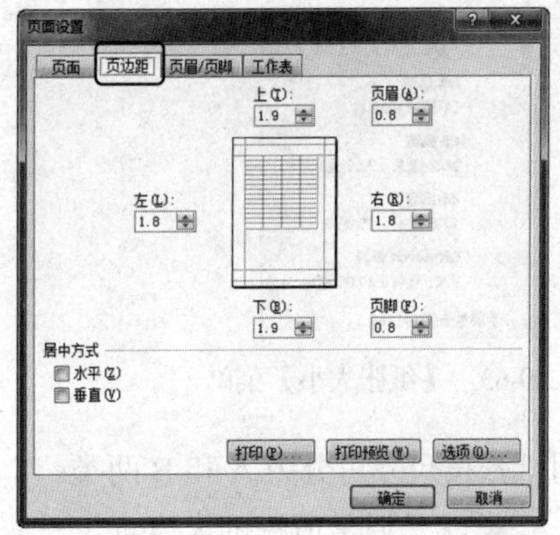

图 10-61 打开【页边距】选项卡

10.5.3 设置纸张方向

在设置打印页面时，打印方向可设置为纵向打印和横向打印。打开【页面布局】选项卡，在【页面设置】组中单击【纸张方向】按钮，在弹出的菜单中选择【纵向】或【横向】命令，可以设置打印方向，如图 10-62 所示。

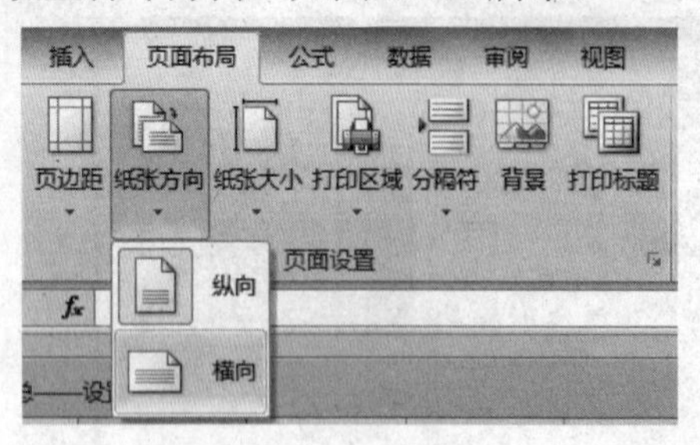

图 10-62　设置打印方向

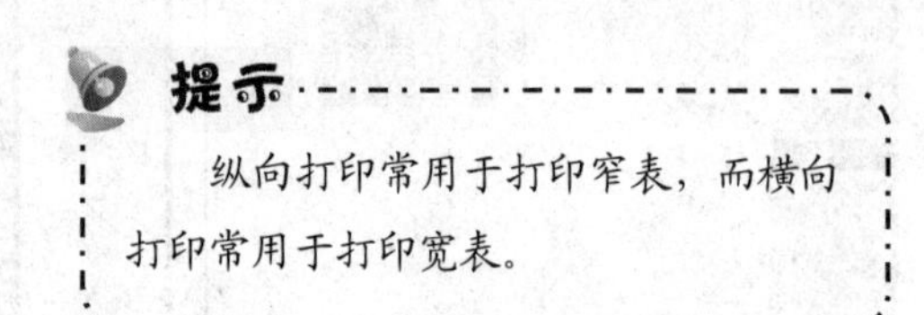

10.5.4　设置纸张大小

在设置打印页面时，应选用与打印机中打印纸大小对应的纸张大小。在【页面设置】组中单击【纸张大小】按钮，在弹出的菜单中可以选择纸张大小，如图 10-63 所示。

选择【其他纸张大小】命令，打开【页面设置】对话框，在该对话框中可进行更加详细的设置，如图 10-64 所示。

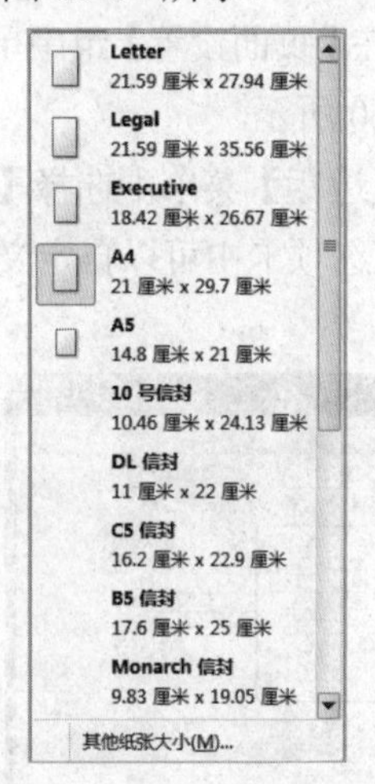

图 10-63　【纸张大小】菜单

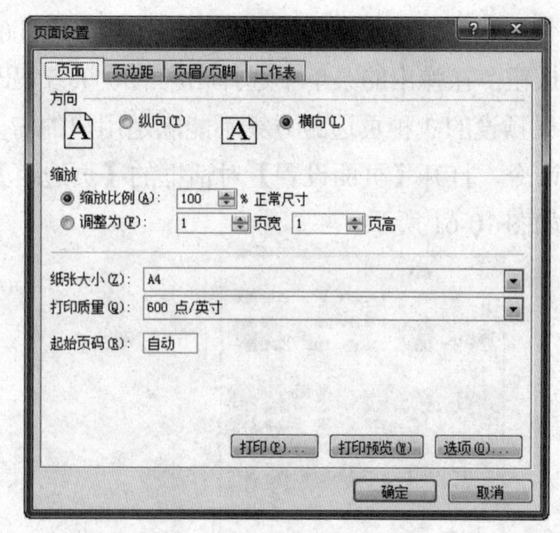

图 10-64　【页面设置】对话框

常用纸张按尺寸可分为 A 和 B 两类：

- A 类就是通常所说的大度纸，整张纸的尺寸是 889*1194mm，可裁切 A1(大对开，570*840mm)、A2(大四开，420*570mm)、A3(大八开，285*420mm)、A4(大十六开，210*285mm)、A5(大三十二开，142.5*210mm)。
- B 类就是通常所说的正度纸，整张纸的尺寸是 787*1092mm，可裁切 B1(正对开，520*740mm)、B2(正四开，370*520mm)、B3(正八开，260*370mm)、B4(正十六开，185*260mm)、B5(正三十二开，130*185mm)。

10.5.5　设置打印区域

在打印工作表时，可能会遇到不需要打印整张工作表的情况，此时可以设置打印区域，只打印工作表中所需的部分。

例如只需打印工作表的前五行，可选定表格的前 5 行，在【页面布局】选项卡的【页面设置】组中单击【打印区域】按钮，在下拉菜单中选择【设置打印区域】命令，如图 10-65 所示。

此时选择【文件】|【打印】命令，可以看到预览窗格中只显示表格的前 5 行，表示打印区域为表格的前 5 行，如图 10-66 所示。

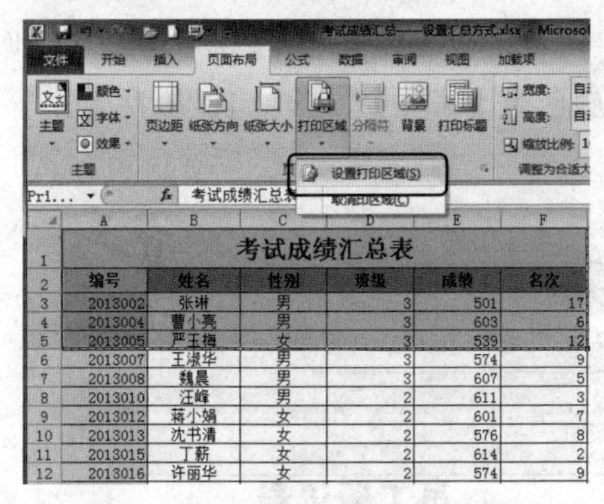

图 10-65　设置打印区域

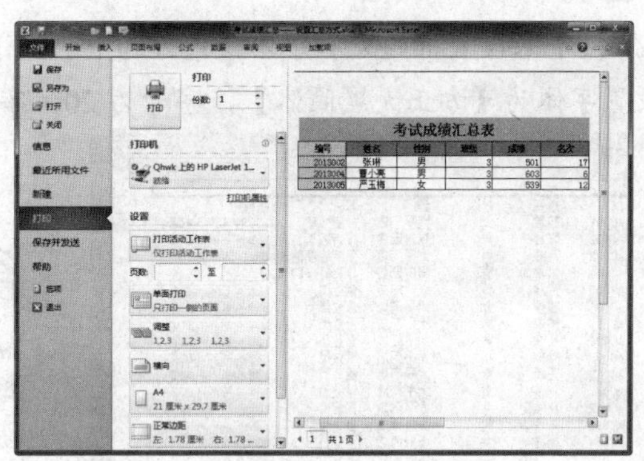

图 10-66　预览打印效果

10.5.6　打印 Excel 工作表

完成对工作表的页面设置，并在打印预览窗口确认打印效果之后，就可以打印该工作表了。择【文件】|【打印】命令，在【打印】窗口中可以选择要使用的打印机并设置打印范围、打印内容等选项，如图 10-67 所示。设置完成后，单击【打印】按钮即可开始打印工作表。

单击【打印机属性】链接，可打开打印机属性设置对话框，在该对话框中可对用户所使用的打印机的各项参数进行设置，如图 10-68 所示。

图 10-67　设置打印选项

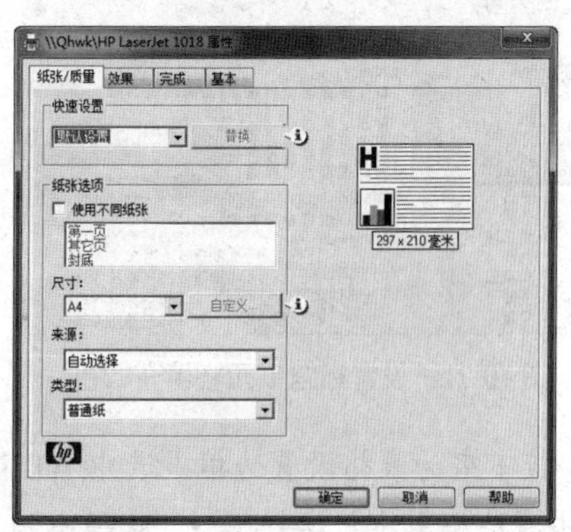

图 10-68　设置打印机属性

10.6 上机练习

本章主要介绍了设置表格格式和打印表格的基本操作方法，本次上机练习通过一个具体实例来使读者进一步巩固本章所学的内容。本次上机练习要求如下：(1)对“员工通讯录”工作簿中的工作表进行格式化设置；(2)将该工作表打印 10 份，并要求打印出行号和列标。

(1) 启动 Excel 2010，打开“员工通讯录”工作簿，首先设置标题居中对齐，选中 A1:F1 单元格区域，然后在【开始】选项卡的【对齐方式】选项组中单击【合并后居中】按钮，效果如图 10-69 所示。

(2) 接下来设置标题文本字体格式。选中 A1:F1 单元格区域，在【开始】选项卡的【字体】组中设置字体为【方正大黑简体】，字号为 20，字体颜色为【深蓝】，如图 10-70 所示。

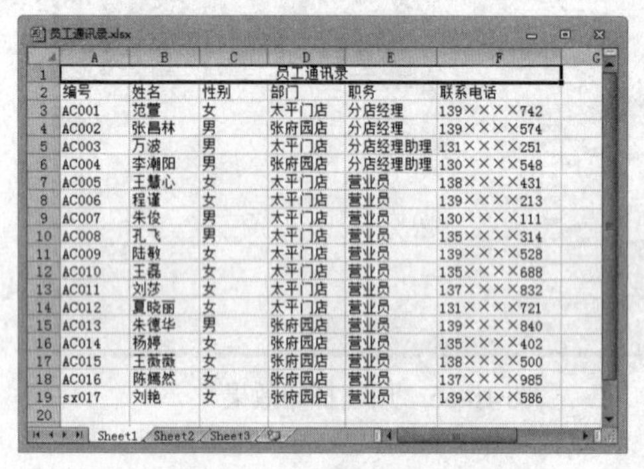

	A	B	C	D	E	F
1	员工通讯录					
2	编号	姓名	性别	部门	职务	联系电话
3	AC001	范萱	女	太平门店	分店经理	139×××742
4	AC002	张昌林	男	张府园店	分店经理	139×××574
5	AC003	万波	男	太平门店	分店经理助理	131×××251
6	AC004	李瀚阳	男	张府园店	分店经理助理	130×××548
7	AC005	王慧心	女	太平门店	营业员	138×××431
8	AC006	程谨	女	太平门店	营业员	139×××213
9	AC007	朱俊	男	太平门店	营业员	130×××111
10	AC008	孔飞	男	太平门店	营业员	135×××314
11	AC009	陆敏	女	太平门店	营业员	139×××528
12	AC010	王磊	女	太平门店	营业员	135×××688
13	AC011	刘莎	女	太平门店	营业员	137×××832
14	AC012	夏晓丽	女	太平门店	营业员	131×××721
15	AC013	朱德华	男	张府园店	营业员	139×××840
16	AC014	杨婷	女	张府园店	营业员	135×××402
17	AC015	王薇薇	女	张府园店	营业员	138×××500
18	AC016	陈嫣然	女	张府园店	营业员	137×××985
19	sx017	刘艳	女	张府园店	营业员	139×××586
20						

图 10-69 设置标题对齐方式

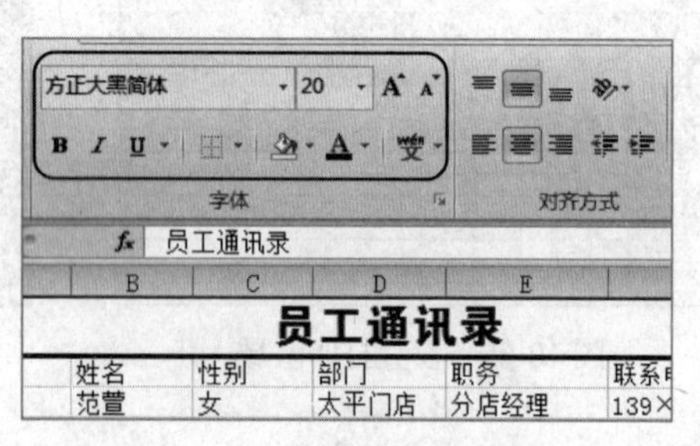

图 10-70 设置标题字体格式

(3) 接下来为标题所在单元格设置填充颜色。保持选中合并后的单元格区域，在【开始】选项卡的【字体】组中单击【填充颜色】下拉按钮，为单元格区域设置填充颜色为【橙色，强调文字颜色 6，淡色 40%】，如图 10-71 所示。

(4) 使用同样的方法为其他单元格设置填充颜色，效果如图 10-72 所示。

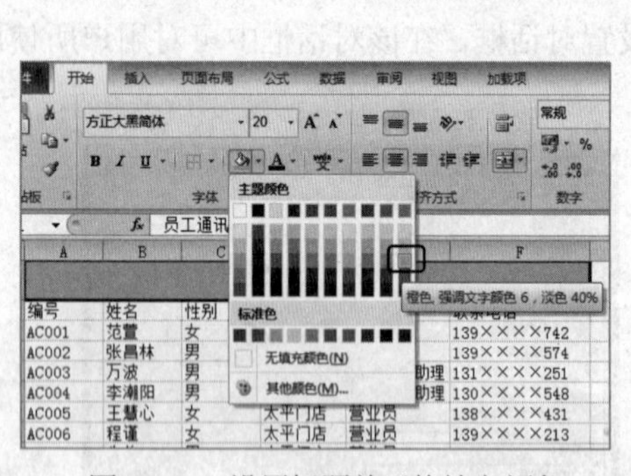

图 10-71 设置标题单元格填充颜色

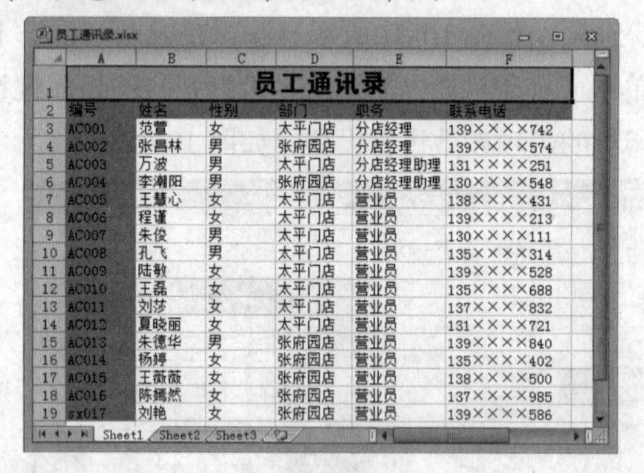

	A	B	C	D	E	F
1	员工通讯录					
2	编号	姓名	性别	部门	职务	联系电话
3	AC001	范萱	女	太平门店	分店经理	139×××742
4	AC002	张昌林	男	张府园店	分店经理	139×××574
5	AC003	万波	男	太平门店	分店经理助理	131×××251
6	AC004	李瀚阳	男	张府园店	分店经理助理	130×××548
7	AC005	王慧心	女	太平门店	营业员	138×××431
8	AC006	程谨	女	太平门店	营业员	139×××213
9	AC007	朱俊	男	太平门店	营业员	130×××111
10	AC008	孔飞	男	太平门店	营业员	135×××314
11	AC009	陆敏	女	太平门店	营业员	139×××528
12	AC010	王磊	女	太平门店	营业员	135×××688
13	AC011	刘莎	女	太平门店	营业员	137×××832
14	AC012	夏晓丽	女	太平门店	营业员	131×××721
15	AC013	朱德华	男	张府园店	营业员	139×××840
16	AC014	杨婷	女	张府园店	营业员	135×××402
17	AC015	王薇薇	女	张府园店	营业员	138×××500
18	AC016	陈嫣然	女	张府园店	营业员	137×××985
19	sx017	刘艳	女	张府园店	营业员	139×××586

图 10-72 设置其他单元格填充颜色

(5) 接下来为表格设置边框。选中 A1:F19 单元格区域，打开【开始】选项卡，在【字体】组中单击【边框】下拉按钮，从弹出的菜单中选择【其他边框】命令，如图 10-73 所示。

(6) 打开【设置单元格格式】对话框的【边框】选项卡，在【线条】选项区域的【样式】

列表框中保持默认设置，在【预置】选项区域中分别单击【外边框】和【内边框】按钮，然后单击【确定】按钮，如图 10-74 所示。

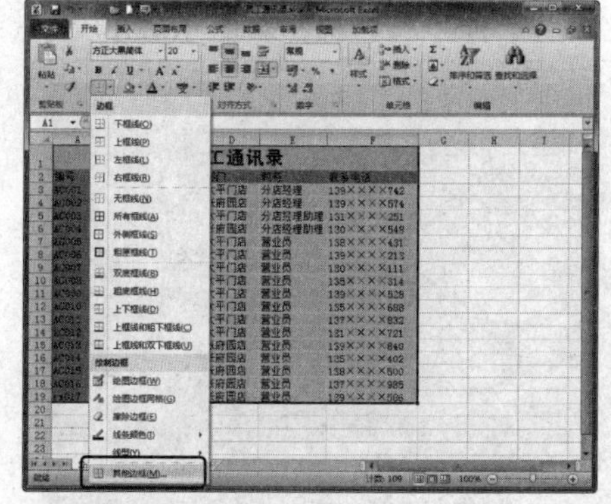

图 10-73　选择【其他边框】命令

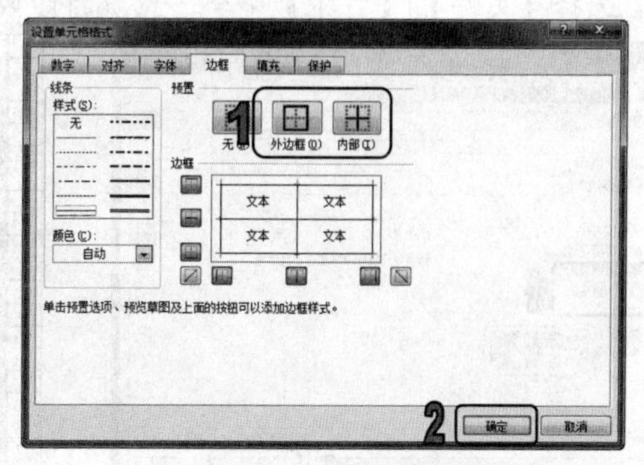

图 10-74　【边框】选项卡

(7) 此时即可为选定单元格区域添加外边框和内边框，如图 10-75 所示。

(8) 接下来为单元格套用样式。选中 B3:F19 单元格区域，在【开始】选项卡的【样式】选项组中单击【单元格样式】按钮，在弹出的【主题单元格样式】菜单中选择【强调文字颜色 4】选项，如图 10-76 所示。

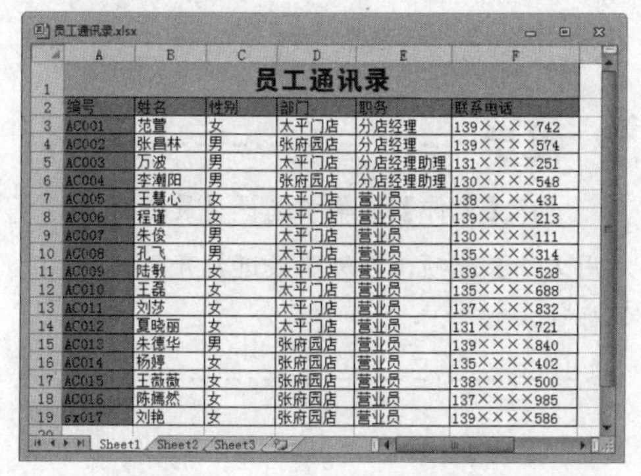

图 10-75　设置边框后的效果

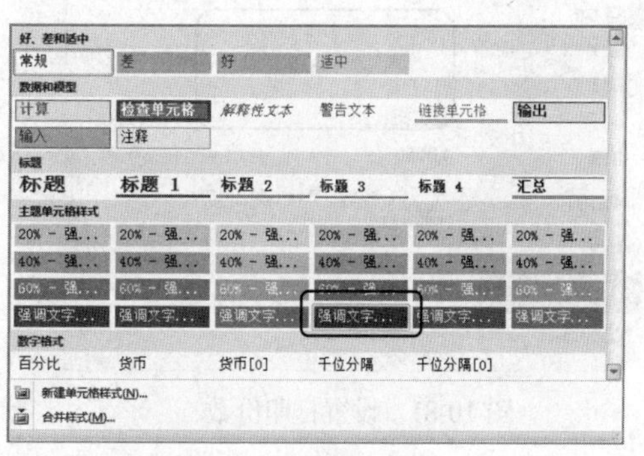

图 10-76　选择单元格样式

(9) 此时选定的单元格区域会自动套用该样式，效果如图 10-77 所示。

(10) 接下来设置打印选项。打开【页面布局】选项卡，在【页面设置】组中单击按钮，打开【页面设置】对话框，如图 10-78 所示。

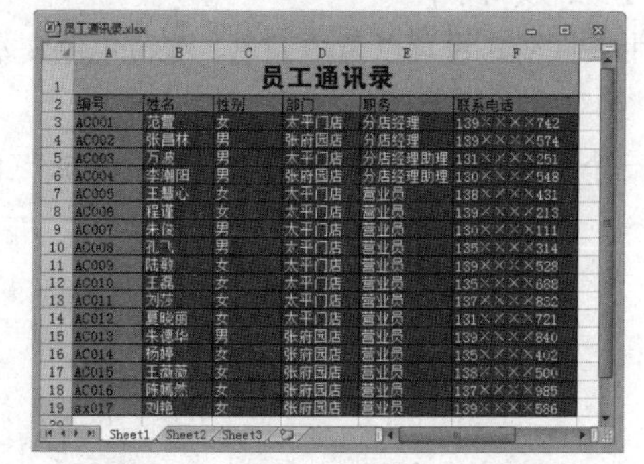

图 10-77　套用单元格样式后的效果

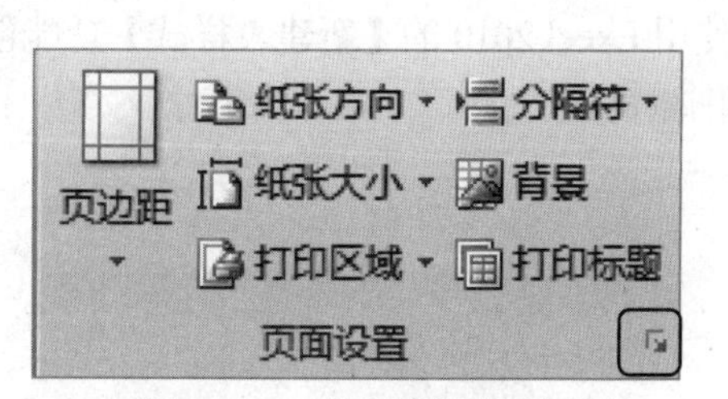

图 10-78　【页面设置】选项组

(11) 选择【工作表】选项卡，选中【打印】区域中的【行号和列标】复选框，然后单击【确定】按钮，如图 10-79 所示。

(12) 选择【文件】|【打印】命令，预览打印效果，显示行号和列标，如图 10-80 所示。

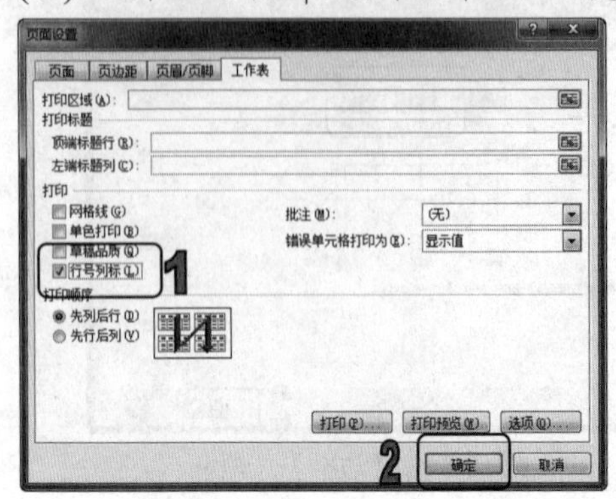

图 10-79 【页面设置】对话框

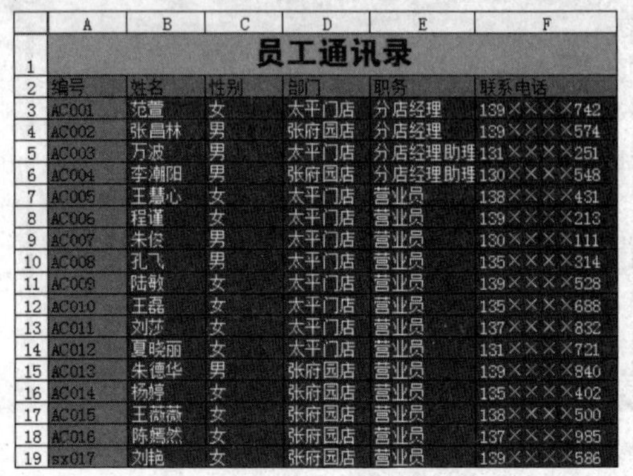

	A	B	C	D	E	F
1	员工通讯录					
2	编号	姓名	性别	部门	职务	联系电话
3	AC001	范萱	女	太平门店	分店经理	139××××742
4	AC002	张昌林	男	张府园店	分店经理	139××××574
5	AC003	万波	男	太平门店	分店经理助理	131××××251
6	AC004	李潮阳	男	张府园店	分店经理助理	130××××548
7	AC005	王慧心	女	太平门店	营业员	138××××431
8	AC006	程谨	女	太平门店	营业员	139××××213
9	AC007	朱俊	男	太平门店	营业员	130××××111
10	AC008	孔飞	男	太平门店	营业员	135××××314
11	AC009	陆敏	女	太平门店	营业员	139××××528
12	AC010	王磊	女	太平门店	营业员	135××××688
13	AC011	刘莎	女	太平门店	营业员	137××××832
14	AC012	夏晓丽	女	太平门店	营业员	131××××721
15	AC013	朱德华	男	张府园店	营业员	139××××840
16	AC014	杨婷	女	张府园店	营业员	135××××402
17	AC015	王薇薇	女	张府园店	营业员	138××××500
18	AC016	陈嫣然	女	张府园店	营业员	137××××985
19	sx017	刘艳	女	张府园店	营业员	139××××586

图 10-80 预览打印效果

(13) 预览无误并正确连接打印机后，在【打印】区域的【份数】微调框中设置数值为 10，然后单击【打印】按钮，即可打印 10 份该工作表，如图 10-81 所示。

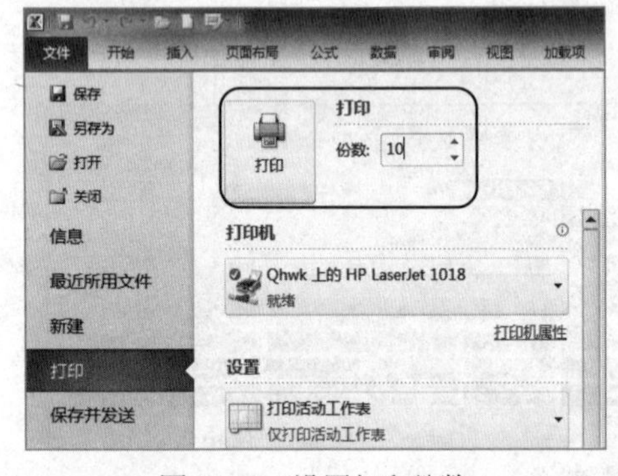

图 10-81 设置打印份数

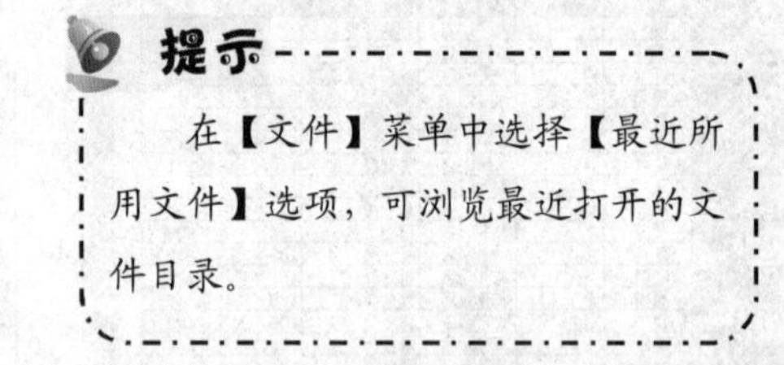

提示

在【文件】菜单中选择【最近所用文件】选项，可浏览最近打开的文件目录。

10.7 习题

1. 想一想如何在 Excel 的单元格中创建有旋转角度的倾斜字体。

2. 在上机练习的“员工通讯录”工作簿中，使用条件格式设置以黄填充色、深黄色色文本突出显示员工性别为“男”的单元格。

3. 使用 Excel 2010 的【新建表样式】功能创建一个新的表样式，然后为“员工通讯录”工作簿套用该样式。

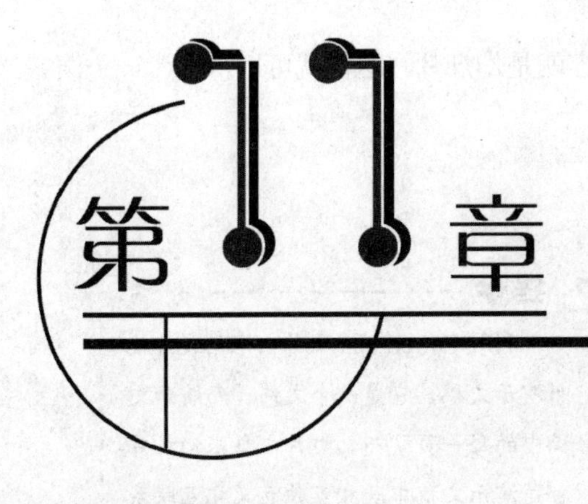

第11章 PowerPoint 2010 基本操作

学习目标

PowerPoint 是一款专门用来制作演示文稿的应用软件，使用 PowerPoint 可以制作出集文字、图形、图像、声音、视频等多媒体元素为一体的演示文稿，让信息以更轻松、更高效的方式表达出来。本章将介绍 PowerPoint 2010 的基本操作。

本章重点

- 新建演示文稿
- 幻灯片基本操作
- 输入幻灯片内容
- 编辑幻灯片文本
- 设置文本和段落格式

11.1 认识 PowerPoint 2010

在使用 PowerPoint 2010 制作演示文稿之前，需要做好一些准备工作，例如认识什么是演示文稿和幻灯片、认识 PowerPoint 2010 的工作界面、了解 PowerPoint 2010 的视图模式以及熟悉幻灯片的制作流程等。

11.1.1 认识演示文稿和幻灯片

演示文稿由“演示”和“文稿”两个词语组成，其实这已经很好地表达了它的作用，也就是用于演示某种效果而制作的文档，主要用于会议、产品展示和教学课件等领域。演示文稿可以很好地拉近演示者和观众之间的距离，让观众更容易接受演示者的观点。如图 11-1 所示为演讲者制作的工作总结的演示文稿，其中单独的一张内容就是幻灯片。这样就可以得出，一个演示文稿是由许多幻灯片组成的。

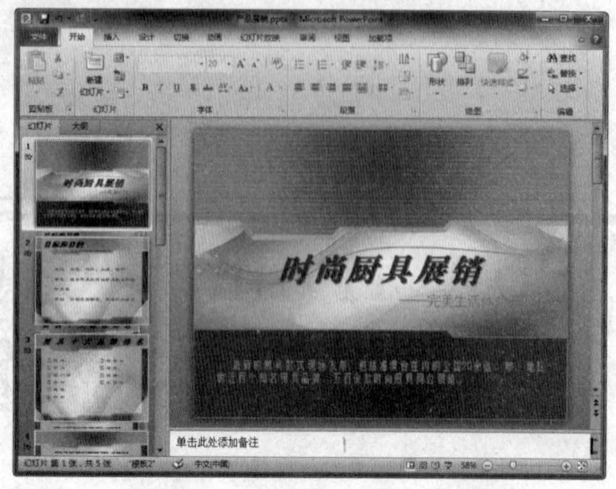

图 11-1 制作完成的演示文稿

提示

利用 PowerPoint 制作出来的文件就叫演示文稿，它是一个文件。而演示文稿中的每一页就叫幻灯片，每张幻灯片都是演示文稿中既相互独立又相互联系的内容。

11.1.2 PowerPoint 2010 主界面

PowerPoint 2010 的主界面主要由快速访问工具栏、【文件】按钮、标题栏、功能选项卡和功能区、大纲/幻灯片浏览窗格、幻灯片编辑窗口、备注窗格、状态栏以及快捷按钮和显示比例滑杆等部分组成，如图 11-2 所示。

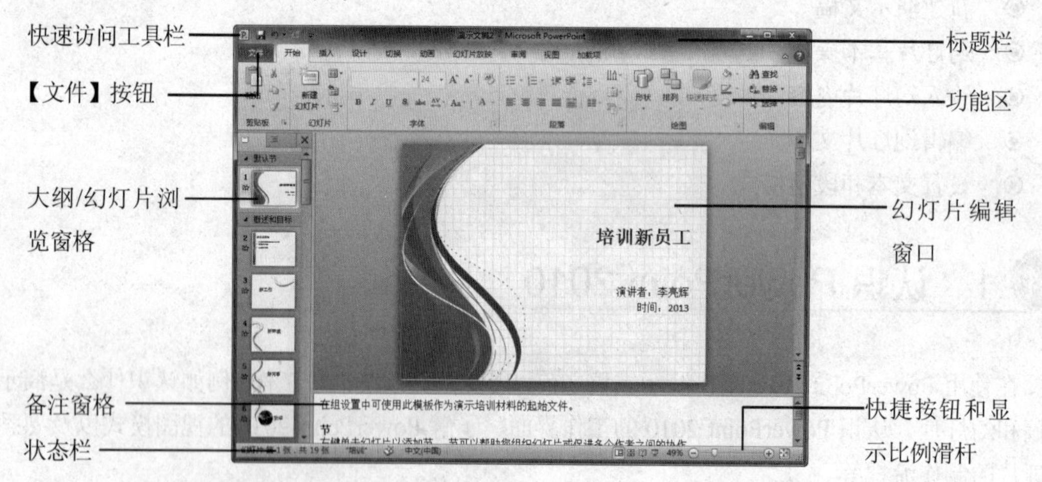

图 11-2 PowerPoint 2010 主界面

PowerPoint 2010 的主界面中，除了包含与其他 Office 软件相同界面元素外，还有许多特有的组件，如大纲/幻灯片浏览窗格、幻灯片编辑窗口和备注窗格标等。

- 大纲/幻灯片浏览窗格：位于操作界面的左侧，单击不同的选项卡标签，即可在对应的窗格间进行切换。在【大纲】选项卡中以大纲形式列出了当前演示文稿中各张幻灯片的文本内容；在【幻灯片】选项卡中列出了当前演示文档中所有幻灯片的缩略图。

- 幻灯片编辑窗口：它是编辑幻灯片内容的场所，是演示文稿的核心部分。在该区域中可对幻灯片内容进行编辑、查看和添加对象等操作
- 备注窗格：位于幻灯片窗格下方，用于输入内容，可以为幻灯片添加说明，以使放映者能够更好地讲解幻灯片中展示的内容。

11.1.3　PowerPoint 2010 视图简介

PowerPoint 2010 提供了普通视图、幻灯片浏览视图、备注页视图、幻灯片放映视图和阅读视图 5 种视图模式。打开【视图】选项卡，在【演示文稿视图】选项组中单击相应的视图按钮，或者在视图栏中单击视图按钮，即可将当前操作界面切换至对应的视图模式。

1. 普通视图

普通视图又可以分为两种形式，主要区别在于 PowerPoint 工作界面最左边的预览窗口，它分为幻灯片和大纲两种形式来显示，用户可以通过单击该预览窗口上方的切换按钮进行切换，如图 11-3 所示。

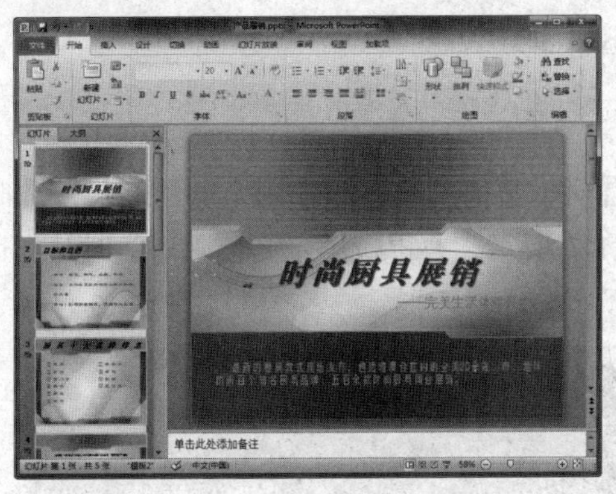

幻灯片形式

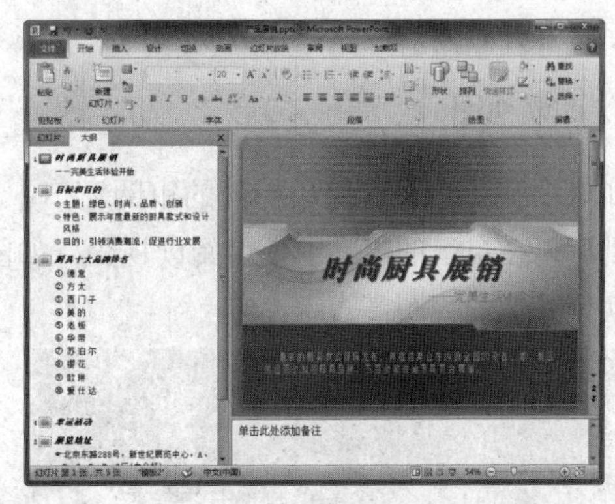

大纲形式

图 11-3　普通视图模式

2. 幻灯片浏览视图

使用幻灯片浏览视图，可以在屏幕上同时看到演示文稿中的所有幻灯片，这些幻灯片以缩略图方式显示在同一窗口中，如图 11-4 所示。

在幻灯片浏览视图中，可以查看设计幻灯片的背景、配色方案或更换模板后演示文稿发生的整体变化，也可以检查各个幻灯片是否前后协调、图标的位置是否合适等问题。

3. 备注页视图

在备注页视图模式下，用户可以方便地添加和更改备注信息，也可以添加图形等信息，如图 11-5 所示。

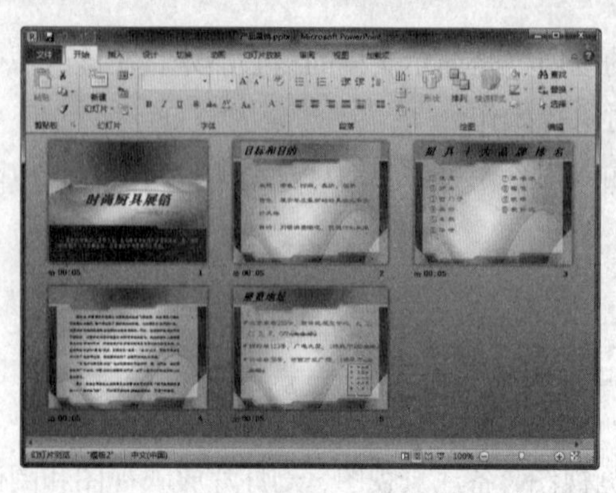

图 11-4　幻灯片浏览视图

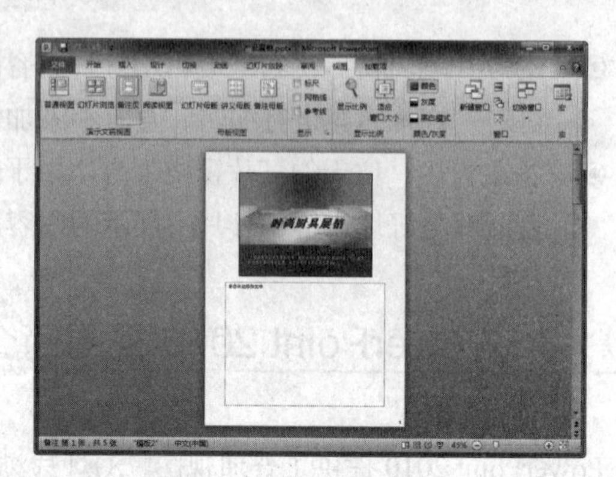

图 11-5　备注页视图

4. 幻灯片放映视图

幻灯片放映视图是演示文稿的最终效果。在幻灯片放映视图下，用户可以看到幻灯片的最终效果。幻灯片放映视图并不是显示单个的静止的画面，而是以动态的形式显示演示文稿中的各个幻灯片，如图 11-6 所示。

按下 F5 键或者单击按钮可以直接进入幻灯片的放映模式，按下 Shift+F5 组合键则可以从当前幻灯片开始向后放映；在放映过程中，按下 Esc 键退出放映。

5. 阅读视图

如果要在一个设有简单控件的审阅窗口中查看演示文稿，而不想使用全屏的幻灯片放映视图，则可以在自己的电脑中使用阅读视图，如图 11-7 所示。要更改演示文稿，可随时从阅读视图切换至其他的视图模式中。

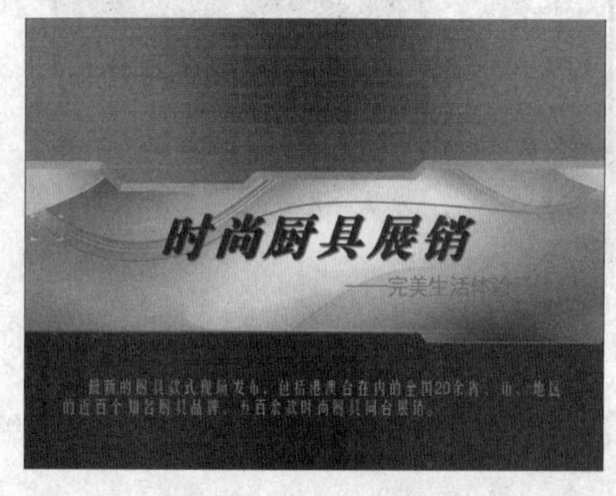

图 11-6　幻灯片放映视图

图 11-7　阅读视图

11.2　创建演示文稿

使用 PowerPoint 2010 可以轻松地新建演示文稿，其强大的功能为用户提供了方便。本节将介绍多种新建演示文稿的方法，例如使用模板和根据现有内容等方法创建。

11.2.1 创建空白演示文稿

空演示文稿是一种形式最简单的演示文稿，没有应用模板设计、配色方案以及动画方案，可以自由设计。创建空演示文稿的方法主要有以下两种。

- 启动 PowerPoint 自动创建空演示文稿：无论是使用【开始】按钮启动 PowerPoint，还是通过桌面快捷图标或者通过现有演示文稿启动，都将自动打开空演示文稿。
- 使用【文件】按钮创建空演示文稿：单击【文件】按钮，在弹出的菜单中选择【新建】命令，打开 Microsoft Office Backstage 视图，在中间的【可用的模板和主题】列表框中选择【空白演示文稿】选项，单击【创建】按钮，即可新建一个空演示文稿。

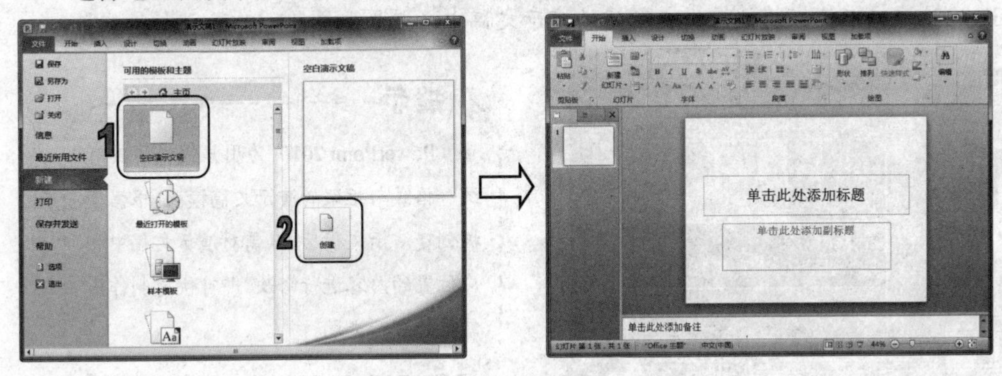

图 11-8 创建空白演示文稿

11.2.2 根据模板创建演示文稿

模板是一种以特殊格式保存的演示文稿，一旦应用了一种模板后，幻灯片的背景图形、配色方案等就都已经确定。通过模板，用户可以创建多种风格的精美演示文稿。PowerPoint 2010 又将模板划分为样本模板和主题两种。

1. 根据样本模板创建演示文稿

样本模板是 PowerPoint 自带的模板中的类型，这些模板将演示文稿的样式、风格，包括幻灯片的背景、装饰图案、文字布局及颜色、大小等均预先定义好。用户在设计演示文稿时可以先选择演示文稿的整体风格，再进行进一步的编辑和修改。

【例 11-1】根据样本模板创建演示文稿。

(1) 启动 PowerPoint 2010 应用程序，单击【文件】按钮，从弹出的菜单中选择【新建】命令，打开 Microsoft Office Backstage 视图，在【可用的模板和主题】列表框中选择【样本模板】选项，如图 11-9 所示。

(2) 在中间的窗格中显示【样本模板】列表框，在其中选择【PowerPoint 2010 简介】选项，单击【创建】按钮，如图 11-10 所示。

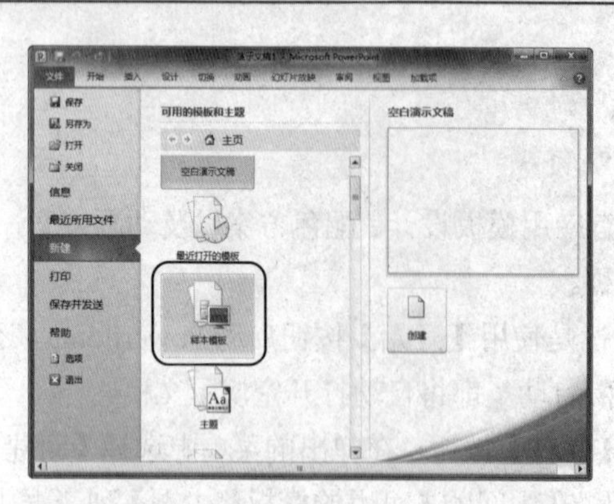

图 11-9　打开 Microsoft Office Backstage 视图

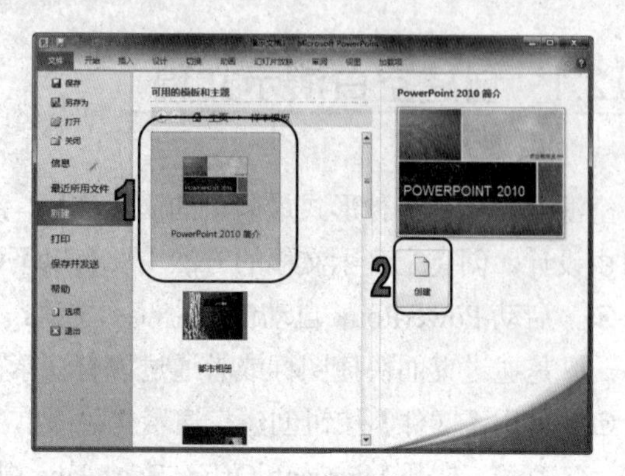

图 11-10　选择样本模板

(3) 此时该样本模板将被应用在新建的演示文稿中，效果如图 11-11 所示。

图 11-11　应用样本模板

提示

PowerPoint 2010 为用户提供了具有统一格式与框架的演示文稿模板。根据模板创建演示文稿后，只需对演示文稿中相应位置的内容进行修改，即可快速制作出需要的演示文稿

2. 根据主题创建演示文稿

使用主题可以使没有专业设水平的用户设计出专业的演示文稿效果。启动 PowerPoint 2010 应用程序，单击【文件】按钮，从弹出的菜单中选择【新建】命令，打开 Microsoft Office Backstage 视图，在【可用的模板和主题】列表框中选择【主题】选项，在中间的窗格中将自动显示【主题】列表框，如图 11-12 所示。

在其中选择【暗香扑面】选项，然后单击【创建】按钮，此时，即可新建一个基于【暗香扑面】主题样式的演示文稿，如图 11-13 所示。

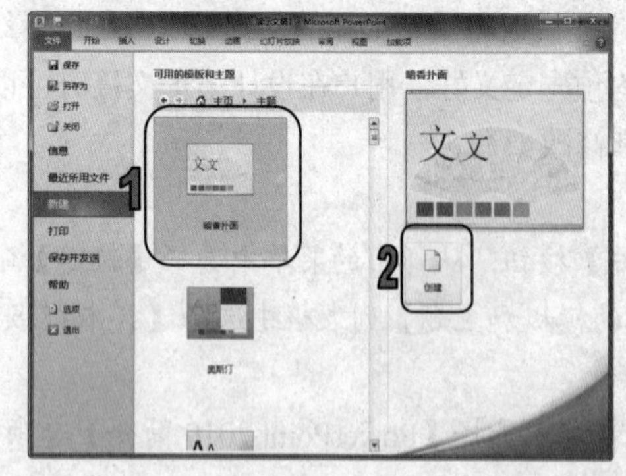

图 11-12　选择主题

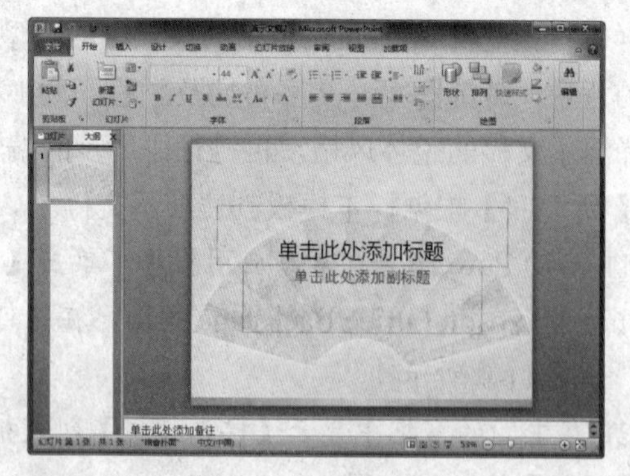

图 11-13　选择主题

11.2.3　根据现有内容新建演示文稿

如果用户想使用现有演示文稿中的一些内容或风格来设计其他的演示文稿，就可以使用 PowerPoint 的根据现有内容新建功能。这样就能够得到一个和现有演示文稿具有相同内容和风格的新演示文稿，用户只需在原有的基础上进行适当修改即可。

【例 11-2】在【例 11-1】创建的演示文稿中插入现有幻灯片。

(1) 打开【例 11-1】创建的自带样本模板【PowerPoint 2010 简介】演示文稿。

(2) 将光标定位幻灯片的最后位置，在【开始】选项卡的【幻灯片】组中单击【新建幻灯片】按钮右下方的下拉箭头，在弹出的菜单中选择【重用幻灯片】命令，如图 11-14 所示。

(3) 打开【重用幻灯片】任务窗格，单击【浏览】按钮，在弹出的菜单中选择【浏览文件】命令，如图 11-15 所示。

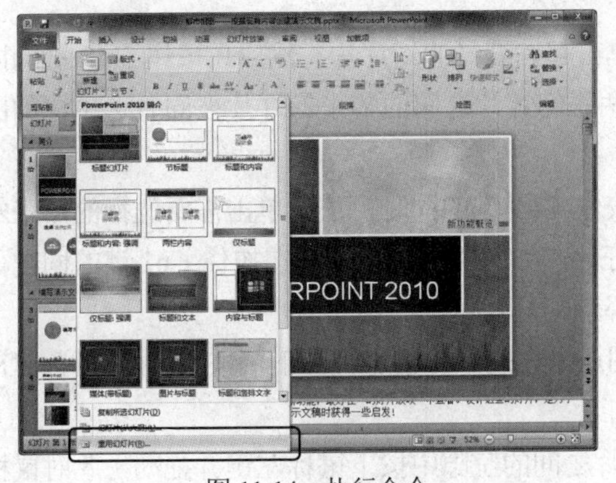

图 11-14　执行命令

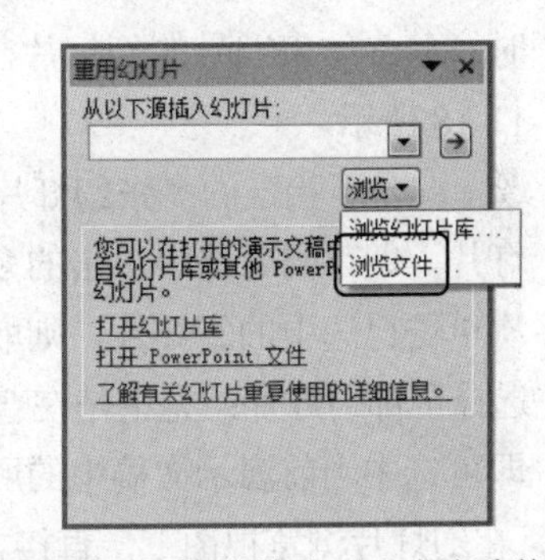

图 11-15　【重用幻灯片】任务窗格

(4) 打开【浏览】对话框，选择需要使用的现有演示文稿，单击【打开】按钮，如图 11-16 所示。

(5) 此时【重用幻灯片】任务窗格中显示现有演示文稿中所有可用的幻灯片，在幻灯片列表中单击需要的幻灯片，即可将其插入到指定位置，如图 11-17 所示。

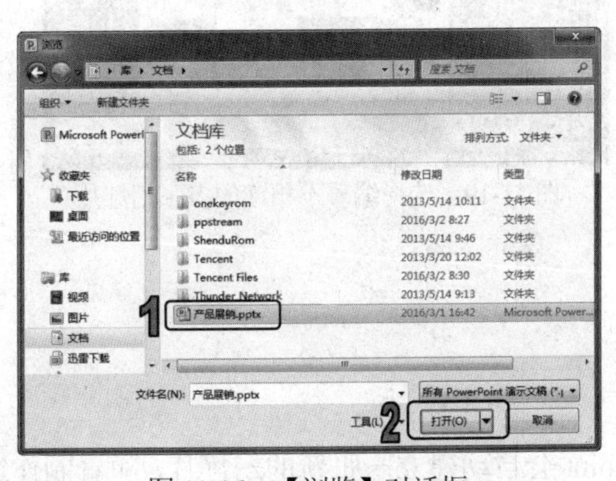

图 11-16　【浏览】对话框

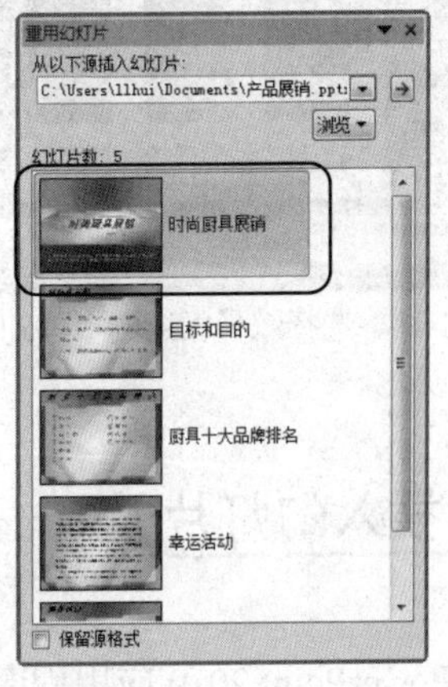

图 11-17　插入现有幻灯片

11.3 幻灯片的基本操作

幻灯片是演示文稿的重要组成部分，要想制作出精美的演示文稿，一定要熟练掌握幻灯片的基本操作，主要包括选择幻灯片、插入幻灯片、移动与复制幻灯片以及删除幻灯片等。

11.3.1 选择幻灯片

在 PowerPoint 2010 中，用户可以选中一张或多张幻灯片，然后对选中的幻灯片进行操作。以下是在普通视图中选择幻灯片的方法。

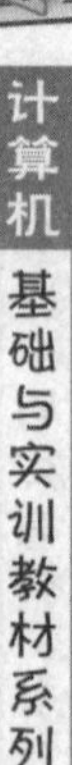

- 选择单张幻灯片：无论是在普通视图还是在幻灯片浏览视图下，只需单击需要的幻灯片，即可选中该张幻灯片。
- 选择编号相连的多张幻灯片：首先单击起始编号的幻灯片，然后在按住 Shift 键的同时，单击结束编号的幻灯片，此时两张幻灯片之间的多张幻灯片被同时选中，如图 11-18 所示。
- 选择编号不相连的多张幻灯片：在按住 Ctrl 键的同时，依次单击需要选择的每张幻灯片，即可同时选中单击的多张幻灯片，如图 11-19 所示。在按住 Ctrl 键的同时再次单击已选中的幻灯片，则取消选择该幻灯片。
- 选择全部幻灯片：无论是在普通视图还是在幻灯片浏览视图下，按 Ctrl+A 组合键，即可选中当前演示文稿中的所有幻灯片。

此外，在幻灯片浏览视图下，直接在幻灯片之间的空隙中按下鼠标左键并拖动，此时鼠标划过的幻灯片都将被选中。

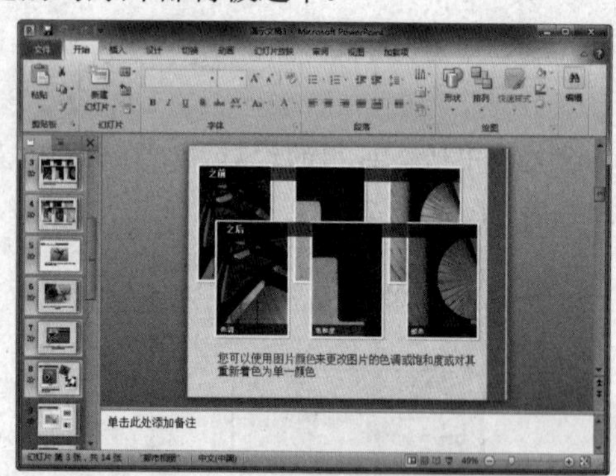

图 11-18 选择编号相连的多张幻灯片

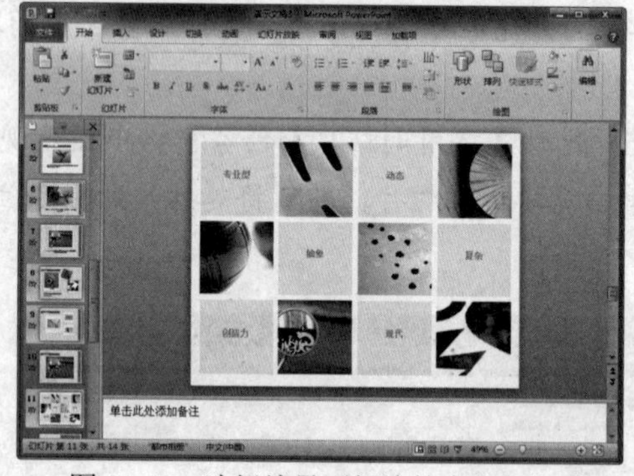

图 11-19 选择编号不相连的多张幻灯片

11.3.2 插入幻灯片

在启动 PowerPoint 2010 应用程序后，PowerPoint 会自动建立一张新的幻灯片，随着制作过

程的推进，需要在演示文稿中插入更多的幻灯片。

要插入新幻灯片，可以通过【幻灯片】组插入，也可以通过右击插入，甚至可以通过键盘操作插入。下面将介绍这几种插入幻灯片的方法。

1. 通过【幻灯片】组插入

在幻灯片预览窗格中，选择一张幻灯片，打开【开始】选项卡，在功能区的【幻灯片】组中单击【新建幻灯片】按钮，即可插入一张默认版式的幻灯片。当需要应用其他版式时，单击【新建幻灯片】按钮右下方的下拉箭头，在弹出的版式菜单中选择【图片与标题】选项，即可插入该样式的幻灯片，如图 11-20 所示。

2. 通过右击插入

在幻灯片预览窗格中，选择一张幻灯片，右击该幻灯片，从弹出的快捷菜单中选择【新建幻灯片】命令，即可在选择的幻灯片之后插入一张新的幻灯片，如图 11-21 所示。该幻灯片与选中的幻灯片具有同样的版式。

图 11-20　插入特定版式的幻灯片

图 11-21　通过右击插入新幻灯片

3. 通过键盘操作插入

通过键盘操作插入幻灯片的方法是最为快捷的方法。在幻灯片预览窗格中，选择一张幻灯片，然后按 Enter 键，或按 Ctrl+M 组合键，即可快速插入一张与选中幻灯片具有相同版式的新幻灯片。

11.3.3　移动与复制幻灯片

在 PowerPoint 2010 中，用户可以方便地对幻灯片进行移动与复制操作。

1. 移动幻灯片

在制作演示文稿时，为了调整幻灯片的播放顺序，需要移动幻灯片位置。移动幻灯片的基本步骤如下。

第一步：选中需要复制的幻灯片，在【开始】选项卡的【剪贴板】组中单击【剪切】按钮，或者右击选中的幻灯片，从弹出的快捷菜单中选择【剪切】命令，或者按 Ctrl+X 快捷键。

第二步：在需要插入幻灯片的位置单击，然后在【开始】选项卡的【剪贴板】组中单击【粘贴】按钮，或者在目标位置右击，从弹出的快捷菜单中选择【粘贴选项】命令中的选项，或者按 Ctrl+V 快捷键。

2. 复制幻灯片

PowerPoint 支持以幻灯片为对象的复制操作。在制作演示文稿时，为了使新建的幻灯片与已经建立的幻灯片保持相同的版式和设计风格(即使两张幻灯片内容基本相同)，可以利用幻灯片的复制功能，复制出一张相同的幻灯片，然后再对其进行适当的修改。

复制幻灯片的基本步骤如下。

第一步：选中需要复制的幻灯片，在【开始】选项卡的【剪贴板】组中单击【复制】按钮，或者右击选中的幻灯片，从弹出的快捷菜单中选择【复制】命令，或者按 Ctrl+C 快捷键。

第二步：在需要插入幻灯片的位置单击，然后在【开始】选项卡的【剪贴板】组中单击【粘贴】按钮，或者在目标位置右击，从弹出的快捷菜单中选择【粘贴选项】命令中的选项，或者按 Ctrl+V 快捷键。

知识点

还可以通过鼠标左键拖动的方法复制幻灯片，方法很简单，选择要复制的幻灯片，按住 Ctrl 键，然后按住鼠标左键拖动选定的幻灯片，在拖动的过程中，出现一条竖线表示选定幻灯片的新位置，此时释放鼠标左键，再松开 Ctrl 键，选择的幻灯片将被复制到目标位置。

11.3.4 删除与隐藏幻灯片

在演示文稿中删除多余幻灯片是清除大量冗余信息的有效方法。删除幻灯片的方法主要有以下两种：

- 选择要删除的幻灯片，右击该幻灯片，从弹出的快捷菜单中选择【删除幻灯片】命令。
- 选择要删除的幻灯片，直接按 Delete 键，即可删除所选的幻灯片。

制作好的演示文稿中有的幻灯片可能不是每次放映时都需要放映出来，此时就可以将暂时不需要的幻灯片隐藏起来。右击要隐藏的幻灯片，从弹出的快捷菜单中选择【隐藏幻灯片】命令，即可隐藏该幻灯片，在幻灯片预览窗口中隐藏的幻灯片编号上将显示标志。

11.4 在幻灯片中输入文本

文本是演示文稿中至关重要的组成部分，简洁的文字说明使演示文稿更为直观明了。本节

来介绍如何在幻灯片中输入文本。

11.4.1　使用文本占位符

占位符是包含文字和图形等对象的容器，其本身是构成幻灯片内容的基本对象，具有自己的属性。用户可以对其中的文字进行操作，也可以对占位符本身进行大小调整、移动、复制、粘贴及删除等操作。

1. 选择文本占位符

要在幻灯片中选中占位符，可以使用如下方法进行选择。

- 在文本编辑状态下，单击其边框，即可选中该占位符。
- 在幻灯片中可以拖动鼠标选择占位符。当鼠标光标处在幻灯片的空白处时，按下鼠标左键并拖动，此时将出现一个虚线框，当释放鼠标时，处在虚线框内的占位符都会被选中。
- 在按住键盘上的 Shift 键或 Ctrl 键时依次单击多个占位符，可同时选中它们。

占位符的文本编辑状态与选中状态的主要区别是边框的形状，如图 11-22 所示。单击占位符内部，在占位符内部出现一个光标，此时占位符处于编辑状态。

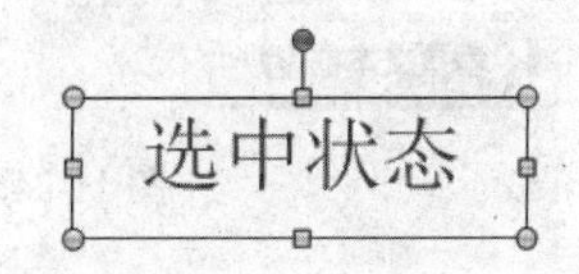

图 11-22　占位符的编辑与选中状态

2. 在文本占位符中输入文本

新建一个空白演示文稿，在普通视图的幻灯片编辑窗格中，单击【单击此处添加标题】占位符内部，进入编辑状态，即可开始输入文本，如图 11-23 所示。

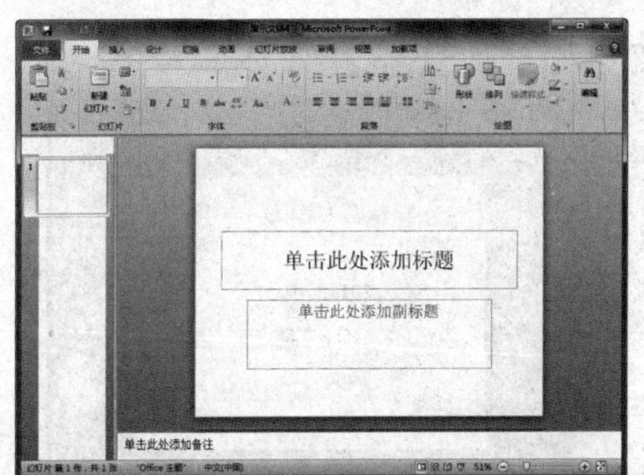

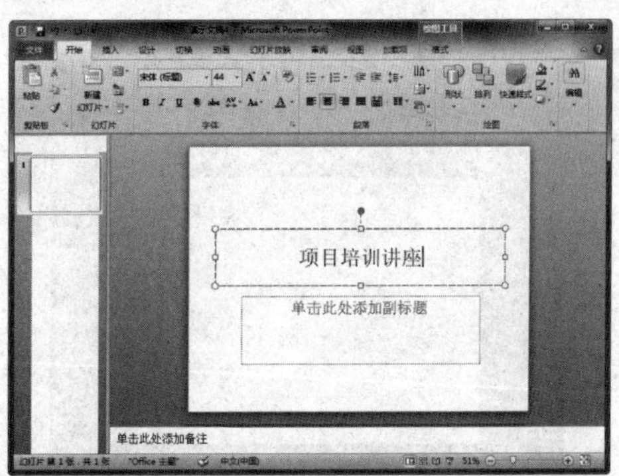

图 11-23　在幻灯片视图中输入文本

11.4.2 使用文本框

文本框是一种可移动、可调整大小的文字容器，它与文本占位符非常相似。使用文本框可以在幻灯片中放置多个文字块，使文字按照不同的方向排列。也可以突破幻灯片版式的制约，实现在幻灯片中任意位置添加文字信息的目的。

PowerPoint 2010 提供了两种形式的文本框：横排文本框和垂直文本框，分别用来放置水平方向的文字和垂直方向的文字。

打开【插入】选项卡，在【文本】组中单击【文本框】按钮下方的下拉箭头，在弹出的下拉菜单中选择【横排文本框】命令，移动鼠标指针到幻灯片的编辑窗口，当指针形状变为↓形状时，在幻灯片页面中按住鼠标左键并拖动，鼠标指针变成＋字形状。当拖动到合适大小的矩形框后，释放鼠标完成横排文本框的插入，如图 11-24 所示。同样在【文本】组中单击【文本框】按钮下方的下拉箭头，在弹出的菜单中选择【竖排文本框】命令，移动鼠标指针可在幻灯片中绘制竖排文本框。绘制完文本框后，光标自动定位在文本框内时，即可输入文本。

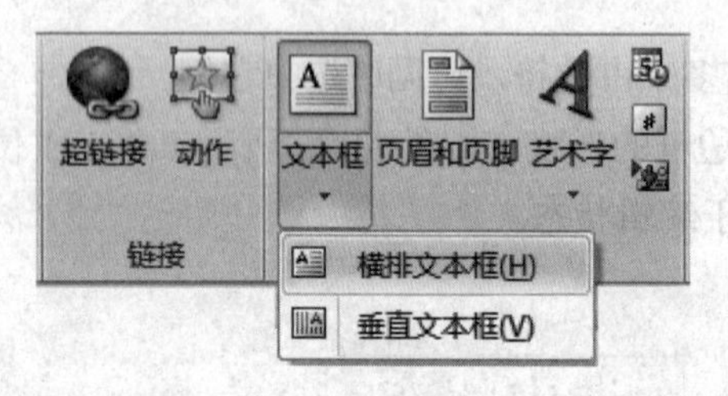

图 11-24　绘制横排文本框

【例 11-3】新建"工作总结"演示文稿，并在该演示文稿中添加文本。

(1) 启动 PowerPoint 2010 应用程序，新建空白演示文稿，并将其保存为"工作总结"。

(2) 选择第 1 张幻灯片，选中【单击此处添加标题】文本占位符，直接输入文本"2013 工作总结"，如图 11-25 所示。

(3) 选中【单击此处添加副标题】文本占位符，直接输入文本"技术部"，效果如图 11-26 所示。

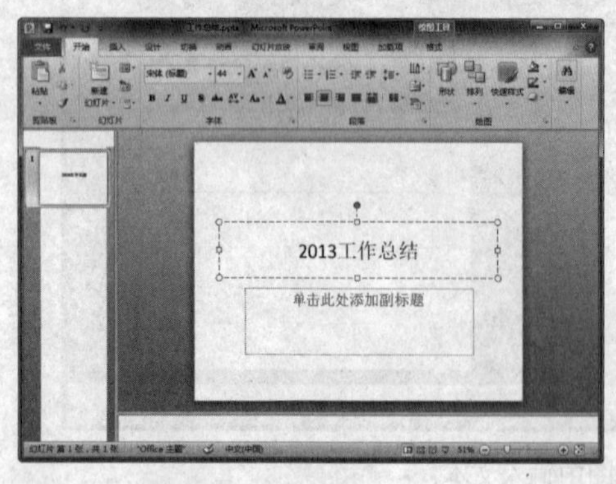

图 11-25　输入主标题

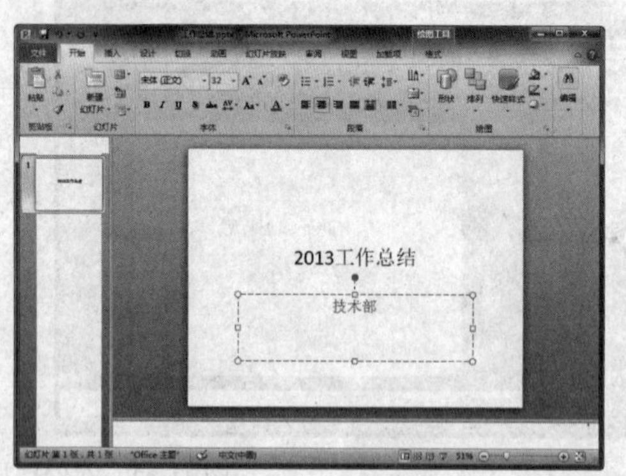

图 11-26　输入副标题

(4) 打开【插入】选项卡，在【文本】组中单击【文本框】按钮下方的下拉箭头，在弹出的下拉菜单中选择【横排文本框】命令，在幻灯片中绘制一个横排文本框，如图 11-27 所示。

(5) 绘制完文本框后，光标自动定位在文本框内，直接输入文本“依晨科技有限公司”，效果如图 11-28 所示。

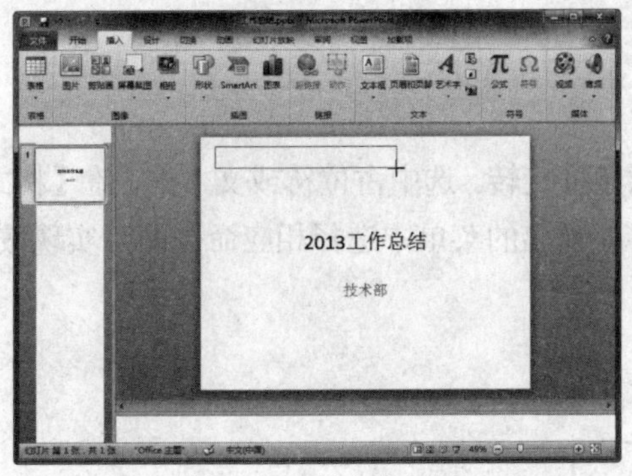

图 11-27　输入主标题

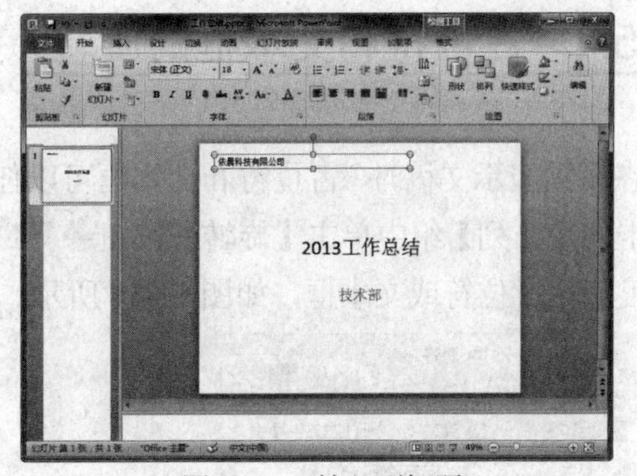

图 11-28　输入副标题

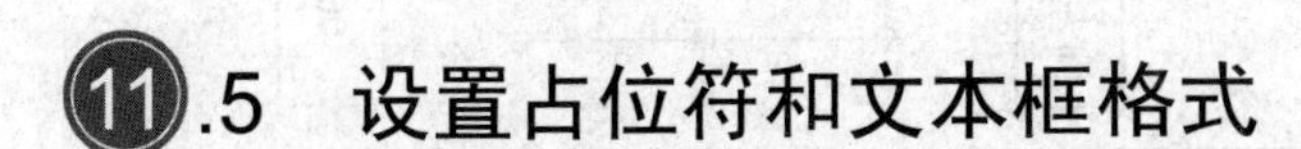

11.5　设置占位符和文本框格式

文本存在于文本占位符或文本框中，要想对文本进行编辑，先要掌握如何设置占位符和文本框的格式。在 PowerPoint 2010 中，占位符、文本框及自选图形等对象具有相似的属性，如对齐方式、颜色、形状等，因此设置它们的属性的操作也是相似的。

11.5.1　占位符和文本框的调整

调整占位符和文本框主要是指调整其大小和位置。当占位符或文本框处于选中状态时，将鼠标指针移动到占位符或文本框右下角的控制点上，此时鼠标指针变为形状。按住鼠标左键并向内拖动，调整到合适大小时释放鼠标即可缩小占位符或文本框，如图 11-29 所示。

另外，当占位符或文本框处于选中状态时，系统会自动打开【绘图工具】的【格式】选项卡，在如图 11-30 所示的【大小】组的【形状高度】和【形状宽度】文本框中可以精确地设置占位符或文本框的大小。

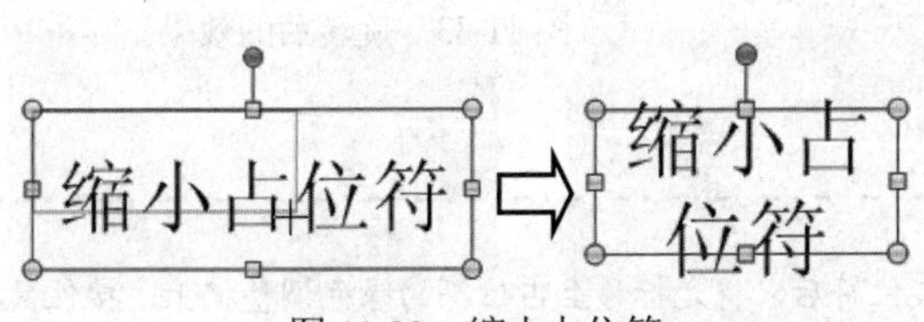

图 11-29　缩小占位符

图 11-30　【大小】组

要调整占位符或文本框的位置，可先选中占位符或文本框，将鼠标指针移动到占位符或文

本框的边框，当鼠标指针变为✥形状时，按住鼠标左键并拖动占位符或文本框到目标位置，然后释放鼠标即可移动占位符或文本框。当占位符或文本框处于选中状态时，可以通过键盘方向键来移动他们的位置。使用方向键移动的同时按住 Ctrl 键，可以实现占位符或文本框的微移。

11.5.2 占位符和文本框的旋转

在设置演示文稿时，占位符和文本框可以任意角度旋转。选中占位符或文本框，在【格式】选项卡的【排列】组中单击【旋转】按钮，在弹出的菜单中选择相应命令即可实现按指定角度旋转占位符或文本框，如图 11-31 所示。

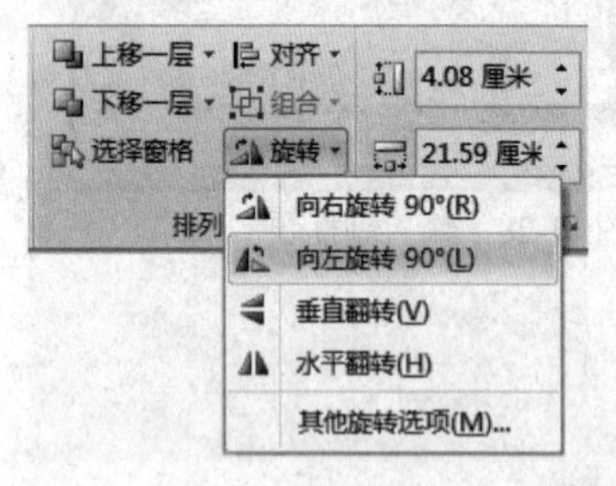

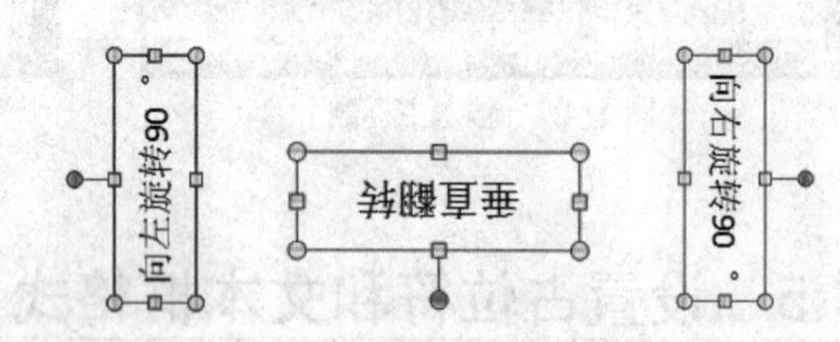

图 11-31 水平放置的占位符向左旋转 90º、垂直翻转和向右旋转 90 º 后的效果

单击【旋转】按钮后，在弹出的菜单中选择【其他旋转选项】命令，将打开如图 11-32 所示的【设置形状格式】对话框。在【尺寸和旋转】选项区域中设置【高度】为【2.5 厘米】，【宽度】为【5.2 厘米】，【旋转】角度为 30 º。单击【关闭】按钮，得到的占位符或文本框效果如图 11-33 所示。

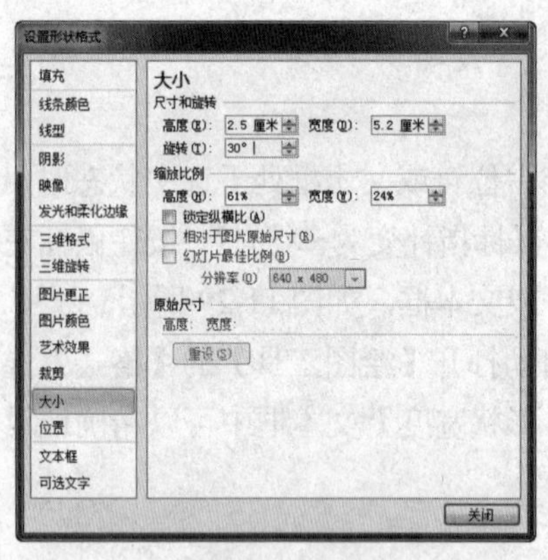

图 11-32 【设置形状格式】对话框

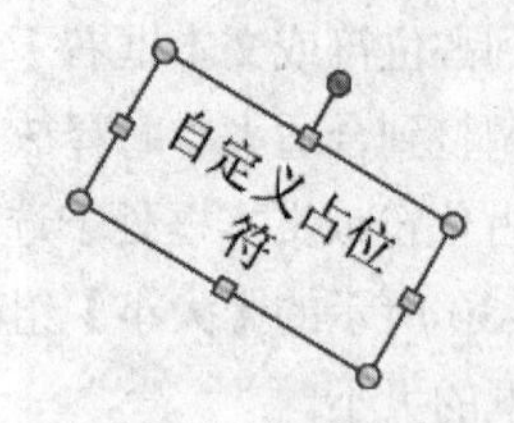

图 11-33 旋转后的效果

提示

此外，通过鼠标同样可以旋转占位符：选中占位符后，将光标移至占位符的绿色调整柄上，按住鼠标左键，此时光标变成形状，旋转占位符至合适方向即可。

11.5.3 占位符和文本框的对齐

如果一张幻灯片中包含两个或两个以上的占位符或文本框，用户可以通过选择相应的命令来左对齐、右对齐、左右居中或横向分布占位符或文本框。

在幻灯片中选中多个占位符或文本框，在【格式】选项卡的【排列】组中单击【对齐】按钮，此时在弹出的菜单中选择相应命令，即可设置占位符或文本框的对齐方式，如图 11-34 所示。

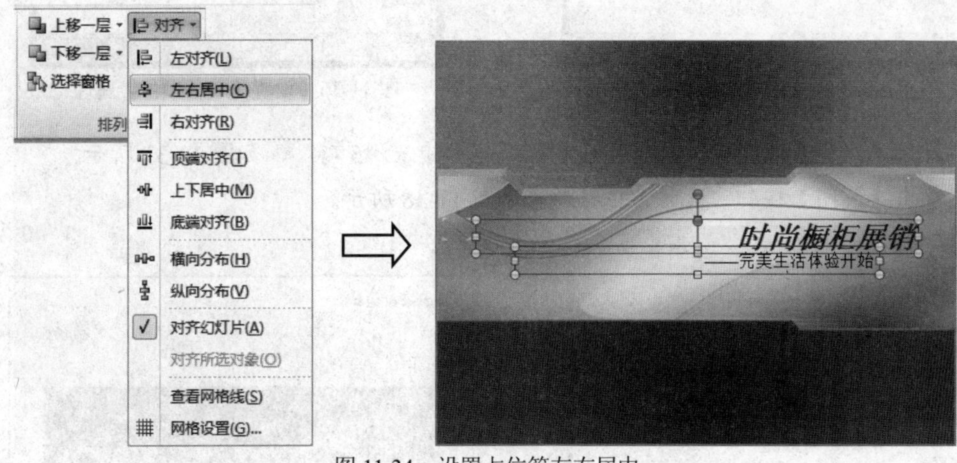

图 11-34 设置占位符左右居中

11.5.4 占位符和文本框的样式

占位符或文本框的样式设置包括形状样式、形状填充颜色、形状轮廓和形状效果等的设置。通过设置占位符或文本框的形状，可以自定义内部纹理、渐变样式、边框颜色、边框粗细、阴影效果和反射效果等。

【例 11-4】在“工作总结”演示文稿中，为占位符和文本框设置填充颜色、线条颜色、透明度和线型等样式。

(1) 启动 PowerPoint 2010 应用程序，打开“工作总结”演示文稿，然后选中第一张幻灯片。

(2) 选中【2013 工作总结】占位符，打开【绘图工具】的【格式】选项卡，在【形状样式】组中单击对话框启动器，打开【设置形状格式】对话框。

(3) 打开【填充】选项卡，在右侧的【填充】选项区域中选中【纯色填充】单选按钮；在【填充颜色】选项区域中单击【颜色】下拉按钮，从弹出的颜色面板中选择【橙色】色块，在【透明度】文本框中输入 20%，如图 11-35 所示。

(4) 打开【线条颜色】选项卡，在【线条颜色】选项区域中选中【渐变线】单选按钮，其他选项保持默认设置，如图 11-36 所示。

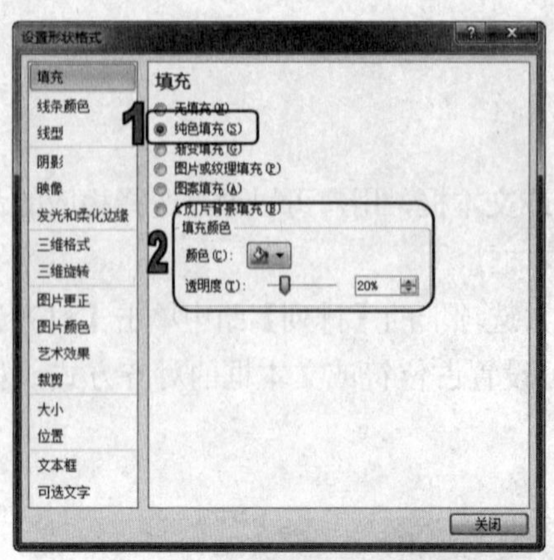

图 11-35　设置【填充】属性

图 11-36　设置【线条颜色】属性

(5) 打开【线型】选项卡，在【宽度】微调框中输入“5 磅”，如图 11-37 所示。

(6) 单击【关闭】按钮，此时占位符效果如图 11-38 所示。

图 11-37　设置【线型】属性

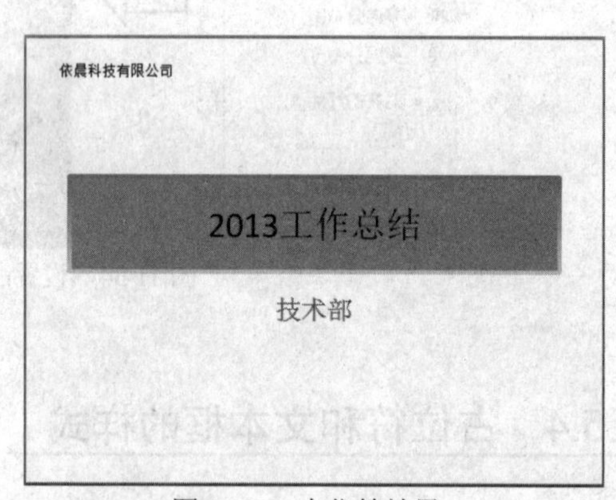

图 11-38　占位符效果

(7) 在幻灯片中选中【技术部】占位符，打开【绘图工具】的【格式】选项卡，在【形状样式】组中单击【其他】按钮，然后选择一种样式，如图 11-39 所示。

(8) 设置样式后，调整占位符的大小和位置，效果如图 11-40 所示。

图 11-39　选择样式

图 11-40　套用样式后的效果

(9) 在幻灯片中选中“依晨科技有限公司”文本框，打开【绘图工具】的【格式】选项卡，

在【形状样式】组中单击【形状填充】下拉按钮，为文本框选择一种渐变填充效果，如图 11-41 所示。设置完成后，文本框效果如图 11-42 所示。

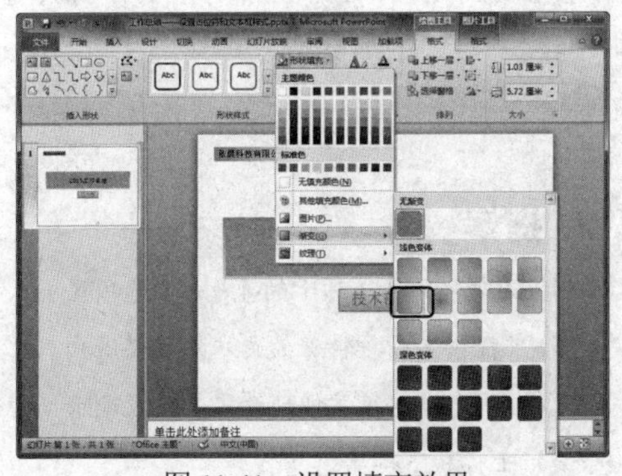

图 11-41　设置填充效果

图 11-42　设置后的效果

11.6　设置文本和段落格式

为了使演示文稿更加美观、清晰，通常需要对文本和段落格式进行设置，包括字体、字号、字体颜色、段落对齐方式以及使用项目符号和编号等。

11.6.1　设置字体格式

在 PowerPoint 2010 中，为幻灯片中的文字设置合适的字体、字号、字形和字体颜色等，可以使幻灯片的内容清晰明了。通常情况下，设置字体、字号、字形和字体颜色的方法有 3 种：通过【字体】组设置、通过浮动工具栏设置和通过【字体】对话框设置。

1. 通过【字体】组设置

在 PowerPoint 2010 中，选择相应的文本，打开【开始】选项卡，在如图 11-43 所示的【字体】组中可以设置字体、字号、字形和颜色。

2. 通过浮动工具栏设置

选择要设置的文本后，PowerPoint 2010 会自动弹出如图 11-44 所示的【格式】浮动工具栏，或者右击选取的字符，也可以打开【格式】浮动工具栏。在该浮动工具栏中可以设置文本的字体、字号、字形和字体颜色。

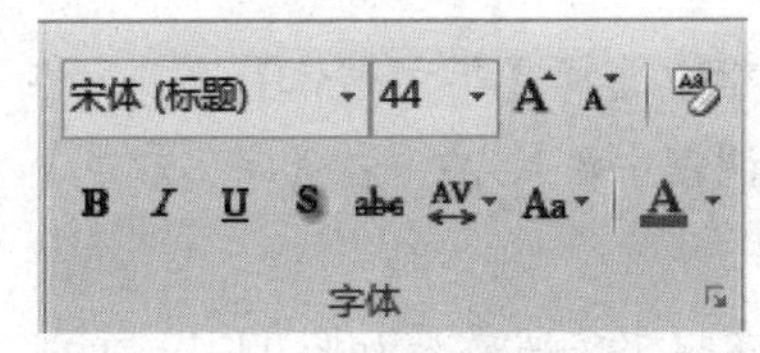

图 11-43　【字体】组

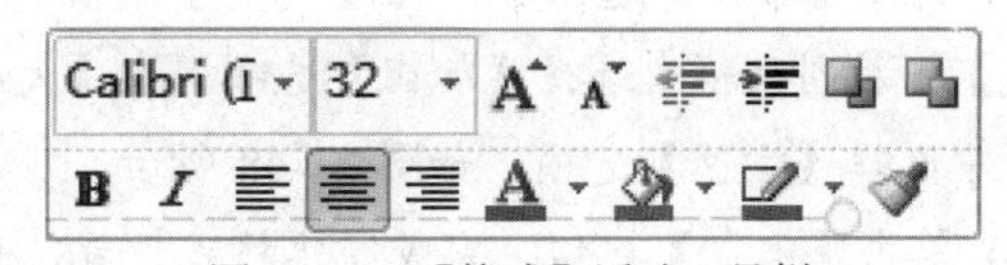

图 11-44　【格式】浮动工具栏

3. 通过【字体】对话框设置

选择相应的文本，打开【开始】选项卡，在【字体】组中单击对话框启动器，打开【字体】对话框的【字体】选项卡，在其中设置文本的字体、字号、字形和颜色，如图 11-45 所示。

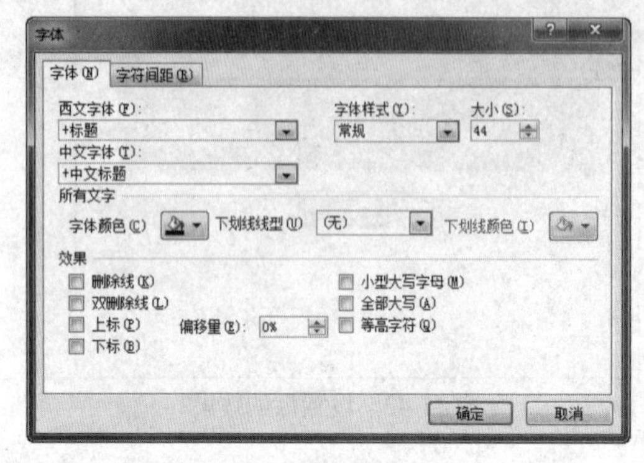

图 11-45 【字体】对话框

> **提示**
>
> 在【字体】选项卡的【效果】选项区域中，提供了多种特殊的文本格式供用户选择。用户可以很方便地为文本设置删除线、上标和下标等。

【例 11-5】在“工作总结”演示文稿中，设置幻灯片中文本的字体格式。

(1) 启动 PowerPoint 2010 应用程序，打开“工作总结”演示文稿，首先为相关幻灯片设置一个蓝色渐变背景(关于幻灯片背景的设置方法请参考后面章节中的介绍)。

(2) 在第 1 张幻灯片中，选择【2013 工作总结】占位符，在【开始】选项卡【字体】组的【字体】下拉列表中选择【汉真广标】选项，在【字号】下拉列表中选择 54 选项，然后单击【阴影】按钮，此时标题文本将自动应用设置的字体格式，效果如图 11-46 所示。

(3) 选中文本【技术部】，在弹出的浮动工具栏的【字体】下拉列表中选择【华文行楷】选项，单击【字体颜色】按钮，从弹出的颜色面板中选择【黑色】色块，如图 11-47 所示。

图 11-46 显示设置后的文本

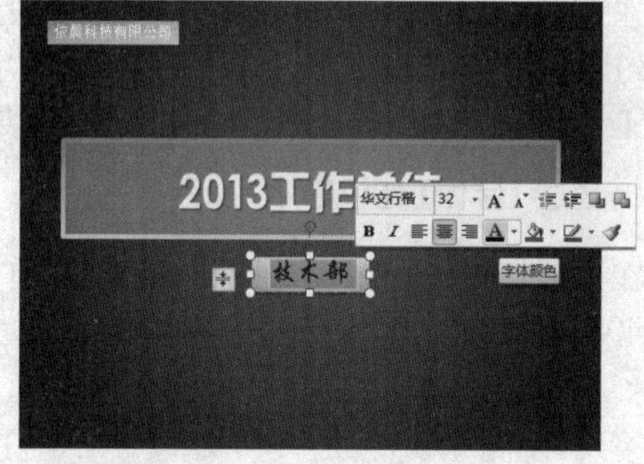

图 11-47 通过浮动工具栏设置

(4) 选中【依晨科技有限公司】文本框，在【开始】选项卡的【字体】组中单击对话框启动器，打开【字体】对话框。

(5) 打开【字体】选项卡，在【中文字体】下拉列表框中选择【华文楷体】选项，在【字体样式】下拉列表框中选择【加粗】选项，在【大小】微调框中输入 22，在【字体颜色】下拉列表框中选择【橙色】选项，如图 11-48 所示。

(6) 单击【确定】按钮，完成字体格式设置，此时文本框中文字效果如图 11-49 所示。

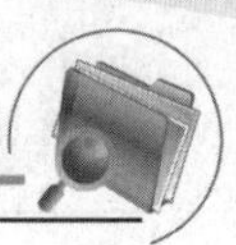

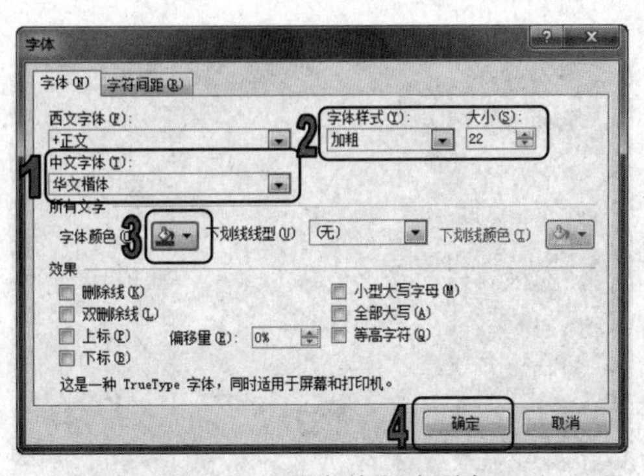

图 11-48　【字体】选项卡

图 11-49　显示设置后的文本框文本

提示

在【开始】选项卡的【字体】组单击【字符间距】按钮，从弹出的菜单中选择相应命令，可以大致地设置占位符中文本之间的间距，如很紧、紧密、稀疏和很松等。

11.6.2　设置段落对齐方式

段落对齐是指段落边缘的对齐方式，包括左对齐、右对齐、居中对齐、两端对齐和分散对齐。这 5 种对齐方式说明如下。

- 左对齐：左对齐时，段落左边对齐，右边参差不齐。
- 右对齐：右对齐时，段落右边对齐，左边参差不齐。
- 居中对齐：居中对齐时，段落居中排列。
- 两端对齐：两端对齐时，段落左右两端都对齐分布，但是段落最后不满一行的文字右边是不对齐的。
- 分散对齐：分散对齐时，段落左右两边均对齐，而且当每个段落的最后一行不满一行时，将自动拉开字符间距使该行均匀分布。

设置段落格式时，首先选定要对齐的段落，然后在【开始】选项卡的【段落】组中可分别单击【文本左对齐】按钮、【文本右对齐】按钮、【居中】按钮、【两端对齐】按钮和【分散对齐】按钮。

【例 11-6】在“工作总结”演示文稿中，添加一张新的幻灯片，在幻灯片中输入文本并为其设置段落对齐方式。

(1) 启动 PowerPoint 2010 应用程序，打开“工作总结”演示文稿。

(2) 添加一张新的幻灯片，并在幻灯片中输入文本，效果如图 11-50 所示。

(3) 选中标题占位符，在【开始】选项卡的【段落】组中单击【居中】按钮，设置正标题居中对齐。

(4) 选中正文占位符，在【段落】组中单击【文本左对齐】按钮，设置设置正文文本左

对齐，效果如图 11-51 所示。

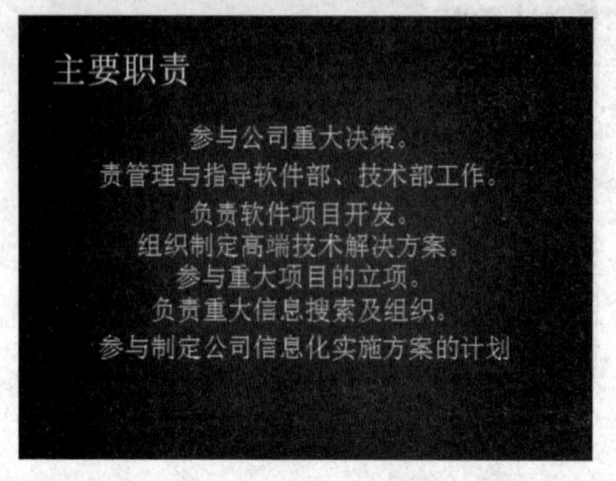

图 11-50 添加幻灯片并输入文本

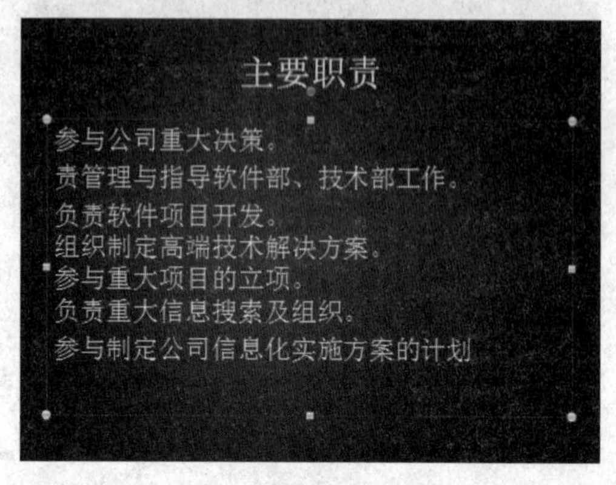

图 11-51 设置段落对齐方式

11.6.3 使用项目符号和编号

在 PowerPoint 2010 演示文稿中，为了使某些内容更为醒目，经常需要设置项目符号和编号。项目符号用于强调一些特别重要的观点或条目，从而使主题更加美观、突出此外，使用编号也可以使主题层次更加分明、有条理。

项目符号在演示文稿中使用的频率很高。在并列的文本内容前都可添加项目符号，默认的项目符号以实心圆点形状显示。要添加项目符号，可将光标定位在目标段落中，在【开始】选项卡的【段落】组中单击【项目符号】按钮右侧的下拉箭头，弹出如图 11-52 所示的项目符号菜单，在该菜单中选择需要使用的项目符号命令即可。若在项目符号菜单中选择【项目符号和编号】命令，可打开【项目符号和编号】对话框，如图 11-53 所示。

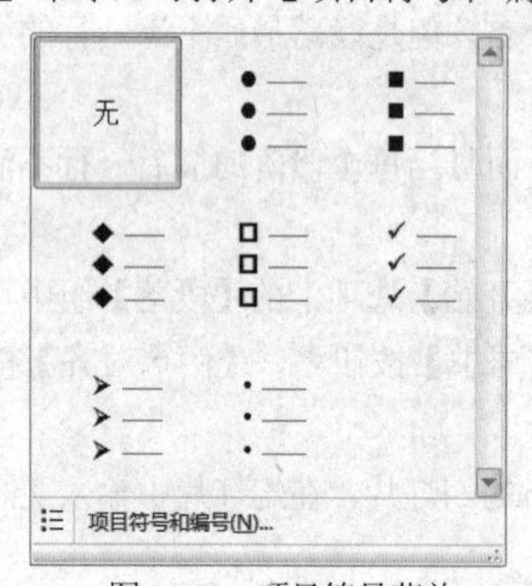

图 11-52 项目符号菜单

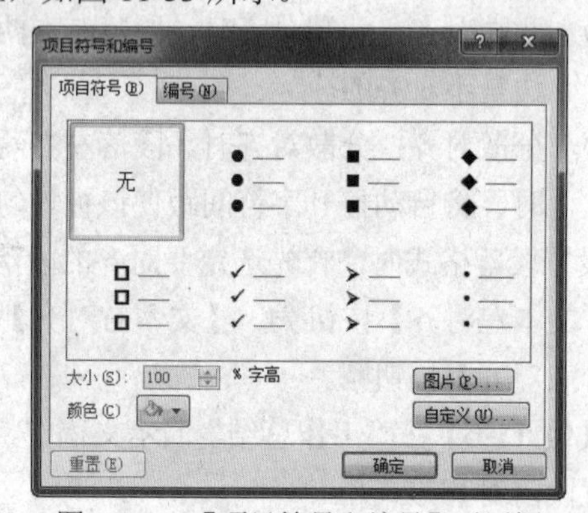

图 11-53 【项目符号和编号】对话框

PowerPoint 2010 允许用户将图片或系统符号库中的各种字符设置为项目符号，这样丰富了项目符号的形式。在【项目符号和编号】对话框中单击【图片】按钮，打开【图片项目符号】对话框，如图 11-54 所示，在其中可选择图片作为项目符号；单击【自定义】按钮，打开【符号】对话框，如图 11-55 所示，在其中可选择字符作为项目符号。

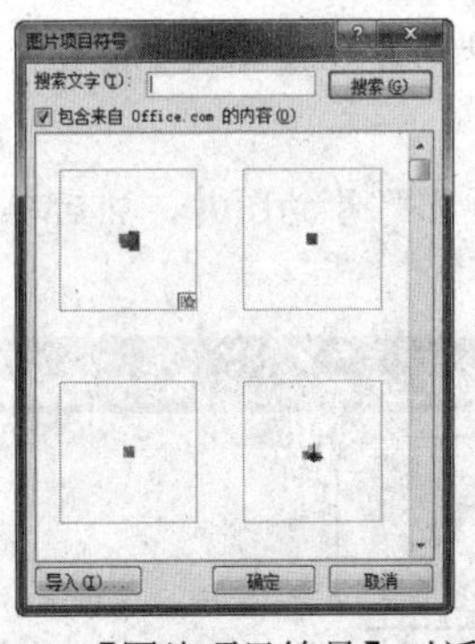

图 11-54 【图片项目符号】对话框

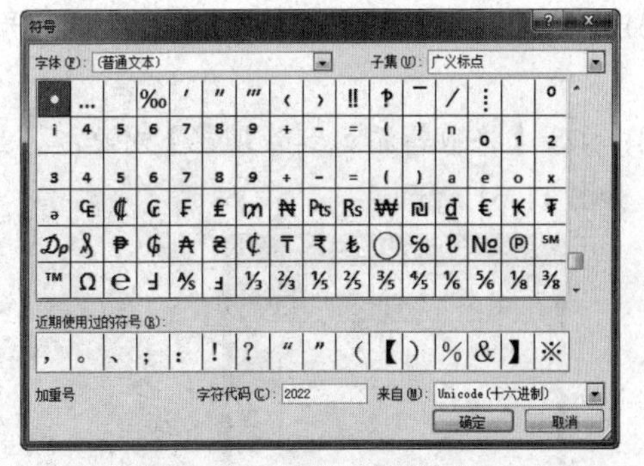

图 11-55 【符号】对话框

在默认状态下，项目编号由阿拉伯数字构成。在【开始】选项卡的【段落】组中单击【项目符号】按钮右侧的下拉箭头，在弹出的编号菜单选择内置的编号样式，如图 11-56 所示。

PowerPoint 还允许用户使用自定义编号样式，打开【项目符号和编号】对话框的【编号】选项卡，可以根据需要选择和设置编号样式，如图 11-57 所示。

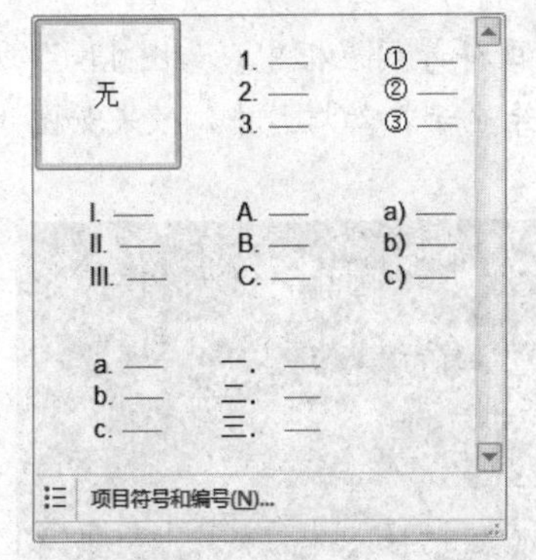

图 11-56 编号菜单

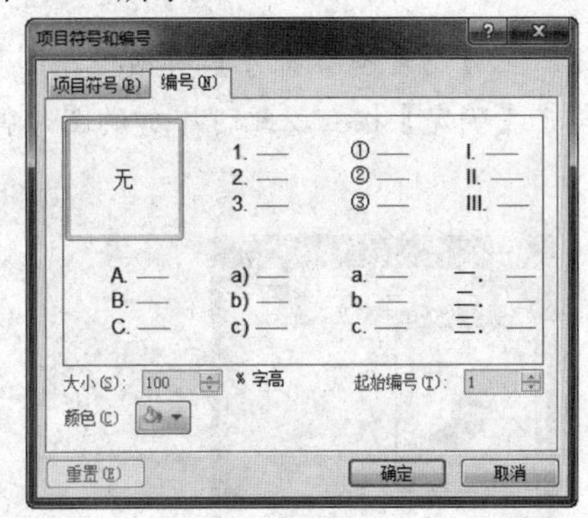

图 11-57 【编号】选项卡

【例 11-7】在“工作总结”演示文稿中，为幻灯片中的文本设置项目符号。

(1) 启动 PowerPoint 2010 应用程序，打开“工作总结”演示文稿。在幻灯片预览窗口中选择第 2 张幻灯片缩略图，将其显示在幻灯片编辑窗口中，然后选中如图 11-58 所示的文本。

(2) 在【开始】选项卡的【段落】组中单击【项目符号】按钮右侧的下拉箭头，从弹出的菜单中选择【项目符号和编号】命令，打开【项目符号和编号】对话框，如图 11-59 所示。

图 11-58 选中文本

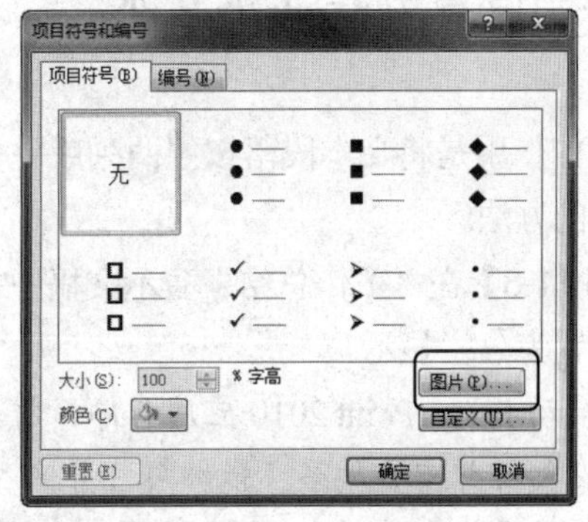

图 11-59 【项目符号和编号】对话框

(3) 单击【图片】按钮，打开【图片项目符号】对话框，然后单击【导入】按钮，如图 11-60 所示。

(4) 打开【将剪辑添加到管理器】对话框，选择要作为项目符号的图片，然后单击【添加】按钮，如图 11-61 所示。

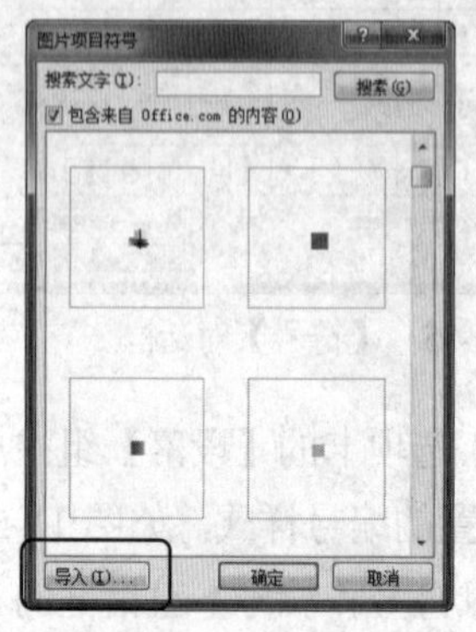

图 11-60 【图片项目符号】对话框

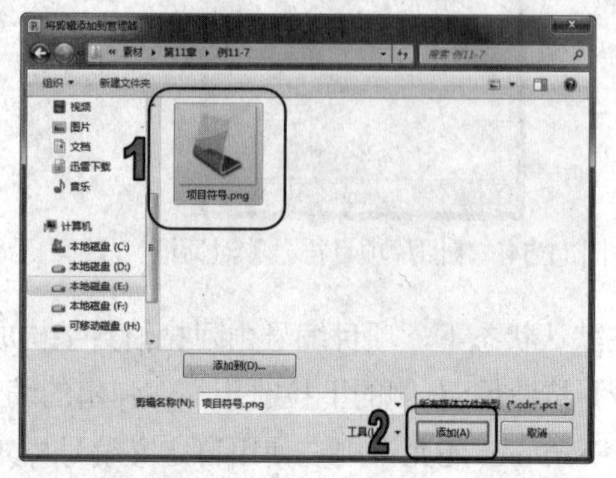

图 11-61 选择图片

(5) 返回至【图片项目符号】对话框，图片将添加到项目符号列表框中，如图 11-62 所示。

(6) 单击【确定】按钮，此时添加的图片将作为项目符号显示在幻灯片中，效果如图 11-63 所示。

图 11-62 添加图片至列表框中

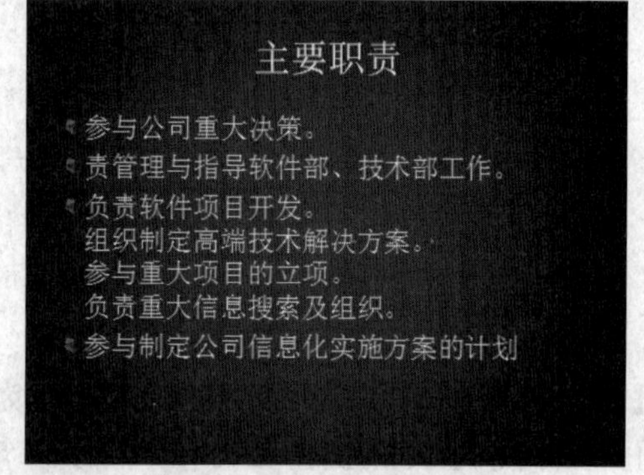

图 11-63 添加项目符号后的效果

11.6.4 设置分栏显示文本

分栏的作用是将文本段落按照两列或更多列的方式排列。下面以具体实例来介绍设置分栏显示文本的方法。

【例 11-8】在“工作总结”演示文稿中，添加一张新的幻灯片，在幻灯片中输入文本并将其格式设置为分栏显示。

(1) 启动 PowerPoint 2010 应用程序，打开“工作总结”演示文稿。

(2) 在幻灯片中添加第 3 张幻灯片并输入文本，然后选中正文占位符，如图 11-64 所示。

(3) 在【开始】选项卡的【段落】组中单击【分栏】按钮，从弹出的菜单中选择【更多栏】命令，如图 11-65 所示。

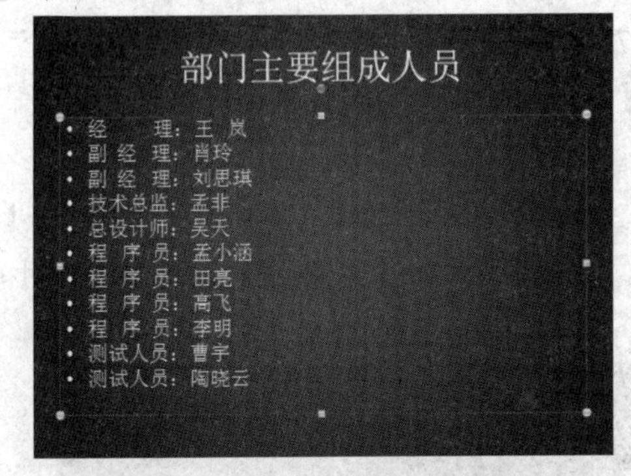

图 11-64　输入文本并选中占位符

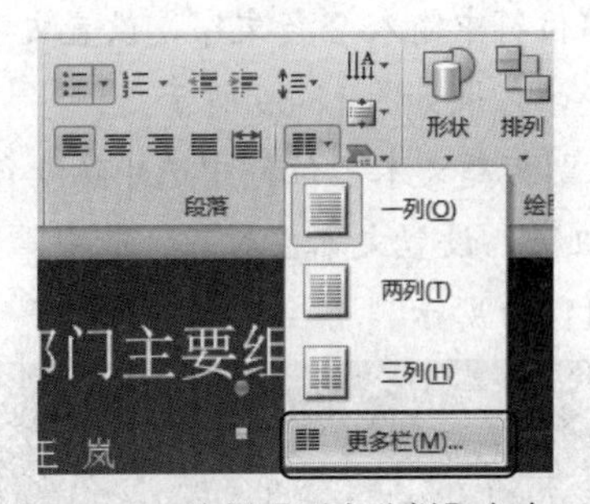

图 11-65　选择【更多分栏】命令

(4) 打开【分栏】对话框，在数字微调框中输入 2，在【间距】微调框中输入“2 厘米”，然后单击【确定】按钮，如图 11-66 所示。

(5) 此时，文本占位符中的文本将分两栏显示，效果如图 11-67 所示。

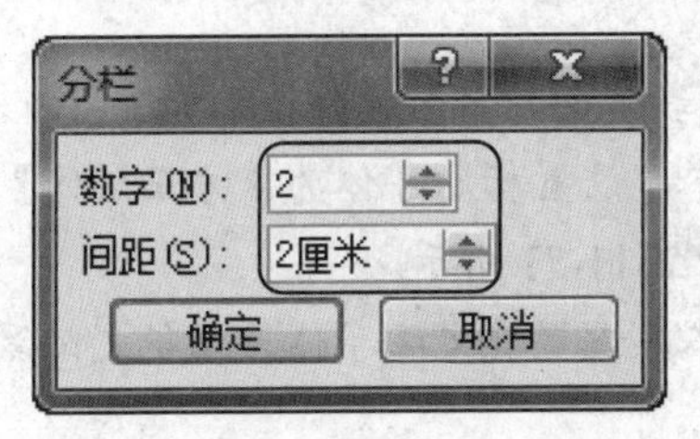

图 11-66　【分栏】对话框

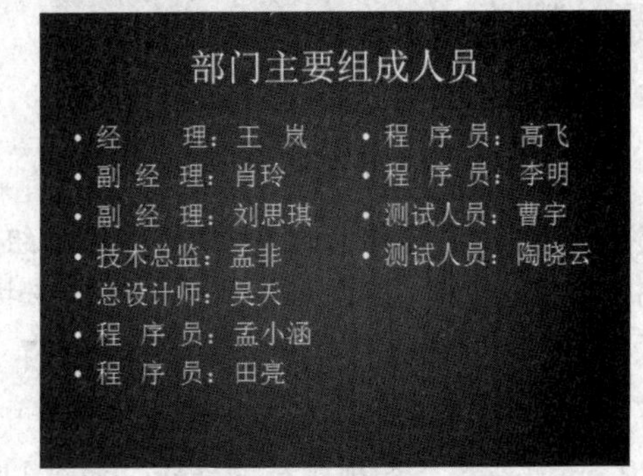

图 11-67　分栏后的效果

11.7　上机练习

本章主要介绍了 PowerPoint 2010 的基础操作，本次上机练习通过一个具体实例来使读者进一步巩固本章所学的内容。

(1) 启动 PowerPoint 2010，打开一个空白演示文稿，将其以“健康专题讲座”为名保存。

(2) 打开【设计】选项卡，在【主题】选项组中单击【其他】按钮，从弹出的【所有主题】列表框的【来自 Office.com】选项区域中选择【冬季】选项，如图 11-68 所示。

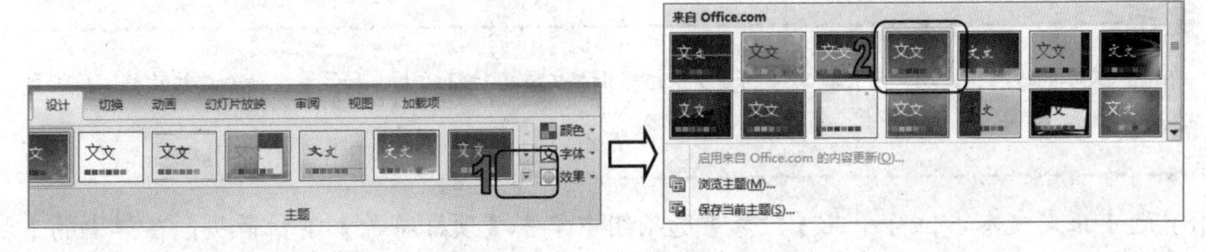

图 11-68　选择主题样式

(3) 此时该主题即应用到当前演示文稿中，在【单击此处添加标题】占位符中输入文字“健康专题讲座”，设置文字字体为【方正舒体】，字号为72，字体效果为【阴影】；在【单击此处添加副标题】占位符中输入 2 行文字，设置文字字体为【华文细黑】，字号为 28，并拖动鼠标调节占位符的大小，效果如图 11-69 所示。

(4) 在副标题文本占位符中选中第 1 行文本，在【开始】选项卡的【段落】选项组中单击【左对齐】按钮，设置文本左对齐；选中第 2 行文本，单击【右对齐】按钮，设置文本右对齐，效果如图 11-70 所示。

图 11-69　设置主标题文本

图 11-70　设置副标题文本

(5) 在【开始】选项卡的【幻灯片】选项组中单击【新建幻灯片】按钮，添加一张新幻灯片。

(6) 在【单击此处添加标题】文本占位符中输入文本，设置标题字体为【方正姚体】，字号为 36，字形为【加粗】，字体效果为【阴影】，效果如图 11-71 所示。

(7) 在【单击此处添加文本】文本占位符中输入文本，设置其文字字体为【华文细黑】，字号为 20，并删掉自带的项目符号样式，如图 11-72 所示。

图 11-71　输入和设置主标题文本

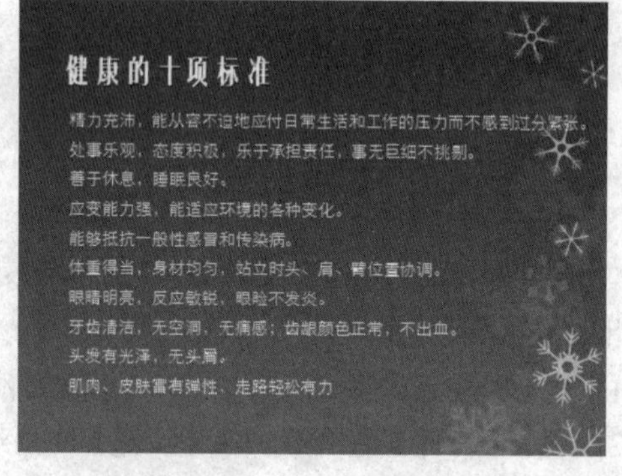

图 11-72　输入和设置正文

提示

在输入文本的过程中，用户可根据文字的多少来适当调整文本占位符的大小和位置，使幻灯片的整体排版更加合理化。

(8) 选中正文文本占位符，在【段落】选项组中单击【项目符号】下拉箭头，在弹出的下拉菜单中选择如图 11-73 所示的项目符号。此时即可应用该项目符号，效果如图 11-74 所示。

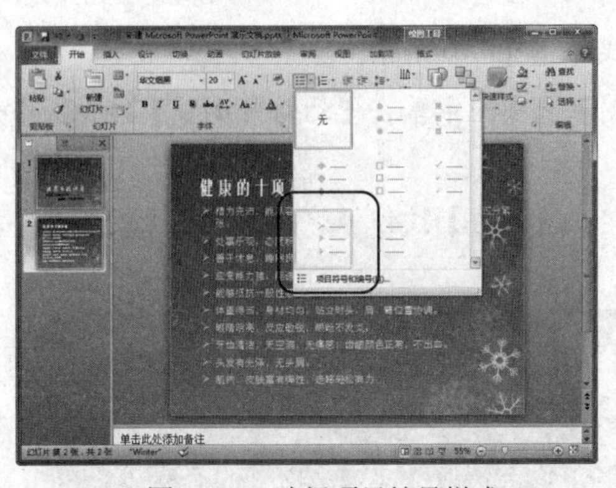

图 11-73　选择项目符号样式

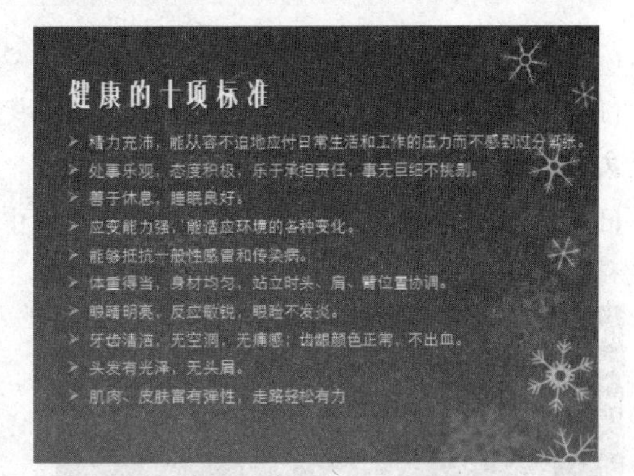

图 11-74　应用项目符号后的效果

(9) 在【开始】选项卡的【幻灯片】选项组中单击【新建幻灯片】按钮，添加一张新幻灯片。

(10) 在幻灯片两个文本占位符中输入文本。设置标题文字字体为【方正姚体】，字号为 36，字形为【加粗】，字体效果为【阴影】，设置正文占位符中的文字字号为 28，并删掉自带的项目符号样式，效果如图 11-75 所示。

(11) 选中后三行文本，在【段落】选项组中单击【编号】下拉按钮，从弹出的下拉菜单中选择一种编号样式，如图 11-76 所示。

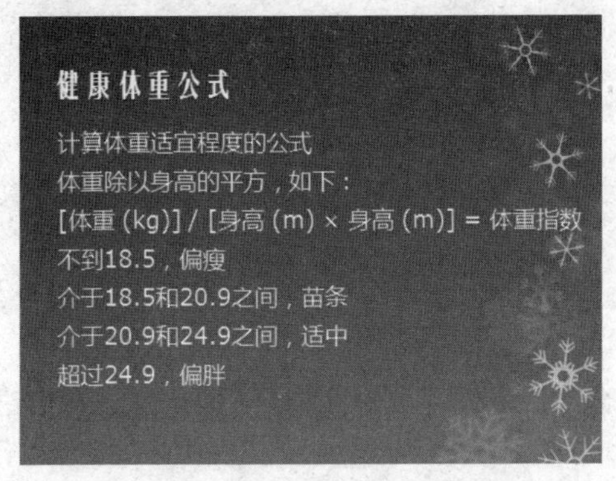

图 11-75　输入和设置文本格式

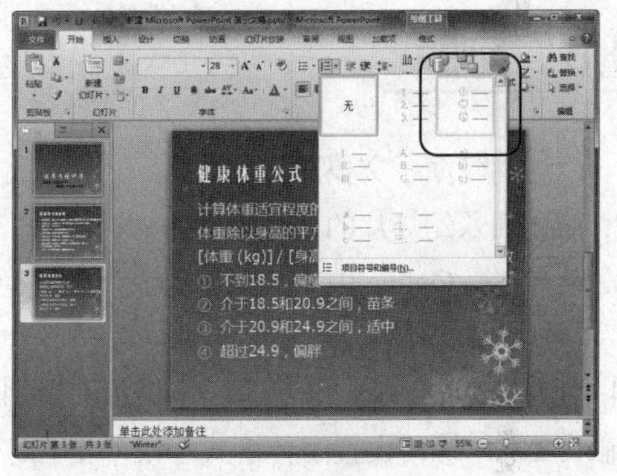

图 11-76　选择编号样式

(12) 在【开始】选项卡的【幻灯片】选项组中单击【新建幻灯片】按钮，添加一张新幻灯片。

(13) 在两个占位符中分别输入文本，并设置文本格式，然后选中正文占位符，在【段落】组中单击【分栏】按钮，选择【更多栏】命令，如图 11-77 所示。

(14) 打开【分栏】对话框，在数字微调框中输入 3，在【间距】微调框中输入“2 厘米”，然后单击【确定】按钮，【分栏】对话框如图 11-78 所示。

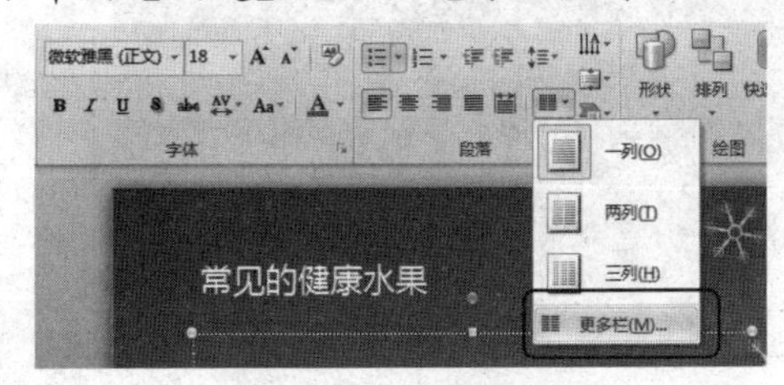

图 11-77　选择【更多分栏】命令

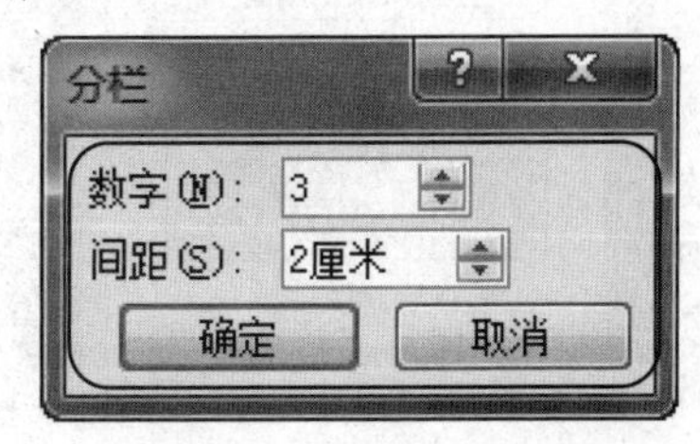

图 11-78　【分栏】对话框

计算机　基础与实训教材系列

(15) 此时该占位符中的文本将分栏显示，效果如图 11-79 所示。

(16) 打开【视图】选项卡，在【演示文稿视图】选项组中单击【幻灯片浏览】按钮，查看演示文稿的整体效果，如图 11-80 所示。

(17) 演示文稿制作完成后，在快速工具栏中单击【保存】按钮，将“健康专题讲座”演示文稿保存。

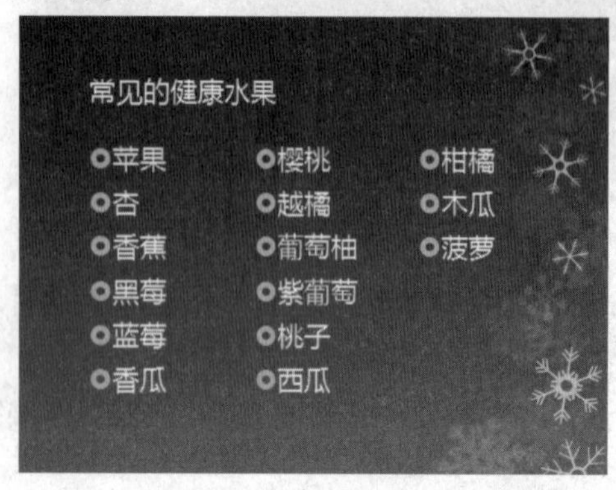

图 11-79　分栏显示文本

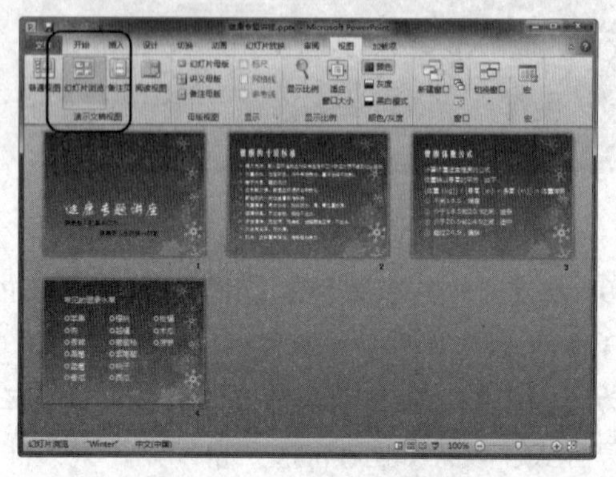

图 11-80　幻灯片浏览视图

11.8 习题

1. 简述创建演示文稿的常用方法。

2. 简述插入幻灯片的几种不同方式。

3. 从 Office Online 中下载人事类别下的“营销人员招聘”模板，并将其应用到当前演示文稿中，如图 11-81 所示。

4. 使用 PowerPoint 自带的样本模板“项目状态报告”创建演示文稿，根据幻灯片中文字提示输入文本，练习设置字体格式和段落格式。

5. 新建一个演示文稿，并为该演示文稿应用【波形】主题。

6. 在上题的幻灯片中，插入一个垂直文本框，在文本框中输入文本，并为文本设置格式，如图 11-82 所示。

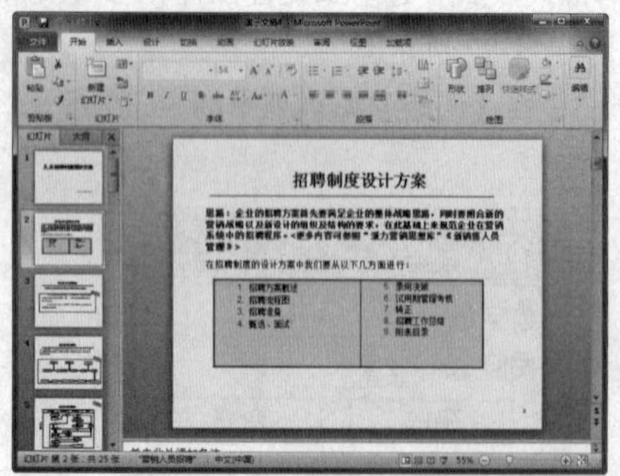

图 11-81　下载的模板

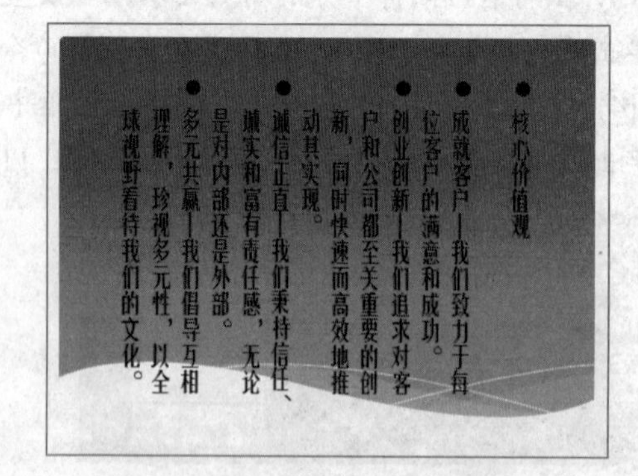

图 11-82　输入和设置文本格式

第12章 丰富演示文稿内容

学习目标

文本虽然很重要，但如果演示文稿中只有文本，会让观众感觉沉闷，没有吸引力。为了让演示文稿更加出彩，PowerPoint 2010 提供了大量实用的剪贴画，使用它们可以丰富幻灯片的版面效果，除此之外，还可以从本地磁盘插入或从网络上复制需要的图片，制作图文并茂的演示文稿。

本章重点

- 插入图片和艺术字
- 插入表格
- 插入图表
- 插入 SmartArt 图形
- 插入声音和视频

12.1 在幻灯片中插入图片

在演示文稿中插入图片，可以更生动形象地阐述其主题和所要表达的思想。在插入图片时，要充分考虑幻灯片的主题，使图片和主题和谐一致。

12.1.1 插入剪贴画

PowerPoint 2010 附带的剪贴画库内容非常丰富，所有的图片都经过专业设计，它们能够表达不同的主题，适合于制作各种不同风格的演示文稿。

要插入剪贴画，可以在【插入】选项卡的【图像】选项组中，单击【剪贴画】按钮，打开【剪

贴画】任务窗格，在剪贴画预览列表中单击剪贴画，即可将其添加到幻灯片中，如图 12-1 所示。

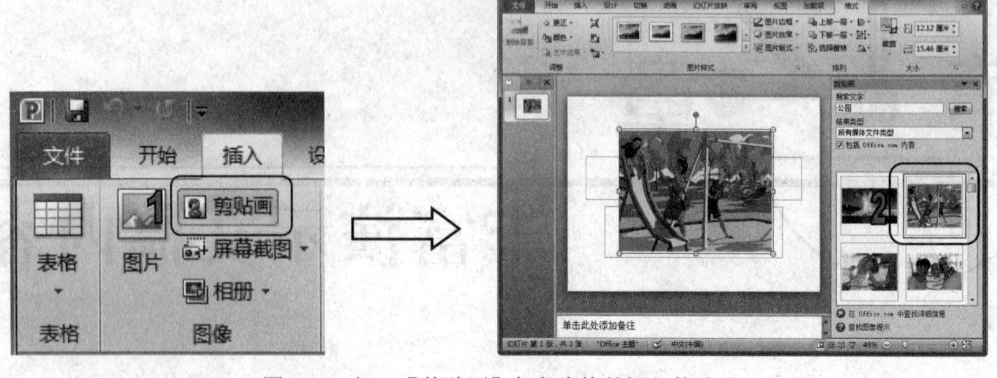

图 12-1　打开【剪贴画】任务窗格并插入剪贴画

知识点

在剪贴画窗格的【搜索文字】文本框中输入名称(字符【*】代替文件名中的多个字符，字符【？】代替文件名中的单个字符)后，单击【搜索】按钮可查找需要的剪贴画；在【结果类型】下拉列表框可以将搜索的结果限制为特定的媒体文件类型。

12.1.2　插入来自文件的图片

用户除了可以插入 PowerPoint 2010 附带的剪贴画之外，还可以插入磁盘中的图片。这些图片可以是 BMP 位图，也可以是由其他应用程序创建的图片，从因特网下载的或通过扫描仪及数码相机输入的图片等。

打开【插入】选项卡，在【图像】选项组中单击【图片】按钮，打开【插入图片】对话框，选择需要的图片后，单击【插入】按钮，即可在幻灯片中插入图片。

【例 12-1】新建“花卉欣赏”演示文稿，在幻灯片中插入剪贴画和来自文件的图片。

(1) 启动 PowerPoint 2010，新建一个名为“花卉欣赏”的演示文稿。

(2) 打开【设计】选项卡，在【主题】选项组中单击【其他】按钮，从弹出的【所有主题】列表框的【来自 Office.com】选项区域中选择【春季】选项，将该主题应用到当前演示文稿中，如图 12-2 所示。

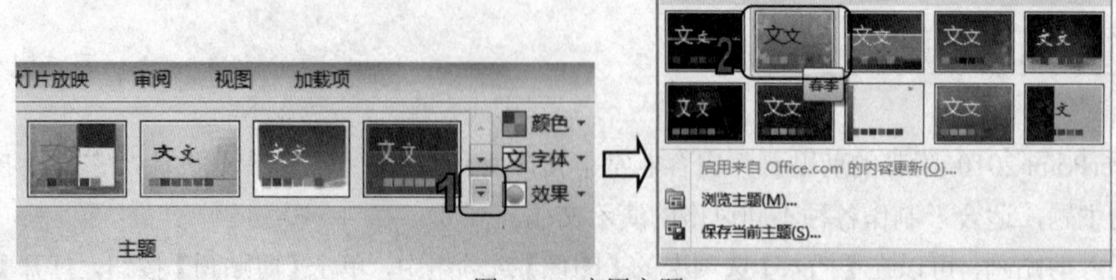

图 12-2　应用主题

(3) 在第 1 张幻灯片中调整两个文本占位符的位置，并输入文字。设置标题的字体为【华文琥珀】，字号为 60，字体颜色为粉红色；设置副标题的字体为【华文行楷】，字号为 36，字形为【加粗】，字体颜色为深红色，如图 12-3 所示。

(4) 打开【插入】选项卡，在【图像】选项组中单击【剪贴画】按钮，打开【剪贴画】任务窗格，在【搜索文字】文本框中输入文字“鲜花”，然后单击【搜索】按钮。

(5) 此时与鲜花有关的剪贴画显示在预览列表中。单击所需的剪贴画，将其添加到幻灯片中，并调整剪贴画的大小和位置，效果如图 12-4 所示。

图 12-3　添加文本并设置格式

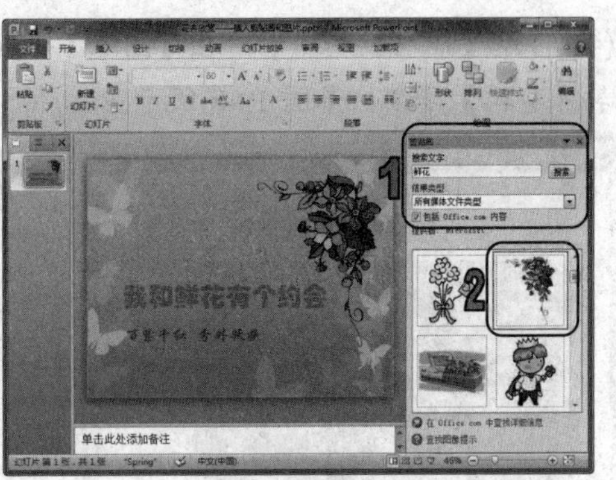

图 12-4　插入剪贴画

(6) 在演示文稿中添加一张幻灯片，在【单击此处添加标题】文本占位符中输入文字“竹外桃花三两枝”，设置其字体为【华文琥珀】，字号为 44，字体颜色为粉红，字形为【阴影】。

(7) 在【单击此处添加文本】文本占位符中单击【插入来自文件的图片】按钮，打开【插入图片】对话框，选择需要插入的图片，然后单击【插入】按钮，如图 12-5 所示。

(8) 即可将图片插入到幻灯片中，效果如图 12-6 所示。

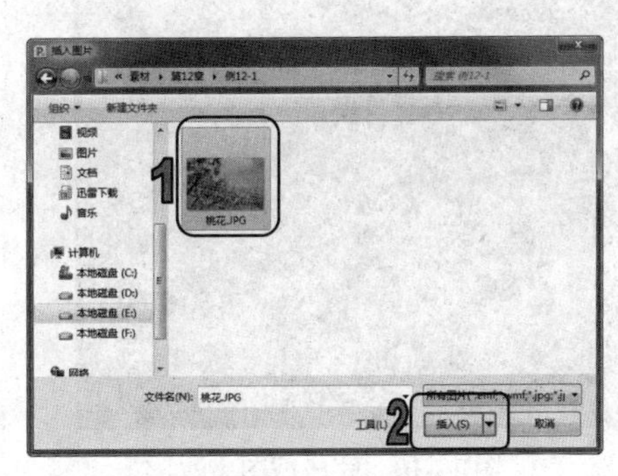

图 12-5　选择图片

图 12-6　插入图片后的效果

12.1.3　插入截图

和其他 Office 组件一样，PowerPoint 2010 也新增了屏幕截图功能。使用该功能可以在幻灯

片中插入截取的图片。

【例 12-2】在【花卉欣赏】演示文稿中插入截取的图片。

(1) 启动 PowerPoint 2010，打开“花卉欣赏”的演示文稿，然后添加一张幻灯片。

(2) 启动 IE 浏览器，使用百度搜索引擎搜索一张想要使用的图片，并将其放大显示在浏览器窗口中，如图 12-7 所示。

(3) 切换到“花卉欣赏”演示文稿窗口，在幻灯片预览窗口中选择新添加的第 3 张幻灯片缩略图，将其显示在幻灯片编辑窗口中。

(4) 打开【插入】选项卡，在【图像】选项组中单击【屏幕截图】按钮，从弹出的菜单中选择【屏幕剪辑】命令，如图 12-8 所示。

图 12-7　打开图片

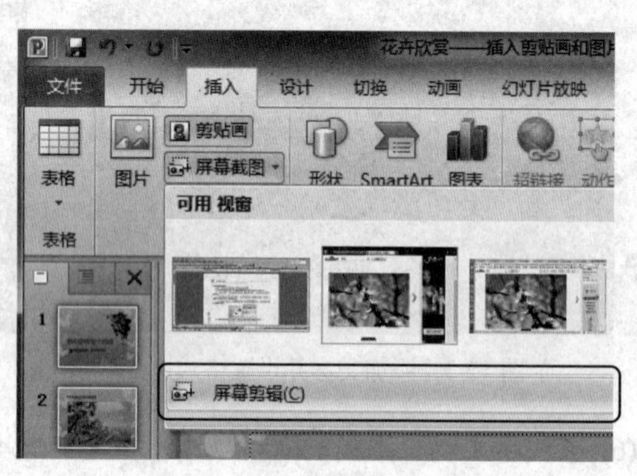

图 12-8　选择【屏幕剪辑】命令

(5) 此时将自动切换到浏览器页面中，按住鼠标左键并拖动即可截取图片内容，如图 12-9 所示。释放鼠标左键，完成截图操作，此时在第 3 张幻灯片中将显示截取的图片，如图 12-10 所示。

图 12-9　截取图片

图 12-10　完成截图

12.1.4　设置图片格式

在演示文稿中插入图片后，用户可以调整其位置、大小，也可以根据需要进行裁剪、调整对比度和亮度、添加边框等操作。选中图片后，通过功能区的【图片工具】的【格式】选项卡可对

图片的各项参数进行设置，如图 12-11 所示。

图 12-11　【格式】选项卡

【例 12-3】在“花卉欣赏”演示文稿中调节图片大小和位置，并设置其格式。

(1) 启动 PowerPoint 2010，打开“花卉欣赏”的演示文稿。

(2) 在第 1 张幻灯片中，选中插入的剪贴画，将鼠标指针移至图片四周的控制点上，按住鼠标左键拖动至合适的大小后，释放鼠标，即可调节图片的大小。

(3) 打开【图片工具】的【格式】选项卡，在【图片样式】选项组中单击【其他】按钮，从弹出的列表中选择【矩形投影】选项，为剪贴画设置样式，如图 12-12 所示。

(4) 将鼠标指针移动到图片上，待鼠标指针变成形状时，按住鼠标左键拖动鼠标至合适的位置，释放鼠标，此时图片将移动到目标位置上。

(5) 在幻灯片预览窗口中选择第 2 张幻灯片缩略图，将其显示在幻灯片编辑窗口中，然后使用同样的方法，调节图片的大小和位置。

(6) 选中名为“桃花”的图片，打开【图片工具】的【格式】选项卡，在【调整】选项组中单击【更正】按钮，从弹出的菜单中选择【亮度:0%(正常)对比度:+20%】选项，为图片应用该亮度和对比度效果，如图 12-13 所示。

图 12-12　应用样式

图 12-13　调整亮度和对比度

知识点

打开【图片工具】的【格式】选项卡，在【调整】选项组中单击【颜色】按钮，可以为图片重新着色；在【图片样式】选项组中单击【图片边框】按钮，可以为图片添加边框；在【图片样式】选项组中单击【图片效果】按钮，可以为图片设置阴影、发光和三维旋转等效果。

(7) 保持选中【桃花】图片，打开【图片工具】的【格式】选项卡，在【图片样式】选项组中单击【其他】按钮，从弹出的列表中选择【棱台左透视，白色】选项，为图片设置该样式，如

图 12-14 所示。然后调整图片的大小和位置，效果如图 12-15 所示。

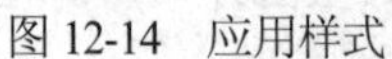
图 12-14　应用样式

图 12-15　应用样式后的效果

(8) 在幻灯片预览窗口中选择第 3 张幻灯片缩略图，将其显示在幻灯片编辑窗口中，并调整图片的大小和位置，使图片和幻灯片顶端对齐。

(9) 选中截取的图片，在【图片样式】选项组中单击【图片效果】按钮，从弹出的样式列表框中选择【映像】|【半映像，接触】选项(如图 12-16 所示)，为图片应用该样式，效果如图 12-17 所示。

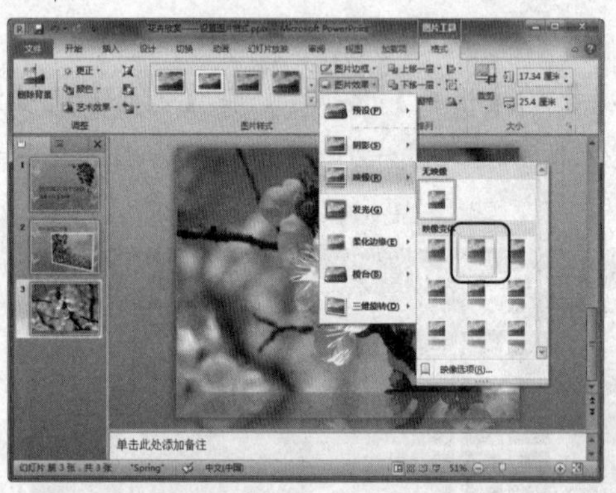
图 12-16　应用映像效果

图 12-17　幻灯片最终效果

12.2　在幻灯片中插入艺术字

艺术字是一种特殊的图形文字，常被用来表现幻灯片的标题文字。用户既可以像对普通文字一样设置其字号、加粗、倾斜等效果，也可以像图形对象那样设置它的边框、填充等属性，还可以对其进行大小调整、旋转或添加阴影、三维效果等。

12.2.1　添加艺术字

打开【插入】选项卡，在功能区的【文本】选项组中单击【艺术字】按钮，打开艺术字样式

列表。单击需要的样式，即可在幻灯片中插入艺术字。

【例 12-4】在“花卉欣赏”演示文稿中添加艺术字。

(1) 启动 PowerPoint 2010，打开“花卉欣赏”的演示文稿，在幻灯片预览窗口中选择第 2 张幻灯片缩略图，然后移动主标题文本到合适的位置。

(2) 打开【插入】选项卡，在【文本】选项组中单击【艺术字】按钮，打开艺术字样式列表，选择第 6 行第 4 列中的艺术字样式，在幻灯片中插入该艺术字，如图 12-18 所示。

(3) 在【请在此放置您的文字】占位符中输入文字，效果如图 12-19 所示。

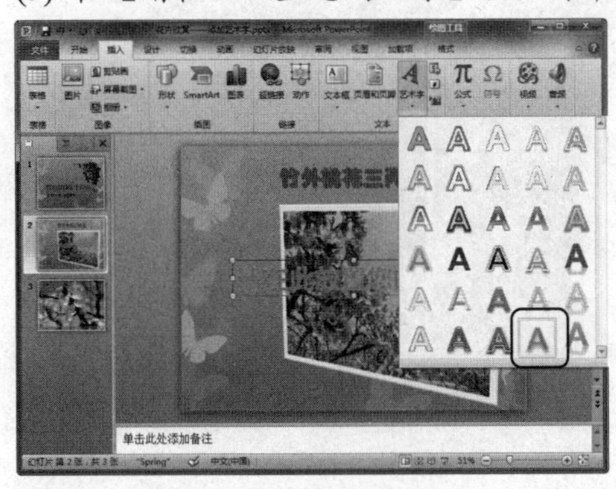

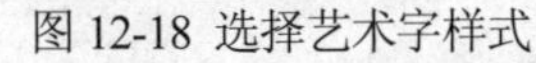

图 12-18 选择艺术字样式

图 12-19　输入文字

(4) 选中艺术字，将鼠标指针移至艺术字四周的控制点上，按住鼠标左键拖动，使艺术字竖排，然后调整艺术字的位置，效果如图 12-20 所示。

(5) 使用同样的方法，在第 3 张幻灯片中添加艺术字，效果如图 12-21 所示。

图 12-20　调整艺术字后的效果

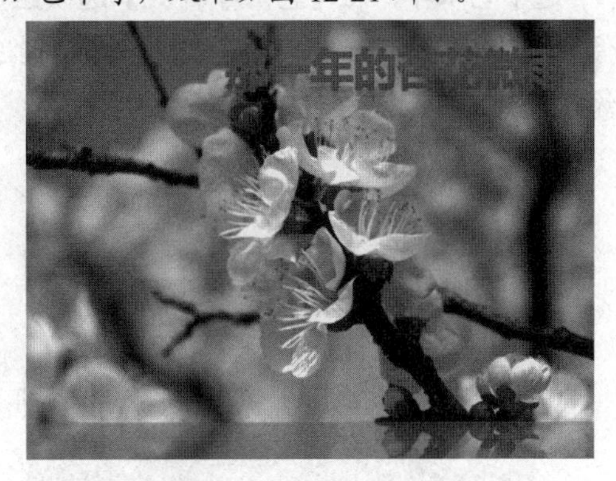

图 12-21　第 3 张幻灯片效果

12.2.2　编辑艺术字

用户在插入艺术字后，如果对艺术字的效果不满意，可以对其进行编辑修改。选中艺术字后，在【绘图工具】的【格式】选项卡中进行编辑即可。

【例 12-5】在“花卉欣赏”演示文稿中编辑艺术字。

(1) 启动 PowerPoint 2010，打开“花卉欣赏”的演示文稿。

(2) 在幻灯片预览窗口中选择第 2 张幻灯片缩略图，将其显示在幻灯片编辑窗口中。

(3) 选中艺术字，在打开的【格式】选项卡的【艺术字样式】选项组中单击【快速样式】下拉按钮，在弹出的样式列表框中选择【填充—浅绿，强调文字颜色 2，双轮廓-强调文字颜色 2】选项，为艺术字应用该样式，如图 12-22 所示。

(4) 调整艺术字的大小和位置，效果如图 12-23 所示。

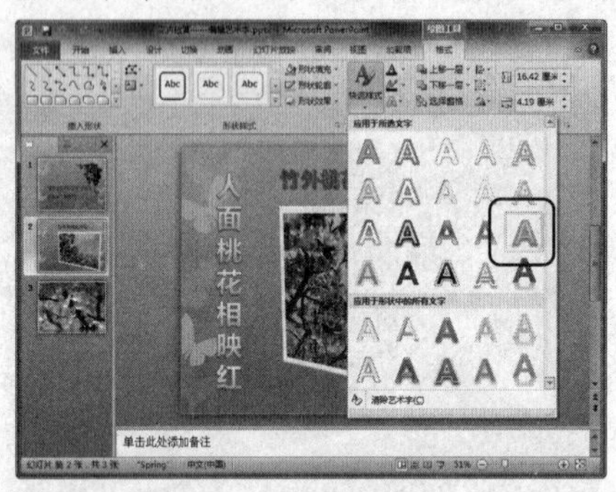

图 12-22 为艺术字设置快速样式

图 12-23 设置后的效果

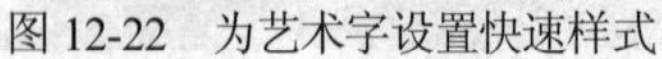

(5) 在幻灯片预览窗口中选择第 3 张幻灯片缩略图，将其显示在幻灯片编辑窗口中。

(6) 使用同样的方法，为艺术字应用【填充-红色，强调文字颜色 4，外部阴影-强调文字颜色 4，软边缘棱台】形状样式。

(7) 选中艺术字，在【艺术字样式】选项组中单击【文字效果】按钮，从弹出的菜单中选择【映像】|【全映像，8pt 偏移量】选项(如图 12-24 所示)，为艺术字应用该效果，第 3 张幻灯片的最终效果如图 12-25 所示。

图 12-24 为艺术字设置文字效果

图 12-25 第 3 张幻灯片最终效果

12.3 在幻灯片中插入表格

使用 PowerPoint 制作一些专业型演示文稿时，通常需要使用表格。例如，销售统计表、财务报表等。表格采用行列化的形式，它与幻灯片页面文字相比，更能体现内容的对应性及内在

的联系。

12.3.1　插入表格

PowerPoint 支持多种插入表格的方式，例如可以在幻灯片中直接插入，也可以直接在幻灯片中绘制表格。

1. 直接插入表格

当需要在幻灯片中直接添加表格时，可以使用【插入】按钮插入或为该幻灯片选择含有内容的版式。

- 使用【表格】按钮插入表格：若要插入表格的幻灯片没有应用包含内容的版式，那么可以首先在功能区打开【插入】选项卡，在【表格】选项组中单击【表格】按钮，从弹出的菜单的【插入表格】选取区域中拖动鼠标选择列数和行数，如图 12-26 所示。或者选择【插入表格】命令，打开【插入表格】对话框，设置表格列数和行数。
- 新幻灯片自动带有包含内容的版式，此时在【单击此处添加文本】文本占位符中单击【插入表格】按钮，如图 12-27 所示，打开【插入表格】对话框，设置列数和行数。

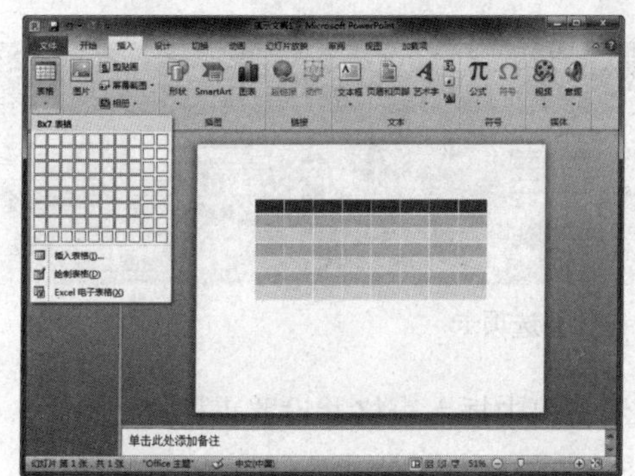

图 12-26　使用插入表格按钮

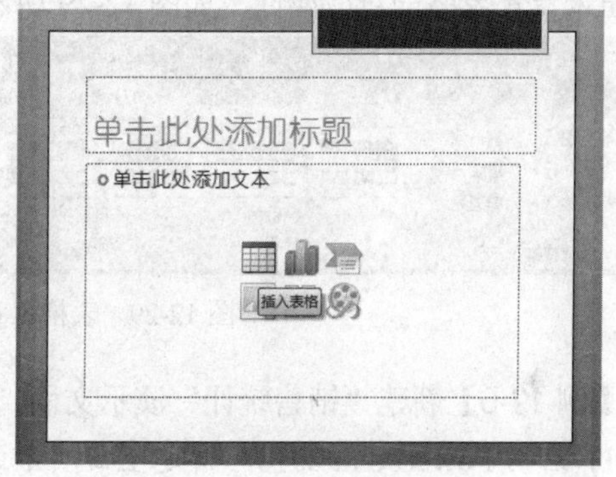

图 12-27　带有版式的幻灯片

知识点

使用 PowerPoint 2010 的插入对象功能，可以在幻灯片中直接调用 Excel 应用程序，从而将表格以外部对象插入到 PowerPoint 中。其方法为：在【插入】选项卡的【文本】选项组中单击【对象】按钮，打开【插入对象】对话框。在【对象类型】列表框中选择【Microsoft Office Excel 工作表】选项，然后单击【确定】按钮即可。

2. 手动绘制表格

当插入的表格并不是完全规则时，也可以直接在幻灯片中绘制表格。绘制表格的方法很简单，打开【插入】选项卡，在【表格】选项组中单击【表格】按钮，从弹出的菜单中选择【绘制表格】命令。当鼠标指针变为✏形状时，即可拖动鼠标在幻灯片中进行绘制，如图 12-28 所示。

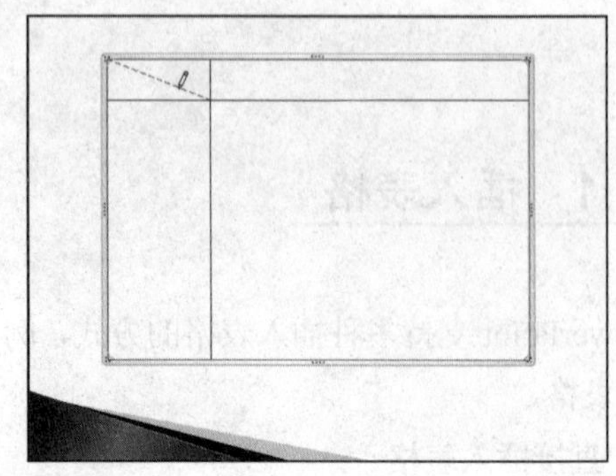

图 12-28　手动绘制表格

12.3.2　设置表格格式

插入到幻灯片中的表格不仅可以像文本框和占位符一样被选中、移动、调整大小及删除，还可以为其添加底纹、设置边框样式、应用阴影效果等。

插入表格后，自动打开【表格工具】的【设计】和【布局】选项卡，使用功能选项组中的相应按钮来设置表格的对应属性，如图 12-29 所示。

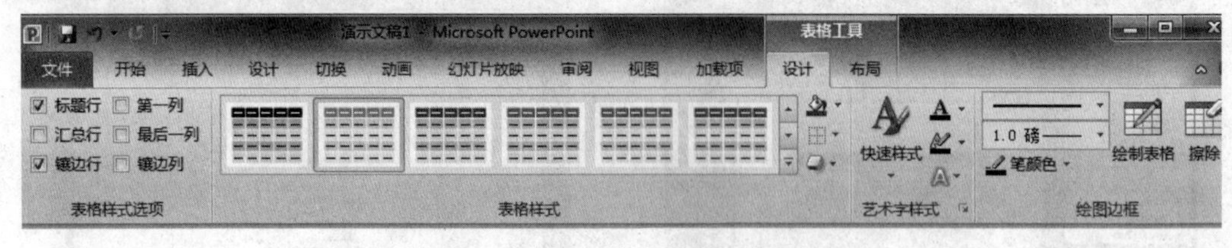

图 12-29　表格工具的【设计】选项卡

【例 12-6】新建“销售统计”演示文稿，在演示文稿中插入表格并设置表格样式。

(1) 启动 PowerPoint 2010，新建空白演示文稿并将其保存为“销售统计”。

(2) 为演示文稿应用【奥斯汀】主题样式，在第 1 张幻灯片中输入文本并设置文本格式，效果如图 12-30 所示

(3) 添加一张新幻灯片，在【单击此处添加标题】占位符中输入标题，在【单击此处添加文本】占位符中单击【插入表格】按钮，如图 12-31 所示。

图 12-30　第 1 张幻灯片效果

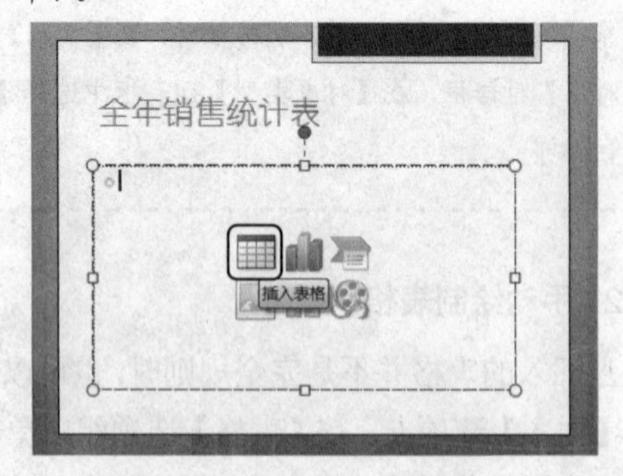

图 12-31　单击【插入表格】按钮

(4) 打开【插入表格】对话框，在【列数】微调框中输入 5，在【行数】微调框中输入 4，然后单击【确定】按钮，插入表格，如图 12-32 所示。

(5) 调整表格的大小和位置，并输入文字，效果如图 12-33 所示。

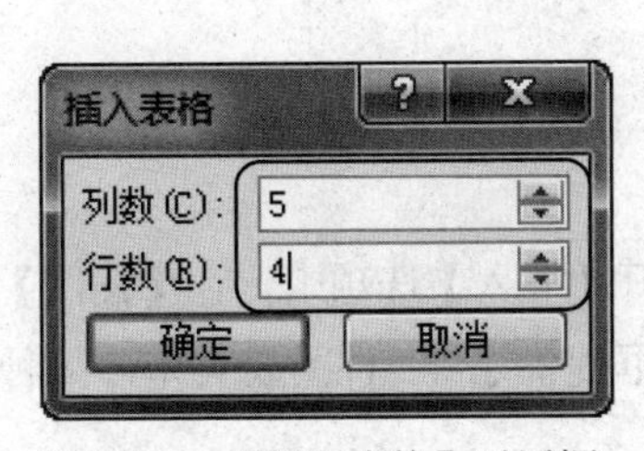

图 12-32　【插入表格】对话框

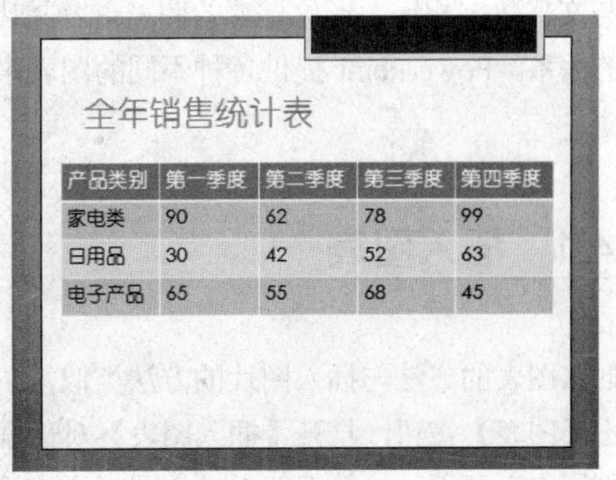

图 12-33　插入表格后的效果

(6) 选中表格，打开【表格工具】的【布局】选项卡，在【对齐方式】选项组中单击【居中】按钮和【垂直居中】按钮，设置文本对齐方式为居中，如图 12-34 所示。

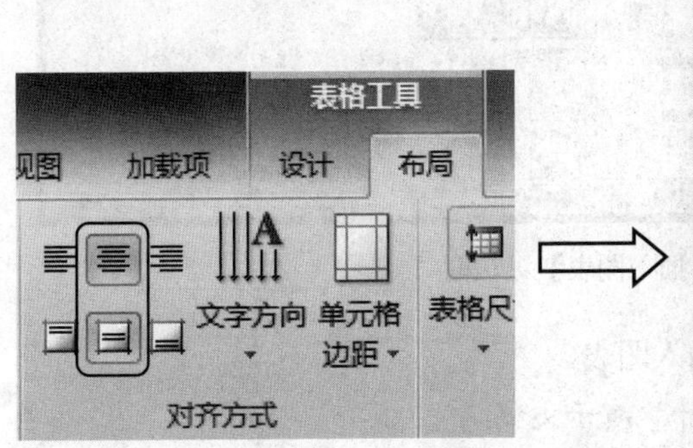

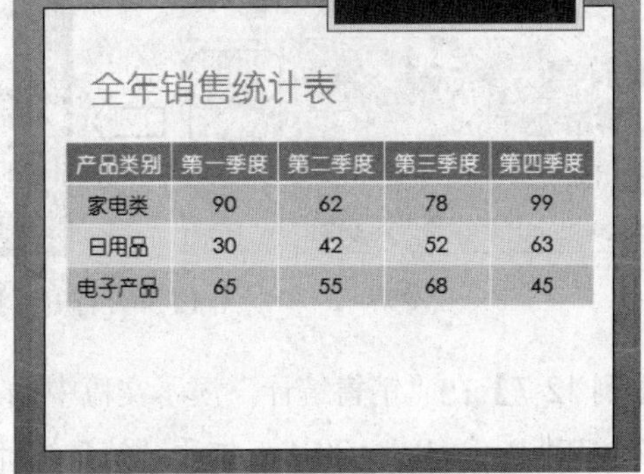

图 12-34　设置表格文本的对齐方式

(7) 打开【表格工具】的【设计】选项卡，在【表格样式】选项组中单击【其他】按钮，在打开的表格样式列表中选择【浅色样式 2-强调 6】选项，为表格设置样式，如图 12-35 所示。

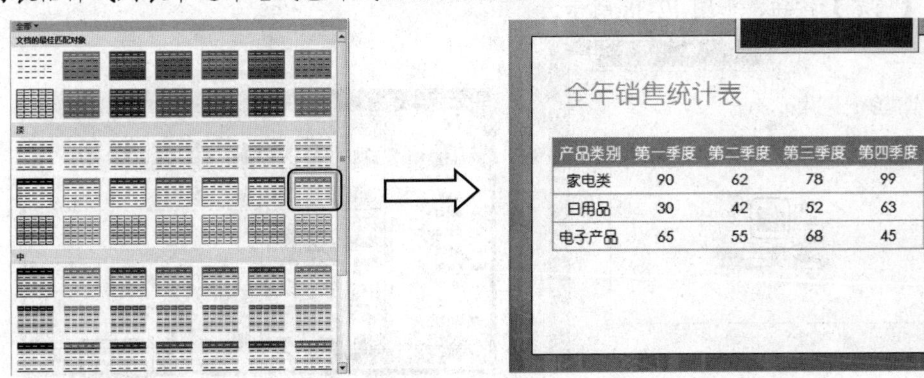

图 12-35　设置表格样式

12.4 在幻灯片中插入图表

与文字数据相比，形象直观的图表更容易让人理解，它以简单易懂的方式反映了各种数据之间的关系。PowerPoint 提供各种不同的图表来满足用户的需要，使得制作图表的过程方便而且快捷。

12.4.1 插入图表

插入图表的方法与插入图片的方法类似，在功能区打开【插入】选项卡，在【插图】选项组中单击【图表】按钮，打开【插入图表】对话框，该对话框提供了 11 种图表类型，每种类型可以分别用来表示不同的数据关系，如图 12-36 所示。

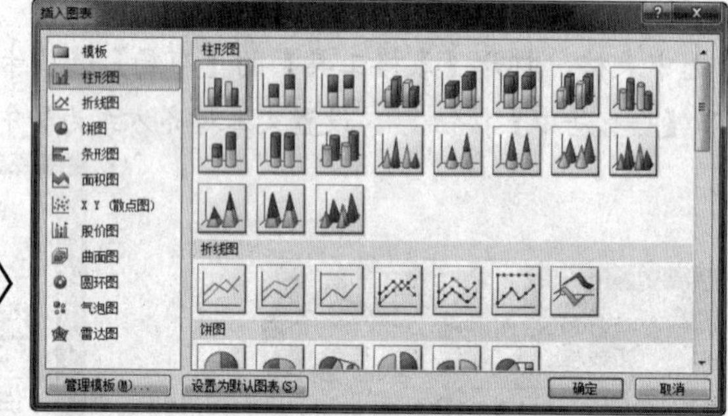

图 12-36　打开【插入图表】对话框

【例 12-7】在“销售统计”演示文稿中插入图表。

(1) 启动 PowerPoint 2010，打开“销售统计”演示文稿。

(2) 添加一张新幻灯片，在【单击此处添加标题】占位符中输入标题，在【单击此处添加文本】占位符中单击【插入图表】按钮，如图 12-37 所示。

(3) 打开【插入图表】对话框。在【折线图】选项卡中选择【带数据标记的折线图】选项，然后单击【确定】按钮，如图 12-38 所示。

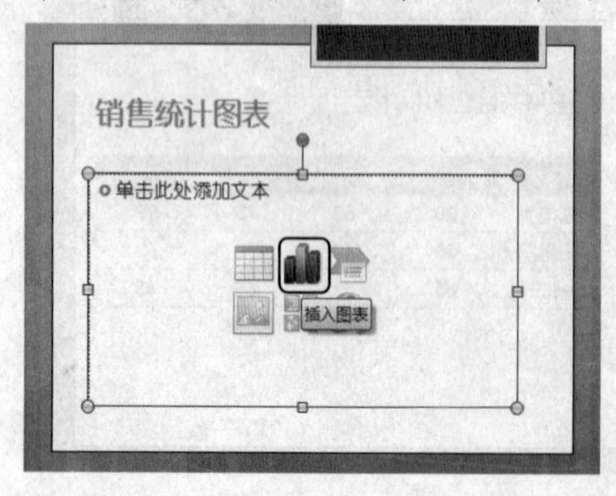

图 12-37　单击【插入图表】按钮

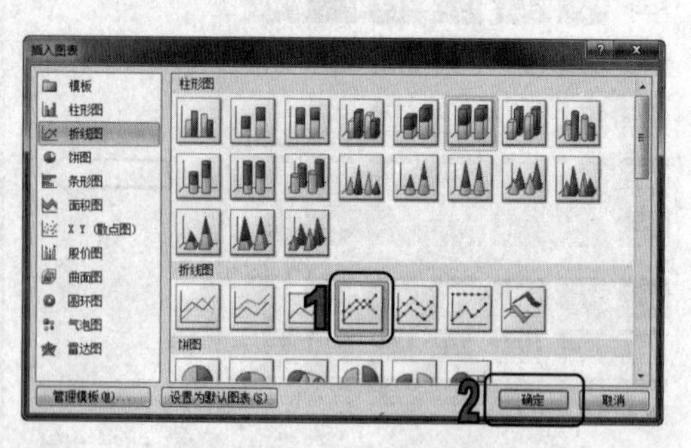

图 12-38　选择图表类型

(4) 此时打开 Excel 2010 应用程序，在其工作界面中修改类别值和系列值，如图 12-39 所示。

(5) 关闭 Excel 2010 应用程序，此时折线图添加到幻灯片中，如图 12-40 所示。

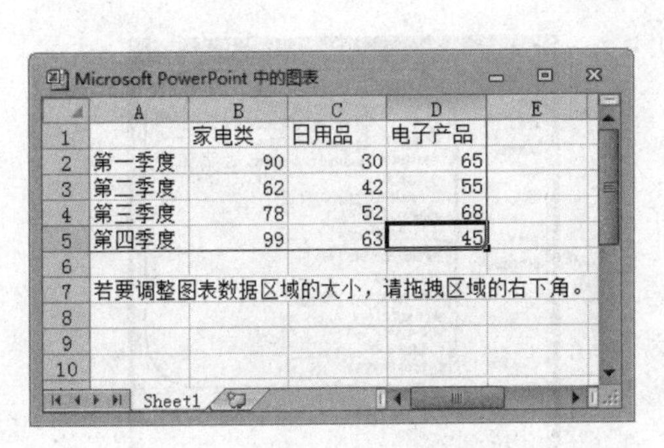

Microsoft PowerPoint 中的图表

	A	B	C	D	E
1		家电类	日用品	电子产品	
2	第一季度	90	30	65	
3	第二季度	62	42	55	
4	第三季度	78	52	68	
5	第四季度	99	63	45	
6					
7	若要调整图表数据区域的大小，请拖拽区域的右下角。				
8					
9					
10					

Sheet1

图 12-39 编辑类别值和系列值

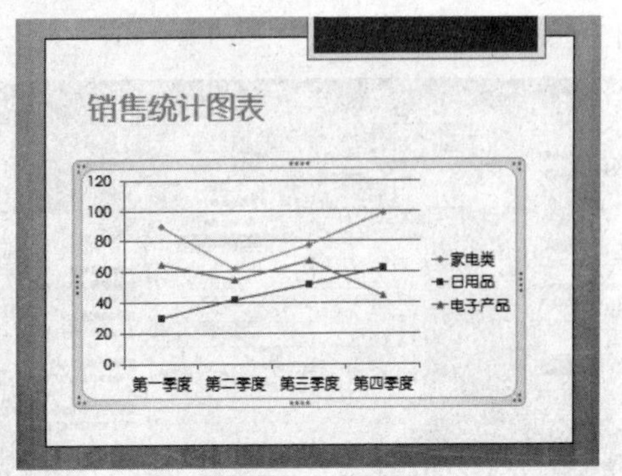

图 12-40 插入图表

12.4.2 编辑图表

在 PowerPoint 中，不仅可以对图表进行移动、调整大小，还可以设置图表的颜色、图表中某个元素的属性等。

【例 12-8】在“销售统计”演示文稿中编辑图表。

(1) 启动 PowerPoint 2010，打开“销售统计”演示文稿，切换到第 3 张幻灯片。

(2) 选定图表，拖动图表边框，调整其位置和大小，如图 12-41 所示。

(3) 打开【图表工具】的【设计】选项卡，在【图表样式】选项组中单击【其他】按钮，在打开的样式列表中选择【样式 37】选项，如图 12-42 所示。

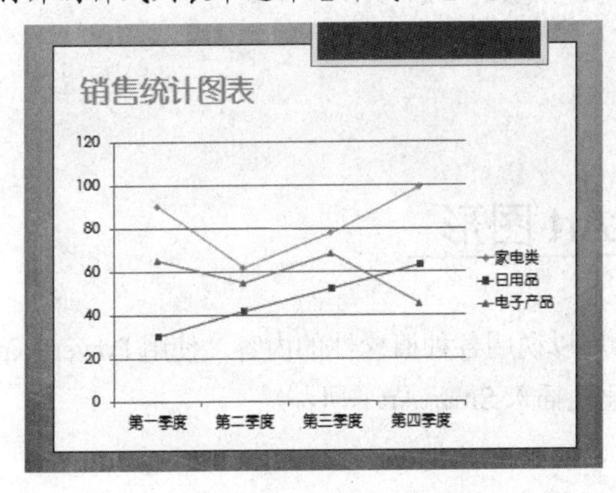

图 12-41 调整图表大小和位置

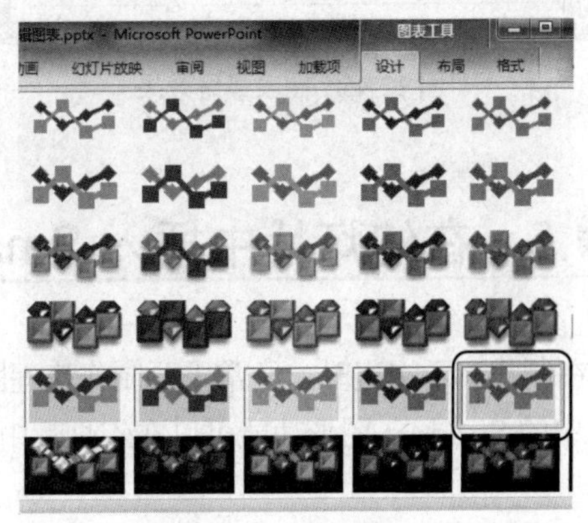

图 12-42 选择图表样式

(4) 选定图表，打开【图表工具】的【布局】选项卡，在【坐标轴】选项组中单击【坐标轴】按钮，在弹出的菜单中选择【主要纵坐标轴】|【其他主要纵坐标轴选项】命令，打开【设置坐标轴格式】对话框，如图 12-43 所示。

(5) 打开【坐标轴选项】选项卡，在【最小值】选项区域中选中【固定】单选按钮，并在其右侧的文本框中输入 20；在【最大值】选项区域中选中【固定】单选按钮，并在其右侧的文本框中输入 100；在【主要刻度单位】选项区域中选中【固定】单选按钮，并在其右侧的文本框中输入 15，如图 12-44 所示。

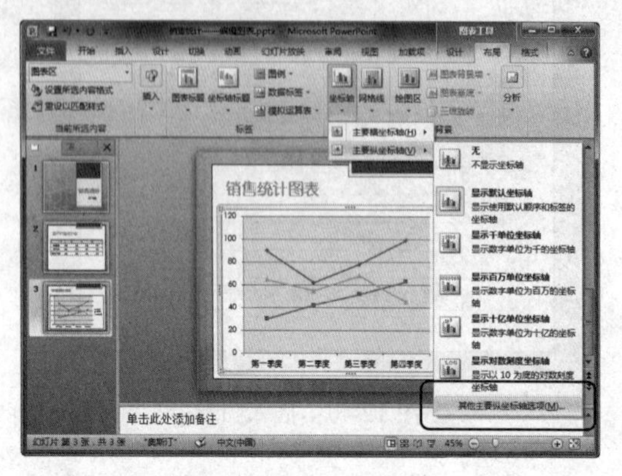

图 12-43　选择命令

图 12-44　设置参数

(6) 单击【关闭】按钮，完成设置，效果如图 12-45 所示。

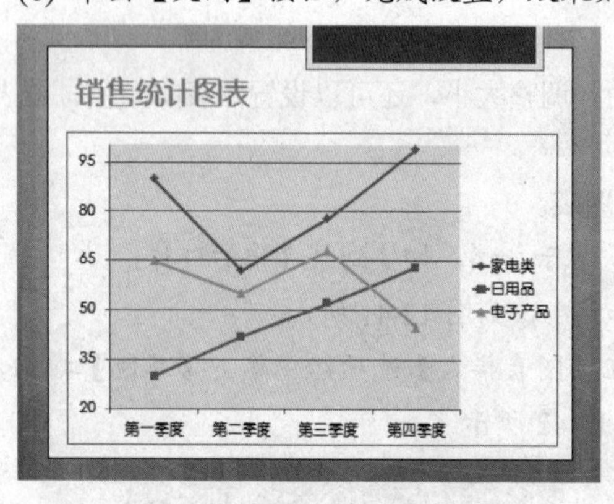

图 12-45　图表最终效果

知识点

打开【图表工具】的【格式】选项卡，在【形状样式】选项组中，可以为图表设置填充色、线条样式和效果等。单击【其他】按钮，可以在弹出的样式列表框中为图表应用预设的形状或线条的外观样式。

12.5　在幻灯片中插入 SmartArt 图形

在制作演示文稿时，经常需要制作流程图，用以说明各种概念性的内容。使用 PowerPoint 2010 中的 SmartArt 图形功能可以在幻灯片中快速地插入 SmartArt 图形。

12.5.1　插入 SmartArt 图形

PowerPoint 2010 提供了多种 SmartArt 图形类型，如流程、层次结构等。要插入 SmartArt 图形，可打开【插入】选项卡，在【插图】选项组中单击 SmartArt 按钮，打开【选择 SmartArt 图形】对话框，可根据需要选择合适的类型，然后单击【确定】按钮即可，如图 12-46 所示。

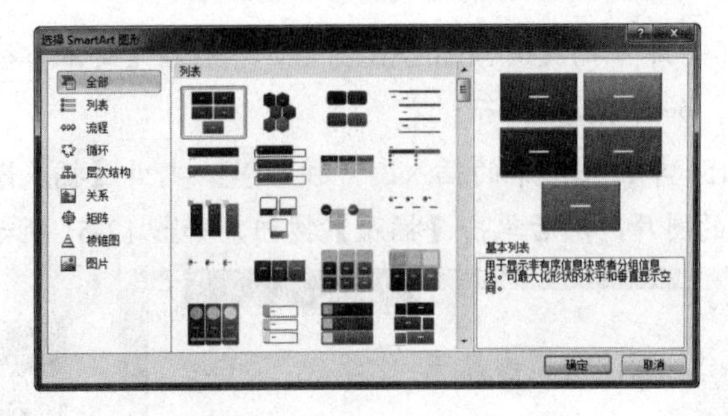

图 12-46　插入 SmartArt 图形

12.5.2　设置 SmartArt 图形格式

PowerPoint 创建的 SmartArt 图形会自动采用 PowerPoint 默认的格式。插入 SmartArt 图形后，系统会自动打开【SmartArt 工具】的【设计】和【格式】选项卡，使用该功能组中的相应按钮，可以对 SmartArt 格式进行相关的设置，如图 12-47 所示。

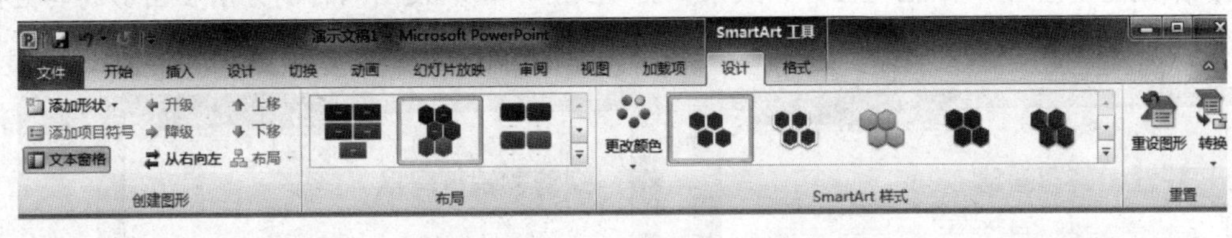

图 12-47　【设计】选项卡

【例 12-9】在"销售统计"演示文稿中插入 SmartArt 图形，并设置 SmartArt 图形格式。

(1) 启动 PowerPoint 2010，打开"销售统计"演示文稿。

(2) 添加一张新幻灯片，在【单击此处添加标题】占位符中输入标题，在【单击此处添加文本】占位符中单击【插入 SmartArt 图形】按钮，如图 12-48 所示。

(3) 打开【选择 SmartArt】对话框。在【图片】选项卡中选择【六边形群集】选项，然后单击【确定】按钮，操作界面如图 12-49 所示。

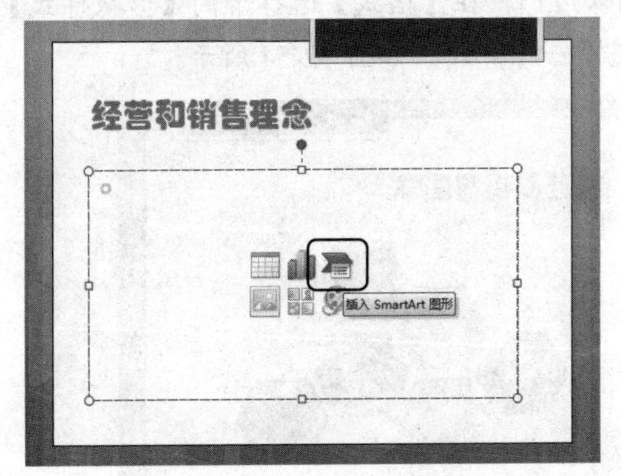

图 12-48　输入标题

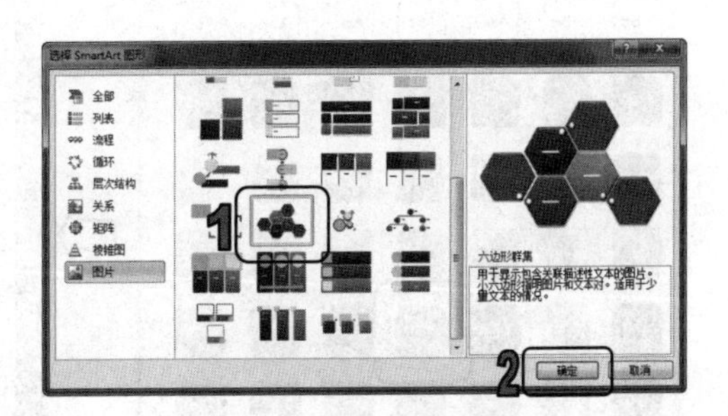

图 12-49　选择 SmartArt 图形

(4) 即可插入该 SmartArt 图形，然后在【文本】框中输入文本，并拖动鼠标调节图形大小和位置，如图 12-50 所示。

(5) 单击图形中的插入图片按钮，打开【插入图片】对话框，在该对话框中选择一副想要使用的图片，然后单击【插入】按钮，如图 12-51 所示。

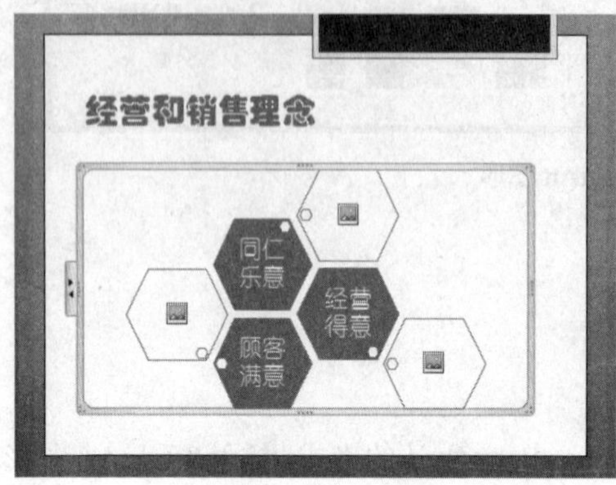

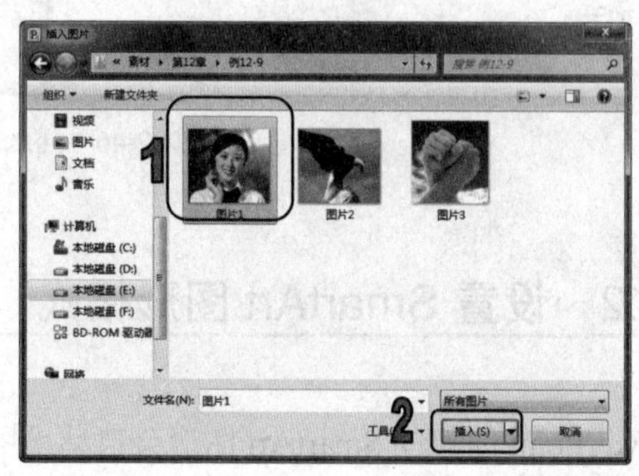

图 12-50　输入文本　　　　图 12-51　选择图片

(6) 在 SmartArt 图形中插入图片，效果如图 12-52 所示，使用同样的方法在图形的其他位置插入图片，效果如图 12-53 所示。

图 12-52　插入一幅图片　　　　图 12-53　插入多幅图片

(7) 选中 SmartArt 图形中“经营得意”所在的六边形，在【格式】选择卡的【形状样式】组中单击【其他】按钮，从弹出的列表框中为图形选择一种样式，如图 12-54 所示。

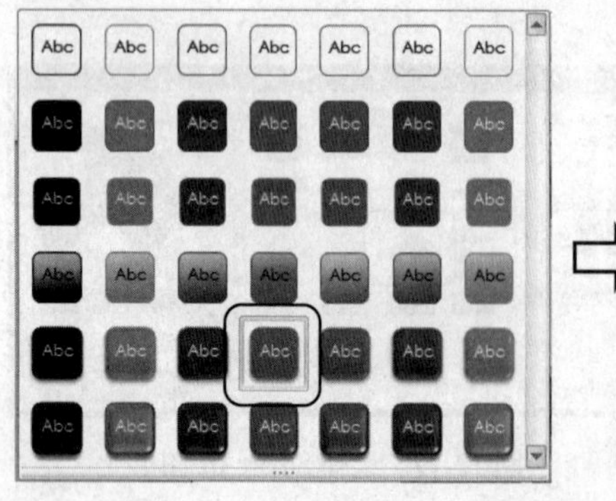

图 12-54　为图形设置样式

(8) 使用同样的方法，为 SmartArt 图形中其他圆形设置图形样式，最终效果如图 12-55 所示。

图 12-55　幻灯片最终效果

提示

在【设计】选项卡的【SmartArt 样式】选项组中，用户可为 SmartArt 图形套用软件内置的图形样式。

12.6　在幻灯片中插入音频和视频

在 PowerPoint 2010 中可以方便地插入音频和视频等多媒体对象，使用户的演示文稿从画面到声音，多方位地向观众传递信息。

12.6.1　插入音频

在制作幻灯片时，用户可以根据需要插入音频，以增加向观众传递信息的通道，增强演示文稿的感染力。

打开【插入】选项卡，在【媒体】选项组中单击【音频】下拉按钮，在弹出的下拉菜单中可以选择需要插入的音频形式，包括【文件中的音频】、【剪贴画音频】和【录制音频】三种，如图 12-56 所示。例如要插入本机上的音频，可选择【文件中的音频】命令，打开【插入音频】对话框，选择想要插入的音频，然后单击【插入】按钮即可。如图 12-57 所示。

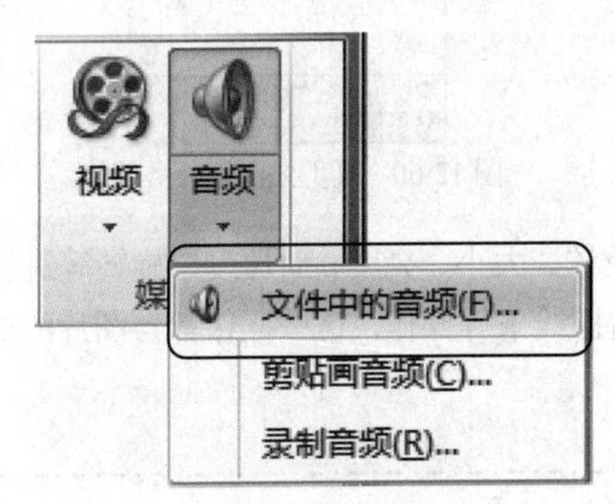

图 12-56　音频下拉菜单

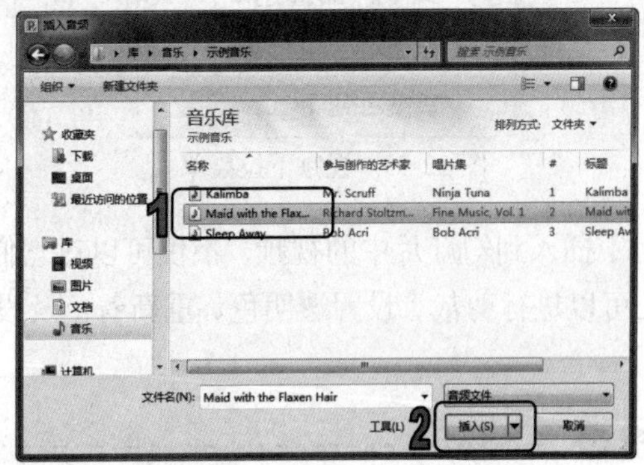

图 12-57　【插入音频】对话框

插入音频后，在幻灯片中将出现一个声音图标，选中该声音图标，功能区将出现【音频工具】

的【格式】和【播放】选项卡。使用这两个选项卡可以设置声音效果。一般的声音文件并不需要设置声音效果，如果要循环播放声音，则可在【播放】选项卡的【音频选项】选项组中选中【循环播放，直至停止】复选框，如图 12-58 所示。

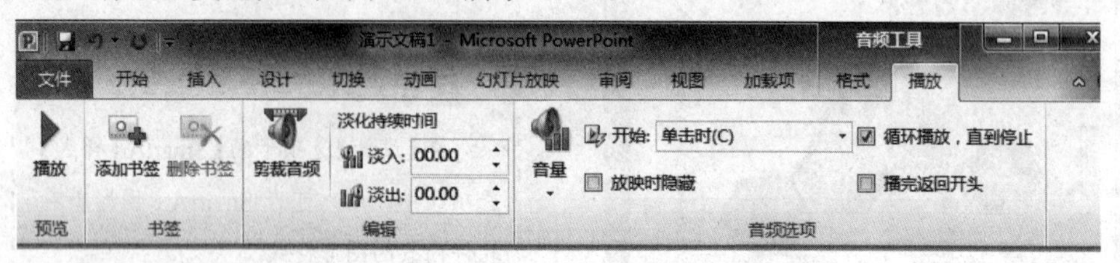

图 12-58 【音频工具】的【播放】选项卡

12.6.2 插入视频

用户可以根据需要插入 PowerPoint 2010 自带的视频和计算机中存放的影片，用以丰富幻灯片的内容，增强演示文稿的鲜明度。

打开【插入】选项卡，在【媒体】选项组中单击【视频】下拉按钮，在弹出的下拉菜单中选择需要插入的视频形式，包括【文件中的视频】、【来自网站的视频】和【剪贴画视频】三种，如图 12-59 所示。例如要插入剪贴画视频，可选择【剪贴画视频】命令，打开【剪贴画】任务窗格，该窗格显示了剪辑中所有的视频或动画，单击某个动画文件，即可将该剪辑文件插入到幻灯片中，如图 12-60 所示。

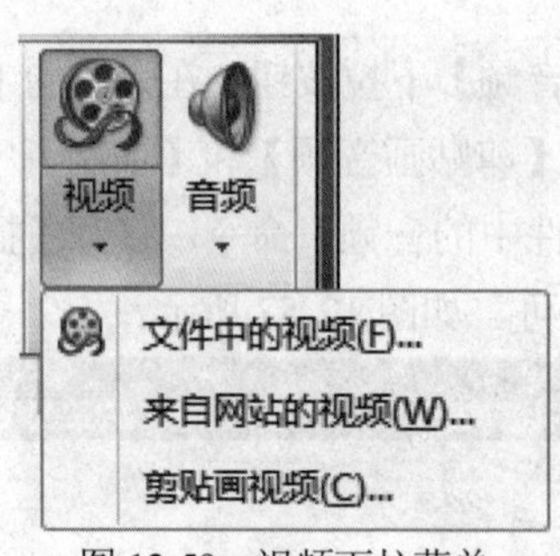

图 12-59 视频下拉菜单

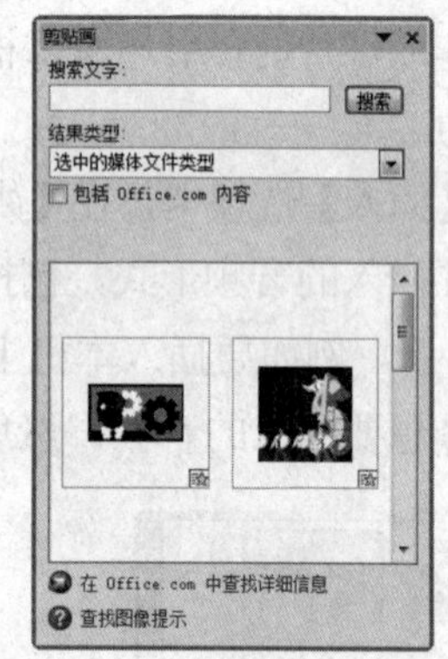

图 12-60 【剪贴画】任务窗格

对于插入到幻灯片中的视频，不仅可以对它们的位置、大小、亮度、对比度、旋转等进行操作，还可以进行剪裁、设置透明色、重新着色及设置边框线条等操作，这些操作都与图片的操作相同。

提示

PowerPoint 中插入的影片都是以链接方式插入的，如果要在另一台计算机上播放该演示文稿，则必须在复制该演示文稿的同时复制它所链接的影片文件。

12.7　上机练习

本章主要介绍了如何在幻灯片中插入丰富多彩的多媒体元素，包括插入图片和艺术字、插入表格和图表、插入 SmartArt 图形以及插入声音和视频等内容，本次上机练习来介绍如何在幻灯片中插入相册，使用户进一步掌握丰富幻灯片内容的方法。

(1) 启动 PowerPoint 2010，新建一个空白演示文稿并将其保存为“风景如画”。

(2) 打开【插入】选项卡，在【插图】选项组中单击【相册】按钮，打开【相册】对话框，如图 12-61 和图 12-62 所示。

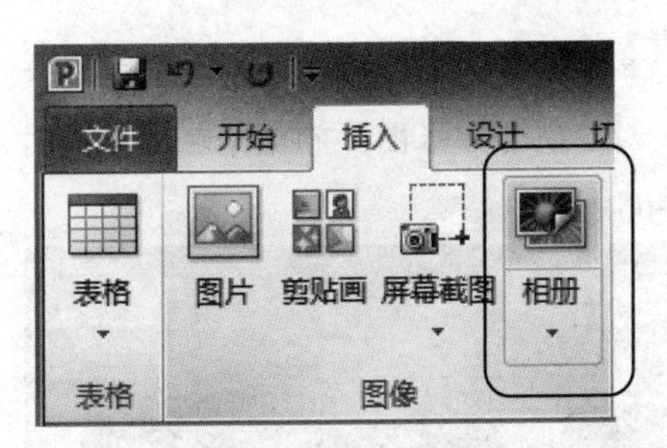

图 12-61　单击【相册】按钮

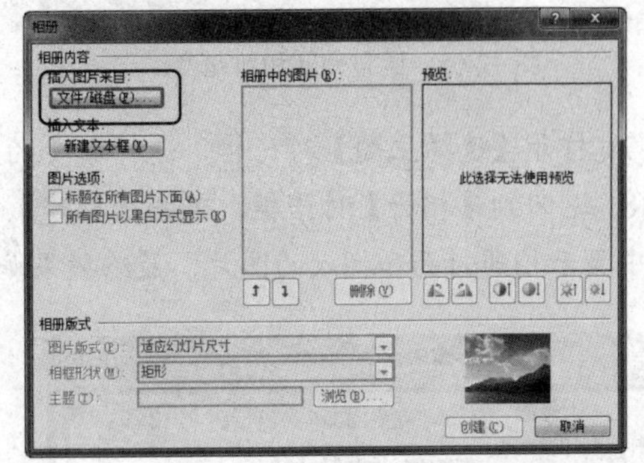

图 12-62　【相册】对话框

(3) 单击【文件/磁盘】按钮，打开【插入新图片】对话框，在图片列表中选中需要的图片，单击【插入】按钮，如图 12-63 所示。

(4) 返回到【相册】对话框，在【相册中的图片】列表中选择图片名称为【风景 6】的选项，单击 按钮，将该图片向上移动到合适的位置，如图 12-64 所示。

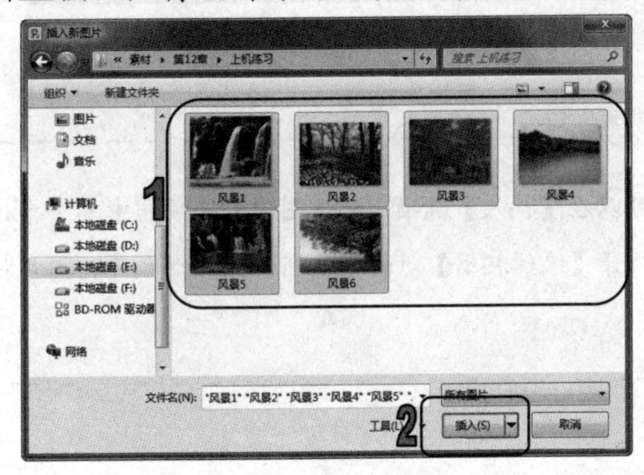

图 12-63　【插入新图片】对话框

图 12-64　【相册】对话框

(5) 在【相册中的图片】列表框中选中图片名称为【风景 5】的图片，此时该图片显示在右侧的预览框中，单击【减少对比度】按钮 和【增加亮度】按钮 ，调整图片的对比度和亮度，如图 12-65 所示。

(6) 在【相册版式】选项区域的【图片版式】下拉列表中选择【2 张图片】选项，在【相框形状】下拉列表中选择【简单框架，白色】选项，在【主题】右侧单击【浏览】按钮，如图 12-66

所示。

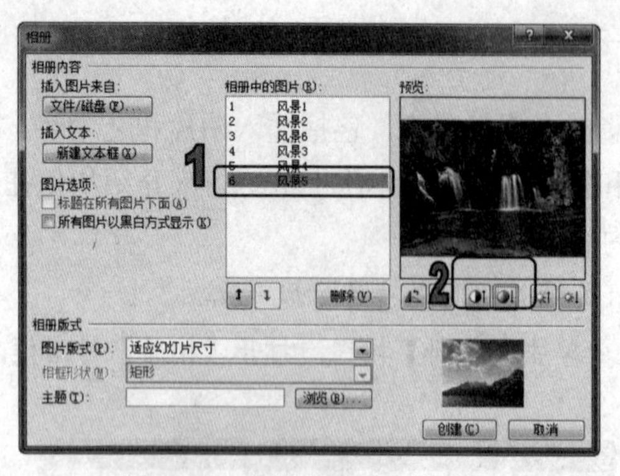

图 12-65　调整亮度和对比度

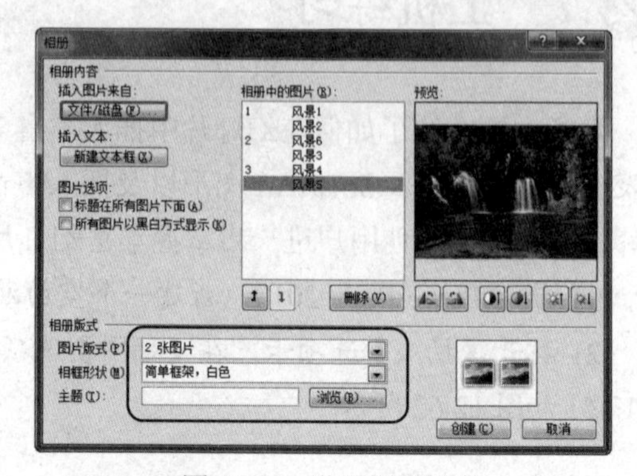

图 12-66　设置相册版式

(7) 打开【选择主题】对话框，选择需要的主题，单击【确定】按钮，如图 12-67 所示。

(8) 返回到【相册】对话框，单击【创建】按钮，创建包含 6 张图片的电子相册，此时演示文稿中显示相册封面和插入的图片，最终效果如图 12-68 所示。

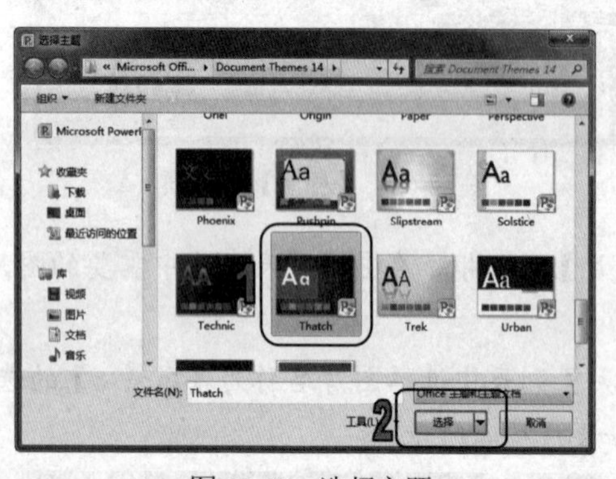

图 12-67　选择主题

图 12-68　相册最终效果

知识点

对于建立的相册，如果不满意它所呈现的效果，可以在【插入】选项卡的【图像】选项组中单击【相册】按钮，在弹出的菜单中选择【编辑相册】命令，打开【编辑相册】对话框重新修改相册顺序、图片版式、相框形状、演示文稿设计模板等相关属性。

12.8　习题

1. 创建一个名为“商品报价单”的演示文稿，在幻灯片中插入艺术字和表格。

2. 使用插入相册功能，创建一个“个人相册”演示文稿。

3. 在“个人相册”演示文稿中插入一段音频，并设置该音频在演示文稿开始放映时，从头开始播放，结束放映时，停止播放。

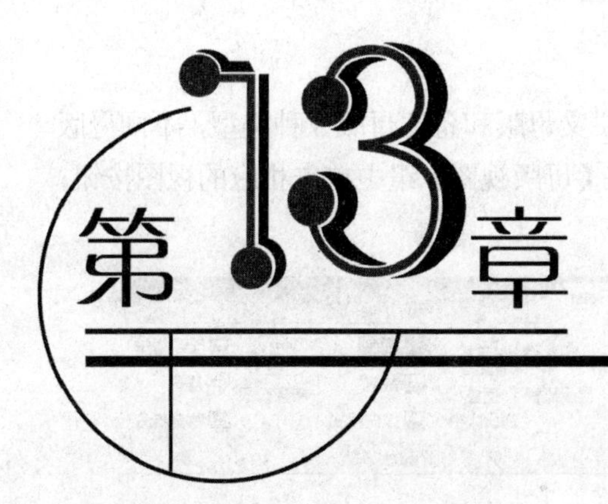

格式化幻灯片

学习目标

在设计幻灯片时，可以使用 PowerPoint 提供的预设格式，如设计模板、主题颜色、动画方案及幻灯片版式等，轻松地制作出具有专业效果的演示文稿；加入动画效果，在放映幻灯片时，产生特殊的视觉或声音效果；还可以加入页眉和页脚等信息，使演示文稿的内容更为全面。

本章重点

- 设置幻灯片母版
- 设置页眉和页脚
- 应用设计模板和主题颜色
- 设置幻灯片背景
- 设置幻灯片切换效果
- 设置幻灯片动画效果

13.1 设置幻灯片母版

幻灯片母版决定着幻灯片的外观，用于设置幻灯片的标题、正文文字等样式，包括字体、字号、字体颜色、阴影等效果；也可以设置幻灯片的背景、页眉页脚等。也就是说，幻灯片母版可以为所有幻灯片设置默认的版式。

13.1.1 幻灯片母版简介

母版是演示文稿中所有幻灯片或页面格式的底板，或者说是样式，它包括了所有幻灯片具有的公共属性和布局信息。用户可以在打开的母版中进行设置或修改，从而快速地创建出样式

各异的幻灯片，提高工作效率

PowerPoint 2010 中的母版类型分为幻灯片母版、讲义母版和备注母版 3 种类型，不同母版的作用和视图都是不相同的。打开【视图】选项卡，在【母版视图】组中单击相应的视图按钮，即可切换至对应的母版视图，如图 13-1 所示。

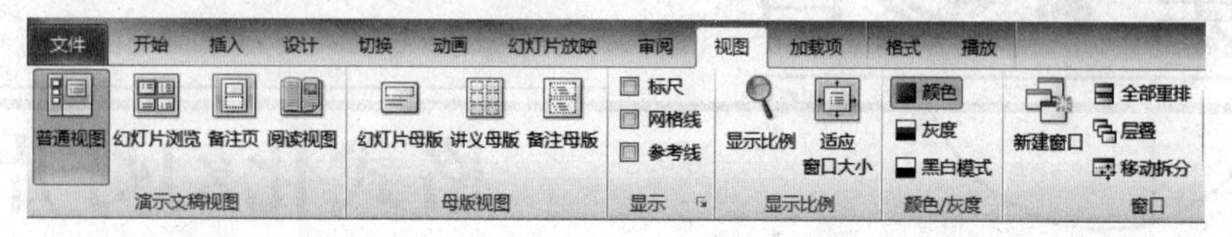

图 13-1　【母版视图】选项组

例如单击【幻灯片母版】按钮，可打开幻灯片母版视图，并同时打开【幻灯片母版】选项卡，如图 13-2 所示。幻灯片母版中的信息包括字形、占位符大小和位置、背景设计和配色方案，通过更改这些信息，即可更改整个演示文稿中幻灯片的外观。

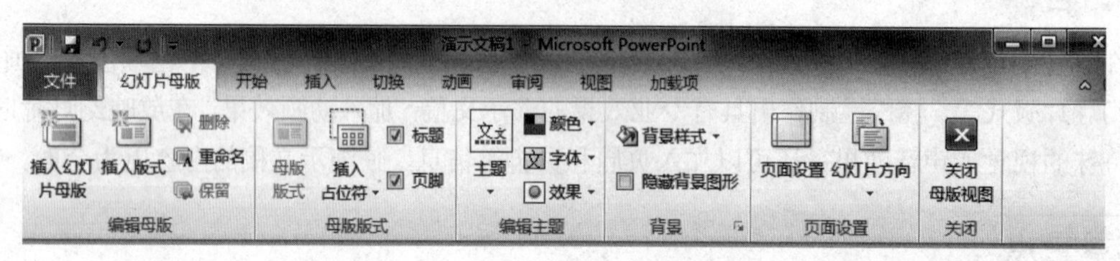

图 13-2　【幻灯片母版】选项卡

提示

无论在幻灯片母版视图、讲义母版视图还是备注母版视图中，如果要返回到普通模式时，在【幻灯片母版】选项卡中单击【关闭母版视图】按钮即可。

13.1.2　设计母版版式

在 PowerPoint 2010 中创建的演示文稿都带有默认的版式，这些版式一方面决定了占位符、文本框、图片、图表等内容在幻灯片中的位置，另一方面决定了幻灯片中文本的样式。在幻灯片母版视图中，用户可以按照自己的需求设置母版版式。

【例 13-1】设置幻灯片母版中的字体格式，并调整母版中的背景图片样式。

(1) 启动 PowerPoint 2010，新建一个空白演示文稿，并将其保存为“模板样式”。

(2) 选中第一张幻灯片，连续按 5 次 Enter 键，插入五张新幻灯片，如图 13-3 所示。

(3) 打开【视图】选项卡，在【母版视图】组中单击【幻灯片母版】按钮，切换到幻灯片母版视图，如图 13-4 所示。

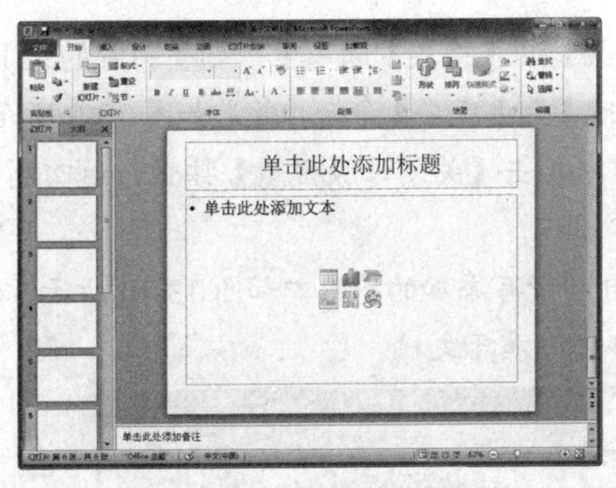

图 13-3　插入新幻灯片

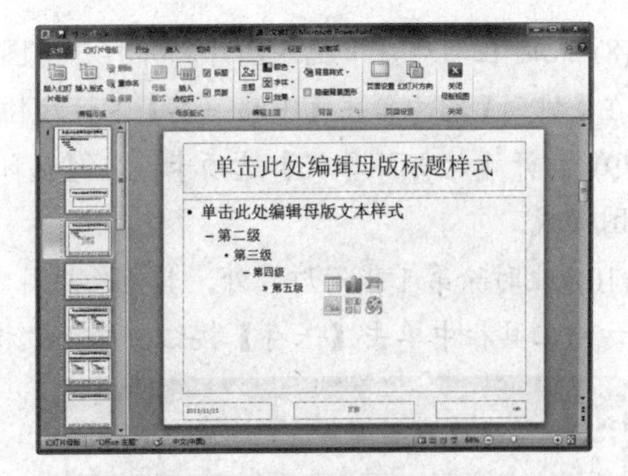

图 13-4　幻灯片母版视图

(4) 选中第 2 张幻灯片，然后选中【单击此处编辑母版标题样式】占位符，右击其边框，在打开的浮动工具栏中设置字体为【华文隶书】、字号为 60、字体颜色为【深蓝，文字 2，深色 25%】、字形为【加粗】，如图 13-5 所示。

(5) 选中【单击此处编辑母版副标题样式】占位符，右击其边框，在打开的浮动工具栏中设置字体为【华文行楷】，字号为 40，字形为【加粗】，并调节其大小，如图 13-6 所示。

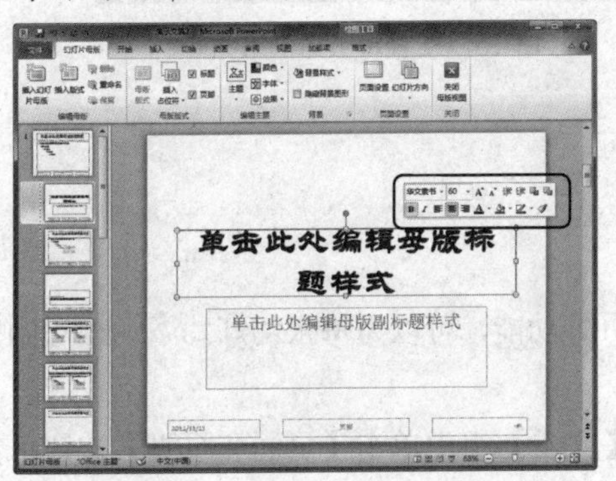

图 13-5　设置母版标题样式

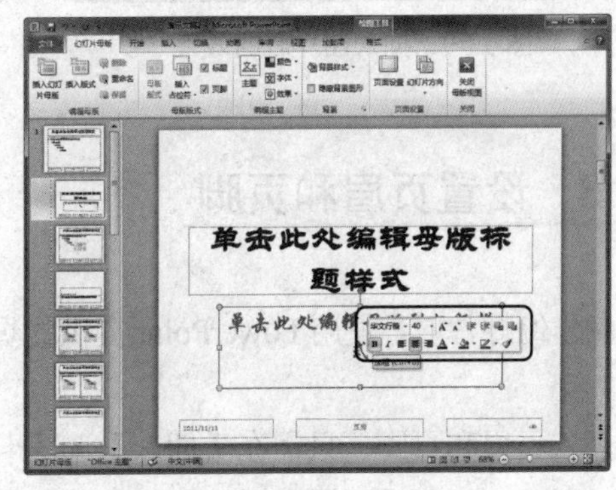

图 13-6　设置母版文本样式

(6) 在左侧预览窗格中选择第 3 张幻灯片，将该幻灯片母版显示在编辑区域。打开【插入】选项卡，在【图像】组中单击【图片】按钮，如图 13-7 所示。

(7) 打开【插入图片】对话框，选择要插入的背景图片，然后单击【插入】按钮，如图 13-8 所示。

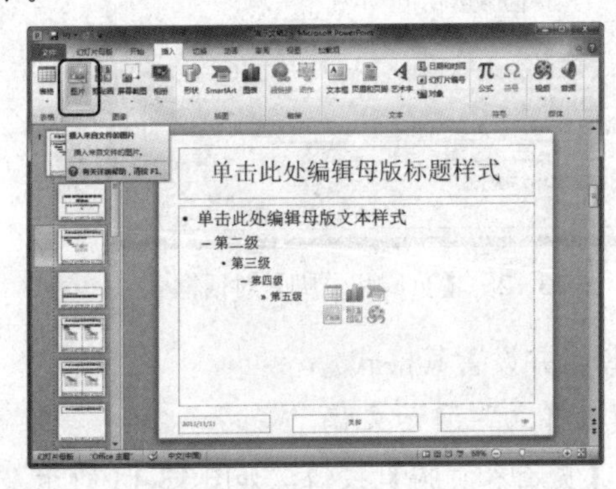

图 13-7　单击【图片】按钮

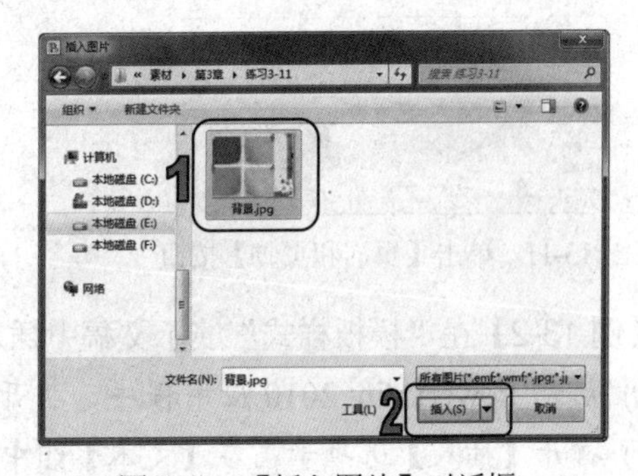

图 13-8　【插入图片】对话框

(8) 此时在幻灯片中插入图片，并打开【图片工具】的【格式】选项卡，调整图片的大小，然后在【排列】组中单击【下移一层】下拉按钮，选择【至于底层】命令，效果如图 13-9 所示。

(9) 打开【幻灯片母版】选项卡，在【关闭】组中单击【关闭母版视图】按钮，返回到普通视图模式。

(10) 此时除第 1 张幻灯片外，其他幻灯片中都自动带有添加的图片，如图 13-10 所示。在快速访问工具栏中单击【保存】按钮，保存“模板样式”演示文稿。

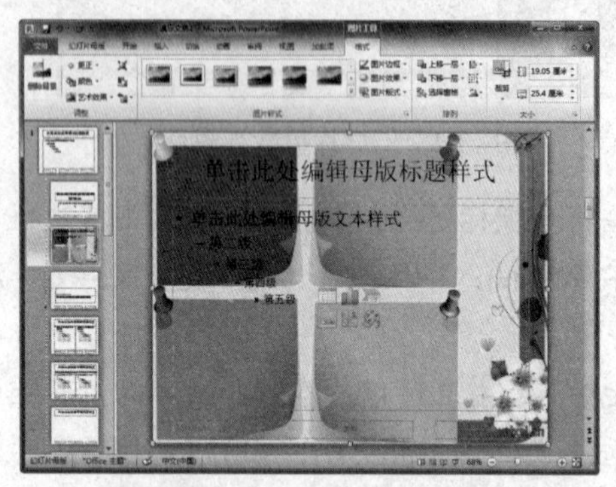

图 13-9 插入图片后的效果

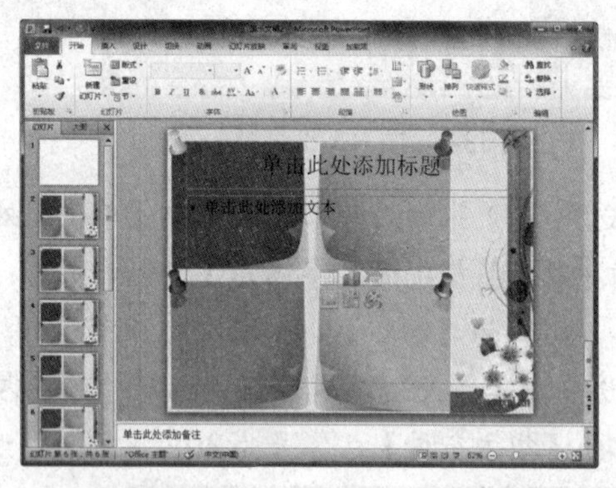

图 13-10 设置母版后的效果

13.1.3 设置页眉和页脚

在制作幻灯片时，使用 PowerPoint 提供的页眉页脚功能，可以为每张幻灯片添加相对固定的信息。

要插入页眉和页脚，只需在【插入】选项卡的【文本】组中单击【页眉和页脚】按钮，如图 13-11 所示，打开【页眉和页脚】对话框，在其中进行相关操作即可，如图 13-12 所示。插入页眉和页脚后，可以在幻灯片母版视图中对其格式进行统一设置。

图 13-11 单击【页眉和页脚】按钮

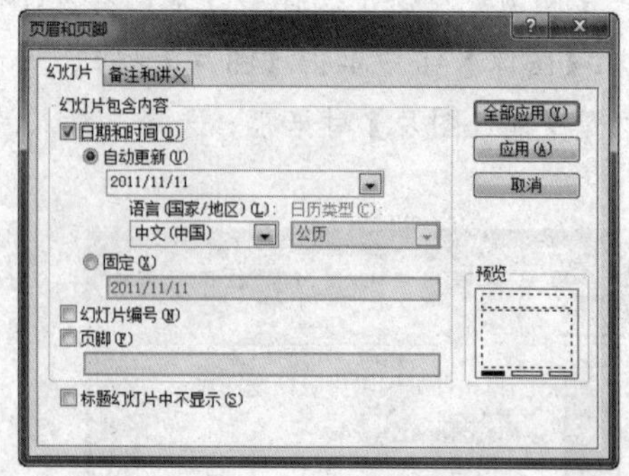

图 13-12 【页眉和页脚】对话框

【例 13-2】在“模板样式”演示文稿中插入页脚，并设置其格式。

(1) 启动 PowerPoint 2010 应用程序，打开“模板样式”演示文稿。

(2) 打开【插入】选项卡，在【文本】组中单击【页眉和页脚】按钮，如图 13-13 所示。

(3) 打开【页眉和页脚】对话框，选中【日期和时间】、【幻灯片编号】、【页脚】、【标题幻灯片中不显示】复选框，并在【页脚】文本框中输入文本“李老师制作”，单击【全部应用】按钮，为除第 1 张幻灯片以外的幻灯片添加页脚，如图 13-14 所示。

图 13-13　单击【页眉和页脚】按钮

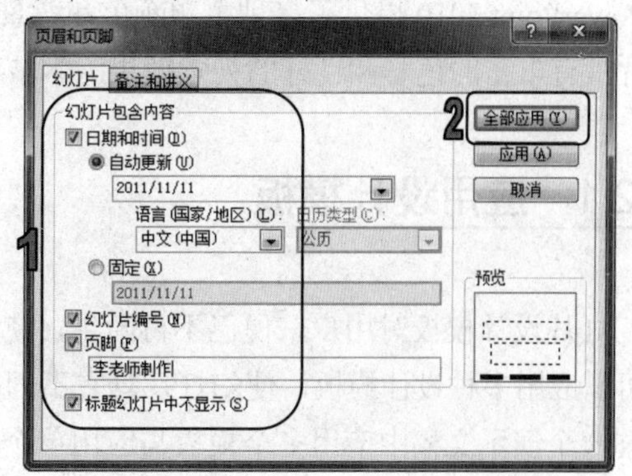

图 13-14　【页眉和页脚】对话框

(4) 打开【视图】选项卡，在【母版视图】组中单击【幻灯片母版】按钮，切换到幻灯片母版视图。

(5) 在左侧预览窗格中选择第 1 张幻灯片，将该幻灯片母版显示在编辑区域。

(6) 选中所有的页脚文本框，设置字体为【微软雅黑】，字形为【加粗】，字体颜色为【白色，背景参数为 1，深色参数为 50%】，如图 13-15 所示。

(7) 打开【幻灯片母版】选项卡，在【关闭】组中单击【关闭母版视图】按钮，返回到普通视图模式。在快速访问工具栏中单击【保存】按钮，保存【模板样式】演示文稿，如图 13-16 所示。

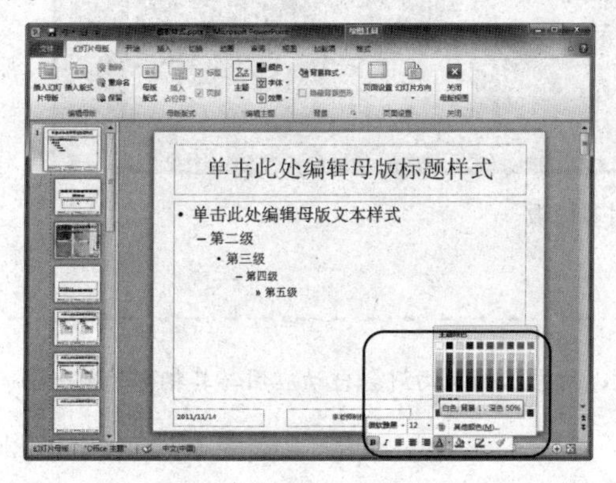

图 13-15　设置页脚格式

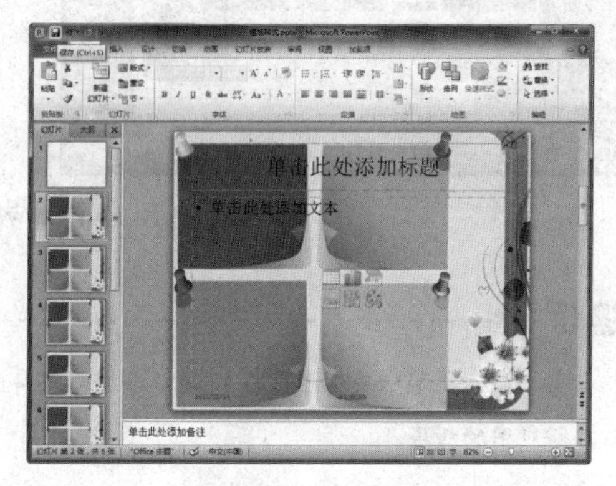

图 13-16　保存幻灯片

知识点

要删除页眉和页脚，可以直接在【页眉和页脚】对话框中，选择【幻灯片】或【备注和讲义】选项卡，取消选择相应的复选框即可。如果想删除几个幻灯片中的页眉和页脚信息，需要先选中这些幻灯片，然后在【页眉和页脚】对话框中取消选择相应的复选框，单击【应用】按钮即可；如果单击【全部应用】将会删除所有幻灯片中的页眉和页脚。

13.2 设置主题和背景

PowerPoint 2010 提供了多种主题颜色和背景样式，使用这些主题颜色和背景样式，可以使幻灯片具有丰富的色彩和良好的视觉效果。本节将介绍为幻灯片设置主题和背景的方法。

13.2.1 应用设计模板

幻灯片设计模板对用户来说已不再陌生，使用它可以快速统一演示文稿的外观。一个演示文稿可以应用多种设计模板，使幻灯片具有不同的外观。

同一个演示文稿中应用多个模板与应用单个模板的步骤非常相似，打开【设计】选项卡，在【主题】组单击【其他】按钮，从弹出的下拉列表框中选择一种模板，即可将该目标应用于整个演示文稿中，然后在选择要应用模板的幻灯片，在【设计】选项卡的【主题】组单击【其他】按钮，从弹出的下拉列表框中右击需要的模板，从弹出的快捷菜单中选择【应用于选定幻灯片】命令，此时，该模板将应用于所选中的幻灯片上，如图 13-17 所示。

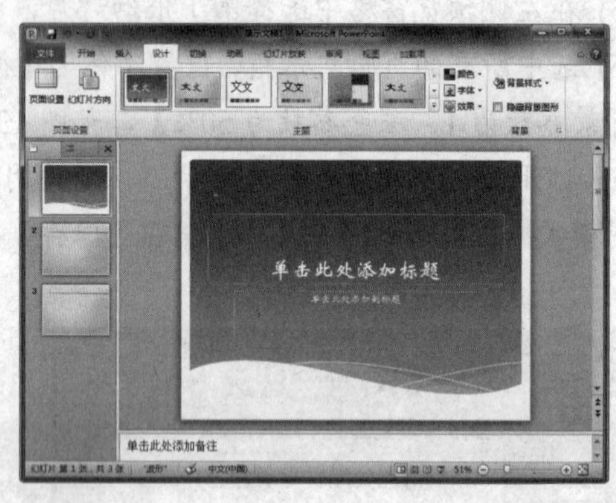

图 13-17　应用多模板

提示

在同一演示文稿中应用了多模板后，添加幻灯片时，所添加的新幻灯会自动应用与其相邻的前一张幻灯片所应用的模板。

13.2.2 设置主题颜色

PowerPoint 2010 为每种设计模板提供了几十种内置的主题颜色，可以根据需要选择不同的颜色来设计演示文稿。这些颜色是预先设置好的协调色，自动应用于幻灯片的背景、文本线条、阴影、标题文本、填充、强调和超链接。

应用设计模板后，打开【设计】选项卡，单击【主题】选项组中的【颜色】按钮![颜色]，将打开主题颜色菜单，在该菜单中可以选择内置主题颜色，如图 13-18 所示。选择【新建主题颜色】命令，可打开【新建主题颜色】对话框，用户可以自定义主题颜色，如图 13-19 所示。

图 13-18　颜色菜单

图 13-19　【新建主题颜色】对话框

提示

在【主题】选项组中单击【字体】按钮![字体]，在弹出的内置字体命令中选择一种字体类型，或选择【新建主题字体】命令，打开【新建主题字体】对话框，在该对话框中自定义幻灯片中文字的字体，并将其应用到当前演示文稿中；单击【效果】按钮![效果]，在弹出的内置主题效果中选择一种效果，为演示文稿更改当前主题效果。

13.2.3　设置幻灯片背景

在设计演示文稿时，用户除了在应用模板或改变主题颜色时更改幻灯片的背景外，还可以根据需要任意更改幻灯片的背景颜色和背景设计，如添加底纹、图案、纹理或图片等。

要应用 PowerPoint 自带的背景样式，可以打开【设计】选项卡，在【背景】选项组中单击【背景样式】按钮![背景样式]，在弹出的菜单中选择需要的背景样式即可。

当用户不满足于 PowerPoint 提供的背景样式时，可以在背景样式列表中选择【设置背景格式】命令，打开【设置背景格式】对话框，在该对话框中可以设置背景的填充样式、渐变以及纹理格式等。

【例 13-3】新建“吉祥如意”演示文稿，并为幻灯片设置背景。

(1) 启动 PowerPoint 2010 应用程序，新建一空白演示文稿，在演示文稿中添加 2 张幻灯片，然后将其保存为“吉祥如意”。

(2) 打开【设计】选项卡，在【背景】选项组中单击【背景样式】按钮，从弹出的背景样式列表框中选择【设置背景格式】命令，打开【设置背景格式】对话框，如图 13-20 所示。

(3) 打开【填充】选项卡，选中【图片或纹理填充】单选按钮，单击【纹理】下拉按钮，从弹出的样式列表框中选择【花束】选项，如图 13-21 所示。

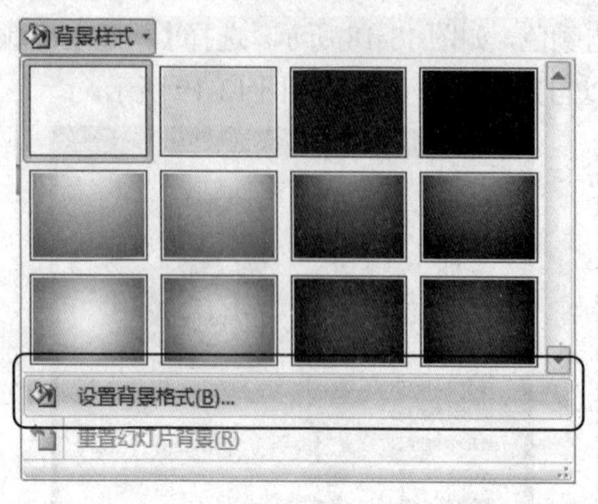

图 13-20　选择【设置背景格式】命令

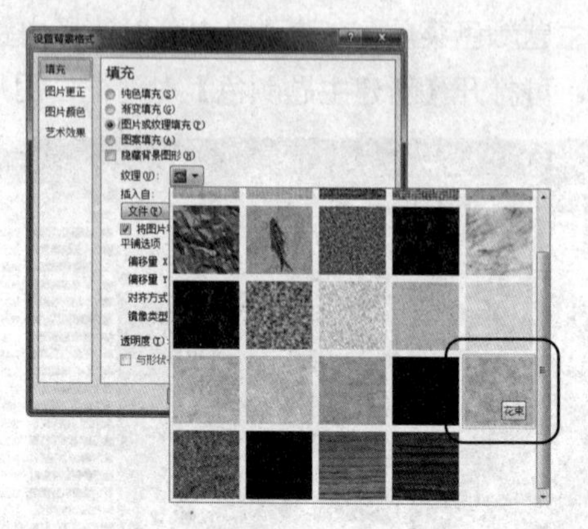

图 13-21　选择纹理效果

(4) 单击【全部应用】按钮，将该纹理样式应用到演示文稿中的每张幻灯片中，如图 13-22 所示。

(5) 在【插入自】选项区域单击【文件】按钮，打开【插入图片】对话框，选择一张图片后，单击【插入】按钮，如图 13-23 所示。

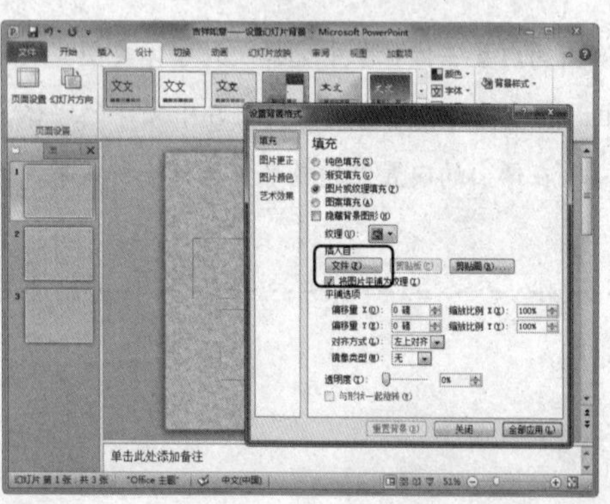

图 13-22　应用背景

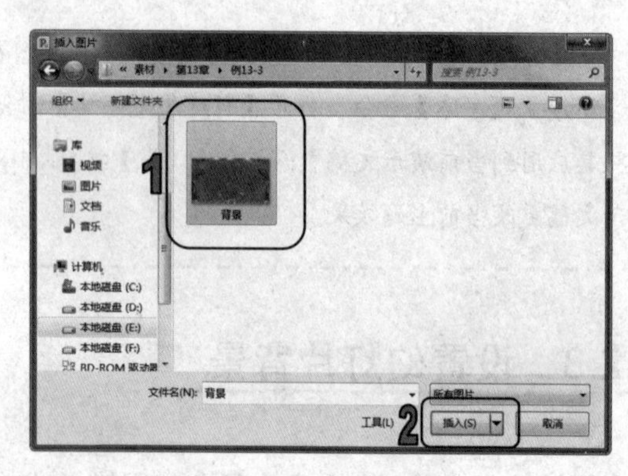

图 13-23　选择图片

(6) 返回至【设置背景格式】对话框，单击【关闭】按钮，此时图片将设置为幻灯片的背景，如图 13-24 所示。

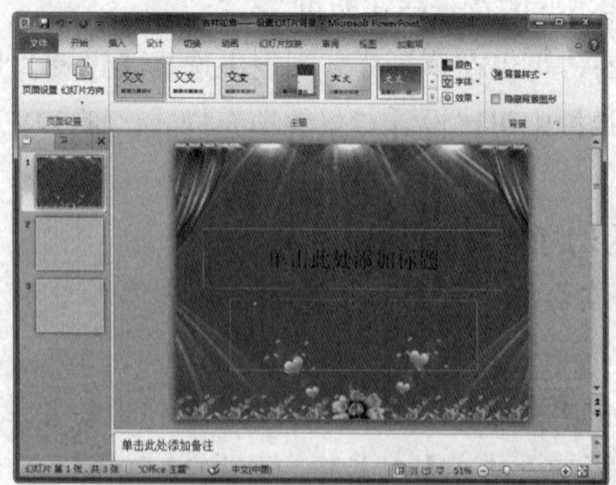

图 13-24　插入图片后的背景

知识点

在【设计】选项卡的【背景】选项组中单击【背景样式】按钮，从弹出的菜单中选择【重置幻灯片背景】命令，可以重新设置幻灯片背景。

计算机　基础与实训教材系列

13.3 幻灯片动画设计

动画是为文本或其他对象添加的，在幻灯片放映时产生的特殊视觉或声音效果。在 PowerPoint 中，演示文稿中的动画有两种主要类型：一种是灯片切换动画，另一种是对象的动画效果。

提示

幻灯片切换动画又称为翻页动画，是指幻灯片在放映时更换幻灯片的动画效果；自定义动画是指为幻灯片内部各个对象设置的动画。

13.3.1 设置幻灯片切换效果

幻灯片切换效果是指一张幻灯片如何从屏幕上消失，以及另一张幻灯片如何显示在屏幕上的方式。幻灯片切换方式可以是简单地以一个幻灯片代替另一个幻灯片，也可以创建一种特殊的效果，使幻灯片以不一样的方式出现在屏幕上。用户既可以为一组幻灯片设置同一种切换方式，也可以为每张幻灯片设置不同的切换方式。

【例 13-4】在"商场促销海报"演示文稿中为幻灯片设置切换动画效果。

(1) 启动 PowerPoint 2010 应用程序，打开"商场促销海报"演示文稿。

(2) 打开【视图】选项卡，在【演示文稿视图】组中单击【幻灯片浏览】按钮，将演示文稿切换到幻灯片浏览视图界面，如图 13-25 所示。

(3) 打开【切换】选项卡，在【切换到此幻灯片】组中单击【其他】按钮，从弹出的列表框中选择【百叶窗】选项，此时被选中的幻灯片缩略图将显示切换动画的预览效果，如图 13-26 所示。

图 13-25　幻灯片浏览视图

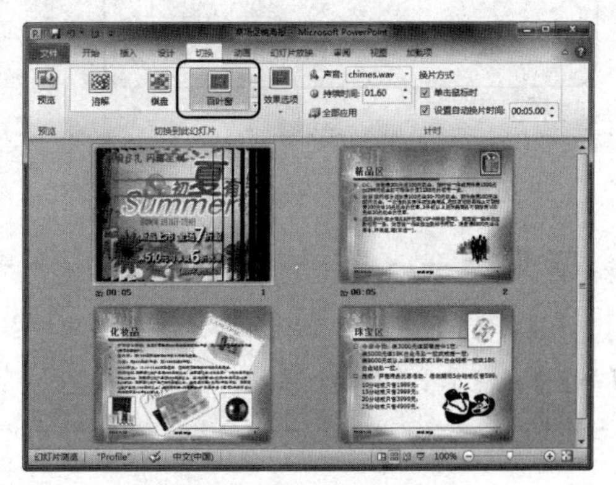

图 13-26　幻灯片切换预览效果

(4) 在【切换】选项卡的【计时】组中，单击【声音】下拉按钮，在打开的列表中选择【风铃】选项，然后单击【全部应用】按钮，将演示文稿的所有幻灯片都应用该切换方式，如图 13-27

所示。此时幻灯片预览窗格显示的幻灯片缩略图左下角都将出现动画标志，如图 13-28 所示。

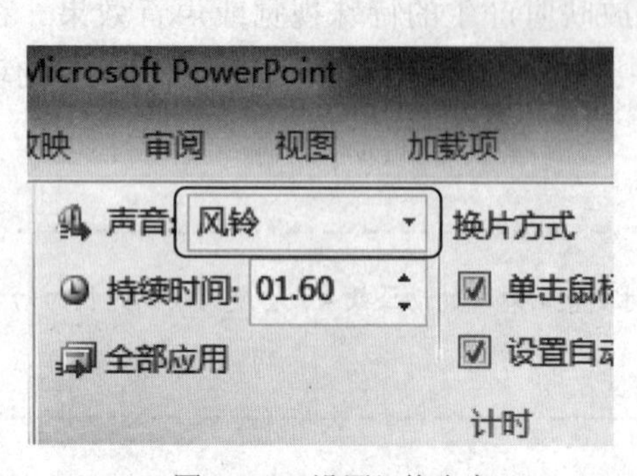

图 13-27 设置切换声音

图 13-28 显示动画标志

(5) 在【切换】选项卡的【计时】组中，选中【单击鼠标时】复选框，选中【设置自动切片时间】复选框，并在其右侧的文本框中输入 00:05，单击【全部应用】按钮，将演示文稿的所有幻灯片都应用该换片方式，如图 13-29 所示。

(6) 打开【幻灯片放映】选项卡，在【开始放映幻灯片】组中单击【从头开始】按钮，此时演示文稿将从第 1 张幻灯片开始放映。单击鼠标，或者等待 5 秒钟后，幻灯片切换效果如图 13-30 所示。

图 13-29 设置换片方式和等待时间

图 13-30 放映演示文稿时的切换效果

知识点

在【切换】选项卡的【切换此幻灯片】组中单击【效果】按钮，从弹出的效果下拉列表框中可以选择【垂直】或【水平】切换效果。

13.3.2 为对象添加动画效果

在 PowerPoint 中，除了幻灯片切换动画外，还包括幻灯片的动画效果。所谓动画效果，是

指为幻灯片内部各个对象设置的动画效果。用户可以对幻灯片中的文本、图形、表格等对象添加不同的动画效果，如进入动画、强调动画、退出动画和动作路径动画等。

1. 添加进入动画效果

进入动画可以让文本或其他对象以多种动画效果进入放映屏幕。在添加动画效果之前，需要像设置其他对象属性时那样，首先选中对象。对于占位符或文本框来说，选中占位符、文本框，以及进入其文本编辑状态时，都可以为它们添加动画效果。

选中对象后，打开【动画】选项卡，单击【动画】组中的【其他】按钮，在弹出如图 13-31 所示的【进入】列表框中选择一种进入效果，即可为对象添加该动画效果。选择【更多进入效果】命令，将打开【更改进入效果】对话框，如图 13-32 所示，在其中可以选择更多的进入动画效果。

另外，在【高级动画】组中单击【添加动画】按钮，同样可以在弹出的【进入】列表框中选择内置的进入动画效果，若选择【更多进入效果】命令，则打开【添加进入效果】对话框，如图 13-33 所示，在其中同样可以选择更多的进入动画效果。

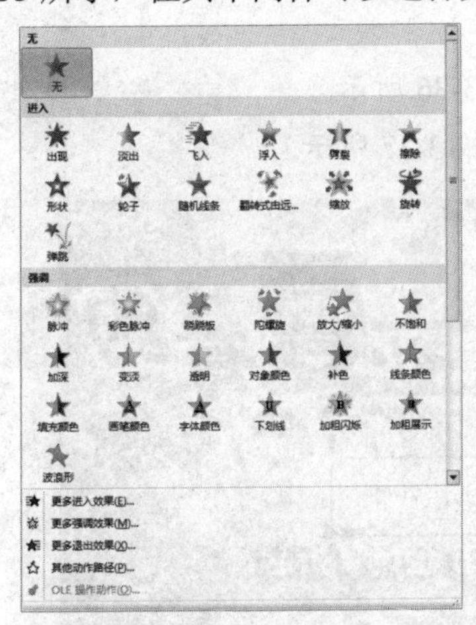

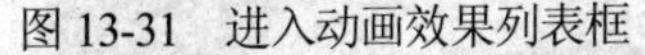

图 13-31　进入动画效果列表框

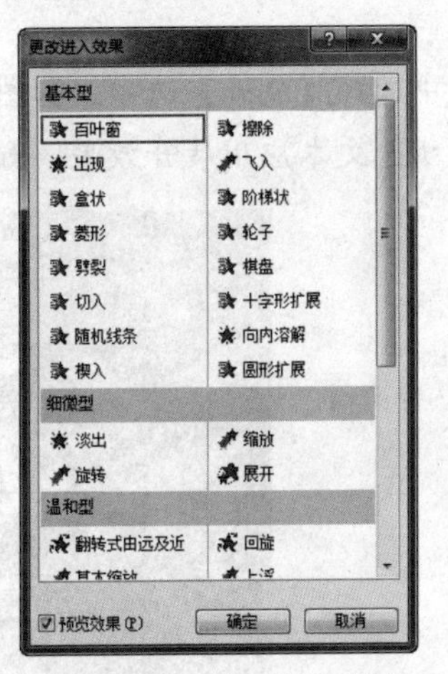

图 13-32　更改进入效果

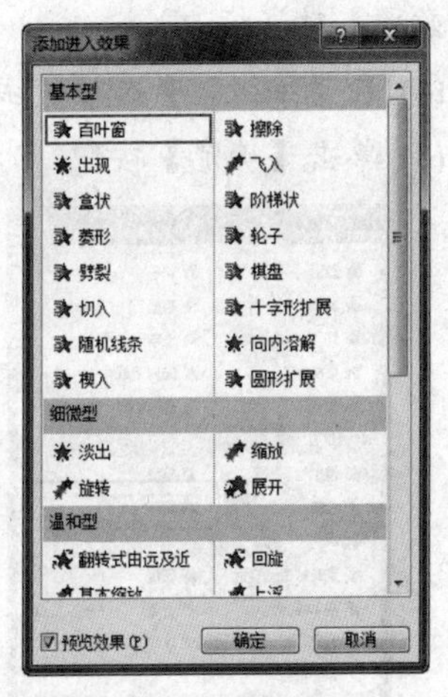

图 13-33　添加进入效果

【例 13-5】在“商场促销海报”演示文稿中为对象添加进入动画效果。

(1) 启动 PowerPoint 2010 应用程序，打开“商场促销海报”演示文稿。

(2) 在第 1 张幻灯片中，选择“缤纷好礼 闪耀呈现”文本，打开【动画】选项卡，在【动画】组单击【其他】按钮，在弹出如图 13-34 所示的【进入】列表框选择【飞入】进入效果，将该标题应用飞入效果，如图 13-35 所示。

提示

当幻灯片中的对象被添加动画效果后，在每个对象的左侧都会显示一个带有数字的矩形标记。这个小矩形表示已经对该对象添加了动画效果，中间的数字表示该动画在当前幻灯片中的播放次序。在【动画】选项卡的【高级动画】组中单击【动画窗格】按钮，打开【动画窗格】任务效果，如图 13-35 所示。在该窗格中会按照添加的顺序依次向下显示当前幻灯片添加的所有动画效果。

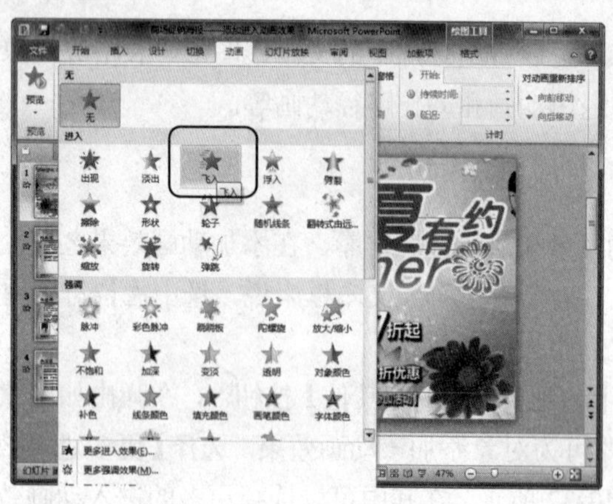

图 13-34　选择动画效果

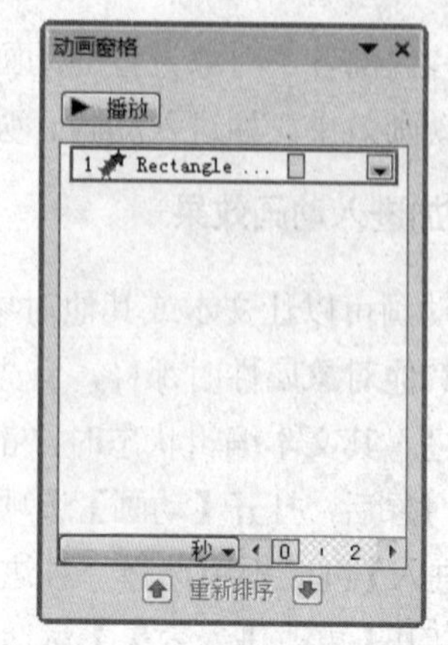

图 13-35　【动画窗格】任务窗格

(3) 选择“活动时间 5 月 11 日—7 月 9 日”文本，打开【动画】选项卡，在【高级动画】组单击【添加效果】下拉按钮，从弹出的下拉菜单中选择【更多进入效果】命令，打开【添加进入效果】对话框。

(4) 在【细微型】选项区域中选择【展开】选项，如图 13-36 所示。

(5) 单击【确定】按钮，为所选文本应用展开效果，如图 13-37 所示。

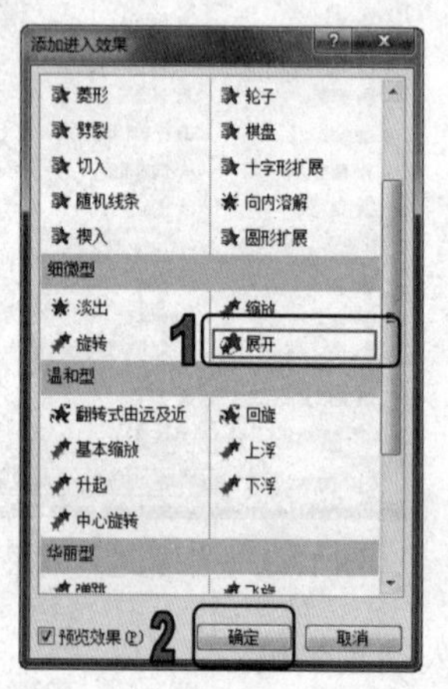

图 13-36　【添加进入效果】对话框

图 13-37　应用展开效果

2. 添加强调动画效果

强调动画是为了突出幻灯片中的某部分内容而设置的特殊动画效果。添加强调动画的过程和添加进入效果大体相同。选择对象后，在【动画】组中单击【其他】按钮，在弹出的【强调】列表框选择一种强调效果，即可为对象添加该动画效果。选择【更多强调效果】命令，将打开【更改强调效果】对话框，在该对话框中可以选择更多的强调动画效果。

另外，在【高级动画】组中单击【添加动画】按钮，同样可以在弹出【强调】列表框中选择一种强调动画效果，若选择【更多强调效果】命令，则打开【添加强调效果】对话框，在该对话框中同样可以选择更多的强调动画效果。

【例 13-6】在“商场促销海报”演示文稿中为对象添加强调动画效果。

(1) 启动 PowerPoint 2010 应用程序，打开“商场促销海报”演示文稿。然后在幻灯片预览窗格中选择第 2 张幻灯片缩略图，将其显示在幻灯片编辑窗口中。

(2) 选中文本占位符，打开【动画】选项卡，在【动画】组单击【其他】按钮，在弹出的菜单中选择【更多强调效果】命令，打开【更改强调效果】对话框，在【华丽型】选项区域中选择【波浪形】选项，单击【确定】按钮，如图 13-38 所示。

(3) 即可为文本添加【波浪形】效果，并显示预览如图 13-39 所示的动画。

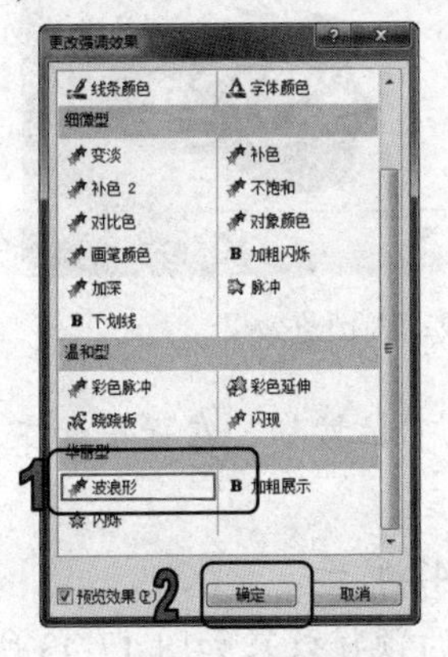

图 13-38　选择强调效果

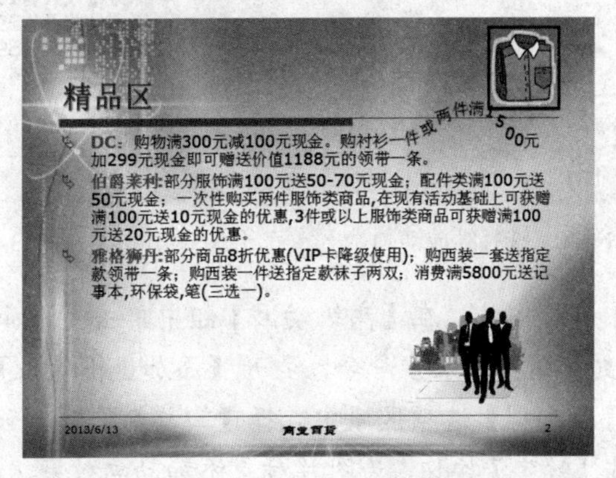

图 13-39　波浪形动画预览效果

3. 添加退出动画效果

退出动画是为了设置幻灯片中的对象退出屏幕的效果。添加退出动画的过程和添加进入、强调动画效果大体相同。

在幻灯片中选中需要添加退出效果的对象，在【动画】组中单击【其他】按钮，在弹出的【退出】列表框中选择一种强调效果，即可为对象添加该动画效果。选择【更多退出效果】命令，将打开【更改退出效果】对话框，在该对话框中可以选择更多的强调动画效果。

另外，在【高级动画】组中单击【添加动画】按钮，在弹出【退出】列表框中选择一种强调动画效果，若选择【更多退出效果】命令，则打开【添加退出效果】对话框，在该对话框中可以选择更多的退出动画效果。

提示

退出动画效果名称有很大一部分与进入动画效果名称相同，所不同的是，它们的运动方向存在差异。

【例 13-7】在“商场促销海报”演示文稿中为对象添加退出动画效果。

(1) 启动 PowerPoint 2010 应用程序，打开“商场促销海报”演示文稿，然后在幻灯片预览窗格中选择第 4 张幻灯片缩略图，将其显示在幻灯片编辑窗口中。

(2) 选中文本占位符，打开【动画】选项卡，在【高级动画】组中单击【添加动画】下拉按钮，从弹出的【退出】列表框中选择【缩放】选项，如图 13-40 所示。该动画预览效果

如图 13-41 所示。

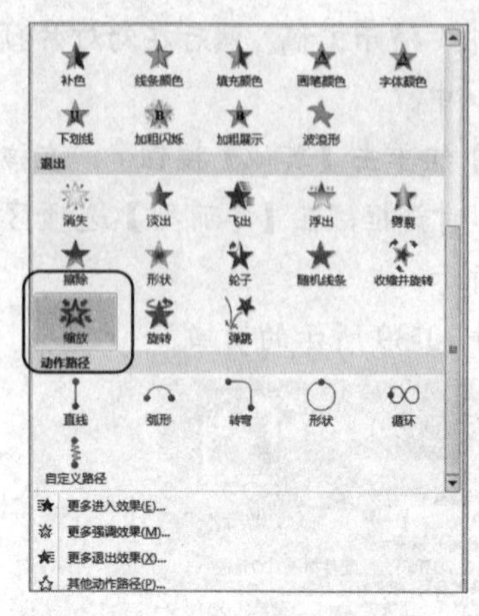

图 13-40 选择缩放动画

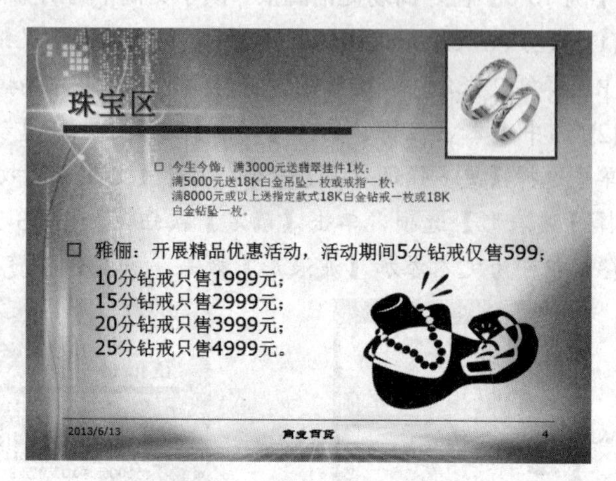

图 13-41 缩放动画预览效果

(3) 选中手镯图片，在【高级动画】组中单击【添加效果】下拉按钮，在弹出的下拉菜单中选择【更多退出效果】命令，打开【添加退出效果】对话框。

(4) 在【温和型】选项区域中选择【回旋】选项，如图 13-42 所示。

(5) 单击【确定】按钮，为图片对象添加动画效果，该动画的预览效果如图 13-43 所示。

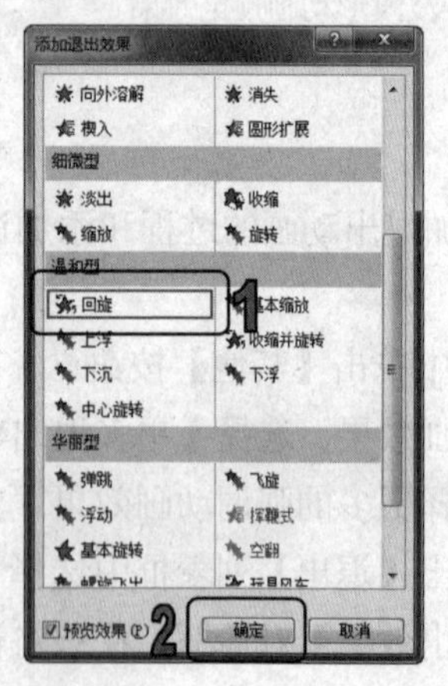

图 13-42 选择动画效果

图 13-43 回旋动画预览效果

4. 添加动作路径动画效果

动作路径动画又称为路径动画，指定对象沿预定的路径运动。PowerPoint 中的动作路径动画不仅提供了大量可供用户简单编辑的预设路径效果，还可以由用户自定义路径，进行更为个性化地编辑。

添加动作路径效果的步骤与添加进入动画的步骤基本相同，在【动画】组中单击【其他】按钮，在弹出的【动作路径】列表框选择一种动作路径效果，即可为对象添加该动画效果。若选择【其他动作路径】命令，在打开的【更改动作路径】对话框中，可以选择其他的动作路径效果。另外，在【高级动画】组中单击【添加动画】按钮，在弹出的【动作路径】列表框同

样可以选择一种动作路径效果；选择【其他动作路径】命令，打开【添加动作路径】对话框，同样可以选择更多的动作路径。

【例 13-8】在“商场促销海报”演示文稿中为对象添加动作路径动画效果。

(1) 启动 PowerPoint 2010 应用程序，打开“商场促销海报”演示文稿，然后在幻灯片预览窗格中选择第 3 张幻灯片缩略图，将其显示在幻灯片编辑窗口中。

(2) 选中正文文本，打开【动画】选项卡，在【高级动画】组中单击【添加动画】下拉按钮，在弹出的【动作路径】列表框中选择【自定义路径】命令，如图 13-44 所示。

(3) 此时鼠标指针变为十字形，在幻灯片中绘制闭合的多边形路径，释放鼠标后，幻灯片分别显示 5 个段落的路径，如图 13-45 所示。

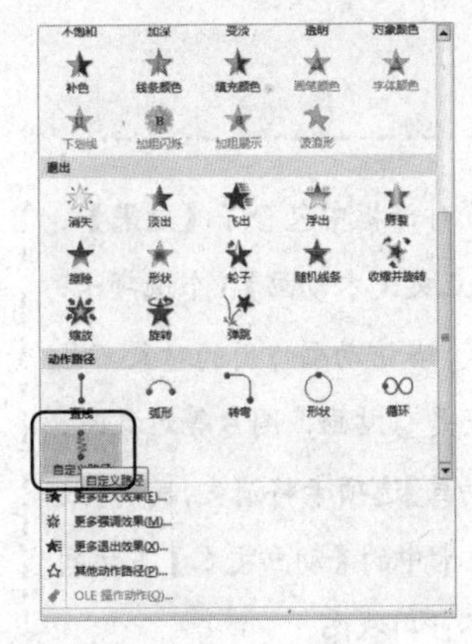

图 13-44　选择【自定义路径】命令

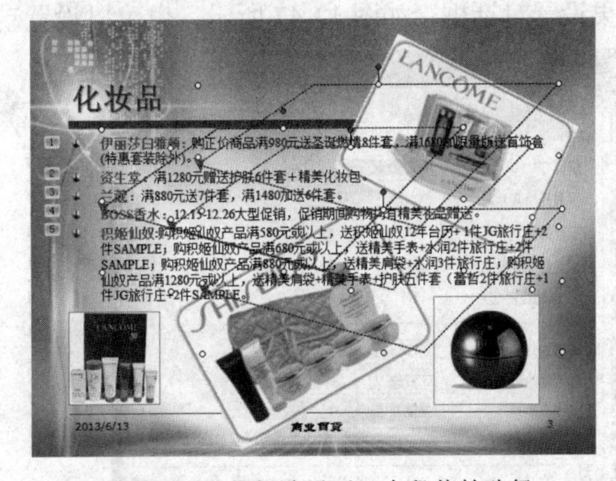

图 13-45　幻灯片显示 5 个段落的路径

知识点

绘制完的动作路径起始端将显示一个绿色的▶标志，结束端将显示一个红色的▶▌标志，两个标志以一条虚线连接；在绘制路径时，当路径的终点与起点重合时双击鼠标，此时的动作路径变为闭合状，路径上只有一个绿色的▶标志。

(4) 在【动画】选项卡的【预览】组中单击【预览】按钮，此时将放映该张幻灯片，幻灯片动路径效果如图 13-46 所示。

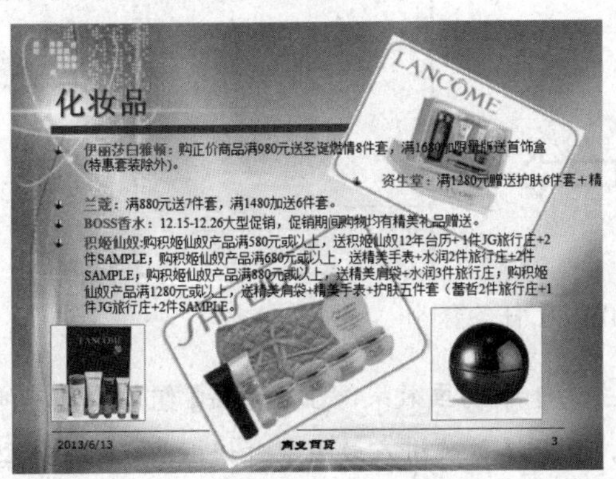

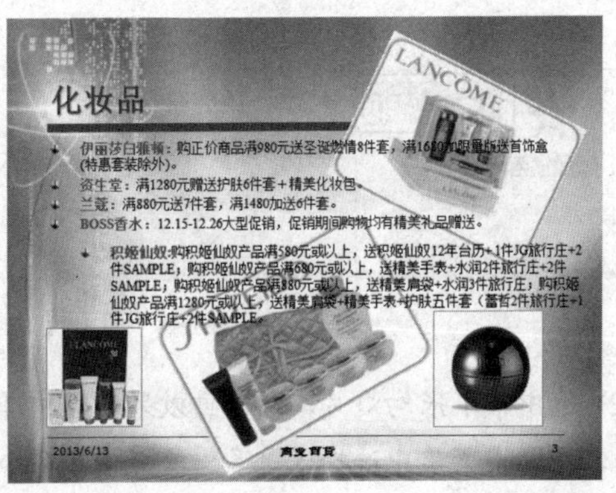

图 13-46　预览幻灯片中的多边形路径效果

13.3.3 设置动画效果选项

为对象添加了动画效果后，该对象就应用了默认的动画格式。这些动画格式主要包括动画开始运行的方式、变化方向、运行速度、延时方案、重复次数等。

打开【动画窗格】任务窗格，在动画效果列表中单击动画效果，在【动画】选项卡的【动画】和【高级动画】组中重新设置对象的效果；在【动画】选项卡的【计时】组中【开始】下拉列表框中设置动画开始方式，在【持续时间】和【延迟】微调框中设置运行速度。

另外，在动画效果列表中右击动画效果，从弹出的快捷菜单中选择【效果选项】命令，打开效果设置对话框，如图 13-47 所示，也可以设置动画效果。

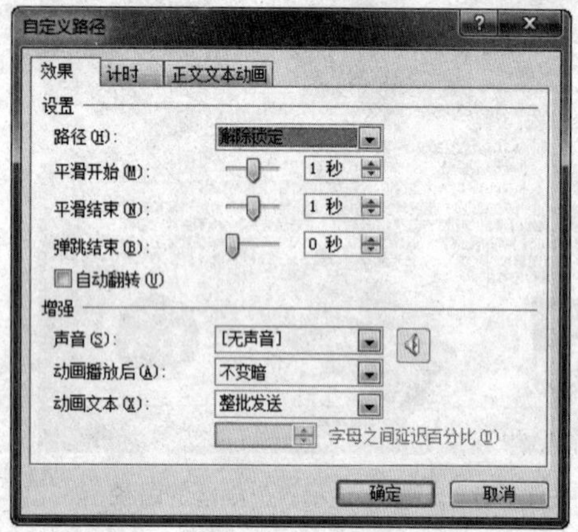

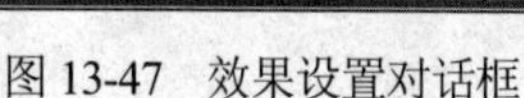
图 13-47　效果设置对话框

> **提示**
>
> 效果设置对话框中包含了【效果】、【计时】和【正文文本动画】3 个选项卡，需要注意的是，当该动画作用的对象不是文本对象，而是剪贴画、图片等对象时，【正文文本动画】选项卡将消失，同时【效果】效果选项卡中的【动画文本】下拉列表框将变为不可用状态。

【例 13-9】在“商场促销海报”演示文稿中更改添加的动画效果，并设置相关动画选项。

(1) 打开“商场促销海报”演示文稿，选择【动画】选项卡，在【高级动画】组中单击【动画窗格】按钮，打开【动画窗格】任务窗格，如图 13-48 所示。

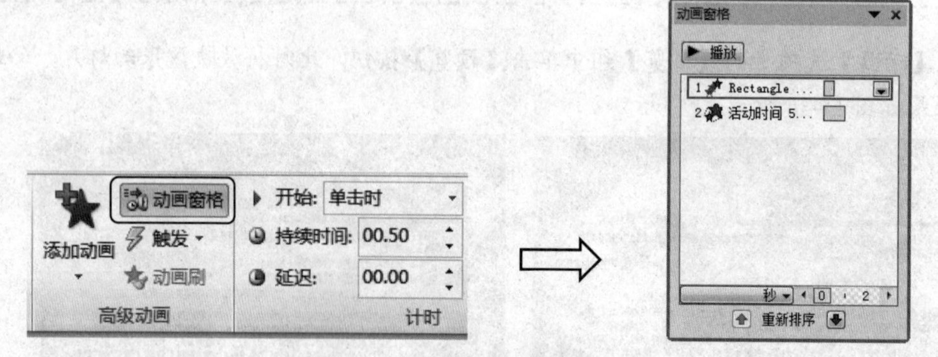

图 13-48　打开【动画窗格】任务窗格

(2) 选中第 1 张幻灯片，在动画效果列表中单击第 1 个动画效果，在【动画】组单击【其他】按钮，在弹出菜单中选择【更多进入效果】命令，打开【更改进入效果】对话框，在【基本型】选项区域中选择【棋盘】选项，将标题文字应用棋盘动画效果，操作界面如图 13-49 所示。

(3) 在【计时】组的【开始】下拉列表框中选择【上一动画之后】选项，在【持续时间】微调框中输入 5 秒，单击【播放】按钮▶ 播放，该动画预览效果如图 13-50 所示。

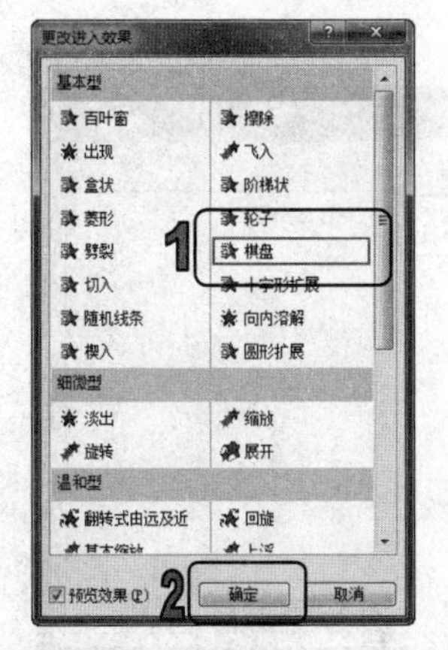

图 13-49　更改进入动画效果

图 13-50　预览动画效果

(4) 使用同样的方法，将后两个动画效果更改为【字体颜色】强调动画效果，并且在窗格的动画列表中右击该动画效果，在弹出的快捷菜单中选择【效果选项】命令，如图 13-51 所示。

(5) 打开【字体颜色】对话框，在【字体颜色】下拉列表框中选择一种粉红色块，如图 13-52 所示。

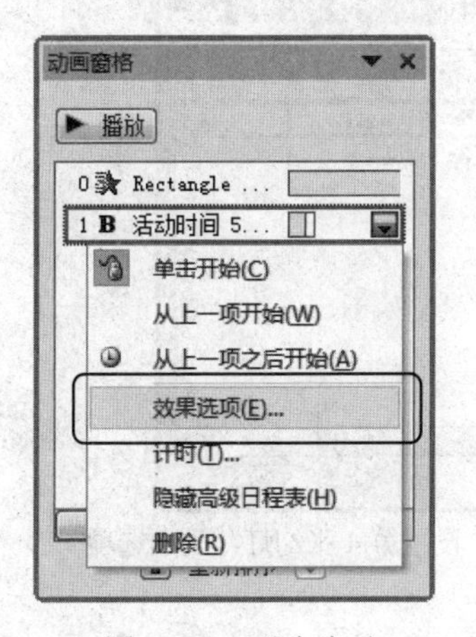

图 13-51　更改动画

图 13-52　【字体颜色】对话框

(6) 在幻灯片编辑窗口中显示第 2 张幻灯片，在【动画窗格】任务窗格中选中所有的动画，在【计时】组中的【持续时间】微调框中调整持续时间，操作界面如图 13-53 所示。

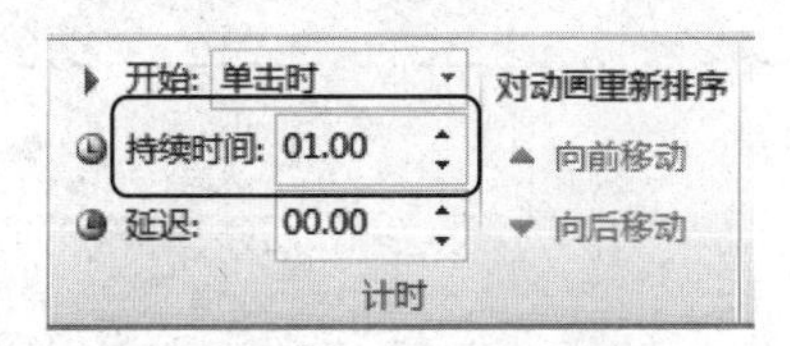

图 13-53　设置动画持续时间

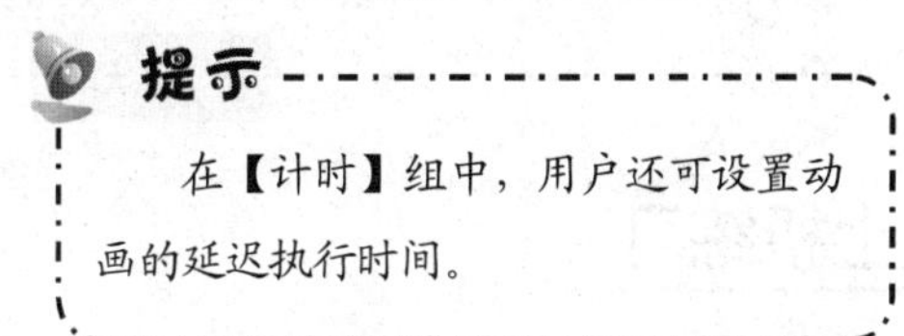

提示

在【计时】组中，用户还可设置动画的延迟执行时间。

(7) 在动画效果列表中的右击动画效果，在弹出的快捷菜单中选择【效果选项】命令，打开【波浪形】对话框，如图 13-54 所示。

(8) 打开【正文文本动画】选项卡，在【组合文本】下拉列表框中选择【作为一个对象】选项，单击【确定】按钮，如图 13-55 所示。

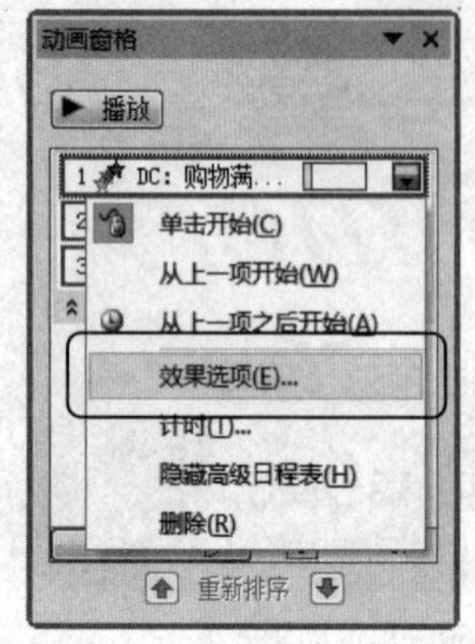

图 13-54 选择【效果选项】命令

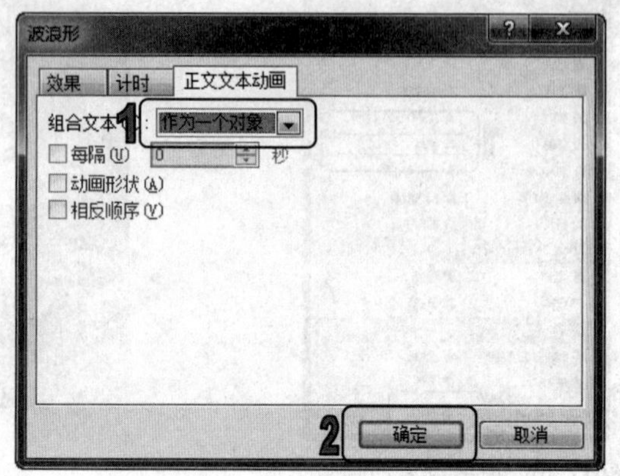

图 13-55 【正文文本动画】选项卡

(9) 此时之前显示的 3 个段落路径将组合为一个对象运动，如图 13-56 所示。

(10) 在幻灯片编辑窗口中显示第 4 张幻灯片，参照步骤(7)~(9)，将多个文本对象组合一个对象，如图 13-57 所示。

图 13-56 组合后的效果

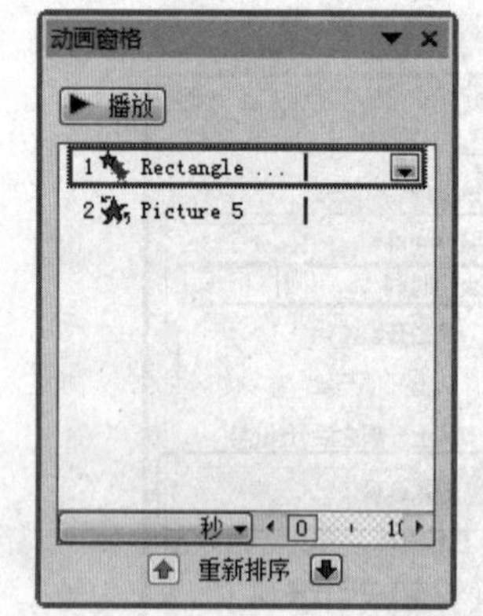

图 13-57 设置第 4 张幻灯片动画选项

知识点

在【动画窗格】任务窗格的列表中选中动画效果，单击上移按钮或下移按钮可以调整该动画的播放次序。其中，上移按钮表示将该动画的播放次序提前一位，下移按钮表示将该动画的播放次序向后移一位。

13.4 上机练习

本章主要介绍了如何格式化幻灯片，本次上机练习通过对【风景如画】演示文稿添加对象动画和幻灯片切换动画，来使读者进一步巩固本章所学的内容。

(1) 启动 PowerPoint 2010 应用程序，打开“风景如画”演示文稿，在幻灯片预览窗格中选择第 1 张幻灯片缩略图，将其显示在幻灯片编辑窗口中。

(2) 选中主标题文本，打开【动画】选项卡，在【动画】组中单击【其他】下拉按钮，在弹出的【进入】列表框中选择【翻转式由远及近】选项，如图 13-58 所示。

(3) 此时为主标题文本应用该进入效果，预览效果如图 13-59 所示。

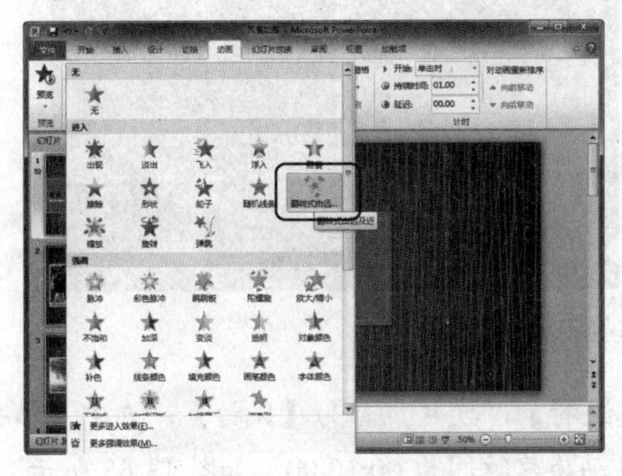

图 13-58　选择进入动画

图 13-59　动画预览效果

(4) 使用同样的方法为副标题文本应用【劈裂】效果的进入动画，如图 13-60 所示。

(5) 切换至第 2 张幻灯片，选中左边的图片，打开【动画】选项卡，在【高级动画】组中单击【添加动画】下拉按钮，在弹出的【进入】列表框中选择【旋转】选项，如图 13-61 所示。

图 13-60　副标题动画预览效果

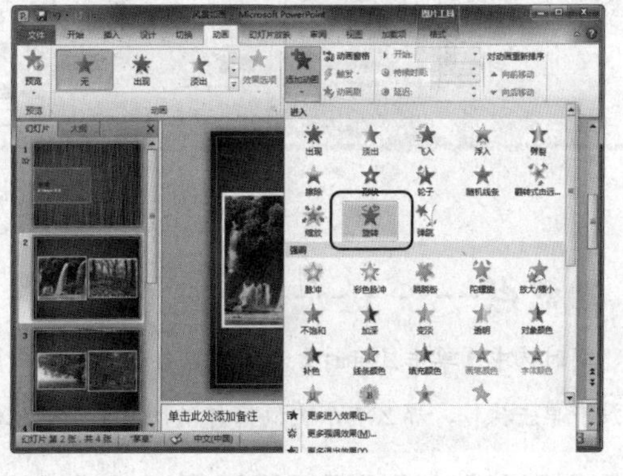

图 13-61　添加进入动画

(6) 在【计时】组的【开始】下拉列表框中选择【上一动画之后】选项，在【持续时间】微调框中设置时间为 03.00，如图 13-62 所示。

(7) 设置完成后，在【预览】组中单击【预览】按钮，可预览动画效果，如图 13-63 所示。

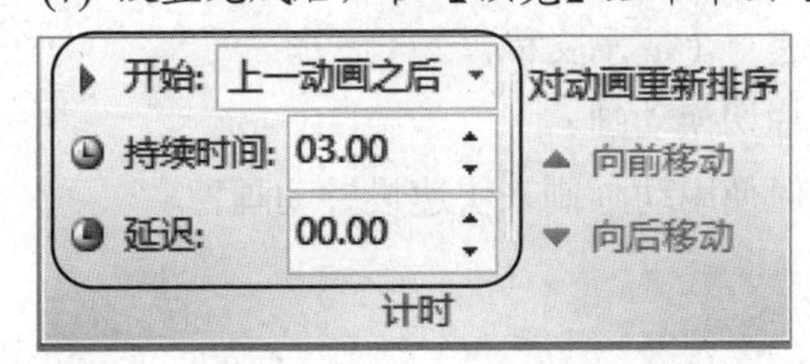

图 13-62　设置动画参数

图 13-63　单击【预览】按钮

(8) 使用同样的方法为演示文稿中的其他图片设置动画效果，部分图片的预览效果如图 13-64 所示。

图 13-64　动画的预览效果

(9) 打开【切换】选项卡，设置换片方式为【涟漪】，换片声音为【风铃】，选中【单击鼠标时】和【设置自动换片时间】复选框，设置自动换片时间为 00:10.00，如图 13-65 所示。

(10) 设置完成后，单击【全部应用】按钮，将设置应用到所有幻灯片中。在快速访问工具栏中单击【保存】按钮，保存该演示文稿。

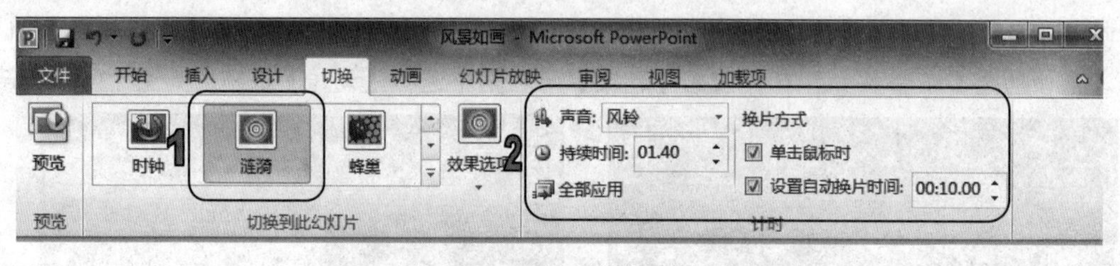

图 13-65　设置切换动画参数

知识点

同时选中【单击鼠标时】和【设置自动换片时间】复选框，表示若在自动换片的等待时间结束时，仍然没有单击操作，那么演示文稿将自动切换至下一张幻灯片。

13.5　习题

1. 设计一个母版版式，然后套用该母版版式创建一个演示文稿。
2. 为创建的演示文稿分别添加对象动画和幻灯片切换动画。
3. 想一想如何为对象动画设置动画触发器，如何使用动画刷来快速设置动画？

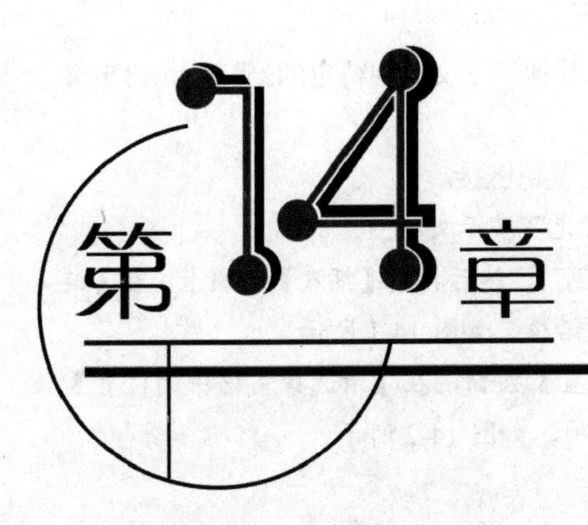

第14章 演示文稿的放映、打印和打包

学习目标

PowerPoint 2010 为用户提供了多种放映幻灯片、控制幻灯片和输出演示文稿的方法，用户可以选择最为理想的放映速度与放映方式，使幻灯片的放映结构清晰、节奏明快、过程流畅，还可以将利用 PowerPoint 制作出来的演示文稿输出为多种形式，以满足不同环境及不同目的的需要。本章将介绍交互式演示文稿的创建方法、幻灯片放映方式的设置、演示文稿的打印输出和打包的方法。

本章重点

- 创建交互式演示文稿
- 设置和控制幻灯片放映
- 演示文稿的打印和输出
- 演示文稿的打包

14.1 创建互动式演示文稿

在 PowerPoint 中，用户可以为幻灯片中的文本、图形、图片等对象添加超链接或者动作。当放映幻灯片时，单击链接和动作按钮，程序将自动跳转到指定的幻灯片页面，或者执行指定的程序。此时演示文稿具有了一定的交互性，在适当的时放映所需内容，或做出相应的反应。

14.1.1 添加超链接

超链接是指向特定位置或文件的一种连接方式，可以利用它指定程序的跳转位置。超链接只有在幻灯片放映时才有效，当鼠标移至超链接文本时，鼠标将变为手形指针。在 PowerPoint

中，超链接可以跳转到当前演示文稿中的特定幻灯片、其他演示文稿中特定的幻灯片、自定义放映、电子邮件地址、文件或 Web 页上。

【例 14-1】在“品酒时光”演示文稿中，为对象设置超链接。

(1) 启动 PowerPoint 2010 应用程序，打开“品酒时光”演示文稿。

(2) 在打开的第 1 张幻灯片中选中文本“——葡萄酒”，然后打开【插入】选项卡，在【链接】组中单击【超链接】按钮，打开【插入超链接】对话框，如图 14-1 所示。

(3) 在【链接到】选项区域中单击【本文档中的位置】按钮，在【请选择文档中的位置】列表框中选择【幻灯片标题】选项下的【幻灯片 3】选项，如图 14-2 所示。

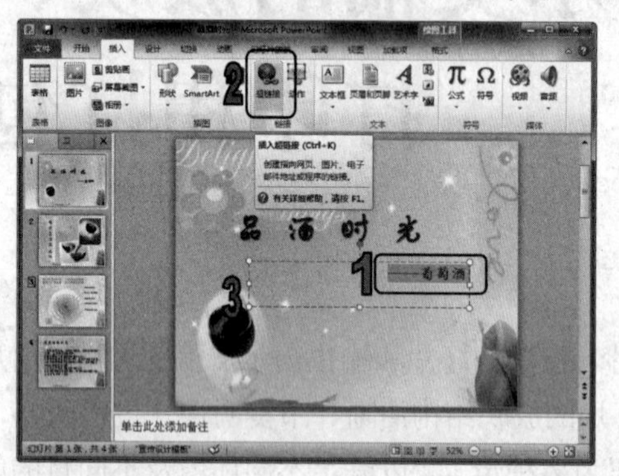

图 14-1 单击【超链接】按钮

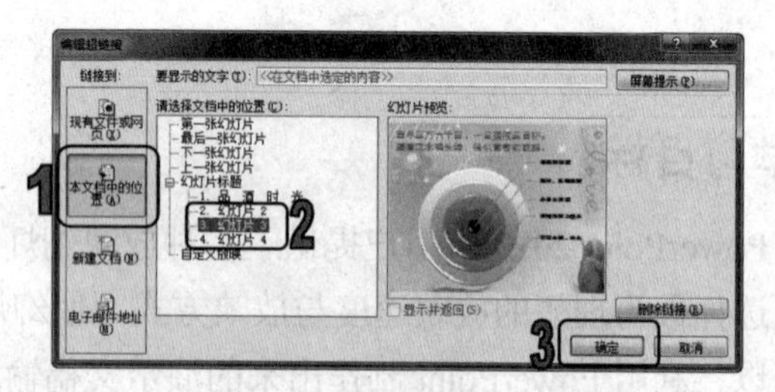

图 14-2 【插入超链接】对话框

(4) 单击【确定】按钮，此时文字“——葡萄酒”添加了超链接，文字下方出现下划线，文字颜色更改为淡蓝色，如图 14-3 所示。

(5) 按下 F5 键放映幻灯片，此时将鼠标指针移动到文字“——葡萄酒”上时，鼠标指针变为 形状，单击鼠标，演示文稿将自动跳转到第 3 张幻灯片中，如图 14-4 所示。

图 14-3 添加超链接后的效果

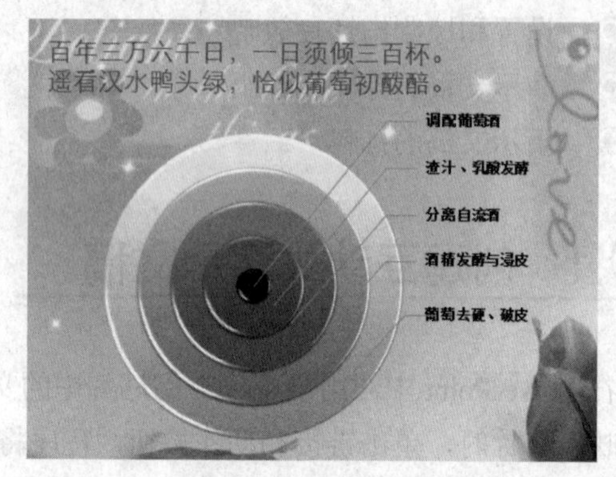

图 14-4 跳转至目标幻灯片

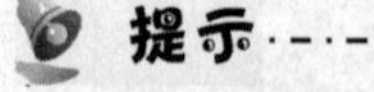

提示

只有幻灯片中的对象才能添加超链接，备注、讲义等内容不能添加超链接。幻灯片中可以显示的对象几乎都可以作为超链接的载体。添加或修改超链接的操作一般在普通视图中的幻灯片编辑窗口中进行，在幻灯片预览窗口的大纲选项卡中，只能对文字添加或修改超链接。

14.1.2　添加动作按钮

动作按钮是 PowerPoint 中预先设置好的一组带有特定动作的图形按钮，这些按钮被预先设置为指向前一张、后一张、第一张、最后一张幻灯片、播放声音及播放电影等链接，可以方便地应用这些预置好的按钮，实现在放映幻灯片时跳转的目的。

动作与超链接有很多相似之处，几乎包括了超链接可以指向的所有位置，动作还可以设置其他属性，比如设置当鼠标移过某一对象上方时的动作。设置动作与设置超链接是相互影响的，在【设置动作】对话框中所作的设置，可以在【编辑超链接】对话框中表现出来。

【例 14-2】在“品酒时光”演示文稿中，添加动作按钮。

(1) 启动 PowerPoint 2010 应用程序，打开“品酒时光”演示文稿。

(2) 在幻灯片预览窗口中选择第 3 张幻灯片缩略图，将其显示在幻灯片编辑窗口中。

(3) 打开【插入】选项卡，在【插图】组中单击【形状】按钮，在打开菜单的【动作按钮】选项区域中选择【动作按钮: 第一帧】选项，在幻灯片的右下角拖动鼠标绘制形状，如图 14-5 所示。

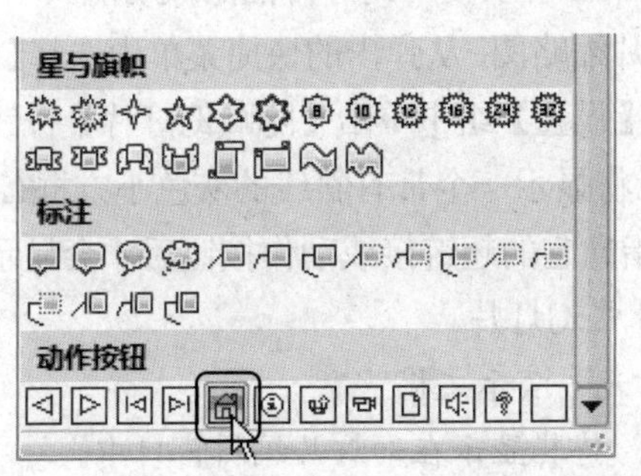

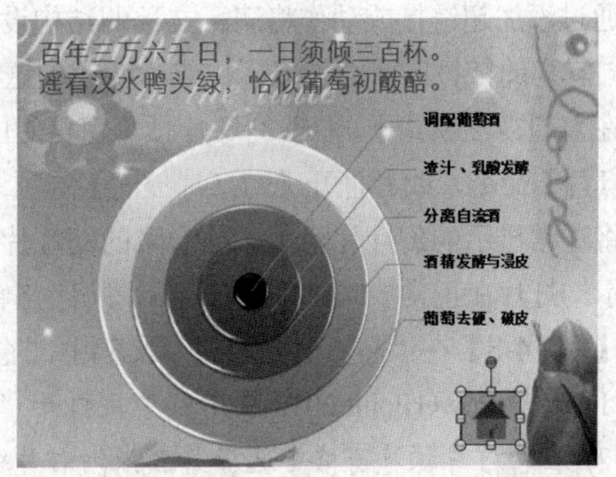

图 14-5　绘制动作按钮

(4) 释放鼠标，自动打开【动作设置】对话框，在【单击鼠标时的动作】下拉列表框中选中【超链接到】单选按钮，然后选择【第一张幻灯片】选项，选中【播放声音】复选框，并在其下拉列表框中选择【单击】选项，如图 14-6 所示。

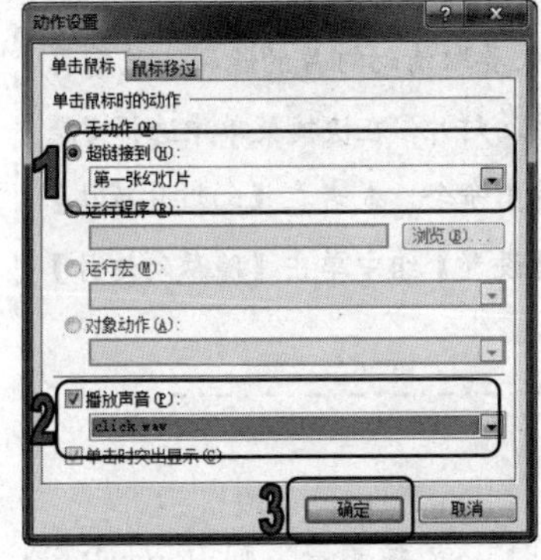

图 14-6　【动作设置】对话框

知识点

如果在【动作设置】对话框的【鼠标移过】选项卡中设置超链接的目标位置，那么放映演示文稿过程中，当鼠标移过该动作按钮(无须单击)时，演示文稿将直接跳转到目标幻灯片。

(5) 单击【确定】按钮，此时幻灯片效果如图 14-7 所示。

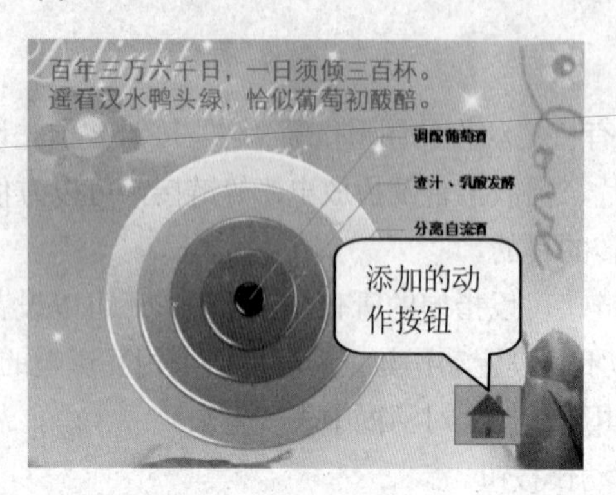

图 14-7 添加动作按钮后的幻灯片

知识点

添加在幻灯片中的动作按钮，本身也是自选图形的一种，用户可以像编辑其他自选图形那样，用鼠标拖动其位置、旋转、调整大小及更改颜色等属性。

14.1.3 隐藏幻灯片

通过添加超链接或动作将演示文稿的结构设置得较为复杂时，有时希望某些幻灯片只在单击指向它们的链接时才会被显示出来。要达到这样的效果，可以使用幻灯片的隐藏功能。

在普通视图模式下，右击幻灯片预览窗格中的幻灯片缩略图，从弹出的快捷菜单中选择【隐藏幻灯片】命令，或者打开【幻灯片放映】选项卡，在【设置】组中单击【隐藏幻灯片】按钮，即可将正常显示的幻灯片隐藏。被隐藏的幻灯片编号上将显示一个带有斜线的灰色小方框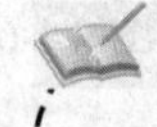，这表示幻灯片在正常放映时不会被显示，只有当单击了指向它的超链接或动作按钮后才会显示。

【例 14-3】在"品酒时光"演示文稿中，隐藏第 3 张幻灯片。

(1) 启动 PowerPoint 2010 应用程序，打开"品酒时光"演示文稿。

(2) 在幻灯片预览窗格中选择第 3 张幻灯片缩略图，将其显示在幻灯片编辑窗口中。

(3) 打开【幻灯片放映】选项卡，在【设置】组中单击【隐藏幻灯片】按钮，即可将正常显示的幻灯片隐藏，如图 14-8 所示。

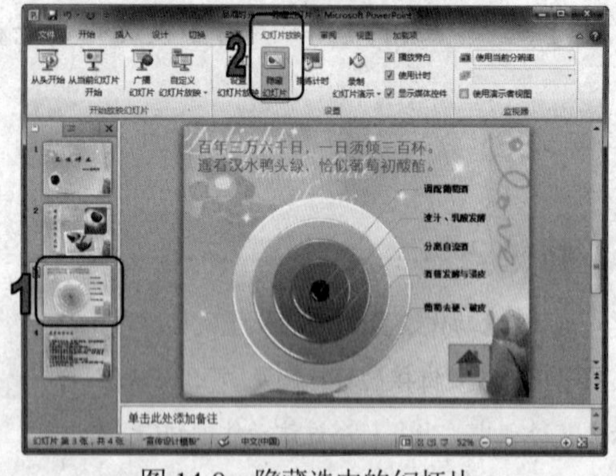

图 14-8 隐藏选中的幻灯片

知识点

如果要取消幻灯片的隐藏，只需再次右击该幻灯片，在快捷菜单中选择【隐藏幻灯片】命令，或者在【幻灯片放映】选项的【设置】组中单击【隐藏幻灯片】按钮。

(4) 此时按下 F5 键放映幻灯片，当放映到第 2 张幻灯片时，单击鼠标，则 PowerPoint 将自

动播放第 4 张幻灯片。若在放映第 1 张幻灯片中，单击“——葡萄酒”链接，即可放映隐藏的幻灯片。

14.2　设置放映方式

PowerPoint 提供了灵活的幻灯片放映控制方法和适合不同场合的幻灯片放映类型，使演示更为得心应手，更有利于主题的阐述及思想的表达。

14.2.1　定时放映幻灯片

用户在设置幻灯片切换效果时，可以设置每张幻灯片在放映时停留的时间，当等待到设定的时间后，幻灯片将自动向下放映。

打开【切换】选项卡，如图 14-9 所示，在【计时】组中选中【单击鼠标时】复选框，则用户单击鼠标或按下 Enter 键和空格键时，放映的演示文稿将切换到下一张幻灯片；选中【设置自动切换时间】复选框，并在其右侧的文本框中输入时间(时间为秒)后，则在演示文稿放映时，当幻灯片等待了设定的秒数之后，将自动切换到下一张幻灯片。

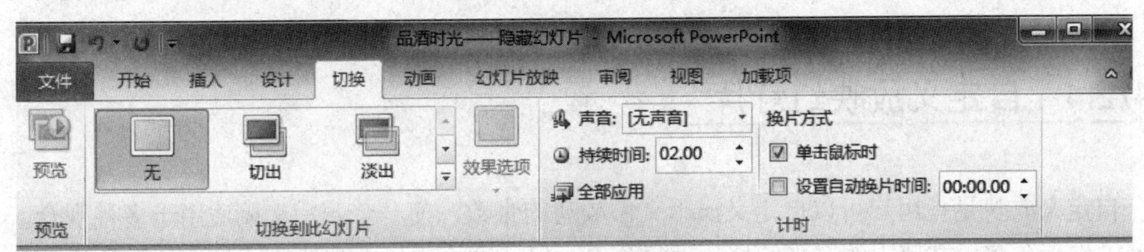

图 14-9　【切换】选项卡

14.2.2　连续放映幻灯片

在【切换】选项卡的在【计时】组选中【设置自动切换时间】复选框，并为当前选定的幻灯片设置自动切换时间，然后单击【全部应用】按钮，为演示文稿中的每张幻灯片设定相同的切换时间，即可实现幻灯片的连续自动放映。

需要注意的是，由于每张幻灯片的内容不同，放映的时间可能不同，所以设置连续放映的最常见方法是通过【排练计时】功能完成。

提示

排练计时功能的设置方法将在下面的 14.4.1 节中详细介绍。。

14.2.3 循环放映幻灯片

将制作好的演示文稿设置为循环放映，可以应用于如展览会场的展台等场合，让演示文稿自动运行并循环播放。

打开【幻灯片放映】选项卡，在【设置】组中单击【设置幻灯片放映】按钮，打开【设置放映方式】对话框，如图 14-10 所示。在【放映选项】选项区域中选中【循环放映，按 Esc 键终止】复选框，则在播放完最后一张幻灯片后，会自动跳转到第 1 张幻灯片，而不是结束放映，直到用户按 Esc 键退出放映状态。

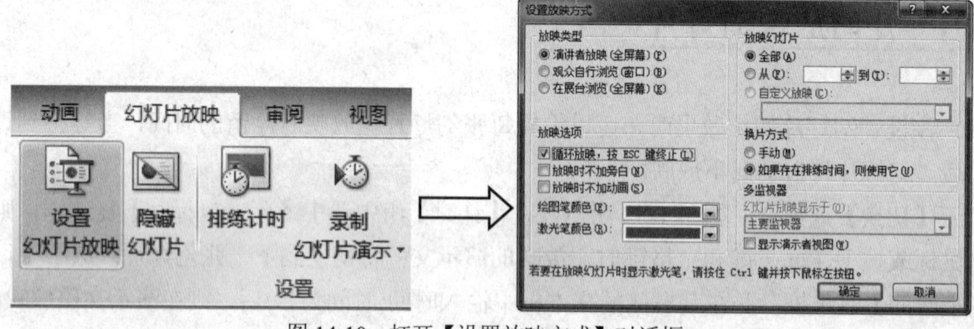

图 14-10　打开【设置放映方式】对话框

14.2.4 自定义放映幻灯片

自定义放映是指用户可以自定义演示文稿放映的张数，使一个演示文稿适用于多种观众，即可以将一个演示文稿中的多张幻灯片进行分组，以便该特定的观众放映演示文稿中的特定部分。用户可以用超链接分别指向演示文稿中的各个自定义放映，也可以在放映整个演示文稿时只放映其中的某个自定义放映。

【例 14-4】在“品酒时光”演示文稿中，创建自定义放映。

(1) 启动 PowerPoint 2010 应用程序，打开“品酒时光”演示文稿。

(2) 打开【幻灯片放映】选项卡，单击【开始放映幻灯片】组的【自定义幻灯片放映】按钮，在弹出的菜单中选择【自定义放映】命令，打开【自定义放映】对话框，然后单击【新建】按钮，如图 14-11 所示。

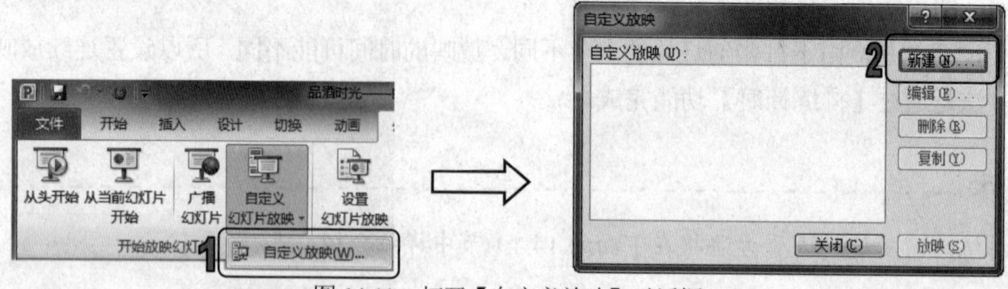

图 14-11　打开【自定义放映】对话框

(3) 打开【定义自定义放映】对话框，在【幻灯片放映名称】文本框中输入文字“品味人生”，在【在演示文稿中的幻灯片】列表中选择第 2 张至第 4 张幻灯片，然后单击【添加】按钮，将幻灯片添加到【在自定义放映中的幻灯片】列表中，如图 14-12 所示。

(4) 单击【确定】按钮，关闭【定义自定义放映】对话框，则刚刚创建的自定义放映名称将会显示在【自定义放映】对话框的【自定义放映】列表中，如图 14-13 所示。

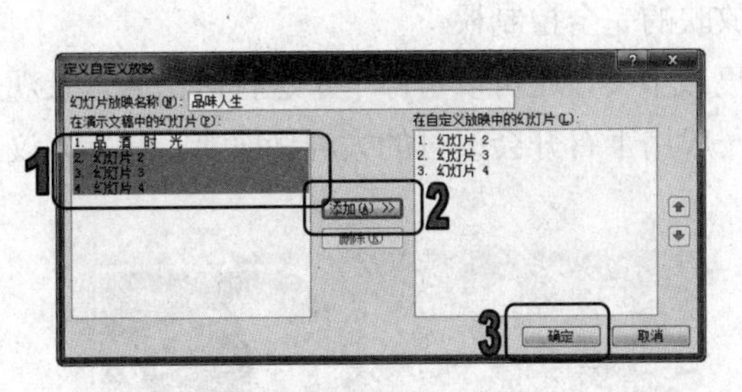

图 14-12　【定义自定义放映】对话框

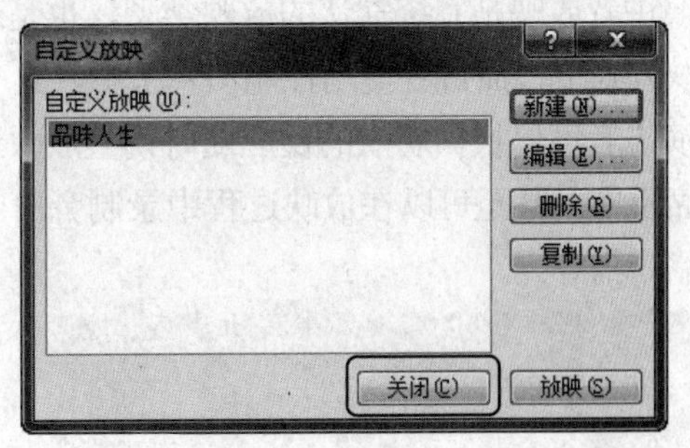

图 14-13　【自定义放映】对话框

(5) 单击【关闭】按钮，关闭【自定义放映】对话框。打开【幻灯片放映】选项卡，在【设置】组中单击【设置幻灯片放映】按钮，打开【设置放映方式】对话框，在【放映幻灯片】选项区域中选中【自定义放映】单选按钮，然后选择需要的自定义放映名称，如图 14-14 所示。

(6) 单击【确定】按钮，关闭【设置放映方式】对话框。此时按下 F5 键时，PowerPoint 将自动播放自定义放映的幻灯片，效果如图 14-15 所示。

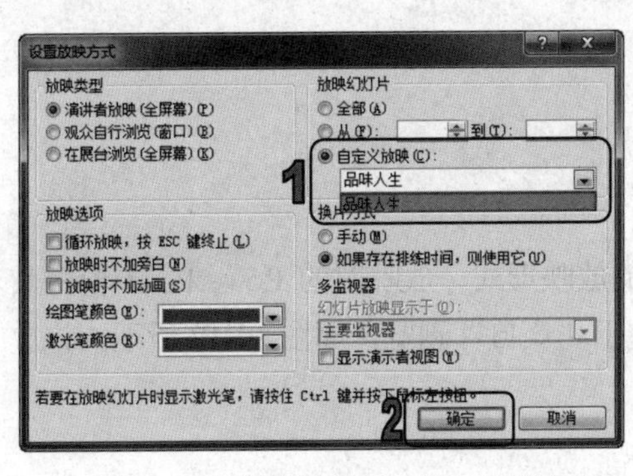

图 14-14　【设置放映方式】对话框

图 14-15　放映幻灯片

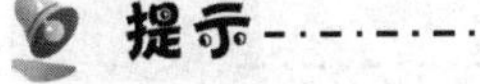

提示

在【自定义放映】对话框中，用户可以新建其他自定义放映，或是对已有的自定义放映进行编辑，还可以删除或复制已有的自定义放映。

14.3　设置放映类型

PowerPoint 2010 为用户提供了演讲者放映、观众自行浏览及在展台浏览 3 种不同的放映类型，供用户在不同的环境中选用。

14.3.1 演讲者放映——全屏幕

演讲者放映是系统默认的放映类型，也是最常见的全屏放映方式，如图 14-16 所示。在这种放映方式下，演讲者现场控制演示节奏，具有放映的完全控制权。

演讲者可以根据观众的反应随时调整放映速度或节奏，还可以暂停下来进行讨论或记录观众即席反应，甚至可以在放映过程中录制旁白。一般用于召开会议时的大屏幕放映、联机会议或网络广播等。

图 14-16　演讲者放映

14.3.2 观众自行浏览——窗口

观众自行浏览是在标准 Windows 窗口中显示的放映形式，放映时的 PowerPoint 窗口具有菜单栏、Web 工具栏，类似于浏览网页的效果，便于观众自行浏览，如图 14-17 所示。该放映类型用于在局域网或 Internet 中浏览演示文稿。

图 14-17　观众自行浏览窗口

提示

使用该放映类型时，可以在放映时复制、编辑及打印幻灯片，并可以使用滚动条或 Page Up/Page Down 按钮控制幻灯片的播放。

14.3.3　在展台浏览——全屏幕

采用该放映类型，最主要的特点是不需要专人控制就可以自动运行，在使用该放映类型时，如超链接等控制方法都失效。当播放完最后一张幻灯片后，会自动从第一张重新开始播放，直至用户按下 Esc 键才会停止播放。该放映类型主要用于展览会的展台或会议中的某部分需要自动演示等场合。需要注意的是使用该放映时，用户不能对其放映过程进行干预，必须设置每张幻灯片的放映时间或预先设定排练计时，否则可能会长时间停留在某张幻灯片上。

另外，打开【幻灯片放映】选项卡，按住 Ctrl 键，在【开始放映幻灯片】组中单击【从当前幻灯片开始】按钮，即可实现幻灯片缩略图放映效果，如图 14-18 所示。

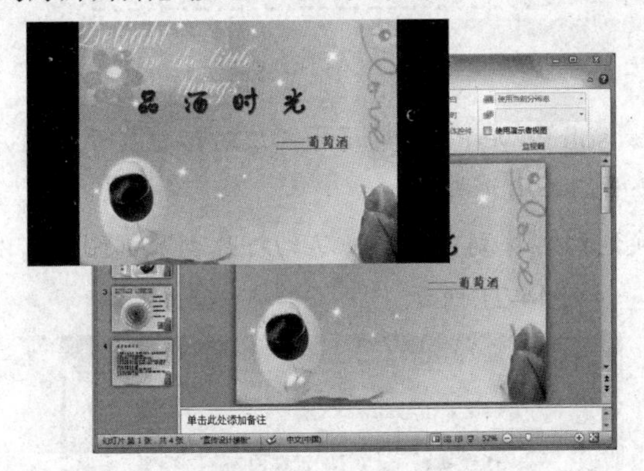

图 14-18　幻灯片缩略图

提示

幻灯片缩略图放映是指可以让 PowerPoint 在屏幕的左上角显示幻灯片的缩略图，从而方便在编辑时预览幻灯片效果。

14.4　控制幻灯片放映

在放映幻灯片时，用户还可对放映过程进行控制，例如设置排练计时、切换幻灯片、添加注释和录制旁白等。熟练掌握这些操作，可是用户在放映幻灯片时能够更加得心应手。

14.4.1　排练计时

当完成演示文稿内容制作之后，可以运用 PowerPoint 2010 的排练计时功能来排练整个演示文稿放映的时间。在排练计时的过程中，演讲者可以确切了解每一页幻灯片需要讲解的时间，以及整个演示文稿的总放映时间。

【例 14-5】使用“排练计时”功能排练“品酒时光”演示文稿的放映时间。

(1) 启动 PowerPoint 2010 应用程序，打开“品酒时光”演示文稿。

(2) 打开【幻灯片放映】选项卡，在【设置】组中单击【录制幻灯片演示】按钮单击【排练计时】按钮，演示文稿将自动切换到幻灯片放映状态，此时演示文稿左上角将显示【录制】

对话框，如图 14-19 所示。

图 14-19　播放演示文稿时显示【录制】对话框

提示

在排练计时过程中，用户可以不必关心每张幻灯片的具体放映时间，主要应该根据幻灯片的内容确定幻灯片应该放映的时间。预演的过程和时间，应尽量接近实际演示的过程和时间。

(3) 整个演示文稿放映完成后，将打开 Microsoft PowerPoint 对话框，该对话框显示幻灯片播放的总时间，并询问是否保留该排练时间，如图 14-20 所示。

(4) 单击【是】按钮，此时演示文稿将切换到幻灯片浏览视图，从幻灯片浏览视图中可以看到：每张幻灯片下方均显示各自的排练时间，如图 14-21 所示。

图 14-20　Microsoft PowerPoint 对话框

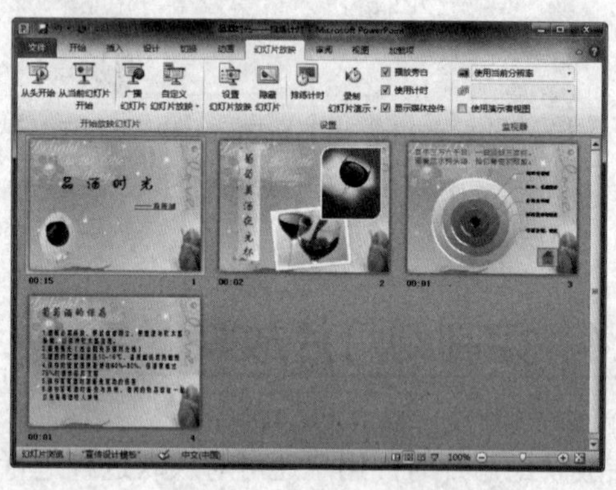

图 14-21　排练计时结果

知识点

用户在放映幻灯片时可以选择是否启用设置好的排练时间。打开【幻灯片放映】选项卡，在【设置】组中单击【设置放映方式】按钮，打开【设置放映方式】对话框。如果在对话框的【换片方式】选项区域中选中【手动】单选按钮，则存在的排练计时不起作用，用户在放映幻灯片时只有通过单击鼠标或按 Enter 键、空格键才能切换幻灯片。

14.4.2　控制放映过程

在放映演示文稿的过程中，可以根据需要按放映次序依次放映、快速定位幻灯片、为重点内容添加墨迹、使屏幕出现黑屏或白屏和结束放映等。

1. 按放映次序依次放映

如果需要按放映次序依次放映，则可以进行如下操作：

- 单击鼠标左键。
- 在放映屏幕的左下角单击按钮。
- 在放映屏幕的左下角单击按钮，在弹出的菜单中选择【下一张】命令。
- 单击鼠标右键，在弹出的快捷菜单中选择【下一张】命令。

2. 快速定位幻灯片

如果不需要按照指定的顺序进行放映，则可以快速定位幻灯片。在放映屏幕的左下角单击按钮，从弹出的如图 14-22 所示的菜单中选择【上一张】或【下一张】命令进行切换。

另外，单击鼠标右键，在弹出的快捷菜单中选择【定位至幻灯片】命令，从弹出的子菜单中选择要播放的幻灯片，如图 14-23 所示，同样可以实现快速定位幻灯片操作。

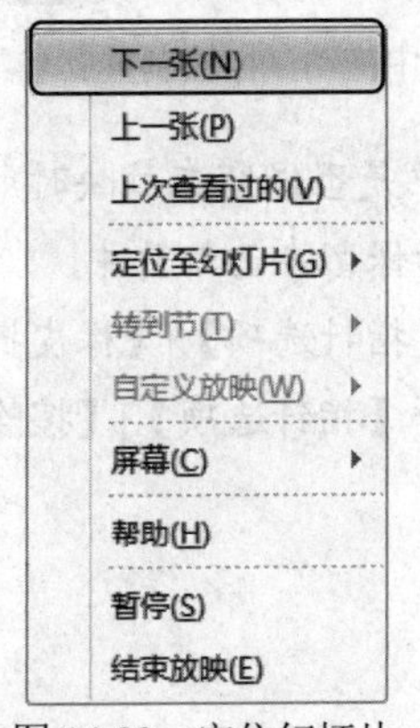

图 14-22　定位幻灯片

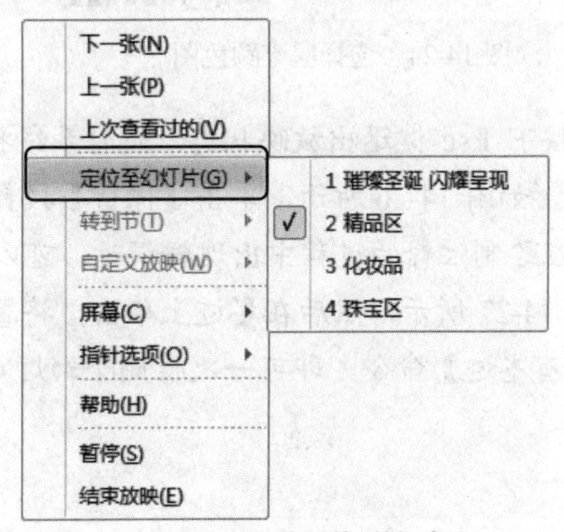

图 14-23　设置换片方式

知识点

在幻灯片放映的过程中，有时为了避免引起观众的注意，可以将幻灯片黑屏或白屏显示。具体方法为，在右键菜单中选择【屏幕】|【黑屏】命令或【屏幕】|【白屏】命令即可。

14.4.3　添加墨迹注释

使用 PowerPoint 2010 提供的绘图笔可以为重点内容添加墨迹。绘图笔的作用类似于板书笔，常用于强调或添加注释。可以选择绘图笔的形状和颜色，也可以随时擦除绘制的笔迹。

【例 14-6】在“品酒时光”演示文稿放映时，使用绘图笔标注重点。

(1) 启动 PowerPoint 2010 应用程序，打开“品酒时光”演示文稿，按下 F5 键，播放排练计时后的演示文稿。

(2) 当放映到第 4 张幻灯片时，单击按钮，或者在屏幕中右击，在弹出的快捷菜单中选择【荧光笔】选项，将绘图笔设置为荧光笔样式；单击按钮，在弹出的快捷菜单中选择【墨迹颜色】命令，在打开的【标准色】面板中选择【黄色】选项，如图 14-24 所示。

(3) 此时鼠标变为一个小矩形形状，可以在需要绘制重点的地方拖动鼠标绘制标注，如图 14-25 所示。

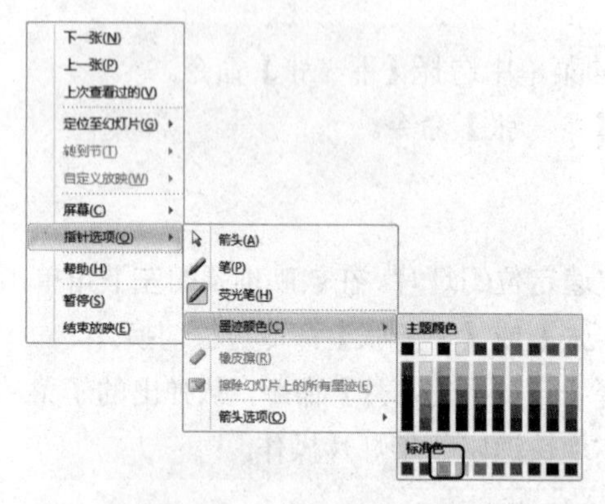

图 14-24　选择墨迹颜色图

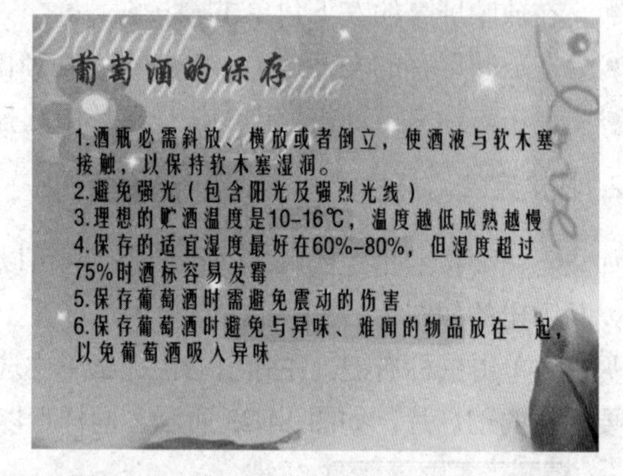

图 14-25　在幻灯片中拖动鼠标绘制重点

(4) 按下 Esc 键退出放映状态，此时系统将弹出对话框询问用户是否保留在放映时所做的墨迹注释，如图 14-26 所示，单击【保留】按钮，将绘制的注释图形保留在幻灯片中。

(5) 在绘制注释的过程中出现错误时，可以在右键菜单中选择【指针选项】|【橡皮擦】命令，如图 14-27 所示，然后在墨迹上单击，将墨迹按需要擦除；选择【指针选项】|【擦除幻灯片上的所有墨迹】命令，即可一次性删除幻灯片中的所有墨迹。

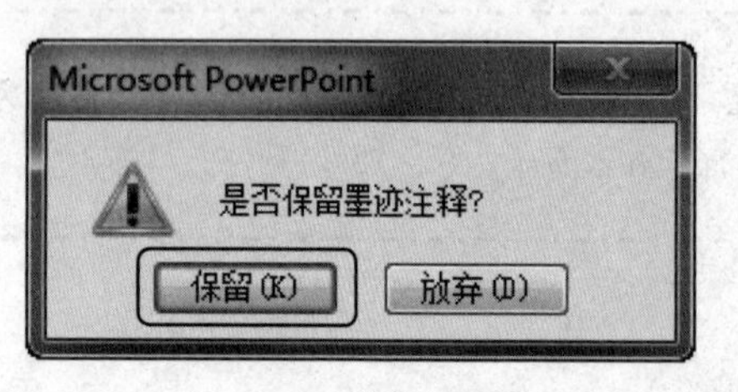

图 14-26　信息提示框

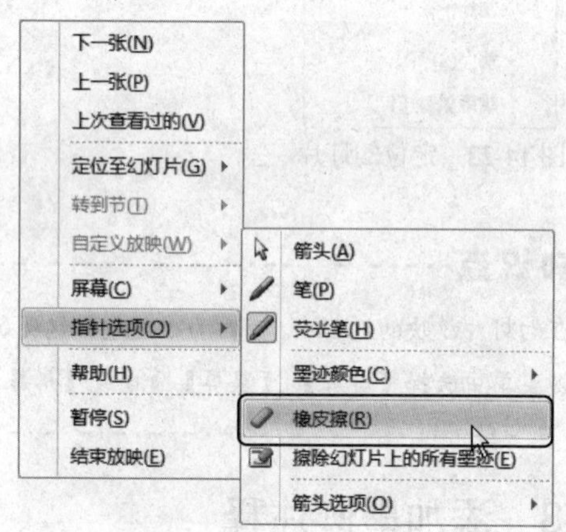

图 14-27　右键菜单

14.4.4　录制旁白

在 PowerPoint 中用户可以为指定的幻灯片或全部幻灯片添加录音旁白。使用录制旁白可以

为演示文稿增加解说词，使演示文稿在放映状态下主动播放语音说明。

【例 14-7】在“品酒时光”演示文稿中录制旁白。

(1) 启动 PowerPoint 2010 应用程序，打开“品酒时光”演示文稿。

(2) 打开【幻灯片放映】选项卡，在【设置】组中单击【录制幻灯片演示】按钮，从弹出的菜单中选择【从头开始录制】命令，如图 14-28 所示。

(3) 打开【录制幻灯片演示】对话框，保持默认设置，如图 14-29 所示。

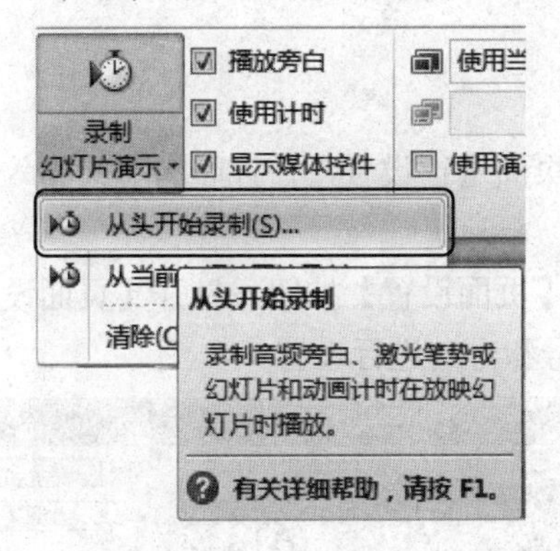

图 14-28　选择【从头开始录制】命令

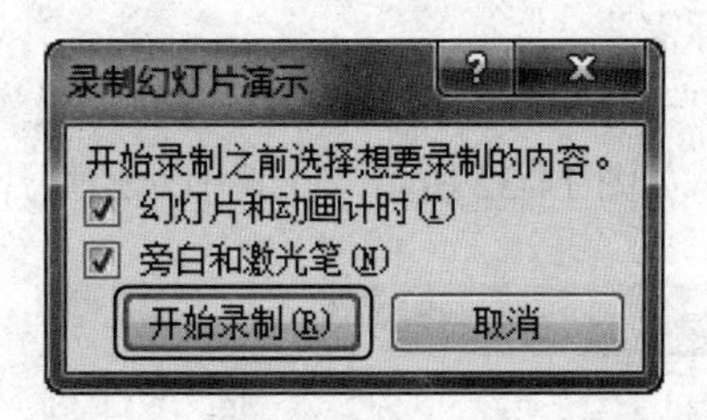

图 14-29　【录制幻灯片演示】对话框

(4) 单击【开始录制】按钮，进入幻灯片放映状态，同时开始录制旁白，单击鼠标或按 Enter 键切换到下一张幻灯片，如图 14-30 所示。

(5) 当旁白录制完成后，按下 Esc 键或者单击鼠标左键即可，此时演示文稿将切换到幻灯片浏览视图，从幻灯片浏览视图中可以看到每张幻灯片下方均显示各自的排练时间，如图 14-31 所示。

图 14-30　录制旁白

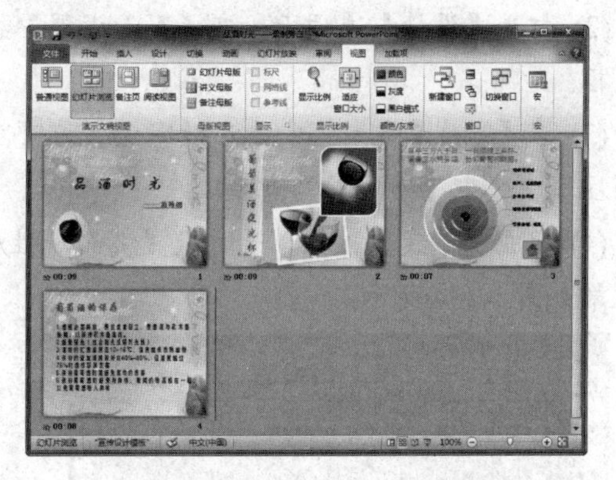

图 14-31　显示各自的排练时间

提示

在录制了旁白的幻灯片在右下角都会显示一个声音图标，PowerPoint 中的旁白声音优于其他声音文件，当幻灯片同时包含旁白和其他声音文件时，在放映幻灯片时只放映旁白。选中声音图标，按键盘上的 Delete 键即可删除旁白。

14.5 打印演示文稿

在 PowerPoint 2010 中，可以将制作好的演示文稿通过打印机打印出来。在打印时，可以先根据需求设置演示文稿的页面，再将演示文稿打印或输出为不同的形式。

14.5.1 设置演示文稿页面

在打印演示文稿前，可以根据自己的需要对打印页面进行设置，使打印的形式和效果更符合实际需要。

打开【设计】选项卡，在【页面设置】组中单击【页面设置】按钮，打开【页面设置】对话框，如图 14-32 所示，在其中对幻灯片的大小、编号和方向进行设置。

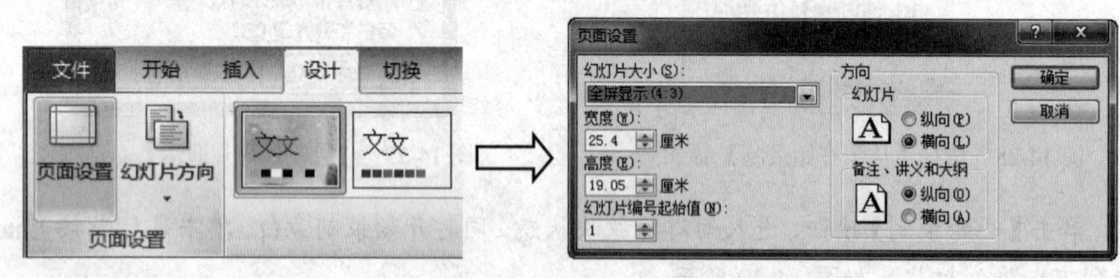

图 14-32　打开【页面设置】对话框

【例 14-8】在“品酒时光”演示文稿中设置幻灯片页面属性。

(1) 启动 PowerPoint 2010 应用程序，打开“品酒时光”演示文稿。

(2) 打开【设计】选项卡，在【页面设置】组中单击【页面设置】按钮，打开【页面设置】对话框。

(3) 在【宽度】文本框中输入数字 35，在【高度】文本框中输入数字 20，并且在【幻灯片】选项区域中选中【横向】单选按钮。

(4) 单击【确定】按钮，此时设置页面属性后的幻灯片效果如图 14-33 所示，幻灯片放映时效果如图 14-34 所示。

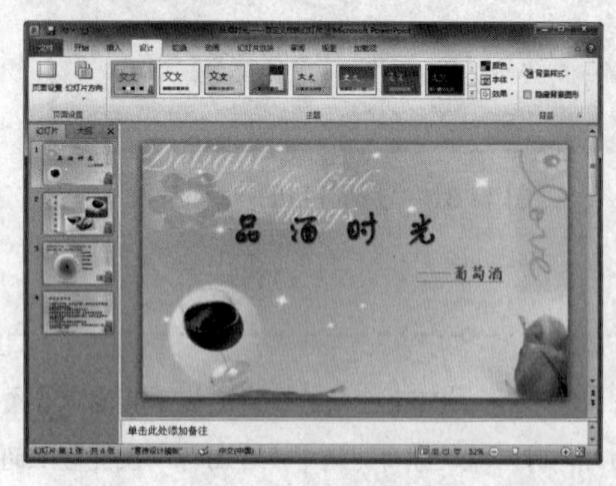

图 14-33　设置页面属性后的幻灯片效果

图 14-34　幻灯片放映效果

14.5.2　打印预览

用户在页面设置中设置好打印的参数后，在实际打印之前，可以使用打印预览功能先预览一下打印的效果。预览的效果与实际打印出来的效果非常相近，可以避免打印失误而造成不必要的损失。

【例 14-9】在“品酒时光”演示文稿中使用打印预览功能。

(1) 启动 PowerPoint 2010 应用程序，打开“品酒时光”演示文稿。

(2) 单击【文件】按钮，从弹出的菜单中选择【打印】命令，打开 Microsoft Office Backstage 视图，在最右侧的窗格中可以查看幻灯片的打印效果，如图 14-35 所示。

(3) 单击预览页中的【下一页】按钮▶，查看每一张幻灯片效果。

(4) 在【显示比例】进度条中拖动滑块，将幻灯片的显示比例设置为 60%，查看其中的文本内容，如图 14-36 所示。

(5) 打印预览完毕后，单击【文件】按钮，返回到幻灯片普通视图。

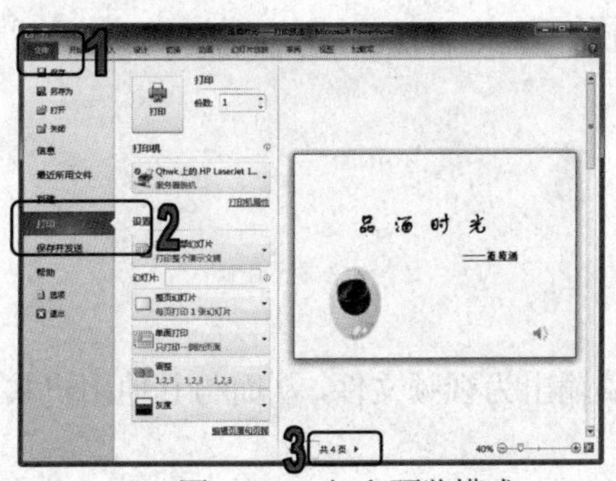

图 14-35　打印预览模式

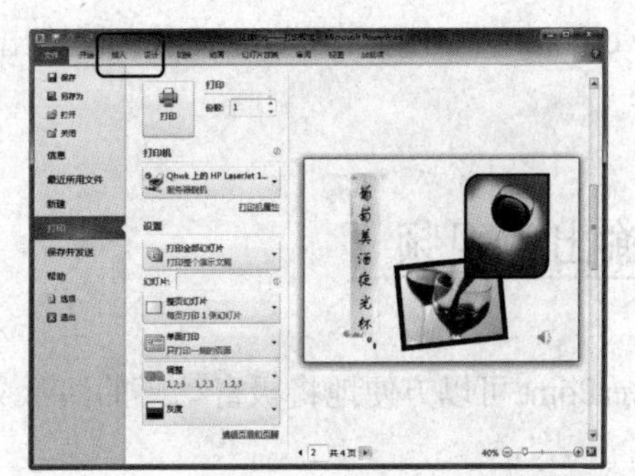

图 14-36　设置显示比例查看内容

14.5.3　开始打印

对当前的打印设置及预览效果满意后，可以连接打印机开始打印演示文稿。单击【文件】按钮，从弹出的菜单中选择【打印】命令，打开 Microsoft Office Backstage 视图，在中间的【打印】窗格中进行相关设置。

【例 14-10】打印“品酒时光”演示文稿。

(1) 启动 PowerPoint 2010 应用程序，打开“品酒时光”演示文稿。然后单击【文件】按钮，从弹出的菜单中选择【打印】命令，打开 Microsoft Office Backstage 视图。

(2) 在中间的【份数】微调框中输入 2；单击【整页幻灯片】下拉按钮，在弹出的下拉列表框选择【4 张水平放置的幻灯片】选项，并取消【幻灯片加框】命令前的复选框；在【灰度】下拉列表框中选择【颜色】选项，如图 14-37 所示。

(3) 设置完毕后，单击左上角的【打印】按钮，即可开始打印幻灯片。

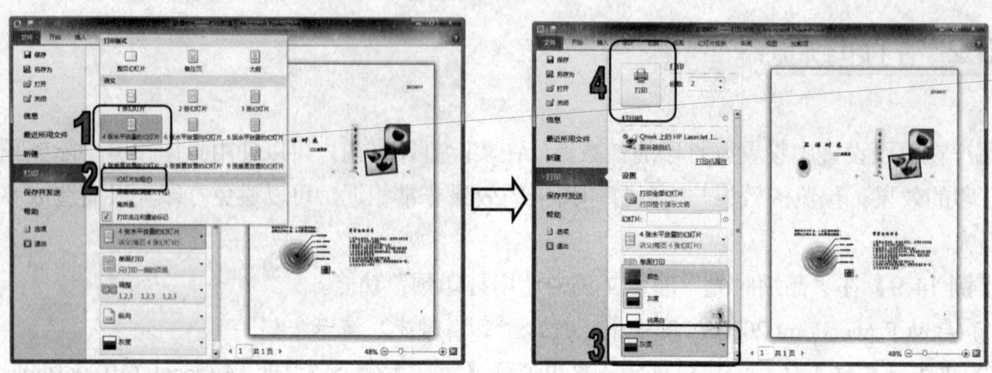

图 14-37　设置和打印演示文稿

14.6　输出演示文稿

用户可以方便地将利用 PowerPoint 制作的演示文稿输出为其他形式，以满足用户多用途的需要。在 PowerPoint 中，用户可以将演示文稿输出为视频、多种图片格式、幻灯片放映以及 RTF 大纲文件。

14.6.1　输出为视频

使用 PowerPoint 可以方便地将极富动感的演示文稿输出为视频文件，从而与其他用户共享该视频。

【例 14-11】将“品酒时光”演示文稿输出为视频。

(1) 启动 PowerPoint 2010 应用程序，打开“品酒时光”演示文稿。

(2) 单击【文件】按钮，从弹出的菜单中选择【保存并发送】命令，在右侧打开的窗格的【文件类型】选项区域中选择【创建视频】选项，在【创建视频】选项区域中设置显示选项和放映时间，然后单击【创建视频】按钮，如图 14-38 所示。

(3) 打开【另存为】对话框，设置视频文件的名称和保存路径，单击【保存】按钮，如图 14-39 所示。

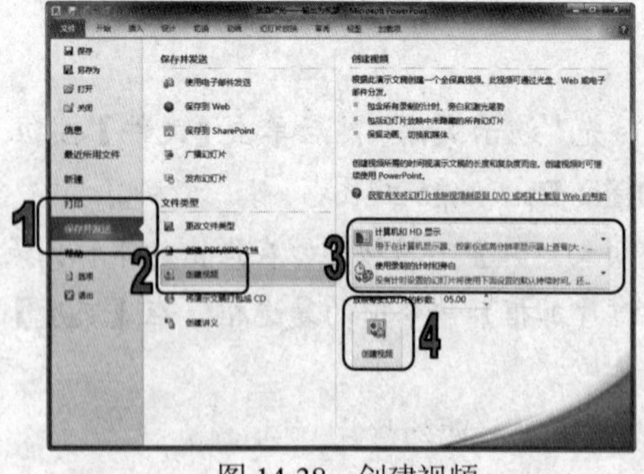

图 14-38　创建视频

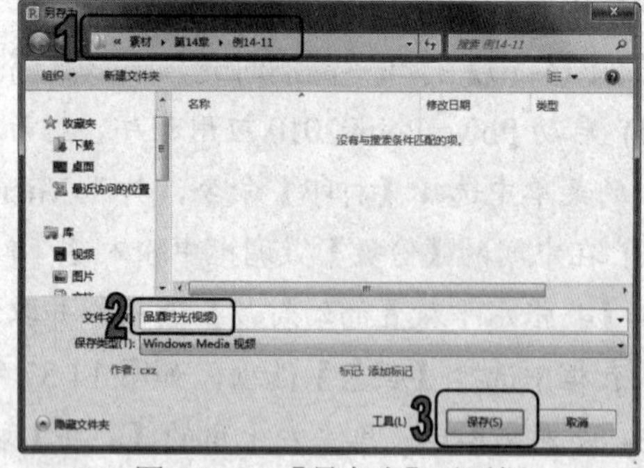

图 14-39　【另存为】对话框

(4) 此时 PowerPoint 窗口任务栏中将显示制作视频的进度，如图 14-40 所示。

(5) 稍等片刻制作完毕后，打开视频存放路径，双击视频文件，即可使用计算机中视频播放器来播放该视频，如图 14-41 所示。

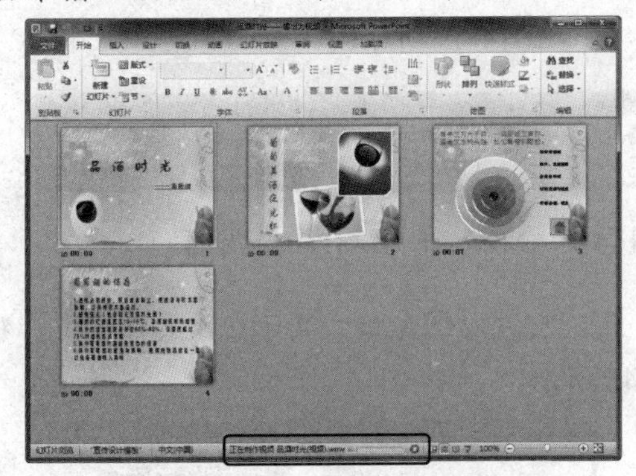

图 14-40　显示制作视频进度

图 14-41　输出的视频文件浏览效果

知识点

在 PowerPoint 演示文稿中，打开【另存为】对话框，在【保存类型】中选择【Windows Media 视频】选项，单击【保存】按钮，同样可以执行输出视频操作。

14.6.2　输出为图形文件

PowerPoint 支持将演示文稿中的幻灯片输出为 GIF、JPG、PNG、TIFF、BMP、WMF 及 EMF 等格式的图形文件。这有利于在更大范围内交换或共享演示文稿中的内容。

【例 14-12】将“品酒时光”演示文稿输出为图形文件。

(1) 启动 PowerPoint 2010 应用程序，打开“品酒时光”演示文稿。

(2) 单击【文件】按钮，从弹出的菜单中选择【保存并发送】命令，在中间打开的窗格的【文件类型】选项区域中选择【更改文件类型】选项，在右侧的窗格的【图片文件类型】选项区域中选择【JPEG 文件交换格式】选项，单击【另存为】按钮，如图 14-42 所示。

(3) 打开【另存为】对话框，设置存放路径，单击【保存】按钮，如图 14-43 所示。

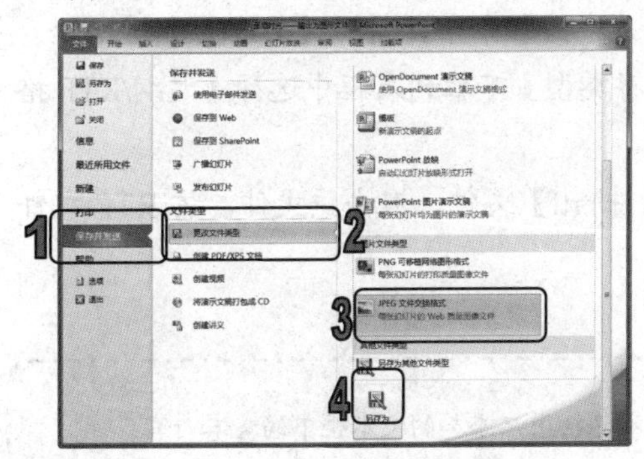

图 14-42　选择输出的文件类型

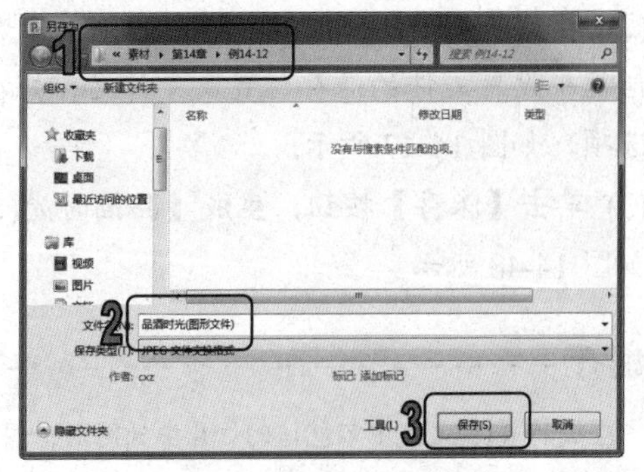

图 14-43 设置输出的图片范围

(4) 此时系统会弹出提示对话框，供用户选择输出为图片文件的幻灯片范围，单击【每张幻灯片】按钮，如图 14-44 所示。

(5) 完成将演示文稿输出为图形文件，并弹出提示框，提示用户每张幻灯片都以独立的方式保存到文件夹中，单击【确定】按钮即可，提示框如图 14-45 所示。

图 14-44 设置输出的图片范围

图 14-45 Microsoft PowerPoint 提示框

(6) 在路径中双击打开保存的文件夹，此时 4 张幻灯片以图形格式显示在该文件夹中，双击某张图片，即可打开该图片查看内容，如图 14-46 所示。

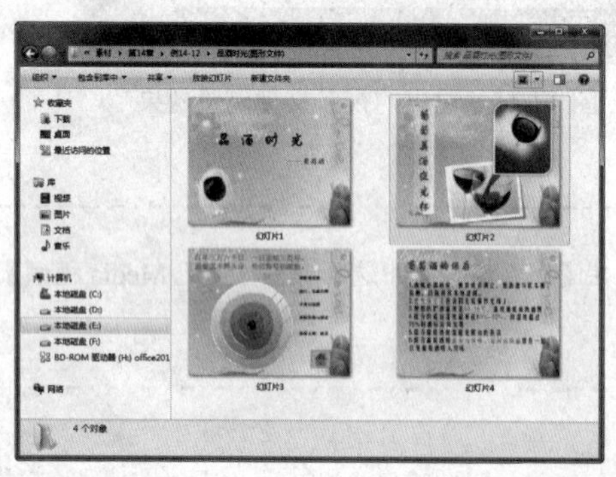

图 14-46 输出的图形文件浏览效果

14.6.3 输出为幻灯片放映及大纲

在 PowerPoint 中经常用到的输出格式还幻灯片放映和大纲。PowerPoint 输出的大纲文件是按照演示文稿中的幻灯片标题及段落级别生成的标准 RTF 文件，可以被其他如 Word 等文字处理软件打开或编辑。

【例 14-13】将“品酒时光”演示文稿输出为大纲文件。

(1) 启动 PowerPoint 2010 应用程序，打开“品酒时光”演示文稿。

(2) 单击【文件】按钮，从弹出的菜单中选择【另存为】命令，打开【另存为】对话框。在对话框中设置文件的保存位置及文件名，并在【保存类型】下拉列表框中选择【大纲/RTF 格式】选项，如图 14-47 所示。

(3) 单击【保存】按钮，生成【品酒时光(大纲文件).rtf】文件，双击该文件，该 RTF 文件效果如图 14-48 所示。

提示

生成的 RTF 文件中不包括幻灯片中的图形、图片，也不包括用户添加的文本框中的文本内容。

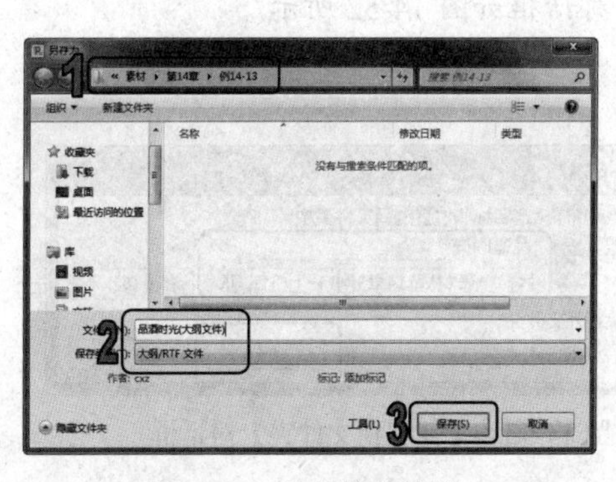

图 14-47　选择输出类型

图 14-48　输出的 RTF 文件格式

14.7　上机练习

本章主要介绍了如何创建交互式演示文稿以及演示文稿的打印和输出等内容。本次上机练习来介绍如何将演示文稿进行打包。

PowerPoint 2010 中提供了打包成 CD 功能，在有刻录光驱的计算机上可以方便地将制作的演示文稿及其链接的各种媒体文件一次性打包到 CD 上，轻松实现演示文稿的分发或转移到其他计算机上进行演示。下面来介绍如何将“品酒时光”演示文稿进行打包。

(1) 启动 PowerPoint 2010 应用程序，打开“品酒时光”演示文稿。

(2) 单击【文件】按钮，在弹出的菜单中选择【保存并发送】命令，在打开的窗格的【文件类型】选项区域中选择【将演示文稿打包成 CD】选项，并在右侧的窗格中单击【打包成 CD】按钮，如图 14-49 所示。

(3) 打开【打包成 CD】对话框，在【将 CD 命名为】文本框中输入“品酒时光”，如图 14-50 所示。

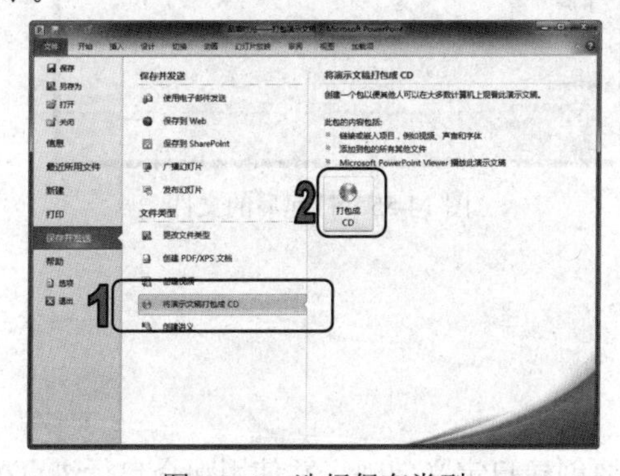

图 14-49　选择保存类型

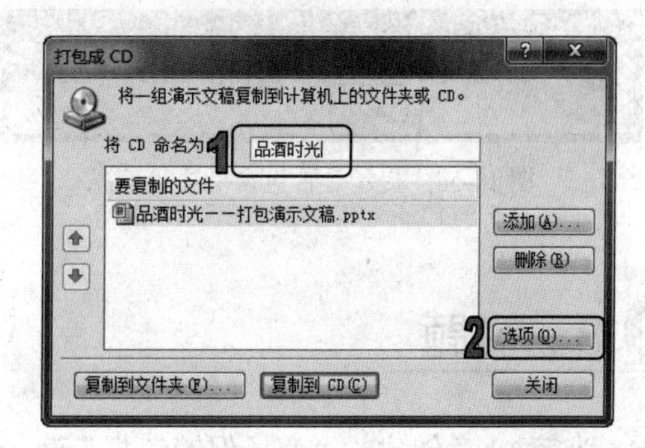

图 14-50　【打包成 CD】对话框

(4) 单击【选项】按钮，打开【选项】对话框，保存默认设置，单击【确定】按钮，如图 14-51 所示。

(5) 返回【打包成 CD】对话框，单击【复制到文件夹】按钮，打开【复制到文件夹】对话框，设置文件夹名称存放位置，单击【确定】按钮，对话框如图 14-52 所示。

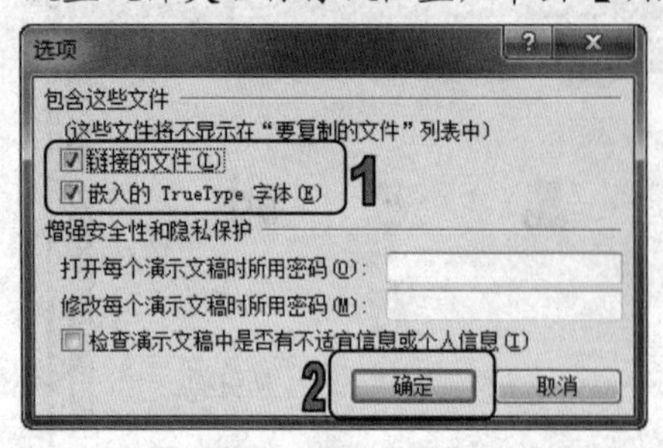

图 14-51 【选项】对话框

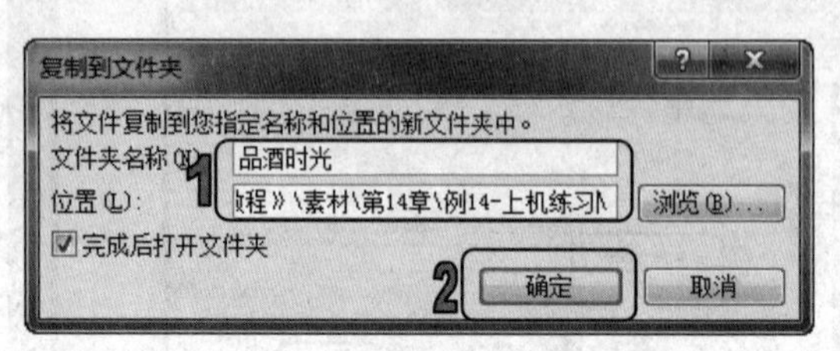

图 14-52 【复制到文件夹】对话框

(6) 此时 PowerPoint 将弹出提示框，询问是否在打包时包含具有链接内容的演示文稿，单击【是】按钮，如图 14-53 所示。

图 14-53 是否包含链接文件的提示框

(7) 打开另一个提示框，提示是否要保存批注、墨迹等信息，单击【继续】按钮，此时 PowerPoint 将自动开始将文件打包，如图 14-54 所示。

(8) 打包完毕后，将自动打开保存的文件夹“品酒时光”，并显示打包后的所有文件，如图 14-55 所示。

图 14-54 提示是否包含批注等信息

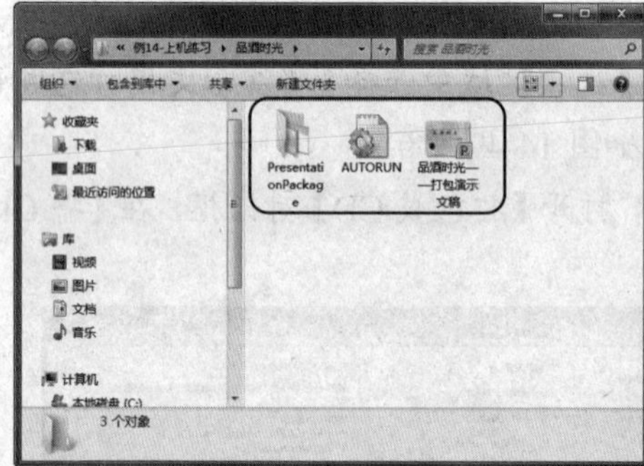

图 14-55 打包后的文件

14.8 习题

1. 为第 13 章创建的“商场促销海报”演示文稿创建自定义放映，并使用观众自行浏览模式放映该演示文稿。

2. 将习题 1 中创建的自定义放映的“商场促销海报”演示文稿输出为图形文件。

第15章 综合实例应用

学习目标

本书主要介绍了 Office 2010 常用组件的使用方法和技巧，包括 Word 2010、Excel 2010 和 PowerPoint 2010。本章通过几个综合实例，来帮助用户灵活运用 Office 2010 的各种功能，提高用户的综合应用能力。

本章重点

- 插入与使用表格
- 制作图文并茂的文档
- 数据的快速填充
- 使用公式和函数
- 幻灯片中插入艺术字和图片
- 设置幻灯片动画

15.1 制作员工入职登记表

本例通过制作员工入职登记表，使用户进一步巩固插入和设置表格、设置字体格式以及插入特殊符号等操作的方法和技巧。实例效果如图 15-1 所示。

(1) 启动 Word 2010 应用程序，新建一个空白文档，将其以“员工入职登记表”为名保存。

(2) 将光标插入到文档开始处，输入标题文本“员工入职登记表”，然后按 Enter 键，继续输入文本内容，如图 15-2 所示。

(3) 选中标题文本“员工入职登记表”，在【开始】选项卡的【字体】组中设置字体为【华文细黑】，字号为【小二】，文本居中对齐。

(4) 单击【字体】组的对话框启动器按钮，打开【字体】对话框中的【高级】选项卡，在【间距】下拉列表中选择【加宽】选项，在【磅值】微调框中输入“3 磅”，如图 15-3 所示。

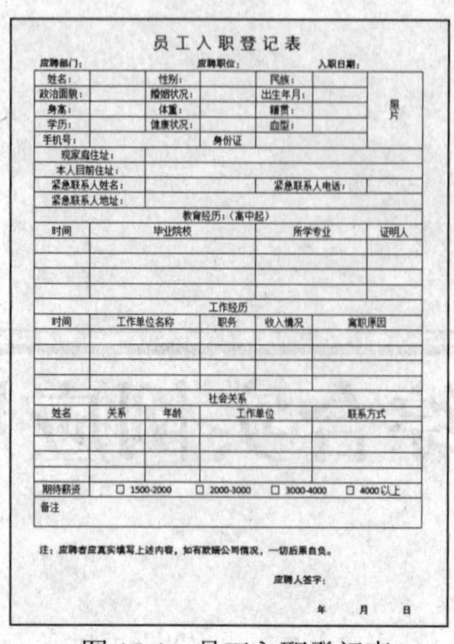

员工入职登记表

应聘部门：　　　　应聘职位：　　　　入职日期：

姓名：		性别：		民族：		照片
政治面貌：		婚姻状况：		出生年月：		
身高：		体重：		籍贯：		
学历：		健康状况：		血型：		
手机号：			身份证			
现家庭住址：						
本人目前住址：						
紧急联系人姓名：				紧急联系人电话：		
紧急联系人地址：						

教育经历：（高中起）

时间	毕业院校	所学专业	证明人

工作经历

时间	工作单位名称	职务	收入情况	离职原因

社会关系

姓名	关系	年龄	工作单位	联系方式

期待薪资	□ 1500-2000	□ 2000-3000	□ 3000-4000	□ 4000以上
备注				

注：应聘者应真实填写上述内容，如有欺瞒公司情况，一切后果自负。

应聘人签字：

年　　月　　日

图 15-1　员工入职登记表

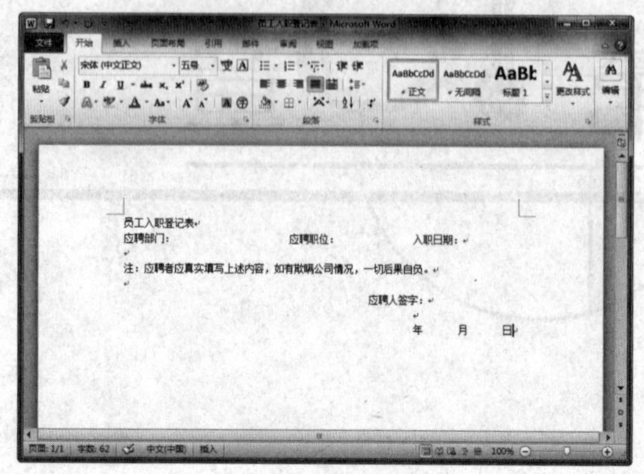

图 15-2　输入文本

(5) 单击【确定】按钮，即可设置标题文本的字符间距。使用同样的方法，设置除标题外，其他文本的字体为【方正黑体简体】，效果如图 15-4 所示。。

图 15-3　设置字符间距

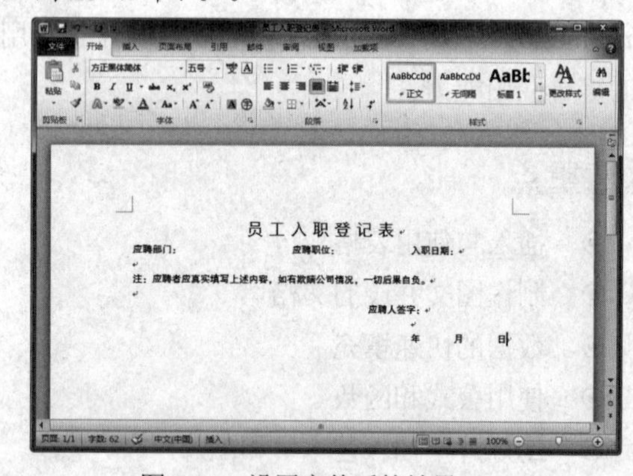

图 15-4　设置字体后的效果

(6) 将插入点定位在第 3 行，打开【插入】选项卡，在【表格】组中单击【表格】按钮，从弹出的菜单中选择【插入表格】命令，如图 15-5 所示。

(7) 打开【插入表格】对话框，在【列数】和【行数】文本框中分别输入 7 和 30，单击【确定】按钮，如图 15-6 所示。

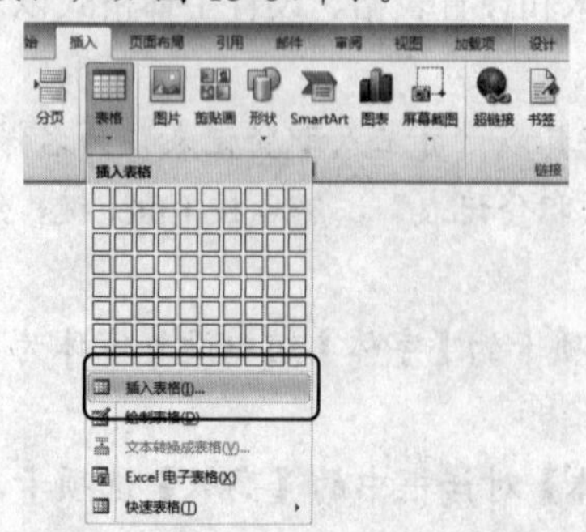

图 15-5　选择【插入表格】命令

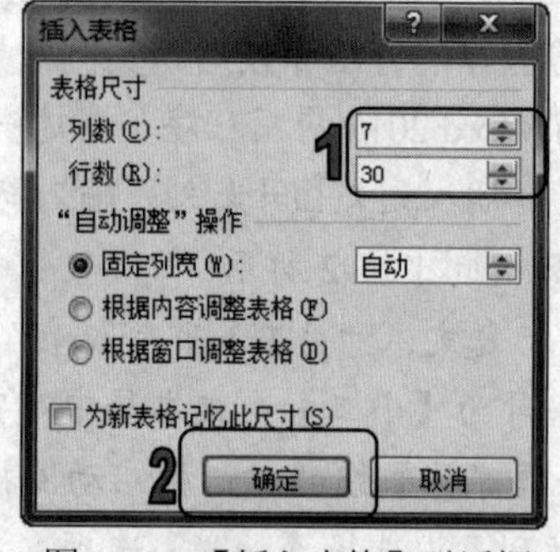

图 15-6　【插入表格】对话框

(8) 此时即可插入一个 7×30 的表格，如图 15-7 所示。

(9) 选中第 7 列前 5 行的单元格区域，在【表格工具】的【布局】选项卡的【合并】组中单击【合并单元格】按钮，将其合并。使用同样的方法，合并其他单元格，效果如图 15-8 所示。

图 15-7　插入表格后的效果

图 15-8　合并单元格后的效果

(10) 将插入点定位在表格第 1 个单元格中，输入文本。按 Tab 键，移动单元格，继续输入表格文本，输入文本后的效果如图 15-9 所示。

(11) 将插入点定位在【期待薪资】行的文本 1500-2000 前，打开【加载项】选项卡，在【菜单命令】组中单击【特殊符号】按钮，打开【插入特殊符号】对话框。

(12) 打开【插入特殊符号】对话框，打开【特殊符号】选项卡，在其中选择方框□符号，单击【确定】按钮，如图 15-10 所示。

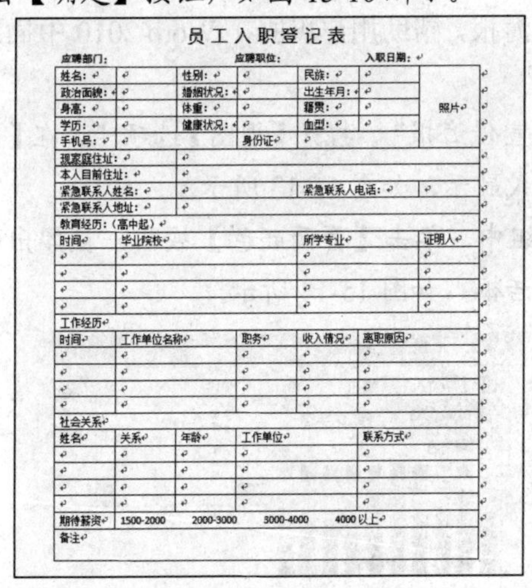

图 15-9　输入表格文本

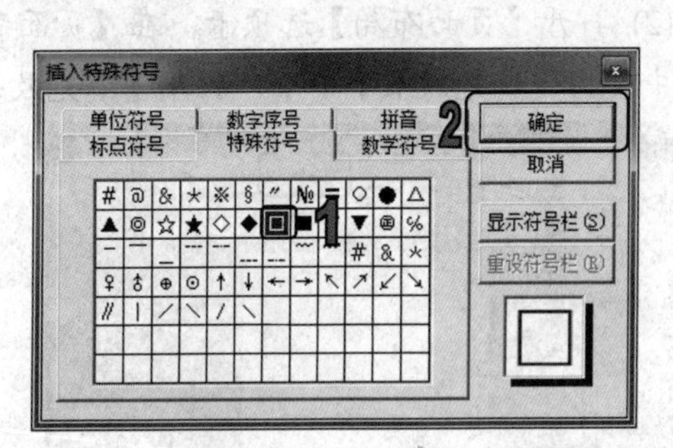

图 15-10　【插入特殊符号】对话框

(13) 此时将方框□符号插入到文档的指定位置中，选中该方框，按 Ctrl+C 快捷键复制该符号，按 Ctrl+V 快捷键将该符号粘贴到其他指定位置，最终效果如图 15-11 所示。

(14) 单击⊞按钮，选中整个表格，打开【表格工具】的【布局】选项卡，在【对齐方式】

组中单击【水平居中】按钮，设置表格文本居中对齐显示，然后将最后一行单元格中的“备注”文本设置为左对齐，如图 15-12 所示。

(15) 将插入点定位在【照片】单元格，在【对齐方式】组中单击【文字方向】按钮，改变文字方向。

(16) 文档最终效果如图 15-1 所示，在快速访问工具栏中单击【保存】按钮，保存“员工入职登记表”文档。

工作经历				
时间	工作单位名称	职务	收入情况	离职原因
社会关系				
姓名	关系	年龄	工作单位	联系方式
期待薪资	□ 1500-2000	□ 2000-3000	□ 3000-4000	□ 4000 以上
备注				

图 15-11　在表格中插入方框符号

员工入职登记表

应聘部门：　应聘职位：　入职日期：

姓名：		性别：		民族：		照片
政治面貌：		婚姻状况：		出生年月：		
身高：		体重：		籍贯：		
学历：		健康状况：		血型：		
手机号：			身份证			
现家庭住址：						
本人目前住址：						
紧急联系人姓名：				紧急联系人电话：		
紧急联系人地址：						
教育经历：（高中起）						
时间	毕业院校			所学专业		证明人
工作经历						
时间	工作单位名称		职务	收入情况	离职原因	
社会关系						
姓名	关系	年龄	工作单位		联系方式	
期待薪资	□ 1500-2000	□ 2000-3000	□ 3000-4000	□ 4000 以上		
备注						

图 15-12　设置表格文本对齐方式

15.2　制作宣传海报

本例使用 Word 2010 来制作一份图文并茂的宣传海报，帮助用户巩固在 Word 2010 中插入图片、插入艺术字、设置边框等操作方法。

(1) 启动 Word 2010，创建新文档并将其保存为“宣传海报”。打开【视图】选项卡，在【显示比例】组中单击【单页】按钮，文档将以整页的形式显示，如图 15-13 所示。

(2) 打开【页面布局】选项卡，在【页面背景】组中，单击【页面颜色】按钮，在弹出的菜单中选择【填充效果】命令，打开【填充效果】对话框，如图 15-14 所示。

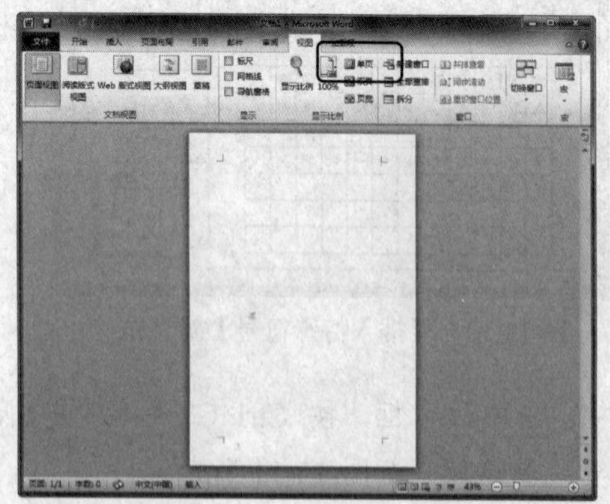

图 15-13　整页显示文档

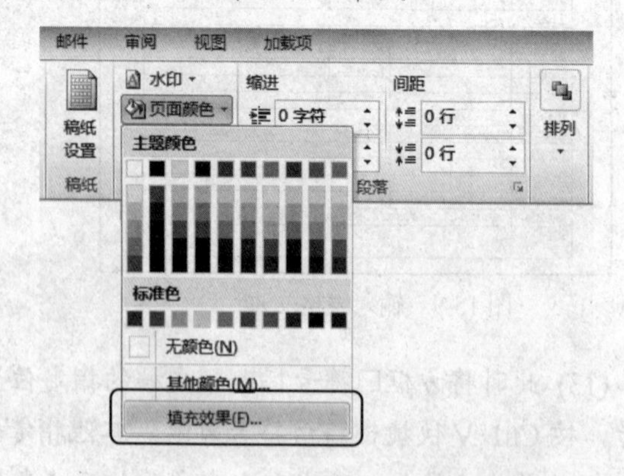

图 15-14　选择【填充效果】命令

(3) 打开【图案】选项卡，在【图案】选项区域中选择一种，在【前景】下拉列表框中选择一种颜色，设置完成后单击【确定】按钮，如图 15-15 所示。

(4) 返回文档窗口，即可查看为页面设置的填充效果，如图 15-16 所示。

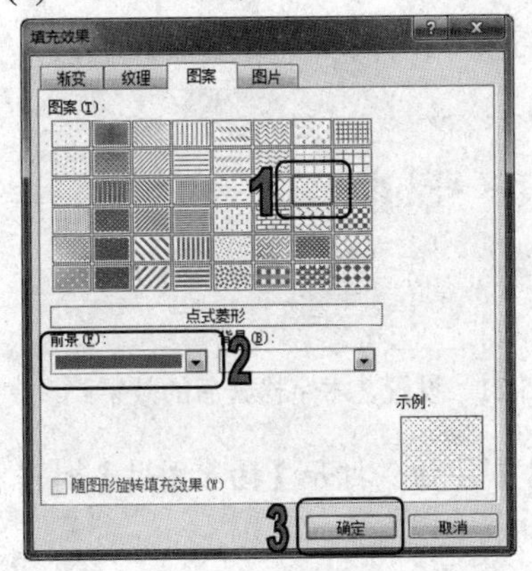

图 15-15　设置图案填充效果

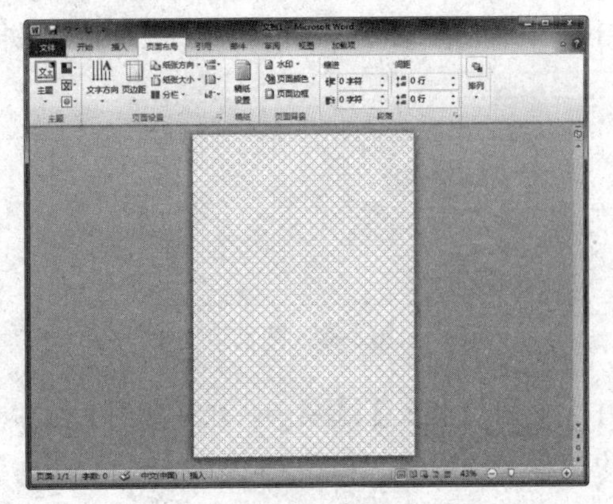

图 15-16　填充后的效果

(5) 在【页面背景】组中，单击【页面边框】按钮，打开【边框和底纹】对话框的【页面边框】选项卡，在【设置】选项区域中选择【方框】选项，在【艺术型】下拉列表框中选择一种样式，如图 15-17 所示。

(6) 设置完成后单击【确定】按钮返回文档窗口，此时设置好的页面边框如图 15-18 所示。

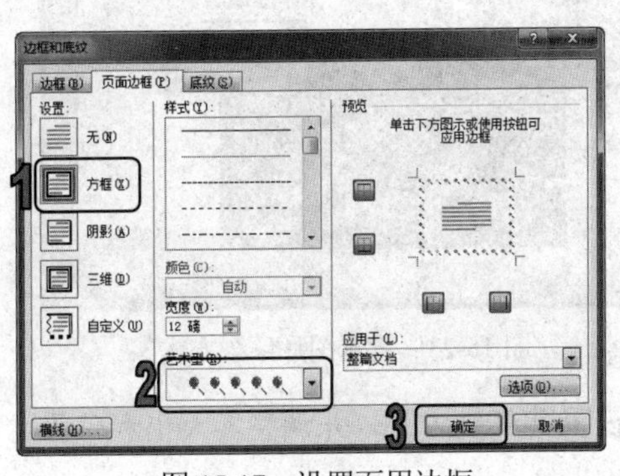

图 15-17　设置页眉边框

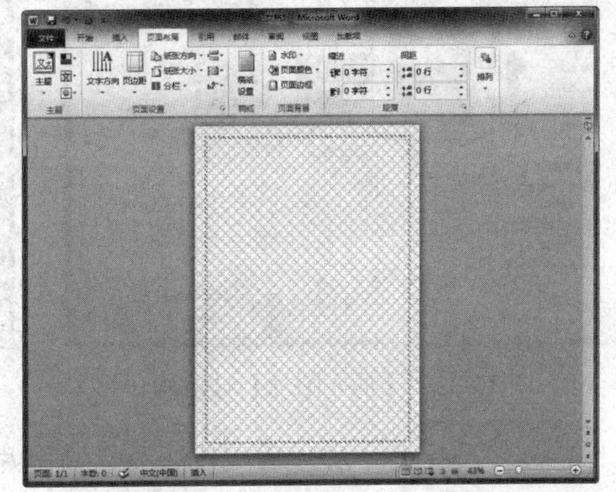

图 15-18　设置边框后的效果

(7) 打开【插入】选项卡，在【文本】组中单击【艺术字】按钮，从打开的艺术字库列表中，选择一种样式，如图 15-19 所示。

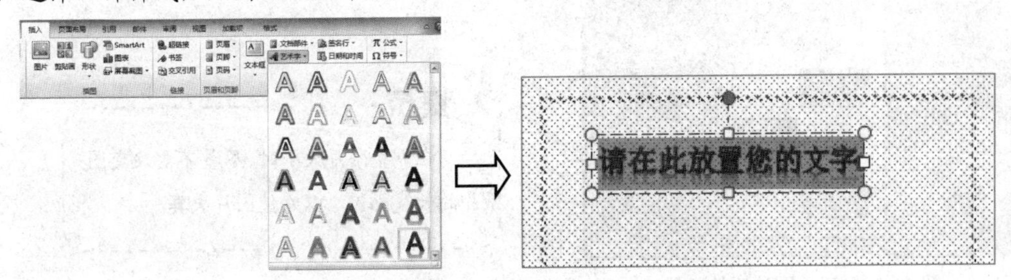

图 15-19　插入艺术字

(8) 在【请在此放置您的文字】文本框中输入艺术字，如图 15-20 所示。

(9) 选中艺术字，在【开始】选项卡的【字体】组中，设置艺术字字体为【华文隶书】，字号为【初号】，并在相邻两个汉字之间添加一个空格。

(10) 使用同样的方法插入另一组艺术字，并设置艺术字格式，效果如图 15-21 所示。

图 15-20　输入艺术字文本

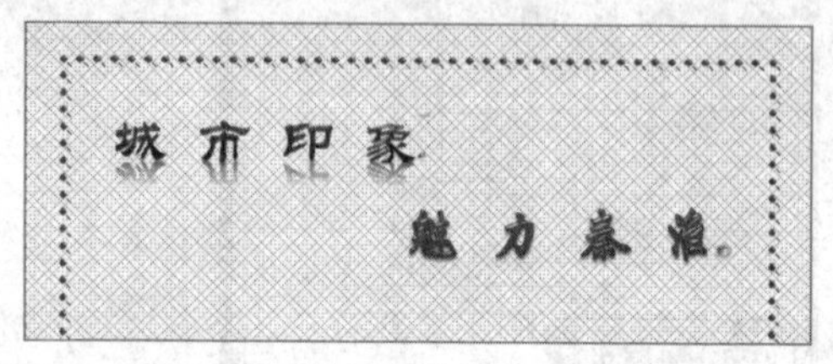

图 15-21　设置艺术字格式后的效果

(11) 打开【插入】选项卡，在【插图】组中单击【图片】按钮，打开【插入图片】对话框，在其中选择一幅图片，如图 15-22 所示。

(12) 单击【插入】按钮，就可以在文档中插入图片。打开【图片工具】的【格式】选项卡，在【排列】组中单击【自动换行】按钮，在弹出的菜单中选择【浮于文字上方】命令，设置其环绕方式，如图 15-23 所示。

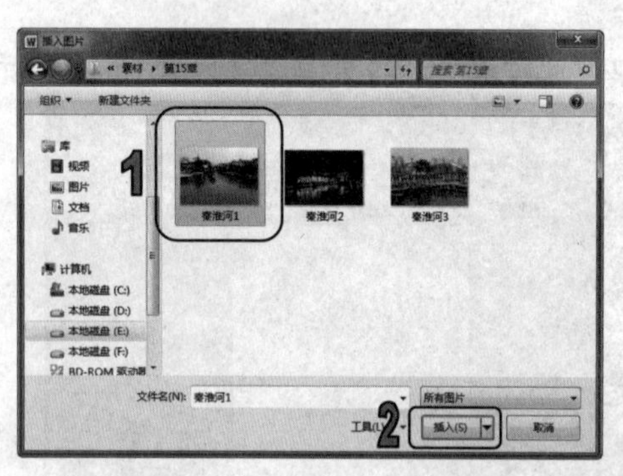

图 15-22　【插入图片】对话框

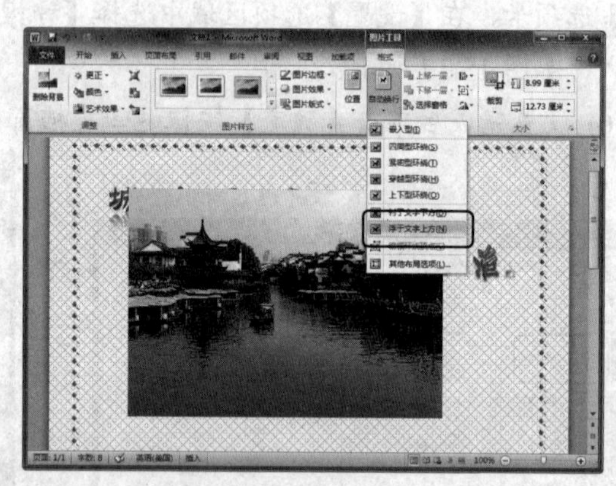

图 15-23　设置图片环绕方式

(13) 使用同样的方法，插入另外两幅幅图片，设置其环绕方式，并调整其大小和位置，效果如图 15-24 所示。

图 15-24　插入图片后的效果

提示

在调整图片大小时，尽量不要改变图片的长宽比例，以免使图片失真。

(14) 打开【插入】选项卡，在【文本】组中单击【文本框】按钮，在弹出的菜单中选择【绘制文本框】命令，在文档中绘制文本框，并输入如图 15-25 所示的文本内容。

(15) 选中文本框，设置文本框内字体为【方正姚体】，字号为【小四】，字体颜色为【橙色】，效果如图 15-26 所示。

图 15-25　插入文本框并输入文本

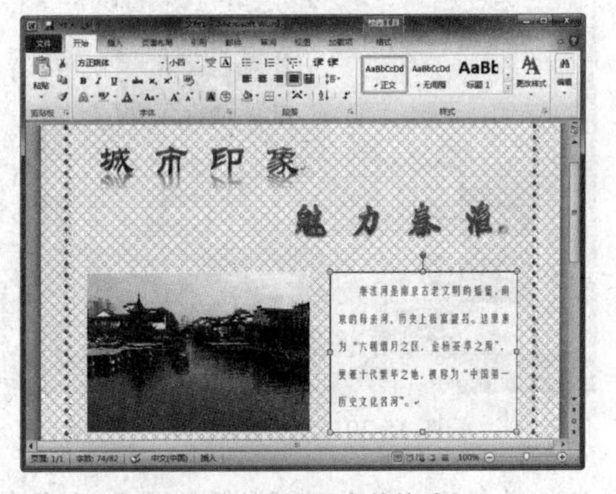

图 15-26　设置字体格式

(16) 右击文本框，在弹出的菜单中选择【设置形状格式】命令，打开【设置形状格式】对话框，设置文本框的填充类型为【无填充】，线条颜色为【无颜色】，如图 15-27 所示。

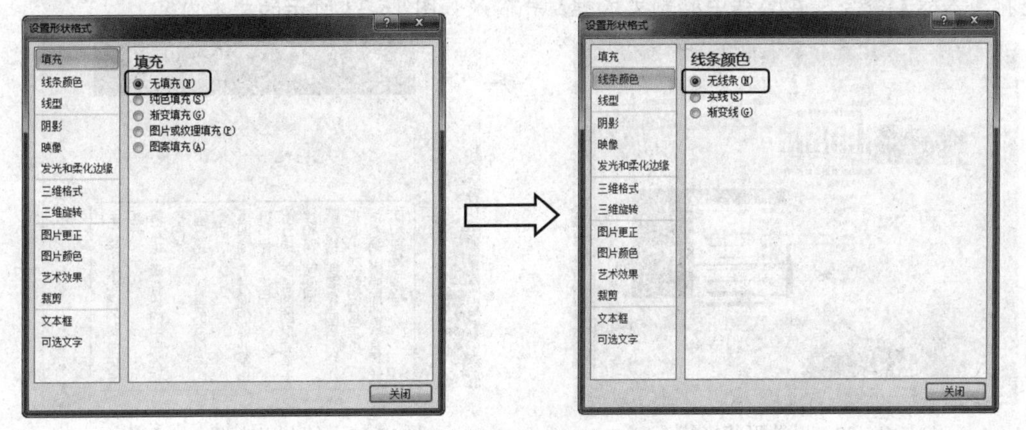

图 15-27　设置文本框格式

(17) 设置完成后，效果如图 15-28 所示。使用同样的方法插入另外一个文本框，输入文本并设置文本框格式，如图 15-29 所示。

图 15-28　设置文本框格式后的效果

图 15-29　插入另一个文本框并设置其效果

(18) 打开【插入】选项卡，在【插图】组中单击【形状】按钮，从弹出的菜单的【基本形状】选项区域选择【双括号】选项，如图 15-30 所示。

(19) 在文档中绘制双括号，然后添加文本，并设置文本格式，效果如图 15-31 所示。

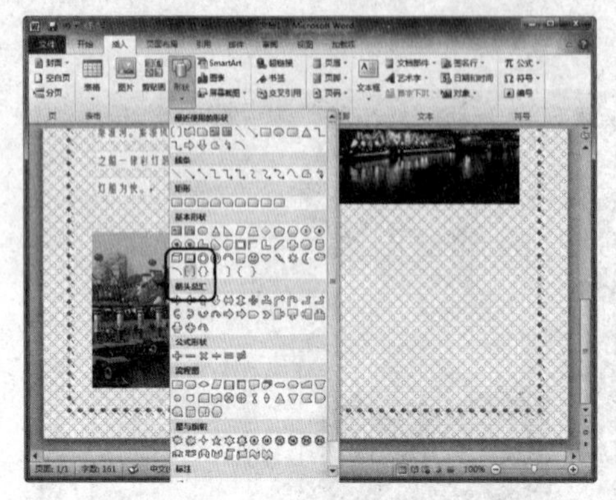

图 15-30　选择形状

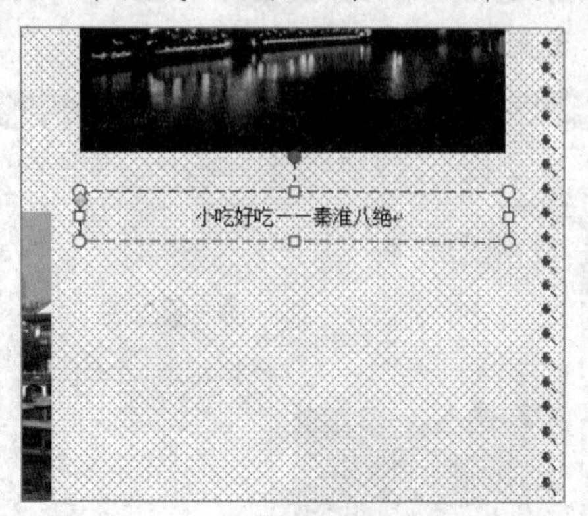

图 15-31　插入形状并输入文本

(20) 选择形状，打开【绘图工具】的【格式】选项卡，设置【形状轮廓】的颜色为红色，线条【粗细】为 3 磅，如图 15-32 所示。

(21) 打开【插入】选项卡，在【文本】组中单击【文本框】按钮，在弹出的菜单中选择【绘制竖排文本框】命令，在文档中绘制文本框，并输入如图 15-33 所示的文本内容。

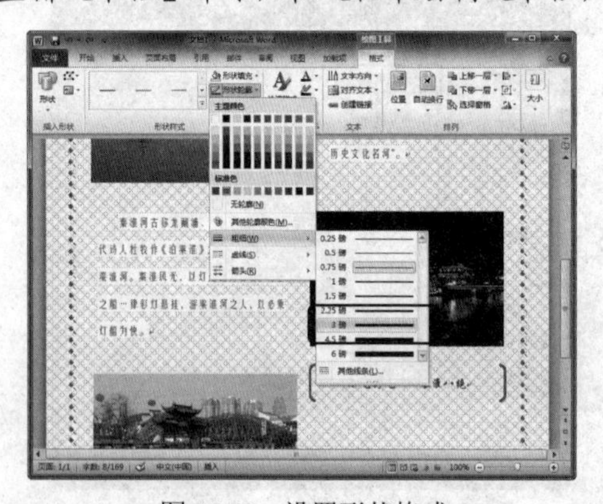

图 15-32　设置形状格式

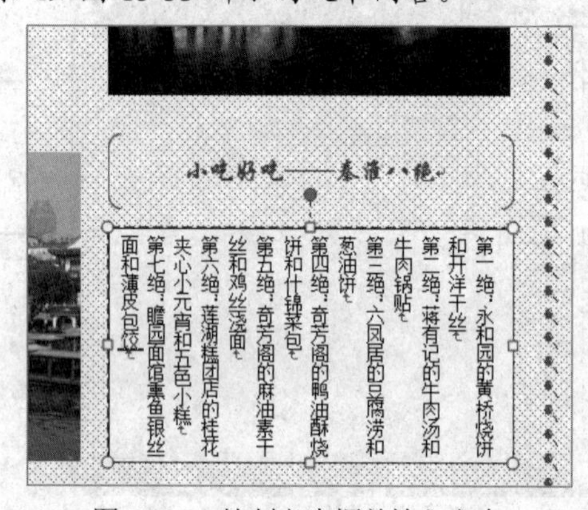

图 15-33　绘制文本框并输入文本

(22) 选中文本框，打开【绘图工具】的【格式】选项卡，在【形状样式】组中单击【其他】按钮，选择【彩色轮廓-红色，强调颜色 2】选项，如图 15-34 所示。

(23) 为文本框应用该样式后，效果如图 15-35 所示。

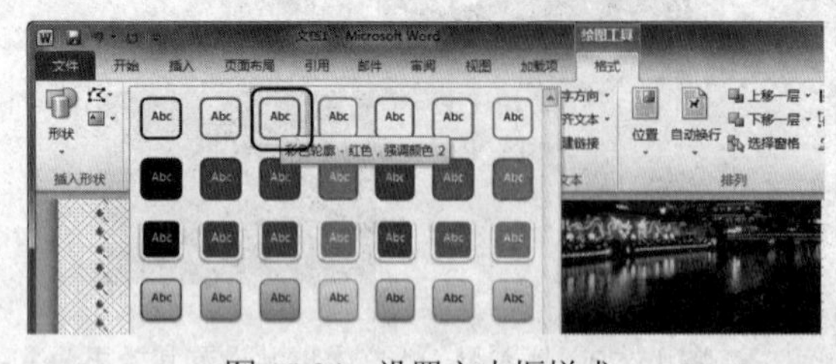

图 15-34　设置文本框样式

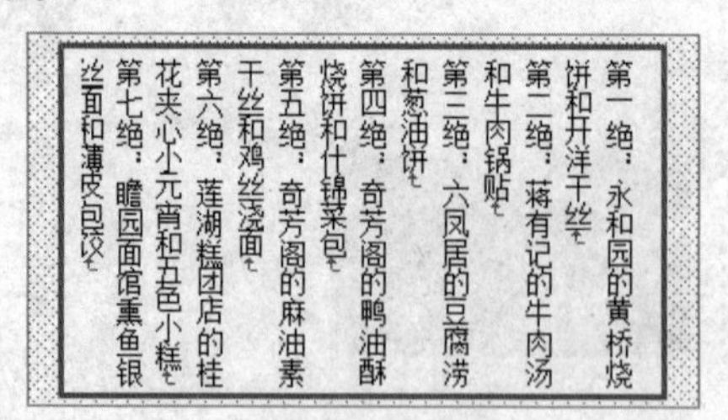

图 15-35　设置样式后的效果

(24) 本例最终效果如图 15-36 所示。单击【文件】按钮，选择【打印】选项，可以预览文档的打印效果，如图 15-37 所示。

图 15-36　宣传海报最终效果

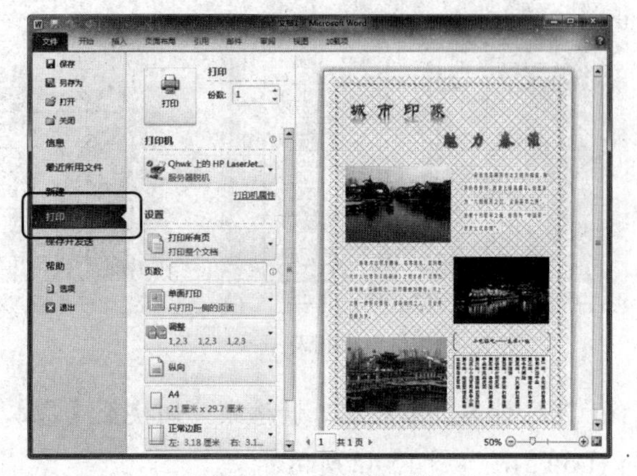

图 15-37　预览文档

15.3　制作员工薪资管理表

员工薪资管理是企业管理的重要组成部分，也是每个单位财务部门最基本的业务之一。本例将详细介绍使用 Excel 2010 电子表格进行薪资管理的方法。

(1) 在 Excel 2010 中新建一个空白工作簿，并将其命名为【薪资管理】，然后将 Sheet1 工作表命名为“基本工资表”。

(2) 在“基本工资表”中输入相关数据，并设置表格格式，效果如图 15-38 所示。

(3) 将 Sheet2 工作表命名为【出勤统计表】，然后在【出勤统计表】中输入相关数据，并设置表格格式，效果如图 15-39 所示。

基本工资表

编号	姓名	部门	基本工资	岗位工资	工龄工资	基本工资总和
QC001	王萌萌	销售部	¥1,800.00	¥500.00	¥200.00	
QC002	李小丽	技术部	¥1,600.00	¥600.00	¥100.00	
QC003	尚雯婕	研发部	¥2,100.00	¥900.00	¥300.00	
QC004	杨晓芳	财务部	¥2,100.00	¥700.00	¥300.00	
QC005	朱丽娅	销售部	¥1,900.00	¥500.00	¥0.00	
QC006	张达明	财务部	¥1,800.00	¥700.00	¥300.00	
QC007	肖雨飞	研发部	¥2,200.00	¥900.00	¥0.00	
QC008	许小燕	技术部	¥2,600.00	¥600.00	¥200.00	
QC009	高程程	行政部	¥2,000.00	¥1,200.00	¥600.00	
QC010	王晓华	行政部	¥1,800.00	¥1,200.00	¥500.00	
QC011	李国强	销售部	¥1,900.00	¥500.00	¥200.00	
QC012	李雨菲	研发部	¥1,800.00	¥900.00	¥500.00	
QC013	王雪艳	财务部	¥1,600.00	¥700.00	¥300.00	
QC014	刘思思	技术部	¥1,500.00	¥600.00	¥500.00	
QC015	王海涛	财务部	¥2,300.00	¥700.00	¥200.00	

图 15-38　基本工资表

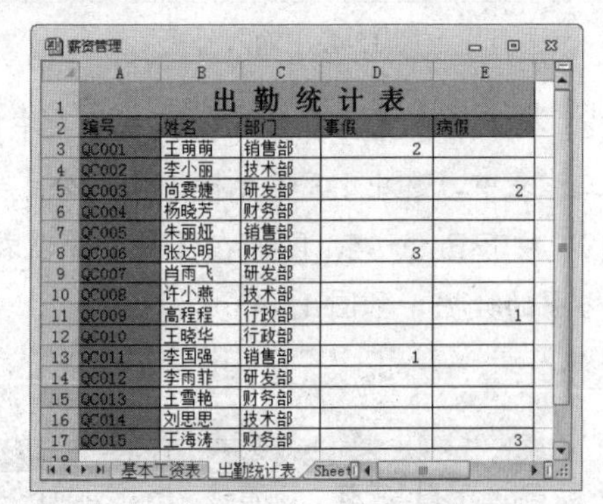

出勤统计表

编号	姓名	部门	事假	病假
QC001	王萌萌	销售部	2	
QC002	李小丽	技术部		
QC003	尚雯婕	研发部		2
QC004	杨晓芳	财务部		
QC005	朱丽娅	销售部		
QC006	张达明	财务部	3	
QC007	肖雨飞	研发部		
QC008	许小燕	技术部		
QC009	高程程	行政部		1
QC010	王晓华	行政部		
QC011	李国强	销售部	1	
QC012	李雨菲	研发部		
QC013	王雪艳	财务部		
QC014	刘思思	技术部		
QC015	王海涛	财务部		3

图 15-39　出勤统计表

(4) 将 Sheet3 工作表命名为【员工福利表】，然后在【员工福利表】中输入相关数据，并设置表格格式，效果如图 15-40 所示。

(5) 新建 Sheet4 工作表，将 Sheet4 工作表命名为【薪资管理表】，然后在【薪资管理表】中输入相关数据，并设置表格格式，效果如图 15-41 所示。

员工福利表				
编号	姓名	部门	住房补贴	午餐补助
QC001	王萌萌	销售部	¥500.00	¥200.00
QC002	李小丽	技术部	¥200.00	¥200.00
QC003	尚雯婕	研发部	¥300.00	¥200.00
QC004	杨晓芳	财务部	¥600.00	¥200.00
QC005	朱丽娅	销售部	¥500.00	¥200.00
QC006	张达明	财务部	¥200.00	¥200.00
QC007	肖雨飞	研发部	¥300.00	¥200.00
QC008	许小燕	技术部	¥600.00	¥200.00
QC009	高程程	行政部	¥200.00	¥200.00
QC010	王晓华	行政部	¥300.00	¥200.00
QC011	李国强	销售部	¥600.00	¥200.00
QC012	李雨菲	研发部	¥500.00	¥200.00
QC013	王雪艳	财务部	¥300.00	¥200.00
QC014	刘思思	技术部	¥200.00	¥200.00
QC015	王海涛	财务部	¥300.00	¥200.00

图 15-40　员工福利表

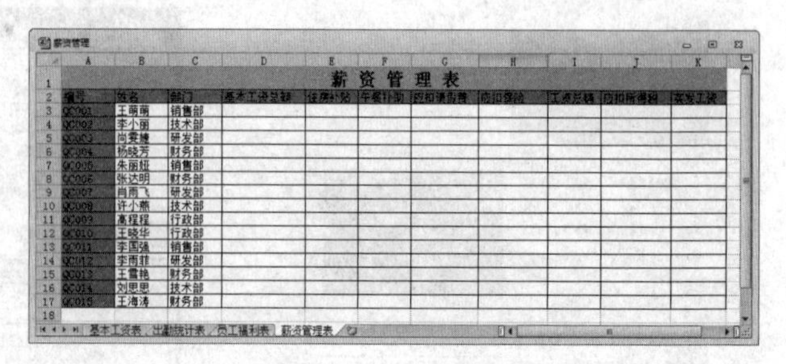

薪资管理表										
编号	姓名	部门	基本工资总额	住房补贴	午餐补助	应扣请假费	应扣保险	工资总额	应扣所得税	实发工资
QC001	王萌萌	销售部								
QC002	李小丽	技术部								
QC003	尚雯婕	研发部								
QC004	杨晓芳	财务部								
QC005	朱丽娅	销售部								
QC006	张达明	财务部								
QC007	肖雨飞	研发部								
QC008	许小燕	技术部								
QC009	高程程	行政部								
QC010	王晓华	行政部								
QC011	李国强	销售部								
QC012	李雨菲	研发部								
QC013	王雪艳	财务部								
QC014	刘思思	技术部								
QC015	王海涛	财务部								

图 15-41　薪资管理表

(6) 开始计算员工基本工资总额。切换至【基本工资表】，选定 G3 单元格，输入函数=SUM(D3:F3)，如图 15-42 所示。

(7) 按 Enter 键，计算出 1 号员工的基本工资总额，然后将鼠标指针移至 G3 单元格右下角的小方块处，当鼠标指针变为＋形状时，按住鼠标左键不放并拖动至 G17 单元格，此时释放鼠标左键，在 G4:G17 单元格区域中即可使用相对引用的方法引用 G3 单元格中的公式，从而分别计算出每个员工的基本工资总额，如图 15-43 所示。

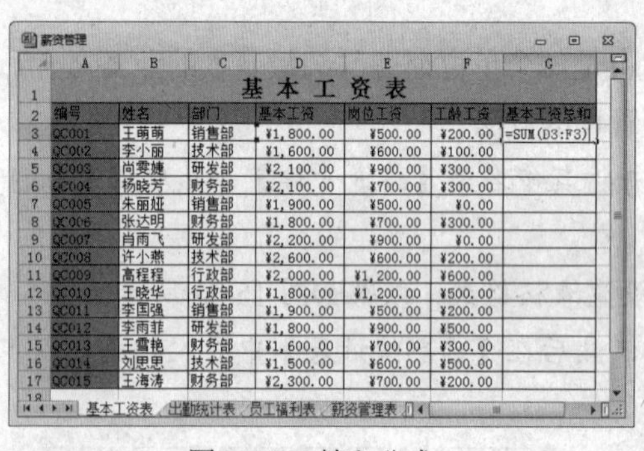

基本工资表						
编号	姓名	部门	基本工资	岗位工资	工龄工资	基本工资总和
QC001	王萌萌	销售部	¥1,800.00	¥500.00	¥200.00	=SUM(D3:F3)
QC002	李小丽	技术部	¥1,600.00	¥600.00	¥100.00	
QC003	尚雯婕	研发部	¥2,100.00	¥900.00	¥300.00	
QC004	杨晓芳	财务部	¥2,100.00	¥700.00	¥300.00	
QC005	朱丽娅	销售部	¥1,900.00	¥500.00	¥0.00	
QC006	张达明	财务部	¥1,800.00	¥700.00	¥300.00	
QC007	肖雨飞	研发部	¥2,200.00	¥900.00	¥0.00	
QC008	许小燕	技术部	¥2,600.00	¥600.00	¥200.00	
QC009	高程程	行政部	¥2,000.00	¥1,200.00	¥600.00	
QC010	王晓华	行政部	¥1,800.00	¥1,200.00	¥500.00	
QC011	李国强	销售部	¥1,900.00	¥500.00	¥200.00	
QC012	李雨菲	研发部	¥1,800.00	¥900.00	¥500.00	
QC013	王雪艳	财务部	¥1,600.00	¥700.00	¥300.00	
QC014	刘思思	技术部	¥1,500.00	¥600.00	¥500.00	
QC015	王海涛	财务部	¥2,300.00	¥700.00	¥200.00	

图 15-42　输入公式

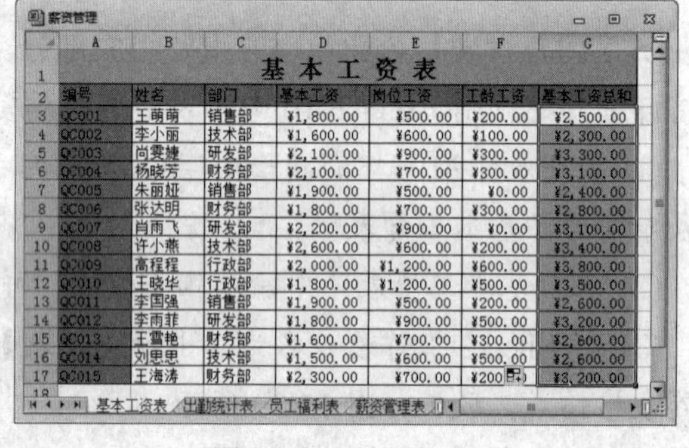

基本工资表						
编号	姓名	部门	基本工资	岗位工资	工龄工资	基本工资总和
QC001	王萌萌	销售部	¥1,800.00	¥500.00	¥200.00	¥2,500.00
QC002	李小丽	技术部	¥1,600.00	¥600.00	¥100.00	¥2,300.00
QC003	尚雯婕	研发部	¥2,100.00	¥900.00	¥300.00	¥3,300.00
QC004	杨晓芳	财务部	¥2,100.00	¥700.00	¥300.00	¥3,100.00
QC005	朱丽娅	销售部	¥1,900.00	¥500.00	¥0.00	¥2,400.00
QC006	张达明	财务部	¥1,800.00	¥700.00	¥300.00	¥2,800.00
QC007	肖雨飞	研发部	¥2,200.00	¥900.00	¥0.00	¥3,100.00
QC008	许小燕	技术部	¥2,600.00	¥600.00	¥200.00	¥3,400.00
QC009	高程程	行政部	¥2,000.00	¥1,200.00	¥600.00	¥3,800.00
QC010	王晓华	行政部	¥1,800.00	¥1,200.00	¥500.00	¥3,500.00
QC011	李国强	销售部	¥1,900.00	¥500.00	¥200.00	¥2,600.00
QC012	李雨菲	研发部	¥1,800.00	¥900.00	¥500.00	¥3,200.00
QC013	王雪艳	财务部	¥1,600.00	¥700.00	¥300.00	¥2,600.00
QC014	刘思思	技术部	¥1,500.00	¥600.00	¥500.00	¥2,600.00
QC015	王海涛	财务部	¥2,300.00	¥700.00	¥200	¥3,200.00

图 15-43　引用公式

(8) 接下来在【薪资管理表】工作表中引用【基本工资表】中的数据。切换至【薪资管理表】工作表中，选中 D3 单元格，输入公式=基本工资表!G3，如图 15-44 所示。

(9) 按下 Enter 键，即可在【薪资管理表】工作表的D3 单元格中引用【基本工资表】G3 单元格中的数据，如图 15-45 所示。

	A	B	C	D
1				
2	编号	姓名	部门	基本工资总额
3	QC001	王萌萌	销售部	=基本工资表!G3
4	QC002	李小丽	技术部	

图 15-44　输入公式

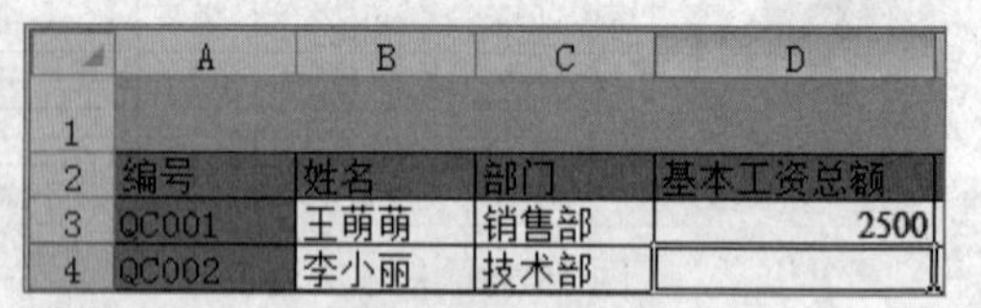

	A	B	C	D
1				
2	编号	姓名	部门	基本工资总额
3	QC001	王萌萌	销售部	2500
4	QC002	李小丽	技术部	

图 15-45　引用结果

(10) 将鼠标指针移至 D3 单元格右下角的小方块处，当鼠标指针变为＋形状时，按住鼠标左键不放并拖动至 D17 单元格，此时释放鼠标左键，在 D4:D17 单元格区域中即可使用相对引用的方法引用 D3 单元格中的公式，如图 15-46 所示。

(11) 为了方便对各个工作表的引用，下面为各个工作表定义名称。切换至【基本工资表】工作表中，选中 B2:G17 单元格区域，打开【公式】选项卡，在【定义的名称】组中单击【定义名称】按钮，打开【新建名称】对话框。

(12) 在【名称】文本框中输入要定义的名称，例如输入“工资表”，然后单击【确定】按钮，如图 15-47 所示。

	A	B	C	D	E
1					薪
2	编号	姓名	部门	基本工资总额	住房补贴
3	QC001	王萌萌	销售部	2500	
4	QC002	李小丽	技术部	2300	
5	QC003	尚雯婕	研发部	3300	
6	QC004	杨晓芳	财务部	3100	
7	QC005	朱丽娅	销售部	2400	
8	QC006	张达明	财务部	2800	
9	QC007	肖雨飞	研发部	3100	
10	QC008	许小燕	技术部	3400	
11	QC009	高程程	行政部	3800	
12	QC010	王晓华	行政部	3500	
13	QC011	李国强	销售部	2600	
14	QC012	李雨菲	研发部	3200	
15	QC013	王雪艳	财务部	2600	
16	QC014	刘思思	技术部	2600	
17	QC015	王海涛	财务部	3200	

图 15-46　引用公式

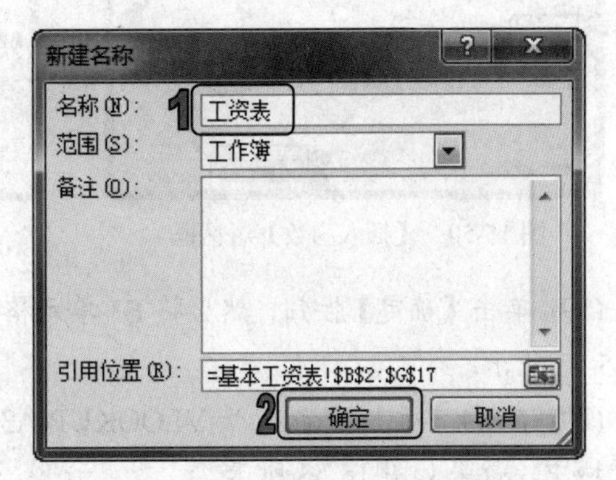

图 15-47　【新建名称】对话框

(13) 切换至【出勤统计表】工作表，选中 A2:E17 单元格区域，将该单元格区域的数据定义名称为“出勤表”。

(14) 切换至【员工福利表】工作表，选中 A2:E17 单元格区域，将该单元格区域的数据定义名称为“福利表”。

(15) 在【公式】选项卡的【定义的名称】组中单击【名称管理器】按钮，打开【名称管理器】对话框，在该对话框中可以看到定义的名称以及引用的位置，如图 15-48 所示。单击【关闭】按钮，可关闭该对话框。

(16) 接下来使用 VLOOKUP()函数来计算【薪资管理表】工作表中的住房补贴费用和午餐补助等。切换至【薪资管理表】工作表，选择 E3 单元格，然后单击编辑栏左侧的【插入函数】按钮 f_x，如图 15-49 所示。

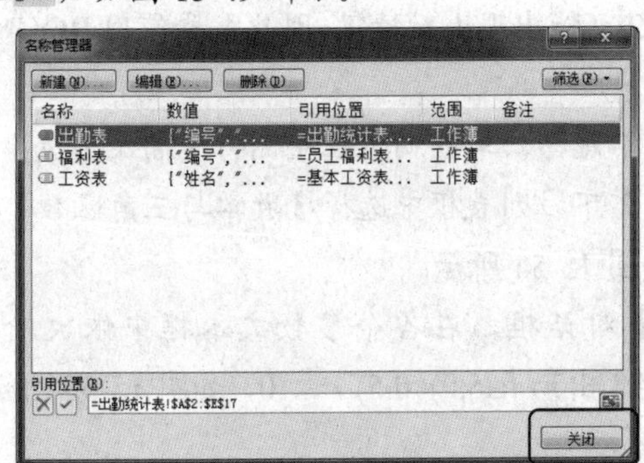

图 15-48　【名称管理器】对话框

图 15-49　单击【插入函数】按钮

(17) 打开【插入函数】对话框，在【或选择类别】下拉列表框中选择【查找与引用】选项，在【选择函数】列表中选择 VLOOKUP 选项，如图 15-50 所示。

(18) 单击【确定】按钮，打开【函数参数】对话框，在各个参数文本框中依次输入 A3、“福利表”、4、0，如图 15-51 所示。

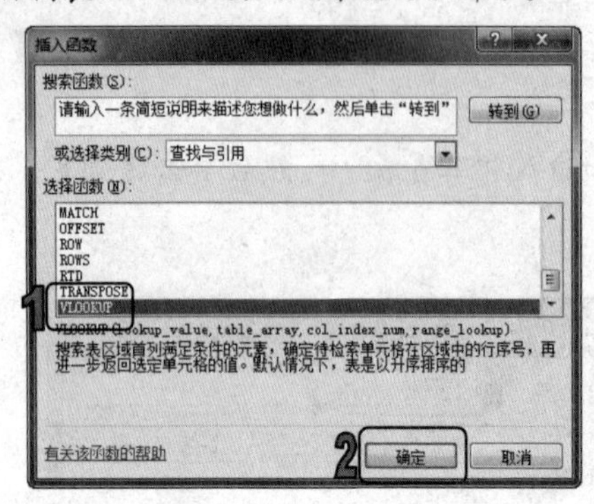

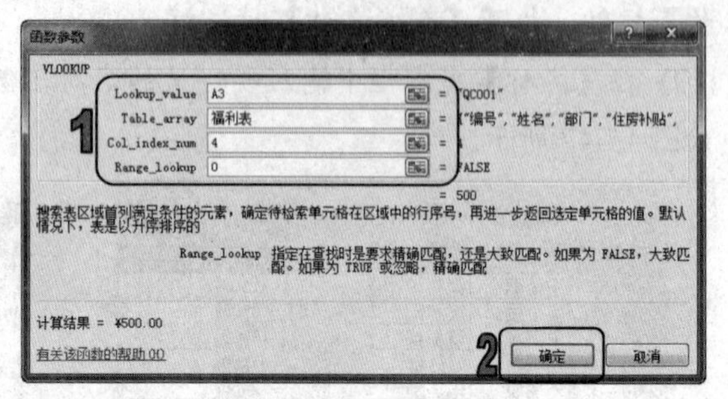

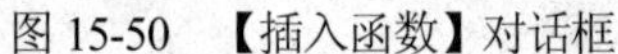
图 15-50 【插入函数】对话框

图 15-51 【函数参数】对话框

(19) 单击【确定】按钮，然后将 E3 单元格中的函数引用到 E4:E17 单元格区域中，效果如图 15-52 所示。

(20) 在 F4 单元格中输入“=VLOOKUP(A3,福利表,5,0)”，然后将公式引用到 F4:F17 单元格区域中，效果如图 15-53 所示。

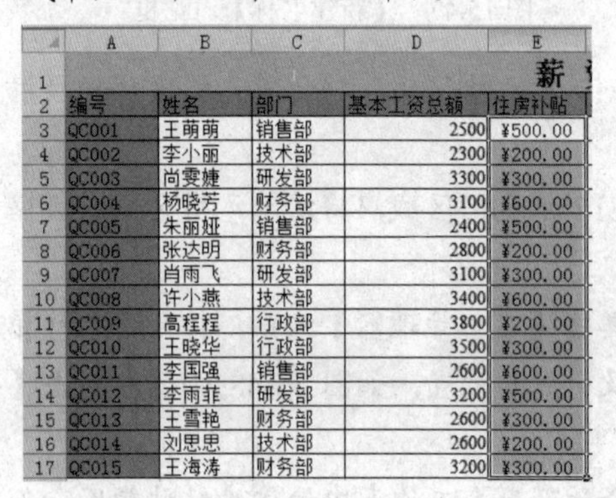

	A	B	C	D	E
1					薪
2	编号	姓名	部门	基本工资总额	住房补贴
3	QC001	王萌萌	销售部	2500	¥500.00
4	QC002	李小丽	技术部	2300	¥200.00
5	QC003	尚雯婕	研发部	3300	¥300.00
6	QC004	杨晓芳	财务部	3100	¥600.00
7	QC005	朱丽娅	销售部	2400	¥500.00
8	QC006	张达明	财务部	2800	¥200.00
9	QC007	肖雨飞	研发部	3100	¥300.00
10	QC008	许小燕	技术部	3400	¥600.00
11	QC009	高程程	行政部	3800	¥200.00
12	QC010	王晓华	行政部	3500	¥300.00
13	QC011	李国强	销售部	2600	¥600.00
14	QC012	李雨菲	研发部	3200	¥500.00
15	QC013	王雪艳	财务部	2600	¥300.00
16	QC014	刘思思	技术部	2600	¥200.00
17	QC015	王海涛	财务部	3200	¥300.00

图 15-52 引用住房补贴

	A	B	C	D	E	F
1					薪 资	管
2	编号	姓名	部门	基本工资总额	住房补贴	午餐补助
3	QC001	王萌萌	销售部	2500	¥500.00	¥200.00
4	QC002	李小丽	技术部	2300	¥200.00	¥200.00
5	QC003	尚雯婕	研发部	3300	¥300.00	¥200.00
6	QC004	杨晓芳	财务部	3100	¥600.00	¥200.00
7	QC005	朱丽娅	销售部	2400	¥500.00	¥200.00
8	QC006	张达明	财务部	2800	¥200.00	¥200.00
9	QC007	肖雨飞	研发部	3100	¥300.00	¥200.00
10	QC008	许小燕	技术部	3400	¥600.00	¥200.00
11	QC009	高程程	行政部	3800	¥200.00	¥200.00
12	QC010	王晓华	行政部	3500	¥300.00	¥200.00
13	QC011	李国强	销售部	2600	¥600.00	¥200.00
14	QC012	李雨菲	研发部	3200	¥500.00	¥200.00
15	QC013	王雪艳	财务部	2600	¥300.00	¥200.00
16	QC014	刘思思	技术部	2600	¥200.00	¥200.00
17	QC015	王海涛	财务部	3200	¥300.00	¥200.00

图 15-53 引用午餐补助

(21) 接下来计算应扣的请假费用。首先假设：应扣请假费用=基本工资/22*（事假天数+病假天数*0.5）。这里需要注意，因为基本工资除以 22 可能出现小数情况，因此需要使用 ROUND 函数来取整。

(22) 切换至【薪资管理表】工作表，选中 G3 单元格，单击编辑栏左侧的【插入函数】按钮 *fx*，打开【插入函数】对话框，在【或选择类别】下拉列表框中选择【数学与三角函数】选项，在【选择函数】列表中选择 ROUND 选项，如图 15-54 所示。

(23) 单击【确定】按钮，打开【函数参数】对话框，在各个参数文本框中依次输入“D3/22*(VLOOKUP(A3,出勤表,4,0)+ VLOOKUP(A3,出勤表,5,0)*0.5)”、 0，如图 15-55 所示。

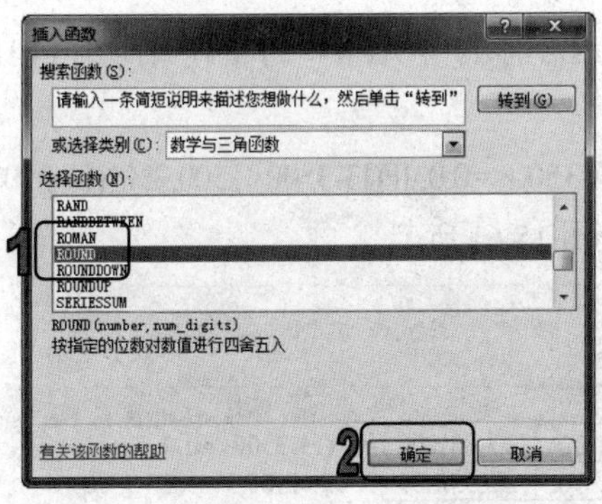

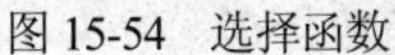
图 15-54　选择函数

图 15-55　设置参数

(24) 单击【确定】按钮，然后将 G3 单元格中的函数引用到 G4:G17 单元格区域中，效果如图 15-56 所示。

(25) 接下来使用 IF()函数来计算个人所得税。计算个人所得税的公式为：应纳个人所得税税额=全月应纳税额×适用税率-速算扣除数。根据目前国内个人工资所得税计算法，应交纳税所得额=个人工资总额-应交纳保险—3500，当应纳所得额小于或等于 0，不扣个人所得税。本例假设所得税税率和速算扣除表如图 15-57 所示。

D	E	F	G
薪资管理表			
基本工资总额	住房补贴	午餐补助	应扣请假费
2500	¥500.00	¥200.00	¥227.00
2300	¥200.00	¥200.00	¥0.00
3300	¥300.00	¥200.00	¥150.00
3100	¥600.00	¥200.00	¥0.00
2400	¥500.00	¥200.00	¥0.00
2800	¥200.00	¥200.00	¥382.00
3100	¥300.00	¥200.00	¥0.00
3400	¥600.00	¥200.00	¥0.00
3800	¥200.00	¥200.00	¥86.00
3500	¥300.00	¥200.00	¥0.00
2600	¥600.00	¥200.00	¥118.00
3200	¥500.00	¥200.00	¥0.00
2600	¥300.00	¥200.00	¥0.00
2600	¥200.00	¥200.00	¥0.00
3200	¥300.00	¥200.00	¥0.00

图 15-56　引用函数

全月应纳税额	税率	速算扣除数（元）
不超过1500元	3%	0
超过1500元至4500元	10%	105
超过4500元至9000元	20%	555
超过9000元至35000元	25%	1005
超过35000元至55000元	30%	2755
超过55000元至80000元	35%	5505
超过80000元	45%	13505

图 15-57　所得税税率和速算扣除表

(26) 切换至【薪资管理表】工作表，在【应扣保险】列中输入应扣的保险数，如图 15-58 所示。然后选中 I3 单元格，输入公式=D3+E3+F3-H3，表示工资总额=基本工资总额+住房补贴+午餐补助-应扣保险，如图 15-59 所示。

D	E	F	G	H	I
薪资管理表					
基本工资总额	住房补贴	午餐补助	应扣请假费	应扣保险	工资总额
2500	¥500.00	¥200.00	¥227.00	¥168.00	
2300	¥200.00	¥200.00	¥0.00	¥168.00	
3300	¥300.00	¥200.00	¥150.00	¥168.00	
3100	¥600.00	¥200.00	¥0.00	¥168.00	
2400	¥500.00	¥200.00	¥0.00	¥168.00	
2800	¥200.00	¥200.00	¥382.00	¥168.00	
3100	¥300.00	¥200.00	¥0.00	¥168.00	
3400	¥600.00	¥200.00	¥0.00	¥168.00	
3800	¥200.00	¥200.00	¥86.00	¥168.00	
3500	¥300.00	¥200.00	¥0.00	¥168.00	
2600	¥600.00	¥200.00	¥118.00	¥168.00	
3200	¥500.00	¥200.00	¥0.00	¥168.00	
2600	¥300.00	¥200.00	¥0.00	¥168.00	
2600	¥200.00	¥200.00	¥0.00	¥168.00	
3200	¥300.00	¥200.00	¥0.00	¥168.00	

图 15-58　输入应扣保险

G	H	I	J
理表			
应扣请假费	应扣保险	工资总额	应扣所
¥227.00	¥168.00	=D3+E3+F3-H3	
¥0.00	¥168.00		
¥150.00	¥168.00		
¥0.00	¥168.00		
¥0.00	¥168.00		
¥382.00	¥168.00		
¥0.00	¥168.00		
¥0.00	¥168.00		

图 15-59　输入公式

(27) 按下 Enter 键，计算出 1 号员工的工资总额，然后将 I3 单元格中的公式引用到 I4:I17 单元格区域中，如图 15-60 所示。

(28) 选中 J3 单元格，输入计算应扣所得税的公式=IF(I3-3500<=0,0, IF(I3-3500<1500,3%*(I3-3500), IF(I3-3500<4500, 10%*(I3-3500)-105,20%*(I3-3500)-555)))，如图 15-61 所示。

E	F	G	H	I	
薪 资 管 理 表					
住房补贴	午餐补助	应扣请假费	应扣保险	工资总额	应扣
¥500.00	¥200.00	¥227.00	¥168.00	¥3,032.00	
¥200.00	¥200.00	¥0.00	¥168.00	¥2,532.00	
¥300.00	¥200.00	¥150.00	¥168.00	¥3,632.00	
¥600.00	¥200.00	¥0.00	¥168.00	¥3,732.00	
¥500.00	¥200.00	¥0.00	¥168.00	¥2,932.00	
¥200.00	¥200.00	¥382.00	¥168.00	¥3,032.00	
¥300.00	¥200.00	¥0.00	¥168.00	¥3,432.00	
¥600.00	¥200.00	¥0.00	¥168.00	¥4,032.00	
¥200.00	¥200.00	¥86.00	¥168.00	¥4,032.00	
¥300.00	¥200.00	¥0.00	¥168.00	¥3,832.00	
¥600.00	¥200.00	¥118.00	¥168.00	¥3,232.00	
¥500.00	¥200.00	¥0.00	¥168.00	¥3,732.00	
¥300.00	¥200.00	¥0.00	¥168.00	¥2,932.00	
¥200.00	¥200.00	¥0.00	¥168.00	¥2,832.00	
¥300.00	¥200.00	¥0.00	¥168.00	¥3,532.00	

图 15-60 计算工资总额

H	I	J	K
应扣保险	工资总额	应扣所得税	实发工资
¥168.00	¥3,032.00	=IF(I3-3500<=0,0, IF(I3-3500<1500,3%*(I3-3500), IF(I3-3500<4500, 10%*(I3-3500)-105,20%*(I3-3500)-555)))	
¥168.00	¥2,532.00		
¥168.00	¥3,632.00		
¥168.00	¥3,732.00		
¥168.00	¥2,932.00		
¥168.00	¥3,032.00		
¥168.00	¥3,432.00		
¥168.00	¥4,032.00		
¥168.00	¥4,032.00		

图 15-61 输入公式

(29) 按下 Enter 键，计算出 1 号员工应扣所得税，然后将 J3 单元格中的公式引用到 J4:J17 单元格区域中，如图 15-62 所示。

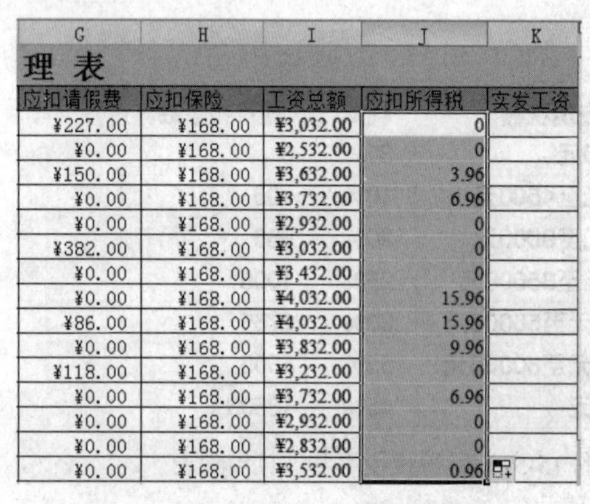

G	H	I	J	K
理 表				
应扣请假费	应扣保险	工资总额	应扣所得税	实发工资
¥227.00	¥168.00	¥3,032.00	0	
¥0.00	¥168.00	¥2,532.00	0	
¥150.00	¥168.00	¥3,632.00	3.96	
¥0.00	¥168.00	¥3,732.00	6.96	
¥0.00	¥168.00	¥2,932.00	0	
¥382.00	¥168.00	¥3,032.00	0	
¥0.00	¥168.00	¥3,432.00	0	
¥0.00	¥168.00	¥4,032.00	15.96	
¥86.00	¥168.00	¥4,032.00	15.96	
¥0.00	¥168.00	¥3,832.00	9.96	
¥118.00	¥168.00	¥3,232.00	0	
¥0.00	¥168.00	¥3,732.00	6.96	
¥0.00	¥168.00	¥2,932.00	0	
¥0.00	¥168.00	¥2,832.00	0	
¥0.00	¥168.00	¥3,532.00	0.96	

图 15-62 计算所有员工的应扣所得税

提示

因为本例中最高应纳税所得额小于 9000，所以公式中仅包含了应纳税所得额 0~9000 的计算方式，如果有更高应纳税所得额，用户则需添加更多条件。

(30) 接下来计算每个员工的实发工资。实发工资=工资总额-应扣请假费-应扣所得税。

(31) 选中 K3 单元格，输入公式=I3-G3-J3，如图 15-63 所示，按下 Enter 键，即可计算出 1 号员工的实发工资，如图 15-64 所示。

H	I	J	K
应扣保险	工资总额	应扣所得税	实发工资
¥168.00	¥3,032.00	0	=I3-G3-J3
¥168.00	¥2,532.00	0	
¥168.00	¥3,632.00	3.96	
¥168.00	¥3,732.00	6.96	
¥168.00	¥2,932.00	0	
¥168.00	¥3,032.00	0	
¥168.00	¥3,432.00	0	

图 15-63 输入公式

H	I	J	K
应扣保险	工资总额	应扣所得税	实发工资
¥168.00	¥3,032.00	0	¥2,805.00
¥168.00	¥2,532.00	0	
¥168.00	¥3,632.00	3.96	
¥168.00	¥3,732.00	6.96	
¥168.00	¥2,932.00	0	
¥168.00	¥3,032.00	0	
¥168.00	¥3,432.00	0	

图 15-64 计算结果

(32) 将 K3 单元格中的公式引用到 K4:K17 单元格区域中，即可计算出所有员工的实发工资。调整相关单元格的数据类型，【薪资管理表】工作表的最终效果如图 15-65 所示。

薪资管理

薪资管理表										
编号	姓名	部门	基本工资总额	住房补贴	午餐补助	应扣请假费	应扣保险	工资总额	应扣所得税	实发工资
QC001	王萌萌	销售部	¥2,500.00	¥500.00	¥200.00	¥227.00	¥168.00	¥3,032.00	¥0.00	¥2,805.00
QC002	李小丽	技术部	¥2,300.00	¥200.00	¥200.00	¥0.00	¥168.00	¥2,532.00	¥0.00	¥2,532.00
QC003	尚雯婕	研发部	¥3,300.00	¥300.00	¥200.00	¥150.00	¥168.00	¥3,632.00	¥3.96	¥3,478.04
QC004	杨晓芳	财务部	¥3,100.00	¥600.00	¥200.00	¥0.00	¥168.00	¥3,732.00	¥6.96	¥3,725.04
QC005	朱丽娅	销售部	¥2,400.00	¥500.00	¥200.00	¥0.00	¥168.00	¥2,932.00	¥0.00	¥2,932.00
QC006	张达明	财务部	¥2,800.00	¥200.00	¥200.00	¥382.00	¥168.00	¥3,032.00	¥0.00	¥2,650.00
QC007	肖雨飞	研发部	¥3,100.00	¥300.00	¥200.00	¥0.00	¥168.00	¥3,432.00	¥0.00	¥3,432.00
QC008	许小燕	技术部	¥3,400.00	¥600.00	¥200.00	¥0.00	¥168.00	¥4,032.00	¥15.96	¥4,016.04
QC009	高程程	行政部	¥3,800.00	¥200.00	¥200.00	¥86.00	¥168.00	¥4,032.00	¥15.96	¥3,930.04
QC010	王晓华	行政部	¥3,500.00	¥300.00	¥200.00	¥0.00	¥168.00	¥3,832.00	¥9.96	¥3,822.04
QC011	李国强	销售部	¥2,600.00	¥600.00	¥200.00	¥118.00	¥168.00	¥3,232.00	¥0.00	¥3,114.00
QC012	李雨菲	研发部	¥3,200.00	¥500.00	¥200.00	¥0.00	¥168.00	¥3,732.00	¥6.96	¥3,725.04
QC013	王雪艳	财务部	¥2,600.00	¥300.00	¥200.00	¥0.00	¥168.00	¥2,932.00	¥0.00	¥2,932.00
QC014	刘思思	技术部	¥2,600.00	¥200.00	¥200.00	¥0.00	¥168.00	¥2,832.00	¥0.00	¥2,832.00
QC015	王海涛	财务部	¥3,200.00	¥300.00	¥200.00	¥0.00	¥168.00	¥3,532.00	¥0.96	¥3,531.04

薪资管理表　薪资查询

图 15-65　【薪资管理表】工作表

15.4　制作薪资查询表和员工工资条

为了便于查询每个员工的工资发放状况，可以制作一个薪资查询表。如果需要将每个员工的工资明细通知给员工，可以制作一个员工工资条。

(1) 承接 15.3 节的操作，在【薪资管理】工作簿中插入一个新工作表，并将其命名为“薪资查询”。

(2) 在【薪资查询】工作表中输入数据并设置表格格式，效果如图 15-66 所示。

(3) 选择 B2 单元格，单击编辑栏左侧的【插入函数】按钮 *fx*，打开【插入函数】对话框，在【或选择类别】下拉列表框中选择【日期与时间】选项，在【选择函数】列表中选择 DATE 选项，如图 15-67 所示。

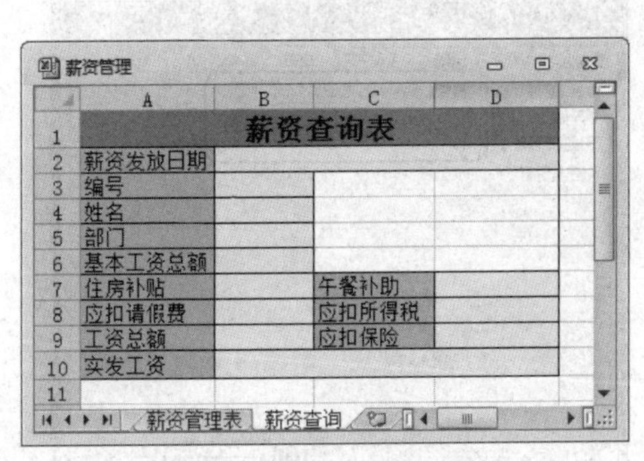

图 15-66　【薪资查询】工作表

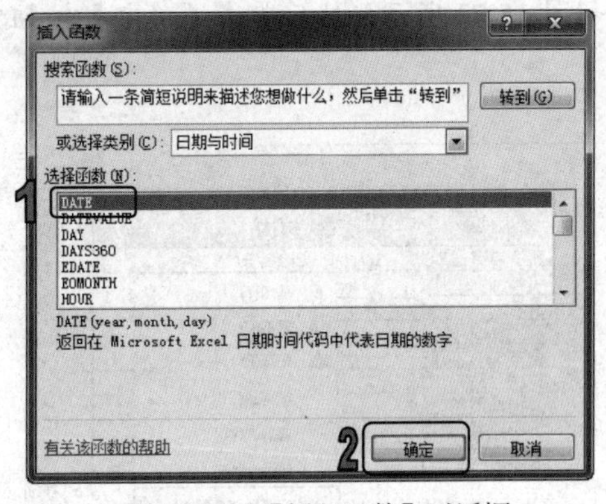

图 15-67　【插入函数】对话框

(4) 单击【确定】按钮，打开【函数参数】对话框，在各个参数文本框中依次输入 2013、6、18，如图 15-68 所示。

(5) 单击【确定】按钮，即可在 B2 单元格中插入指定的日期，如图 15-69 所示。

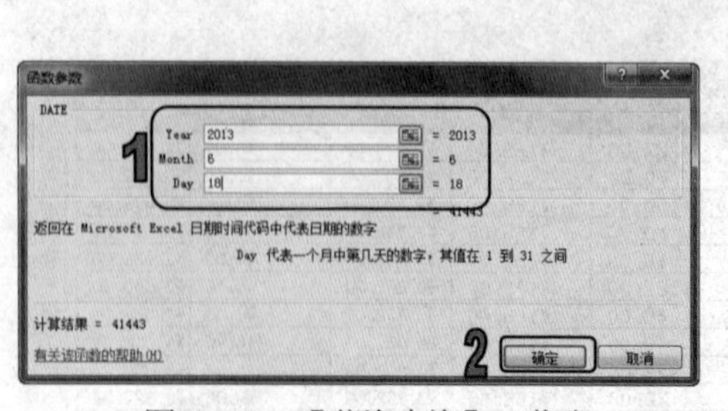

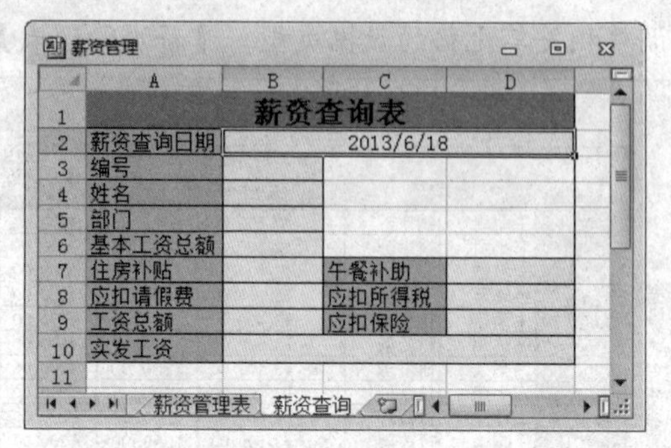

图 15-68　【薪资查询】工作表　　图 15-69　【插入函数】对话框

(6) 切换至【开发工具】选项卡，在【控件】组中单击【插入】按钮，选择【组合框】控件，如图 15-70 所示。

(7) 在 B3 单元格中绘制该组合框控件，如图 15-71 所示。

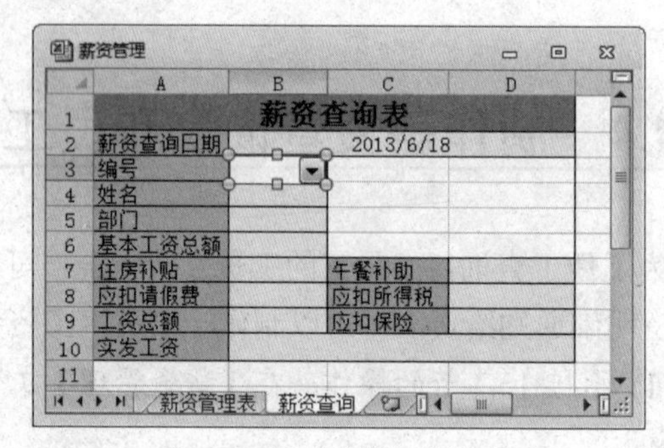

图 15-70　选择控件　　图 15-71　绘制组合框控件

(8) 右击控件，选择【设置控件格式】命令，如图 15-72 所示。

(9) 打开【设置对象格式】对话框，在【数据源区域】文本框中输入“薪资管理表!$A$3:$A$17”，在【单元格链接】文本框中输入$C$3，在【下拉显示项数】文本框中输入 15，如图 15-73 所示。然后单击【确定】按钮完成设置。

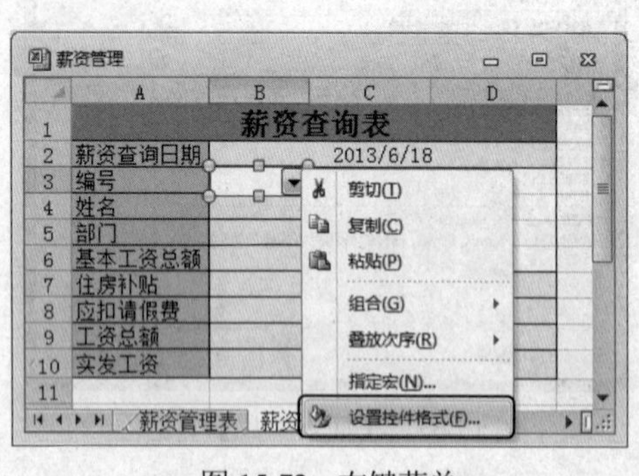

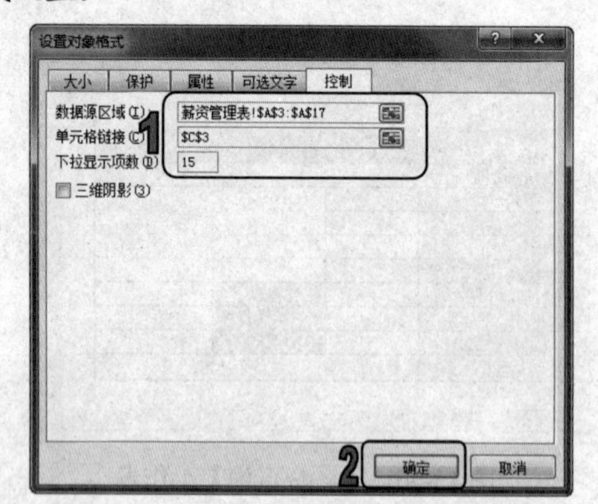

图 15-72　右键菜单　　图 15-73　设置参数

(10) 选择 B4 单元格，单击编辑栏左侧的【插入函数】按钮 *fx*，打开【插入函数】对话框，

在【或选择类别】下拉列表框中选择【查找与引用】选项，在【选择函数】列表中选择 INDEX 选项，如图 15-74 所示。

(11) 单击【确定】按钮，打开【选定参数】对话框，选择第一种参数，如图 15-75 所示。

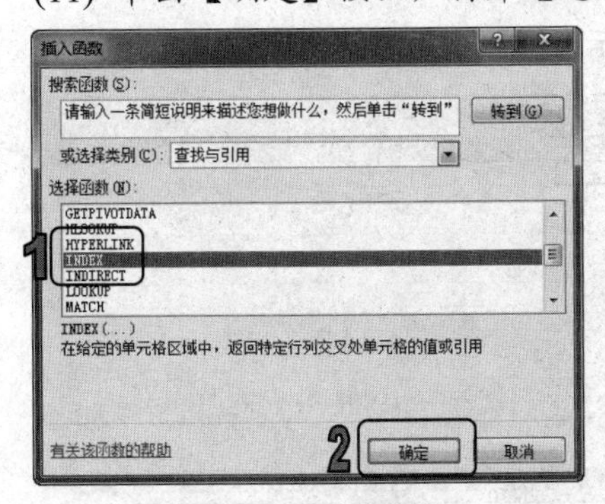

图 15-74　选择函数

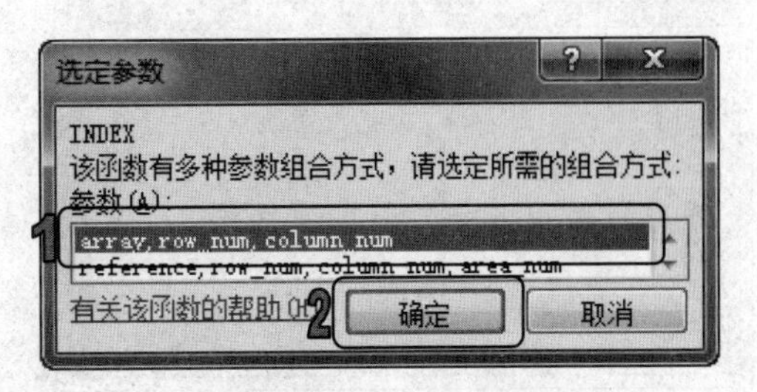

图 15-75　选择参数

(12) 单击【确定】按钮，打开【函数参数】对话框，在各个参数文本框中依次输入“薪资管理表!A3:K17”、C3、2，如图 15-76 所示。

(13) 单击【确定】按钮，即可在 B4 单元格中显示计算结果，即查到了薪资管理表工作表中与 C3 单元格中相对应的数据，如图 15-77 所示。

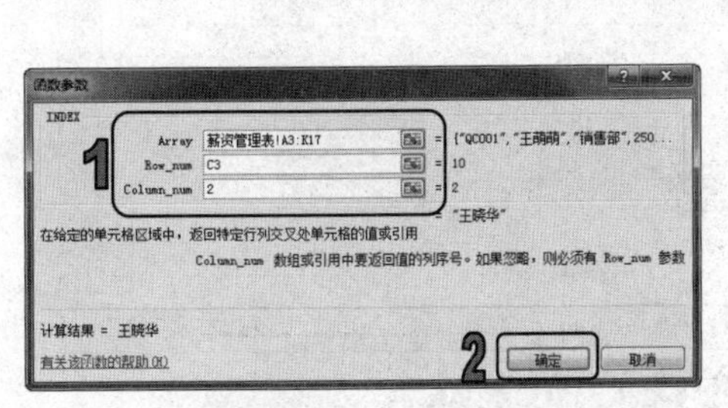

图 15-76　设置参数

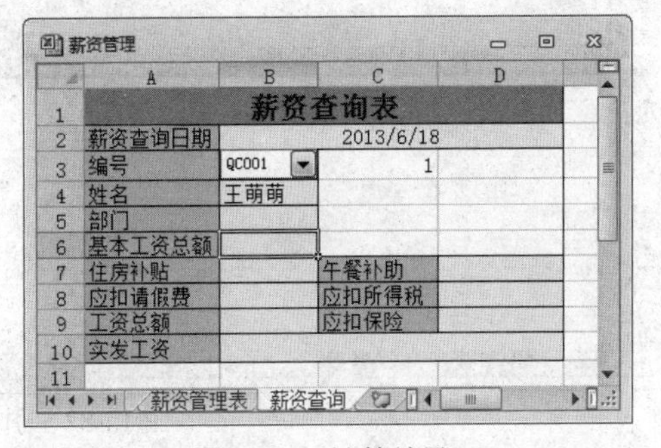

图 15-77　计算结果

(14) 使用同样的方法在其他相对应的单元格中插入函数或者直接输入公式，例如 B10 单元格中的公式如图 15-78 所示。

(15) 此时【薪资查询】工作表制作完毕，在 B3 单元格中选择员工编号，即可查看相对应员工的工资发放状况，如图 15-79 所示为查询 QC008 号员工的工资发放详情。

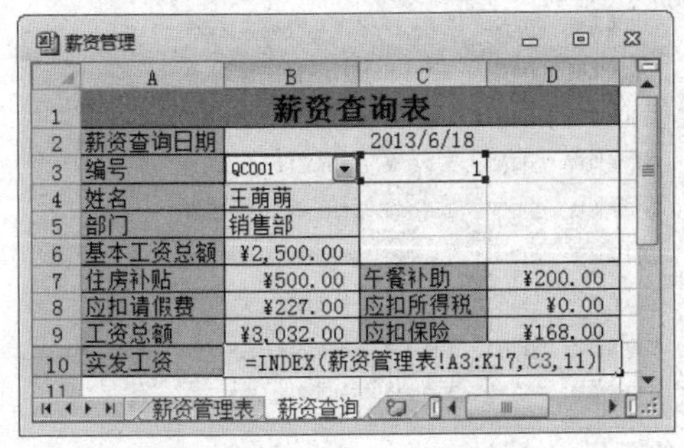

图 15-78　输入公式

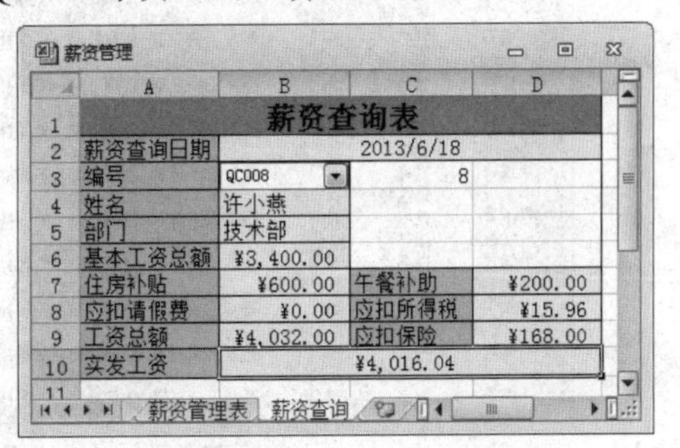

图 15-79　查询结果

(16) 接下来制作员工工资条。插入一个新工作表，并将其命名为【员工工资条】。

(17) 选中 A1 单元格，输入公式“=IF(MOD(ROW(),2)=0,INDEX(薪资管理表!$A$3:$K$17,INT(((ROW()+1)/2)),COLUMN()),薪资管理表!A$2)”，如图 15-80 所示。

(18) 按下 Enter 键，得出计算结果，如图 15-81 所示。

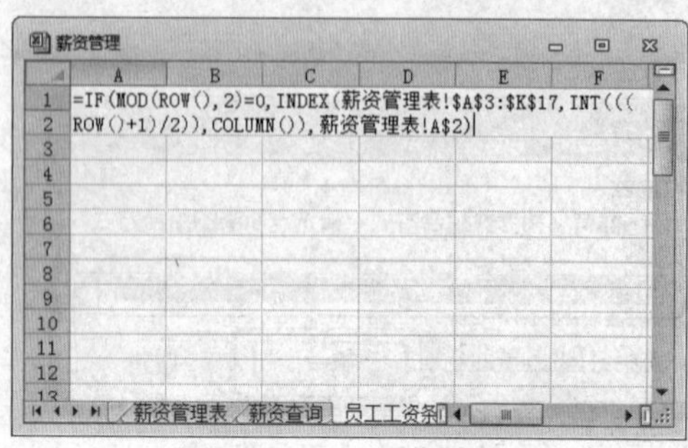

图 15-80 输入公式

图 15-81 查询结果

(19) 选中 A1 单元格，将鼠标指针移至 A1 单元格右下角的小方块处，当鼠标指针变为✚形状时，按住鼠标左键不放并拖动至 K1 单元格中，此时释放鼠标左键，在 A1:K1 单元格区域中即可使用相对引用的方法引用 A1 单元格中的公式，结果如图 15-82 所示。

图 15-82 引用公式

(20) 选中 A1:K1 单元格区域，将鼠标指针移至 K1 单元格右下角的小方块处，当鼠标指针变为✚形状时，按住鼠标左键不放并拖动至 K30 单元格中，此时释放鼠标左键，在 A2:K30 单元格区域中即可得到如图 15-83 所示的填充结果。

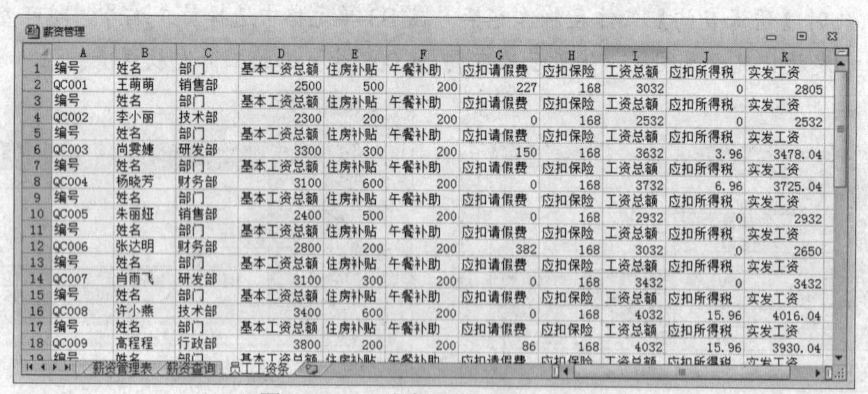

	A	B	C	D	E	F	G	H	I	J	K
1	编号	姓名	部门	基本工资总额	住房补贴	午餐补助	应扣请假费	应扣保险	工资总额	应扣所得税	实发工资
2	QC001	王萌萌	销售部	2500	500	200	227	168	3032	0	2805
3	编号	姓名	部门	基本工资总额	住房补贴	午餐补助	应扣请假费	应扣保险	工资总额	应扣所得税	实发工资
4	QC002	李小丽	技术部	2300	200	200	0	168	2532	0	2532
5	编号	姓名	部门	基本工资总额	住房补贴	午餐补助	应扣请假费	应扣保险	工资总额	应扣所得税	实发工资
6	QC003	尚雯婕	研发部	3300	300	200	150	168	3632	3.96	3478.04
7	编号	姓名	部门	基本工资总额	住房补贴	午餐补助	应扣请假费	应扣保险	工资总额	应扣所得税	实发工资
8	QC004	杨晓芳	财务部	3100	600	200	0	168	3732	6.96	3725.04
9	编号	姓名	部门	基本工资总额	住房补贴	午餐补助	应扣请假费	应扣保险	工资总额	应扣所得税	实发工资
10	QC005	朱丽娅	销售部	2400	500	200	0	168	2932	0	2932
11	编号	姓名	部门	基本工资总额	住房补贴	午餐补助	应扣请假费	应扣保险	工资总额	应扣所得税	实发工资
12	QC006	张达明	财务部	2800	200	200	382	168	3032	0	2650
13	编号	姓名	部门	基本工资总额	住房补贴	午餐补助	应扣请假费	应扣保险	工资总额	应扣所得税	实发工资
14	QC007	肖雨飞	研发部	3100	300	200	0	168	3432	0	3432
15	编号	姓名	部门	基本工资总额	住房补贴	午餐补助	应扣请假费	应扣保险	工资总额	应扣所得税	实发工资
16	QC008	许小燕	技术部	3400	600	200	0	168	4032	15.96	4016.04
17	编号	姓名	部门	基本工资总额	住房补贴	午餐补助	应扣请假费	应扣保险	工资总额	应扣所得税	实发工资
18	QC009	高程程	行政部	3800	200	200	86	168	4032	15.96	3930.04

图 15-83 工资条最终效果

(21) 得到该工资条后，将其打印并裁剪，即可分发给员工。

知识点

制作工作条时，用到了 MOD()函数和 ROW()函数，其中 MOD()函数用于返回两数相除的余数。结果的正负号与除数相同。其语法规则为：MOD(number,divisor)。ROW()函数用于返回引用的行号。其语法规则为：ROW(reference)。

15.5　制作店铺宣传演示文稿

本节使用 PowerPoint 2010 来制作一份“店铺宣传”演示文稿，并将其打包为 CD，以帮助用户巩固 PowerPoint 2010 所学内容。

(1) 启动 PowerPoint 2010 应用程序，新建空白演示文稿，并将其保存为“店铺宣传”。

(2) 打开【设计】选项卡，在【背景】选项组中单击【背景样式】按钮，从弹出的背景样式列表框中选择【设置背景格式】命令，如图 15-84 所示。

(3) 打开【设置背景格式】对话框，打开【填充】选项卡，选中【图片或纹理填充】单选按钮，然后在【插入自】选项区域单击【文件】按钮，如图 15-85 所示。

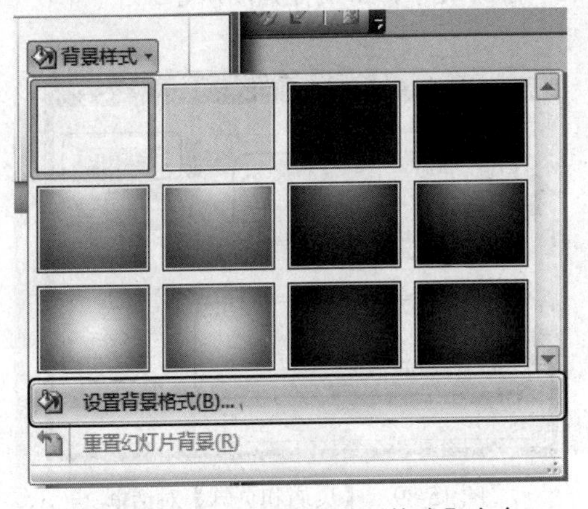

图 15-84　选择【设置背景格式】命令

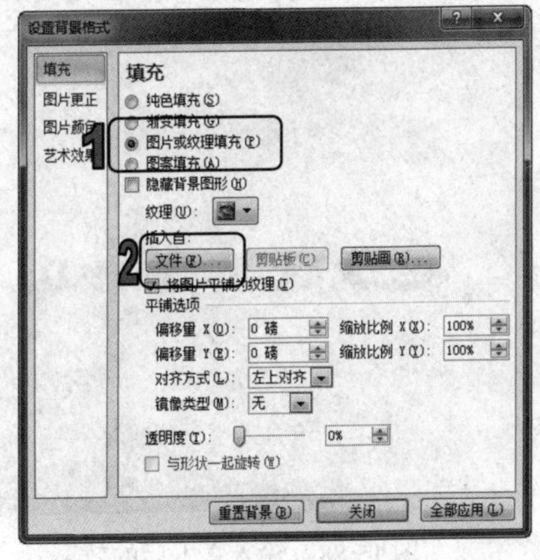

图 15-85　【设置背景格式】对话框

(4) 打开【插入图片】对话框，选择一张图片后，单击【插入】按钮，如图 15-86 所示。

(5) 返回【设置背景格式】对话框，然后单击【全部应用】按钮，将该背景图片应用整个演示文稿中。

知识点

单击【全部应用】按钮后，当用户新建幻灯片时，新幻灯片将默认使用该背景样式。单击【重置背景】按钮，可将背景还原为设置前的样式。

(6) 单击关闭按钮，完成背景设置，效果如图 15-87 所示。

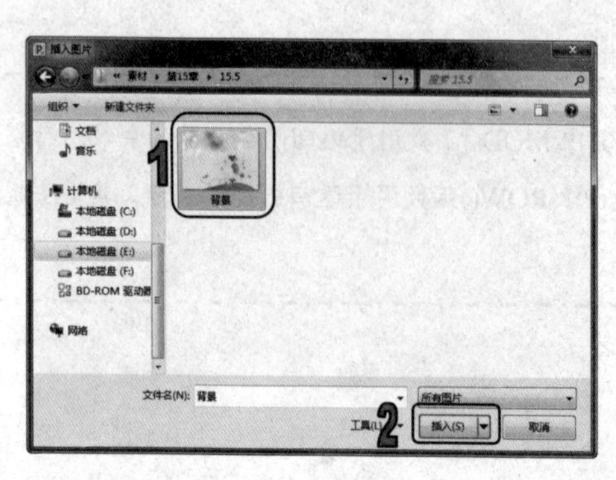

图 15-86　选择图片

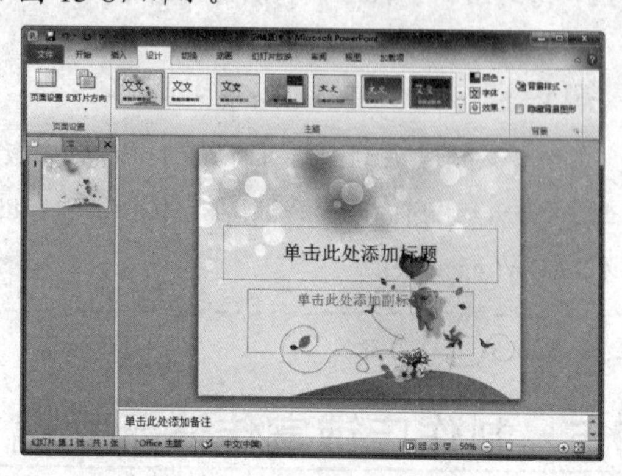

图 15-87　设置背景后的效果

(7) 在幻灯片两个文本占位符中输入文字，设置标题文字 1“欢迎光临史上最可爱的”的字体为【华文琥珀】、字号为【48】、字体颜色为淡橙色。

(8) 设置标题文字 2【毛绒玩具专营店】的字体为【隶书】、字号为 72、字体颜色为橙色、字形为【加粗】和【文字阴影】，并调整两个占位符的大小和位置，效果如图 15-88 所示。

(9) 在【插入】选项卡的【文本】组中单击【页眉和页脚】按钮，打开【页眉和页脚】对话框。在其中选择【日期和时间】复选框，然后选中【自动更新】单选按钮，继续选中【幻灯片编号】和【页脚】复选框，并在【页脚】文本框中输入文字，如图 15-89 所示。

图 15-88　输入文本后的效果

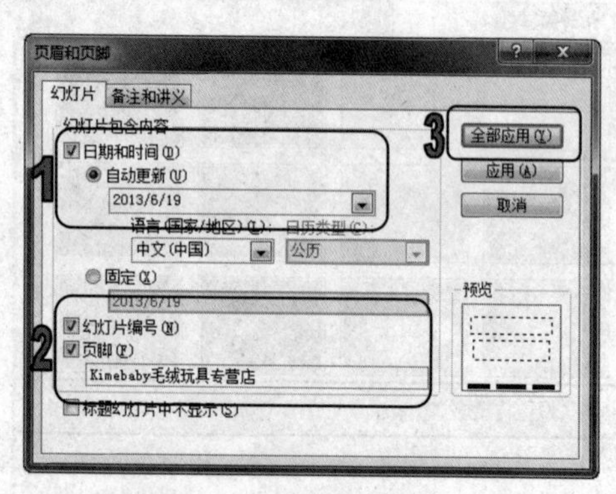

图 15-89　【页眉和页脚】对话框

(10) 单击【全部应用】按钮，将设置的页脚应用到演示文稿的所有幻灯片中。

(11) 在幻灯片底部同时选中 3 个文本框，设置页脚文字字号为 18，字体颜色为淡红色，效果如图 15-90 所示。

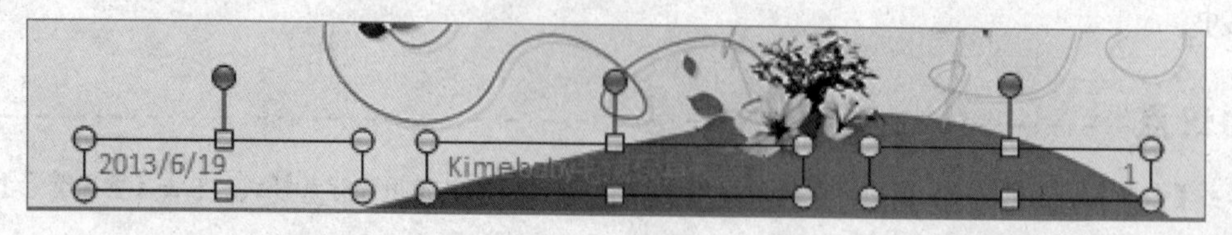

图 15-90　设置页脚字体效果

(12) 添加第 2 张幻灯片，并删除幻灯片中的两个文本占位符。

(13) 选择第 2 张幻灯片，在【插入】选项卡的【插图】组中单击【图片】按钮，打开【插入图片】对话框，在对话框中选择需要使用的一副或多幅图片，然后单击【插入】按钮，如图 15-91 所示。插入图片后的效果如图 15-92 所示。

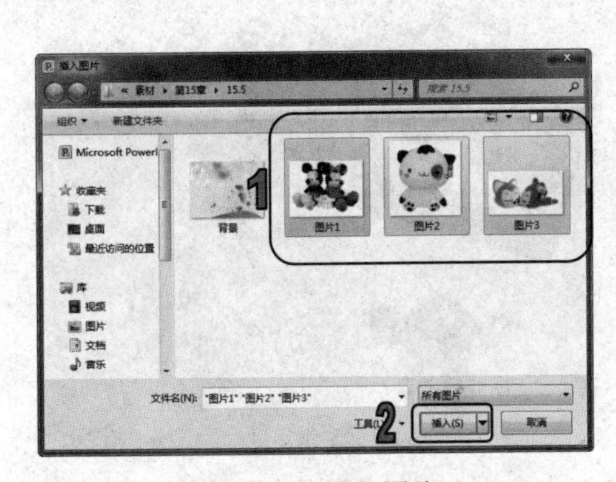

图 15-91　选择图片

图 15-92　插入图片

(14) 调整每幅图片的大小和位置，并对相关图片进行旋转，效果如图 15-93 所示。

(15) 在【插入】选项卡的【文本】组中单击【艺术字】按钮，选择一种艺术字样式，如图 15-94 所示。

图 15-93　调整图片后的效果

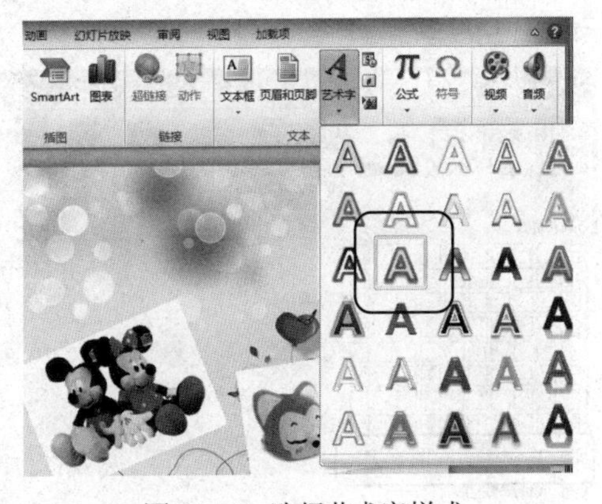

图 15-94　选择艺术字样式

(16) 在幻灯片中插入艺术字，并在【请在此放置您的文字】文本框中输入文字，如图 15-95 所示。

图 15-95　输入艺术字文本

(17) 设置艺术字文本框内艺术字的对齐方式为左对齐，然后调整艺术字文本框的大小和位置，效果如图 15-96 所示。

(18) 添加第 3 张幻灯片，然后按照同样的方法在幻灯片中插入图片和艺术字，并对相关对象进行调整，效果如图 15-97 所示。

图 15-96　第 2 张幻灯片效果

图 15-97　第 3 张幻灯片效果

(19) 添加第 4 张幻灯片，删除幻灯片中的两个文本占位符。打开【插入】选项卡，在【表格】组中单击【表格】按钮，选择【插入表格】命令，如图 15-98 所示。

(20) 打开【插入表格】对话框，设置【列数】为 6，【行数】为 6，然后单击【确定】按钮，如图 15-99 所示。

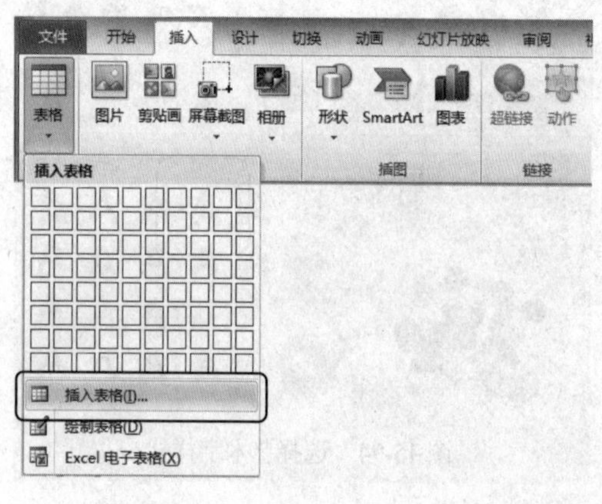

图 15-98　选择【插入表格】命令

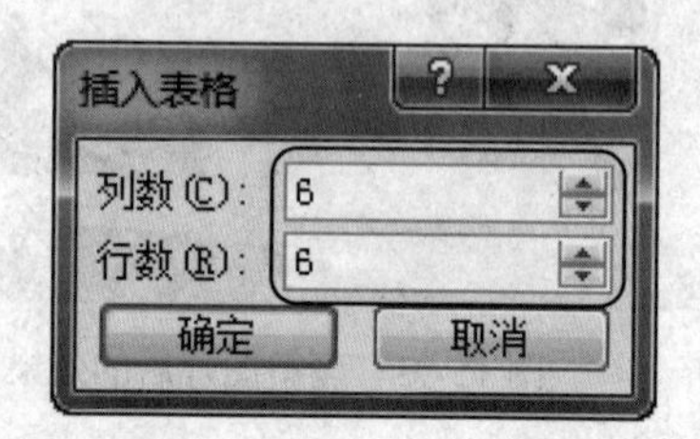

图 15-99　【插入表格】对话框

(21) 插入一个 6 行 6 列的表格，并在表格中输入文本，如图 15-100 所示。

(22) 选中表格，打开【表格工具】的【设计】选项卡，在【表格样式】组中单击【其他】按钮，如图 15-101 所示。

运送方式	运送到	首件	运费	续件	运费
快递	浙江,上海,江苏,安徽	1	6.00	1	2.00
快递	西藏,新疆	1	20.00	1	18.00
快递	青海,甘肃,内蒙古,宁夏	1	15.00	1	15.00
快递	天津,山东,福建,江西,北京,广东	1	10.00	1	8.00
快递	四川,陕西,黑龙江,河南,山西,云南,贵州,河北,吉林,重庆,辽宁,湖南,广西,海南,湖北	1	12.00	1	10.00

图 15-100　输入表格文本

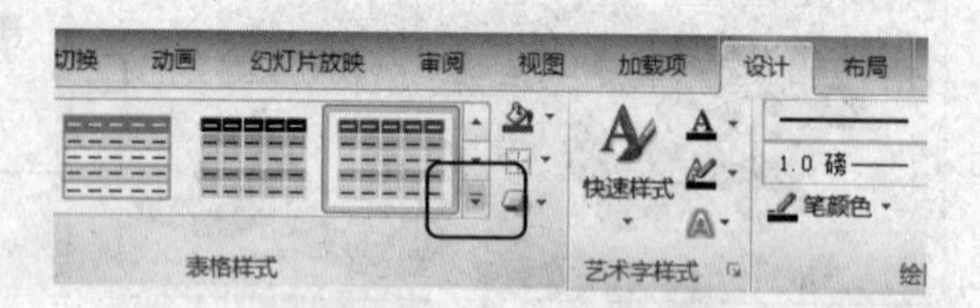

图 15-101　【设计】选项卡

(23) 选择一种表格样式，为表格应用样式，如图 15-102 所示。然后调整表格的大小和位置，效果如图 15-103 所示。

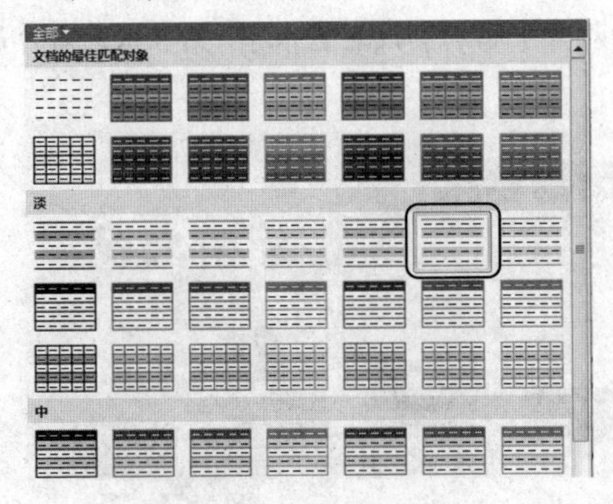

图 15-102　选择表格样式

图 15-103　调整表格后的效果

(24) 打开【插入】选项卡，在【文本】组中单击【艺术字】按钮，在第 4 张幻灯片中插入并设置艺术字，效果如图 15-104 所示。

(25) 添加第 5 张幻灯片，删除幻灯片中的两个文本占位符。打开【插入】选项卡，在【插图】组中单击 SmartArt 按钮，打开【选择 SmartArt 图形】对话框。

(26) 在【层次结构】分类中选中【水平层次结构】选项，然后单击【确定】按钮，插入该 SmartArt 图形，如图 15-105 所示。

图 15-104　插入和设置艺术字

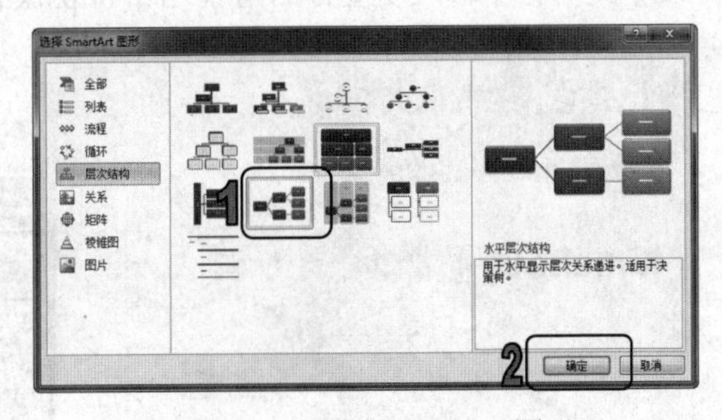

图 15-105　选择 SmartArt 图形

(27) 对 SmartArt 进行编辑并输入文本，效果如图 15-106 所示。

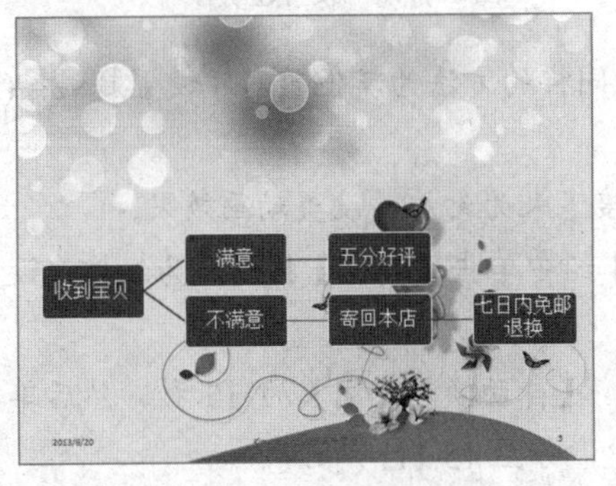

图 15-106　编辑 SmartArt 图形并输入文本

提示

选中 SmartArt 图形中的形状，按 Delete 键，可将该形状删除。右击形状，选择【添加形状】命令中的子命令，可以添加形状。

(28) 选中 SmartArt 图形，打开【SmartArt 工具】的【设计】选项卡，在【SmartArt 样式】组中单击【更改颜色】按钮，选择一种内置颜色样式，如图 15-107 所示。

(29) 为 SmartArt 图形应用颜色样式后，在该幻灯片中添加和设置艺术字，第 5 张幻灯片最终效果如图 15-108 所示。

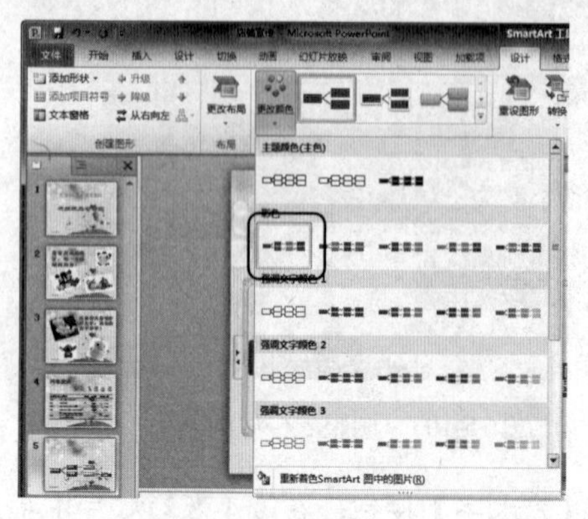

图 15-107 选择颜色样式

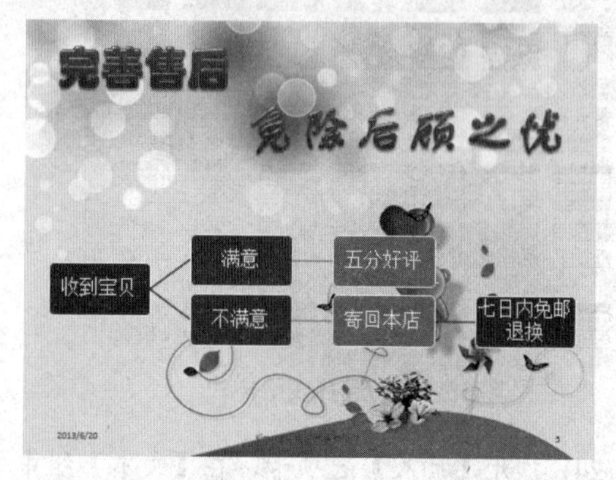

图 15-108 第 5 张幻灯片最终效果

(30) 添加第 6 张幻灯片，删除幻灯片中的两个文本占位符。然后在幻灯片中插入并设置艺术字，效果如图 15-109 所示。

(31) 选中幻灯片中的“网址”艺术字，打开【插入】选项卡，在【链接】组中单击【超链接】按钮，打开【插入超链接】对话框。在【链接到】列表中，选中【现有文件或网页】选项，在【地址】文本框中输入要宣传的店铺地址 http://kimebaby.taobao.com/，如图 15-110 所示。

图 15-109 第 6 张幻灯片效果

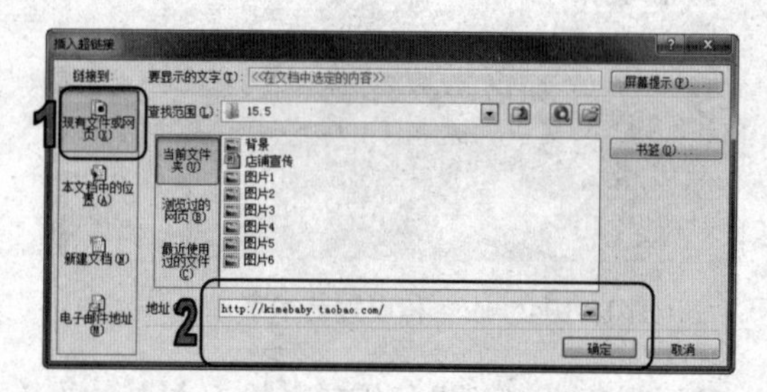

图 15-110 设置超链接

(32) 单击【确定】按钮，完成超链接的设置，按照同样的方法为其他艺术字设置超链接(用户可自行确定为那些艺术字设置超链接)。

(33) 到此为止，演示文稿的主要内容制作完毕，接下来为幻灯片设置动画效果。

(34) 打开【切换】选项卡，在【切换到此幻灯片】组中单击【其他】按钮，为幻灯片设置为【随机线条】的切换效果。

(35) 在【计时】组中，设置【声音】为【鼓掌】，【自动换片时间】为 15 秒，然后单击【全部应用】按钮，将该切换效果应用到所有幻灯片中，如图 15-111 所示。

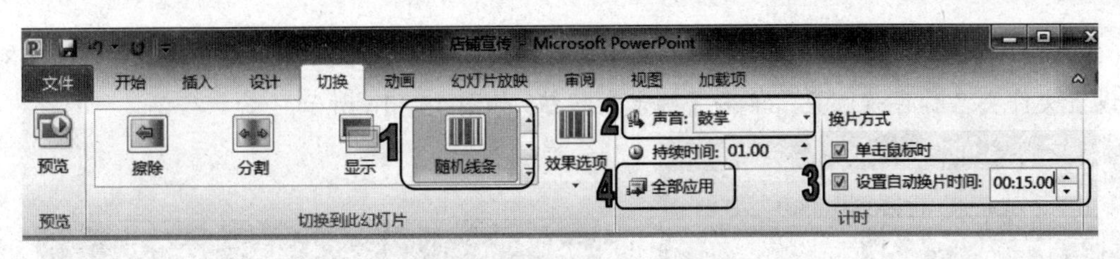

图 15-111 设置切换效果

(36) 选择第 1 张幻灯片，选中【欢迎光临史上最可爱的】文本，打开【动画】选项卡，在【动画】组中为该文本设置【翻转式由远及近】的进入式动画效果，如图 15-112 所示。

(37) 使用同样的方法为演示文稿中的其他对象设置合适的动画效果。设置完成后，整个演示文稿制作完毕。

图 15-112 设置对象动画

提示

为对象设置动画效果后，可打开【动画窗格】任务窗格，在该任务窗格中，用户可方便的调整各个动画的播放顺序。

(38) 接下来将演示文稿打包为 CD。单击【文件】按钮，在弹出的菜单中选择【保存并发送】命令，在打开的窗格的【文件类型】选项区域中选择【将演示文稿打包成 CD】选项，并在右侧的窗格中单击【打包成 CD】按钮，如图 15-113 所示。

(39) 打开【打包成 CD】对话框，在【将 CD 命名为】文本框中输入"店铺宣传"，对话框如图 15-114 所示。

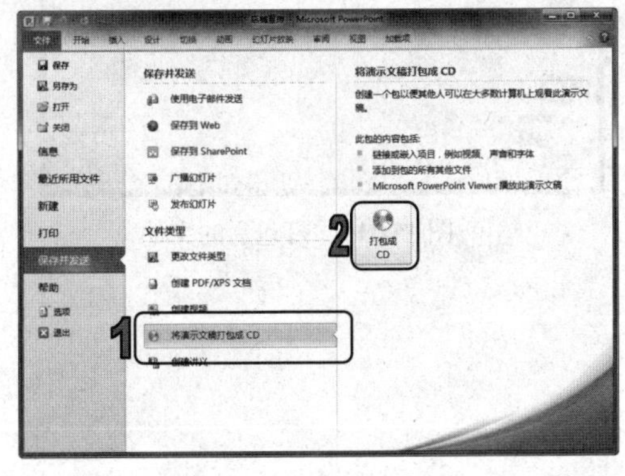

图 15-113 选择保存类型

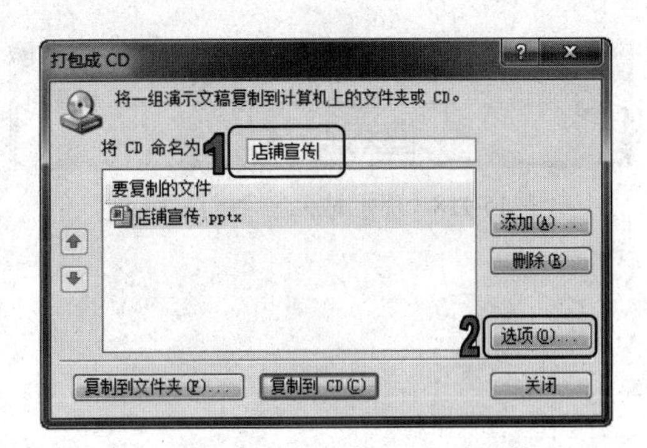

图 15-114 【打包成 CD】对话框

(40) 单击【选项】按钮，打开【选项】对话框，保存默认设置，单击【确定】按钮，如图 15-115 所示。

(41) 返回【打包成 CD】对话框，单击【复制到文件夹】按钮，打开【复制到文件夹】对话框，设置文件夹名称存放位置，单击【确定】按钮，如图 15-116 所示。

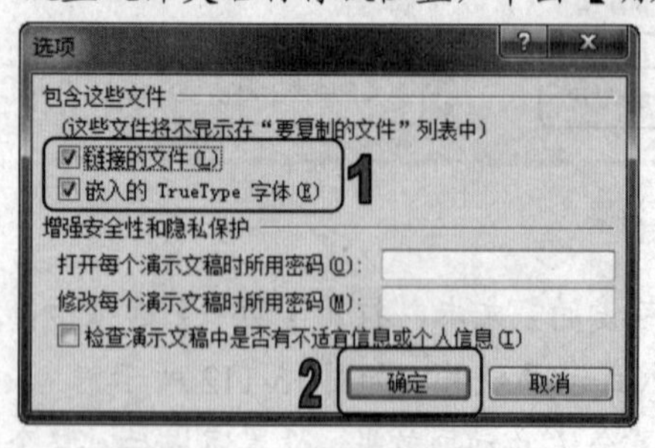

图 15-115 【选项】对话框

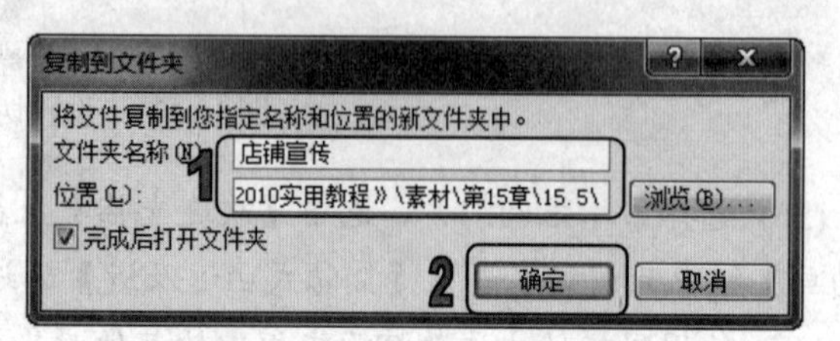

图 15-116 【复制到文件夹】对话框

(42) 此时 PowerPoint 将弹出提示框，询问是否在打包时包含具有链接内容的演示文稿，单击【是】按钮，如图 15-117 所示。

图 15-117 是否包含链接文件的提示框

(43) 打开另一个提示框，提示是否要保存批注、墨迹等信息，单击【继续】按钮，此时 PowerPoint 将自动开始将文件打包，如图 15-118 所示。

(44) 打包完毕后，将自动打开保存的文件夹"店铺宣传"，并显示打包后的所有文件，如图 15-119 所示。

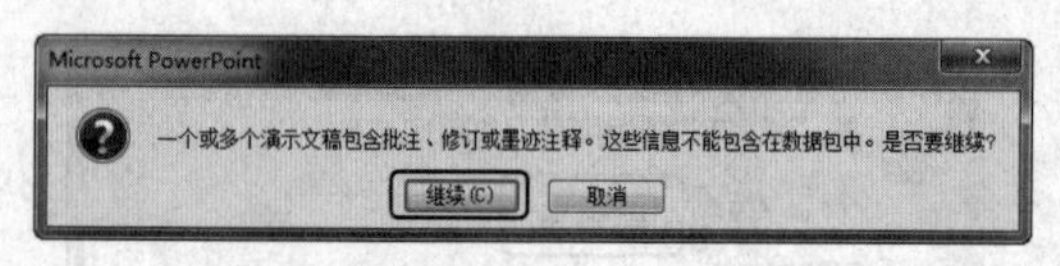

图 15-118 提示是否包含批注等信息

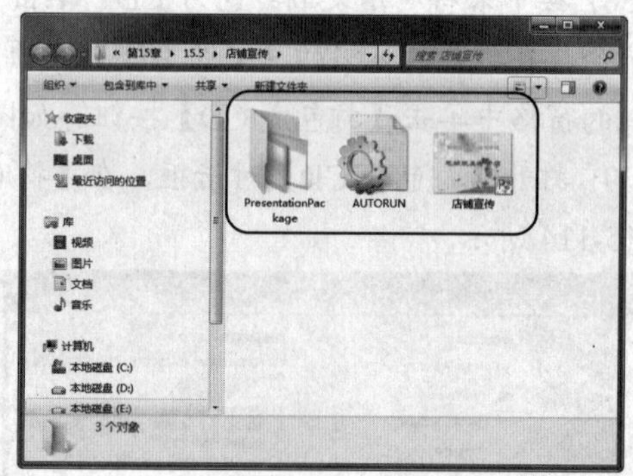

图 15-119 打包后的文件